高等院校教材同步辅导
及考研复习用书

理工社®

高等数学辅导

同济七版·下册

张天德◎主编
窦慧、王玮、苏媛◎副主编

U0401932

北京理工大学出版社
BEIJING INSTITUTE OF TECHNOLOGY PRESS

图书在版编目（CIP）数据

高等数学辅导：同济七版．下册／张天德主编．—北京：北京理工大学出版社，2018.6（2020.3 重印）

ISBN 978－7－5682－5753－4

Ⅰ.①高…　Ⅱ.①张…　Ⅲ.①高等数学－高等学校－教学参考资料　Ⅳ.①O13

中国版本图书馆 CIP 数据核字（2018）第 113619 号

出版发行／北京理工大学出版社有限责任公司
社　　址／北京市海淀区中关村南大街 5 号
邮　　编／100081
电　　话／（010）68914775（总编室）
（010）82562903（教材售后服务热线）
（010）68948351（其他图书服务热线）
网　　址／http：//www.bitpress.com.cn
经　　销／全国各地新华书店
印　　刷／三河市祥达印刷包装有限公司
开　　本／710 毫米×1000 毫米　1/16
印　　张／18.5
字　　数／378 千字
版　　次／2018 年 6 月第 1 版　2020 年 3 月第 5 次印刷
定　　价／32.80 元

责任编辑／王俊洁
文案编辑／王俊洁
责任校对／周瑞红
责任印制／李志强

图书出现印装质量问题，请拨打售后服务热线，本社负责调换

前　言

高等数学是理工类专业的一门重要的基础课，也是硕士研究生入学考试的重点科目。同济大学数学系主编的《高等数学(第七版)》是一部深受读者欢迎并多次获奖的优秀教材。为了帮助读者学好高等数学，我们编写了《高等数学辅导(同济七版)》，该书与同济大学数学系主编的《高等数学(第七版)》配套，汇集了编者几十年的丰富经验，将一些典型例题及解题方法与技巧融入书中。本书将会成为读者学习高等数学的良师益友。

本书的章节划分和内容设置与同济大学数学系主编的《高等数学(第七版)》教材完全一致。在每一章的开头先对本章知识点进行简要地概括，然后用网络结构图的形式揭示出本章知识点之间的有机联系，便于学生从总体上系统地掌握本章知识体系和核心内容。

讲解结构七大部分

一、知识结构图解　用结构图解的形式对每节涉及的基本概念、基本定理和基本公式进行系统梳理，并指出在理解与应用基本概念、定理、公式时需要注意的问题以及各类考试中经常考查的重要知识点。

二、重点及常考点分析　分类总结每章重点题型以及重要定理，使读者能更扎实地掌握各个知识点，最终提升读者的应试能力。

三、考研大纲要求解读　帮助读者了解本章内容在考研试题中考查的考点及题型，为复习备考指明方向，使读者准备考试更加轻松。

四、例题精解　这一部分是每一节讲解中的核心内容，也是全书的核心内容。作者基于多年的教学经验和对研究生入学考试试题及全国大学生数学竞赛试题的研究，将该节教材内容中学生需要掌握的、考研和数学竞赛中经常考到的重点、难点、考点归纳为一个个在考试中可能出现的基本题型，然后针对每一个基本题型，举出大量精选例题，深入讲解，使读者扎实掌握每一个知识点，并能在具体解题中熟练运用。本书使基础知识梳理、重点考点深讲、联系考试解题三重互动，一举突破难点，从而使学生获得实际应用能力的全面提升。例题讲解中穿插出现的“思路探索”“方法点击”，更是巧妙点拨，让读者举一反三、触类旁通。

五、本章知识小结　对本章所学的知识进行系统回顾，帮助读者更好地复习、总结、提高。

六、本章同步自测　精选部分有代表性、测试价值高的题目(部分题目选自历年研究生入学考试和大学生数学竞赛试题)，以此检测、巩固读者所学知识，达到提高应试水平的目的。

七、教材习题详解　为了方便读者对课本知识进行复习巩固，本书对教材课后习题做了详细解答，这与市面上习题答案不全的某些参考书有很大的不同。在解题过程中，本书对部分有代表性的习题设置了“思路探索”，以引导读者尽快找到解决问题的思路和方法；本书安排了“方法点击”来帮助读者归纳解决问题的关键、技巧与规律。针对部分习题，本书还给出了一题多解，以培养读者的分析能力和发散思维的能力。

内容编写三大特色

一、重新修订、内容完善 本书是《高等数学辅导(同济六版)》的最新修订版，前一版在市场上受到了广大学子的欢迎，每年销量都在 10 万册以上。本次修订增加了大学生数学竞赛试题，更新了研究生入学考试试题，改正了原来的印刷错误，内容更加完善，体例更为合理。

二、条理清晰、学习高效 知识点讲解清晰明了，分析透彻到位，既对重点及常考知识点进行归纳，又对基本题型的解题思路、解题方法和答题技巧进行了深层次的总结。据此，读者不仅可以从全局上对章节要点有整体性的把握，更可以纲举目张，系统地把握数学知识的内在逻辑性。

三、联系考研、经济实用 本书不仅是一本与教材同步的辅导书，也是一本不可多得的考研复习用书，书中内容与研究生入学考试联系紧密。本书在知识全解版块设置"考研大纲要求"版块，例题精解和自测题部分选取大量考研真题，让读者在同步学习中达到考研的备考水平。

本书由张天德任主编，由窦慧、王玮、苏媛任副主编。衷心希望我们的这本《高等数学辅导(同济七版)》能对读者有所裨益。由于编者水平有限，书中疏漏之处在所难免，不足之处敬请读者批评指正，以便不断完善。

张天德

目　录

教材知识全解(下册)

教材习题全解(下册)

教材知识全解

（下册）

第八章 空间解析几何与向量代数

本章内容概览

空间解析几何与平面解析几何的思想方法类似，都是用代数方法研究几何问题，其重要工具就是向量代数，众所周知，平面解析几何的基础对于学习一元微积分是至关重要的. 同样，空间解析几何的知识对于多元微积分的学习也是必不可缺的.

本章知识图解

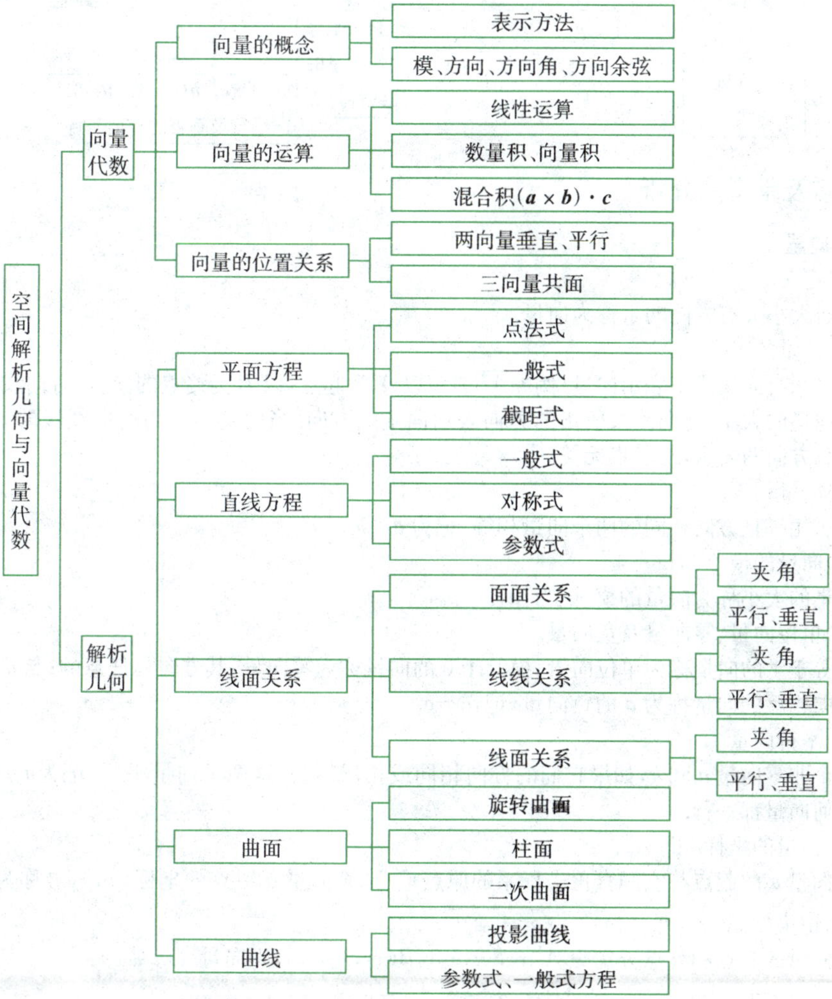

第一节　向量及其线性运算

知识全解

一 本节知识结构图解

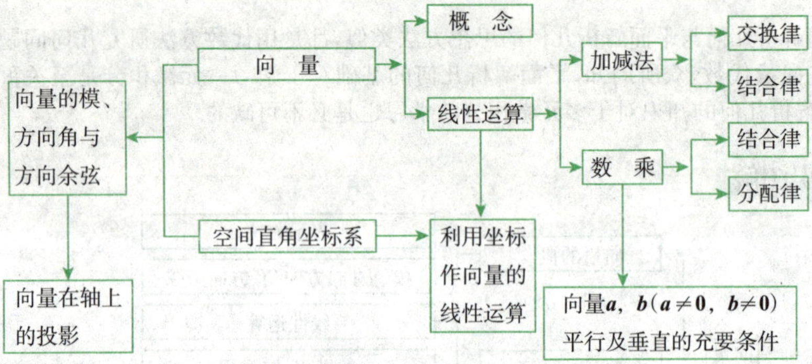

二 重点及常考点分析

1. 向量.

(1)定义.

既有大小又有方向的量称为向量.

(2)向量的表示.

用空间有向线段来表示向量.例如$\overrightarrow{AB}$表示以A为起点,以B为终点的向量.有向线段的长度表示向量的大小,有向线段所指的方向表示向量的方向.当向量定义为有向线段时,它只具有长度和方向两要素,与起点无关.

(3)向量相等.

大小相等且方向相同的两个向量相等,记为$\boldsymbol{a}=\boldsymbol{b}$.

(4)向量的模.

向量的大小称为向量的模,记为$|\boldsymbol{a}|$.

(5)单位向量、零向量及负向量.

模等于1的向量称为单位向量;模等于0的向量称为零向量,其方向是任意的;与$\boldsymbol{a}$大小相等且方向相反的向量称为$\boldsymbol{a}$的负向量,记作$-\boldsymbol{a}$.

(6)平行向量.

两个非零向量$\boldsymbol{a}$和$\boldsymbol{b}$,如果它们的方向相同或相反,就称这两个向量平行,记为$\boldsymbol{a}/\!/\boldsymbol{b}$.零向量与任何向量都平行.

(7)向量的坐标.

将向量$\boldsymbol{a}$的起点与空间直角坐标系的原点重合,则向量$\boldsymbol{a}$终点的坐标(x,y,z)称为向量$\boldsymbol{a}$的坐标,记为(x,y,z),并且$|\boldsymbol{a}|=\sqrt{x^2+y^2+z^2}$.

设向量的起点和终点分别为$A(x_1,y_1,z_1)$、$B(x_2,y_2,z_2)$,则向量

$$\overrightarrow{AB}=(x_2-x_1,y_2-y_1,z_2-z_1).$$

(8)方向角与方向余弦.

非零向量 $\boldsymbol{a}$ 与坐标轴的三个夹角 α,β,γ 称为向量 $\boldsymbol{a}$ 的方向角. $\cos\alpha,\cos\beta,\cos\gamma$ 称为向量 $\boldsymbol{a}$ 的方向余弦. 以向量 $\boldsymbol{a}$ 的方向余弦为坐标的向量就是与 $\boldsymbol{a}$ 同方向的单位向量 $\boldsymbol{e}_a$, 故 $\cos^2\alpha+\cos^2\beta+\cos^2\gamma=1$, $\boldsymbol{e}_a=(\cos\alpha,\cos\beta,\cos\gamma)$, 若 $\boldsymbol{a}=(x,y,z)$, 则

$$\cos\alpha=\frac{x}{\sqrt{x^2+y^2+z^2}},\cos\beta=\frac{y}{\sqrt{x^2+y^2+z^2}},\cos\gamma=\frac{z}{\sqrt{x^2+y^2+z^2}}.$$

(9)向量在轴上的投影.

设向量 $\boldsymbol{a}$ 与数轴 u 轴的夹角为 φ, 则 $|\boldsymbol{a}|\cos\varphi$ 称为向量 $\boldsymbol{a}$ 在 u 轴上的投影, 记为 $\mathrm{Prj}_u\boldsymbol{a}$ 或 $(\boldsymbol{a})_u$.

$$\mathrm{Prj}_u\boldsymbol{a}=|\boldsymbol{a}|\cdot\cos\varphi,\mathrm{Prj}_u(\boldsymbol{a}_1+\boldsymbol{a}_2)=\mathrm{Prj}_u\boldsymbol{a}_1+\mathrm{Prj}_u\boldsymbol{a}_2,$$
$$\mathrm{Prj}_u(\lambda\boldsymbol{a})=\lambda\mathrm{Prj}_u\boldsymbol{a},$$

向量在与其方向相同的轴上的投影称为向量的模 $|\boldsymbol{a}|$.

在空间直角坐标系中, 向量 $\boldsymbol{a}$ 的坐标 (x,y,z) 是 $\boldsymbol{a}$ 向各坐标轴的投影. 向量 $\boldsymbol{a}$ 可以表示成分量形式 $\boldsymbol{a}=x\boldsymbol{i}+y\boldsymbol{j}+z\boldsymbol{k}$.

2. 向量的线性运算及性质.

(1)加减法运算.

向量加法运算服从平行四边形法则或三角形法则. 设 $\boldsymbol{a}=(x_1,y_1,z_1)$, $\boldsymbol{b}=(x_2,y_2,z_2)$, 则

$$\boldsymbol{a}+\boldsymbol{b}=(x_1+x_2,y_1+y_2,z_1+z_2),$$
$$\boldsymbol{a}-\boldsymbol{b}=\boldsymbol{a}+(-\boldsymbol{b})=(x_1-x_2,y_1-y_2,z_1-z_2).$$

若向量 $\boldsymbol{a}$ 与 $\boldsymbol{b}$ 移到同一起点, 则向量 $\boldsymbol{b}$ 与 $\boldsymbol{a}$ 的差 $\boldsymbol{b}-\boldsymbol{a}$ 即为从 $\boldsymbol{a}$ 的终点 A 向 $\boldsymbol{b}$ 的终点 B 所引向量 $\overrightarrow{AB}$.

n 个向量相加 $\boldsymbol{a}_1+\boldsymbol{a}_2+\cdots+\boldsymbol{a}_n$ 等于将 n 个向量首尾顺次相连后, 从 $\boldsymbol{a}_1$ 的起点到 $\boldsymbol{a}_n$ 的终点所确定的向量.

(2)数乘运算.

向量 $\boldsymbol{a}$ 与实数 λ 的乘积, 记为 $\lambda\boldsymbol{a}$. 若 $\boldsymbol{a}=(x,y,z)$, 则 $\lambda\boldsymbol{a}=(\lambda x,\lambda y,\lambda z)$. $\lambda\boldsymbol{a}$ 的模 $|\lambda\boldsymbol{a}|=|\lambda|\cdot|\boldsymbol{a}|$, $\lambda\boldsymbol{a}$ 的方向规定如下:

当 $\lambda>0$ 时, $\lambda\boldsymbol{a}$ 与 $\boldsymbol{a}$ 方向相同;

当 $\lambda<0$ 时, $\lambda\boldsymbol{a}$ 与 $\boldsymbol{a}$ 方向相反;

当 $\lambda=0$ 时, $\lambda\boldsymbol{a}$ 为零向量, 方向任意.

(3)性质.

①$\boldsymbol{a}+\boldsymbol{b}=\boldsymbol{b}+\boldsymbol{a}$;

②$(\boldsymbol{a}+\boldsymbol{b})+\boldsymbol{c}=\boldsymbol{a}+(\boldsymbol{b}+\boldsymbol{c})$;

③$\lambda(\mu\boldsymbol{a})=\mu(\lambda\boldsymbol{a})=(\lambda\mu)\boldsymbol{a}$;

④$(\lambda+\mu)\boldsymbol{a}=\lambda\boldsymbol{a}+\mu\boldsymbol{a}$; $\lambda(\boldsymbol{a}+\boldsymbol{b})=\lambda\boldsymbol{a}+\lambda\boldsymbol{b}$;

⑤设 $\boldsymbol{a}$ 是一非零向量, 则 $\boldsymbol{b}/\!/\boldsymbol{a}\Leftrightarrow$ 存在唯一实数 λ, 使 $\boldsymbol{b}=\lambda\boldsymbol{a}$.

三 考研大纲要求解读

1. 理解空间直角坐标系, 理解向量的概念及其表示.

2. 掌握向量的线性运算, 掌握单位向量、方向角与方向余弦. 向量的坐标表达式, 掌握用坐标表达式进行向量运算的方法.

例题精解

基本题型 1:有关向量的定义、线性运算、模、方向角、方向余弦、向量的坐标表示等基本问题

例 1 一向量 $\boldsymbol{a}$ 与 x 轴正向、y 轴正向的夹角相等,与 z 轴正向的夹角是前者的两倍. 求与向量 $\boldsymbol{a}$ 同方向的单位向量.

【思路探索】 与向量 $\boldsymbol{a}$ 同方向的单位向量就是以向量 $\boldsymbol{a}$ 的方向余弦为坐标的向量. 故问题求解的关键在于求出向量 $\boldsymbol{a}$ 的方向余弦.

解: 设向量 $\boldsymbol{a}$ 与 x 轴正向、y 轴正向的夹角为 α,则它与 z 轴正向的夹角为 2α,那么 $\boldsymbol{a}$ 的方向余弦分别是 $\cos\alpha,\cos\alpha,\cos 2\alpha$. 又 $\cos^2\alpha+\cos^2\alpha+\cos^2(2\alpha)=1$,即

$$2\cos^2\alpha-1+\cos^2(2\alpha)=0.$$

由此得到 $\cos 2\alpha(\cos 2\alpha+1)=0$,所以 $\cos 2\alpha=0$ 或 $\cos 2\alpha=-1$.

又因为 $2\alpha\in[0,\pi]$,所以 $\alpha=\frac{\pi}{4}$ 或 $\frac{\pi}{2}$,则

$$\cos\alpha=\frac{\sqrt{2}}{2},\cos\beta=\frac{\sqrt{2}}{2},\cos\gamma=0 \text{ 或 } \cos\alpha=0,\cos\beta=0,\cos\gamma=-1.$$

因此,所求的单位向量为 $\left(\frac{\sqrt{2}}{2},\frac{\sqrt{2}}{2},0\right)$ 或 $(0,0,-1)$.

【方法点击】 向量 $\boldsymbol{a}$ 的方向余弦 $\cos\alpha,\cos\beta,\cos\gamma$ 有关系式:

$$\cos^2\alpha+\cos^2\beta+\cos^2\gamma=1.$$

例 2 设 $\boldsymbol{a}=(4,5,-3)$,$\boldsymbol{b}=(2,3,6)$,求 $\boldsymbol{a}$ 对应的单位向量 $\boldsymbol{a}^{\circ}$ 及 $\boldsymbol{b}$ 的方向余弦.

解: 与 $\boldsymbol{a}$ 对应的单位向量 $\boldsymbol{a}^{\circ}$ 是与 $\boldsymbol{a}$ 方向相同的单位向量,因此

$$\boldsymbol{a}^{\circ}=\frac{\boldsymbol{a}}{|\boldsymbol{a}|}=\frac{1}{\sqrt{4^2+5^2+(-3)^2}}(4,5,-3)=\left(\frac{4}{\sqrt{50}},\frac{5}{\sqrt{50}},\frac{-3}{\sqrt{50}}\right).$$

同理,设与 $\boldsymbol{b}$ 方向相同的单位向量为 $\boldsymbol{b}^{\circ}$,则

$$\boldsymbol{b}^{\circ}=\frac{\boldsymbol{b}}{|\boldsymbol{b}|}=\frac{1}{\sqrt{2^2+3^2+6^2}}(2,3,6)=\left(\frac{2}{7},\frac{3}{7},\frac{6}{7}\right),$$

从而,$\boldsymbol{b}$ 的方向余弦 $\cos\alpha=\frac{2}{7},\cos\beta=\frac{3}{7},\cos\gamma=\frac{6}{7}$.

【方法点击】 向量 $\boldsymbol{b}$ 的方向余弦就是与 $\boldsymbol{b}$ 同方向的单位向量的各坐标分量.

基本题型 2:利用向量的运算与性质求证的证明题

例 3 用向量的方法证明:三角形的中位线平行于底边,且它的长度等于底边的一半.

证明: 设△ABC 中,D,E 分别为 AB,AC 的中点,因为

$$\overrightarrow{AD}=\frac{1}{2}\overrightarrow{AB},\overrightarrow{EA}=\frac{1}{2}\overrightarrow{CA},$$

所以 $\overrightarrow{ED}=\overrightarrow{EA}+\overrightarrow{AD}=\frac{1}{2}(\overrightarrow{CA}+\overrightarrow{AB})=\frac{1}{2}\overrightarrow{CB}$,即 $\overrightarrow{DE}=\frac{1}{2}\overrightarrow{BC}$.

故

$$\overrightarrow{DE}\parallel\overrightarrow{BC} \text{ 且 } |\overrightarrow{DE}|=\frac{1}{2}|\overrightarrow{BC}|,$$

结论得证.

第二节　数量积　向量积　*混合积

知识全解

一　本节知识结构图解

- 两向量的数量积
  - 定义：$\boldsymbol{a}\cdot\boldsymbol{b}=|\boldsymbol{a}|\cdot|\boldsymbol{b}|\cos\theta$
  - 两向量垂直的充要条件
  - 向量数量积的坐标表示
  - 向量数量积的投影表示
- 两向量的向量积
  - 定义：$\boldsymbol{a}\times\boldsymbol{b}=\begin{vmatrix}\boldsymbol{i}&\boldsymbol{j}&\boldsymbol{k}\\x_1&y_1&z_1\\x_2&y_2&z_2\end{vmatrix}$
  - 两向量平行的充要条件
  - 向量积的几何意义
- 三向量的混合积
  - 定义：$(\boldsymbol{a}\times\boldsymbol{b})\cdot\boldsymbol{c}=\begin{vmatrix}x_1&y_1&z_1\\x_2&y_2&z_2\\x_3&y_3&z_3\end{vmatrix}$
  - 三向量共面的充要条件
  - 混合积的几何意义

二　重点及常考点分析

1. 两向量的数量积.

设 $\boldsymbol{a}$ 和 $\boldsymbol{b}$ 是两个给定的向量，它们的数量积定义为：$\boldsymbol{a}\cdot\boldsymbol{b}=|\boldsymbol{a}|\cdot|\boldsymbol{b}|\cdot\cos\theta$，其中 θ 是 $\boldsymbol{a}$ 与 $\boldsymbol{b}$ 的夹角.

在空间直角坐标系下，若 $\boldsymbol{a}=(x_1,y_1,z_1)$，$\boldsymbol{b}=(x_2,y_2,z_2)$，则

$$\boldsymbol{a}\cdot\boldsymbol{b}=x_1x_2+y_1y_2+z_1z_2.$$

(1)数量积的引入，为我们提供了刻画向量夹角关系的数学工具，这体现在：

向量 $\boldsymbol{a}=(x_1,y_1,z_1)$，$\boldsymbol{b}=(x_2,y_2,z_2)$ 为非零向量，则 $\boldsymbol{a}$ 与 $\boldsymbol{b}$ 的夹角为 $(\widehat{\boldsymbol{a},\boldsymbol{b}})$，可通过

$$\cos(\widehat{\boldsymbol{a},\boldsymbol{b}})=\frac{\boldsymbol{a}\cdot\boldsymbol{b}}{|\boldsymbol{a}|\cdot|\boldsymbol{b}|}=\frac{x_1x_2+y_1y_2+z_1z_2}{\sqrt{x_1^2+y_1^2+z_1^2}\sqrt{x_2^2+y_2^2+z_2^2}}$$

计算得出.

上式又可理解为两个单位向量 $\frac{\boldsymbol{a}}{|\boldsymbol{a}|}$，$\frac{\boldsymbol{b}}{|\boldsymbol{b}|}$ 的数量积，即

$$\cos(\widehat{\boldsymbol{a},\boldsymbol{b}})=\frac{\boldsymbol{a}}{|\boldsymbol{a}|}\cdot\frac{\boldsymbol{b}}{|\boldsymbol{b}|}=\boldsymbol{a}^{\circ}\cdot\boldsymbol{b}^{\circ}.$$

(2)向量 $\boldsymbol{a}$ 在向量 $\boldsymbol{b}$ 上的投影为

$$\mathrm{Prj}_{\boldsymbol{b}}\boldsymbol{a}=|\boldsymbol{a}|\cdot\cos(\widehat{\boldsymbol{a},\boldsymbol{b}})=\frac{\boldsymbol{a}\cdot\boldsymbol{b}}{|\boldsymbol{b}|}=\boldsymbol{a}\cdot\boldsymbol{b}^{\circ},$$

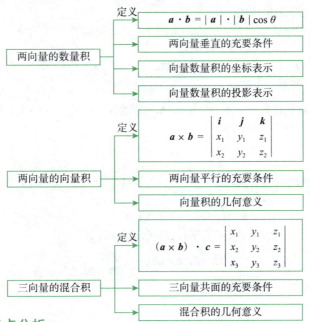

即 $\boldsymbol{a}$ 与单位向量 $\boldsymbol{b}^{\circ}$ 的数量积表示 $\boldsymbol{a}$ 在 $\boldsymbol{b}^{\circ}$ 方向的投影.

(3)用数量积表示向量的模：$|\boldsymbol{a}|=\sqrt{\boldsymbol{a}\cdot\boldsymbol{a}}$.

(4)数量积提供了判断两个向量是否垂直的依据：

$$\boldsymbol{a}\perp\boldsymbol{b}\Leftrightarrow\boldsymbol{a}\cdot\boldsymbol{b}=0\Leftrightarrow x_1x_2+y_1y_2+z_1z_2=0.$$

(5)用投影可以表示向量的数量积：

$$\boldsymbol{a}\cdot\boldsymbol{b}=|\boldsymbol{b}|\mathrm{Prj}_{\boldsymbol{b}}\boldsymbol{a}=|\boldsymbol{a}|\mathrm{Prj}_{\boldsymbol{a}}\boldsymbol{b}.$$

(6)数量积满足下列运算规律：

交换律：$\boldsymbol{a}\cdot\boldsymbol{b}=\boldsymbol{b}\cdot\boldsymbol{a}$；

分配律：$(\boldsymbol{a}+\boldsymbol{b})\cdot\boldsymbol{c}=\boldsymbol{a}\cdot\boldsymbol{c}+\boldsymbol{b}\cdot\boldsymbol{c}$；

结合律：$(\lambda\boldsymbol{a})\cdot\boldsymbol{b}=\lambda(\boldsymbol{a}\cdot\boldsymbol{b})$，其中 λ 为实数.

2. 两向量的向量积.

两向量 $\boldsymbol{a},\boldsymbol{b}$ 的向量积是一个新的向量 $\boldsymbol{a}\times\boldsymbol{b}$，其模为 $|\boldsymbol{a}|\cdot|\boldsymbol{b}|\cdot\sin(\widehat{\boldsymbol{a},\boldsymbol{b}})$，方向垂直于 $\boldsymbol{a}$ 且垂直于 $\boldsymbol{b}$，并且 $\boldsymbol{a},\boldsymbol{b},\boldsymbol{a}\times\boldsymbol{b}$ 可构成右手系.

设 $\boldsymbol{a}=(x_1,y_1,z_1)$，$\boldsymbol{b}=(x_2,y_2,z_2)$，则

$$\boldsymbol{a}\times\boldsymbol{b}=\begin{vmatrix}\boldsymbol{i}&\boldsymbol{j}&\boldsymbol{k}\\x_1&y_1&z_1\\x_2&y_2&z_2\end{vmatrix}=\begin{vmatrix}y_1&z_1\\y_2&z_2\end{vmatrix}\boldsymbol{i}-\begin{vmatrix}x_1&z_1\\x_2&z_2\end{vmatrix}\boldsymbol{j}+\begin{vmatrix}x_1&y_1\\x_2&y_2\end{vmatrix}\boldsymbol{k}.$$

(1)$\boldsymbol{a}\times\boldsymbol{a}=\boldsymbol{0}$.

(2)向量积提供了判断两向量是否平行(共线)的依据：

$$\boldsymbol{a}/\!/\boldsymbol{b}\Leftrightarrow\boldsymbol{a}\times\boldsymbol{b}=\boldsymbol{0}\Leftrightarrow\frac{x_1}{x_2}=\frac{y_1}{y_2}=\frac{z_1}{z_2}.$$

(3)向量积满足下列运算规律：

①$\boldsymbol{b}\times\boldsymbol{a}=-\boldsymbol{a}\times\boldsymbol{b}$；

②分配律：$(\boldsymbol{a}+\boldsymbol{b})\times\boldsymbol{c}=\boldsymbol{a}\times\boldsymbol{c}+\boldsymbol{b}\times\boldsymbol{c}$，；

③结合律：$(\lambda\boldsymbol{a})\times\boldsymbol{b}=\boldsymbol{a}\times(\lambda\boldsymbol{b})=\lambda(\boldsymbol{a}\times\boldsymbol{b})$($\lambda$ 为实数).

其中，第一个运算规律说明向量积不具有交换律. 这同通常的乘法运算有很大区别，不能照搬常用的乘法公式. 如

$$(\boldsymbol{a}+\boldsymbol{b})\times(\boldsymbol{a}+\boldsymbol{b})=\boldsymbol{a}\times\boldsymbol{a}+\boldsymbol{a}\times\boldsymbol{b}+\boldsymbol{b}\times\boldsymbol{a}+\boldsymbol{b}\times\boldsymbol{b}=\boldsymbol{0},$$
$$(\boldsymbol{a}+\boldsymbol{b})\times(\boldsymbol{a}-\boldsymbol{b})=\boldsymbol{a}\times\boldsymbol{a}-\boldsymbol{a}\times\boldsymbol{b}+\boldsymbol{b}\times\boldsymbol{a}-\boldsymbol{b}\times\boldsymbol{b}=2(\boldsymbol{b}\times\boldsymbol{a}).$$

(4)向量积的引入为我们提供了刻画两向量公垂线方向的数学工具. $\boldsymbol{a}\times\boldsymbol{b}$ 的方向就是既与 $\boldsymbol{a}$ 垂直又与 $\boldsymbol{b}$ 垂直的公垂线方向. 即 $\boldsymbol{a}\times\boldsymbol{b}$ 垂直于 $\boldsymbol{a}$ 和 $\boldsymbol{b}$ 所确定的平面.

3. 三向量的混合积.

三向量 $\boldsymbol{a},\boldsymbol{b},\boldsymbol{c}$ 的混合乘法运算 $(\boldsymbol{a}\times\boldsymbol{b})\cdot\boldsymbol{c}$ 称为 $\boldsymbol{a},\boldsymbol{b},\boldsymbol{c}$ 的混合积，记为 $[\boldsymbol{a},\boldsymbol{b},\boldsymbol{c}]$. 在空间直角坐标系下，设 $\boldsymbol{a}=(x_1,y_1,z_1)$，$\boldsymbol{b}=(x_2,y_2,z_2)$，$\boldsymbol{c}=(x_3,y_3,z_3)$，则

$$[\boldsymbol{a},\boldsymbol{b},\boldsymbol{c}]=\begin{vmatrix}x_1&y_1&z_1\\x_2&y_2&z_2\\x_3&y_3&z_3\end{vmatrix}.$$

(1)根据行列式的运算性质，得到混合积的交换法则：

$$[\boldsymbol{a},\boldsymbol{b},\boldsymbol{c}]=[\boldsymbol{c},\boldsymbol{a},\boldsymbol{b}]=[\boldsymbol{b},\boldsymbol{c},\boldsymbol{a}],$$
$$[\boldsymbol{a},\boldsymbol{b},\boldsymbol{c}]=-[\boldsymbol{b},\boldsymbol{a},\boldsymbol{c}]=-[\boldsymbol{c},\boldsymbol{b},\boldsymbol{a}]=-[\boldsymbol{a},\boldsymbol{c},\boldsymbol{b}].$$

(2)混合积的引入，为我们提供了三个向量共面的依据：

$$\boldsymbol{a},\boldsymbol{b},\boldsymbol{c}\text{ 共面}\Leftrightarrow[\boldsymbol{a},\boldsymbol{b},\boldsymbol{c}]=0.$$

4. 向量之间的几何关系.

(1)两向量平行(共线)：

$$\boldsymbol{a}/\!/\boldsymbol{b}\Leftrightarrow\boldsymbol{a}=\lambda\boldsymbol{b}\Leftrightarrow\frac{x_1}{x_2}=\frac{y_1}{y_2}=\frac{z_1}{z_2}\Leftrightarrow\boldsymbol{a}\times\boldsymbol{b}=\boldsymbol{0}.$$

要证明不重合的三点 A,B,C 共线，只需证明 $|\overrightarrow{AB}\times\overrightarrow{BC}|=0$.

(2)两向量垂直：

$$\boldsymbol{a}\perp\boldsymbol{b}\Leftrightarrow\boldsymbol{a}\cdot\boldsymbol{b}=0\Leftrightarrow x_1x_2+y_1y_2+z_1z_2=0.$$

(3)三向量共面：

$$\boldsymbol{a},\boldsymbol{b},\boldsymbol{c}\text{ 共面}\Leftrightarrow\text{存在 }\lambda,\mu\text{，使 }\boldsymbol{c}=\lambda\boldsymbol{a}+\mu\boldsymbol{b}\Leftrightarrow[\boldsymbol{a},\boldsymbol{b},\boldsymbol{c}]=0\Leftrightarrow\begin{vmatrix}x_1&y_1&z_1\\x_2&y_2&z_2\\x_3&y_3&z_3\end{vmatrix}=0.$$

要证明不重合的四个点 A,B,C,D 共面(或三线共面)，只需证明

$$(\overrightarrow{AB}\times\overrightarrow{AC})\cdot\overrightarrow{AD}=0.$$

三　考研大纲要求解读

掌握向量的数量积、向量积、混合积，并能用坐标表达式进行运算. 了解两个向量垂直、平行的条件.

例题精解

基本题型 1：有关向量的数量积、向量积与混合积的问题

例 1　设未知向量 $\boldsymbol{x}$ 与 $\boldsymbol{a}=2\boldsymbol{i}-\boldsymbol{j}+2\boldsymbol{k}$ 共线，且满足 $\boldsymbol{a}\cdot\boldsymbol{x}=-18$. 求 $\boldsymbol{x}$.

解：由于 $\boldsymbol{x}$ 与 $\boldsymbol{a}$ 共线，故设 $\boldsymbol{x}=\lambda\boldsymbol{a}=(2\lambda,-\lambda,2\lambda)$，因为

$$\boldsymbol{a}\cdot\boldsymbol{x}=(2,-1,2)\cdot(2\lambda,-\lambda,2\lambda)=2\times2\lambda-1\cdot(-\lambda)+2\times2\lambda=9\lambda=-18,$$

得到 $\lambda=-2$. 故 $\boldsymbol{x}=(-4,2,-4)$.

例 2　设 $(\boldsymbol{a}\times\boldsymbol{b})\cdot\boldsymbol{c}=2$，则 $[(\boldsymbol{a}+\boldsymbol{b})\times(\boldsymbol{b}+\boldsymbol{c})]\cdot(\boldsymbol{c}+\boldsymbol{a})=$______. (考研题)

解：原式 $=[\boldsymbol{a}\times\boldsymbol{b}+\boldsymbol{a}\times\boldsymbol{c}+\boldsymbol{b}\times\boldsymbol{c}]\cdot(\boldsymbol{c}+\boldsymbol{a})=(\boldsymbol{a}\times\boldsymbol{b})\cdot\boldsymbol{c}+(\boldsymbol{a}\times\boldsymbol{c})\cdot\boldsymbol{c}+(\boldsymbol{b}\times\boldsymbol{c})\cdot\boldsymbol{c}+(\boldsymbol{a}\times\boldsymbol{b})\cdot\boldsymbol{a}+(\boldsymbol{a}\times\boldsymbol{c})\cdot\boldsymbol{a}+(\boldsymbol{b}\times\boldsymbol{c})\cdot\boldsymbol{a}$

$$=(\boldsymbol{a}\times\boldsymbol{b})\cdot\boldsymbol{c}+(\boldsymbol{b}\times\boldsymbol{c})\cdot\boldsymbol{a}=2(\boldsymbol{a}\times\boldsymbol{b})\cdot\boldsymbol{c}=4.$$

故应填 4.

【方法点击】　本题综合考查向量的数量积、向量积及混合积的定义，直接利用其运算性质可得结果. 有关混合积的性质为

$$(\boldsymbol{a}\times\boldsymbol{b})\cdot\boldsymbol{c}=(\boldsymbol{c}\times\boldsymbol{a})\cdot\boldsymbol{b}=(\boldsymbol{b}\times\boldsymbol{c})\cdot\boldsymbol{a}$$

其中混合积中的三个向量若有两个向量是重合或平行时，则其混合积为零.

例 3　设 $\boldsymbol{a}=(1,-1,1)$，$\boldsymbol{b}=(3,-4,5)$，$\boldsymbol{c}=\boldsymbol{a}+\lambda\boldsymbol{b}$，问 λ 取何值时，$|\boldsymbol{c}|$ 最小？并证明：当 $|\boldsymbol{c}|$ 最小时，$\boldsymbol{c}\perp\boldsymbol{b}$.

解：
$$\begin{aligned}|\boldsymbol{c}|^2&=\boldsymbol{c}\cdot\boldsymbol{c}=(\boldsymbol{a}+\lambda\boldsymbol{b})\cdot(\boldsymbol{a}+\lambda\boldsymbol{b})\\&=\boldsymbol{a}\cdot\boldsymbol{a}+\boldsymbol{a}\cdot(\lambda\boldsymbol{b})+\lambda\boldsymbol{b}\cdot\boldsymbol{a}+\lambda\boldsymbol{b}\cdot(\lambda\boldsymbol{b})\\&=|\boldsymbol{b}|^2\lambda^2+2\lambda(\boldsymbol{a}\cdot\boldsymbol{b})+|\boldsymbol{a}|^2,\end{aligned}$$

则当 $\lambda=-\dfrac{(\boldsymbol{a}\cdot\boldsymbol{b})}{|\boldsymbol{b}|^2}=-\dfrac{1\times3+(-1)\times(-4)+1\times5}{3^2+(-4)^2+5^2}=-\dfrac{12}{50}=-\dfrac{6}{25}$ 时，$|\boldsymbol{c}|$ 最小. 此时

$$\boldsymbol{c}\cdot\boldsymbol{b}=(\boldsymbol{a}+\lambda\boldsymbol{b})\cdot\boldsymbol{b}=\boldsymbol{a}\cdot\boldsymbol{b}+\lambda(\boldsymbol{b}\cdot\boldsymbol{b})$$

$$=1\times3+(-1)\times(-4)+1\times5+\left(-\frac{6}{25}\right)\times50=0,$$

故 $\boldsymbol{c}\perp\boldsymbol{b}$.

例 4 设 $\boldsymbol{a}+3\boldsymbol{b}$ 与 $7\boldsymbol{a}-5\boldsymbol{b}$ 垂直, $\boldsymbol{a}-4\boldsymbol{b}$ 和 $7\boldsymbol{a}-2\boldsymbol{b}$ 垂直,求非零向量 $\boldsymbol{a}$ 与 $\boldsymbol{b}$ 的夹角.

解:由 $(\boldsymbol{a}+3\boldsymbol{b})\perp(7\boldsymbol{a}-5\boldsymbol{b})$,得

$$(\boldsymbol{a}+3\boldsymbol{b})\cdot(7\boldsymbol{a}-5\boldsymbol{b})=7|\boldsymbol{a}|^2+16\boldsymbol{a}\cdot\boldsymbol{b}-15|\boldsymbol{b}|^2=0. \quad ①$$

由 $(\boldsymbol{a}-4\boldsymbol{b})\perp(7\boldsymbol{a}-2\boldsymbol{b})$,得

$$(\boldsymbol{a}-4\boldsymbol{b})\cdot(7\boldsymbol{a}-2\boldsymbol{b})=7|\boldsymbol{a}|^2-30\boldsymbol{a}\cdot\boldsymbol{b}+8|\boldsymbol{b}|^2=0. \quad ②$$

①−②,得 $46\boldsymbol{a}\cdot\boldsymbol{b}-23|\boldsymbol{b}|^2=0$,即 $\boldsymbol{a}\cdot\boldsymbol{b}=\frac{1}{2}|\boldsymbol{b}|^2$. ③

将③代入①,得 $7|\boldsymbol{a}|^2=7|\boldsymbol{b}|^2$,即 $|\boldsymbol{a}|=|\boldsymbol{b}|$,从而 $\boldsymbol{a}\cdot\boldsymbol{b}=\frac{1}{2}|\boldsymbol{a}|\cdot|\boldsymbol{b}|$.

则 $\cos(\widehat{\boldsymbol{a},\boldsymbol{b}})=\frac{\boldsymbol{a}\cdot\boldsymbol{b}}{|\boldsymbol{a}|\cdot|\boldsymbol{b}|}=\frac{1}{2}$,故 $(\widehat{\boldsymbol{a},\boldsymbol{b}})=\frac{\pi}{3}$.

基本题型 2:利用向量的几何意义求面积、体积

例 5 已知三角形三个顶点坐标是 $A(2,-1,3)$, $B(1,2,3)$, $C(0,1,4)$,求 $\triangle ABC$ 的面积.

【思路探索】 以向量 $\boldsymbol{a},\boldsymbol{b}$ 为邻边的三角形的面积 $S=\frac{1}{2}|\boldsymbol{a}\times\boldsymbol{b}|$.

解:由向量积的定义,可知 $\triangle ABC$ 的面积为

$$S_{\triangle ABC}=\frac{1}{2}|\overrightarrow{AB}|\cdot|\overrightarrow{AC}|\cdot\sin\angle A=\frac{1}{2}|\overrightarrow{AB}\times\overrightarrow{AC}|,$$

由于 $\overrightarrow{AB}=(-1,3,0)$, $\overrightarrow{AC}=(-2,2,1)$,因此,

$$\overrightarrow{AB}\times\overrightarrow{AC}=\begin{vmatrix}\boldsymbol{i}&\boldsymbol{j}&\boldsymbol{k}\\-1&3&0\\-2&2&1\end{vmatrix}=3\boldsymbol{i}+\boldsymbol{j}+4\boldsymbol{k}.$$

故 $S_{\triangle ABC}=\frac{1}{2}|3\boldsymbol{i}+\boldsymbol{j}+4\boldsymbol{k}|=\frac{1}{2}\sqrt{3^2+1^2+4^2}=\frac{\sqrt{26}}{2}$.

例 6 求以 $A(1,3,4)$, $B(3,5,6)$, $C(2,5,8)$, $D(4,2,10)$ 为顶点的四面体的体积 V.

解:由题设条件知: $\overrightarrow{AB}=(2,2,2)$, $\overrightarrow{AC}=(1,2,4)$, $\overrightarrow{AD}=(3,-1,6)$.

根据混合积的几何意义知:

$$V=\frac{1}{6}|(\overrightarrow{AB}\times\overrightarrow{AC})\cdot\overrightarrow{AD}|=\frac{1}{6}|(4,-6,2)\cdot(3,-1,6)|=\frac{1}{6}\times30=5.$$

第三节 平面及其方程

知识全解

一 本书知识结构图解

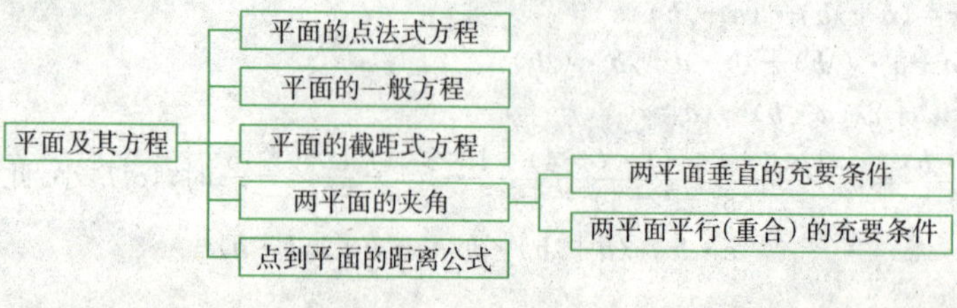

二 重点及常考点分析

1. 平面的方程.

(1)点法式方程 $A(x-x_0)+B(y-y_0)+C(z-z_0)=0$.

其中 $P(x_0,y_0,z_0)$为平面上给定的已知点,$\boldsymbol{n}=(A,B,C)$为平面的法向量.

若 $M(x,y,z)$表示平面上任一动点,则点法式可以写成向量形式:$\overrightarrow{PM}\cdot\boldsymbol{n}=0$.

(2)一般式方程 $Ax+By+Cz+D=0$.

其中 $\boldsymbol{n}=(A,B,C)$为平面的法向量,$D=0$ 时平面过原点.

若方程中某个坐标不出现,则平面就平行于该坐标轴.如平面 $Ax+Cz+D=0(B=0)$平行于 y 轴.

若 $B=D=0$,则平面过 y 轴,方程为 $Ax+Cz=0$.只需知另外一点就可确定方程.在求解平面问题时,要注意利用方程系数的特殊性简化运算.

(3)截距式方程 $\dfrac{x}{a}+\dfrac{y}{b}+\dfrac{z}{c}=1$.

其中 a,b,c 分别为平面在 x,y,z 轴上的截距.由于要求 a,b,c 非零,故平面并不总能表示成这种形式.

2. 两平面间的关系.

给定 $\pi_1:A_1x+B_1y+C_1z+D_1=0$;

$\pi_2:A_2x+B_2y+C_2z+D_2=0$.

(1)两平面的夹角.

两平面的夹角即两平面法向量 $\boldsymbol{n}_1,\boldsymbol{n}_2$ 的夹角(取锐角).

$$\cos\theta=\frac{|\boldsymbol{n}_1\cdot\boldsymbol{n}_2|}{|\boldsymbol{n}_1|\cdot|\boldsymbol{n}_2|}=\frac{|A_1A_2+B_1B_2+C_1C_2|}{\sqrt{A_1^2+B_1^2+C_1^2}\cdot\sqrt{A_2^2+B_2^2+C_2^2}}.$$

当 $\theta=0$ 时,两平面平行(含重合);

当 $\theta=\dfrac{\pi}{2}$时,两平面垂直.

(2)两平面平行(或重合).

$$\pi_1/\!/\pi_2\Leftrightarrow\frac{A_1}{A_2}=\frac{B_1}{B_2}=\frac{C_1}{C_2}.$$

(3)两平面垂直.

$$\pi_1\perp\pi_2\Leftrightarrow A_1A_2+B_1B_2+C_1C_2=0.$$

3. 点到平面的距离.

设给定点 $P_0(x_0,y_0,z_0)$及平面 $\pi:Ax+By+Cz+D=0$.则 P_0 到平面 π 的距离为

$$d=\frac{|Ax_0+By_0+Cz_0+D|}{\sqrt{A^2+B^2+C^2}}.$$

4. 求平面方程常用的方法.

(1)点法式:用点法式求平面方程时,关键是确定平面上的一个已知点和平面的法向量 $\boldsymbol{n}$.

(2)一般式:在利用一般式求平面方程时,只要将题目中所给的条件代入待定的一般式方程中,解方程组就可将各系数确定下来,从而得到所求平面的方程.

(3)平面相交的情况:求平面方程时,若题设条件中有两个相交的平面,则用平面束方程处理较为简便.

(4)垂直于已知直线的平面:已知直线的方向向量便是所求平面的法向量,只要再加一个

条件就可求得平面方程.

三 考研大纲要求解读

掌握平面方程及其求法,会求平面与平面的夹角,并会利用平面的相互关系(平行、垂直、相交等)解决有关问题.

例题精解

基本题型 1:求平面方程

例 1 设一平面经过原点及点(6,−3,2),且与平面 $4x-y+2z=8$ 垂直,求此平面方程.(考研题)

【思路探索】 由点法式方程,只需求出所求平面的法向量.

解:记点 $A(6,-3,2)$,则$\overrightarrow{OA}=(6,-3,2)$.

平面 $4x-y+2z=8$ 的法向量为 $\boldsymbol{n}_1=(4,-1,2)$.

由题意,所求平面的法向量 $\boldsymbol{n}\perp\boldsymbol{n}_1$ 且 $\boldsymbol{n}\perp\overrightarrow{OA}$,得到

为什么?

$$\boldsymbol{n}=\boldsymbol{n}_1\times\overrightarrow{OA}=\begin{vmatrix}\boldsymbol{i} & \boldsymbol{j} & \boldsymbol{k}\\ 4 & -1 & 2\\ 6 & -3 & 2\end{vmatrix}=(4,4,-6).$$

则由点法式方程,所求平面为

$$4(x-0)+4(y-0)-6(z-0)=0,$$

即 $2x+2y-3z=0$.

【方法点击】 用点法式求解平面方程是这类问题的基础和重点.在求解过程中关键是确定平面的法向量.根据所给条件如线面的垂直关系、平行关系等运用向量代数的方法即可求得平面的法向量.

例 2 一平面与原点的距离为 6,且在三坐标轴上的截距之比 $a:b:c=1:3:2$,求该平面方程.

【思路探索】 由题意,可设平面方程为截距式,再利用原点到平面的距离及截距之间的关系求出平面在三个坐标轴上的截距,即可得此平面方程.

解:由于截距之比 $a:b:c=1:3:2$,故可设截距 $a=t,b=3t,c=2t$,

则平面方程为$\dfrac{x}{t}+\dfrac{y}{3t}+\dfrac{z}{2t}=1$,则此平面与原点的距离为

$$d=\frac{|-1|}{\sqrt{\left(\frac{1}{t}\right)^2+\left(\frac{1}{3t}\right)^2+\left(\frac{1}{2t}\right)^2}}=6,$$

解得 $t=\pm7$.则所求平面的方程为$\dfrac{x}{7}+\dfrac{y}{21}+\dfrac{z}{14}=\pm1$,即

$$6x+2y+3z\pm42=0.$$

基本题型 2:关于点到平面的距离的问题

例 3 点(2,1,0)到平面 $3x+4y+5z=0$ 的距离 $d=$______.(考研题)

解:$d=\dfrac{|2\times3+1\times4+0\times5|}{\sqrt{3^2+4^2+5^2}}=\dfrac{10}{5\sqrt{2}}=\sqrt{2}$.故应填$\sqrt{2}$.

第四节　空间直线及其方程

知识全解

一 本节知识结构图解

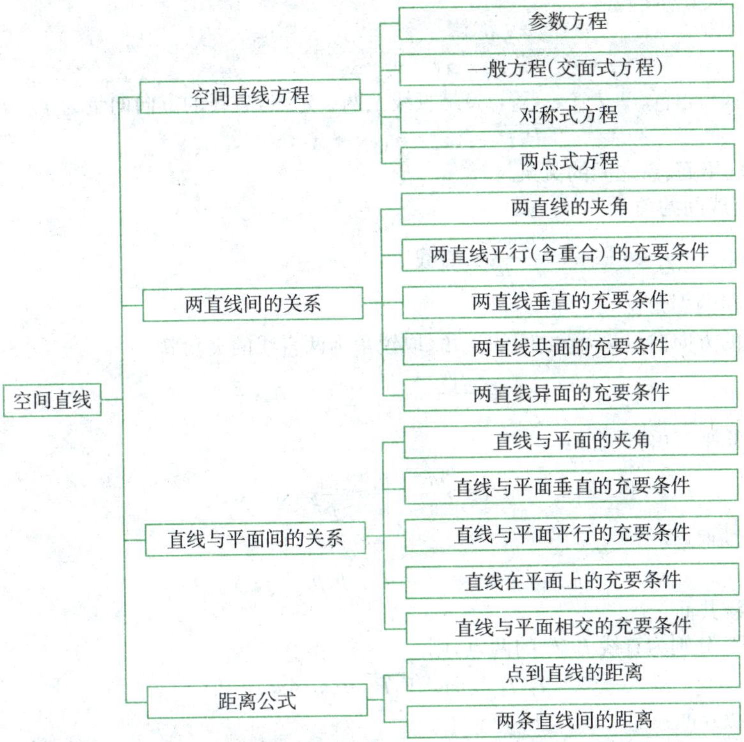

二 重点及常考点分析

1. 直线方程.

(1)一般方程(交面式方程):

$$\begin{cases}A_1x+B_1y+C_1z+D_1=0,\\A_2x+B_2y+C_2z+D_2=0.\end{cases}$$

此方程的意义是将直线表示为两个平面的交线,直线的方向向量为

$$\boldsymbol{s}=\boldsymbol{n}_1\times\boldsymbol{n}_2=(A_1,B_1,C_1)\times(A_2,B_2,C_2).$$

方程的一般式与对称式可以互相转化.

(2)对称式方程(点向式方程):

$$\frac{x-x_0}{m}=\frac{y-y_0}{n}=\frac{z-z_0}{p}.$$

其中 $P(x_0,y_0,z_0)$ 为直线上给定的已知点,$\boldsymbol{s}=(m,n,p)$ 为直线的方向向量.

若用 $M(x,y,z)$ 表示直线上一动点,点向式方程可表示为向量形式:

$$\overrightarrow{PM}=\lambda \boldsymbol{s},\lambda\in\mathbf{R}.$$

(3)参数式方程：

$$\begin{cases}x=x_0+mt,\\ y=y_0+nt,\\ z=z_0+pt,\end{cases} t\in\mathbf{R},$$

其中 $P(x_0,y_0,z_0)$为直线上的定点，$\boldsymbol{s}=(m,n,p)$为直线的方向向量.

(4)两点式方程：

$$\frac{x-x_1}{x_2-x_1}=\frac{y-y_1}{y_2-y_1}=\frac{z-z_1}{z_2-z_1},$$

其中 $P_1(x_1,y_1,z_1)$，$P_2(x_2,y_2,z_2)$是直线上两个定点，直线的方向向量为

$$\overrightarrow{P_1P_2}=(x_2-x_1,y_2-y_1,z_2-z_1).$$

2. 直线、平面、点之间的关系.

(1)两直线间的关系.

设直线 l_1：$\frac{x-x_1}{m_1}=\frac{y-y_1}{n_1}=\frac{z-z_1}{p_1}$，直线 l_2：$\frac{x-x_2}{m_2}=\frac{y-y_2}{n_2}=\frac{z-z_2}{p_2}$.

①两直线的夹角：

两直线的方向向量 $\boldsymbol{s}_1,\boldsymbol{s}_2$ 之间的夹角(取锐角为两直线的夹角 θ)

$$\cos\theta=\frac{|\boldsymbol{s}_1\cdot\boldsymbol{s}_2|}{|\boldsymbol{s}_1|\cdot|\boldsymbol{s}_2|}\quad\left(0\leqslant\theta\leqslant\frac{\pi}{2}\right).$$

②两直线平行(含重合)：

$$l_1/\!/l_2\Leftrightarrow\frac{m_1}{m_2}=\frac{n_1}{n_2}=\frac{p_1}{p_2}\Leftrightarrow\boldsymbol{s}_1/\!/\boldsymbol{s}_2.$$

③两直线垂直：

$$l_1\perp l_2\Leftrightarrow m_1m_2+n_1n_2+p_1p_2=0\Leftrightarrow\boldsymbol{s}_1\perp\boldsymbol{s}_2.$$

④两直线共面：

若 P_1，P_2 分别为直线 l_1，l_2 的两点，则

$$l_1,l_2\text{ 共面}\Leftrightarrow\overrightarrow{P_1P_2}\cdot(\boldsymbol{s}_1\times\boldsymbol{s}_2)=0.$$

⑤两直线异面：

$$l_1,l_2\text{ 异面}\Leftrightarrow\overrightarrow{P_1P_2}\cdot(\boldsymbol{s}_1\times\boldsymbol{s}_2)\neq0.$$

(2)直线与平面间的关系.

给定平面 π：$Ax+By+Cz+D=0$ 和直线 l：$\frac{x-x_0}{m}=\frac{y-y_0}{n}=\frac{z-z_0}{p}$.

①直线与平面的夹角：

当直线与平面不垂直时，直线 l 与其在平面 π 上的投影直线 l' 的夹角(取锐角)为直线与平面的夹角 θ.

$$\sin\theta=\frac{|\boldsymbol{s}\cdot\boldsymbol{n}|}{|\boldsymbol{s}|\cdot|\boldsymbol{n}|}=\frac{|Am+Bn+Cp|}{\sqrt{A^2+B^2+C^2}\cdot\sqrt{m^2+n^2+p^2}}\quad\left(0\leqslant\theta\leqslant\frac{\pi}{2}\right).$$

②直线与平面垂直：

$$l\perp\pi\Leftrightarrow\boldsymbol{s}/\!/\boldsymbol{n}\Leftrightarrow\frac{A}{m}=\frac{B}{n}=\frac{C}{p}.$$

③直线与平面平行：

$$l/\!/\pi\Leftrightarrow\boldsymbol{s}\cdot\boldsymbol{n}=0\text{ 且 }Ax_0+By_0+Cz_0+D=0.$$

④直线在平面上：

$$l \text{ 在平面 } \pi \text{ 上} \Leftrightarrow \boldsymbol{s}\cdot\boldsymbol{n}=0 \text{ 且 } Ax_0+By_0+Cz_0+D=0.$$

⑤直线与平面相交：

$$l \text{ 与平面 } \pi \text{ 相交} \Leftrightarrow \boldsymbol{n}\cdot\boldsymbol{s}\neq 0 \Leftrightarrow Am+Bn+Cp\neq 0,$$

此时，直线 l 与平面 π 有唯一交点.

(3)距离公式.

①点到直线的距离：

设给定点 $P_0(x_0,y_0,z_0)$及直线 l:$\frac{x-x_1}{m}=\frac{y-y_1}{n}=\frac{z-z_1}{p}$，则 P_0 到直线 l 的距离为

$$d=\frac{|\overrightarrow{P_0P_1}\times\boldsymbol{s}|}{|\boldsymbol{s}|},$$

其中 $P_1(x_1,y_1,z_1)$为直线上某一定点，$\boldsymbol{s}=(m,n,p)$为直线的方向向量.

②两条直线间的距离：

设直线 l_1 过 P_1 点，方向向量为 $\boldsymbol{s}_1$，直线 l_2 过 P_2 点，方向向量为 $\boldsymbol{s}_2$ 且$\boldsymbol{s}_1\times\boldsymbol{s}_2\neq\boldsymbol{0}$，则 l_1 与 l_2 间的距离为

$$d=\frac{|\overrightarrow{P_1P_2}\cdot(\boldsymbol{s}_1\times\boldsymbol{s}_2)|}{|\boldsymbol{s}_1\times\boldsymbol{s}_2|}.$$

三 考研大纲要求解读

掌握直线方程的求法，会利用平面、直线的相互关系解决有关问题. 会求点到直线的距离.

例题精解

基本题型 1：求直线的方程

例 1 设直线 l 过点 $P_0(1,1,1)$，并且与直线 l_1:$x=\frac{y}{2}=\frac{z}{3}$相交，与直线$l_2$:$\frac{x-1}{2}=\frac{y-2}{1}=\frac{z-3}{4}$垂直，试求直线 l 的方程.

解：直线 l_2 的方向向量为 $\boldsymbol{s}_2=(2,1,4)$，过点 $P_0(1,1,1)$以 $\boldsymbol{s}_2$ 为法向量的平面方程为

$$\pi: 2(x-1)+(y-1)+4(z-1)=0.$$

由题意知，所求直线 l 在此平面 π 上.

因直线 l_1 与直线 l 相交，故 l_1 与平面 π 也相交，我们可求出 l_1 与平面 π 的交点，将 l_1 转化为参数式 $\begin{cases}x=t,\\ y=2t,\\ z=3t,\end{cases}$代入平面方程，得 $t=\frac{7}{16}$. 故交点 P_1 的坐标为$\left(\frac{7}{16},\frac{7}{8},\frac{21}{16}\right)$.

由于直线 l 过 $P_0(1,1,1)$和 $P_1\left(\frac{7}{16},\frac{7}{8},\frac{21}{16}\right)$，其方向向量 $\boldsymbol{s}$ 与$\overrightarrow{P_0P_1}=\left(-\frac{9}{16},-\frac{2}{16},\frac{5}{16}\right)$平行，可选择 $\boldsymbol{s}=(9,2,-5)$. 所以所求直线 l 的方程为

$$\frac{x-1}{9}=\frac{y-1}{2}=\frac{z-1}{-5}.$$

【方法点击】 求直线与平面交点坐标时，常用将直线方程化为参数式形式再代入平面方程的方法来求.

例 2 求与已知直线 l_1:$\frac{x+3}{2}=\frac{y-5}{1}=\frac{z}{1}$和 l_2:$\frac{x-3}{1}=\frac{y+1}{4}=\frac{z}{1}$都相交，且与 l_3:$\frac{x+2}{3}=\frac{y-1}{2}=\frac{z-3}{1}$平行的直线方程.

【思路探索】 所求直线 l 的方向向量为 $\boldsymbol{s}=(3,2,1)$，只要在 l 上找到一个定点 P，即可使问题获解. P 最好选择 l 与 l_1 或 l 与 l_2 的交点.

解:将 l_1 和 l_2 化为参数方程

$$l_1:\begin{cases}x=2t-3,\\ y=t+5,\\ z=t,\end{cases}\qquad l_2:\begin{cases}x=t+3,\\ y=4t-1,\\ z=t,\end{cases}$$

设 l 与 l_1 和 l_2 的交点分别对应参数 t_1 和 t_2，则知交点分别为 $P(2t_1-3,t_1+5,t_1)$，$Q(t_2+3,4t_2-1,t_2)$，由于 $\overrightarrow{PQ}/\!/\boldsymbol{s}$，故

$$\frac{(2t_1-3)-(t_2+3)}{3}=\frac{(t_1+5)-(4t_2-1)}{2}=\frac{t_1-t_2}{1},$$

整理，得 $\begin{cases}t_1-2t_2=-6,\\ t_1+2t_2=6,\end{cases}$ 解得 $t_1=0$，$t_2=3$. 所以点 P 的坐标为 $(-3,5,0)$. 故所求直线方程为

$$\frac{x+3}{3}=\frac{y-5}{2}=\frac{z}{1}.$$

【方法点击】 通过对以上例题的解析，可以看出建立直线方程的主要方法是采用点向式方程，为此需确定直线上一点 $M_0(x_0,y_0,z_0)$ 和直线的方向向量 $\boldsymbol{s}$.

基本题型 2:有关平面、直线相互关系的问题

例 3 设有直线 $L:\begin{cases}x+3y+2z+1=0,\\ 2x-y-10z+3=0\end{cases}$ 及平面 $\pi:4x-2y+z-2=0$，则直线 L (　　). (考研题)

(A)平行于 π　　(B)在 π 上　　(C)垂直于 π　　(D)与 π 斜交

解:直线 L 的方向向量为 $\boldsymbol{s}=(-28,14,-7)$，平面 π 的法向量为 $\boldsymbol{n}=(4,-2,1)$，

由 $\frac{-28}{4}=\frac{14}{-2}=\frac{-7}{1}$ 知，$\boldsymbol{s}/\!/\boldsymbol{n}$，则直线 L 垂直于平面 π. 故应选(C).

【方法点击】 直线与平面间的位置关系可转化为直线的方向向量与平面的法向量之间的关系. 若直线的方向向量平行于平面的法向量，则表明直线与平面垂直.

例 4 求直线 $l:\frac{x-1}{1}=\frac{y}{1}=\frac{z-1}{-1}$ 在平面 $\pi:x-y+2z-1=0$ 上的投影直线 l_0 的方程，并确定 l_0 绕 y 轴旋转一周的旋转面方程. (考研题)

解:首先求出 l 在平面 π 上的投影直线 l_0. l_0 位于过 l 且与 π 垂直的平面 π_1 上. π_1 的法向量 $\boldsymbol{n}_1$ 与 π 的法向量 $\boldsymbol{n}$ 垂直，且与 l 的方向向量 $\boldsymbol{s}$ 垂直. 故

$$\boldsymbol{n}_1=\boldsymbol{n}\times\boldsymbol{s}=\begin{vmatrix}\boldsymbol{i}&\boldsymbol{j}&\boldsymbol{k}\\ 1&-1&2\\ 1&1&-1\end{vmatrix}=(-1,3,2),$$

平面 π_1 的方程为 $-(x-1)+3y+2(z-1)=0$，即 $x-3y-2z+1=0$.

由于 l_0 位于平面 π 上，因此得 l_0 的一般式方程为 $\begin{cases}x-y+2z-1=0,\\ x-3y-2z+1=0.\end{cases}$ 下面求直线 l_0 绕 y 轴的旋转面方程. 将 l_0 化为参数方程形式

$$\begin{cases}x=2t,\\ y=t,\\ z=-\frac{1}{2}(t-1),\end{cases}$$

旋转面方程应满足

$$\begin{cases} x^2+z^2=(2t)^2+\dfrac{1}{4}(t-1)^2, \\ y=t, \end{cases} \quad t\in\mathbf{R}.$$

消去参数 t，得旋转面一般方程为 $x^2+z^2=4y^2+\dfrac{1}{4}(y-1)^2$，通过配方可进一步化为

$$x^2+z^2=\frac{17}{4}\left(y-\frac{1}{17}\right)^2+\frac{4}{17},$$

即 $\dfrac{17}{4}x^2-\dfrac{17^2}{4^2}\left(y-\dfrac{1}{17}\right)^2+\dfrac{17}{4}z^2=1$，此曲面为单叶双曲面.

第五节　曲面及其方程

知识全解

一　本节知识结构图解

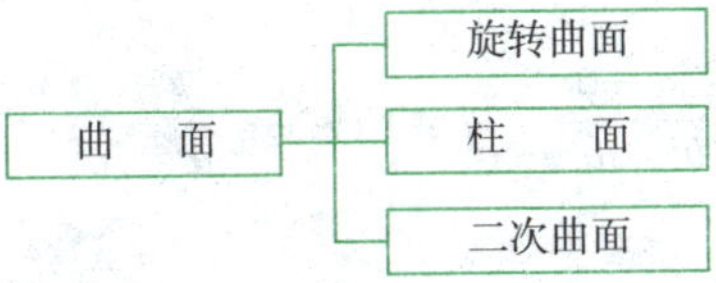

二　重点及常考点分析

1. 空间曲面方程.

(1)一般方程　$F(x,y,z)=0$；

(2)显式方程　$z=f(x,y)$；

(3)参数方程　$\begin{cases} x=x(u,v), \\ y=y(u,v), \\ z=z(u,v), \end{cases}$ $(u,v)\in D$，其中 D 为 uv 平面上某一区域.

2. 旋转曲面方程.

设 C：$f(y,z)=0$ 为 yOz 平面上的曲线，则

(1)C 绕 z 轴旋转所得的曲面为 $f(\pm\sqrt{x^2+y^2},z)=0$；

(2)C 绕 y 轴旋转所得的曲面为 $f(y,\pm\sqrt{x^2+z^2})=0$.

旋转曲面由母线和旋转轴确定.

求旋转曲面方程时，平面曲线绕某坐标轴旋转，则该坐标轴对应的变量不变，而曲线方程中另一变量改写成该变量与第三变量平方和的正负方根. 例如，l：$\begin{cases} f(x,y)=0, \\ z=0, \end{cases}$ 曲线 l 绕 x 轴旋转所形成的旋转曲面的方程为

$$f(x,\pm\sqrt{y^2+z^2})=0.$$

3. 柱面方程.

(1)母线平行于 z 轴的柱面方程为 $F(x,y)=0$.

(2)母线平行于 x 轴的柱面方程为 $G(y,z)=0$.

(3)母线平行于 y 轴的柱面方程为 $H(x,z)=0$.

当曲面方程中缺少一个变量时，则曲面为柱面. 如 $F(x,y)=0$，变量 z 未出现，该曲面表示

由准线$\begin{cases}F(x,y)=0,\\ z=0\end{cases}$生成，母线平行于 z 轴的柱面.

柱面方程须注意准线与母线两个要素.

4. 几种常见的二次曲面的标准方程.

(1)球面方程：

$$(x-x_0)^2+(y-y_0)^2+(z-z_0)^2=R^2,$$

其中(x_0,y_0,z_0)为球心，$R>0$ 为球的半径.

(2)椭球面方程：

$$\frac{x^2}{a^2}+\frac{y^2}{b^2}+\frac{z^2}{c^2}=1(a>0,b>0,c>0),$$

当 $a=b=c$ 时，即为球面方程.

(3)单叶双曲面方程：

$$\frac{x^2}{a^2}+\frac{y^2}{b^2}-\frac{z^2}{c^2}=1\text{ 或 }\frac{x^2}{a^2}-\frac{y^2}{b^2}+\frac{z^2}{c^2}=1\text{ 或 }-\frac{x^2}{a^2}+\frac{y^2}{b^2}+\frac{z^2}{c^2}=1\ (a>0,b>0,c>0),$$

系数两项为正，一项为负.

(4)双叶双曲面方程：

$$\frac{x^2}{a^2}-\frac{y^2}{b^2}-\frac{z^2}{c^2}=1\text{ 或 }\frac{y^2}{b^2}-\frac{x^2}{a^2}-\frac{z^2}{c^2}=1\text{ 或 }\frac{z^2}{c^2}-\frac{x^2}{a^2}-\frac{y^2}{b^2}=1\ (a>0,b>0,c>0),$$

系数两项为负，一项为正.

(5)椭圆抛物面方程：

$$z=\frac{x^2}{a^2}+\frac{y^2}{b^2}\text{ 或 }y=\frac{x^2}{a^2}\quad\frac{z^2}{c^2}\text{ 或 }x=\frac{y^2}{b^2}+\frac{z^2}{c^2}\ (a>0,b>0,c>0).$$

(6)双曲抛物面方程：

$$z=\pm\left(\frac{x^2}{a^2}-\frac{y^2}{b^2}\right)\text{ 或 }y=\pm\left(\frac{z^2}{c^2}-\frac{x^2}{a^2}\right)\text{ 或 }x=\pm\left(\frac{y^2}{b^2}-\frac{z^2}{c^2}\right)\ (a>0,b>0,c>0).$$

双曲抛物面又称为马鞍面.

(7)圆柱面方程：

$$x^2+y^2=R^2\text{ 或 }y^2+z^2=R^2\text{ 或 }x^2+z^2=R^2(R>0).$$

(8)椭圆柱面方程：

$$\frac{x^2}{a^2}+\frac{y^2}{b^2}=1\text{ 或 }\frac{y^2}{b^2}+\frac{z^2}{c^2}=1\text{ 或 }\frac{x^2}{a^2}+\frac{z^2}{c^2}=1\ (a>0,b>0,c>0).$$

(9)双曲柱面方程：

$$\frac{x^2}{a^2}-\frac{y^2}{b^2}=\pm1\text{ 或 }\frac{y^2}{b^2}-\frac{z^2}{c^2}=\pm1\text{ 或 }\frac{x^2}{a^2}-\frac{z^2}{c^2}=\pm1\ (a>0,b>0,c>0).$$

(10)抛物柱面方程：

$$x^2=2py\text{ 或 }y^2=2px,y^2=2pz\text{ 或 }z^2=2py,z^2=2px\text{ 或 }x^2=2pz,$$

p 为非零实数.

三 考研大纲要求解读

理解曲面方程的概念，了解常用二次曲面的方程及其图形，会求以坐标轴为旋转轴的旋转曲面及母线平行于坐标轴的柱面方程.

例题精解

基本题型 1:关于常见二次曲面的标准方程及作图的问题

例 1 请指出下列二次曲面的名称,并作草图:

(1)$16x^2-9y^2-9z^2=-25$;　(2)$16x^2-9y^2-9z^2=25$;

(3)$y^2+z^2=4x$;　(4)$2(x-1)^2+(y-2)^2-(z-3)^2=0$.

【思路探索】 给出二次曲面方程,要求判断曲面性质时,应先进行简化运算,将方程转化成常见曲面方程的形式,然后再进行判断.

解:(1)可以将方程写成如下的标准形式:

$$-\frac{x^2}{\left(\frac{5}{4}\right)^2}+\frac{y^2}{\left(\frac{5}{3}\right)^2}+\frac{z^2}{\left(\frac{5}{3}\right)^2}=1.$$

该方程表示单叶双曲面,草图如图 8-1 所示.

(2)方程可写成如下的标准形式:

$$\frac{x^2}{\left(\frac{5}{4}\right)^2}-\frac{y^2}{\left(\frac{5}{3}\right)^2}-\frac{z^2}{\left(\frac{5}{3}\right)^2}=1.$$

该方程表示双叶双曲面,草图如图 8-2 所示.

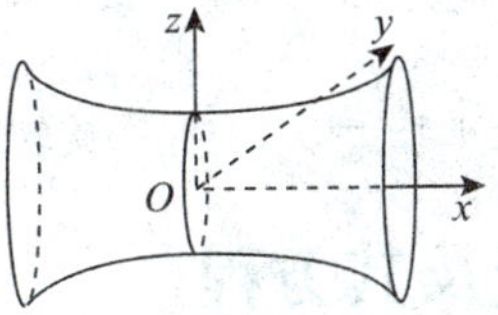

图 8-1

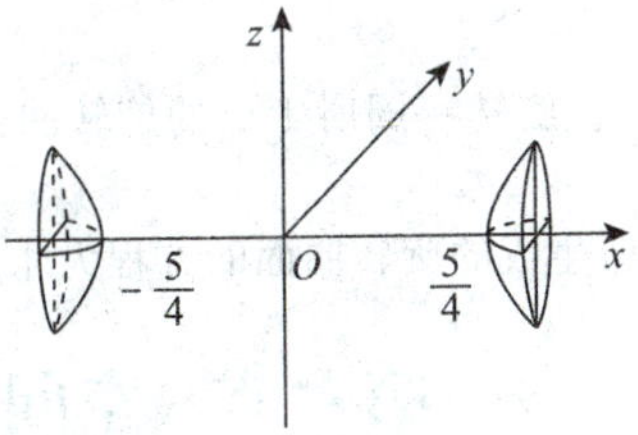

图 8-2

(3)方程可写成如下的标准形式:$x=\frac{y^2}{2^2}+\frac{z^2}{2^2}$.

该方程表示椭圆抛物面,草图如图 8-3 所示.

(4)方程可写成如下的标准形式:$\frac{(x-1)^2}{\left(\frac{\sqrt{2}}{2}\right)^2}+\frac{(y-2)^2}{1^2}=(z-3)^2$.

该方程表示椭圆锥面,它是由标准椭圆锥面$\frac{x^2}{\left(\frac{\sqrt{2}}{2}\right)^2}+\frac{y^2}{1^2}=z^2$的图形平移到使锥面的顶点为(1,2,3)时得到的. 草图如图 8-4 所示.

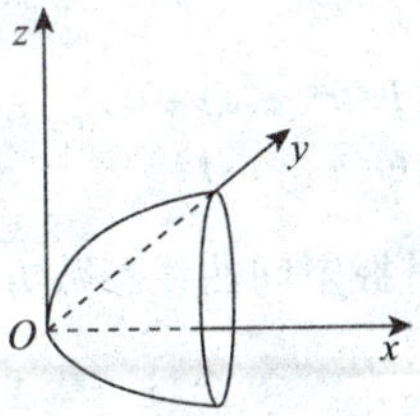

图 8-3

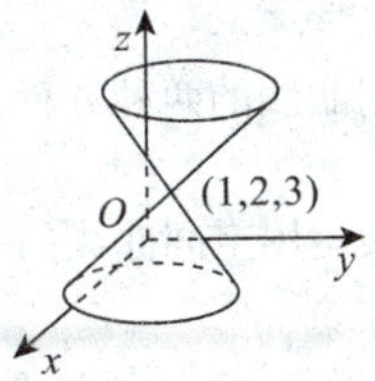

图 8-4

基本题型 2:求曲面的方程

例 2 试求到球面 $\Sigma_1:(x-4)^2+y^2+z^2=9$ 与 $\Sigma_2:(x+1)^2+(y+1)^2+(z+1)^2=4$ 的距离比为 3∶2 的点的轨迹,并指出曲面的类型.

【思路探索】 在所求曲面上任取一点 $M(x,y,z)$,根据已知该曲面的条件,建立动点 M 的坐标应满足的方程 $F(x,y,z)=0$,则此方程即为所求曲面的方程.

解:设所求曲面上的动点为 $M(x,y,z)$. 点 M 到 Σ_1 的球心(4,0,0)的距离为 $d_1=\sqrt{(x-4)^2+y^2+z^2}$,点 M 到 Σ_2 的球心(−1,−1,−1)的距离为 $d_2=\sqrt{(x+1)^2+(y+1)^2+(z+1)^2}$,则点 M 到 Σ_1 的球面距离为

$$d_1-3=\sqrt{(x-4)^2+y^2+z^2}-3;$$

点 M 到 Σ_2 的球面距离为

$$d_2-2=\sqrt{(x+1)^2+(y+1)^2+(z+1)^2}-2.$$

由已知,得 $\dfrac{d_1-3}{d_2-2}=\dfrac{3}{2}$,即 $2d_1=3d_2$. 由两边平方,得

$$4[(x-4)^2+y^2+z^2]=9[(x+1)^2+(y+1)^2+(z+1)^2],$$

化简得 $5(x^2+y^2+z^2)+50x+18y+18z-37=0$,这是一个球面方程.

例 3 将 xOy 坐标面上的双曲线 $4x^2-9y^2=36$ 分别绕 x 轴及 y 轴旋转一周,求所生成的旋转曲面的方程.

解:已知曲线绕 x 轴旋转一周所生成的旋转曲面的方程为 $4x^2-9y^2-9z^2=36$,它是一旋转双叶双曲面;

绕 y 轴旋转一周所生成的旋转曲面的方程为 $4x^2-9y^2+4z^2=36$,它是一旋转单叶双曲面.

第六节　空间曲线及其方程

知识全解

一 本节知识结构图解

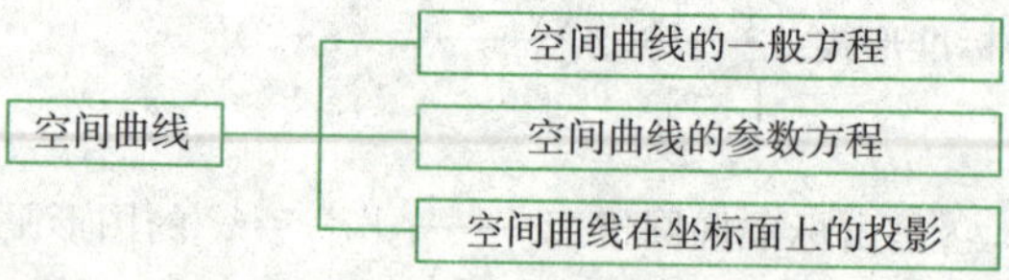

二 重点及常考点分析

1. 空间曲线的方程.

本节主要讨论空间曲线的两种方程:一般方程 $\begin{cases}F(x,y,z)=0,\\G(x,y,z)=0\end{cases}$ 和参数方程 $\begin{cases}x=x(t),\\y=y(t),\\z=z(t).\end{cases}$ 求解两曲面交线通常可直接运用空间曲线的一般方程. 掌握空间曲线参数方程的几何应用,如螺旋线的方程及性质.

2. 空间曲线在坐标面上的投影.

掌握空间曲线在坐标面上的投影方程. 如空间曲线 C: $\begin{cases} F(x,y,z)=0, \\ G(x,y,z)=0, \end{cases}$ 其在 xOy 面上的投影曲线方程为 $\begin{cases} H(x,y)=0, \\ z=0. \end{cases}$

求投影曲线方程的方法为:

(1)先求出空间曲线在给定平面上的投影柱面方程;

(2)将投影柱面方程与给定平面方程联立,即求得投影曲线方程.

三 考研大纲要求解读

了解空间曲线的概念,了解空间曲线的参数方程和一般方程. 了解空间曲线在坐标平面上的投影,并会求其方程.

例题精解

基本题型 1:求曲线的方程

例 1 求二次曲面 $y=\frac{x^2}{a^2}-\frac{z^2}{c^2}$ 与三个坐标平面的交线.

【思路探索】 求解空间曲面与坐标平面的交线,只需将已知曲面方程与坐标平面方程联立.

解:此二次曲面为双曲抛物面.

曲面与 xOy 面的交线为 $\begin{cases} x=\frac{x^2}{a^2}-\frac{z^2}{c^2}, \\ z=0, \end{cases}$ 即 $\begin{cases} y=\frac{x^2}{a^2}, \\ z=0, \end{cases}$

这是 xOy 面上的抛物线 $y=\frac{x^2}{a^2}$.

曲面与 zOx 面的交线为 $\begin{cases} y=\frac{x^2}{a^2}-\frac{z^2}{c^2}, \\ y=0, \end{cases}$ 即 $\begin{cases} \left(\frac{x}{a}-\frac{z}{c}\right)\left(\frac{x}{a}+\frac{z}{c}\right)=0, \\ y=0, \end{cases}$

这是 zOx 面上的两条相交直线 $z=\frac{c}{a}x$ 和 $z=-\frac{c}{a}x$.

曲面与 yOz 面的交线为 $\begin{cases} y=\frac{x^2}{a^2}-\frac{z^2}{c^2}, \\ x=0, \end{cases}$ 即 $\begin{cases} y=-\frac{z^2}{c^2}, \\ x=0, \end{cases}$

这是 yOz 面上的抛物线.

基本题型 2:求空间曲线在坐标面上的投影方程

例 2 求曲线 C: $\begin{cases} x=y^2+z^2, \\ x+2y-z=0 \end{cases}$ 在三个坐标平面上的投影曲线方程.

【思路探索】 从空间曲线 C 的方程 $\begin{cases} x=y^2+z^2, \\ x+2y-z=0 \end{cases}$ 中分别消去 x,y,z 即可得曲线 C 在三个坐标面上的投影柱面方程. 再与坐标面方程联立方程组,即得投影曲线方程.

解:将 $\begin{cases} x=y^2+z^2, \\ x+2y-z=0 \end{cases}$ 化简,消去 x,得 $y^2+z^2+2y-z=0$. （为什么?）

这是曲线 C 向 yOz 平面的投影柱面. 此投影柱面与 yOz 面的交线即为曲线 C 在 yOz 面上的投

影曲线.故

$$\begin{cases}y^2+z^2+2y-z=0,\\ x=0\end{cases}$$

即为所求.

为什么与 $x=0$ 联立?

同理,消去 y 可得曲线 C 向 zOx 面的投影曲线

$$\begin{cases}x=\dfrac{1}{4}(z-x)^2+z^2,\\ y=0.\end{cases}$$

为什么与 $y=0$ 联立?

消去 z 可得曲线 C 向 xOy 面的投影曲线

$$\begin{cases}x=y^2+(x+2y)^2,\\ z=0.\end{cases}$$

为什么与 $z=0$ 联立?

本章小结

1. 向量代数.

(1)在利用空间解析几何去解决问题时,若问题中没有给定坐标系,那么我们应当根据问题的需要,选取合适的坐标系,使问题的解决更为简洁.这是空间解析几何处理问题的一个基本方法或思路.在本章向量代数部分讨论的向量及其相应的运算都有相对应的坐标表示,在具体的坐标表示下,就可以利用解析(分析)的方法来求解相应的问题.我们在例题中也大量地采用了这种思路,希望读者能够很好地体会.

(2)由于我们处理的常常是具有几何意义或几何直观的问题,那么从问题的几何意义或几何直观入手分析问题是非常重要的处理方法.向量及其运算对应着明显的几何直观,并且相应的结果也具有某种几何意义,在例题中有不少地方借鉴了这种思路.在有些题目中,我们刻意追求一种纯向量式的证明方法.我们希望通过这样的处理能够加深对向量本身的理解,特别是相应的几何意义方面的理解.

2. 平面和直线.

(1)在本章平面与直线部分,我们主要考虑的是直线和平面.对于直线,我们知道直线上一点及其方向向量即决定了该直线,另外直线也常写成两平面交线的形式,直线上的两点也可决定该直线等.通过给出的各种条件可以写出直线的各种方程.对于平面,其上一点及其法向量可以决定该平面,该平面上不共线的三点也可决定该平面等.

(2)我们可以由平面和直线的方程来研究它们的性质.如点到平面的距离、点到直线的距离、平面与平面的夹角、直线和平面的夹角等.这些概念本身具有明显的几何意义,由此可以提高我们关于空间的想象力,并进一步掌握解析几何处理这些问题的常用方法和思想.

(3)从某种角度讲,本章平面与直线部分的方法依赖于对向量的运算和理解,向量给我们带来了极大的方便.直线和平面的确定依赖于其方向向量或法向量,而相应的夹角、平行、垂直同样需要利用向量之间的运算来表示.换句话说,从向量的角度去理解直线和平面是基本的思路.

3. 空间曲面和曲线.

(1)本章空间曲面与曲线部分的主要内容是各类二次曲面的方程及形状,利用平面与二次曲面相截得到的曲线来想象并作出相应曲面的图形以提高空间想象力.

(2)相应地,我们亦涉及一些概念,如旋转面、柱面等.这些曲面具有明显的特征,对这些曲面方程的确定以及有关性质等方面,读者应有一明确的想法.

(3)与直线和平面相结合,相应的有相切、投影、交线、交点等问题.我们在例题中给出了这

方面的例子.在这些例子中,涉及分析和代数知识的运用.虽然本质上还是依赖对曲面、平面和直线的理解,但必要的练习也不可少.

自测题

一、填空题

1. 已知$|\boldsymbol{a}|=3,|\boldsymbol{b}|=5,|\boldsymbol{a}+\boldsymbol{b}|=8$,则$|\boldsymbol{a}-\boldsymbol{b}|=$______.

2. 向量$\boldsymbol{a}=(1,1,0),\boldsymbol{b}=(0,-1,-1)$,则以$\boldsymbol{a},\boldsymbol{b}$为邻边的平行四边形面积为______.

3. 设空间直线$\dfrac{x-1}{1}=\dfrac{y+1}{2}=\dfrac{z-1}{\lambda}$与$x+1=y-1=z$相交于一点,则$\lambda=$______.

4. 直线$\begin{cases}5x-3y+3z=9,\\3x-2y+z=1\end{cases}$与直线$\begin{cases}2x+2y-z=-23,\\3x+8y+z=18\end{cases}$夹角的余弦为______.

5. 过点$(3,1,-2)$且通过直线$\dfrac{x-4}{5}=\dfrac{y+3}{2}=\dfrac{z}{1}$的平面方程为______.

二、选择题

1. 已知向量$\boldsymbol{a}=\boldsymbol{i}+\boldsymbol{j}+\boldsymbol{k}$,则垂直于$\boldsymbol{a}$且垂直于$x$轴的单位向量是( ).

(A)$\pm\dfrac{\sqrt{3}}{3}(\boldsymbol{i}+\boldsymbol{j}+\boldsymbol{k})$　　(B)$\pm\dfrac{\sqrt{3}}{3}(\boldsymbol{i}-\boldsymbol{j}+\boldsymbol{k})$

(C)$\pm\dfrac{\sqrt{2}}{2}(\boldsymbol{j}-\boldsymbol{k})$　　(D)$\pm\dfrac{\sqrt{2}}{2}(\boldsymbol{j}+\boldsymbol{k})$

2. 方程$\begin{cases}x^2-4y^2+z^2=25,\\x=-3\end{cases}$表示( ).

(A)单叶双曲面　　(B)双曲柱面

(C)双曲柱面在平面$x=0$上的投影　　(D)$x=-3$上的双曲线

3. 点$A(1,2,3)$到平面$\pi:4x-5y-8z+21=0$的距离为( ).

(A)$\dfrac{9}{\sqrt{105}}$　　(B)$\dfrac{30}{\sqrt{105}}$　　(C)$\dfrac{59}{\sqrt{105}}$　　(D)$\dfrac{51}{\sqrt{105}}$

4. 设空间3条直线方程依次为$L_1:\dfrac{x-1}{1}=\dfrac{y-2}{2}=\dfrac{z-3}{2}$;$L_2:\dfrac{x-2}{1}=\dfrac{y-3}{1}=\dfrac{z-5}{2}$;$L_3:\dfrac{x-1}{2}=\dfrac{y-2}{4}=\dfrac{z-3}{4}$,则有( ).

(A)L_1,L_2表示同一直线　　(B)L_1,L_3表示同一直线

(C)L_2,L_3表示同一直线　　(D)L_1,L_2,L_3表示同一直线

5. 直线$\begin{cases}x+2y-z-6=0,\\2x-y+z+1=0\end{cases}$和平面$x+y+z=9$的交点坐标为( ).

(A)$(0,4,5)$　　(B)$(4,5,0)$　　(C)$(5,4,0)$　　(D)$(0,5,4)$

三、解答题

1. 点$P(2,-1,-1)$关于平面π的对称点为$P_1(-2,3,11)$,求π的方程.

2. 一动点M到平面$x-1=0$的距离等于它与x轴距离的两倍,又点M到点$A(0,-1,2)$的距离为1,求动点M的轨迹方程.

3. 设两直线$L_1:\begin{cases}x-3y+z=0,\\2x-4y+z+1=0;\end{cases}$ $L_2:\dfrac{x}{1}=\dfrac{y+1}{3}=\dfrac{z-2}{4}$.

(1)证明:L_1与L_2是异面直线;

(2)求L_1与L_2之间的距离;

(3)求过 L_1 且平行于 L_2 的平面方程.

4. 求通过直线 $l:\begin{cases}x+5y+z=0,\\x-z+4=0\end{cases}$ 且与平面 $\pi:x-4y-8z+12=0$ 成 45° 角的平面方程.

5. 求直线 $\frac{x}{\alpha}=\frac{y-\beta}{0}=\frac{z}{1}$ 绕 z 轴旋转而成的曲面的方程,并按 α,β 的值讨论它是什么曲面.

四、证明题

证明:三平面 $x=cy+bz,y=az+cx,z=bx+ay$ 经过同一条直线的充分必要条件是

$$a^2+b^2+c^2+2abc=1.$$

自测题答案

一、填空题

1. 2 **2.** $\sqrt{3}$ **3.** $\frac{5}{4}$ **4.** 0 **5.** $8x-9y-22z-59=0$

二、选择题

1. C **2.** D **3.** A **4.** B **5.** D

三、解答题

1. 解: PP_1 的中点坐标为 $M_0(0,1,5)$. 取法向量 $\boldsymbol{n}=\overrightarrow{PP_1}=(-4,4,12)$,则平面 π 的方程为

$$-4(x-0)+4(y-1)+12(z-5)=0,\text{即 } x-y-3z+16=0.$$

2. 解: 设点 M 的坐标为 (x,y,z),则点 M 到平面 $x-1=0$ 的距离为 $|x-1|$,到 x 轴的距离为 $\sqrt{y^2+z^2}$,由题设条件,有 $|x-1|=2\sqrt{y^2+z^2}$,即 $(x-1)^2=4(y^2+z^2)$.

又点 M 到点 $A(0,-1,2)$ 的距离为 1,即 $x^2+(y+1)^2+(z-2)^2=1^2$.

所以动点 M 的轨迹方程满足 $\begin{cases}(x-1)^2=4(y^2+z^2),\\x^2+(y+1)^2+(z-2)^2=1.\end{cases}$

【方法点击】 此类问题常用到距离公式及向量代数,由所给条件确定动点的坐标所满足的约束方程. 如方程是一个,则轨迹为曲面;如方程有两个,则轨迹为曲线. 另外,也可以设定参数求动点的轨迹方程. 若参数有两个,则轨迹为曲面;若参数只有一个,则轨迹是曲线.

3. 解: (1) L_1 上取点 $P_1(0,1,3)$,L_2 上取点 $P_2(0,-1,2)$,

$$\boldsymbol{s}_1=(1,-3,1)\times(2,-4,1)=(1,1,2),\boldsymbol{s}_2=(1,3,4),$$

因为 $[\overrightarrow{P_1P_2},\boldsymbol{s}_1,\boldsymbol{s}_2]=(\overrightarrow{P_1P_2}\times\boldsymbol{s}_1)\cdot\boldsymbol{s}_2=\begin{vmatrix}0&-2&-1\\1&1&2\\1&3&4\end{vmatrix}=2\neq0$,

所以 $\overrightarrow{P_1P_2},\boldsymbol{s}_1,\boldsymbol{s}_2$ 不共面. 从而 L_1 与 L_2 是异面直线.

(2)取公垂向量 $\boldsymbol{s}=\boldsymbol{s}_1\times\boldsymbol{s}_2=(-2,-2,2)$,则 L_1 与 L_2 之间的距离为

$$d=|\mathrm{Prj}_{\boldsymbol{s}}\overrightarrow{P_1P_2}|=\left|\overrightarrow{P_1P_2}\cdot\frac{\boldsymbol{s}}{|\boldsymbol{s}|}\right|=\frac{1}{\sqrt{3}}.$$

(3) $-2(x-0)-2(y-1)+2(z-3)=0$,即 $x+y-z+2=0$.

4. 解: 通过直线 l 的平面方程可设为平面束方程,利用所求平面与已知平面 π 的夹角确定出平面束方程中的参数.

设过直线 l 的平面束方程为 $x+5y+z+\lambda(x-z+4)=0$,整理得

$$(1+\lambda)x+5y+(1-\lambda)z+4\lambda=0.$$

在平面束中确定所求平面,使其与已知平面 π 成 45° 角,故

$$\cos\frac{\pi}{4}=\frac{|1\times(1+\lambda)-4\times5-8\times(1-\lambda)|}{\sqrt{1^2+(-4)^2+(-8)^2}\sqrt{(1+\lambda)^2+5^2+(1-\lambda)^2}}$$
$$=\frac{|9\lambda-27|}{\sqrt{2\lambda^2+27}\times9}=\frac{|\lambda-3|}{\sqrt{2\lambda^2+27}}.$$

所以 $\lambda=-\frac{3}{4}$. 故所求平面方程为 $x+20y+7z-12=0$.

值得注意的是,平面束中并未包含平面 $x-z+4=0$,此平面与已知平面 π 的夹角余弦为

$$\cos\theta=\frac{|1\times1-4\times0-8\times(-1)|}{\sqrt{1^2+(-4)^2+(-8)^2}\cdot\sqrt{1^2+(-1)^2}}=\frac{9}{9\sqrt{2}}=\frac{\sqrt{2}}{2}.$$

因此,该平面与 π 的夹角 $\theta=45°$,亦为所求.

所以所求平面方程为 $x+20y+7z-12=0$ 和 $x-z+4=0$.

【方法点击】 过直线 $l:\begin{cases}A_1x+B_1y+C_1z+D_1=0,\\A_2x+B_2y+C_2z+D_2=0\end{cases}$ 的平面束方程为

$$A_1x+B_1y+C_1z+D_1+\lambda(A_2x+B_2y+C_2z+D_2)=0.$$

在平面束中并不包含平面 $A_2x+B_2y+C_2x+D_2=0$,因此在解题过程中,不要忘记验证此平面是否满足题设要求.

5. 解:先将所给直线方程转化为参数方程,再求解.

直线的参数方程为$\begin{cases}x=\alpha t,\\y=\beta,\\z=t,\end{cases}$ 绕 z 轴旋转而成的旋转曲面为$\begin{cases}x^2+y^2=\alpha^2t^2+\beta^2,\\z=t,\end{cases}$ 消去 t,得

$$x^2+y^2-\alpha^2z^2=\beta^2.$$

当 $\alpha=0,\beta\neq0$ 时,$x^2+y^2=\beta^2$ 为圆柱面;

当 $\alpha\neq0,\beta=0$ 时,$z^2=\frac{1}{\alpha^2}(x^2+y^2)$ 为圆锥面;

当 $\alpha\neq0,\beta\neq0$ 时,$x^2+y^2-\alpha^2z^2=\beta^2$ 为旋转单叶双曲线.

四、证明题

证明:三平面都经过原点(0,0,0),所以三平面共线当且仅当它们的法向量共面,即

$$\begin{vmatrix}1&-c&-b\\c&-1&a\\b&a&-1\end{vmatrix}=0,$$

即 $a^2+b^2+c^2+2abc=1$. 故结论得证.

第八章

第九章　多元函数微分法及其应用

本章内容概览

多元函数微分学是一元函数微分学的推广.两者既有相似之处,又存在差异.本章要求重点掌握多元函数的概念,二重极限的概念及其与一元函数极限的区别;多元函数连续,偏导数存在和可微的概念及三者之间的关系;偏导数与全微分的计算,特别是复合函数的二阶偏导数及隐函数的偏导数;空间曲线的切线和法平面,曲面的切平面和法线;多元函数的极值和条件极值;方向导数和梯度的概念和计算.

本章知识图解

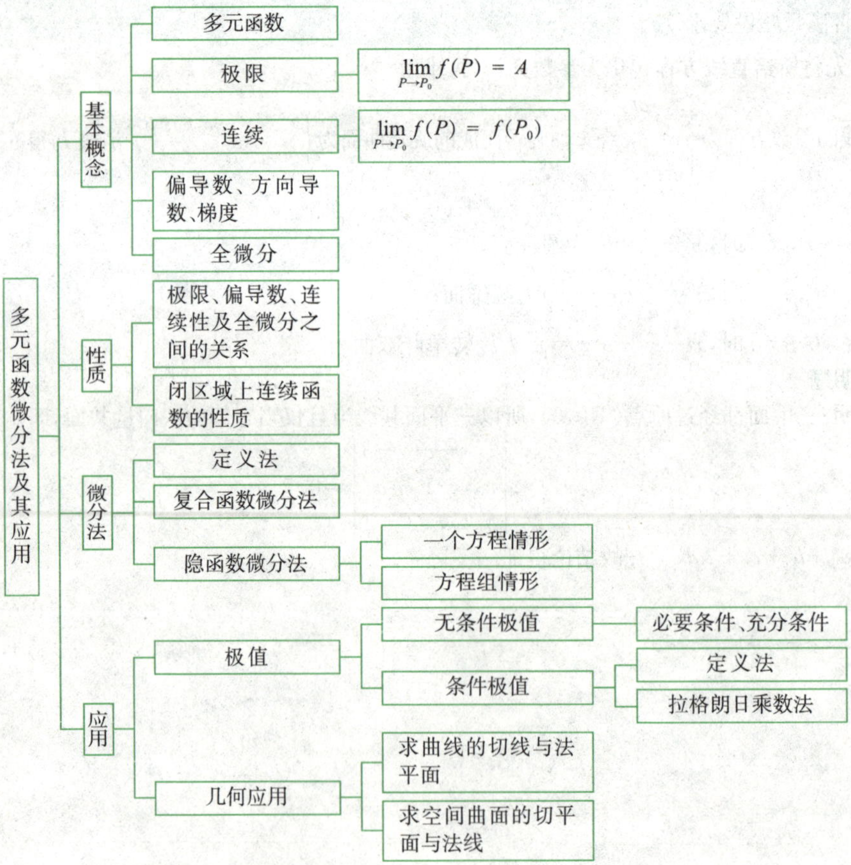

第一节　多元函数的基本概念

知识全解

一　本节知识结构图解

平面点集 n 维空间 → 多元函数概念 → 多元函数的极限 → 多元函数的连续性

二　重点及常考点分析

1. 平面点集:距离、邻域、内点、聚点、开集、闭集、开区域、闭区域等概念见教材.

2. 多元函数.

(1)二元函数(定义见教材).

(2)多元函数(定义见教材).

3. 多元函数的极限.

以二元函数为例.

设二元函数 $f(P)=f(x,y)$ 的定义域为 D,$P_0(x_0,y_0)$ 是 D 的聚点,如果存在常数 A,对于 $\forall\varepsilon>0,\exists\delta>0$,使得当点 $P(x,y)\in D\cap\mathring{U}(P_0,\delta)$ 时,都有 $|f(P)-A|=|f(x,y)-A|<\varepsilon$ 成立,则称常数 A 为函数 $f(x,y)$ 当 $(x,y)\to(x_0,y_0)$ 时的极限,记作

$$\lim_{(x,y)\to(x_0,y_0)} f(x,y)=A \text{ 或} \lim_{P\to P_0} f(P)=A.$$

(1)二元函数的极限称为二重极限,它既是本节的重点,又是本节的难点. 二重极限定义要理解记忆,注意极限存在的条件,如 $P_0(x_0,y_0)$ 是 D 的聚点,而 $P(x,y)\in D\cap\mathring{U}(P_0,\delta)$ 时,都有 $|f(P)-A|=|f(x,y)-A|<\varepsilon$ 成立.

(2)多元函数的极限和一元函数的极限相同之处在于一元函数的夹逼准则也可运用于多元函数的极限计算中,另外,有些多元函数极限也可转化为一元函数的极限.

(3)多元函数的极限与一元函数的极限在概念的表述和计算方面有许多不同之处. 在一元函数中,我们常用洛必达法则计算极限,而多元函数缺乏该法则的理论依据即柯西中值定理. 因此除非该多元函数能转化为一元函数,否则我们不能使用洛必达法则. 在计算二重极限时,应避免选择特殊路径来代替. 例如,对函数 $f(x,y)=\dfrac{x^3}{x^2+y^2}$,极限 $\lim\limits_{\substack{x\to0\\y=kx}} f(x,y)=0$ 及 $\lim\limits_{\substack{x\to0\\y=0}} f(x,y)=0$,说明变量沿直线路径趋向坐标原点时极限都为 0,但不能说明函数在坐标原点的极限 $\lim\limits_{(x,y)\to(0,0)} f(x,y)$ 存在. 实际上,变量还可以以其他方式趋于原点. 即二重极限 $\lim\limits_{(x,y)\to(x_0,y_0)} f(x,y)=A$ 存在,是指 $P(x,y)$ 以任何方式趋于 $P_0(x_0,y_0)$ 时,函数都无限接近 A. 但反过来,如果当 $P(x,y)$ 以不同方式趋于 $P_0(x_0,y_0)$ 时,函数趋于不同的值或当 $P(x,y)$ 以某一方式趋于 $P_0(x_0,y_0)$ 时,函数的极限不存在,则在这两种情况下,我们都可断定此函数的二重极限不存在.

(4)二元函数的极限与一元函数极限相仿,也满足四则运算法则及复合运算性质(见教材).

(5)求二元函数极限常用方法.

①通常可以用定义来求解;

②利用极限的性质;

③根据函数特点设 $x=\rho\cos\theta,y=\rho\sin\theta\ (\rho>0,0\leqslant\theta<2\pi)$,则 $(x,y)\to(0,0)$ 与 $\rho\to0$ 等价;

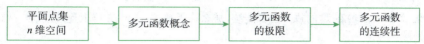

④利用不等式(如常用的 $x^2+y^2\geqslant 2|xy|$，$|\sin\theta|\leqslant 1$)及夹逼准则；

⑤当二元函数在(x_0,y_0)处连续时，有 $\lim\limits_{(x,y)\to(x_0,y_0)} f(x,y)=f(x_0,y_0)$.

4. 多元函数的连续性.

以二元函数为例.

设二元函数 $f(P)=f(x,y)$ 的定义域为 D，$P_0(x_0,y_0)$ 为 D 的聚点，且 $P_0\in D$. 如果 $\lim\limits_{(x,y)\to(x_0,y_0)} f(x,y)=f(x_0,y_0)$，则称函数 $f(x,y)$ 在点 $P_0(x_0,y_0)$ 连续.

如果函数 $f(x,y)$ 在 D 的每一点都连续，那么称函数 $f(x,y)$ 在 D 上连续，或称 $f(x,y)$ 是 D 上的连续函数.

多元连续函数具有下列性质和定理：

(1)性质 1　多元连续函数的和、差、积仍为连续函数. 在分母不为零的点处，连续函数的商仍为连续函数.

(2)性质 2　多元连续函数的复合函数也是连续函数.

(3)性质 3　一切多元初等函数在其定义区域内都是连续函数.

(4)最值定理　有界闭区域 D 上的连续函数，在 D 上必能取得最大值与最小值. 因此，有界闭区域上的连续函数必有界.

(5)介值定理　有界闭区域 D 上的连续函数，在 D 上必能取得介于最大值与最小值之间的任何值.

根据性质 3，要判定多元函数在某点处是否连续，可以先判定其是否为多元初等函数，再判定所给点是否在函数的定义区域内. 由此又可以推知：欲求 $\lim\limits_{(x,y)\to(x_0,y_0)} f(x,y)$，只需判定 $f(x,y)$ 在 P_0 点是否连续，若 $f(x,y)$ 在 P_0 点连续，则由连续性定义可知，$\lim\limits_{(x,y)\to(x_0,y_0)} f(x,y)=f(x_0,y_0)$，这为我们提供了求极限的简便可行的方法.

最后，还应弄清极限存在与连续的关系. 若 $\lim\limits_{(x,y)\to(x_0,y_0)} f(x,y)$ 存在，$f(x,y)$ 在 $P_0(x_0,y_0)$ 不一定连续；若 $\lim\limits_{(x,y)\to(x_0,y_0)} f(x,y)$ 不存在，则 $f(x,y)$ 在 $P_0(x_0,y_0)$ 必定不连续. 若 $z=f(x,y)$ 在 $P_0(x_0,y_0)$ 处连续，则 $\lim\limits_{(x,y)\to(x_0,y_0)} f(x,y)$ 必定存在，且等于 $f(x_0,y_0)$.

三 考研大纲要求解读

1. 理解多元函数的概念，理解二元函数的几何意义.
2. 了解二元函数的极限与连续性的概念，以及有界闭区域上连续函数的性质.

例题精解

基本题型 1：求多元函数的定义域

例 1 求函数 $z=\arcsin 2x+\dfrac{\sqrt{4x-y^2}}{\ln(1-x^2-y^2)}$ 的定义域.

【思路探索】 求多元函数的定义域，就是要求出使其表达式有意义的点的全体. 首先，要写出构成部分的各简单函数的定义域，再解联立不等式组，即得所求定义域.

解：$\arcsin 2x$ 的定义域为$\{x\,|\,|2x|\leqslant 1\}$；$\sqrt{4x-y^2}$ 的定义域为$\{(x,y)\,|\,4x-y^2\geqslant 0\}$；

$\dfrac{1}{\ln(1-x^2-y^2)}$ 的定义域为$\{(x,y)\,|\,1-x^2-y^2>0$ 且 $1-x^2-y^2\neq 1\}$. 联立不等式组

$$\begin{cases}|2x|\leqslant 1,\\4x-y^2\geqslant 0,\\1-x^2-y^2>0,\\1-x^2-y^2\neq 1.\end{cases}$$

因此,所求函数的定义域为$\left\{(x,y)\left|-\frac{1}{2}\leqslant x\leqslant\frac{1}{2},y^2\leqslant 4x,0<x^2+y^2<1\right.\right\}$.

【方法点击】 与求一元函数的定义域相仿,需考虑:

分式的分母不能为零;偶次方根号下的表达式非负;对数的真数大于零;反正弦、反余弦中的表达式的绝对值小于等于 1 等. 再解联立不等式组,即得定义域.

基本题型 2:已知二元函数 $f(x,y)$ 的表达式,求复合函数 $f[u(x,y),v(x,y)]$ 的表达式

例 2 设 $f(x,y)=\dfrac{xy}{x^2+y}$,求 $f\left(xy,\dfrac{x}{y}\right)$.

【思路探索】 求复合函数 $f\left(xy,\dfrac{x}{y}\right)$ 的表达式,可适当引入中间变量,令 $u=xy,v=\dfrac{x}{y}$. 这样把 $f\left(xy,\dfrac{x}{y}\right)$ 转化为 $f(u,v)$,而函数的对应关系与所用字母无关,故 $f(u,v)=\dfrac{uv}{u^2+v}$. 最后再把中间变量 u,v 还原为关于 x,y 的表达式.

解:令 $u=xy,v=\dfrac{x}{y}$,则 $f\left(xy,\dfrac{x}{y}\right)=f(u,v)=\dfrac{uv}{u^2+v}=\dfrac{xy\cdot\dfrac{x}{y}}{(xy)^2+\dfrac{x}{y}}=\dfrac{xy}{xy^3+1}$.

【方法点击】 这类问题的关键在于分清楚复合函数的复合结构,在解题过程中适当引入中间变量,最后再把中间变量还原回去.

基本题型 3:证明极限不存在

例 3 证明 $\lim\limits_{(x,y)\to(0,0)}\dfrac{xy^2}{x^3+y^3}$ 不存在.

【思路探索】 若要证明二重极限不存在,我们可以选择不同的路径计算极限. 如果沿不同路径算出不同的极限值,或者按照某一路径计算时极限不存在,那么就可以断定原二重极限不存在.

证明:令 $y=kx(k\neq -1)$,则

$$\lim_{\substack{x\to 0\\y=kx}}\frac{xy^2}{x^3+y^3}=\lim_{x\to 0}\frac{x\cdot k^2x^2}{x^3+k^3x^3}=\frac{k^2}{1+k^3}.$$

这表示沿着不同的直线 $y=kx$,当点 $(x,y)\to(0,0)$ 时,极限值与 k 有关,极限值不相同. 故 $\lim\limits_{(x,y)\to(0,0)}\dfrac{xy^2}{x^3+y^3}$ 不存在.

【方法点击】 证明 $\lim\limits_{(x,y)\to(x_0,y_0)}f(x,y)$ 不存在可用下列方法:

(1)沿某特殊路径极限不存在;

(2)沿不同路径极限不相等. 这两种方法是判定 $\lim\limits_{(x,y)\to(x_0,y_0)}f(x,y)$ 不存在的有效方法.

基本题型 4:求极限

例 4 计算极限 $\lim\limits_{(x,y)\to(0,0)}\dfrac{\sin xy}{x}$.

【思路探索】 本题可利用夹逼准则来求解，但要注意这里不能将$\frac{\sin xy}{x}$转化为$\frac{\sin xy}{xy}\cdot y$. 因为前者的定义域为$\{(x,y)\mid x\neq 0\}$，而后者的定义域为$\{(x,y)\mid x\neq 0$ 且 $y\neq 0\}$. 如果条件变为 $y\to a$ $(a\neq 0)$，这时便可利用重要极限求解.

解：因为$|\sin xy|\leqslant|xy|$，所以$0\leqslant\left|\frac{\sin xy}{x}\right|\leqslant|y|$. 又由于 $\lim\limits_{(x,y)\to(0,0)}|y|=0$，所以由夹逼准则知

$$\lim_{(x,y)\to(0,0)}\frac{\sin xy}{x}=0.$$

【方法点击】 计算二重极限时，常把二元函数极限转化为一元函数极限问题，再利用四则运算性质、夹逼准则、变量代换、两个重要极限、等价无穷小替换、对函数作恒等变换约去零因子、洛必达法则等，或者利用函数连续的定义及多元初等函数的连续性.

基本题型 5：讨论二元函数的连续性

例 5 讨论 $f(x,y)=\begin{cases}\dfrac{x^2\sin\dfrac{1}{x^2+y^2}+y^2}{x^2+y^2}, & (x,y)\neq(0,0),\\ 0, & (x,y)=(0,0)\end{cases}$ 在$(0,0)$点的连续性.

解：当 $y=0$，$x\to 0$ 时，即动点 $P(x,y)$沿 x 轴趋于$(0,0)$点，则有

$$\lim_{\substack{y=0\\x\to 0}}\frac{x^2\sin\dfrac{1}{x^2+y^2}+y^2}{x^2+y^2}=\lim_{x\to 0}\frac{x^2\sin\dfrac{1}{x^2}}{x^2}=\lim_{x\to 0}\sin\frac{1}{x^2},$$

则极限不存在. 由连续函数的定义知 $f(x,y)$在$(0,0)$点不连续.

例 6 讨论 $f(x,y)=\begin{cases}(x^2+y^2)\ln(x^2+y^2), & x^2+y^2\neq 0,\\ 0, & x^2+y^2=0\end{cases}$ 在$(0,0)$点的连续性.

解：令$\begin{cases}x=r\cos\theta,\\ y=r\sin\theta,\end{cases}$则当$(x,y)\to(0,0)$时，有 $r=\sqrt{x^2+y^2}\to 0$，所以

为什么令 $x=r\cos\theta$，$y=r\sin\theta$？

$$\lim_{(x,y)\to(0,0)}f(x,y)=\lim_{(x,y)\to(0,0)}(x^2+y^2)\ln(x^2+y^2)=\lim_{r\to 0}r^2\ln r^2=0=f(0,0),$$

故 $f(x,y)$在$(0,0)$点连续.

【方法点击】 当 $f(x,y)$的表达式中有 x^2+y^2 时，常作变换 $x=r\cos\theta$，$y=r\sin\theta$. 经变换可得，$x^2+y^2=r^2$，且$(x,y)\to(0,0)$变为 $r\to 0$.

第二节 偏导数

知识全解

一 本节知识结构图解

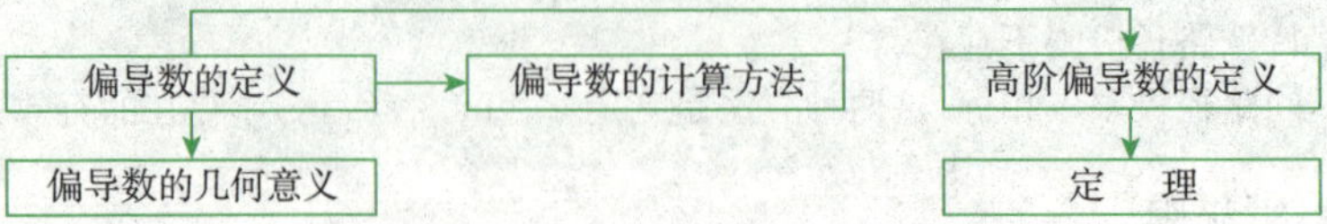

二 重点及常考点分析

1. 偏导数.

(1)偏导数的定义(见教材).

(2)二元函数偏导数的几何意义(见教材).

(3)多元函数的各偏导数在某点都存在,不能保证函数在该点连续.

(4)偏导数的计算.

由偏导数的定义可知,若 $z=f(x,y)$,欲求 z 对 x 的偏导数$\frac{\partial z}{\partial x}$,只需将 y 看作为常数,即将 $z=f(x,y)$看作关于 x 的一元函数,再按照一元函数的求导法则求$\frac{\partial z}{\partial x}$即可. 注意偏导数的记号如$\frac{\partial z}{\partial x}$是个整体记号,不能看成分子与分母之商.

这与$\frac{\mathrm{d}z}{\mathrm{d}x}$不同!

关于多元函数偏导数计算的几点说明:

①由偏导数定义知,偏导数与一元函数的导数运算相仿,也满足四则运算法则.

②偏导数计算的关键是要弄清对哪个变量求偏导数,将其余变量均看作常量,然后按一元函数求导公式及运算法则去求.

③一般来说,求初等函数在定义域内的偏导数,直接用一元函数的求导公式和法则即可. 这是因为$\left.\frac{\partial f}{\partial x}\right|_{(x_0,y_0)}=\left.\frac{\mathrm{d}}{\mathrm{d}x}f(x,y_0)\right|_{x=x_0}$. 若求具体某点处的偏导数,用公式求出偏导数后再代入该点的坐标即可. 最后,需要注意的是,如果求分段函数在分界点处的偏导数只能用定义去求.

2. 高阶偏导数.

二阶及二阶以上的偏导数统称为高阶偏导数.

定理:如果函数 $z=f(x,y)$的两个二阶混合偏导数$\frac{\partial^2 z}{\partial y\partial x}$,$\frac{\partial^2 z}{\partial x\partial y}$在区域 D 内连续,那么在该区域内,这两个二阶混合偏导数必相等.

换句话说,二阶混合偏导数在连续的条件下与求导的次序无关.

注意:非连续时,求导次序不能随意交换!

同样,二阶以上的高阶混合偏导数在相应高阶偏导数连续的条件下也与求导的次序无关.

三 考研大纲要求解读

1. 理解多元函数偏导数的概念及其性质.
2. 掌握多元函数偏导数的求法.

例题精解

基本题型 1:利用一元函数的求导公式及导数运算法则求偏导数

例 1 求函数 $f(x,y)=x+y-\sqrt{x^2+y^2}$在点(3,4)处的偏导数.

【思路探索】 $f(x,y)$关于 x 求偏导时,将 y 看作常数,利用一元函数的求导法则及公式进行运算可求出 f'_x. 同理,可求出 f'_y. 要求 $f'_x(3,4)$,$f'_y(3,4)$,只需将(3,4)点代入 f'_x,f'_y中即可求解.

解:将 y 当作常数,对 x 求导,得

$$f'_x(x,y)=1-\frac{1}{2}(x^2+y^2)^{-\frac{1}{2}}\cdot 2x=1-\frac{x}{\sqrt{x^2+y^2}}.$$

同理,将 x 当作常数,对 y 求导,得

$$f'_y(x,y)=1-\frac{1}{2}(x^2+y^2)^{-\frac{1}{2}}\cdot 2y=1-\frac{y}{\sqrt{x^2+y^2}}.$$

故 $f'_x(3,4)=1-\frac{3}{\sqrt{3^2+4^2}}=1-\frac{3}{5}=\frac{2}{5}$, $f'_y(3,4)=1-\frac{4}{\sqrt{3^2+4^2}}=1-\frac{4}{5}=\frac{1}{5}$.

【方法点击】 多元函数求偏导问题实质仍是一元函数的求导问题,故一元函数的求导公式、法则均可直接应用.求偏导时,关键是要分清对哪个变量求导,把哪个变量暂时当作常量.另外,一元函数的求导公式应熟练掌握.

例 2 设函数 $z=\frac{1}{e^{x+y}+2y}$,则 $\left.\frac{\partial z}{\partial y}\right|_{(1,1)}=$______.(考研题)

解:由 $\frac{\partial z}{\partial y}=-\frac{e^{x+y}+2}{(e^{x+y}+2y)^2}$,所以 $\left.\frac{\partial z}{\partial y}\right|_{(1,1)}=-\frac{1}{e^2+2}$.故应填 $-\frac{1}{e^2+2}$.

基本题型 2:利用偏导数定义求具体点处的偏导数

例 3 设 $f(x,y)=e^{\sqrt{x^2+y^4}}$,则函数在原点偏导数存在的情况是( ).(考研题)

(A) $f'_x(0,0)$ 存在,$f'_y(0,0)$ 存在　　(B) $f'_x(0,0)$ 存在,$f'_y(0,0)$ 不存在

(C) $f'_x(0,0)$ 不存在,$f'_y(0,0)$ 存在　　(D) $f'_x(0,0)$ 不存在,$f'_y(0,0)$ 不存在

解:$f'_x(0,0)=\lim\limits_{x\to 0}\frac{f(x,0)-f(0,0)}{x}=\lim\limits_{x\to 0}\frac{e^{\sqrt{x^2}}-1}{x}=\lim\limits_{x\to 0}\frac{e^{|x|}-1}{x}$,因为

$$\lim_{x\to 0^+}\frac{e^{|x|}-1}{x}=\lim_{x\to 0^+}\frac{e^{x}-1}{x}=1,\quad \lim_{x\to 0^-}\frac{e^{|x|}-1}{x}=\lim_{x\to 0^-}\frac{e^{-x}-1}{x}=-1,$$

所以 $f'_x(0,0)$ 不存在.

$$f'_y(0,0)=\lim_{y\to 0}\frac{f(0,y)-f(0,0)}{y}=\lim_{y\to 0}\frac{e^{\sqrt{y^4}}-1}{y}=\lim_{y\to 0}\frac{e^{y^2}-1}{y}=0,$$

所以 $f'_y(0,0)$ 存在.故应选(C).

【方法点击】 由本例可以看出,在某些具体点求偏导数,有时用定义去求反而更简单.

基本题型 3:利用偏导数定义求分段函数分界点处的偏导数或求偏导数不连续的点处的偏导数

例 4 设 $f(x,y)=\begin{cases}\frac{xy}{\sqrt{x^2+y^2}}, & (x,y)\neq(0,0),\\ 0, & (x,y)=(0,0),\end{cases}$ 求偏导数 $f'_x(x,y)$, $f'_y(x,y)$.

【思路探索】 由于(0,0)为 $f(x,y)$ 的分界点,故需按偏导数定义单独求 $f_x(0,0)$ 及 $f_y(0,0)$.

解:当 $(x,y)\neq(0,0)$ 时,由商的求导法则得

$$f'_x(x,y)=\frac{y\sqrt{x^2+y^2}-xy\cdot\frac{1}{2}(x^2+y^2)^{-\frac{1}{2}}\cdot 2x}{x^2+y^2}=\frac{y^3}{(x^2+y^2)^{\frac{3}{2}}},$$

$$f'_y(x,y)=\frac{x\sqrt{x^2+y^2}-xy\cdot\frac{1}{2}(x^2+y^2)^{-\frac{1}{2}}\cdot 2y}{x^2+y^2}=\frac{x^3}{(x^2+y^2)^{\frac{3}{2}}}.$$

当 $(x,y)=(0,0)$ 时,由定义求导得

$$f'_x(0,0)=\lim_{\Delta x\to 0}\frac{f(0+\Delta x,0)-f(0,0)}{\Delta x}=\lim_{\Delta x\to 0}\frac{0-0}{\Delta x}=0,$$

$$f'_y(0,0)=\lim_{\Delta y\to 0}\frac{f(0,0+\Delta y)-f(0,0)}{\Delta y}=\lim_{\Delta y\to 0}\frac{0-0}{\Delta y}=0,$$

故
$$f'_x(x,y)=\begin{cases}\dfrac{y^3}{(x^2+y^2)^{\frac{3}{2}}}, & (x,y)\neq(0,0),\\ 0, & (x,y)=(0,0),\end{cases}$$

$$f'_y(x,y)=\begin{cases}\dfrac{x^3}{(x^2+y^2)^{\frac{3}{2}}}, & (x,y)\neq(0,0),\\ 0, & (x,y)=(0,0).\end{cases}$$

例 5 设 $f(x,y)=\sqrt[3]{x^5-y^3}$，求 $f'_x(0,0)$.

【思路探索】 由于 $f'_x(x,y)=\frac{1}{3}(x^5-y^3)^{-\frac{2}{3}}\cdot 5x^4=\frac{5x^4}{3\sqrt[3]{(x^5-y^3)^2}}$，显然上式在点(0,0)处没有意义，故应按偏导数定义去求 $f_x(0,0)$.

解: $f'_x(0,0)=\lim\limits_{\Delta x\to 0}\frac{f(0+\Delta x,0)-f(0,0)}{\Delta x}=\lim\limits_{\Delta x\to 0}\frac{\sqrt[3]{(\Delta x)^5}}{\Delta x}=0.$

【方法点击】 例 4、例 5 说明：对于分段函数，在分界点处的偏导数，一定要用定义来求；同样，当用公式求出的偏导数在所给点处无意义而恰好又要求所给点处的偏导数时，也应用定义去求.

基本题型 4：讨论多元函数偏导数存在与连续的关系问题

例 6 二元函数 $f(x,y)=\begin{cases}\dfrac{xy}{x^2+y^2}, & (x,y)\neq(0,0),\\ 0, & (x,y)=(0,0)\end{cases}$ 在点(0,0)处(　　).(考研题)

(A)连续，偏导数存在　　(B)连续，偏导数不存在

(C)不连续，偏导数存在　　(D)不连续，偏导数不存在

【思路探索】 由连续的定义去讨论 $f(x,y)$ 在点(0,0)处的连续性，为此先考查 $\lim\limits_{(x,y)\to(0,0)}f(x,y)$. 由于(0,0)点为 $f(x,y)$ 的分界点，故应按偏导数的定义去求 $f'_x(0,0)$ 及 $f'_y(0,0)$.

为什么?

解: 令 $y=kx$，则

$$\lim_{\substack{x\to 0\\ y=kx}}\frac{xy}{x^2+y^2}=\lim_{x\to 0}\frac{x\cdot kx}{x^2+k^2x^2}=\frac{k}{1+k^2},$$

当 k 不同时，$\frac{k}{1+k^2}$ 便不同. 所以 $\lim\limits_{(x,y)\to(0,0)}\frac{xy}{x^2+y^2}$ 不存在，从而 $f(x,y)$ 在点(0,0)处不连续.

由偏导数定义知，

$$f'_x(0,0)=\lim_{\Delta x\to 0}\frac{f(0+\Delta x,0)-f(0,0)}{\Delta x}=\lim_{\Delta x\to 0}\frac{0-0}{\Delta x}=0,$$

$$f'_y(0,0)=\lim_{\Delta y\to 0}\frac{f(0,0+\Delta y)-f(0,0)}{\Delta y}=\lim_{\Delta y\to 0}\frac{0-0}{\Delta y}=0,$$

故在点(0,0)处，$f'(x,y)$ 的偏导数存在. 故应选(C).

【方法点击】 对于一元函数而言，可导一定连续；但对于多元函数来说，偏导数存在不一定连续.

基本题型 5:考查对偏导数的几何意义的理解

例 7 求曲线 $\begin{cases} z=\sqrt{1+x^2+y^2}, \\ x=1 \end{cases}$ 在点 $(1,1,\sqrt{3})$ 处的切线与 y 轴的倾角.

【思路探索】 偏导数 $f_y(1,1)$ 的几何意义是曲线 $\begin{cases} z=\sqrt{1+x^2+y^2}, \\ x=1 \end{cases}$ 在点 $(1,1,\sqrt{3})$ 处的切线对 y 轴的斜率.因此,只要求出 $f_y(1,1)$,由斜率与倾角的关系,便可求出倾角.

解:设所求倾角为 β,由偏导数的几何意义可知,

$$\tan\beta=\left.\frac{\partial z}{\partial y}\right|_{(1,1,\sqrt{3})}=\left.\frac{1}{2}(1+x^2+y^2)^{-\frac{1}{2}}\cdot 2y\right|_{(1,1,\sqrt{3})}=\left.\frac{y}{\sqrt{1+x^2+y^2}}\right|_{(1,1,\sqrt{3})}=\frac{1}{\sqrt{3}},$$

故 $\beta=\frac{\pi}{6}$.

【方法点击】 求解此类问题的关键是理解偏导数的几何意义. $f_x(x_0,y_0)$ 为曲面 $z=f(x,y)$ 与平面 $y=y_0$ 的交线在 $P_0(x_0,y_0)$ 处的切线关于 x 轴的斜率;$f_y(x_0,y_0)$ 为曲面 $z=f(x,y)$ 与平面 $x=x_0$ 的交线在 $P_0(x_0,y_0)$ 处的切线关于 y 轴的斜率.

基本题型 6:求函数的高阶偏导数

例 8 (1)设函数 $F(x,y)=\int_0^{xy}\frac{\sin t}{1+t^2}\mathrm{d}t$,则 $\left.\frac{\partial^2 F}{\partial x^2}\right|_{(0,2)}=$______.(考研题)

(2)设函数 $z=f[xy,yg(x)]$,其中函数 f 具有二阶连续偏导数,函数 $g(x)$ 可导且在 $x=1$ 处取得极值 $g(1)=1$,求 $\left.\frac{\partial^2 z}{\partial x\partial y}\right|_{\substack{x=1\\y=1}}$.(考研题)

【思路探索】 (1)利用变上限函数求导数和多元函数求偏导数的公式即可.(2)由复合函数链式法则求出二阶混合偏导数;注意题设条件 $g(x)$ 在 $x=1$ 处可导且取得极值,于是知 $g'(1)=0$.

解:(1) $\frac{\partial F}{\partial x}=\frac{y\sin(xy)}{1+(xy)^2}$, $\frac{\partial^2 F}{\partial x^2}=\frac{y[y\cos(xy)(1+x^2y^2)-\sin(xy)(2xy^2)]}{[1+(xy)^2]^2}$,

于是 $\left.\frac{\partial^2 F}{\partial x^2}\right|_{\substack{x=0\\y=2}}=4$,故应填 4.

(2)由题意 $g'(1)=0$,因为 $\frac{\partial z}{\partial x}=yf'_1+yg'(x)f'_2$,

$$\frac{\partial^2 z}{\partial x\partial y}=f'_1+y[xf''_{11}+g(x)f''_{12}]+g'(x)\cdot f'_2+yg'(x)[xf''_{21}+g(x)\cdot f''_{22}],$$

所以 $\left.\frac{\partial^2 z}{\partial x\partial y}\right|_{\substack{x=1\\y=1}}=f'_1(1,1)+f''_{11}(1,1)+f''_{12}(1,1)$.

例 9 设函数 $f(u)$ 具有二阶连续导数,而 $z=f(\mathrm{e}^x\sin y)$ 满足方程 $\frac{\partial^2 z}{\partial x^2}+\frac{\partial^2 z}{\partial y^2}=\mathrm{e}^{2x}z$,求 $f(u)$.(考研题)

解:令 $u=\mathrm{e}^x\sin y$,则

$$\frac{\partial z}{\partial x}=f'(u)\mathrm{e}^x\sin y,\quad \frac{\partial^2 z}{\partial x^2}=f''(u)\mathrm{e}^{2x}\sin^2 y+f'(u)\mathrm{e}^x\sin y,$$

$$\frac{\partial z}{\partial y}=f'(u)\mathrm{e}^x\cos y,\quad \frac{\partial^2 z}{\partial y^2}=f''(u)\mathrm{e}^{2x}\cos^2 y-f'(u)\mathrm{e}^x\sin y,$$

代入$\frac{\partial^2 z}{\partial x^2}+\frac{\partial^2 z}{\partial y^2}=e^{2x}z$ 中得 $f''(u)-f(u)=0$，其特征方程为 $\lambda^2-1=0$，解得 $\lambda=\pm 1$，故

$$f(u)=C_1 e^u+C_2 e^{-u}.$$

例 10　设函数 $u=f(x,y)$ 具有二阶连续偏导数，且满足等式 $4\frac{\partial^2 u}{\partial x^2}+12\frac{\partial^2 u}{\partial x\partial y}+5\frac{\partial^2 u}{\partial y^2}=0$，确定 a,b 的值，使等式在变换 $\xi=x+ay,\eta=x+by$ 下化简为$\frac{\partial^2 u}{\partial\xi\partial\eta}=0$.（考研题）

【思路探索】　由复合函数求导法，求出 u 对 x,y 的一、二阶偏导数与 u 对 ξ,η 的一、二阶偏导数间的关系，然后将方程 $4\frac{\partial^2 u}{\partial x^2}+12\frac{\partial^2 u}{\partial x\partial y}+5\frac{\partial^2 u}{\partial y^2}=0$ 变形，确定 a 与 b 使化成$\frac{\partial^2 u}{\partial\xi\partial\eta}=0$.

解：根据条件有 $x=\frac{-b}{a-b}\xi+\frac{a}{a-b}\eta,y=\frac{1}{a-b}\xi-\frac{1}{a-b}\eta$，于是

$$\frac{\partial u}{\partial\xi}=\frac{\partial u}{\partial x}\cdot\frac{-b}{a-b}+\frac{\partial u}{\partial y}\cdot\frac{1}{a-b},\frac{\partial u}{\partial\eta}=\frac{\partial u}{\partial x}\cdot\frac{a}{a-b}+\frac{\partial u}{\partial y}\cdot\frac{-1}{a-b},$$

从而，知

$$\frac{\partial u}{\partial x}=\frac{\partial u}{\partial\xi}+\frac{\partial u}{\partial\eta},\ \frac{\partial u}{\partial y}=a\frac{\partial u}{\partial\xi}+b\frac{\partial u}{\partial\eta},$$

同理，知

$$\frac{\partial^2 u}{\partial x^2}=\frac{\partial^2 u}{\partial\xi^2}+2\frac{\partial^2 u}{\partial\xi\partial\eta}+\frac{\partial^2 u}{\partial\eta^2},$$
$$\frac{\partial^2 u}{\partial y^2}=a^2\frac{\partial^2 u}{\partial\xi^2}+2ab\frac{\partial^2 u}{2\xi\partial\eta}+b^2\frac{\partial^2 u}{\partial\eta^2},$$
$$\frac{\partial^2 u}{\partial x\partial y}=a\frac{\partial^2 u}{\partial\xi^2}+(a+b)\frac{\partial^2 u}{2\xi\partial\eta}+b\frac{\partial^2 u}{\partial\eta^2},$$

将以上式子代入已知等式得

$$(5a^2+12a+4)\frac{\partial^2 u}{\partial\xi^2}+[10ab+12(a+b)+8]\frac{\partial^2 u}{\partial\xi\partial\eta}+(5b^2+12b+4)\frac{\partial^2 u}{\partial\eta^2}=0,$$

由条件知$\begin{cases}5a^2+12a+4=0,\\5b^2+12b+4=0\end{cases}$且 $10ab+12(a+b)+8\neq 0$，

解方程组，得 $a=-2,b=-\frac{2}{5}$ 或 $a=-\frac{2}{5},b=-2$.

第三节　全微分

知识全解

一　本节知识结构图解

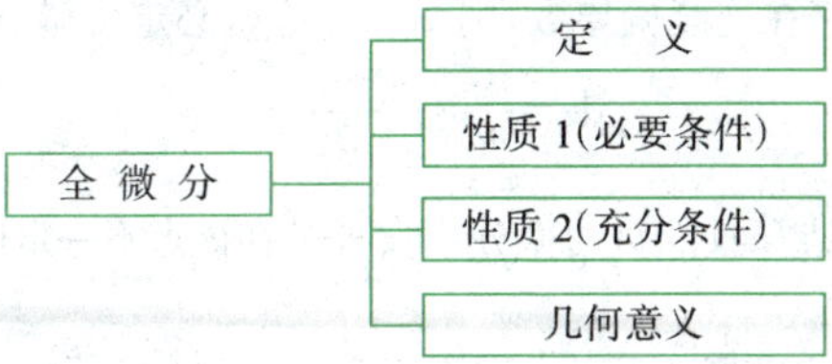

二 重点及常考点分析

1. 全微分的定义(见教材).

2. 全微分的几何意义(见教材).

3. 全微分的性质.

(1)如果函数 $z=f(x,y)$ 在点 (x,y) 可微分,则函数在该点处必连续.

(2)(全微分存在的必要条件)如果函数 $z=f(x,y)$ 在点 (x,y) 可微分,则该函数在点 (x,y) 的偏导数 $\frac{\partial z}{\partial x},\frac{\partial z}{\partial y}$ 必定存在,且函数 $z=f(x,y)$ 在点 (x,y) 的全微分为

$$dz=\frac{\partial z}{\partial x}\Delta x+\frac{\partial z}{\partial y}\Delta y=\frac{\partial z}{\partial x}dx+\frac{\partial z}{\partial y}dy.$$

(3)(全微分存在的充分条件)如果函数 $z=f(x,y)$ 的偏导数 $\frac{\partial z}{\partial x},\frac{\partial z}{\partial y}$ 在点 (x,y) 连续,则函数在该点可微分,且 $dz=\frac{\partial z}{\partial x}dx+\frac{\partial z}{\partial y}dy$.

充分条件提供了求 dz 的方法. 欲求 dz,只需先求 $\frac{\partial z}{\partial x},\frac{\partial z}{\partial y}$. 如果 $\frac{\partial z}{\partial x},\frac{\partial z}{\partial y}$ 为连续函数,则有 $dz=\frac{\partial z}{\partial x}dx+\frac{\partial x}{\partial y}dy$,从而免去了用定义求全微分时的麻烦.

通常检验一个多元函数是否可微,先看它是否连续,如不连续,则不可微;如连续,再看偏导数是否存在,如不存在则必不可微. 如 $f(x,y)$ 在 (x_0,y_0) 点连续且偏导数存在,再看偏导数是否连续,如连续则可微. 如偏导数不连续,则应用可微分的定义来检验.

若求分段函数 $z=f(x,y)$ 在分段点 (x_0,y_0) 处的全微分,则应依定义来考查. 在判断可微性时,首先应验证函数在该点的偏导数是否存在. 如果偏导数存在,还须验证当 $\rho\to 0$ 时,$\frac{\Delta z-f_x(x_0,y_0)\Delta x-f_y(x_0,y_0)\Delta y}{\rho}$ 的极限是否为 0 $\left(\text{其中 } \rho=\sqrt{(\Delta x)^2+(\Delta y)^2}\right)$. 如果极限为 0,则在该点可微分;否则,不可微.

4. 多元函数的极限存在、连续性、偏导数、可微分之间的关系.

有必要指出,多元函数的连续性、偏导数、可微分之间的关系与一元函数的连续性、可导、可微之间的关系不完全相同,应注意差异. 下面以二元函数为例.

如果函数 $z=f(x,y)$ 在点 (x_0,y_0) 处连续,则 $\lim\limits_{(x,y)\to(x_0,y_0)} f(x,y)$ 必定存在,反之不然.

函数 $z=f(x,y)$ 在点 (x_0,y_0) 存在偏导数,并不一定能保证 $z=f(x,y)$ 在点 (x_0,y_0) 处连续,也不一定能保证 $z=f(x,y)$ 在点 (x_0,y_0) 处可微分.

如果函数 $z=f(x,y)$ 在点 (x_0,y_0) 可微分,则函数 $z=f(x,y)$ 在点 (x_0,y_0) 必定存在偏导数,且在该点必连续.

如果函数 $z=f(x,y)$ 存在连续偏导数,则 $z=f(x,y)$ 必定可微分,且

$$dz=\frac{\partial z}{\partial x}dx+\frac{\partial z}{\partial y}dy.$$

如果函数 $z=f(x,y)$ 在点 (x_0,y_0) 处可微分,则 $\frac{\partial z}{\partial x},\frac{\partial z}{\partial y}$ 在该点不一定连续. 如考查

$$f(x,y)=\begin{cases}(x^2+y^2)\cdot\sin\frac{1}{x^2+y^2}, & (x,y)\neq(0,0),\\ 0, & (x,y)=(0,0),\end{cases}$$

可验证 $\mathrm{d}z\Big|_{(0,0)}=0$，但 $\dfrac{\partial z}{\partial x},\dfrac{\partial z}{\partial y}$ 在点(0,0)处不连续.

综上，二元函数中极限存在、连续、偏导数存在、可微分之间的关系如下所示（$\rightharpoonup$ 表示“不一定”）：

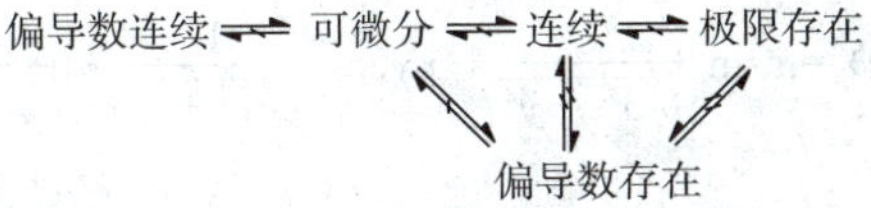

三 考研大纲要求解读

1. 理解多元函数的全微分的概念，会求全微分.
2. 了解全微分存在的必要条件和充分条件.

例题精解

基本题型 1：多元函数的可微、连续、偏导数存在等概念之间的关系

例 1 设连续函数 $z=f(x,y)$ 满足 $\lim\limits_{\substack{x\to0\\y\to1}}\dfrac{f(x,y)-2x+y-2}{\sqrt{x^2+(y-1)^2}}=0$，则 $\mathrm{d}z\Big|_{(0,1)}=$______.（考研题）

【思路探索】 利用多元函数连续、可微的定义即可.

解：由题设条件知

$$\lim_{\substack{x\to0\\y\to1}}[f(x,y)-2x+y-2]=0,$$

又由于函数 $z=f(x,y)$ 在点(0,1)处连续，于是有

$$f(0,1)=\lim_{\substack{x\to0\\y\to1}}f(x,y)=\lim_{\substack{x\to0\\y\to1}}(2x-y+2)=1,$$

令 $x=0+\Delta x,y=1+\Delta y$，则

$$0=\lim_{\substack{x\to0\\y\to1}}\frac{f(x,y)-2x+y-2}{\sqrt{x^2+(y-1)^2}}=\lim_{\substack{\Delta x\to0\\\Delta y\to0}}\frac{[f(0+\Delta x,1+\Delta y)-f(0,1)]-2\Delta x+\Delta y}{\sqrt{(\Delta x)^2+(\Delta y)^2}},$$

从而知 $f(0+\Delta x,1+\Delta y)-f(0,1)=2\Delta x-\Delta y+o(\sqrt{(\Delta x)^2+(\Delta y)^2})$.

由全微分定义知：$\mathrm{d}z\Big|_{(0,1)}=2\mathrm{d}x-\mathrm{d}y$.

基本题型 2：考查分段函数在分界点处的可微性

例 2 $f(x,y)=\begin{cases}xy\sin\dfrac{1}{\sqrt{x^2+y^2}}, & (x,y)\neq(0,0),\\ 0, & (x,y)=(0,0).\end{cases}$ 求证：

(1) $f'_x(0,0),f'_y(0,0)$ 存在；

(2) $f'_x(x,y)$ 与 $f'_y(x,y)$ 在点(0,0)处不连续；

(3) $f(x,y)$ 在点(0,0)处可微.

【思路探索】 分段函数在分界点处的偏导数及可微性都需要用它们各自的定义去求和判断.

证明：(1) 因为 $f(x,0)=0$，所以 $f'_x(0,0)=\lim\limits_{x\to0}\dfrac{f(x,0)-f(0,0)}{x}=0$.

同理，由于 $f(0,y)=0$，所以 $f'_y(0,0)=0$. 故 $f'_x(0,0),f'_y(0,0)$ 都存在.

(2) 当 $(x,y)\neq(0,0)$ 时，

$$f'_x(x,y)=y\sin\frac{1}{\sqrt{x^2+y^2}}+xy\cos\frac{1}{\sqrt{x^2+y^2}}\cdot\frac{-x}{(x^2+y^2)^{\frac{3}{2}}}$$

$$=y\sin\frac{1}{\sqrt{x^2+y^2}}-\frac{x^2y}{(x^2+y^2)^{\frac{3}{2}}}\cdot\cos\frac{1}{\sqrt{x^2+y^2}},$$

$$f'_y(x,y)=x\sin\frac{1}{\sqrt{x^2+y^2}}+xy\cos\frac{1}{\sqrt{x^2+y^2}}\cdot\frac{-y}{(x^2+y^2)^{\frac{3}{2}}}$$

$$=x\sin\frac{1}{\sqrt{x^2+y^2}}-\frac{xy^2}{(x^2+y^2)^{\frac{3}{2}}}\cdot\cos\frac{1}{\sqrt{x^2+y^2}},$$

令 $y=x$,当 $x\to0^+$,即动点(x,y)沿直线 $y=x$ 趋于$(0,0)$时,

$$\lim_{\substack{x\to0^+\\y=x}}f'_x(x,y)=\lim_{x\to0^+}\left(x\sin\frac{1}{\sqrt{2}x}-\frac{1}{2\sqrt{2}}\cos\frac{1}{\sqrt{2}x}\right),$$

以上极限不存在,故 $f_x(x,y)$在点$(0,0)$处不连续.

同理,$f'_y(x,y)$在点$(0,0)$处也不连续.

(3)函数 $f(x,y)$在点$(0,0)$处的全增量为

$$\Delta z=f(0+\Delta x,0+\Delta y)-f(0,0)=\Delta x\cdot\Delta y\sin\frac{1}{\sqrt{(\Delta x)^2+(\Delta y)^2}},$$

令 $\rho=\sqrt{(\Delta x)^2+(\Delta y)^2}$,则

$$0\leqslant\left|\frac{\Delta z-f_x(0,0)\Delta x-f_y(0,0)\Delta y}{\rho}\right|=\left|\frac{\Delta x\Delta y\sin\frac{1}{\sqrt{(\Delta x)^2+(\Delta y)^2}}}{\sqrt{(\Delta x)^2+(\Delta y)^2}}\right|\leqslant|\Delta x|,$$

所以当 $\rho\to0$,即 $\Delta x\to0$ 时,

$$\lim_{\rho\to0}\frac{\Delta z-f_x(0,0)\Delta x-f_y(0,0)\Delta y}{\rho}=0,$$

故 $\Delta z=f'_x(0,0)\Delta x+f'_y(0,0)\Delta y+o(\rho)$.

所以函数 $f(x,y)$在点$(0,0)$处可微.

【方法点击】 判断多元分段函数在分界点(x_0,y_0)点处的可微性,依可微分的定义只需验证 $\frac{\Delta z-f_x(x_0,y_0)\Delta x-f_y(x_0,y_0)\Delta y}{\rho}$当 $\rho\to0$ 时的极限是否为 0 即可. 本题说明了偏导数连续只是可微的充分条件而非必要条件.

基本题型 3:求多元函数的全微分

例 3 设 $f(x,y,z)=\sqrt[z]{\frac{x}{y}}$,求 $\mathrm{d}f(1,1,1)$.

【思路探索】 求 $\mathrm{d}f(1,1,1)$,要先求出 $\mathrm{d}f(x,y,z)$. 由于 $\mathrm{d}f(x,y,z)=f_x\mathrm{d}x+f_y\mathrm{d}y+f_z\mathrm{d}z$,故只要求出 f'_x,f'_y,f'_z,再将$(1,1,1)$代入即可得 $\mathrm{d}f\ (1,1,1)$.

解:$f(x,y,z)=\left(\frac{x}{y}\right)^{\frac{1}{z}}$,分别对 x,y,z 求导,得

$$f'_x(x,y,z)=\frac{1}{z}\left(\frac{x}{y}\right)^{\frac{1}{z}-1}\cdot\frac{1}{y}=\frac{1}{yz}\left(\frac{x}{y}\right)^{\frac{1}{z}-1};$$

$$f'_y(x,y,z)=\frac{1}{z}\left(\frac{x}{y}\right)^{\frac{1}{z}-1}\cdot\left(-\frac{x}{y^2}\right)=-\frac{x}{y^2z}\left(\frac{x}{y}\right)^{\frac{1}{z}-1};$$

$$f_z'(x,y,z)=\left(\frac{x}{y}\right)^{\frac{1}{z}}\ln\left(\frac{x}{y}\right)\cdot\left(-\frac{1}{z^2}\right).$$

因此，在函数有定义的区域内 f_x', f_y', f_z' 为连续函数，故

$$df=f_x dx+f_y dy+f_z dz.$$

因为 $f_x'(1,1,1)=1, f_y'(1,1,1)=-1, f_z'(1,1,1)=0$，所以 $df(1,1,1)=dx-dy$.

第四节　多元复合函数的求导法则

知识全解

一　本节知识结构图解

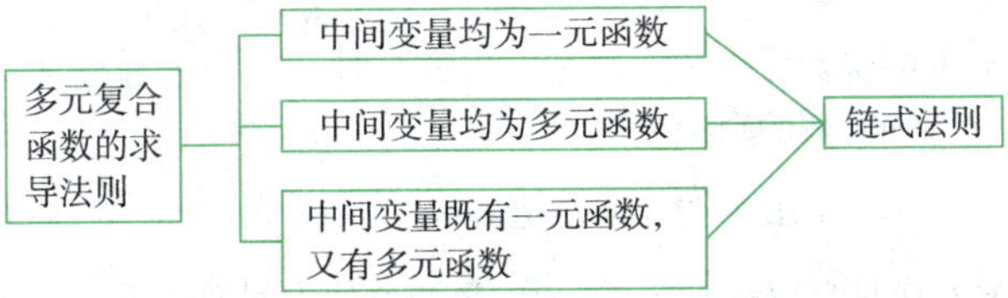

二　重点及常考点分析

1. 复合函数的中间变量均为一元函数的情形.

定理 1　如果函数 $u=\varphi(t)$ 及 $v=\psi(t)$ 都在点 t 可导，函数 $z=f(u,v)$ 在对应点 (u,v) 具有连续偏导数，则复合函数 $z=f[\varphi(t),\psi(t)]$ 在点 t 可导，且有

$$\frac{dz}{dt}=\frac{\partial z}{\partial u}\frac{du}{dt}+\frac{\partial z}{\partial v}\frac{dv}{dt}.$$

由于 z 为 t 的一元函数，故常称 z 对 t 的导数 $\frac{dz}{dt}$ 为全导数.

2. 复合函数的中间变量均为多元函数的情形.

定理 2　如果函数 $u=\varphi(x,y)$ 及 $v=\psi(x,y)$ 都在点 (x,y) 具有对 x 及对 y 的偏导数，函数 $z=f(u,v)$ 在对应点 (u,v) 具有连续偏导数，则复合函数 $z=f[\varphi(x,y),\psi(x,y)]$ 在点 (x,y) 的两个偏导数存在，且有

$$\frac{\partial z}{\partial x}=\frac{\partial z}{\partial u}\cdot\frac{\partial u}{\partial x}+\frac{\partial z}{\partial v}\cdot\frac{\partial v}{\partial x},\frac{\partial z}{\partial y}=\frac{\partial z}{\partial u}\cdot\frac{\partial u}{\partial y}+\frac{\partial z}{\partial v}\cdot\frac{\partial v}{\partial y}.$$

3. 复合函数的中间变量既有一元函数，又有多元函数的情形.

定理 3　如果函数 $u=\varphi(x,y)$ 在点 (x,y) 具有对 x 及对 y 的偏导数，函数 $v=\psi(y)$ 在点 y 可导，函数 $z=f(u,v)$ 在对应点 (u,v) 具有连续偏导数，则复合函数 $z=f[\varphi(x,y),\psi(y)]$ 在点 (x,y) 的两个偏导数存在，且有

$$\frac{\partial z}{\partial x}=\frac{\partial z}{\partial u}\cdot\frac{\partial u}{\partial x},\frac{\partial z}{\partial y}=\frac{\partial z}{\partial u}\cdot\frac{\partial u}{\partial y}+\frac{\partial z}{\partial v}\cdot\frac{dv}{dy}.$$

由于 $v=\psi(y)$ 为一元函数，故使用导数符号 $\frac{dv}{dy}$，而不能使用偏导数符号.

特殊情形：复合函数的某些中间变量本身又是自变量的复合函数. 如 $z=f[u(x,y),x,y]$ 具有连续偏导数，而 $u=u(x,y)$ 具有偏导数，则有

$$\frac{\partial z}{\partial x}=\frac{\partial f}{\partial u}\cdot\frac{\partial u}{\partial x}+\frac{\partial f}{\partial x},\frac{\partial z}{\partial y}=\frac{\partial f}{\partial u}\cdot\frac{\partial u}{\partial y}+\frac{\partial f}{\partial y}.$$

注意上面两式中$\frac{\partial f}{\partial x}$是将$f(u,x,y)$中的$u$看作不变,对第二个位置变元$x$的偏导数. 它与$\frac{\partial z}{\partial x}$的含义不同. 同样,$\frac{\partial f}{\partial y}$是$f(u,x,y)$对第三个位置变元$y$的偏导数,与$\frac{\partial z}{\partial y}$不同.

求复合函数的偏导数是本节的难点和重点,特别是抽象复合函数的高阶偏导,一般采用以上定理1~3中的链式法则. 另外,要注意多元复合函数的求导法则的运用要具备一定的条件,如函数具有连续偏导数等.

4. 涉及二阶复合偏导数的计算.

计算时要分清复合结构,按结构顺序求一阶偏导和二阶偏导,特别在求$f(x,y)$的二阶偏导时要注意$f_x(x,y)$仍是x,y的函数.

5. 全微分形式不变性.

设函数$z=f(u,v)$具有连续偏导数,则有全微分$\mathrm{d}z=\frac{\partial z}{\partial u}\mathrm{d}u+\frac{\partial z}{\partial v}\mathrm{d}v$.

如果u,v又是x,y的函数$u=\varphi(x,y),v=\psi(x,y)$且这两个函数也具有连续偏导数,则复合函数$z=f[\varphi(x,y),\psi(x,y)]$的全微分为

$$\mathrm{d}z=\frac{\partial z}{\partial x}\mathrm{d}x+\frac{\partial z}{\partial y}\mathrm{d}y=\frac{\partial z}{\partial u}\mathrm{d}u+\frac{\partial z}{\partial v}\mathrm{d}v.$$

即不论把函数z看作是自变量x,y的函数,还是看作中间变量u,v的函数,函数z的全微分形式都是一样的.

三 考研大纲要求解读

1. 掌握多元复合函数一阶、二阶偏导数的求法.
2. 了解全微分的形式不变性.

例题精解

基本题型1:中间变量均为一元函数的多元复合函数求导问题

例1 设$z=x^2+xy+y^2$,而$x=t^2,y=t$,求$\frac{\mathrm{d}z}{\mathrm{d}t},\frac{\mathrm{d}^2z}{\mathrm{d}t^2}$.

【思路探索】 分析复合路径 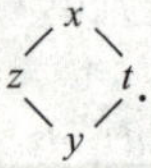

. z与自变量t之间有两条路径,对每条路径都用链式求导,然后将所有路径的链式求导叠加,即定理1中的链式法则. 又由于复合函数是一元函数,故为全导数. 对路径$z-x-t$,链式求导有$\frac{\partial z}{\partial x}\cdot\frac{\mathrm{d}x}{\mathrm{d}t}$,对路径$z-y-t$,链式求导有$\frac{\partial z}{\partial y}\cdot\frac{\mathrm{d}y}{\mathrm{d}t}$,叠加后,得$\frac{\mathrm{d}z}{\mathrm{d}t}=\frac{\partial z}{\partial x}\cdot\frac{\mathrm{d}x}{\mathrm{d}t}+\frac{\partial z}{\partial y}\cdot\frac{\mathrm{d}y}{\mathrm{d}t}$.

解:$\frac{\mathrm{d}z}{\mathrm{d}t}=\frac{\partial z}{\partial x}\frac{\mathrm{d}x}{\mathrm{d}t}+\frac{\partial z}{\partial y}\frac{\mathrm{d}y}{\mathrm{d}t}=(2x+y)2t+(x+2y)=(2t^2+t)2t+t^2+2t=4t^3+3t^2+2t$,

$\frac{\mathrm{d}^2z}{\mathrm{d}t^2}=12t^2+6t+2$.

【方法点击】 利用多元复合函数求导法则——定理1.

基本题型 2:中间变量均为多元函数的多元复合函数求导问题

例 2 设 $z=f(x^2-y^2,e^{xy})$,其中 f 具有二阶连续偏导数,求$\frac{\partial z}{\partial x},\frac{\partial z}{\partial y},\frac{\partial^2 z}{\partial x\partial y}$.(考研题)

解:$\frac{\partial z}{\partial x}=2xf'_1+ye^{xy}f'_2,\frac{\partial z}{\partial y}=-2yf'_1+xe^{xy}f'_2,$

$$\frac{\partial^2 z}{\partial x\partial y}=2x[f''_{11}\cdot(-2y)+f''_{12}\cdot xe^{xy}]+e^{xy}f'_2+xye^{xy}f'_2+ye^{xy}[f''_{21}\cdot(-2y)+f''_{22}\cdot xe^{xy}]$$
$$=-4xyf''_{11}+2(x^2-y^2)e^{xy}f''_{12}+xye^{2xy}f''_{22}+e^{xy}(1+xy)f'_2.$$

基本题型 3:中间变量既有一元函数,又有多元函数的多元复合函数求导问题

例 3 设函数 $z=f(x,y)$在点(1,1)处可微,且 $f(1,1)=1,f_x(1,1)=2,f_y(1,1)=3$,又$\varphi(x)=f(x,f(x,x))$.求$\frac{d}{dx}\varphi^3(x)\Big|_{x=1}$.(考研题)

【思路探索】 $\frac{d}{dx}\varphi^3(x)=3\varphi^2(x)\frac{d}{dx}\varphi(x)$,而 $\varphi'(x)$为复合函数求导.其中 x 既是自变量,又是中间变量.由定理 3,$\varphi'(x)=f'_1+f'_2(f'_1+f'_2)$,其中前面的$f'_1,f'_2$是视 φ 分别对第一、二个变量求导得到的.

解:记 $f_x(x,y)=f'_1(x,y),f_y(x,y)=f'_2(x,y)$,所以

$$f'_1(1,1)=f_x(1,1)=2,f'_2(1,1)=f_y(1,1)=3.$$
$$\varphi(1)=f(1,f(1,1))=f(1,1)=1,$$
$$\frac{d}{dx}\varphi^3(x)=3\varphi^2(x)\frac{d}{dx}\varphi(x)=3\varphi^2(x)\frac{d}{dx}f(x,f(x,x))$$
$$=3\varphi^2(x)[f'_1+f'_2(f'_1+f'_2)],$$

令 $x=1$,得

$$\frac{d}{dx}\varphi^3(x)\Big|_{x=1}=3\varphi^2(1)\{f'_1(1,1)+f'_2(1,1)[f'_1(1,1)+f'_2(1,1)]\}$$
$$=3\times[2+3\times(2+3)]=51.$$

基本题型 4:利用一阶微分形式的不变性求全微分或偏导数

例 4 设 $z=e^{\sin(xy)}$,求 dz.

解:$dz=de^{\sin(xy)}=e^{\sin(xy)}d\sin(xy)=e^{\sin(xy)}\cos(xy)d(xy)=e^{\sin(xy)}\cos(xy)(ydx+xdy)$.

基本题型 5:多元复合函数的高阶偏导数问题

例 5 设 $z=\frac{1}{x}f(xy)+y\varphi(x+y)$,其中 f,φ 具有二阶连续导数,求$\frac{\partial^2 z}{\partial x\partial y}$.(考研题)

【思路探索】 本题是复合函数求导问题. f,φ 皆为一元函数,而中间变量都是 x,y 的二元函数.

解:$\frac{\partial z}{\partial x}=-\frac{1}{x^2}f(xy)+\frac{1}{x}f'(xy)\cdot y+y\varphi'(x+y)\cdot 1$

$$=-\frac{1}{x^2}f(xy)+\frac{y}{x}f'(xy)+y\varphi'(x+y),$$

$$\frac{\partial^2 z}{\partial x\partial y}=\frac{\partial}{\partial y}\left(\frac{\partial z}{\partial x}\right)=-\frac{1}{x^2}f'(xy)\cdot x+\frac{1}{x}f'(xy)+\frac{y}{x}f''(xy)\cdot x+\varphi'(x+y)+y\varphi''(x+y)\cdot 1$$
$$=yf''(xy)+y\varphi''(x+y)+\varphi'(x+y).$$

例 6 设 $z=f\left(xy,\dfrac{x}{y}\right)+g\left(\dfrac{y}{x}\right)$，其中 f 具有二阶连续偏导数，g 具有二阶连续导数，求 $\dfrac{\partial^2 z}{\partial x\partial y}$.（考研题）

解：$\dfrac{\partial z}{\partial x}=f_1'\left(xy,\dfrac{x}{y}\right)y+f_2'\left(xy,\dfrac{x}{y}\right)\dfrac{1}{y}+g'\left(\dfrac{y}{x}\right)\left(-\dfrac{y}{x^2}\right)=yf_1'+\dfrac{1}{y}f_2'-\dfrac{y}{x^2}g'$，

$$\begin{aligned}\frac{\partial^2 z}{\partial x\partial y}&=\frac{\partial}{\partial y}\left(\frac{\partial z}{\partial x}\right)\\&=f_1'+y\left[f''_{11}x+f''_{12}\left(-\frac{x}{y^2}\right)\right]-\frac{1}{y^2}f_2'+\frac{1}{y}\left[f''_{21}x+f''_{22}\left(-\frac{x}{y^2}\right)\right]-\frac{1}{x^2}g'-\frac{y}{x^2}g''\left(\frac{y}{x}\right)\cdot\frac{1}{x}\\&=f_1'+xyf''_{11}-\frac{x}{y}f''_{12}-\frac{1}{y_2}f_2'+\frac{x}{y}f''_{21}-\frac{x}{y^3}f''_{22}-\frac{1}{x^2}g'-\frac{y}{x^3}g''.\end{aligned}$$

因为 f 具有二阶连续偏导数，所以 $f''_{12}=f''_{21}$. 故

$$\frac{\partial^2 z}{\partial x\partial y}=f_1'-\frac{1}{y^2}f_2'+xyf''_{11}-\frac{x}{y^3}f''_{22}-\frac{1}{x^2}g'-\frac{y}{x^3}g''.$$

【方法点击】 求 $\dfrac{\partial f_1'}{\partial y}$ 和 $\dfrac{\partial f_2'}{\partial y}$ 时，为防止漏项应注意 f_1' 及 f_2' 仍旧是复合函数，要根据复合函数的求导法则去求.

例 7 设函数 $f(u)$ 具有二阶连续导数，$z=f(\mathrm{e}^x\cdot\cos y)$ 满足

$$\frac{\partial^2 z}{\partial x^2}+\frac{\partial^2 z}{\partial y^2}=(4z+\mathrm{e}^x\cos y)\cdot\mathrm{e}^{2x},$$

若 $f(0)=0,f'(0)=0$，求 $f(u)$ 的表达式.（考研题）

【思路探索】 先求出 $\dfrac{\partial^2 z}{\partial x^2}$ 与 $\dfrac{\partial^2 z}{\partial y^2}$，再将其代入方程 $\dfrac{\partial^2 z}{\partial x^2}+\dfrac{\partial^2 z}{\partial y^2}=(4z+\mathrm{e}^x\cos y)\mathrm{e}^{2x}$，经整理可得 $f(u)$ 满足微分方程 $f''(u)=4f(u)+u$，最后解该方程可得结果.

解：因为

$$\begin{aligned}\frac{\partial z}{\partial x}&=f'(\mathrm{e}^x\cos y)\mathrm{e}^x\cos y,\\\frac{\partial^2 z}{\partial x^2}&=f''(\mathrm{e}^x\cos y)\mathrm{e}^{2x}\cos^2 y+f'(\mathrm{e}^x\cos y)\mathrm{e}^x\cos y,\\\frac{\partial z}{\partial y}&=-f'(\mathrm{e}^x\cos y)\mathrm{e}^x\sin y,\\\frac{\partial^2 z}{\partial y^2}&=f''(\mathrm{e}^x\cos y)\mathrm{e}^{2x}\sin^2 y-f'(\mathrm{e}^x\cos y)\mathrm{e}^x\cos y,\end{aligned}$$

所以 $\dfrac{\partial^2 z}{\partial x^2}+\dfrac{\partial^2 z}{\partial y^2}=(4z+\mathrm{e}^x\cos y)\mathrm{e}^{2x}$ 化为

$$f''(\mathrm{e}^x\cos y)\mathrm{e}^{2x}=[4f(\mathrm{e}^x\cos y)+\mathrm{e}^x\cos y]\mathrm{e}^{2x}.$$

从而函数 $f(u)$ 满足微分方程

$$f''(u)=4f(u)+u. \qquad ①$$

方程①对应的齐次方程的通解为 $f(u)=C_1\mathrm{e}^{2u}+C_2\mathrm{e}^{-2u}$.

方程①的一个特解为 $-\dfrac{u}{4}$，故方程①的通解为 $f(u)=C_1\mathrm{e}^{2u}+C_2\mathrm{e}^{-2u}-\dfrac{u}{4}$.

由 $f(0)=0,f'(0)=0$ 得

$$\begin{cases} C_1+C_2=0, \\ 2C_1-2C_2-\dfrac{1}{4}=0. \end{cases}$$

解得 $C_1=\dfrac{1}{16}$，$C_2=-\dfrac{1}{16}$. 故 $f(u)=\dfrac{1}{16}(e^{2u}-e^{-2u}-4u)$.

第五节　隐函数的求导公式

知识全解

一 本节知识结构图解

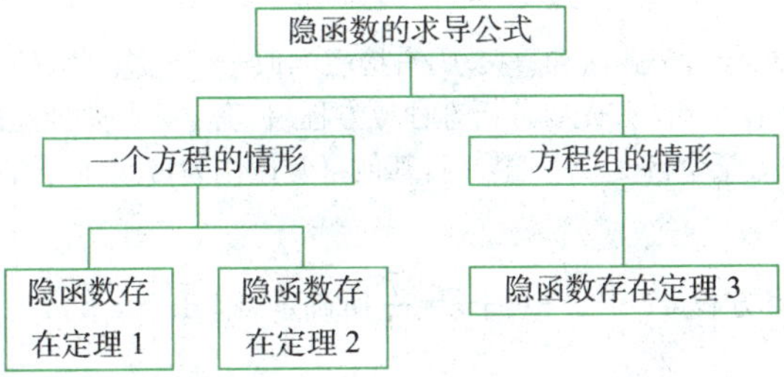

二 重点及常考点分析

1. 隐函数存在定理 1、2、3(见教材).

2. 由方程 $F(x,y,z)=0$ 确定 $z=z(x,y)$，求 z 对 x,y 偏导的方法.

(1)公式法：即将方程中所有非零项移到等式一边，并将其设为函数 F，注意应将 x,y,z 看作独立变量，对 $F(x,y,z)=0$ 分别求导，利用公式

$$\frac{\partial z}{\partial x}=-\frac{F_x}{F_z},\quad \frac{\partial z}{\partial y}=-\frac{F_y}{F_z}.$$

(2)直接法：分别将 $F(x,y,z)=0$ 两边同时对 x,y 求导，这时将 x,y 看作独立变量，z 是 x,y 的函数，得到含 $\dfrac{\partial z}{\partial x},\dfrac{\partial z}{\partial y}$ 的两个方程，解方程可求出 $\dfrac{\partial z}{\partial x},\dfrac{\partial z}{\partial y}$.

(3)全微分法：利用全微分形式的不变性，对所给方程两边求微分，整理成

$$dz=u(x,y,z)dx+v(x,y,z)dy,$$

则 dx,dy 的系数便是 $\dfrac{\partial z}{\partial x},\dfrac{\partial z}{\partial y}$. 在求全微分时，$z$ 应看作自变量.

本节的难点和重点是求隐函数的偏导数. 特别是求隐函数的高阶偏导数和由方程组确定的隐函数组的偏导数. 应深刻理解定理的条件和结论.

三 考研大纲要求解读

了解隐函数存在定理，会求多元隐函数的偏导数.

例题精解

基本题型 1：求隐函数的导数(一个方程的情形)

例 1 求下列隐函数的导数 $\dfrac{dy}{dx}$：

$$xy+\ln y+\ln x=0.$$

【思路探索】 本题为一个方程的情形的隐函数求导问题. 运用隐函数存在定理 1 和 2.

解法一: 令 $F(x,y)=xy+\ln y+\ln x$,则

公式法

$$\frac{\mathrm{d}y}{\mathrm{d}x}=-\frac{F_x}{F_y}=-\frac{y+\frac{1}{x}}{x+\frac{1}{y}}=-\frac{xy^2+y}{x^2y+x}=-\frac{y}{x}.$$

解法二: 方程确定 $y=y(x)$,等式两边对 x 求导,得 $y+x\frac{\mathrm{d}y}{\mathrm{d}x}+\frac{1}{y}\frac{\mathrm{d}y}{\mathrm{d}x}+\frac{1}{x}=0$,解得

直接法

$$\frac{\mathrm{d}y}{\mathrm{d}x}=-\frac{y+\frac{1}{x}}{x+\frac{1}{y}}=-\frac{xy^2+y}{x^2y+x}=-\frac{y}{x}.$$

【方法点击】 隐函数求导有公式法和直接法,直接法类似于一元隐函数的求导法,即方程两边对某一自变量求偏导. 使用直接法首先要分析方程或方程组,确定哪些是独立的自变量,哪些是相关的因变量,当方程两边对某个自变量求偏导时,其他自变量作为常数,而含有因变量即隐函数的项运用复合函数求导.

例 2 设 $z=z(x,y)$ 由方程 $\mathrm{e}^{2yz}+x+y^2+z=\frac{7}{4}$ 所确定,则 $\mathrm{d}z\Big|_{\left(\frac{1}{2},\frac{1}{2}\right)}=$________. (考研题)

解: 由方程 $\mathrm{e}^{2yz}+x+y^2+z=\frac{7}{4}$ 两端对 x 求导,得 $\frac{\partial z}{\partial x}=\frac{-1}{1+2y\mathrm{e}^{2yz}}$,

同理,得 $\frac{\partial z}{\partial y}=-\frac{2z\mathrm{e}^{2yz}+2y}{1+2y\mathrm{e}^{2yz}}$;

将 $x=\frac{1}{2}$,$y=\frac{1}{2}$ 代入原方程得 $z=0$,从而,知

$$\frac{\partial z}{\partial x}\Big|_{\left(\frac{1}{2},\frac{1}{2}\right)}=\frac{\partial z}{\partial x}\Big|_{\left(\frac{1}{2},\frac{1}{2},0\right)}=-\frac{1}{2},$$

同理,得 $\frac{\partial z}{\partial y}\Big|_{\left(\frac{1}{2},\frac{1}{2}\right)}=-\frac{1}{2}$,所以

$$\mathrm{d}z\Big|_{\left(\frac{1}{2},\frac{1}{2}\right)}=-\frac{1}{2}(\mathrm{d}x+\mathrm{d}y).$$

故应填 $-\frac{1}{2}(\mathrm{d}x+\mathrm{d}y)$.

例 3 设函数 $u=f(x,y,z)$ 有连续偏导数,且 $z=z(x,y)$ 由方程 $x\mathrm{e}^x-y\mathrm{e}^y=z\mathrm{e}^z$ 所确定,求 $\mathrm{d}u$. (考研题)

解: 对 $x\mathrm{e}^x-y\mathrm{e}^y=z\mathrm{e}^z$ 两边微分得

$$(\mathrm{e}^x+x\mathrm{e}^x)\mathrm{d}x-(\mathrm{e}^y+y\mathrm{e}^y)\mathrm{d}y=(\mathrm{e}^z+z\mathrm{e}^z)\mathrm{d}z,$$

所以 $\mathrm{d}z=\frac{\mathrm{e}^x(1+x)}{\mathrm{e}^z(1+z)}\mathrm{d}x-\frac{\mathrm{e}^y(1+y)}{\mathrm{e}^z(1+z)}\mathrm{d}y$. 则

$$\begin{aligned}\mathrm{d}u&=f_x\mathrm{d}x+f_y\mathrm{d}y+f_z\mathrm{d}z\\&=\left(f_x+f_z\frac{1+x}{1+z}\mathrm{e}^{x-z}\right)\mathrm{d}x+\left(f_y-f_z\frac{1+y}{1+z}\mathrm{e}^{y-z}\right)\mathrm{d}y.\end{aligned}$$

例 4 设 $u=f(x,y,z)$ 有连续偏导数,$y=y(x)$,$z=z(x)$ 分别由方程 $\mathrm{e}^{xy}-y=0$ 和 $\mathrm{e}^z-xz=0$ 所确定,求 $\frac{\mathrm{d}u}{\mathrm{d}x}$. (考研题)

【思路探索】 所给问题为综合性问题，包含抽象函数求偏导数与隐函数求偏导数问题.

解：由 $u=f(x,y,z),y=y(x),z=z(x)$ 知，u 为 x 的一元函数. $u=f(x,y,z)$ 两端对 x 求导，得

$$\frac{du}{dx}=f_x+f_y\frac{dy}{dx}+f_z\frac{dz}{dx}.$$

方程 $e^{xy}-y=0$ 两边对 x 求导得

$$e^{xy}\left(y+x\frac{dy}{dx}\right)-\frac{dy}{dx}=0,\text{即}\frac{dy}{dx}=\frac{ye^{xy}}{1-xe^{xy}}=\frac{y^2}{1-xy}.$$

方程 $e^z-xz=0$ 两边对 x 求导得

$$e^z\frac{dz}{dx}-z-x\frac{dz}{dx}=0,\text{即}\frac{dz}{dx}=\frac{z}{e^z-x}=\frac{z}{xz-x}.$$

因此，$\frac{du}{dx}=f_x+\frac{y^2}{1-xy}f_y+\frac{z}{xz-x}f_z$.

基本题型 2：求隐函数的导数（方程组的情形）

例 5 设 $y=y(x),z=z(x)$ 是由方程 $z=xf(x+y)$ 和 $F(x,y,z)=0$ 所确定的函数，其中 f 和 F 分别具有一阶连续导数和一阶连续偏导数，求 $\frac{dz}{dx}$.（考研题）

解法一：直接法.

对 $z=xf(x+y)$ 和 $F(x,y,z)=0$ 两边分别对 x 求导，得

$$\begin{cases}\dfrac{dz}{dx}=f(x+y)+xf'(x+y)\left(1+\dfrac{dy}{dx}\right),\\ F_x+F_y\dfrac{dy}{dx}+F_z\dfrac{dz}{dx}=0.\end{cases}$$

整理得 $\begin{cases}-xf'\dfrac{dy}{dx}+\dfrac{dz}{dx}=f+xf',\\ F_y\dfrac{dy}{dx}+F_z\dfrac{dz}{dx}=-F_x.\end{cases}$ 解得

$$\frac{dz}{dx}=\frac{(f+xf')F_y-xf'F_x}{F_y+xf'F_z}.$$

解法二：公式法.

令 $G(x,y,z)=z-xf(x+y)$，隐函数由方程组 $\begin{cases}F(x,y,z)=0,\\ G(x,y,z)=0\end{cases}$ 确定，

其中 $G_x=-f-xf',G_y=-xf',G_z=1$.

$$J=\frac{\partial(F,G)}{\partial(y,z)}=\begin{vmatrix}F_y & F_z\\ G_y & G_z\end{vmatrix}=\begin{vmatrix}F_y & F_z\\ -xf' & 1\end{vmatrix}=F_y+xf'F_z,$$

$$\frac{\partial(F,G)}{\partial(y,x)}=\begin{vmatrix}F_y & F_x\\ G_y & G_x\end{vmatrix}=\begin{vmatrix}F_y & F_x\\ -xf' & -f-xf'\end{vmatrix}$$
$$=-[(f+xf')F_y-xf'F_x],$$

所以 $\frac{dz}{dx}=-\frac{\frac{\partial(F,G)}{\partial(y,x)}}{J}=\frac{(f+xf')F_y-xf'F_x}{F_y+xf'F_z}$.

第六节 多元函数微分学的几何应用

知识全解

一 本节知识结构图解

- 几何应用
  - 求空间曲线的切线与法平面
    - 曲线方程为参数方程 $x=x(t),y=y(t),z=z(t)$ 的情形
    - 曲线方程为一般式方程 $\begin{cases}F_1(x,y,z)=0,\\F_2(x,y,z)=0\end{cases}$ 的情形
  - 求空间曲面的切平面与法线
    - 曲面方程为 $z=f(x,y)$ 的情形
    - 曲面方程为 $F(x,y,z)=0$ 的情形
    - 曲面方程为参数方程 $x=x(u,v),y=y(u,v),z=z(u,v)$ 的情形

二 重点及常考点分析

1. 空间曲线的切线与法平面.

(1)定义(见教材).

(2)求法.

①曲线方程为参数方程 $\begin{cases}x=x(t),\\y=y(t),(\alpha\leqslant t\leqslant\beta)\\z=z(t)\end{cases}$ 的情形.

设点 $M_0(x_0,y_0,z_0)$ 在给定的曲线上,$x_0=x(t_0),y_0=y(t_0),z_0=z(t_0)$. $x(t),y(t),z(t)$ 在 $[\alpha,\beta]$ 上可导,且 $x'(t_0),y'(t_0),z'(t_0)$ 不全为零,则曲线在 M_0 处的切线方程为

$$\frac{x-x_0}{x'(t_0)}=\frac{y-y_0}{y'(t_0)}=\frac{z-z_0}{z'(t_0)}.$$

相应地,过 M_0 的法平面方程为

$$x'(t_0)(x-x_0)+y'(t_0)(y-y_0)+z'(t_0)(z-z_0)=0.$$

②曲线方程为一般式方程 $\begin{cases}F(x,y,z)=0,\\G(x,y,z)=0\end{cases}$ 的情形.

设点 $M_0(x_0,y_0,z_0)$ 在曲线上,若 F,G 对 x,y,z 有连续偏导数,且 $\frac{\partial(F,G)}{\partial(y,z)},\frac{\partial(F,G)}{\partial(z,x)},\frac{\partial(F,G)}{\partial(x,y)}$ 在 M_0 处不全为零,则曲线在 M_0 处的切向量为

$$\boldsymbol{T}=\left(\begin{vmatrix}F_y & F_z\\G_y & G_z\end{vmatrix}_{M_0},\begin{vmatrix}F_z & F_x\\G_z & G_x\end{vmatrix}_{M_0},\begin{vmatrix}F_x & F_y\\G_x & G_y\end{vmatrix}_{M_0}\right),$$

曲线在 $M_0(x_0,y_0,z_0)$ 处的切线方程为

$$\frac{x-x_0}{\begin{vmatrix}F_y & F_z\\G_y & G_z\end{vmatrix}_{M_0}}=\frac{y-y_0}{\begin{vmatrix}F_z & F_x\\G_z & G_x\end{vmatrix}_{M_0}}=\frac{z-z_0}{\begin{vmatrix}F_x & F_y\\G_x & G_y\end{vmatrix}_{M_0}}.$$

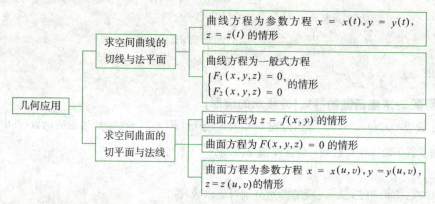

曲线在 $M_0(x_0,y_0,z_0)$ 处的法平面方程为

$$\begin{vmatrix} F_y & F_z \\ G_y & G_z \end{vmatrix}_{M_0}(x-x_0)+\begin{vmatrix} F_z & F_x \\ G_z & G_x \end{vmatrix}_{M_0}(y-y_0)+\begin{vmatrix} F_x & F_y \\ G_x & G_y \end{vmatrix}_{M_0}(z-z_0)=0.$$

2. 空间曲面的切平面与法线.

(1)定义(见教材).

(2)求法.

①曲面方程为显式方程 $z=f(x,y)$ 的情形.

设点 $M_0(x_0,y_0,z_0)$ 在曲面 $z=f(x,y)$ 上，且 $z=f(x,y)$ 在点 (x_0,y_0) 处存在连续偏导数，则该曲面在点 $M_0(x_0,y_0,z_0)$ 处的切平面方程为

$$f_x(x_0,y_0)(x-x_0)+f_y(x_0,y_0)(y-y_0)-(z-z_0)=0.$$

相应的法线方程为

$$\frac{x-x_0}{f_x(x_0,y_0)}=\frac{y-y_0}{f_y(x_0,y_0)}=\frac{z-z_0}{-1}.$$

②曲面方程为隐式方程 $F(x,y,z)=0$ 的情形.

设点 $M_0(x_0,y_0,z_0)$ 在曲面 $F(x,y,z)=0$ 上，而 $F(x,y,z)$ 在点 M_0 处存在连续偏导数且不全为零，则曲面 $F(x,y,z)=0$ 在点 M_0 处的切平面方程为

$$F_x(x_0,y_0,z_0)(x-x_0)+F_y(x_0,y_0,z_0)(y-y_0)+F_z(x_0,y_0,z_0)(z-z_0)=0.$$

相应的法线方程为

$$\frac{x-x_0}{F_x(x_0,y_0,z_0)}=\frac{y-y_0}{F_y(x_0,y_0,z_0)}=\frac{z-z_0}{F_z(x_0,y_0,z_0)}.$$

三 考研大纲要求解读

了解空间曲线的切线和法平面及曲面的切平面和法线的概念，会求它们的方程.

例题精解

基本题型 1：求空间曲线的切线与法平面

例 1 在曲线 $x=t,y=-t^2,z=t^3$ 的所有切线中，与平面 $x+2y+z=-4$ 平行的切线(　　).(考研题)

(A)只有 1 条　　(B)只有 2 条　　(C)至少有 3 条　　(D)不存在

【思路探索】 曲线 $\begin{cases} x=x(t), \\ y=y(t), \\ z=z(t) \end{cases}$ 的切向量为 $(x'(t),y'(t),z'(t))$.

曲线的切线与平面平行，即曲线的切线的方向向量与平面的法向量垂直. 根据向量垂直的充要条件，即可得解.

解： 曲线的切向量为 $(x'(t),y'(t),z'(t))=(1,-2t,3t^2)$. 依题意知，切向量应该与平面方程 $x+2y+z=4$ 的法向量垂直，于是有

$$(1,-2t,3t^2)\cdot(1,2,1)=1-4t+3t^2=0,$$

解得 $t_1=\frac{1}{3},t_2=1$. 所以与平面 $x+2y+z=-4$ 平行的切线只有 2 条. 故应选(B).

例 2 求曲线 $\begin{cases} x^2=3y, \\ 2xz=1 \end{cases}$ 在点 $\left(3,3,\frac{1}{6}\right)$ 处的切线与法平面方程.

解:取 x 为参数,则曲线方程可写为参数形式 $\begin{cases} x=x, \\ y=\dfrac{1}{3}x^2, \\ z=\dfrac{1}{2x}, \end{cases}$ 所以曲线在点 $\left(3,3,\dfrac{1}{6}\right)$ 处的切向量

$$\boldsymbol{T}=\left(1,\frac{2}{3}x,-\frac{1}{2x^2}\right)\Bigg|_{\left(3,3,\frac{1}{6}\right)}=\left(1,2,-\frac{1}{18}\right),$$

取 $\boldsymbol{T}=(18,36,-1)$. 故曲线在点 $\left(3,3,\dfrac{1}{6}\right)$ 处的切线方程为:$\dfrac{x-3}{18}=\dfrac{y-3}{36}=\dfrac{z-\frac{1}{6}}{-1}$,

法平面方程为:$18(x-3)+36(y-3)-\left(z-\dfrac{1}{6}\right)=0$,即

$$108x+216y-6z=971.$$

基本题型 2:求曲面的切平面与法线

例 3 曲面 $z=x^2(1-\sin y)+y^2(1-\sin x)$ 在点 $(1,0,1)$ 处的切平面方程为______.(考研题)

【思路探索】 先求出曲面在点 $(1,0,1)$ 处的法向量,然后利用平面点法式方程写出切平面方程.

解:法向量 $\boldsymbol{n}=(2x(1-\sin y)-y^2\cos x,-x^2\cos y+2y(1-\sin x),-1)$.
在点 $(1,0,1)$ 处 $\boldsymbol{n}=(2,-1,-1)$,于是切平面方程为

$$2(x-1)-(y-0)-(z-1)=0,\text{即 } 2x-y-z=1.$$

故应填 $2x-y-z=1$.

例 4 求曲面 $x^2+2y^2+3z^2=21$ 在点 $(1,-2,2)$ 处的法线方程.(考研题)

解:令 $F(x,y,z)=x^2+2y^2+3z^2-21$,则

$$F_x(1,-2,2)=2x\big|_{(1,-2,2)}=2,$$
$$F_y(1,-2,2)=4y\big|_{(1,-2,2)}=-8,$$
$$F_z(1,-2,2)=6z\big|_{(1,-2,2)}=12,$$

所以法向量 $\boldsymbol{n}=(2,-8,12)=2(1,-4,6)$. 故所求法线方程为

$$\frac{x-1}{1}=\frac{y+2}{-4}=\frac{z-2}{6}.$$

例 5 由曲线 $\begin{cases} 3x^2+2y^2=12, \\ z=0 \end{cases}$ 绕 y 轴旋转一周得到的旋转面在点 $(0,\sqrt{3},\sqrt{2})$ 处的指向外侧的单位法向量为______.(考研题)

【思路探索】 先求出旋转面的方程,再由题意求出在点 $(0,\sqrt{3},\sqrt{2})$ 处的法向量,最后再单位化.

解:旋转曲面的方程为 $3(x^2+z^2)+2y^2=12$,令 $F(x,y,z)=3(x^2+z^2)+2y^2-12$,则旋转曲面在点 $(0,\sqrt{3},\sqrt{2})$ 处指向外侧的法向量为

$$\boldsymbol{n}=(F_x,F_y,F_z)\big|_{(0,\sqrt{3},\sqrt{2})}=(6x,4y,6z)\big|_{(0,\sqrt{3},\sqrt{2})}=(0,4\sqrt{3},6\sqrt{2}),$$

$\boldsymbol{n}_0=\dfrac{\boldsymbol{n}}{|\boldsymbol{n}|}=\left(0,\dfrac{\sqrt{10}}{5},\dfrac{\sqrt{15}}{5}\right)$ 即为所求的单位法向量.

例 6 设直线 $l:\begin{cases} x+y+b=0, \\ x+ay-z-3=0 \end{cases}$ 在平面 π 上,而平面 π 与曲面 $z=x^2+y^2$ 相切于点 $(1,-2,5)$,求 a,b.(考研题)

【思路探索】 由于平面 π 与曲面 $z=x^2+y^2$ 相切于点 $(1,-2,5)$,所以平面 π 为 $z=x^2+y^2$ 的

切平面.而直线 l 在平面 π 上,故需先求出平面 π,即 $z=x^2+y^2$ 的切平面.再将 l 代入平面 π 方程,即可求出 a,b.

解:曲面 $z=x^2+y^2$ 在点(1,−2,5)处的法向量为

$$\boldsymbol{n}=(2x,2y,-1)\Big|_{(1,-2,5)}=(2,-4,-1),$$

所以切平面方程为 $2(x-1)-4(y+2)-(z-5)=0$,即

$$2x-4y-z-5=0. \qquad ①$$

由 $l:\begin{cases}x+y+b=0,\\x+ay-z-3=0,\end{cases}$ 得 $y=-x-b,z=x-3+a(-x-b)$.代入①式,得

$$2x-4(-x-b)-[x-3+a(-x-b)]-5=0,$$

即 $(5+a)x+4b+ab-2=0$.所以 $5+a=0,4b+ab-2=0$,

解得 $a=-5,b=-2$.

直线 l 在平面 π 上

基本题型 3:求切平面或法向量的夹角问题

例 7 求球面 $x^2+y^2+z^2=14$ 与椭球面 $3x^2+y^2+z^2=16$ 在点 $P(-1,-2,3)$ 处的交角(即交点处两个切平面的夹角).

【思路探索】 求两个切平面的夹角,应先求出两个切平面的法向量,然后应用夹角公式

$$\cos\varphi=\frac{\boldsymbol{n}_1\cdot\boldsymbol{n}_2}{|\boldsymbol{n}_1|\cdot|\boldsymbol{n}_2|}.$$

解:设 $F(x,y,z)=x^2+y^2+z^2-14,G(x,y,z)=3x^2+y^2+z^2-16$,则

$$F_x=2x,F_y=2y,F_z=2z,G_x=6x,G_y=2y,G_z=2z.$$

所以曲面 $F(x,y,z)=0$ 和 $G(x,y,z)=0$ 在点 $P(-1,-2,3)$处的法向量分别为

$$\boldsymbol{n}_1=(-2,-4,6),\boldsymbol{n}_2=(-6,-4,6).$$

设两个法向量的夹角为 φ,则

$$\cos\varphi=\frac{\boldsymbol{n}_1\cdot\boldsymbol{n}_2}{|\boldsymbol{n}_1|\cdot|\boldsymbol{n}_2|}=\frac{-2\times(-6)+(-4)\times(-4)+6\times6}{\sqrt{(-2)^2+(-4)^2+6^2}\times\sqrt{(-6)^2+(-4)^2+6^2}}$$

$$=\frac{64}{\sqrt{56}\times\sqrt{88}}=\frac{8}{\sqrt{77}},$$

因此,$\varphi=\arccos\dfrac{8}{\sqrt{77}}$为所给两个曲面在点 $P(-1,-2,3)$处的夹角.

第七节　方向导数与梯度

知识全解

一 本节知识结构图解

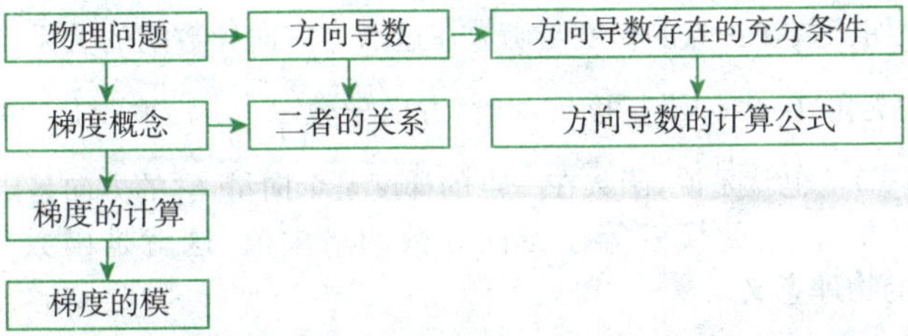

二 重点及常考点分析

1. 方向导数.

(1)定义(见教材).

(2)方向导数的性质.

定理(方向导数存在的充分条件):如果函数 $f(x,y)$在点 $P_0(x_0,y_0)$可微分,那么函数在该点沿任一方向 l 的方向导数存在,且有

$$\frac{\partial f}{\partial l}\bigg|_{(x_0,y_0)}=f_x(x_0,y_0)\cos\alpha+f_y(x_0,y_0)\cos\beta,$$

其中 $\cos\alpha,\cos\beta$ 是方向 l 的方向余弦.

求方向导数时,应注意不但要求出给定的方向向量,还要将该向量单位化,才可使用方向导数公式.

另外,推广到三元函数 $u=f(x,y,z)$,有类似的方向导数公式:

$$\frac{\partial f}{\partial l}=\frac{\partial f}{\partial x}\cos\alpha+\frac{\partial f}{\partial y}\cos\beta+\frac{\partial f}{\partial z}\cos\gamma,$$

其中 $\cos\alpha,\cos\beta,\cos\gamma$ 是方向 l 的方向余弦.

(3)方向导数的几何意义

函数 $z=f(x,y)$的方向导数$\frac{\partial f}{\partial l}\bigg|_{(x_0,y_0)}$的几何意义为函数 $z=f(x,y)$在点 $P_0(x_0,y_0)$沿方向 l 的变化率.

2. 梯度.

(1)定义(见教材).

(2)梯度的方向和模.

梯度方向是函数 $f(x,y)$在 $P_0(x_0,y_0)$点变化率最大的方向.

梯度的模,即 $\sqrt{f_x^2(x_0,y_0)+f_y^2(x_0,y_0)}$是函数的最大增长率.

类似推广到三元函数,即

$$\mathbf{grad}\,f(x_0,y_0,z_0)=f_x(x_0,y_0,z_0)\boldsymbol{i}+f_y(x_0,y_0,z_0)\boldsymbol{j}+f_z(x_0,y_0,z_0)\boldsymbol{k},$$

因此,如果求函数 $u=f(x,y,z)$在 $P_0(x_0,y_0,z_0)$点的梯度,只需求出$\frac{\partial u}{\partial x},\frac{\partial u}{\partial y},\frac{\partial u}{\partial z}$即可.

3. 方向导数与梯度的关系.

函数的梯度和方向导数是相关联的两个概念. 如果函数 $f(x,y)$在点$P_0(x_0,y_0)$可微分,$\boldsymbol{e}_l=(\cos\alpha,\cos\beta)$是与方向 l 同向的单位向量,则

$$\begin{aligned}\frac{\partial f}{\partial l}\bigg|_{(x_0,y_0)}&=f_x(x_0,y_0)\cos\alpha+f_y(x_0,y_0)\cos\beta=\mathbf{grad}\,f(x_0,y_0)\cdot\boldsymbol{e}_l\\&=|\mathbf{grad}\,f(x_0,y_0)|\cos\theta,\end{aligned}$$

其中 θ 为 $\boldsymbol{e}_l$ 与 $\mathbf{grad}\,f(x_0,y_0)$的夹角.

这一关系式表明函数在一点的梯度与函数在这点的方向导数间的关系. 特别是,当向量 $\boldsymbol{e}_l$ 与 $\mathbf{grad}\,f(x_0,y_0)$的夹角 $\theta=0$,即沿梯度方向时,方向导数$\frac{\partial f}{\partial l}\bigg|_{(x_0,y_0)}$取得最大值,且最大值为梯度的模$|\mathbf{grad}\,f(x_0,y_0)|$. 也就是说,函数在一点的梯度是个向量,它的方向是函数在这点的方向导数取得最大值的方向. 它的模就等于方向导数的最大值. 这就是函数 $z=f(x,y)$在点 $P_0(x_0,y_0)$处梯度的物理意义.

三 考研大纲要求解读

理解方向导数与梯度的概念,并掌握其计算方法.

例题精解

基本题型 1:求函数在某点沿方向 l 的方向导数

例 1 函数 $u=\ln(x+\sqrt{y^2+z^2})$ 在点 $A(1,0,1)$ 处沿 A 指向点 $B(3,-2,2)$ 方向的方向导数为______.(考研题)

【思路探索】 由于函数 u 在 $A(1,0,1)$ 处可微分,故由方向导数存在的充分条件知,

$$\left.\frac{\partial u}{\partial l}\right|_{(1,0,1)}=\left.\frac{\partial u}{\partial x}\right|_{(1,0,1)}\cdot\cos\alpha+\left.\frac{\partial u}{\partial y}\right|_{(1,0,1)}\cdot\cos\beta+\left.\frac{\partial u}{\partial z}\right|_{(1,0,1)}\cdot\cos\gamma,$$

其中 l 为 $\overrightarrow{AB}$ 的方向. 因此,只要计算出 $\left.\frac{\partial u}{\partial x}\right|_{(1,0,1)},\left.\frac{\partial u}{\partial y}\right|_{(1,0,1)},\left.\frac{\partial u}{\partial z}\right|_{(1,0,1)}$ 及 $\overrightarrow{AB}$ 的方向余弦 $\cos\alpha,\cos\beta,\cos\gamma$,问题即可得解.

解: 因为 $\overrightarrow{AB}=(3-1,-2-0,2-1)=(2,-2,1)$,所以方向余弦

$$\cos\alpha=\frac{2}{\sqrt{2^2+(-2)^2+1^2}}=\frac{2}{3},$$

$$\cos\beta=\frac{-2}{\sqrt{2^2+(-2)^2+1^2}}=-\frac{2}{3},$$

$$\cos\gamma=\frac{1}{\sqrt{2^2+(-2)^2+1^2}}=\frac{1}{3}.$$

又因为

$$\left.\frac{\partial u}{\partial x}\right|_{(1,0,1)}=\left.\frac{1}{x+\sqrt{y^2+z^2}}\right|_{(1,0,1)}=\frac{1}{2},$$

$$\left.\frac{\partial u}{\partial y}\right|_{(1,0,1)}=\left.\frac{1}{x+\sqrt{y^2+z^2}}\cdot\frac{1}{2}(y^2+z^2)^{-\frac{1}{2}}\cdot 2y\right|_{(1,0,1)}=0,$$

$$\left.\frac{\partial u}{\partial z}\right|_{(1,0,1)}=\left.\frac{1}{x+\sqrt{y^2+z^2}}\cdot\frac{1}{2}(y^2+z^2)^{-\frac{1}{2}}\cdot 2z\right|_{(1,0,1)}=\frac{1}{2}.$$

所以 $\frac{\partial u}{\partial \overrightarrow{AB}}=\frac{1}{2}\times\frac{2}{3}+0\times\left(-\frac{2}{3}\right)+\frac{1}{2}\times\frac{1}{3}=\frac{1}{2}$.

基本题型 2:求函数在某点处的梯度及沿梯度方向的方向导数

例 2 问函数 $u=xy^2z$ 在点 $P_0(1,-1,2)$ 处沿什么方向的方向导数最大? 并求出此方向导数的最大值.

【思路探索】 由梯度的几何意义可知,函数 u 在点 P_0 沿其梯度方向的方向导数值最大,且其最大值即为函数在该点处梯度向量的模.

解: 由 $u=xy^2z$ 可知:$\frac{\partial u}{\partial x}=y^2z,\frac{\partial u}{\partial y}=2xyz,\frac{\partial u}{\partial z}=xy^2$. 则

$$\left.\mathbf{grad}\,u\right|_{P_0}=\left.\left(\frac{\partial u}{\partial x},\frac{\partial u}{\partial y},\frac{\partial u}{\partial z}\right)\right|_{P_0}=(2,-4,1),\ \left.|\mathbf{grad}\,u|\right|_{P_0}=\sqrt{2^2+(-4)^2+1^2}=\sqrt{21}.$$

故方向 $(2,-4,1)$ 是函数 u 在点 P_0 处方向导数值最大的方向,其方向导数最大值为 $\sqrt{21}$.

例 3 $\left.\mathbf{grad}\left(xy+\frac{z}{y}\right)\right|_{(2,1,1)}=$______.(考研题)

【思路探索】 利用梯度公式可得.

解：由于 $\mathbf{grad}\left(xy+\frac{z}{y}\right)=y\boldsymbol{i}+\left(x-\frac{z}{y^2}\right)\boldsymbol{j}+\frac{1}{y}\boldsymbol{k}$，所以

$$\mathbf{grad}\left(xy+\frac{z}{y}\right)\Bigg|_{(2,1,1)}=\boldsymbol{i}+\boldsymbol{j}+\boldsymbol{k}.$$

故应填 $\boldsymbol{i}+\boldsymbol{j}+\boldsymbol{k}$.

第八节　多元函数的极值及其求法

知识全解

一 本节知识结构图解

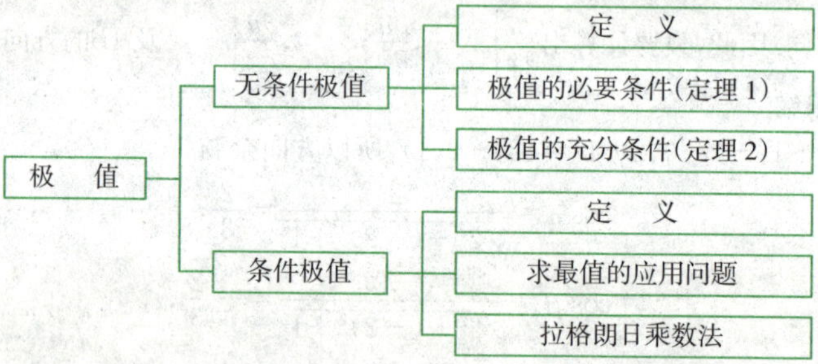

二 重点及常考点分析

1. 无条件极值.

定理 1 (极值的必要条件)设函数 $z=f(x,y)$ 在点 (x_0,y_0) 处具有偏导数，且在点 (x_0,y_0) 处有极值，则有 $f_x(x_0,y_0)=0$，$f_y(x_0,y_0)=0$. 并称能使 $f_x(x,y)=0$，$f_y(x,y)=0$ 同时成立的点 (x_0,y_0) 为函数 $z=f(x,y)$ 的驻点. 定理 1 即：具有偏导数的函数的极值点必定是驻点，但函数的驻点不一定是极值点.

定理 2 (极值的充分条件)设函数 $z=f(x,y)$ 在点 (x_0,y_0) 的某邻域内连续且有一阶及二阶连续偏导数，又 $f_x(x_0,y_0)=0$，$f_y(x_0,y_0)=0$，令

$$f_{xx}(x_0,y_0)=A,f_{xy}(x_0,y_0)=B,f_{yy}(x_0,y_0)=C,$$

则 $f(x,y)$ 在 (x_0,y_0) 处是否取得极值的条件如下：

(1) $AC-B^2>0$ 时具有极值，且当 $A<0$ 时有极大值，当 $A>0$ 时有极小值；

(2) $AC-B^2<0$ 时没有极值；

(3) $AC-B^2=0$ 时可能有极值，也可能没有极值，需另作讨论.

与一元函数类似，我们可利用函数的极值求解函数的最值. 如果 $f(x,y)$ 在有界闭区域 D 上连续，则 $f(x,y)$ 在 D 上必定能取得最大值和最小值. 这种使函数取得最大值或最小值的点既可能在 D 的内部，也可能在 D 的边界上. 假定函数在 D 上连续，在 D 内可微且只有有限个驻点，这时如果函数在 D 的内部取得最大值(最小值)，则这个最大值(最小值)也是函数的极大值(极小值). 因此，在上述假定下，求函数的最值的一般方法是：

将函数 $f(x,y)$ 在 D 内的所有驻点处的函数值及在 D 边界上的最值相互比较，其中最大的为最大值，最小的为最小值. 对于实际问题，如果驻点唯一，且由实际意义知问题存在最值，则该驻点即为最值点. 如果存在多个驻点，且由实际意义知问题存在最大值和最小值，则只需比

较各驻点处的函数值，最大的则为最大值，最小的则为最小值.

2. 条件极值.

函数满足若干条件(约束方程)的极值称为条件极值. 对于在条件$\varphi(x,y)=0$下 $z=f(x,y)$的条件极值的求法：

方法一：化为无条件极值. 若可由 $\varphi(x,y)=0$ 解出 $y=\psi(x)$，代入 $z=f(x,y)$，便化为无条件极值.

方法二：拉格朗日乘数法.

设 $f(x,y)$，$\varphi(x,y)$有连续的一阶偏导数，且 φ'_x，φ'_y 不同时为零.

(1)构造拉格朗日函数

$$F(x,y,\lambda)=f(x,y)+\lambda\varphi(x,y).$$

(2)将 $F(x,y,\lambda)$分别对 x,y,λ 求偏导数，得到下列方程组

$$\begin{cases}F_x=f_x(x,y)+\lambda\varphi_x(x,y)=0,\\ F_y=f_y(x,y)+\lambda\varphi_y(x,y)=0,\\ F_\lambda=\varphi(x,y)=0.\end{cases}$$

求解此方程组，解出 x_0，y_0 及 λ，则(x_0,y_0)是 $z=f(x,y)$在条件 $\varphi(x,y)=0$ 下可能的极值点.

(3)判别驻点(x_0,y_0)是否为极值点.

方法：用无条件极值的充分条件去判别.

对于 n 元函数在 m 个约束条件下的极值问题，可依照上面方法解答.

三 考研大纲要求解读

1. 理解多元函数极值和条件极值的概念，掌握多元函数极值存在的必要条件，了解二元函数极值存在的充分条件，会求二元函数的极值.

2. 会用拉格朗日乘数法求条件极值，会求简单多元函数的最大值和最小值，并会解决一些简单的应用问题.

例题精解

基本题型 1：无条件极值问题

例 1 设函数 $f(x)$具有二阶连续导数，且 $f(x)>0$，$f'(0)=0$，则函数 $z=f(x)\cdot\ln f(y)$在点$(0,0)$处取得极小值的一个充分条件是(　　).(考研题)

(A) $f(0)>1$，$f''(0)>0$　　(B) $f(0)>1$，$f''(0)<0$

(C) $f(0)<1$，$f''(0)>0$　　(D) $f(0)<1$，$f''(0)<0$

【思路探索】 由二元函数极值的充分条件可得.

解：$\dfrac{\partial z}{\partial x}=f'(x)\cdot\ln f(y)$，$\dfrac{\partial z}{\partial y}=\dfrac{f'(y)\cdot f(x)}{f(y)}$，$\dfrac{\partial^2 z}{\partial x^2}=f''(x)\cdot\ln f(y)$，

$$\frac{\partial^2 z}{\partial x\partial y}=\frac{f'(y)\cdot f'(x)}{f(y)},\frac{\partial^2 z}{\partial y^2}=\frac{f''(y)\cdot f(x)\cdot f(y)-f(x)\cdot[f'(y)]^2}{f^2(y)}.$$

因为 $f'(0)=0$，所以$(0,0)$是驻点，又因为当 $B^2-AC<0$，$A>0$ 时，取极小值，而

$$B^2-AC<0,A>0\Leftrightarrow f''(0)\cdot\ln f(0)>0$$

且

$$0-[f''(0)]^2\cdot\ln f(0)<0\Leftrightarrow f(0)>1,f''(0)>0,$$

即当 $f(0)>1$，$f''(0)>0$ 时取极小值. 故应选(A).

例 2 求函数 $f(x,y)=\left(y+\frac{1}{3}x^3\right)\cdot e^{x+y}$ 的极值.(考研题)

【思路探索】 先求出驻点,再利用极值判别法判定每一个驻点是否为极值点,是极大值点还是极小值点,最后算出极值点处的函数值即可.

解:解方程组 $\begin{cases} f'_x(x,y)=\left(x^2+y+\frac{x^3}{3}\right)e^{x+y}=0, \\ f'_y(x,y)=\left(1+y+\frac{x^3}{3}\right)e^{x+y}=0, \end{cases}$ 可得驻点为 $\left(-1,-\frac{2}{3}\right)$、$\left(1,-\frac{4}{3}\right)$. 又因为

$$f''_{xx}(x,y)=\left(2x+2x^2+y+\frac{x^3}{3}\right)e^{x+y},$$

$$f''_{xy}(x,y)=\left(1+x^2+y+\frac{x^3}{3}\right)e^{x+y},f''_{yy}(x,y)=\left(2+y+\frac{x^3}{3}\right)e^{x+y}.$$

对驻点 $\left(-1,-\frac{2}{3}\right)$,由于 $A=-e^{-\frac{5}{3}},B=e^{-\frac{5}{3}},C=e^{-\frac{5}{3}}$,

所以 $B^2-AC>0$,故 $f\left(-1,-\frac{2}{3}\right)=-e^{-\frac{5}{3}}$ 不是极值;

对驻点 $\left(1,-\frac{4}{3}\right)$,由于 $A=3e^{-\frac{1}{3}},B=e^{-\frac{1}{3}},C=e^{-\frac{1}{3}}$,

所以 $B^2-AC<0$,且 $A>0$,故 $f\left(1,-\frac{4}{3}\right)=-e^{-\frac{1}{3}}$ 是极小值.

例 3 求二元函数 $z=f(x,y)=x^2y(4-x-y)$ 在由直线 $x+y=6$,x 轴和 y 轴所围成的区域 D 上的最大值和最小值.(考研题)

【思路探索】 求解闭区域上的最值,须先判断驻点和偏导数不存在的点,并求出它们的函数值,再与边界上的最值进行比较,最后得出闭区域上的最值(如图 9-1 所示).

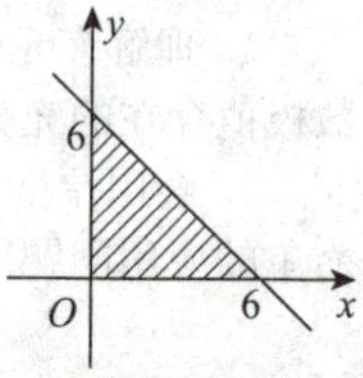

图 9-1

解:(1)先求函数在 D 内的驻点. 令

$$\begin{cases} f_x(x,y)=2xy(4-x-y)-x^2y=0, \\ f_y(x,y)=x^2(4-x-y)-x^2y=0. \end{cases}$$

得 $x=0,0\leqslant y\leqslant 6$ 及点 $(4,0)$、$(2,1)$.

在 D 内只有唯一驻点 $(2,1)$,在该点 $f(2,1)=4$.

(2)再求 $f(x,y)$ 在 D 的边界上的最值.

在边界 $x=0(0\leqslant y\leqslant 6)$ 和 $y=0(0\leqslant x\leqslant 6)$ 上,$f(x,y)=0$.

在边界 $x+y=6$ 上,将 $y=6-x$ 代入 $f(x,y)$ 中,得

$$f(x,y)=x^2(6-x)(-2)=2x^2(x-6),$$

令 $f_x(x,y)=6x^2-24x=0$,得 $x_1=0,x_2=4$.

当 $x=0$ 时,$y=6$,$f(0,6)=0$;当 $x=4$ 时,$y=2$,$f(4,2)=-64$.

(3)比较大小.

经过比较,得 $f(2,1)=4$ 为最大值,$f(4,2)=-64$ 为最小值.

【方法点击】 设函数 $z=f(x,y)$ 在闭区域 D 上连续,则 $f(x,y)$ 在 D 上必有最大值与最小值. 求最值的步骤为:

(1)求出 $f(x,y)$ 在 D 内"可能"的极值点的函数值;

(2)求出 $f(x,y)$ 在 D 的边界上的最值;

(3)将上面所得的函数值进行比较,其中最大(小)者为最大(小)值.

若问题为实际应用题，且已知 $f(x,y)$ 在 D 内只有一个驻点，则函数在该点的值即为所求的最大(小)值，不必再求 $f(x,y)$ 在 D 的边界上的最值，也无须判别函数值是极大(或极小)值.

基本题型 2：条件极值

例 4　求曲线 $x^3-xy+y^3=1(x\geqslant0,y\geqslant0)$ 上的点到坐标原点的最长距离与最短距离.(考研题)

【思路探索】　本题为条件极值问题，利用拉格朗日乘数法.

解： 设 (x,y) 为曲线上的点，目标函数为 $f(x,y)=x^2+y^2$，构造拉格朗日函数

$$L(x,y,\lambda)=x^2+y^2+\lambda(x^3-xy+y^3-1).$$

令

$$\begin{cases}\dfrac{\partial L}{\partial x}=2x+(3x^2-y)\lambda=0, & ①\\ \dfrac{\partial L}{\partial y}=2y+(3y^2-x)\lambda=0, & ②\\ \dfrac{\partial L}{\partial \lambda}=x^3-xy+y^3-1=0. & ③\end{cases}$$

当 $x>0,y>0$ 时，由①②得 $\dfrac{x}{y}=\dfrac{3x^2-y}{3y^2-x}$，即 $3xy(y-x)=(x+y)(x-y)$，所以 $y=x$ 或 $3xy=-(x+y)$(由于 $x>0,y>0$，舍去).

将 $y=x$ 代入③得 $2x^3-x^2-1=0$，即 $(2x^2+x+1)(x-1)=0$，

所以 $(1,1)$ 点为唯一可能的极值点，此时 $\sqrt{x^2+y^2}=\sqrt{2}$；

当 $x=0,y=1$ 或 $x=1,y=0$ 时，$\sqrt{x^2+y^2}=1$.

故所求最长距离为 $\sqrt{2}$，最短距离为 1.

*第九节　二元函数的泰勒公式(略)

*第十节　最小二乘法(略)

本章小结

1. 关于多元函数的极限与连续性的小结.

多元函数的极限与连续问题，从一般角度来说，它们的讨论主要是用多元函数的极限与连续的定义. 这里应特别注意极限的存在性是包含各个方向的逼近过程，而不是像一元函数那样考虑一个单方向或至多是两个单侧极限. 在说明多元函数极限不存在或不连续时，我们一般举反例加以说明.

2. 关于偏导数、全微分的小结.

这一部分内容最关键的问题是要弄清偏导数、全微分及其关系以及它们与连续性之间的关系. 偏导数存在，函数不一定连续. 这一点完全不同于一元函数.

多元偏导数的计算是考试的重点，特别是对于复合函数的求导，链式法则应牢记并会熟练使用. 在讨论函数的可导性和可微性时，主要从定义着手. 在对复合函数求高阶偏导时，每次求导都应特别注意函数具有的复合性质. 另外，第七节涉及的梯度概念在很多学科中都要用到.

3. 关于多元函数微分学应用的小结.

这一部分的内容主要涉及微分在几何与极值中的应用.

对于曲线与曲面的几何应用问题,要掌握参数式与一般式两种情况下曲线的切线与法平面方程及曲面的法线与切平面方程的求法,特别是要根据所给的几何条件确定对应线或面的方向向量应满足的条件,从而找到曲线或曲面上所需的点.

对于极值问题,掌握极值的必要条件以及二元函数极值的充分条件的条件与结论.

对于最值问题特别是应用题,要注意判断解的有效性.

自测题

一、填空题

1. 设函数 $f(u,v)$ 具有二阶连续偏导数,$z=f(x,xy)$,则 $\dfrac{\partial^2 z}{\partial x\partial y}=$______.(考研题)

2. 设 $F(x,y)=\int_0^{xy}\mathrm{e}^{-u^2}\mathrm{d}u$,则 $\mathrm{d}F(x,y)=$______.

3. 若函数 $f(x,y)=2x^2+ax+xy^2+2y$ 在点 $(1,-1)$ 处取得极值,则 $a=$______.

4. $z=2x^2+3y^2$ 在点 $\left(\dfrac{1}{2},\dfrac{1}{2},\dfrac{5}{4}\right)$ 处的切平面方程为______.

5. 设 $u=x^2+y^2+z^3y$,则 $\mathbf{grad}u|_{(1,2,1)}=$______.

二、选择题

1. 函数 $f(x,y)=\begin{cases}\dfrac{\sin 2(x^2+y^2)}{x^2+y^2}, & x^2+y^2\neq 0,\\ 2, & x^2+y^2=0\end{cases}$ 在点 $(0,0)$ 处(　　).

(A)无定义　　(B)无极限

(C)有极限但不连续　　(D)连续

2. 设函数 $z=f(x,y)$ 在点 $M_0(x_0,y_0)$ 处存在二阶偏导数,则函数在 M_0 点(　　).

(A)一阶偏导数必连续　　(B)一阶偏导数不一定连续

(C)沿任何方向的方向导数必存在　　(D)$z''_{xy}=z''_{yx}$

3. 二元函数 $f(x,y)$ 在点 $(0,0)$ 处可微的一个充分条件是(　　).

(A) $\lim\limits_{(x,y)\to(0,0)}[f(x,y)-f(0,0)]=0$

(B) $\lim\limits_{x\to 0}\dfrac{f(x,0)-f(0,0)}{x}=0$,且 $\lim\limits_{y\to 0}\dfrac{f(0,y)-f(0,0)}{y}=0$

(C) $\lim\limits_{(x,y)\to(0,0)}\dfrac{f(x,y)-f(0,0)}{\sqrt{x^2+y^2}}=0$

(D) $\lim\limits_{x\to 0}[f'_x(x,0)-f'_x(0,0)]=0$,且 $\lim\limits_{y\to 0}[f'_y(0,y)-f'_y(0,0)]=0$

4. 设曲面 $z=f(x,y)$ 与平面 $x=1$ 的交线在点 $(1,1,1)$ 处的切线对 y 轴的斜率为 1,则(　　).

(A) $f(x,y)=x^2+y^2-1$　　(B) $f(x,y)=(x-1)^2+(y-1)^2+1$

(C) $f(x,y)=xy$　　(D) $f(x,y)=\sqrt{3-x^2-y^2}$

5. 函数 $u=xyz-2yz-3$ 在点 $(1,1,1)$ 沿 $\boldsymbol{l}=2\boldsymbol{i}+2\boldsymbol{j}+\boldsymbol{k}$ 的方向导数等于(　　).

(A) $\dfrac{1}{\sqrt{5}}$　　(B) $-\dfrac{1}{\sqrt{5}}$　　(C) $\dfrac{1}{3}$　　(D) $-\dfrac{1}{3}$

三、解答题

1. 证明:$\lim\limits_{\substack{x\to+\infty\\ y\to+\infty}}\left(1+\dfrac{1}{x}\right)^{\frac{x^2}{x+y}}$ 不存在.

2. 求下列极限：(1) $\lim\limits_{(x,y)\to(1,0)}\dfrac{\ln(x+e^y)}{\sqrt{x^2+y^2}}$；　(2) $\lim\limits_{(x,y)\to(0,0)}\dfrac{e^x+e^y}{\cos x+\sin y}$.

3. 设 $z=f(x+y,x-y,xy)$，其中 f 具有二阶连续偏导数，求 dz 与 $\dfrac{\partial^2 z}{\partial x\partial y}$.（考研题）

4. 设 $f(x,y)=\begin{cases}(x^2+y^2)\sin\dfrac{1}{x^2+y^2}, & x^2+y^2\neq 0,\\ 0, & x^2+y^2=0.\end{cases}$

证明：$f(x,y)$ 在 $(0,0)$ 点有偏导数，f'_x，f'_y 在 $(0,0)$ 点不连续，但 $f(x,y)$ 在 $(0,0)$ 点可微.

5. 设 $u=f(x,z)$，f 具有连续偏导数，而 $z=z(x,y)$ 由方程 $z=x+y\varphi(z)$ 所确定，φ 可导，求 du.

6. 求二元函数 $f(x,y)=x^2(2+y^2)+y\ln y$ 的极值.（考研题）

7. 求抛物面 $z=x^2+y^2$ 到平面 $x+y+z+1=0$ 的最近距离.

自测题答案

一、填空题

1. $xf''_{12}+f'_2+xyf''_{22}$　**2.** $e^{-x^2y^2}(ydx+xdy)$　**3.** -5　**4.** $2x+3y-z-\dfrac{5}{4}=0$　**5.** $2\boldsymbol{i}+5\boldsymbol{j}+6\boldsymbol{k}$

二、选择题

1. (D)　**2.** (B)　**3.** (C)　**4.** (C)　**5.** (D)

三、解答题

1. 证：取 $y=kx$，$(k>0)$，则当 $x\to+\infty$ 时，此时有

$$\lim_{\substack{x\to\infty\\ y=kx}}\left(1+\frac{1}{x}\right)^{\frac{x^2}{x+y}}=\lim_{x\to+\infty}\left(1+\frac{1}{x}\right)^{\frac{x^2}{(1+k)x}}=\lim_{x\to+\infty}\left(1+\frac{1}{x}\right)^{\frac{x}{1+k}}=e^{\frac{1}{1+k}},$$

显然，当 k 取不同值时，极限值不同. 所以 $\lim\limits_{\substack{x\to+\infty\\ y\to+\infty}}\left(1+\dfrac{1}{x}\right)^{\frac{x^2}{x+y}}$ 不存在.

2. 解：(1) $\lim\limits_{(x,y)\to(1,0)}\dfrac{\ln(x+e^y)}{\sqrt{x^2+y^2}}=\dfrac{\ln(1+e^0)}{\sqrt{1^2+0^2}}=\ln 2$.

(2) $\lim\limits_{(x,y)\to(0,0)}\dfrac{e^x+e^y}{\cos x+\sin y}=\dfrac{e^0+e^0}{\cos 0+\sin 0}=2$.

3. 解：因为 $\dfrac{\partial z}{\partial x}=f'_1+f'_2+yf'_3$，　$\dfrac{\partial z}{\partial y}=f'_1-f'_2+xf'_3$，

所以 $dz=\dfrac{\partial z}{\partial x}dx+\dfrac{\partial z}{\partial y}dy=(f'_1+f'_2+yf'_3)dx+(f'_1-f'_2+xf'_3)dy$，

$$\begin{aligned}\frac{\partial^2 z}{\partial x\partial y}&=\frac{\partial}{\partial y}\left(\frac{\partial z}{\partial x}\right)=\frac{\partial}{\partial y}(f'_1+f'_2+yf'_3)=\frac{\partial}{\partial y}(f'_1)+\frac{\partial}{\partial y}(f'_2)+\frac{\partial}{\partial y}(yf'_3)\\&=(f''_{11}-f''_{12}+xf''_{13})+(f''_{21}-f''_{22}+xf''_{23})+f'_3+y(f''_{31}-f''_{32}+xf''_{33})\\&=f''_{11}+(x+y)f''_{13}-f''_{22}+(x-y)f''_{23}+xyf''_{33}+f'_3.\end{aligned}$$

4. 证：$f'_x(0,0)=\lim\limits_{x\to0}\dfrac{f(x,0)-f(0,0)}{x}=\lim\limits_{x\to0}\dfrac{x^2\sin\dfrac{1}{x^2}}{x}=0$，同理 $f'_y(0,0)=0$.

当 $x^2+y^2\neq0$ 时，

$$f'_x(x,y)=2x\sin\frac{1}{x^2+y^2}+(x^2+y^2)\cos\frac{1}{x^2+y^2}\cdot\left[\frac{-2x}{(x^2+y^2)^2}\right]$$

$$=2x\sin\frac{1}{x^2+y^2}-\frac{2x}{x^2+y^2}\cos\frac{1}{x^2+y^2},$$

$$f'_y(x,y)=2y\sin\frac{1}{x^2+y^2}-\frac{2y}{x^2+y^2}\cos\frac{1}{x^2+y^2};$$

显然 $\lim\limits_{(x,y)\to(0,0)}f'_x(x,y)$，$\lim\limits_{(x,y)\to(0,0)}f'_y(x,y)$不存在，故 $f'_x(x,y)$，$f'_y(x,y)$在$(0,0)$点不连续.

又 $$\lim_{(x,y)\to(0,0)}\frac{f(x,y)-f(0,0)-f'_x(0,0)x-f'_y(0,0)y}{\sqrt{x^2+y^2}}=\lim_{(x,y)\to(0,0)}\frac{(x^2+y^2)\sin\frac{1}{x^2+y^2}-0}{\sqrt{x^2+y^2}}$$

$$=\lim_{(x,y)\to(0,0)}\sqrt{x^2+y^2}\sin\frac{1}{x^2+y^2}=0,$$

所以 $f(x,y)-f(0,0)=f'_x(0,0)x+f'_y(0,0)y+o(\sqrt{x^2+y^2})$.

由可微的定义知，函数在$(0,0)$点可微.

5. 解：$\frac{\partial u}{\partial x}=\frac{\partial f}{\partial x}+\frac{\partial f}{\partial z}\frac{\partial z}{\partial x}$，$\frac{\partial u}{\partial y}=\frac{\partial f}{\partial z}\frac{\partial z}{\partial y}$.

因为 $z=x+y\varphi(z)$，φ 可导，所以 $z'_x=1+y\varphi'(z)z'_x$，$z'_y=\varphi(z)+y\varphi'(z)z'_y$. 即

$$z'_x=\frac{1}{1-y\varphi'(z)},\quad z'_y=\frac{\varphi(z)}{1-y\varphi'(z)}.$$

故 $\mathrm{d}u=\frac{\partial u}{\partial x}\mathrm{d}x+\frac{\partial u}{\partial y}\mathrm{d}y=\left[\frac{\partial f}{\partial x}+\frac{\partial f}{\partial z}\cdot\frac{1}{1-y\varphi'(z)}\right]\mathrm{d}x+\left[\frac{\partial f}{\partial z}\cdot\frac{\varphi(z)}{1-y\varphi'(z)}\right]\mathrm{d}y$.

6. 解：$f'_x(x,y)=2x(2+y^2)$，　$f'_y(x,y)=2x^2y+\ln y+1$.

令$\begin{cases}f'_x(x,y)=0,\\f'_y(x,y)=0,\end{cases}$即$\begin{cases}2x(2+y^2)=0,\\2x^2y+\ln y+1=0,\end{cases}$解得$\begin{cases}x=0,\\y=\frac{1}{\mathrm{e}}.\end{cases}$

所以函数有唯一驻点$\left(0,\frac{1}{\mathrm{e}}\right)$. 又因为在$\left(0,\frac{1}{\mathrm{e}}\right)$处，

$$A=f''_{xx}\left(0,\frac{1}{\mathrm{e}}\right)=(4+2y^2)\Big|_{\left(0,\frac{1}{\mathrm{e}}\right)}=4+\frac{2}{\mathrm{e}^2}>0,$$

$$B=f''_{xy}\left(0,\frac{1}{\mathrm{e}}\right)=4xy\Big|_{\left(0,\frac{1}{\mathrm{e}}\right)}=0,$$

$$C=f''_{yy}\left(0,\frac{1}{\mathrm{e}}\right)=\left(2x^2+\frac{1}{y}\right)\Big|_{\left(0,\frac{1}{\mathrm{e}}\right)}=\mathrm{e}.$$

所以 $AC-B^2>0$，且 $A>0$，从而$\left(0,\frac{1}{\mathrm{e}}\right)$为函数的极小值点.

故函数的极小值为 $f\left(0,\frac{1}{\mathrm{e}}\right)=-\frac{1}{\mathrm{e}}$.

7. 解：首先求与 $x+y+z+1=0$ 平行的 $z=x^2+y^2$ 的切平面. 令

$$F(x,y,z)=z-x^2-y^2,$$

所以 $\boldsymbol{n}=(-2x,-2y,1)$，则有$\frac{-2x}{1}=\frac{-2y}{1}=\frac{1}{1}$，得到 $x=-\frac{1}{2}$，$y=-\frac{1}{2}$，从而 $z=\frac{1}{2}$.

故切点$\left(-\frac{1}{2},-\frac{1}{2},\frac{1}{2}\right)$到平面 $x+y+z+1=0$ 的距离即为所求距离

$$d=\frac{\left|-\frac{1}{2}-\frac{1}{2}+\frac{1}{2}+1\right|}{\sqrt{1^2+1^2+1^2}}=\frac{\frac{1}{2}}{\sqrt{3}}=\frac{\sqrt{3}}{6}.$$

第十章　重积分

本章内容概览

本章和下一章是多元函数积分学的内容，是一元函数定积分的推广与发展. 将一元函数定积分中“和式的极限”推广到定义在区域、曲线及曲面上多元函数的相应情形，便得到了重积分、曲线积分及曲面积分的概念. 本章主要介绍二重积分和三重积分的概念、性质、计算方法及它们的一些具体应用.

本章知识图解

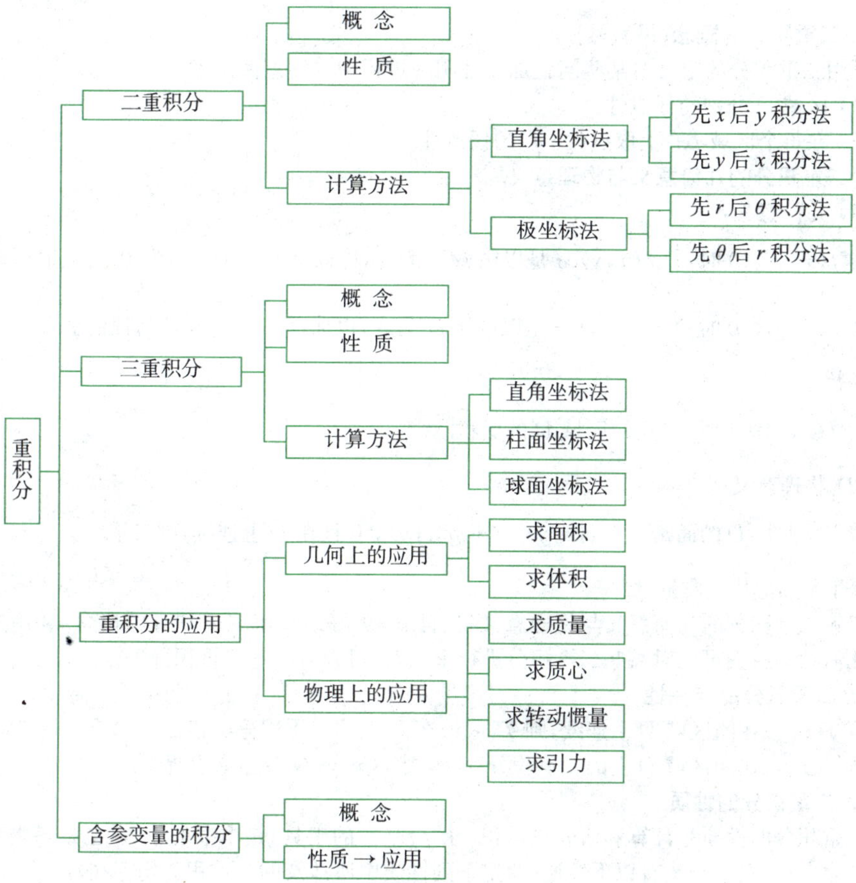

第一节　二重积分的概念与性质

知识全解

一　本节知识结构图解

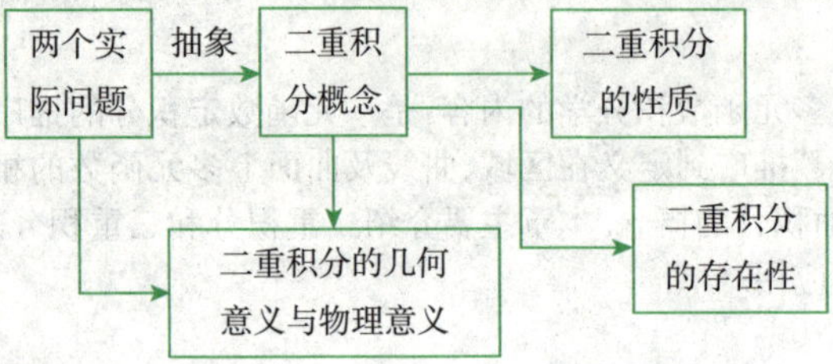

二　重点及常考点分析

1. 二重积分的概念(见教材).

利用二重积分的定义对某些问题加以证明的过程中要注意两点：

(1) 区域 D 分割的任意性.

(2) 在每个区域 $\Delta\sigma_i$ 上取点(ζ_i,η_i)的任意性.

2. 二重积分的几何意义与物理意义.

(1) 几何意义：

当 $f(x,y)\geqslant 0$ 时，$\iint\limits_D f(x,y)\mathrm{d}\sigma$ 是以区域 D 为底，以曲面 $z=f(x,y)$ 为顶的曲顶柱体体积；

当 $f(x,y)\leqslant 0$ 时，$\iint\limits_D f(x,y)\mathrm{d}\sigma$ 是以区域 D 为底，以曲面 $z=f(x,y)$ 为顶的曲顶柱体体积的相反数；

当 $f(x,y)\equiv 1$ 时，$\iint\limits_D \mathrm{d}\sigma=$区域 D 的面积.

(2) 物理意义：

若平面薄片 D 的面密度为 $\rho(x,y)$，这里 $\rho(x,y)>0$ 且在 D 上连续，则二重积分 $\iint\limits_D \rho(x,y)\mathrm{d}\sigma$ 的值等于平面薄片的质量.

了解二重积分的几何意义与物理意义将有助于更好地理解二重积分的概念. 利用二重积分的几何意义我们可以对某些二重积分进行求值，还可以对某些二重积分进行比较.

3. 二重积分的存在性.

若 $f(x,y)$在闭区域 D 上连续，则 $f(x,y)$在 D 上的二重积分必存在.

若 $f(x,y)$在闭区域 D 上的二重积分存在，则 $f(x,y)$在 D 上必有界.

4. 二重积分的性质.

二重积分的性质是计算和研究二重积分的最基本的工具，是本节的重点，也是各类考试的关注点之一. 二重积分具有以下性质(假定下列性质中所涉及的二重积分均存在)：

(1) 线性性质：

$$\iint\limits_D kf(x,y)\mathrm{d}\sigma = k\iint\limits_D f(x,y)\mathrm{d}\sigma, k\text{ 是常数}.$$

$$\iint\limits_D [f(x,y)\pm g(x,y)]\mathrm{d}\sigma=\iint\limits_D f(x,y)\mathrm{d}\sigma\pm\iint\limits_D g(x,y)\mathrm{d}\sigma.$$

(2) 区域可加性：设区域 D 由 D_1,D_2 组成，且 D_1,D_2 除边界点外无其他交点，则

$$\iint\limits_D f(x,y)\mathrm{d}\sigma=\iint\limits_{D_1} f(x,y)\mathrm{d}\sigma+\iint\limits_{D_2} f(x,y)\mathrm{d}\sigma.$$

(3) 比较定理：若在区域 D 内有 $f(x,y)\leqslant g(x,y)$，则

$$\iint\limits_D f(x,y)\mathrm{d}\sigma\leqslant\iint\limits_D g(x,y)\mathrm{d}\sigma.$$

特别地，$\left|\iint\limits_D f(x,y)\mathrm{d}\sigma\right|\leqslant\iint\limits_D |f(x,y)|\mathrm{d}\sigma.$

(4) 估值定理：设 m,M 分别为 $f(x,y)$ 在闭区域 D 上的最小值和最大值，则

$$m|S|\leqslant\iint\limits_D f(x,y)\mathrm{d}\sigma\leqslant M|S|,$$

其中 $|S|$ 表示区域 D 的面积.

(5) 中值定理：若 $f(x,y)$ 在闭区域 D 上连续，则在 D 上至少存在一点 (ζ,η) 使得

$$\iint\limits_D f(x,y)\mathrm{d}\sigma=f(\zeta,\eta)\cdot|S|.$$

利用二重积分的性质可以比较积分的大小；估计积分的范围；利用积分中值定理证明问题.

三 考研大纲要求解读

1. 理解二重积分的概念.
2. 了解二重积分的性质，了解二重积分的中值定理.

例题精解

基本题型 1：利用二重积分的几何意义解题

例 1 根据二重积分的几何意义确定二重积分 $\iint\limits_D (a-\sqrt{x^2+y^2})\mathrm{d}\sigma$ 的值，其中 $D=\{(x,y)\,|\,x^2+y^2\leqslant a^2\}$.

【思路探索】 利用几何意义确定二重积分的值，关键要确定由 $f(x,y)$ 和 D 所组成的曲顶柱体的形状，再根据立体图形的体积公式求得二重积分的确定值.

解：曲顶柱体的底部为圆盘 $x^2+y^2\leqslant a^2$，其顶是下半圆锥面 $z=a-\sqrt{x^2+y^2}$，故曲顶柱体为一圆锥体，它的底面半径及高均为 a，所以

$$\iint\limits_D (a-\sqrt{x^2+y^2})\mathrm{d}\sigma=\frac{1}{3}\pi a^3.$$

【方法点击】 直接用几何意义确定二重积分的值，题目中以 $f(x,y)$ 为顶，以 D 为底的曲顶柱体是我们所熟悉的，是可以利用基本公式求体积的，所以，用此类方法必须要注意题目的条件，更为一般的二重积分是不能用此方法求值的.

基本题型 2：利用二重积分的性质估计积分值的范围

例 2 设 $I=\iint\limits_{|x|+|y|\leqslant 2}\frac{\mathrm{d}x\mathrm{d}y}{2+\cos^2 x+\cos^2 y}$，则(　　).（考研题）

(A) $\frac{1}{4}<I<\frac{1}{2}$　　(B) $\frac{1}{2}<I<1$

(C) $1<I<2$　　(D) $2<I<4$

【思路探索】 利用二重积分的估值定理即可.

解:令积分域为 $\overline{D}=\{(x,y)\mid |x|+|y|\leqslant 2\}$,被积函数为

$$f(x,y)=\frac{1}{2+\cos^2 x+\cos^2 y},$$

则在 $\overline{D}$ 上有 $\frac{1}{4}\leqslant f(x,y)\leqslant\frac{1}{2}$,由估值定理,得

$$\frac{1}{4}S<I<\frac{1}{2}S,$$

其中 $S=8$ 为 $\overline{D}$ 的面积.即 $2<I<4$.故应选(D).

第二节　二重积分的计算法

知识全解

一 本节知识结构图解

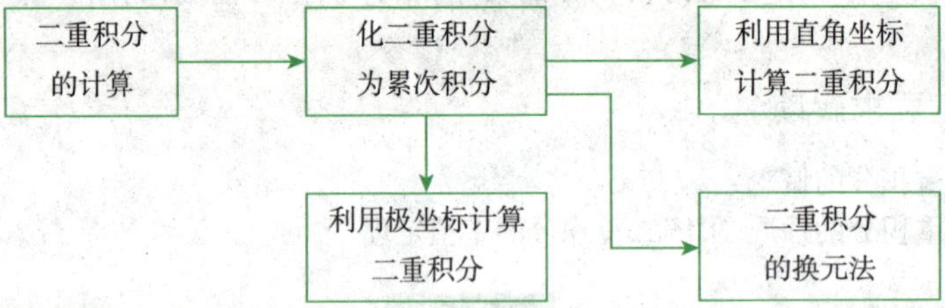

二 重点及常考点分析

1. 利用直角坐标系计算二重积分.

利用直角坐标系计算二重积分是二重积分计算方法中非常重要的方法,也是历年来各类考试的考查点之一.这种方法主要分为两种情况:

(1) 先对 y 积分后对 x 积分.

若 D 是由 $x=a,x=b,y=y_1(x),y=y_2(x)$ 所围成的(如图10-1(a)所示),则

$$\iint_D f(x,y)\mathrm{d}\sigma=\iint_D f(x,y)\mathrm{d}x\mathrm{d}y=\int_a^b \mathrm{d}x\int_{y_1(x)}^{y_2(x)} f(x,y)\mathrm{d}y.$$

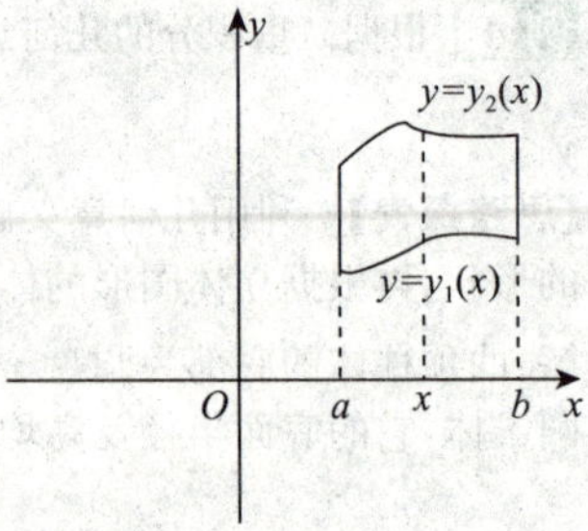

图 10-1(a)

此时称 D 为 X 型区域,其特点是:穿过 D 内部且平行于 y 轴的直线与 D 的边界相交不多于两点.

(2) 先对 x 积分后对 y 积分.

若 D 是由 $y=c,y=d,x=x_1(y),x=x_2(y)$ 所围成的(如图10-1(b)所示),则

$$\iint_D f(x,y)\mathrm{d}\sigma=\iint_D f(x,y)\mathrm{d}x\mathrm{d}y=\int_c^d \mathrm{d}y\int_{x_1(y)}^{x_2(y)} f(x,y)\mathrm{d}x.$$

此时称 D 为 Y 型区域,其特点是:穿过 D 内部且平行于 x 轴的直线与 D 的边界相交不多

于两点.

利用直角坐标系求二重积分时,关键是要把二重积分正确地转化为累次积分进行计算.其步骤可分为以下几步:

(1) 画出积分区域 D 的草图.

(2) 根据积分区域 D 和被积函数的特点选择适当的积分次序.选序的原则有三点:

① 积分区域 D 的划分块数应尽可能少;

② 第一次积分的上、下限表达式要简单,并且容易根据第一次积分的结果作第二次积分;

③ 不管用哪种次序积分,必须能求出二次积分的被积函数的原函数.

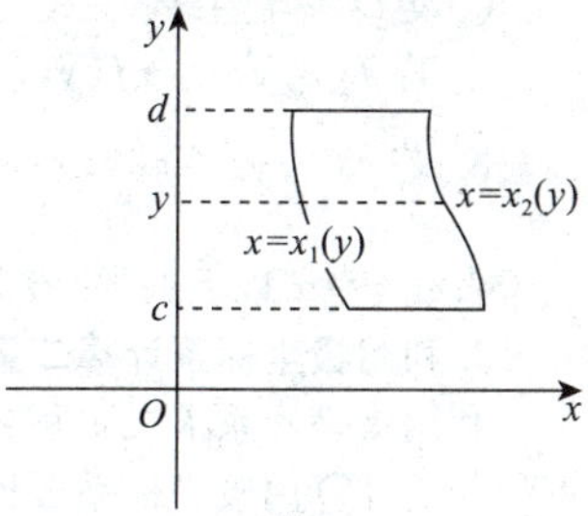

图 10-1(b)

(3) 确定累次积分的上、下限,把二重积分化为二次积分计算,这也是计算二重积分最关键的一步.定限的方法可归纳如下:

① 后积先定限(累次积分中后积变量的上、下限均为常数可以先确定);

② 限内划条线(该直线平行于坐标轴且与坐标轴同方向);

③ 先交为下限(直线先穿过的曲线作为下限);

④ 后交为上限(直线后穿过的曲线作为上限).

在计算二重积分时,还有以下几点值得我们注意:

(1) 积分区域 D 有时可能既是 X 型,又是 Y 型的,此时选择积分次序时应以尽量降低积分的难度为原则,如遇到被积函数是 $e^{\frac{1}{x}}, \frac{\sin x}{x}, \frac{\cos x}{x}, \frac{1}{\ln x}, e^{x^2}, e^{\frac{y}{x}}$ 等,此时应选择先积 y 后积 x.

(2) 当积分区域 D 是 X 型区域与 Y 型区域混合时,此时要对 D 进行分割,将 D 分割为若干个 X 型区域和 Y 型区域,分割 D 时应以尽可能少分块为原则.

(3) 利用二重积分中积分区域 D 的对称性和被积函数 $f(x,y)$ 的奇偶性可以简化二重积分的计算.现归纳如下:

①设 D 关于 y 轴对称.

a. 若 f 关于 x 为奇函数,则 $I=0$.

b. 若 f 关于 x 为偶函数,则 $I=2\iint\limits_{D_1} f(x,y)\mathrm{d}\sigma$,其中 $D_1=\{(x,y)\in D: x\geqslant 0\}$,即 D_1 为 D 中位于 y 轴右边的那一部分区域.

②设 D 关于 x 轴对称.

a. 若 f 关于 y 为奇函数,则 $I=0$.

b. 若 f 关于 y 为偶函数,则 $I=2\iint\limits_{D_2} f(x,y)\mathrm{d}\sigma$,其中 $D_2=\{(x,y)\in D: y\geqslant 0\}$,即 D_2 为 D 中位于 x 轴上方的那一部分区域.

③设 D 关于原点对称.

a. 若 f 关于 x,y 为奇函数,则 $I=0$.

b. 若 $f(x,y)$关于 x,y 为偶函数,则 $I=2\iint\limits_{D_3} f(x,y)\mathrm{d}\sigma$,其中 $D_3=\{(x,y)\in D: y\geqslant 0\}$,即 D_3 为 D 在上半平面的那一部分区域.

④设 D 关于直线 $y=x$ 对称.

a. 若 $f(x,y)=-f(y,x)$,则 $I=0$.

b. 若 $f(x,y)=f(y,x)$,则 $I=2\iint\limits_{D_4} f(x,y)\mathrm{d}\sigma$,其中 $D_4=\{(x,y)\in D: y\geqslant x\}$,即 D_4 为 D 中位于直线 $y=x$ 以上的那一部分区域.

2. 利用极坐标系计算二重积分.

利用极坐标系求二重积分的值是计算二重积分的另一种非常方便且有效的方法,有些二重积分的计算用极坐标系要比利用直角坐标系更为简单. 用极坐标系计算二重积分也分为两种情形:

(1) 先对 ρ 积分后对 θ 积分.

若 D 是由 $\theta=\theta_1,\theta=\theta_2,\rho=\rho_1(\theta),\rho=\rho_2(\theta)$ 所围成的(如图 10-2(a)所示),则

$$\iint\limits_D f(x,y)\mathrm{d}\sigma=\int_{\theta_1}^{\theta_2}\mathrm{d}\theta\int_{\rho_1(\theta)}^{\rho_2(\theta)} f(\rho\cos\theta,\rho\sin\theta)\rho\mathrm{d}\rho.$$

(2) 先对 θ 积分后对 ρ 积分.

若 D 是由 $\theta=\theta_1(\rho),\theta=\theta_2(\rho),\rho=a,\rho=b$ 所围成的(如图 10-2(b)所示),则

$$\iint\limits_D f(x,y)\mathrm{d}\sigma=\int_a^b\rho\mathrm{d}\rho\int_{\theta_1(\rho)}^{\theta_2(\rho)} f(\rho\cos\theta,\rho\sin\theta)\mathrm{d}\theta.$$

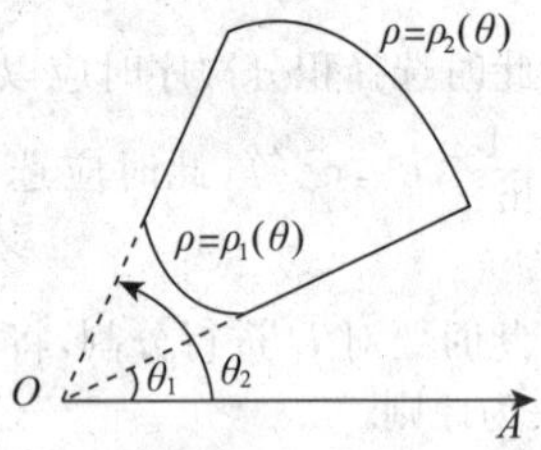

图 10-2(a)

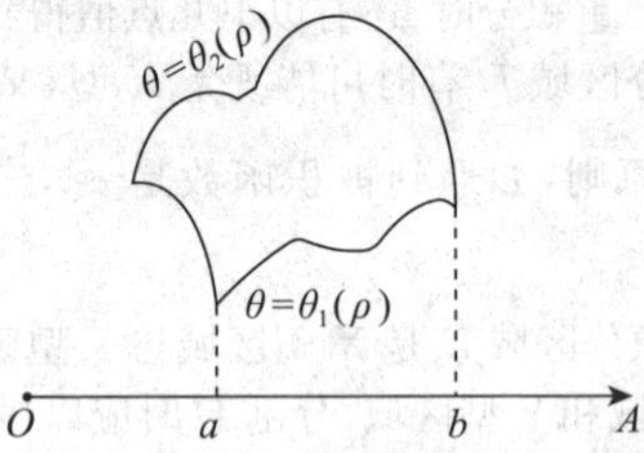

图 10-2(b)

注:①利用极坐标系计算二重积分首先要利用直角坐标与极坐标的转换公式 $\begin{cases}x=\rho\cos\theta,\\ y=\rho\sin\theta.\end{cases}$ 即

$$\iint\limits_D f(x,y)\mathrm{d}\sigma=\iint\limits_D f(\rho\cos\theta,\rho\sin\theta)\rho\mathrm{d}\rho\mathrm{d}\theta.$$

②积分区域 D 的边界曲线也要转化为极坐标下的方程,然后将区域 D 表示为极坐标下的不等式组,从而确定积分次序与累次积分的上下限,这也是极坐标系下计算二重积分的关键.

③一般而言,极坐标系中二重积分的积分次序是"先 ρ 后 θ",即

$$\iint\limits_D f(x,y)\mathrm{d}\sigma=\int_?^?\mathrm{d}\theta\int_?^? f(\rho\cos\theta,\rho\sin\theta)\rho\mathrm{d}\rho.$$

积分限随极点 O 与积分区域 D 的边界曲线的相对位置而定:

a. 当极点 O 在区域 D 的边界曲线外时(如图 10-3(a)所示),则

$$\iint\limits_D f(x,y)\mathrm{d}\sigma=\int_\alpha^\beta\mathrm{d}\theta\int_{\rho_1(\theta)}^{\rho_2(\theta)} f(\rho\cos\theta,\rho\sin\theta)\rho\mathrm{d}\rho.$$

b. 当极点 O 在区域 D 的边界曲线上时(如图 10-3(b)所示),则

$$\iint\limits_D f(x,y)\mathrm{d}\sigma=\int_\alpha^\beta\mathrm{d}\theta\int_0^{\rho(\theta)} f(\rho\cos\theta,\rho\sin\theta)\rho\mathrm{d}\rho.$$

c. 当极点 O 在区域 D 的边界曲线内时(如图 10-3(c)所示),则

$$\iint_D f(x,y)\mathrm{d}\sigma=\int_0^{2\pi}\mathrm{d}\theta\int_0^{\rho(\theta)}f(\rho\cos\theta,\rho\sin\theta)\rho\mathrm{d}\rho.$$

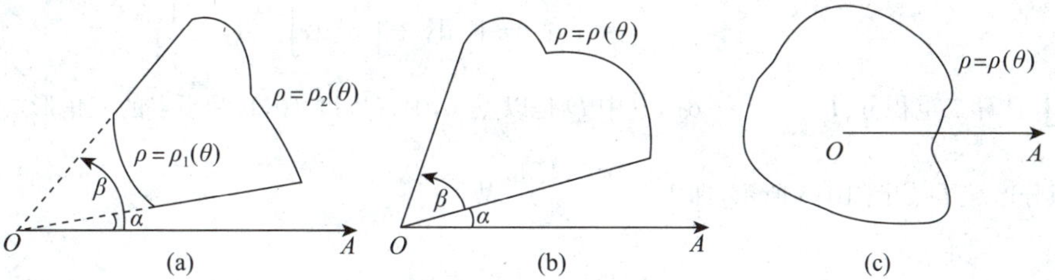

图 10-3

④当二重积分中积分区域 D 为圆域、环域、扇形区域或环扇形区域或者被积函数 $f(x,y)$ 中含有 $x^2+y^2,\frac{x}{y},\frac{y}{x}$ 等时,往往用极坐标计算二重积分.

3. 二重积分的换元法.

二重积分的变量从直角坐标系中的 x,y 变换为极坐标中的 θ,ρ 是二重积分换元法的一种特殊情形. 对于二重积分的换元法一般情形有以下的结论:

设函数 $f(x,y)$ 在闭区域 D 上连续,变换 $T:x=x(u,v),y=y(u,v)$ 将 uOv 平面上的闭区域 D' 变为 xOy 平面上的 D,且满足:

(1) $x(u,v),y(u,v)$ 在 D' 上具有一阶连续偏导数;

(2) 在 D' 上雅可比式

$$J(u,v)=\frac{\partial(x,y)}{\partial(u,v)}=\begin{vmatrix}\frac{\partial x}{\partial u} & \frac{\partial x}{\partial v}\\ \frac{\partial y}{\partial u} & \frac{\partial y}{\partial v}\end{vmatrix}\neq 0;$$

(3) 变换 $T:D'\to D$ 是一对一的,则有

$$\iint_D f(x,y)\mathrm{d}x\mathrm{d}y=\iint_{D'}f[x(u,v),y(u,v)]\mid J(u,v)\mid \mathrm{d}u\mathrm{d}v,$$

上式也称为二重积分的换元公式.

三 考研大纲要求解读

1. 掌握二重积分的计算方法(直角坐标、极坐标).
2. 会计算无界区域上较简单的二重积分.

例题精解

基本题型 1:直角坐标系下二重积分的计算

例 1 设平面区域 D 由直线 $x=3y,y=3x$ 及 $x+y=8$ 围成,计算 $\iint_D x^2\mathrm{d}x\mathrm{d}y$.(考研题)

【思路探索】 由 D 的形状确定积分次序:先 y 后 x;此时 $D=D_1+D_2$;且 $D_1=\{(x,y)\mid 0\leqslant x\leqslant 2,\frac{x}{3}\leqslant y\leqslant 3x\}$;$D_2=\{(x,y)\mid 2\leqslant x\leqslant 6,\frac{x}{3}\leqslant y\leqslant 8-x\}$,然后将二重积分化为二次积分计算即可.

解:如图 10-4 所示,

$$\iint_D x^2\mathrm{d}x\mathrm{d}y=\iint_{D_1}x^2\mathrm{d}x\mathrm{d}y+\iint_{D_2}x^2\mathrm{d}x\mathrm{d}y$$

$$=\int_0^2 x^2\mathrm{d}x\int_{\frac{x}{3}}^{3x}\mathrm{d}y+\int_2^6 x^2\mathrm{d}x\int_{\frac{x}{3}}^{8-x}\mathrm{d}y=\frac{416}{3}.$$

例 2 计算二重积分:$I=\iint_D x^2\mathrm{e}^{-y^2}\mathrm{d}\sigma$,其中 D 是以点(0,0)、(1,1)、(0,1)为顶点的三角形.

解:积分区域 D 如图 10-5 所示,即 $D:\begin{cases}0\leqslant y\leqslant 1,\\0\leqslant x\leqslant y.\end{cases}$ 故

$$I=\int_0^1\mathrm{e}^{-y^2}\mathrm{d}y\int_0^y x^2\mathrm{d}x$$

$$=\frac{1}{3}\int_0^1 y^3\mathrm{e}^{-y^2}\mathrm{d}y=-\frac{1}{6}\int_0^1 y^2\mathrm{d}(\mathrm{e}^{-y^2})$$

$$=-\frac{1}{6}\left(y^2\mathrm{e}^{-y^2}\Big|_0^1-2\int_0^1 y\mathrm{e}^{-y^2}\mathrm{d}y\right)$$ 分部积分法

$$=-\frac{1}{6}\left(-1+\frac{2}{\mathrm{e}}\right)=\frac{1}{6}-\frac{1}{3\mathrm{e}}.$$

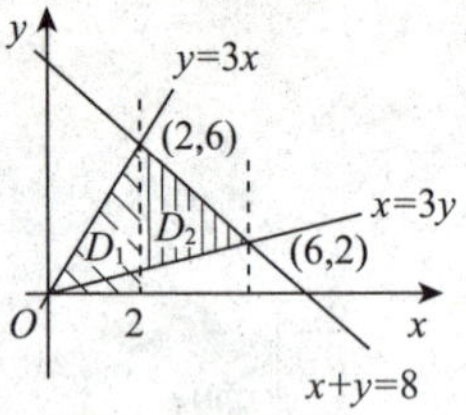

图 10-4

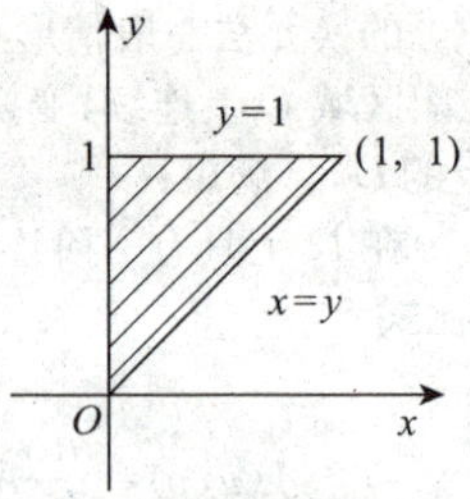

图 10-5

【方法点击】 在该例中,积分区域 D 非常简单,既是 X 型,又是 Y 型区域,仅从 D 来看,既可以先对 x 积分再对 y 积分,也可以先对 y 积分再对 x 积分. 但如果考虑到被积函数的特点,若先对 y 积分再对 x 积分会出现无法积分的情形. 所以在选择积分顺序时,既要考虑到积分区域的形状,也要结合被积函数的特点,尽量使计算过程简便.

基本题型 2:更换积分次序

例 3 设 $f(x,y)$ 是连续函数,则 $\int_0^1\mathrm{d}y\int_{-\sqrt{1-y^2}}^{1-y}f(x,y)\mathrm{d}x=(\quad)$.(考研题)

(A) $\int_0^1\mathrm{d}x\int_0^{x-1}f(x,y)\mathrm{d}y+\int_{-1}^0\mathrm{d}x\int_0^{\sqrt{1-x^2}}f(x,y)\mathrm{d}y$

(B) $\int_0^1\mathrm{d}x\int_0^{1-x}f(x,y)\mathrm{d}y+\int_{-1}^0\mathrm{d}x\int_{-\sqrt{1-x^2}}^0 f(x,y)\mathrm{d}y$

(C) $\int_0^{\frac{\pi}{2}}\mathrm{d}\theta\int_0^{\frac{1}{\cos\theta+\sin\theta}}f(r\cos\theta,r\sin\theta)\mathrm{d}r+\int_{\frac{\pi}{2}}^{\pi}\mathrm{d}\theta\int_0^1 f(r\cos\theta,r\sin\theta)\mathrm{d}r$

(D) $\int_0^{\frac{\pi}{2}}\mathrm{d}\theta\int_0^{\frac{1}{\cos\theta+\sin\theta}}f(r\cos\theta,r\sin\theta)r\mathrm{d}r+\int_{\frac{\pi}{2}}^{\pi}\mathrm{d}\theta\int_0^1 f(r\cos\theta,r\sin\theta)r\mathrm{d}r$

图 10-6

解:由题设条件知积分区域 D(如图 10-6 所示),在直角坐标系中,若将已知二次积分化为先 y 后 x 的二次积分,选项(A)、(B)均不对. 在极坐标系中,选项(C)也不对(面积微元 $\mathrm{d}r=r\mathrm{d}r\mathrm{d}\theta$,

漏掉了 r)，即选项(D)正确. 故应选(D).

【方法点击】 更换积分次序的解题程序为：

(1)由所给定的累次积分的上、下限写出表示积分区域 D 的不等式组；

(2)依据不等式组画出积分区域 D 的草图；

(3)确定新的累次积分的上、下限；

(4)写出新累次积分.

例 4 已知函数 $f(x,y)$ 具有二阶连续偏导数，且 $f(1,y)=0,f(x,1)=0,\iint\limits_D f(x,y)\mathrm{d}x\mathrm{d}y=a$，其中 $D=\left\{(x,y)\middle|0\leqslant x\leqslant 1,0\leqslant y\leqslant 1\right\}$，计算二重积分 $I=\iint\limits_D xyf''_{xy}(x,y)\mathrm{d}x\mathrm{d}y$.（考研题）

【思路探索】 本题为抽象函数的二重积分，用二元函数偏导数与函数的关系及分部积分法计算即可.

解：
$$
\begin{aligned}
I&=\iint\limits_D xyf''_{xy}(x,y)\mathrm{d}x\mathrm{d}y=\int_0^1 x\mathrm{d}x\int_0^1 y\mathrm{d}f'_x(x,y)\\
&=\int_0^1 x\left[yf'_x(x,y)\Big|_0^1-\int_0^1 f'_x(x,y)\mathrm{d}y\right]\mathrm{d}x=\int_0^1 x\left[f'_x(x,1)-\int_0^1 f'_x(x,y)\mathrm{d}y\right]\mathrm{d}x\\
&=\int_0^1 xf'_x(x,1)\mathrm{d}x-\int_0^1 x\mathrm{d}x\int_0^1 f'_x(x,y)\mathrm{d}y=\int_0^1 x\mathrm{d}\,f(x,1)-\int_0^1\mathrm{d}y\int_0^1 x\mathrm{d}f(x,y)\\
&=[xf(x,1)]\Big|_0^1-\int_0^1 f(x,1)\mathrm{d}x-\int_0^1\left[(x\cdot f(x,y))\Big|_0^1-\int_0^1 f(x,y)\mathrm{d}x\right]\mathrm{d}y\\
&=f(1,1)-\int_0^1 0\mathrm{d}x-\int_0^1\left[f(1,y)-\int_0^1 f(x,y)\mathrm{d}x\right]\mathrm{d}y\\
&=\int_0^1\mathrm{d}y\int_0^1 f(x,y)\mathrm{d}x=\iint\limits_D f(x,y)\mathrm{d}x\mathrm{d}y\\
&=a\text{（因为 }f(1,y)=0,\ f(x,1)=0\text{，所以 }f(1,1)=0\text{）.}
\end{aligned}
$$

基本题型 3：利用被积函数的奇偶性与积分区域 D 的对称性计算二重积分

例 5 如图 10-7 所示，正方形 $\{(x,y)\mid |x|\leqslant 1,|y|\leqslant 1\}$ 被其对角线划分为四个区域 $D_k(k=1,2,3,4)$，$I_k=\iint\limits_{D_k} y\cos x\mathrm{d}x\mathrm{d}y$. 则 $\max\limits_{1\leqslant k\leqslant 4}\{I_k\}=$（　　）.（考研题）

(A) I_1　　(B) I_2

(C) I_3　　(D) I_4

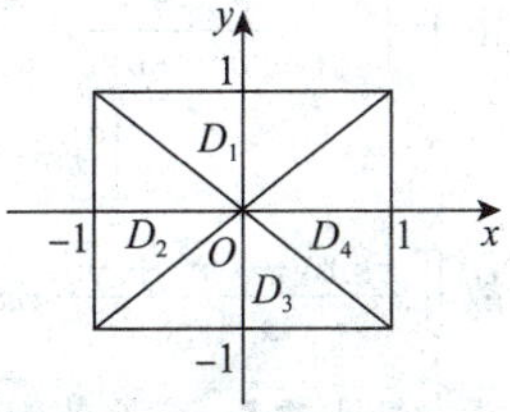

图 10-7

解：D_2,D_4 关于 x 轴对称，而被积函数是关于 y 的奇函数，所以 $I_2=I_4=0$；D_1,D_3 两区域关于 y 轴对称，$y\cos(-x)=y\cos x$ 即被积函数是关于 x 的偶函数，由积分的保号性，$I_1>0,I_3<0$，所以正确答案为(A).

【方法点击】 利用奇偶函数在对称区域上的性质可以简化计算，但要特别注意仅当积分区域 D 的对称性和被积函数 $f(x,y)$ 的奇偶性两者兼得且当两个方面的性质相匹配时才能利用.

基本题型 4：计算 $\iint\limits_D |f(x,y)|\mathrm{d}x\mathrm{d}y$

例 6 计算 $\iint\limits_D |y-x^2|\mathrm{d}x\mathrm{d}y$,其中 $D=\{(x,y)|0\leqslant x\leqslant 1,0\leqslant y\leqslant 1\}$.

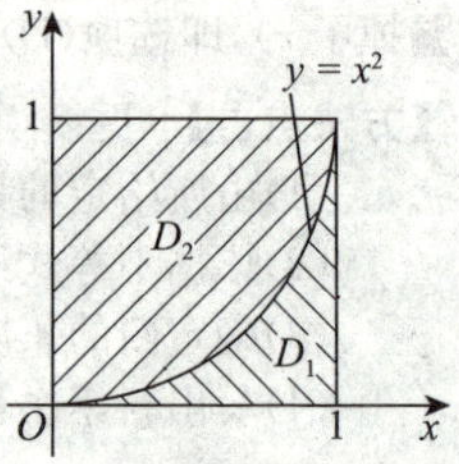

图 10-8

解:区域 D 如图 10-8 所示.

$$\iint\limits_D |y-x^2|\mathrm{d}\sigma=\iint\limits_{D_1:y<x^2}(x^2-y)\mathrm{d}\sigma+\iint\limits_{D_2:y\geqslant x^2}(y-x^2)\mathrm{d}\sigma$$

$$=\int_0^1\mathrm{d}x\int_0^{x^2}(x^2-y)\mathrm{d}y+\int_0^1\mathrm{d}x\int_{x^2}^1(y-x^2)\mathrm{d}y=\frac{11}{30}.$$

【方法点击】 对于被积函数中含有绝对值的积分,总的原则是去掉绝对值符号再积分,其具体作法是:令绝对值符号内的函数等于零,从而得到曲线 $y=f(x)$,该曲线将积分区域 D 分成两个或多个区域,而在每个子区域内绝对值符号内的变量保持定号,从而可去掉绝对值符号.再根据积分可加性,将二重积分化成各子区域上的二重积分之和,便可计算.

基本题型 5:利用极坐标系计算二重积分

例 7 设平面区域 $D=\{(x,y)|1\leqslant x^2+y^2\leqslant 4,x\geqslant 0,y\geqslant 0\}$,计算 $\iint\limits_D \frac{x\sin(\pi\sqrt{x^2+y^2})}{x+y}\mathrm{d}x\mathrm{d}y$.

(考研题)

【思路探索】 被积函数含有 x^2+y^2,积分区域 D 为环扇形域,故利用极坐标系计算二重积分的值.

解:在极坐标系中 D 可表示为:$D=\left\{(\theta,r)|0\leqslant\theta\leqslant\frac{\pi}{2},1\leqslant r\leqslant 2\right\}$.所以

$$\iint\limits_D \frac{x\sin(\pi\sqrt{x^2+y^2})}{x+y}\mathrm{d}x\mathrm{d}y=\int_0^{\frac{\pi}{2}}\mathrm{d}\theta\int_1^2\frac{\cos\theta\cdot\sin(\pi r)}{\cos\theta+\sin\theta}\cdot r\mathrm{d}r$$

$$=\int_0^{\frac{\pi}{2}}\frac{\cos\theta\mathrm{d}\theta}{\cos\theta+\sin\theta}\int_1^2 r\sin(\pi r)\mathrm{d}r.$$

由于 $\int_0^{\frac{\pi}{2}}\frac{\cos\theta}{\cos\theta+\sin\theta}\mathrm{d}\theta=\int_0^{\frac{\pi}{2}}\frac{\sin\theta}{\cos\theta+\sin\theta}\mathrm{d}\theta=\frac{1}{2}\int_0^{\frac{\pi}{2}}\frac{\sin\theta+\cos\theta}{\cos\theta+\sin\theta}\mathrm{d}\theta=\frac{\pi}{4}$,

$$\int_1^2 r\sin(\pi r)\mathrm{d}r=\frac{1}{\pi}\left[-r\cos(\pi r)+\frac{1}{\pi}\sin(\pi r)\right]\Bigg|_1^2=-\frac{3}{\pi}.$$

故 $\iint\limits_D \frac{x\sin(\pi\sqrt{x^2+y^2})}{x+y}\mathrm{d}x\mathrm{d}y=-\frac{3}{4}$.

【方法点击】 该例若用直角坐标系计算非常困难,甚至是不可能的.用极坐标系计算二重积分要依据被积函数和积分区域的特点,关键是确定累次积分的上、下限.

基本题型 6:有关二重积分计算的综合题

例 8 设 $f'(x)$ 在 $(0,1)$ 上连续,$f(0)=1$,且满足 $\iint\limits_{D_t}f'(x+y)\mathrm{d}x\mathrm{d}y=\iint\limits_{D_t}f(t)\mathrm{d}x\mathrm{d}y$,$D_t=\{(x,y)|0\leqslant y\leqslant t-x,0\leqslant x\leqslant t\}(0\leqslant t\leqslant 1)$,求 $f(x)$ 的表达式.(考研题)

【思路探索】 在直角坐标系中将二重积分化为二次积分并整理,可得一变量可分离的微分方程,然后解之即可.

解:$\iint\limits_{D_t}f'(x+y)\mathrm{d}x\mathrm{d}y=\int_0^t\mathrm{d}x\int_0^{t-x}f'(x+y)\mathrm{d}y=\int_0^t[f(t)-f(x)]\mathrm{d}x$

$$=tf(t)-\int_0^t f(x)\mathrm{d}x,$$

又 $\iint\limits_{D_t} f(t)\mathrm{d}x\mathrm{d}y=\frac{t^2}{2}f(t)$，由题设有

$$tf(t)-\int_0^t f(x)\mathrm{d}x=\frac{t^2}{2}f(t),$$

两边求导整理，得 $(2-t)f'(t)=2f(t)$，解得 $f(t)=\frac{C}{(2-t)^2}$，代入 $f(0)=1$ 得 $C=4$. 故 $f(x)=\frac{4}{(2-x)^2}\quad(0\leqslant x\leqslant 1)$.

例 9 计算二重积分 $\iint\limits_D xy\mathrm{e}^x\mathrm{d}x\mathrm{d}y$，其中 D 是以曲线 $y=\sqrt{x}$ 和 $y=\frac{1}{\sqrt{x}}$ 及 y 轴为边界的无界区域.（考研题）

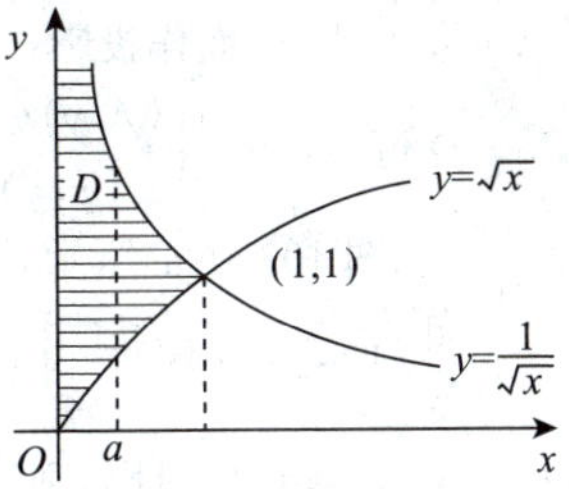

图 10-9

解：如图 10-9 所示，由题意知

$$\iint\limits_D xy\mathrm{e}^x\mathrm{d}x\mathrm{d}y=\lim_{a\to0^+}\int_a^1\mathrm{d}x\int_{\sqrt{x}}^{\frac{1}{\sqrt{x}}}xy\mathrm{e}^x\mathrm{d}y=\lim_{a\to0^+}\int_a^1 x\mathrm{e}^x\,\frac{1}{2}y^2\Big|_{\sqrt{x}}^{\frac{1}{\sqrt{x}}}\mathrm{d}x$$

$$=\frac{1}{2}\lim_{a\to0^+}\int_a^1(1-x^2)\mathrm{e}^x\mathrm{d}x=\frac{1}{2}\lim_{a\to0^+}\left[(1-x^2)\mathrm{e}^x\Big|_a^1+2\int_a^1 x\mathrm{e}^x\mathrm{d}x\right]$$

$$=\frac{1}{2}\left(-1+2\lim_{a\to0^+}\int_a^1 x\mathrm{e}^x\mathrm{d}x\right)=\frac{1}{2}\left[-1+2\lim_{a\to0^+}(x-1)\mathrm{e}^x\Big|_a^1\right]=\frac{1}{2}.$$

第三节 三重积分

知识全解

一 本节知识结构图解

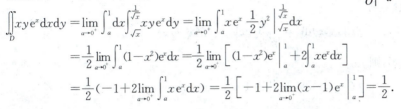

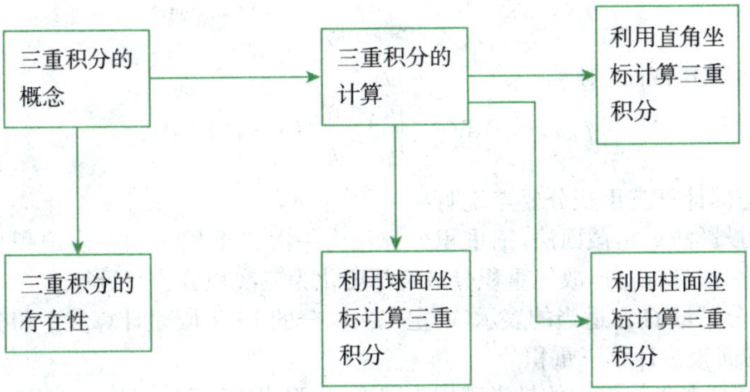

二 重点及常考点分析

1. 三重积分的概念(略).

理解三重积分的概念时要注意：

(1) 若 $f(x,y,z)\equiv1$，则 $\iiint\limits_\Omega f(x,y,z)\mathrm{d}V=|\Omega|$，其中 $|\Omega|$ 为 Ω 的体积.

第十章

(2) 三重积分的物理意义:若 Ω 是某物体所占有的空间闭区域,连续函数 $f(x,y,z)$ 为该物体的密度函数,则三重积分 $\iiint\limits_{\Omega} f(x,y,z)\mathrm{d}V$ 的值等于该物体的质量.

2. 三重积分的计算方法.

三重积分的计算是本章的难点,可利用直角坐标、球面坐标、柱面坐标化三重积分为三次积分进行计算.

(1) 利用直角坐标计算三重积分.

①投影法.

a. 向 xOy 面作投影:

Ω 可表示成:$\begin{cases}(x,y)\in D_{xy},\\ z_1(x,y)\leqslant z\leqslant z_2(x,y),\end{cases}$

(如图 10-10(a)所示)则

$$\iiint\limits_{\Omega} f(x,y,z)\mathrm{d}V=\iint\limits_{D_{xy}}\mathrm{d}x\mathrm{d}y\int_{z_1(x,y)}^{z_2(x,y)} f(x,y,z)\mathrm{d}z.$$

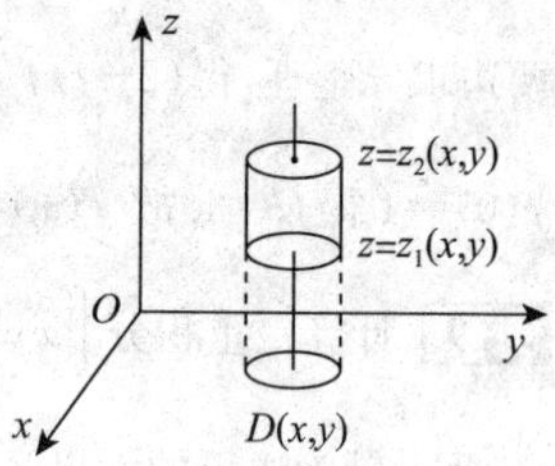

图 10-10(a)

b. 向 yOz 作投影,则

$$\iiint\limits_{\Omega} f(x,y,z)\mathrm{d}V=\iint\limits_{D_{yz}}\mathrm{d}y\mathrm{d}z\int_{x_1(y,z)}^{x_2(y,z)} f(x,y,z)\mathrm{d}x.$$

c. 向 zOx 作投影,则

$$\iiint\limits_{\Omega} f(x,y,z)\mathrm{d}V=\iint\limits_{D_{zx}}\mathrm{d}z\mathrm{d}x\int_{y_1(z,x)}^{y_2(z,x)} f(x,y,z)\mathrm{d}y.$$

②截面法.

a. 垂直于 z 轴作截面,则

$$\iiint\limits_{\Omega} f(x,y,z)\mathrm{d}V=\int_a^b\mathrm{d}z\iint\limits_{D_z} f(x,y,z)\mathrm{d}x\mathrm{d}y.$$

b. 垂直于 x 轴作截面,则

$$\iiint\limits_{\Omega} f(x,y,z)\mathrm{d}V=\int_c^d\mathrm{d}x\iint\limits_{D_x} f(x,y,z)\mathrm{d}y\mathrm{d}z.$$

c. 垂直于 y 轴作截面,则

$$\iiint\limits_{\Omega} f(x,y,z)\mathrm{d}V=\int_m^l\mathrm{d}y\iint\limits_{D_y} f(x,y,z)\mathrm{d}z\mathrm{d}x.$$

利用直角坐标计算三重积分要点说明:

第一,无论投影法还是截面法,三重积分都化为一次二重积分和一次定积分,而二重积分可用前节方法化为二次积分,故三重积分最终都要化为三次积分进行计算.

第二,对积分区域 Ω 作适当的表示,确定三次积分的上、下限是计算三重积分的关键.

(2) 利用柱面坐标计算三重积分.

当积分区域 Ω 在坐标面上的投影区域为圆形、扇形、环形区域,被积函数为 $f(x^2+y^2,z)$, $f(x^2+z^2,y)$ 或 $f(y^2+z^2,x)$, $f\left(\dfrac{y}{x}\right)$, $f\left(\dfrac{x}{z}\right)$ 等形式时,一般可采用柱面坐标计算三重积分. 特别是当积分区域为圆柱、环柱、扇形柱、锥体等形状的区域时,一般用柱面坐标计算最为简单.

①柱面坐标与直角坐标的关系(如图 10-10(b)所示):

$$\begin{cases}x=r\cos\theta,\\y=r\sin\theta,\\z=z.\end{cases}$$

②体积元素：

$$dV=dxdydz=rdrd\theta dz.$$

③化为三次积分：

$$\iiint_{\Omega}f(x,y,z)dV=\int_{\theta_1}^{\theta_2}d\theta\int_{r_1(\theta)}^{r_2(\theta)}rdr\int_{z_1(r,\theta)}^{z_2(r,\theta)}f(r\cos\theta,r\sin\theta,z)dz.$$

(3) 利用球面坐标计算三重积分.

当积分区域为球面、球面与锥面、球面与球面等围成的区域，而被积函数含有 $x^2+y^2+z^2$ 的因子时，三重积分的计算宜采用球面坐标形式.

①球面坐标和直角坐标的关系(如图 10-10(c)所示)：

$$\begin{cases}x=r\sin\varphi\cos\theta,\\y=r\sin\varphi\sin\theta,\\z=r\cos\varphi,\end{cases}$$

其中 $r\geqslant0,0\leqslant\theta\leqslant2\pi,0\leqslant\varphi\leqslant\pi$.

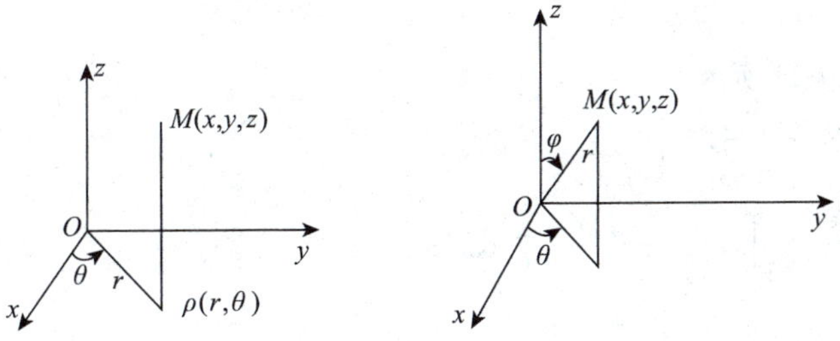

(b)　(c)

图 10-10

②体积元素：

$$dV=dxdydz=r^2\sin\varphi drd\varphi d\theta.$$

③化为三次积分：

$$\iiint_{\Omega}f(x,y,z)dV=\int_{\theta_1}^{\theta_2}d\theta\int_{\varphi_1(\theta)}^{\varphi_2(\theta)}\sin\varphi d\varphi\int_{r_1(\theta,\varphi)}^{r_2(\theta,\varphi)}f(r\sin\varphi\cos\theta,r\sin\varphi\sin\theta,r\cos\varphi)r^2dr.$$

注:三重积分的计算一般采取以下步骤：

a. 由所给条件(如立体不等式或立体表面方程)确定积分区域，尽可能作出草图.

b. 根据积分区域的形状及被积函数的特点选择合适的坐标系计算.

c. 确定三次积分的上、下限，把三重积分化为三次积分进行计算.

3. 三重积分中的变量替换.

与二重积分中类似，三重积分的计算也有一般形式的换元法：设

$$\begin{cases}x=x(u,v,w),\\y=y(u,v,w),\ J=\dfrac{\partial(x,y,z)}{\partial(u,v,w)}\neq0,(u,v,w)\in\Omega',\\z=z(u,v,w),\end{cases}$$

$f(x,y,z)$在 Ω 上连续，则

$$\iiint_{\Omega}f(x,y,z)dxdydz=\iiint_{\Omega'}f[x(u,v,w),y(u,v,w),z(u,v,w)]\,|J|\,dudvdw.$$

常用变换有

$$\begin{cases}x=ar\sin\varphi\cos\theta,\\y=br\sin\varphi\sin\theta,\\z=cr\cos\varphi,\end{cases}$$

此时，$J=abcr^2\sin\varphi$.

4. 三重积分的对称性.

与二重积分、定积分一样，三重积分的对称性也给三重积分的计算带来了方便.(略)

三 考研大纲要求解读

1. 理解三重积分的概念，了解三重积分的性质.
2. 会计算三重积分(直角坐标、柱面坐标、球面坐标).

例题精解

基本题型 1:利用直角坐标计算三重积分

例 1 计算三重积分 $\iiint\limits_{\Omega} y\sqrt{1-x^2}\,\mathrm{d}V$，其中 Ω 由 $y=-\sqrt{1-x^2-z^2}$，$x^2+z^2=1$ 以及 $y=1$ 围成.

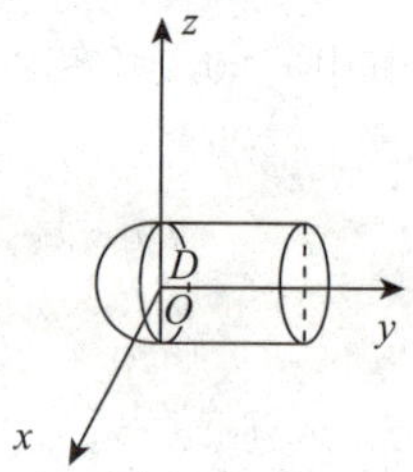

图 10-11

解: 区域 Ω 如图 10-11 所示.

$$\begin{aligned}\iiint\limits_{\Omega} y\sqrt{1-x^2}\,\mathrm{d}V &= \iint\limits_{D_{xz}}\mathrm{d}x\mathrm{d}z\int_{-\sqrt{1-x^2-z^2}}^{1} y\sqrt{1-x^2}\,\mathrm{d}y\\&=\iint\limits_{D_{xz}}\sqrt{1-x^2}\,\frac{x^2+z^2}{2}\mathrm{d}x\mathrm{d}z\\&=\int_{-1}^{1}\sqrt{1-x^2}\,\mathrm{d}x\int_{-\sqrt{1-x^2}}^{\sqrt{1-x^2}}\frac{x^2+z^2}{2}\mathrm{d}z\\&=\int_{-1}^{1}\left(-\frac{2}{3}x^4+\frac{1}{3}x^2+\frac{1}{3}\right)\mathrm{d}x=\frac{28}{45}.\end{aligned}$$

【方法点击】 此例采用了投影法计算三重积分.投影法是把三重积分化为二次积分和一次积分，且积分顺序为“先一后二”，其中的一次积分的上、下限要以平行于坐标轴的直线穿过区域 Ω 的边界曲面而定，先穿过的为下限，后穿过的为上限.在该例中若将 Ω 向其余平面作投影，其计算是很复杂的，而且要对 Ω 进行分割.因此用投影法计算三重积分要依据 Ω 的形状选择恰当的投影方向，以便于确定积分上、下限.

例 2 计算三重积分 $\iiint\limits_{\Omega} z^2\mathrm{d}V$，其中 $\Omega=\left\{(x,y,z)\,\middle|\,\frac{x^2}{a^2}+\frac{y^2}{b^2}+\frac{z^2}{c^2}\leqslant 1\right\}$.

解: 积分区域 Ω 如图 10-12(a)所示.

Ω 在 z 轴上的投影区间为 $[-c,c]$，过 z 轴上区间 $[-c,c]$ 上的任一点 z 作垂直于 z 轴的平面与 Ω 所截得截面 D_z 为

$$\frac{x^2}{a^2\left(1-\frac{z^2}{c^2}\right)}+\frac{y^2}{b^2\left(1-\frac{z^2}{c^2}\right)}\leqslant 1\text{(如图 10-12(b)所示)}.$$

由“截面法”可得:

$$\iiint\limits_{\Omega} z^2 \mathrm{d}V = \int_{-c}^{c} \mathrm{d}z \iint\limits_{D_z} z^2 \mathrm{d}x\mathrm{d}y = \int_{-c}^{c} z^2 \mid D_z \mid \mathrm{d}z$$

$$= \int_{-c}^{c} z^2 \cdot \pi ab\left(1 - \frac{z^2}{c^2}\right)\mathrm{d}z = \frac{4}{15}\pi abc^3.$$

椭圆面积的计算公式

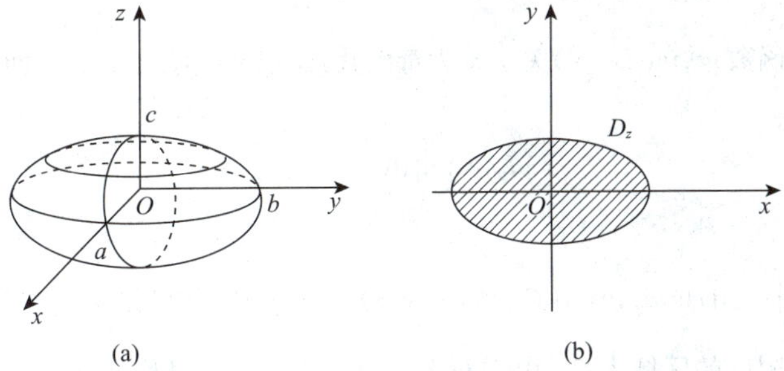

图 10-12

【方法点击】 此例用“投影法”解答也可以，但运算要复杂得多，所以选择用“截面法”计算，此时 Ω 中垂直于坐标轴的截面面积均是椭圆面积，用公式可以求得. “截面法”是把三重积分化为一次积分和二次积分，且积分顺序为“先二后一”. 此例中 $f(x,y,z)=z^2$，因此在垂直于坐标轴作截面时，选择垂直于 z 轴作 Ω 的截面便于计算.

基本题型 2：利用柱面坐标计算三重积分

例 3 计算 $I=\iiint\limits_{\Omega} z\mathrm{d}x\mathrm{d}y\mathrm{d}z$，其中 Ω 由球面 $x^2+y^2+z^2=4$ 与抛物面 $x^2+y^2=3z$ 所围成.

【思路探索】 积分区域 Ω 由抛物面与其他曲面所围成，一般可采用柱面坐标计算.

解：在柱面坐标下，球面与抛物面的交线为 $\begin{cases}\rho^2+z^2=4,\\ \rho^2=3z,\end{cases}$ 即 $\begin{cases}z=1,\\ \rho=\sqrt{3}.\end{cases}$ 所以

$$I=\iiint\limits_{\Omega} z\mathrm{d}x\mathrm{d}y\mathrm{d}z = \int_0^{2\pi}\mathrm{d}\theta\int_0^{\sqrt{3}}\rho\mathrm{d}\rho\int_{\frac{\rho^2}{3}}^{\sqrt{4-\rho^2}} z\mathrm{d}z = \pi\int_0^{\sqrt{3}}\rho\left(4-\rho^2-\frac{\rho^4}{9}\right)\mathrm{d}\rho = \frac{13}{4}\pi.$$

基本题型 3：利用球面坐标计算三重积分

例 4 计算三重积分 $\iiint\limits_{\Omega} z\sqrt{x^2+y^2+z^2}\mathrm{d}V$，其中 $\Omega=\{(x,y,z)\mid x^2+y^2+z^2\leqslant 1, z\geqslant\sqrt{3}\sqrt{x^2+y^2}\}$.

【思路探索】 积分区域 Ω 由锥面与球面所围成，而被积函数中含有 $x^2+y^2+z^2$，因此可用球面坐标计算.

解：积分区域 Ω 如图 10-13 所示. 在球面坐标中，

$$\iiint\limits_{\Omega} z\sqrt{x^2+y^2+z^2}\mathrm{d}x\mathrm{d}y\mathrm{d}z = \iiint\limits_{\Omega} r\cos\varphi\cdot r\cdot r^2\sin\varphi\mathrm{d}r\mathrm{d}\varphi\mathrm{d}\theta$$

$$=\int_0^{2\pi}\mathrm{d}\theta\int_0^{\frac{\pi}{6}}\cos\varphi\sin\varphi\mathrm{d}\varphi\int_0^1 r^4\mathrm{d}r = 2\pi\left(\frac{1}{2}\sin^2\varphi\right)\Big|_0^{\frac{\pi}{6}}\cdot\left(\frac{1}{5}r^5\right)\Big|_0^1=\frac{\pi}{20}.$$

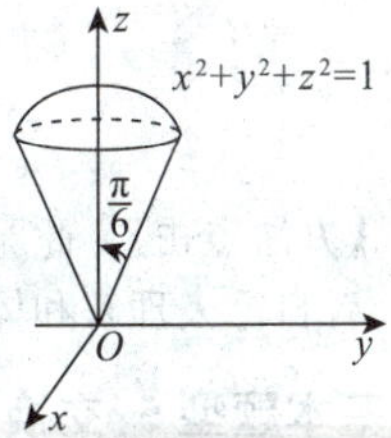

图 10-13

基本题型 4：利用被积函数的奇偶性与积分区域的对称性简化三重积分计算

例 5 设 Ω 是由曲面 $x^2+y^2\leqslant 1, z=1, z=0$ 所围成的闭区域，则

$$\iiint_{\Omega}[e^{z^3}\tan(x^2y^3)+3]dV=(\quad).$$

(A) 0　　(B) 3π　　(C) π　　(D) 3

解: $\iiint_{\Omega}[e^{z^3}\tan(x^2y^3)+3]dV=\iiint_{\Omega}e^{z^3}\tan(x^2y^3)dV+3\iiint_{\Omega}dV=I_1+I_2$.

对于 I_1,由于被积函数 $e^{z^3}\tan(x^2y^3)$关于 y 为奇函数,而积分区域关于 xOz 面对称,所以 $I_1=0$.而

$$I_2=3\iiint_{\Omega}dV=3\pi.$$

故应选(B).

例 6 计算 $I=\iiint_{\Omega}e^{|x|}dxdydz$,其中 $\Omega=\{(x,y,z)\mid x^2+y^2+z^2\leqslant 1\}$.

解:设 Ω 在第一象限内的区域为 Ω_1,由于 Ω 关于三个坐标面均对称,同时,函数 $e^{|x|}$ 关于 x,y,z 都为偶函数,所以

$$I=\iiint_{\Omega}e^{|x|}dxdydz=8\iiint_{\Omega_1}e^{|x|}dxdydz=8\iiint_{\Omega_1}e^{x}dxdydz.$$

由于 Ω_1 在 x 轴上的投影区间为$[0,1]$,在 yOz 面上的截面区域 D_x 为

$$D_x=\{(x,y,z)\mid y\geqslant 0,z\geqslant 0,y^2+z^2\leqslant 1-x^2\},$$

所以

$$I=8\int_0^1dx\iint_{D_x}e^x dydz=8\int_0^1e^x\frac{1}{4}\pi(1-x^2)dx=2\pi\int_0^1e^x(1-x^2)dx=2\pi.$$

【方法点击】 此例是被积函数含有绝对值符号的三重积分,利用三重积分的对称性既简化了计算,又去掉了被积函数中的绝对值符号,降低了计算的难度.若此题用球面坐标法计算,尽管积分限很简单,但被积函数的积分却不易求得,读者不妨一试.

例 7 计算 $\iiint_{\Omega}(x^2+my^2+nz^2)dxdydz$,其中 Ω 是球体 $x^2+y^2+z^2\leqslant a^2$,m,n 是常数.(考研题)

解:由 Ω 的对称性可知: $\iiint_{\Omega}x^2dV=\iiint_{\Omega}y^2dV=\iiint_{\Omega}z^2dV$,所以

$$\begin{aligned}\iiint_{\Omega}(x^2+my^2+nz^2)dV&=(1+m+n)\iiint_{\Omega}x^2dV\\&=\frac{1+m+n}{3}\iiint_{\Omega}(x^2+y^2+z^2)dV\\&=\frac{1+m+n}{3}\int_0^{2\pi}d\theta\int_0^{\pi}d\varphi\int_0^a r^2\cdot r^2\sin\varphi dr\\&=\frac{4}{15}\pi(1+m+n)a^5.\end{aligned}$$

【方法点击】 此题中所用到的是变量的循环对称性,这与前面提到的对称性不同,这要靠读者自己去理解和体会.

基本题型 5:交换三重积分的积分次序

例 8 改变积分顺序:将 $I=\int_0^1dx\int_0^{1-x}dy\int_0^{x+y}f(x,y,z)dz$ 按 y,z,x 的次序积分.

解：设 $\int_0^{x+y} f(x,y,z)\mathrm{d}z = g(x,y)$，则可由二重积分的积分次序交换法先交换 x,y 的积分顺序. 如图 10-14(a) 所示. 所以

$$I=\int_0^1 \mathrm{d}x\int_0^{1-x}\mathrm{d}y\int_0^{x+y} f(x,y,z)\mathrm{d}z = \int_0^1 \mathrm{d}y\int_0^{1-y}\mathrm{d}x\int_0^{x+y} f(x,y,z)\mathrm{d}z.$$

将 y 看作常数，对 $\int_0^{1-y}\mathrm{d}x\int_0^{x+y} f(x,y,z)\mathrm{d}z$ 交换 x,z 的积分顺序. 如图 10-14(b) 所示. 所以

$$\begin{aligned} I &= \int_0^1 \mathrm{d}y\left[\int_0^y \mathrm{d}z\int_0^{1-y} f(x,y,z)\mathrm{d}x + \int_y^1 \mathrm{d}z\int_{z-y}^{1-y} f(x,y,z)\mathrm{d}x\right] \\ &= \int_0^1 \mathrm{d}y\int_0^y \mathrm{d}z\int_0^{1-y} f(x,y,z)\mathrm{d}x + \int_0^1 \mathrm{d}y\int_y^1 \mathrm{d}z\int_{z-y}^{1-y} f(x,y,z)\mathrm{d}x. \end{aligned}$$

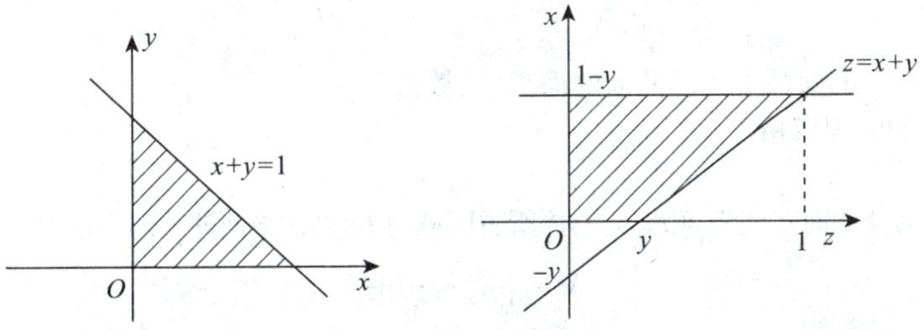

(a)　　(b)

图 10-14

【方法点击】 当对三次积分的积分区域非常了解时，可以先由给定的三次积分画出积分区域 Ω 的草图，然后按照指定的积分次序重新化为三次积分. 但当积分区域 Ω 的图形不容易画出时，此题的方法不失为一种行之有效的方法. 在依次交换相邻两积分变量时，第三个变量要当作常数看待，这是此方法的关键之处.

第四节　重积分的应用

知识全解

一　本节知识结构图解

二　重点及常考点分析

1. 重积分的几何应用.

(1) 平面区域面积：

$$\sigma(D)=\iint_D 1\mathrm{d}\sigma = \iint_D \mathrm{d}\sigma.$$

(2) 空间区域体积：

$$V(\Omega)=\iiint_\Omega 1\mathrm{d}V = \iiint_\Omega \mathrm{d}V.$$

(3) 曲面的面积:

设曲面 S 的方程为 $z=f(x,y)$,D_{xy} 为 S 在 xOy 面上的投影区域,$f(x,y)$ 在 D_{xy} 上具有连续的偏导数,则曲面 S 的面积为

$$S=\iint\limits_{D_{xy}}\sqrt{1+\left(\frac{\partial z}{\partial x}\right)^2+\left(\frac{\partial z}{\partial y}\right)^2}\,dxdy.$$

设曲面的方程为 $x=g(y,z)$ 或 $y=h(x,z)$,类似地可得到

$$S=\iint\limits_{D_{yz}}\sqrt{1+\left(\frac{\partial x}{\partial y}\right)^2+\left(\frac{\partial x}{\partial z}\right)^2}\,dydz,$$

或

$$S=\iint\limits_{D_{zx}}\sqrt{1+\left(\frac{\partial y}{\partial z}\right)^2+\left(\frac{\partial y}{\partial x}\right)^2}\,dzdx.$$

(4) 利用曲面的参数方程求曲面的面积(见教材).

2. 重积分的物理应用.

(1) 质量.

①若平面薄片的面密度为 $\rho(x,y)$,物体所占区域为 D,则此平面薄片的质量为

$$M=\iint\limits_{D}\rho(x,y)\,d\sigma.$$

②设物体的体密度为 $\rho(x,y,z)$,所占空间区域为 Ω,则物体的质量为

$$M=\iiint\limits_{\Omega}\rho(x,y,z)\,dV.$$

(2) 质心.

①若平面薄片占有平面区域 D,面密度为 $u(x,y)$,则质心坐标为

$$\begin{cases}\bar{x}=\dfrac{M_y}{M}=\dfrac{1}{M}\iint\limits_{D}xu(x,y)\,d\sigma,\\ \bar{y}=\dfrac{M_x}{M}=\dfrac{1}{M}\iint\limits_{D}yu(x,y)\,d\sigma,\end{cases}$$

其中 $M=\iint\limits_{D}u(x,y)\,d\sigma$ 为平面薄片的质量.

$M_y=\iint\limits_{D}xu(x,y)\,d\sigma$ 称为平面薄片对 y 轴的静矩,

$M_x=\iint\limits_{D}yu(x,y)\,d\sigma$ 称为平面薄片对 x 轴的静矩.

②若物体占有空间区域 Ω,体密度为 $u(x,y,z)$,则物体的质心坐标为

$$\begin{cases}\bar{x}=\dfrac{1}{M}\iiint\limits_{\Omega}xu(x,y,z)\,dV,\\ \bar{y}=\dfrac{1}{M}\iiint\limits_{\Omega}yu(x,y,z)\,dV,\\ \bar{z}=\dfrac{1}{M}\iiint\limits_{\Omega}zu(x,y,z)\,dV,\end{cases}$$

其中 $M=\iiint\limits_{\Omega}u(x,y,z)\,dV$ 为物体的质量.

(3) 转动惯量.

①若物质薄片占有平面区域 D,面密度为 $u(x,y)$,则对 x 轴、y 轴及原点的转动惯量分别为

$$\begin{cases} I_x = \iint\limits_D y^2 u(x,y)\mathrm{d}\sigma, \\ I_y = \iint\limits_D x^2 u(x,y)\mathrm{d}\sigma, \\ I_o = \iint\limits_D (x^2+y^2) u(x,y)\mathrm{d}\sigma. \end{cases}$$

②若物体占有空间区域 Ω,体密度为 $u(x,y,z)$,则物体对 x 轴、y 轴、z 轴及原点的转动惯量分别为

$$\begin{cases} I_x = \iiint\limits_\Omega (y^2+z^2) u(x,y,z)\mathrm{d}V, \\ I_y = \iiint\limits_\Omega (x^2+z^2) u(x,y,z)\mathrm{d}V, \\ I_z = \iiint\limits_\Omega (x^2+y^2) u(x,y,z)\mathrm{d}V, \\ I_o = \iiint\limits_\Omega (x^2+y^2+z^2) u(x,y,z)\mathrm{d}V. \end{cases}$$

(4) 引力(略).

重积分的应用是本章的重点,也是历年考研的热点问题.本节主要讨论了重积分在几何、物理上的一些应用.对重积分的应用读者可利用公式直接求解,也可采用元素法,利用物理公式寻找所求量的微元,自己推导应用的公式,选择恰当的坐标系,然后在相应的积分区域上计算重积分.

三 考研大纲要求解读

会用重积分求一些几何量与物理量(平面图形的面积、体积、曲面面积、质心、质量、转动惯量、引力、功等).

例题精解

基本题型 1:重积分的几何应用

例 1 求 xOy 平面上的抛物线 $6y=x^2$ 从 $x=0$ 到 $x=4$ 的一段绕 x 轴旋转所得旋转曲面的面积.

【思路探索】 首先要依题意把旋转曲面的表达式写出来,再由曲面面积公式计算所求面积.

解:旋转曲面为 $6\sqrt{y^2+z^2}=x^2$,其中 $0\leqslant x\leqslant 4$,如图 10-15 所示,则 $x=\sqrt{6}(y^2+z^2)^{\frac{1}{4}}$.

所求曲面面积为

$$\begin{aligned} S &= \iint\limits_{D_{yz}} \sqrt{1+\left(\frac{\partial x}{\partial y}\right)^2+\left(\frac{\partial x}{\partial z}\right)^2}\,\mathrm{d}y\mathrm{d}z \\ &= \iint\limits_{D_{yz}} \sqrt{1+\frac{3}{2}y^2(y^2+z^2)^{-\frac{3}{2}}+\frac{3}{2}z^2(y^2+z^2)^{-\frac{3}{2}}}\,\mathrm{d}y\mathrm{d}z \\ &= \iint\limits_{D_{yz}} \sqrt{1+\frac{3}{2}(y^2+z^2)^{-\frac{1}{2}}}\,\mathrm{d}y\mathrm{d}z, \end{aligned}$$

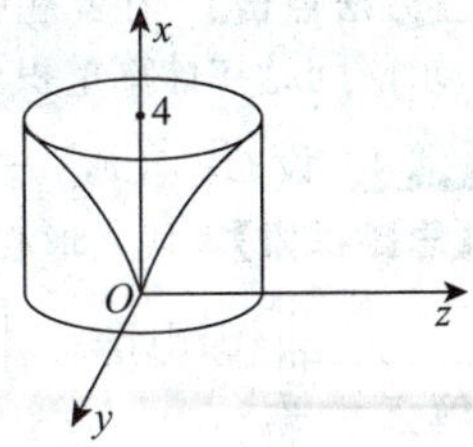

图 10-15

曲面在 yOz 的投影区域 D_{yz} 为 $y^2+x^2\leqslant\left(\frac{8}{3}\right)^2$，所以

$$S=\int_0^{2\pi}d\theta\int_0^{\frac{8}{3}}\sqrt{1+\frac{3}{2}r^{-1}}\cdot r dr=\int_0^{2\pi}d\theta\int_0^{\frac{8}{3}}\sqrt{\left(r+\frac{3}{4}\right)^2-\frac{9}{16}}dr$$

$$=\frac{820-81\ln 3}{72}\pi.$$

由极坐标可得

例 2　求由曲面 $x^2+y^2=2ax,az=x^2+y^2(a>0)$ 及平面 $z=0$ 所围成的立体的体积.

【思路探索】 由题意可知所求立体的体积为一曲顶柱体的体积，可用二重积分计算，关键是要确定柱体的曲顶以及在坐标面上的投影区域.

解：$x^2+y^2=2ax$ 是一母线平行于 z 轴的圆柱面，故可知所围立体是一曲顶柱体，其顶为抛物面 $z=\frac{1}{a}(x^2+y^2)$. 立体在 xOy 面上的投影区域 D_{xy} 为 $x^2+y^2\leqslant 2ax$.

所求立体的体积为

$$V=\iint\limits_{D_{xy}}\frac{1}{a}(x^2+y^2)dxdy=\int_{-\frac{\pi}{2}}^{\frac{\pi}{2}}d\theta\int_0^{2a\cos\theta}\frac{1}{a}r^2\cdot r dr$$

$$=\frac{1}{a}\int_{-\frac{\pi}{2}}^{\frac{\pi}{2}}\frac{16a^4\cos^4\theta}{4}d\theta$$

$$=4a^3\int_{-\frac{\pi}{2}}^{\frac{\pi}{2}}\cos^4\theta d\theta=\frac{3}{2}\pi a^3.$$

$x^2+y^2\leqslant 2ax$ 的极坐标方程为 $-\frac{\pi}{2}\leqslant\theta\leqslant\frac{\pi}{2}$，$0\leqslant r\leqslant 2a\cos\theta$

基本题型 2：重积分的物理应用

例 3　设物体所占区域由抛物面 $z=x^2+y^2$ 及平面 $z=1$ 围成，密度 $\rho(x,y)=|x|+|y|$，求其质量.

解：所求物体的质量为

$$m=\iiint\limits_{\Omega}(|x|+|y|)dV.$$

因为 $|x|+|y|$ 关于 x 与 y 均是偶函数，且 Ω 关于平面 xOz 对称，也关于 zOy 对称，所以 $m=4\iiint\limits_{\Omega_1}(|x|+|y|)dV$，其中 Ω_1 为 Ω 在第一卦限的部分.

Ω_1 在 xOy 面上的投影区域为：$x^2+y^2\leqslant 1,x\geqslant 0,y\geqslant 0$，故

$$m=4\int_0^{\frac{\pi}{2}}d\theta\int_0^1 dr\int_{r^2}^1 r^2(\cos\theta+\sin\theta)dz$$

$$=4\int_0^{\frac{\pi}{2}}(\cos\theta+\sin\theta)d\theta\int_0^1 r^2(1-r^2)dr=\frac{16}{15}.$$

【方法点击】 在此题中利用对称性大大简化了计算. 另外，应注意选择恰当的坐标系，使所求的问题在计算重积分时尽可能简单.

例 4　设 $\Omega=\{(x,y,z)|x^2+y^2\leqslant z\leqslant 1\}$，则 Ω 的形心的竖坐标 $\bar{z}=$______.(考研题)

【思路探索】 代入形心坐标公式，利用先二后一计算三重积分即可.

解：$\bar{z}=\dfrac{\iiint\limits_{\Omega}z dxdydz}{\iiint\limits_{\Omega}dxdydz}=\dfrac{\int_0^1 dz\iint\limits_{x^2+y^2\leqslant z}z dxdy}{\int_0^1 dz\iint\limits_{x^2+y^2\leqslant z}dxdy}=\dfrac{\int_0^1\pi z^2 dz}{\int_0^1\pi z dz}=\dfrac{2}{3}$. 故应填 $\dfrac{2}{3}$.

【方法点击】 当积分区域 Ω 为旋转体时一般采用先二后一计算.

例 5 物体所占区域由 $z=x^2+y^2$ 及 $z=2x$ 围成,密度 $\rho(x,y,z)=y^2$,求它对 z 轴的转动惯量.

解: 设物体所占区域为 Ω,则

$$\begin{aligned}I_z&=\iiint\limits_{\Omega}(x^2+y^2)\rho(x,y,z)\mathrm{d}V=\iiint\limits_{\Omega}(x^2+y^2)y^2\mathrm{d}V\\&=\iint\limits_{D_{xy}}\mathrm{d}x\mathrm{d}y\int_{x^2+y^2}^{2x}(x^2+y^2)y^2\mathrm{d}z=\iint\limits_{D_{xy}}y^2(x^2+y^2)[2x-(x^2+y^2)]\mathrm{d}x\mathrm{d}y\\&=\int_{-\frac{\pi}{2}}^{\frac{\pi}{2}}\mathrm{d}\theta\int_0^{2\cos\theta}\sin^2\theta(2\cos\theta-r)r^6\mathrm{d}r\\&=\int_{-\frac{\pi}{2}}^{\frac{\pi}{2}}(1-\cos^2\theta)\left(\frac{1}{7}-\frac{1}{8}\right)(2\cos\theta)^8\mathrm{d}\theta=\frac{\pi}{8}.\end{aligned}$$

转换坐标系

例 6 面密度为常数 ρ,半径为 R 的圆盘,在过圆心且垂直于圆盘的所在直线上距圆心 a 处有一单位质量的质点,求圆盘对此质点的引力大小.

解: 设圆盘占 xOy 面上的区域为 $D=\{(x,y)\mid x^2+y^2\leqslant R^2\}$,单位质点的坐标为 $(0,0,-a)$,由对称性可知:

$$F_x=0,F_y=0,$$

$$\begin{aligned}F_z&=\iint\limits_{D}k\rho\frac{a}{r^3}\mathrm{d}\sigma=k\rho a\iint\limits_{D}\frac{1}{(x^2+y^2+a^2)^{\frac{3}{2}}}\mathrm{d}x\mathrm{d}y\\&=k\rho a\int_0^{2\pi}\mathrm{d}\theta\int_0^R\frac{r}{(r^2+a^2)^{\frac{3}{2}}}\mathrm{d}r=2k\rho a\pi\left(\frac{1}{a}-\frac{1}{\sqrt{a^2+R^2}}\right),\end{aligned}$$

故圆盘对质点的引力为 $\boldsymbol{F}=\left(0,0,2k\rho a\pi\left(\dfrac{1}{a}-\dfrac{1}{\sqrt{a^2+R^2}}\right)\right)$.

*第五节　含参变量的积分

知识全解

一 本节知识结构图解

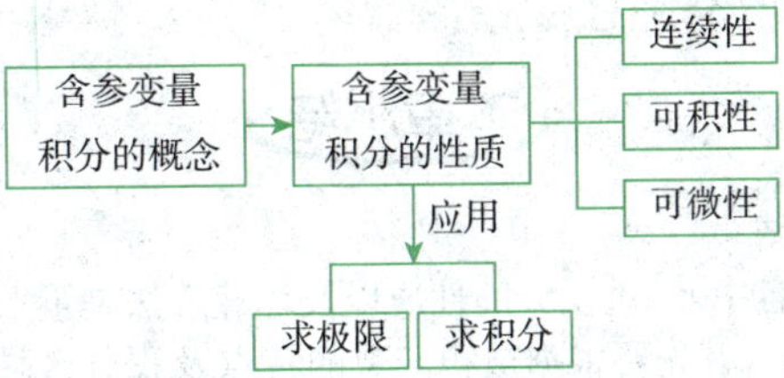

二 重点及常考点分析

1. 含参变量积分的概念.

设 $f(x,y)$ 为闭区域 $R=[a,b]\times[\alpha,\beta]$ 上的连续函数,在 $[a,b]$ 上任取定 x 的一个值,则

$\int_{\alpha}^{\beta} f(x,y)\mathrm{d}y$ 的值将依赖于取定的 x 值. 因此,这个积分确定一个定义在$[a,b]$上的 x 的函数,记作 $\varphi(x)$,即

$$\varphi(x)=\int_{\alpha}^{\beta} f(x,y)\mathrm{d}y\ (a\leqslant x\leqslant b),$$

则称 $\varphi(x)$ 是一个含参变量 x 的积分,这积分确定 x 的一个函数 $\varphi(x)$.

2. 含参变量积分的性质.

(1) 若函数 $f(x,y)$ 在矩形 $R=[a,b]\times[\alpha,\beta]$ 上连续,则 $\varphi(x)=\int_{\alpha}^{\beta} f(x,y)\mathrm{d}y(a\leqslant x\leqslant b)$ 在$[a,b]$上也连续.

(2) 如果函数 $f(x,y)$ 在矩形 $R=[a,b]\times[\alpha,\beta]$ 上连续,则

$$\int_{a}^{b}\left[\int_{\alpha}^{\beta} f(x,y)\mathrm{d}y\right]\mathrm{d}x=\int_{\alpha}^{\beta}\left[\int_{a}^{b} f(x,y)\mathrm{d}x\right]\mathrm{d}y,$$

也可以写成

$$\int_{a}^{b}\mathrm{d}x\int_{\alpha}^{\beta} f(x,y)\mathrm{d}y=\int_{\alpha}^{\beta}\mathrm{d}y\int_{a}^{b} f(x,y)\mathrm{d}x.$$

(3) 如果函数 $f(x,y)$ 及其偏导数 $\frac{\partial f(x,y)}{\partial x}$ 都在矩形 $R=[a,b]\times[\alpha,\beta]$ 上连续,则 $\varphi(x)=\int_{\alpha}^{\beta} f(x,y)\ \mathrm{d}y(a\leqslant x\leqslant b)$ 在$[a,b]$上可微,并且

$$\varphi'(x)=\frac{\mathrm{d}}{\mathrm{d}x}\int_{\alpha}^{\beta} f(x,y)\mathrm{d}y=\int_{\alpha}^{\beta}\frac{\partial f(x,y)}{\partial x}\mathrm{d}y.$$

(4) 如果函数 $f(x,y)$ 在矩形 $R=[a,b]\times[\alpha,\beta]$ 上连续,函数 $\alpha(x)$ 与 $\beta(x)$ 在区间$[a,b]$上连续,且

$$\alpha\leqslant\alpha(x)\leqslant\beta,\alpha\leqslant\beta(x)\leqslant\beta\ (a\leqslant x\leqslant b),$$

则 $\Phi(x)=\int_{\alpha(x)}^{\beta(x)} f(x,y)\mathrm{d}y$ 在$[a,b]$上也连续.

(5) 如果函数 $f(x,y)$ 及其偏导数 $\frac{\partial f(x,y)}{\partial x}$ 都在矩形 $R=[a,b]\times[\alpha,\beta]$ 上连续,函数 $\alpha(x)$ 与 $\beta(x)$ 在区间$[a,b]$上可微,且

$$\alpha\leqslant\alpha(x)\leqslant\beta,\alpha\leqslant\beta(x)\leqslant\beta\ (a\leqslant x\leqslant b),$$

则 $\Phi(x)=\int_{\alpha(x)}^{\beta(x)} f(x,y)\mathrm{d}y$ 在$[a,b]$上可微,且

$$\Phi'(x)=\frac{\mathrm{d}}{\mathrm{d}x}\int_{\alpha(x)}^{\beta(x)} f(x,y)\mathrm{d}y=\int_{\alpha(x)}^{\beta(x)}\frac{\partial f(x,y)}{\partial x}\mathrm{d}y+f[x,\beta(x)]\beta'(x)-f[x,\alpha(x)]\alpha'(x).$$

本章小结

1. 关于二重积分的小结.

在关于二重积分的内容中,二重积分的性质以及计算方法是重点.

(1) 在计算二重积分时,首先要根据被积函数的特点及积分区域的形状,选择恰当的坐标系. 一般地,当积分区域为圆域、环域或扇形区域时,或被积函数中含有 $\sqrt{x^2+y^2}$ 项时,常利用极坐标系.

(2) 在对二重积分的计算选择好了坐标系后,要根据区域 D 的形状确定适当的积分顺序,所选择的积分顺序应以避免或减少分块,便于计算为原则.

(3) 交换积分次序的题目一般要先由二次积分还原为重积分，再按另一积分次序得到新的二次积分，要尽可能画出区域 D 的图像.

(4) 利用二重积分证明等式(或不等式)，一般是将两个定积分的乘积转化为二次积分，最后化成重积分加以证明.

(5) 在计算二重积分时，要特别注意对称性的利用，这可大大简化计算，避免出错，读者可根据微元法的思想对对称性加以理解，切忌死记硬背.

2. 关于三重积分的小结.

(1) 在计算三重积分时，坐标系的选择很重要，这与积分区域、被积函数密切相关.

一般地，当积分区域为圆柱形、扇形柱体或圆环柱体，被积函数含有 $\sqrt{x^2+y^2}$ 等项时可采用柱面坐标法；当积分区域为球体、半球体或锥面与球面围成的立体区域，被积函数含有 $\sqrt{x^2+y^2+z^2}$ 等项时，可采用球面坐标法.

(2) 利用直角坐标系计算三重积分，可采用“截面法”或“投影法”，这也要由 Ω 的形状与积分中的函数的特点而定.“截面法”是“先二后一”，“投影法”是“先一后二”，都是把三重积分转化成了二重积分和定积分.

(3)在计算三重积分时，读者也要注意利用对称性简化积分计算. 对于对称性的理解关键也是在于微元法的思想，切莫死记硬背.

3. 关于重积分应用的小结.

在本章重积分的应用部分主要介绍了重积分在几何与物理中的应用，公式较多，读者可以直接利用公式计算，也可根据微元法的思想自己推导公式并计算.

自测题

一、选择题

1. $f(u)$连续且严格单减，

$$I_1=\iint\limits_{x^2+y^2\leqslant 1} f\left(\frac{1}{1+\sqrt{x^2+y^2}}\right)\mathrm{d}\sigma, I_2=\iint\limits_{x^2+y^2\leqslant 1} f\left(\frac{1}{1+\sqrt[3]{x^2+y^2}}\right)\mathrm{d}\sigma,$$ 则有(　　).

(A) $I_1<I_2$　　(B) $I_1>I_2$

(C) $I_1=4I_2$　　(D) I_1 与 I_2 大小不确定

2. 设 D 为 xOy 面上的半圆域：$x^2+y^2\leqslant R^2, y\geqslant 0$，则有 $\iint\limits_D (xy^3+\sin xy^2)\mathrm{d}x\mathrm{d}y$ 等于(　　).

(A) 2π　　(B) $-\frac{\pi}{2}$　　(C) 0　　(D) 1

3. 设 $f(x,y)$是连续函数，则 $I=\int_{-2}^{0}\mathrm{d}y\int_{0}^{y+2}f(x,y)\mathrm{d}x+\int_{0}^{4}\mathrm{d}y\int_{0}^{\sqrt{4-y}}f(x,y)\mathrm{d}x$ 等于(　　).

(A) $\int_0^2\mathrm{d}x\int_{x-2}^{4-x^2}f(x,y)\mathrm{d}y$　　(B) $\int_{-2}^4\mathrm{d}x\int_0^{\sqrt{4-y^2}}f(x,y)\mathrm{d}y$

(C) $\int_0^2\mathrm{d}x\int_0^{\sqrt{4-x^2}}f(x,y)\mathrm{d}y$　　(D) $\int_{-2}^4\mathrm{d}x\int_0^{y+2}f(x,y)\mathrm{d}y$

4. 将 $\int_{\frac{\pi}{2}}^{\pi}\mathrm{d}\theta\int_0^{\sin\theta}f(\rho\cos\theta,\rho\sin\theta)\rho\mathrm{d}\rho$ 化成直角坐标系下的累次积分为(　　).

(A) $\int_0^1\mathrm{d}y\int_0^{\sqrt{y-y^2}}f(x,y)\mathrm{d}x$　　(B) $\int_0^2\mathrm{d}y\int_{-\sqrt{y-y^2}}^0 f(x,y)\mathrm{d}x$

(C) $\int_{-1}^1\mathrm{d}y\int_2^{y+1}f(x,y)\mathrm{d}x$　　(D) $\int_0^1\mathrm{d}y\int_{-\sqrt{y-y^2}}^0 f(x,y)\mathrm{d}x$

5. 设 $I=\iiint\limits_{\Omega} f(x^2+y^2+z^2)\mathrm{d}V$，$\Omega$ 是由 $|x|=a,|y|=a,|z|=a$ 所围成的正方体，则(　　).

(A) $I=\iiint\limits_{\Omega} f(3x^2)\mathrm{d}V$　　(B) $I=3\iiint\limits_{\Omega} f(x^2)\mathrm{d}V$

(C) $I=3\int_0^a \mathrm{d}x\int_0^a \mathrm{d}y\int_0^a f(x^2)\mathrm{d}z$　　(D) $I=8\int_0^a \mathrm{d}x\int_0^a \mathrm{d}y\int_0^a f(x^2+y^2+z^2)\mathrm{d}z$

二、填空题

1. 二重积分 $\int_0^1 \mathrm{d}y\int_{\arcsin y}^{\pi-\arcsin y} x\,\mathrm{d}x$ 的积分值为______.

2. 二重积分 $\iint\limits_{D}(|y-x^2|+2)\mathrm{d}x\mathrm{d}y(D=\{x,y\}\,\big|\,|x|\leqslant 1,0\leqslant y\leqslant 2\})$ 的积分值为______.

3. Ω 由抛物面 $z=x^2+y^2$ 及平面 $z=1$ 所围成，将三重积分化为球面坐标下的三次积分 $\iiint\limits_{\Omega} f(x,y,z)\mathrm{d}V=$ ______.

4. 设平面区域 D 满足：$0\leqslant y\leqslant\sqrt{2x-x^2}$，$0\leqslant x\leqslant 1$，则 $\iint\limits_{D} f(x,y)\mathrm{d}\sigma$ 在极坐标下的二次积分为______.

5. 曲顶柱体 Ω 由柱面 $x^2+y^2=ax(a>0)$ 与平面 $z=0$ 以及球面 $z=\sqrt{a^2-x^2-y^2}$ 所围成，则 Ω 的体积为______.

三、解答题

1. 计算 $\int_{\frac{1}{4}}^{\frac{1}{2}}\mathrm{d}y\int_{\frac{1}{2}}^{\sqrt{y}} \mathrm{e}^{\frac{y}{x}}\mathrm{d}x+\int_{\frac{1}{2}}^{1}\mathrm{d}y\int_{y}^{\sqrt{y}} \mathrm{e}^{\frac{y}{x}}\mathrm{d}x$.

2. 计算 $I=\iiint\limits_{\Omega}(x^2+y^2+z)\mathrm{d}V$，其中 Ω 是由曲线 $\begin{cases} y^2=2z, \\ x=0 \end{cases}$ 绕 z 轴旋转一周而成的旋转面与平面 $z=4$ 所围成的立体.

3. 证明：$\int_a^b \mathrm{d}x\int_a^x f(y)\mathrm{d}y=\int_a^b f(x)(b-x)\mathrm{d}x$，其中 $f(x)$ 为连续函数.

4. 证明：由 $x=a,x=b,y=f(x)$ 以及 x 轴所围平面图形绕 x 轴旋转一周所形成的立体对 x 轴的转动惯量(密度为 $u=1$)为

$$I_x=\frac{\pi}{2}\int_a^b f^4(x)\mathrm{d}x,$$

其中 $f(x)$ 为连续的正值函数.

5. 计算 $I=\iiint\limits_{\Omega}(x+y+z)^2\mathrm{d}x\mathrm{d}y\mathrm{d}z$，其中 Ω 为 $z\geqslant x^2+y^2$ 与 $x^2+y^2+z^2\leqslant 2$ 所围成的区域.

6. 求二重积分 $\iint\limits_{D}(x-y)\mathrm{d}x\mathrm{d}y$，其中 $D=\{(x,y)\,|\,(x-1)^2+(y-1)^2\leqslant 2,y\geqslant x\}$.(考研题)

7. 设 $f(x)$ 在区间 $[0,+\infty)$ 上连续，

$$F(t)=\iiint\limits_{D_t}[z^2+f(x^2+y^2)]\mathrm{d}x\mathrm{d}y\mathrm{d}z,$$

其中 $D_t=\{(x,y,z)\,|\,0\leqslant z\leqslant h,x^2+y^2\leqslant t^2\}$，求 $\lim\limits_{t\to 0}\frac{F(t)}{t^2}$.

8. 设 $D=\{(x,y)\,|\,x^2+y^2\leqslant\sqrt{2},x\geqslant 0,y\geqslant 0\}$，$[1+x^2+y^2]$ 表示不超过 $1+x^2+y^2$ 的最大整数.

计算二重积分 $\iint\limits_D xy[1+x^2+y^2]\mathrm{d}x\mathrm{d}y$.（考研题）

自测题答案

一、选择题

1.（A） 2.（C） 3.（A） 4.（D） 5.（D）

1. 解：在 $x^2+y^2\leqslant 1$ 内 $\sqrt{x^2+y^2}\leqslant\sqrt[3]{x^2+y^2}$，故

$$\frac{1}{1+\sqrt{x^2+y^2}}\geqslant\frac{1}{1+\sqrt[3]{x^2+y^2}},$$

因为 $f(u)$ 为减函数，故

$$f\left(\frac{1}{1+\sqrt{x^2+y^2}}\right)<f\left(\frac{1}{1+\sqrt[3]{x^2+y^2}}\right).$$

由积分的性质可得 $I_1<I_2$. 故应选(A).

2. 解：积分区间 D 关于 y 轴对称，又 $xy^3+\sin xy^2$ 是关于 x 的奇函数，故积分值等于 0. 故应选(C).

3. 解：积分区域 D 如图 10-16 所示. 故

$$I=\int_0^2\mathrm{d}x\int_{x-2}^{4-x^2}f(x,y)\mathrm{d}y.$$

故应选(A).

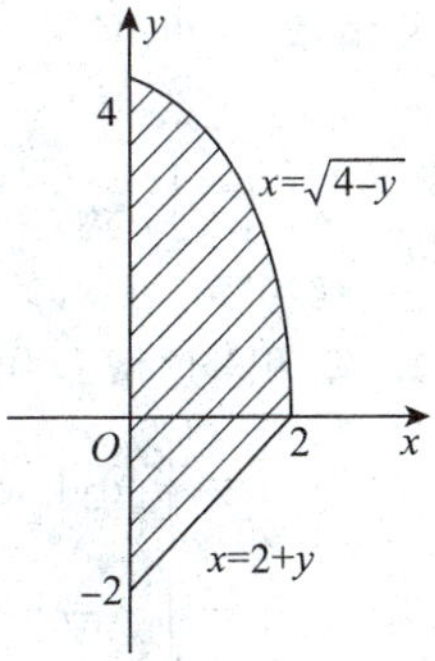

图 10-16

4. 解：积分区域边界 $\rho=\sin\theta=\dfrac{y}{\rho}\left(\dfrac{\pi}{2}\leqslant\theta\leqslant\pi\right)$，即 $\sqrt{x^2+y^2}=\dfrac{y}{\sqrt{x^2+y^2}}$，也即 $x^2+y^2=y$. 又因为 $\dfrac{\pi}{2}\leqslant\theta\leqslant\pi$，故 $x\leqslant 0$. D 又可表示为 $\begin{cases}0\leqslant y\leqslant 1,\\ -\sqrt{y-y^2}\leqslant x\leqslant 0,\end{cases}$ 所以

$$\int_{\frac{\pi}{2}}^{\pi}\mathrm{d}\theta\int_0^{\sin\theta}f(\rho\cos\theta,\rho\sin\theta)\rho\mathrm{d}\rho=\int_0^1\mathrm{d}y\int_{-\sqrt{y-y^2}}^{0}f(x,y)\mathrm{d}x.$$

故应选(D).

5. 解：因为 $f(x^2+y^2+z^2)$ 关于 x,y,z 都是偶函数，又 Ω 关于 xOy 面，关于 yOz 面，关于 xOz 面都对称，由对称性可知：$I=8\int_0^a\mathrm{d}x\int_0^a\mathrm{d}y\int_0^a f(x^2+y^2+z^2)\mathrm{d}z$. 故应选(D).

二、填空题

1. 解：二重积分的积分区域 D 为 $\begin{cases}0\leqslant y\leqslant 1,\\ \arcsin y\leqslant x\leqslant\pi-\arcsin y,\end{cases}$ 即 $\begin{cases}0\leqslant x\leqslant\pi,\\ 0\leqslant y\leqslant\sin x.\end{cases}$ 故

$$\int_0^1\mathrm{d}y\int_{\arcsin y}^{\pi-\arcsin y}x\mathrm{d}x=\int_0^{\pi}\mathrm{d}x\int_0^{\sin x}x\mathrm{d}y=\int_0^{\pi}x\sin x\mathrm{d}x$$

$$=-x\cos x\Big|_0^{\pi}+\sin x\Big|_0^{\pi}=\pi.$$

2. 解：积分区域 D 如图 10-17 所示. 曲线 $y=x^2$ 把 D 分为两部分 D_1,D_2，故

$$\iint\limits_D(|y-x^2|+2)\mathrm{d}x\mathrm{d}y$$

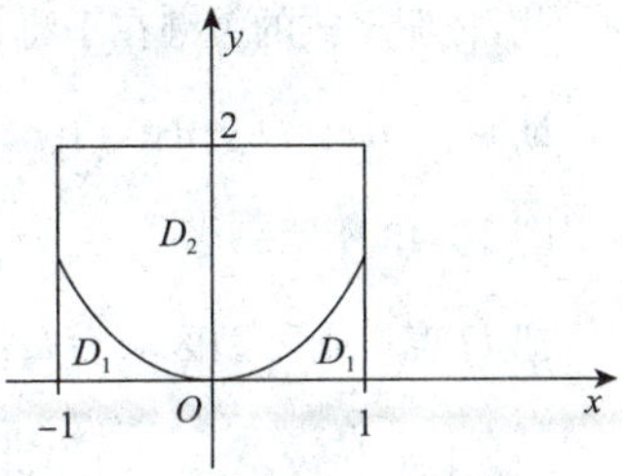

图 10-17

$$=\iint\limits_{D_1}(x^2-y+2)\mathrm{d}x\mathrm{d}y+\iint\limits_{D_2}(y-x^2+2)\mathrm{d}x\mathrm{d}y$$

$$=\int_{-1}^{1}\mathrm{d}x\int_{0}^{x^2}(x^2-y+2)\mathrm{d}y+\int_{-1}^{1}\mathrm{d}x\int_{x^2}^{2}(y-x^2+2)\mathrm{d}y$$

$$=\int_{-1}^{1}\left(x^4-\frac{x^4}{2}+2x^2\right)\mathrm{d}x+\int_{-1}^{1}\left(\frac{x^4}{2}-4x^2+6\right)\mathrm{d}x=\frac{166}{15}.$$

3. 解:$\iiint\limits_{\Omega}f(x,y,z)\mathrm{d}V=\int_0^{2\pi}\mathrm{d}\theta\int_0^{\frac{\pi}{4}}\sin\varphi\mathrm{d}\varphi\int_0^{\sec\varphi}f(r\sin\varphi\cos\theta,r\sin\varphi\sin\theta,r\cos\varphi)r^2\mathrm{d}r+$

$$\int_0^{2\pi}\mathrm{d}\theta\int_{\frac{\pi}{4}}^{\frac{\pi}{2}}\sin\varphi\mathrm{d}\varphi\int_0^{\frac{\cos\varphi}{\sin^2\varphi}}f(r\sin\varphi\cos\theta,r\sin\varphi\sin\theta,r\sin\varphi)r^2\mathrm{d}r.$$

4. 解:$\iint\limits_{D}f(x,y)\mathrm{d}\sigma=\int_0^{\frac{\pi}{4}}\mathrm{d}\theta\int_0^{\sec\theta}f(\rho\cos\theta,\rho\sin\theta)\rho\mathrm{d}\rho+\int_{\frac{\pi}{4}}^{\frac{\pi}{2}}\mathrm{d}\theta\int_0^{2\cos\theta}f(\rho\cos\theta,\rho\sin\theta)\rho\mathrm{d}\rho.$

5. 解:$V=\iiint\limits_{\Omega}\mathrm{d}V=\iint\limits_{x^2+y^2\leqslant ax}\sqrt{a^2-x^2-y^2}\mathrm{d}x\mathrm{d}y=\int_{-\frac{\pi}{2}}^{\frac{\pi}{2}}\mathrm{d}\theta\int_0^{a\cos\theta}\sqrt{a^2-\rho^2}\rho\mathrm{d}\rho$

$$=2\int_0^{\frac{\pi}{2}}\mathrm{d}\theta\int_0^{a\cos\theta}\sqrt{a^2-\rho^2}\cdot\rho\mathrm{d}\rho=\frac{2a^3}{3}\int_0^{\frac{\pi}{2}}(1-\sin^3\theta)\mathrm{d}\theta=\frac{2}{3}\left(\frac{\pi}{2}-\frac{2}{3}\right)a^3.$$

三、解答题

1. 解:积分区域 D 如图 10-18 所示.改变积分顺序计算,得

$$I=\int_{\frac{1}{4}}^{\frac{1}{2}}\mathrm{d}y\int_{\frac{1}{2}}^{\sqrt{y}}\mathrm{e}^{\frac{y}{x}}\mathrm{d}x+\int_{\frac{1}{2}}^{1}\mathrm{d}y\int_{y}^{\sqrt{y}}\mathrm{e}^{\frac{y}{x}}\mathrm{d}x=\int_{\frac{1}{2}}^{1}\mathrm{d}x\int_{x^2}^{x}\mathrm{e}^{\frac{y}{x}}\mathrm{d}y$$

$$=\int_{\frac{1}{2}}^{1}(x\mathrm{e}-x\mathrm{e}^x)\mathrm{d}x=\frac{3}{8}\mathrm{e}-\frac{1}{2}\mathrm{e}^{\frac{1}{2}}.$$

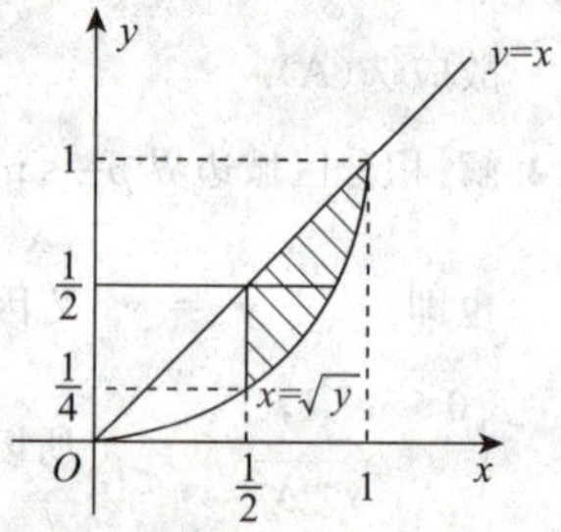

图 10-18

2. 解:由曲线 $\begin{cases}y^2=2z,\\x=0\end{cases}$ 绕 z 轴旋转得到的曲面为 $x^2+y^2=2z$.

方法一:用"截面法".Ω 在 z 轴上的投影区间为[0,4],过 z 轴[0,4]内的任意一点作垂直于 z 轴的平面截 Ω:$x^2+y^2\leqslant 2z$.则

$$I=\int_0^4\mathrm{d}z\iint\limits_{D_z}(x^2+y^2+z)\mathrm{d}x\mathrm{d}y=\int_0^4\mathrm{d}z\int_0^{2\pi}\mathrm{d}\theta\int_0^{\sqrt{2z}}(r^2+z)r\mathrm{d}r=\frac{256}{3}\pi.$$

方法二:用柱坐标计算(略).

3.【思路探索】 观察所要证明的等式的左右两边,不难发现,等式左边是一个累次积分,可视作是一个二重积分化成的累次积分,而等式的右端是一个定积分.对于二重积分来说,若能够化为累次积分并积出一次便可化为定积分,因此,证明上式的关键在于将左边的累次积分交换次序.

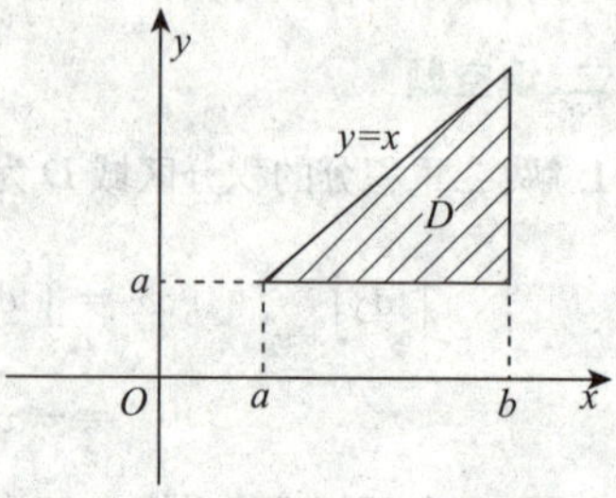

图 10-19

证明:$\int_a^b\mathrm{d}x\int_a^x f(y)\mathrm{d}y=\iint\limits_{D}f(y)\mathrm{d}x\mathrm{d}y$,其中 D:$\begin{cases}a\leqslant x\leqslant b,\\a\leqslant y\leqslant x,\end{cases}$ 如图 10-19 所示.

把 D 表示成 Y 型区域为 D:$\begin{cases}a\leqslant y\leqslant b,\\y\leqslant x\leqslant b.\end{cases}$ 则

$$\int_a^b\mathrm{d}x\int_a^x f(y)\mathrm{d}y=\int_a^b\mathrm{d}y\int_y^b f(y)\mathrm{d}x$$

$$=\int_a^b f(y)(b-y)\mathrm{d}y$$
$$=\int_a^b f(x)(b-x)\mathrm{d}x.$$

4. 证明: 曲线 $y=f(x)$ 绕 x 轴旋转一周形成的旋转曲面为 $\sqrt{y^2+z^2}=f(x)$，如图 10-20 所示. 设 $y=r\cos\theta, z=r\sin\theta$，曲面的柱坐标方程为 $r=f(x)$. 则

$$I_x=\iiint_\Omega (y^2+z^2)\mathrm{d}x\mathrm{d}y\mathrm{d}z=\int_a^b \mathrm{d}x\iint_{D_x}(y^2+z^2)\mathrm{d}y\mathrm{d}z$$
$$=\int_a^b \mathrm{d}x\int_0^{2\pi}\mathrm{d}\theta\int_0^{f(x)} r^2\cdot r\mathrm{d}r=\int_a^b 2\pi\cdot\frac{1}{4}f^4(x)\mathrm{d}x$$
$$=\frac{\pi}{2}\int_a^b f^4(x)\mathrm{d}x.$$

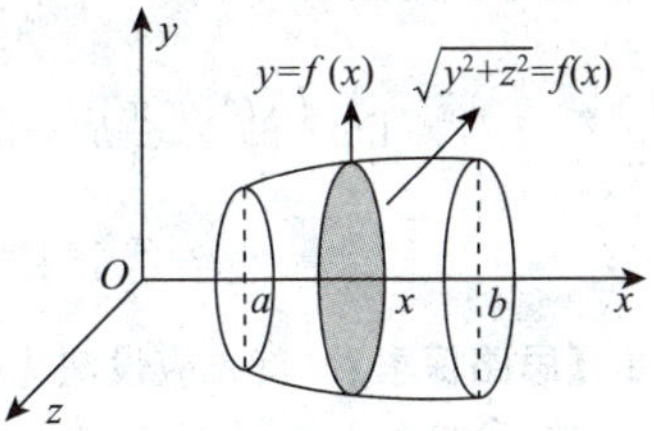

图 10-20

5. 解: 积分区域 Ω 如图 10-21 所示. 显然 Ω 关于 yOz 坐标平面对称，也关于 xOz 坐标平面对称. 又 $(x+y+z)^2=x^2+y^2+z^2+2xy+2xz+2zy$，由于 $2xy+2yz$ 是关于 y 的奇函数，故

$$\iiint_\Omega (2xy+2yz)\mathrm{d}x\mathrm{d}y\mathrm{d}z=0.$$

又 $2xz$ 是关于 x 的奇函数，故 $\iiint_\Omega 2xz\mathrm{d}x\mathrm{d}y\mathrm{d}z=0$. 所以，

$$I=\iiint_\Omega (x+y+z)^2\mathrm{d}z\mathrm{d}y\mathrm{d}z=\iiint_\Omega (x^2+y^2+z^2)\mathrm{d}x\mathrm{d}y\mathrm{d}z.$$

在极坐标系中，Ω 的边界曲面 $z=x^2+y^2$ 和 $x^2+y^2+z^2=2$ 分别可表示为

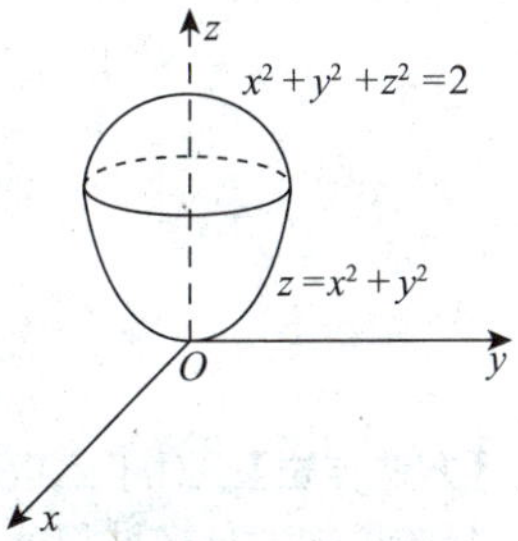

图 10-21

$$z=r^2, z=\sqrt{2-r^2},$$

故 $I=\iiint_\Omega (x^2+y^2+z^2)\mathrm{d}x\mathrm{d}y\mathrm{d}z=\int_0^{2\pi}\mathrm{d}\theta\int_0^1\mathrm{d}r\int_{r^2}^{\sqrt{2-r^2}}(r^2+z^2)r\mathrm{d}z=\left(\frac{8}{5}\sqrt{2}-\frac{89}{60}\right)\pi.$

【方法点击】 在考虑三重积分的对称性时，一定要兼顾区域的对称性以及被积函数在其积分区域上的奇偶性，两者缺一不可.

6. 解法一: 作变量代换(平移) $u=x-1, v=y-1, D=\{(u,v)\mid u^2+v^2\leqslant 2, v\geqslant u\}$，

$$\iint_D (x-y)\mathrm{d}x\mathrm{d}y=\int_{\frac{\pi}{4}}^{\frac{5\pi}{4}}\mathrm{d}\theta\int_0^{\sqrt{2}}(r\cos\theta-r\sin\theta)r\mathrm{d}r=-\frac{8}{3}.$$

解法二: 由 $(x-1)^2+(y-1)^2\leqslant 2$，得 $r\leqslant 2(\sin\theta+\cos\theta)$.

$$\iint_D (x-y)\mathrm{d}x\mathrm{d}y=\int_{\frac{\pi}{4}}^{\frac{3}{4}\pi}\mathrm{d}\theta\int_0^{2(\sin\theta+\cos\theta)}(r\cos\theta-r\sin\theta)r\mathrm{d}r$$
$$=\int_{\frac{\pi}{4}}^{\frac{3}{4}\pi}\frac{8}{3}(\cos\theta-\sin\theta)\cdot(\sin\theta+\cos\theta)\cdot(\sin\theta+\cos\theta)^2\mathrm{d}\theta$$
$$=\int_{\frac{\pi}{4}}^{\frac{3}{4}\pi}\frac{8}{3}(\cos\theta-\sin\theta)\cdot(\sin\theta+\cos\theta)^3\mathrm{d}\theta$$
$$=\frac{8}{3}\int_{\frac{\pi}{4}}^{\frac{3}{4}\pi}(\sin\theta+\cos\theta)^3\mathrm{d}(\sin\theta+\cos\theta)$$
$$=\frac{8}{3}\times\frac{1}{4}(\sin\theta+\cos\theta)^4\Big|_{\frac{\pi}{4}}^{\frac{3}{4}\pi}=-\frac{8}{3}.$$

7. 解:由于 D_t 为一个柱形区域,利用柱坐标.

$$F(t)=\iiint\limits_{D_t}[z^2+f(x^2+y^2)]\mathrm{d}x\mathrm{d}y\mathrm{d}z=\int_0^{2\pi}\mathrm{d}\theta\int_0^t r\mathrm{d}r\int_0^h[z^2+f(r^2)]\mathrm{d}z$$

$$=2\pi\int_0^t\left[\frac{1}{3}h^3+f(r^2)h\right]r\mathrm{d}r=\frac{\pi}{3}h^3t^2+2\pi h\int_0^t f(r^2)r\mathrm{d}r,$$

由洛比达法则得

$$\lim_{t\to0}\frac{F(t)}{t^2}=\frac{\pi}{3}h^3+\lim_{t\to0}\frac{2\pi h\int_0^t f(r^2)r\mathrm{d}r}{t^2}$$

$$=\frac{\pi}{3}h^3+2\pi h\lim_{t\to0}\frac{f(t^2)t}{2t}\xlongequal{\text{由连续性}}\frac{\pi}{3}h^3+\pi hf(0).$$

8.【思路探索】 首先应设法去掉取整函数号,为此将积分区域分为两部分即可.

解:令 $D_1=\{(x,y)\mid0\leqslant x^2+y^2<1,x\geqslant0,y\geqslant0\}$,

$D_2=\{(x,y)\mid1\leqslant x^2+y^2\leqslant\sqrt{2},x\geqslant0,y\geqslant0\}$. 则

$$\iint\limits_D xy[1+x^2+y^2]\mathrm{d}x\mathrm{d}y=\iint\limits_{D_1}xy\mathrm{d}x\mathrm{d}y+2\iint\limits_{D_2}xy\mathrm{d}x\mathrm{d}y$$

$$=\int_0^{\frac{\pi}{2}}\sin\theta\cos\theta\mathrm{d}\theta\int_0^1 r^3\mathrm{d}r+2\int_0^{\frac{\pi}{2}}\sin\theta\cos\theta\mathrm{d}\theta\int_1^{\sqrt{2}}r^3\mathrm{d}r$$

$$=\frac{7}{8}.$$

【方法点击】 对于二重积分(或三重积分)的计算问题,当被积函数为分段函数时应利用积分的可加性分区域积分. 而实际考题中,被积函数经常为隐含的分段函数,如取绝对值函数 $|f(x,y)|$,取极值函数 $\max\{f(x,y),g(x,y)\}$ 以及取整函数 $[f(x,y)]$,等等.

第十一章　曲线积分与曲面积分

本章内容概览

本章主要是把积分的概念推广到积分范围为一段曲线弧或一片曲面的情形,我们分别称为曲线积分和曲面积分,本章主要对这两种积分进行详细研究,阐明有关这两种积分的概念、性质和应用.

本章知识图解

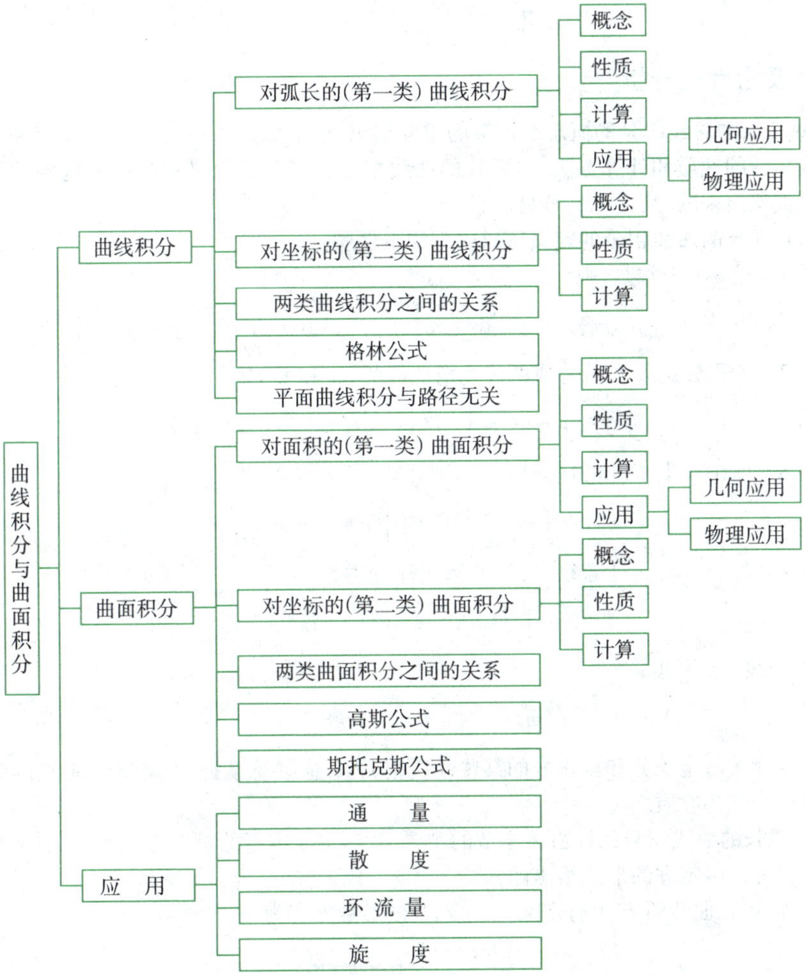

第一节　对弧长的曲线积分

知识全解

一 本节知识结构图解

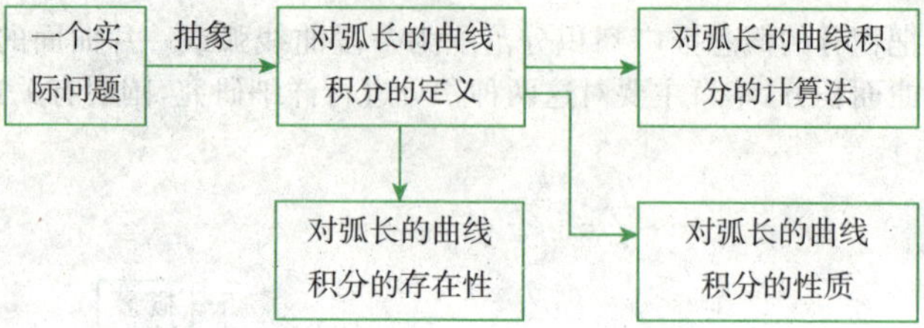

二 重点及常考点分析

1. 对弧长的曲线积分的概念是本节的重要知识点，掌握这一概念有利于理解和记忆对弧长的曲线积分的性质和计算方法. 对弧长的曲线积分的概念是通过求曲线形构件的质量这一实际问题抽象出来的. 其定义见教材.

2. 由对弧长的曲线积分的定义可以得到如下性质：

性质 1　设 α,β 为常数，则

$$\int_L[\alpha f(x,y)+\beta g(x,y)]\mathrm{d}s=\alpha\int_L f(x,y)\mathrm{d}s+\beta\int_L g(x,y)\mathrm{d}s;$$

性质 2　若积分弧段 L 可分成两段光滑曲线弧 L_1 和 L_2，则

$$\int_L f(x,y)\mathrm{d}s=\int_{L_1} f(x,y)\mathrm{d}s+\int_{L_2} f(x,y)\mathrm{d}s\ ;$$

性质 3　设在 L 上 $f(x,y)\leqslant g(x,y)$，则

$$\int_L f(x,y)\mathrm{d}s\leqslant\int_L g(x,y)\mathrm{d}s\ ;$$

性质 4　若 $f(m)$在 L 上连续，则存在 $M_0\in L$，使得

$$\int_L f(m)\mathrm{d}s=f(M_0)\mid L\mid,$$

其中$|L|$为曲线 L 的长度；

性质 5　$\int_{\widehat{AB}} f(m)\mathrm{d}s=\int_{\widehat{BA}} f(m)\mathrm{d}s$.

以上的性质与定积分和重积分的某些性质相类似，应熟练掌握，在计算对弧长的曲线积分时往往要用到这些性质.

3. 对弧长的曲线积分的计算是本节的主要考点，也是本章的重要考点之一. 在本节中对弧长的曲线积分是由定理的形式给出的：

设 $f(x,y)$在曲线弧 L 上有定义且连续，L 的参数方程为

$$\begin{cases}x=\varphi(t),\\ y=\psi(t)\end{cases}(\alpha\leqslant t\leqslant\beta),$$

其中 $\varphi(t)$，$\psi(t)$在$[\alpha,\beta]$上具有一阶连续导数，且 $\varphi'^2(t)+\psi'^2(t)\neq0$，则曲线积分 $\int_L f(x,y)\mathrm{d}s$ 存

在，且

$$\int_L f(x,y)\mathrm{d}s=\int_\alpha^\beta f[\varphi(t),\psi(t)]\sqrt{\varphi'^2(t)+\psi'^2(t)}\mathrm{d}t(\alpha<\beta).$$

由以上内容我们可以看到，对弧长的曲线积分的计算方法是要化为参变量的定积分，然后进行计算．其解题程序一般分为以下几个步骤：

(1) 画出积分路径的图形；

(2) 把积分路径 L 的参数表达式写出来：

$$x=\varphi(t),y=\psi(t),\alpha\leqslant t\leqslant\beta;$$

(3) 将 $\mathrm{d}s$ 写成参变量的微分式，并计算

$$\int_L f(x,y)\mathrm{d}s=\int_\alpha^\beta f[\varphi(t),\psi(t)]\sqrt{\varphi'^2(t)+\psi'^2(t)}\mathrm{d}t.$$

在对弧长的曲线积分化为定积分计算时，总是把参数大的作为积分上限，参数小的作为积分下限，与曲线的方向没关系．

并且，以下几点也是值得我们注意的：

①当曲线 L 由直角坐标方程 $y=y(x),a\leqslant x\leqslant b$ 表示时，可看成是以 x 为参数的参数方程，则

$$\int_L f(x,y)\mathrm{d}s=\int_a^b f[x,y(x)]\sqrt{1+y'^2(x)}\mathrm{d}x\ (a<b).$$

同样，当曲线 L 由直角坐标方程 $x=x(y),c\leqslant y\leqslant d$ 表示时，

$$\int_L f(x,y)\mathrm{d}s=\int_c^d f[x(y),y]\sqrt{1+x'^2(y)}\mathrm{d}y\ (c<d).$$

②我们还可以把对弧长的曲线积分推广到空间曲线 $L:x=\varphi(t),y=\psi(t),z=w(t),\alpha\leqslant t\leqslant\beta$，这时，

$$\int_L f(x,y,z)\mathrm{d}s=\int_\alpha^\beta f[\varphi(t),\psi(t),w(t)]\sqrt{\varphi'^2(t)+\psi'^2(t)+w'^2(t)}\mathrm{d}t.$$

③曲线积分的积分区域是曲线段，因而被积函数中的 x 和 y 满足积分曲线 L 的方程，可将 L 的方程代入被积函数进行化简，这一点与定积分和重积分不同．

④在计算对弧长的曲线积分时，也可以利用对称性化简计算．但要注意应同时考虑被积函数的奇偶性与积分路径的对称性．(略)

三 考研大纲要求解读

1. 理解对弧长的曲线积分的概念，了解其性质．
2. 掌握对弧长的曲线积分的计算方法．

例题精解

基本题型：计算对弧长的曲线积分

例 1 计算 $I=\int_L x\mathrm{d}s$，其中 L 为双曲线 $xy=1$ 从点 $\left(\frac{1}{2},2\right)$ 到点 $(1,1)$ 的弧段．

解：L 为 $x=\frac{1}{y}$，$1\leqslant y\leqslant 2$，以 y 为积分变量易得

$$\int_L x\mathrm{d}s=\int_1^2\frac{1}{y}\sqrt{1+(x')^2}\mathrm{d}y$$

$$=\int_1^2\frac{\sqrt{1+y^4}}{y^3}\mathrm{d}y=-\frac{1}{2}\int_1^2\sqrt{1+y^4}\mathrm{d}\left(\frac{1}{y^2}\right)$$

$$=-\frac{1}{2}\left(\frac{\sqrt{1+y^4}}{y^2}\bigg|_1^2-\int_1^2\frac{1}{y^2}\frac{2y^3}{\sqrt{1+y^4}}\mathrm{d}y\right)$$

分部积分法

$$=\frac{\sqrt{2}}{2}-\frac{\sqrt{17}}{8}+\frac{1}{2}\int_1^2\frac{1}{\sqrt{1+y^4}}\mathrm{d}y^2$$

$$=\frac{\sqrt{2}}{2}-\frac{\sqrt{17}}{8}+\frac{1}{2}\ln\frac{4+\sqrt{17}}{1+\sqrt{2}}.$$

【方法点击】 本题若以 x 为积分变量,则对 I 直接积分不容易,此时还需作代换 $x=\frac{1}{y}$,即为以上积分,读者可以自己试试.

例 2 计算 $I=\oint_\Gamma x^2\mathrm{d}s$,其中 Γ 为球面 $x^2+y^2+z^2=R^2$ 与平面 $x+y+z=0$ 相交的圆周.

解:显然 Γ 关于变量 x,y,z 是对等的,由轮换对称性知:

$$\oint_\Gamma x^2\mathrm{d}s=\oint_\Gamma y^2\mathrm{d}s=\oint_\Gamma z^2\mathrm{d}s,$$

故

$$I=\oint_\Gamma x^2\mathrm{d}s=\frac{1}{3}\oint_\Gamma(x^2+y^2+z^2)\mathrm{d}s=\frac{1}{3}\oint_\Gamma R^2\mathrm{d}s=\frac{1}{3}R^2 2\pi R=\frac{2}{3}\pi R^3.$$

例 3 一根长度为1的细棒位于 x 轴的区间 $[0,1]$ 上,若其线密度 $\rho(x)=-x^2+2x+1$,则该细棒的质心坐标 $\bar{x}=$______.(考研题).

【思路探索】 先写出细棒方程,再由质心坐标公式即可求得.

解:由题设条件知该细棒 L 的方程为 $L:y=0(0\leqslant x\leqslant 1)$,则

$$\bar{x}=\frac{\int_L x\rho(x)\mathrm{d}s}{\int_L\rho(x)\mathrm{d}s}=\frac{\int_0^1 x(-x^2+2x+1)\sqrt{1+0}\mathrm{d}x}{\int_0^1(-x^2+2x+1)\sqrt{1+0}\mathrm{d}x}=\frac{11}{20},$$

其中 $\mathrm{d}s=\sqrt{1+[y'(x)]^2}\mathrm{d}x=\sqrt{1+0}\mathrm{d}x=\mathrm{d}x$,故应填 $\frac{11}{20}$.

例 4 设 L 是椭圆 $\frac{x^2}{4}+\frac{y^2}{3}=1$,其周长为 a,则 $\oint_L(2xy+3x^2+4y^2)\mathrm{d}s=$______.(考研题)

解:L 为 $\frac{x^2}{4}+\frac{y^2}{3}=1$ 即 $3x^2+4y^2=12$,所以

$$\oint_L(2xy+3x^2+4y^2)\mathrm{d}s=\oint_L(2xy+12)\mathrm{d}s=2\oint_L xy\mathrm{d}s+12\oint_L\mathrm{d}s.$$

由于 $\oint_L xy\mathrm{d}s$ 中,xy 是关于 x 的奇函数,L 关于 y 轴对称,则 $\oint_L xy\mathrm{d}s=0$.

又 $\oint_L\mathrm{d}s=a$,所以 $\oint_L(2xy+3x^2+4y^2)\mathrm{d}s=12a$.

【方法点击】 在曲线积分中,被积函数中 x,y 满足曲线 L 的方程,故可将 L 的方程代入被积函数进行化简.

第二节　对坐标的曲线积分

知识全解

一　本节知识结构图解

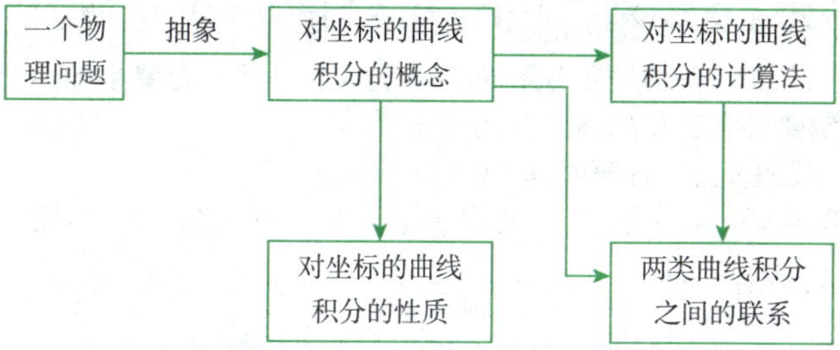

二　重点及常考点分析

1. 对坐标的曲线积分的概念是本节的最基本也是最重要的知识点，这一概念是通过求变力沿曲线所作的功这一物理问题而抽象出来的(定义见教材).

对坐标的曲线积分的概念是理解和记忆它的有关性质和计算方法的基础，同时，我们还应该掌握对坐标的曲线积分 $\int_L P(x,y)\mathrm{d}x+Q(x,y)\mathrm{d}y$ 的物理意义：当质点受到力 $\boldsymbol{F}(x,y)=P(x,y)\boldsymbol{i}+Q(x,y)\boldsymbol{j}$ 作用，在 xOy 面内从点 A 沿光滑曲线 L 移动到点 B 时，变力 $\boldsymbol{F}(x,y)$所作的功为 $\int_L \boldsymbol{F}\cdot\mathrm{d}\boldsymbol{r}=\int_L P(x,y)\mathrm{d}x+Q(x,y)\mathrm{d}y$，其中 $\mathrm{d}\boldsymbol{r}=\mathrm{d}x\,\boldsymbol{i}+\mathrm{d}y\boldsymbol{j}$. 质点在空间沿光滑曲线移动时变力作功可表示为空间曲线对坐标的曲线积分. 对坐标的曲线积分的物理意义是本节考查的一个重点，只有掌握这一内容，才能顺利地把某些具体的物理问题转化为纯数学问题进行计算.

2. 对坐标的曲线积分具有以下性质：

性质 1　设 α,β 为常数，则

$$\int_L[\alpha\boldsymbol{F}_1(x,y)+\beta\boldsymbol{F}_2(x,y)]\cdot\mathrm{d}\boldsymbol{r}=\alpha\int_L\boldsymbol{F}_1(x,y)\cdot\mathrm{d}\boldsymbol{r}+\beta\int_L\boldsymbol{F}_2(x,y)\cdot\mathrm{d}\boldsymbol{r}.$$

性质 2　若有向曲线弧 L 可分为两段光滑的有向曲线弧 L_1 和 L_2，则

$$\int_L\boldsymbol{F}(x,y)\cdot\mathrm{d}\boldsymbol{r}=\int_{L_1}\boldsymbol{F}(x,y)\cdot\mathrm{d}\boldsymbol{r}+\int_{L_2}\boldsymbol{F}(x,y)\cdot\mathrm{d}\boldsymbol{r}.$$

性质 3　设 L 是有向光滑曲线弧，L^-是 L 的反向曲线弧，则

$$\int_{L^-}\boldsymbol{F}(x,y)\cdot\mathrm{d}\boldsymbol{r}=-\int_L\boldsymbol{F}(x,y)\cdot\mathrm{d}\boldsymbol{r}.$$

性质 3 说明了当积分弧段的方向改变时，对坐标的曲线积分要改变符号. 这一性质是对坐标的曲线积分所特有的，所以我们在计算对坐标的曲线积分时，必须要注意积分弧段的方向.

对以上性质的掌握将有助于我们对第二类曲线积分进行熟练的计算.

3. 对坐标的曲线积分的计算法是本节也是本章的重要考点之一，

$$\int_L P(x,y)\mathrm{d}x+Q(x,y)\mathrm{d}y=\int_\beta^\alpha\{P[\varphi(t),\psi(t)]\varphi'(t)+Q[\varphi(t),\psi(t)]\psi'(t)\}\mathrm{d}t.$$

对坐标的曲线积分的计算与对弧长的曲线积分的计算类似，其关键是选取适当的积分曲

线的参数方程,将其化为定积分计算.其计算步骤一般可分为:

(1) 画出积分路径的图形;

(2) 把积分路径用适当的参数方程写出来:

$$\begin{cases}x=\varphi(t),\\ y=\psi(t);\end{cases}$$

(3) 将原积分化为定积分,即

$$\int_L P(x,y)\mathrm{d}x+Q(x,y)\mathrm{d}y=\int_\alpha^\beta\{P[\varphi(t),\psi(t)]\varphi'(t)+Q[\varphi(t),\psi(t)]\psi'(t)\}\mathrm{d}t.$$

这里必须注意,与第一类曲线积分不同的是,这里的 α 不一定要小于 β,但是 α 一定要对应于 L 的起点,β 一定要对应于 L 的终点.

在对坐标的曲线积分进行计算时,应注意以下几点:

①当 L 的方程为 $y=y(x)$ 时,$x=a$ 对应于起点 A,$x=b$ 对应终点 B,则

$$\int_L P(x,y)\mathrm{d}x+Q(x,y)\mathrm{d}y=\int_a^b\{P[x,y(x)]+Q[x,y(x)]y'(x)\}\mathrm{d}x;$$

当 L 的方程为 $x=x(y)$ 时,$y=c$ 对应于起点 A,$y=d$ 对应终点 B,则

$$\int_L P(x,y)\mathrm{d}x+Q(x,y)\mathrm{d}y=\int_c^d\{P[x(y),y]x'(y)+Q[x(y),y]\}\mathrm{d}y.$$

②对坐标的曲线积分的计算法可推广到空间曲线 L 由参数方程 $x=\varphi(t)$,$y=\psi(t)$,$z=w(t)$ 给出的情形,即

$$\int_L P(x,y,z)\mathrm{d}x+Q(x,y,z)\mathrm{d}y+R(x,y,z)\mathrm{d}z$$

$$=\int_\alpha^\beta\{P[\varphi(t),\psi(t),w(t)]\varphi'(t)+Q[\varphi(t),\psi(t),w(t)]\psi'(t)+R[\varphi(t),\psi(t),w(t)]w'(t)\}\mathrm{d}t,$$

这里下限 α 对应于 L 的起点,上限 β 对应 L 的终点.

③与对弧长的曲线积分类似,在对坐标的曲线积分的计算中,可将积分曲线的方程代入被积函数进行化简.

例如,L:$x^2+y^2=2$,正向,则

$$\oint_L\frac{1}{\sqrt{x^2+y^2+1}}\mathrm{d}x+\frac{1}{\sqrt{x^2+y^2+1}}\mathrm{d}y=\oint_L\frac{1}{\sqrt{3}}\mathrm{d}x+\frac{1}{\sqrt{3}}\mathrm{d}y.$$

④在对坐标的曲线积分的计算中仍可利用对称性化简积分.(与上节类似)

4. 利用两类曲线积分的关系可以对两者进行转化.

(1) 平面曲线 L 上两类曲线积分的联系

$$\int_L P(x,y)\mathrm{d}x+Q(x,y)\mathrm{d}y=\int_L[P(x,y)\cos\alpha+Q(x,y)\cos\beta]\mathrm{d}s,$$

其中 $\alpha(x,y)$,$\beta(x,y)$ 为有向曲线弧 L 在点 (x,y) 处的切向量的方向角.

(2) 空间曲线 Γ 上的两类曲线积分之间的联系

$$\int_\Gamma P(x,y,z)\mathrm{d}x+Q(x,y,z)\mathrm{d}y+R(x,y,z)\mathrm{d}z$$

$$=\int_\Gamma[P(x,y,z)\cos\alpha+Q(x,y,z)\cos\beta+R(x,y,z)\cos\gamma]\mathrm{d}s,$$

其中 $\alpha(x,y,z)$,$\beta(x,y,z)$,$\gamma(x,y,z)$ 为有向曲线弧 Γ 在点 (x,y,z) 处的切向量的方向角.

三 考研大纲要求解读

1. 理解对坐标的曲线积分的概念,了解其性质.

2. 掌握对坐标的曲线积分的计算方法.
3. 了解两类曲线积分的联系.

例题精解

基本题型 1:计算第二类曲线积分

例 1 已知曲线 L 的方程为 $y=1-|x|$,$x=[-1,1]$,起点是$(-1,0)$,终点是$(1,0)$,则曲线积分 $\int_L xy\mathrm{d}x+x^2\mathrm{d}y=$______.(考研题)

【思路探索】 将对坐标的曲线积分直接化为定积分计算即可得结果.

解:如图 11-1 所示:$L=L_1+L_2$.

$$\begin{aligned}\int_L xy\mathrm{d}x+x^2\mathrm{d}y&=\int_{L_1}xy\mathrm{d}x+x^2\mathrm{d}y+\int_{L_2}xy\mathrm{d}x+x^2\mathrm{d}y\\&=\int_{-1}^{0}[x(1+x)+x^2]\mathrm{d}x+\int_0^1[x(1-x)-x^2]\mathrm{d}x\\&=\int_{-1}^{0}(x+2x^2)\mathrm{d}x+\int_0^1(x-2x^2)\mathrm{d}x=0,\end{aligned}$$

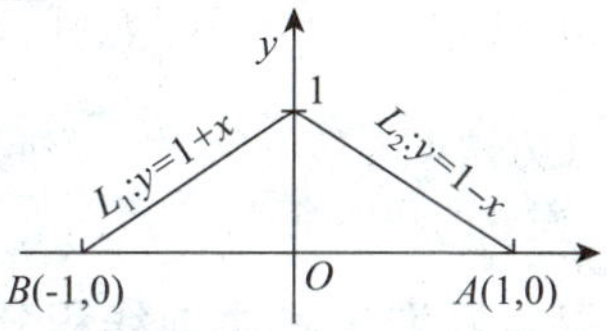

图 11-1

故应填 0.

【方法点击】 本题也可以补上线段$\overline{AB}$,使 $L+\overline{AB}$构成闭曲线,再用第三节的格林公式.

例 2 计算曲线积分$\oint_L(z-y)\mathrm{d}x+(x-z)\mathrm{d}y+(x-y)\mathrm{d}z$,其中 L 是曲线$\begin{cases}x^2+y^2=1,\\x-y+z=2,\end{cases}$从 z 轴正向看去,L 取顺时针方向.(考研题)

解:这里 L 由一般方程给出,首先要将一般方程化为参数方程.注意到 $x^2+y^2=1$,因此可令 $x=\cos t$,$y=\sin t$,再由 $z=2-x+y$ 得 $z=2-\cos t+\sin t$,t 从 2π 变到 0.于是

$$\begin{aligned}\text{原式}&=\int_{2\pi}^{0}[(2-\cos t)(-\sin t)+(2\cos t-2-\sin t)\cos t+(\cos t-\sin t)(\sin t+\cos t)]\mathrm{d}t\\&=\int_0^{2\pi}(2\sin t+2\cos t-2\cos 2t-1)\mathrm{d}t=-2\pi.\end{aligned}$$

基本题型 2:第二类曲线积分的应用问题

例 3 设有一平面力场,其场力的大小与作用点向径的长度成正比,而从向径方向按逆时针旋转$\frac{\pi}{2}$为场力的方向,试求当质点沿曲线 L 从点 $A(a,0)$移动到点 $B(0,a)$时场力所作的功,其中 L 分别为:

(1) 圆周 $x^2+y^2=a^2$ 在第一象限的弧段;

(2) 星形线 $x^{\frac{2}{3}}+y^{\frac{2}{3}}=a^{\frac{2}{3}}$ 在第一象限的弧段.

【思路探索】 此题是变力沿曲线作功问题,是第二类曲线积分中的应用题.首先要把力 $F(x,y)$ 正确表达出来,再由对坐标的曲线积分写出变力作功的积分表达式.

解:设作用点为 $P(x,y)$,向径 $OP=(x,y)$ 逆时针旋转$\frac{\pi}{2}$,得向量$(-y,x)$,单位向量为 $\frac{1}{\sqrt{x^2+y^2}}(-y,x)$.由题意场力 $\boldsymbol{F}$ 大小为$|\boldsymbol{F}|=k\sqrt{x^2+y^2}$,所以

$$\boldsymbol{F}=k\sqrt{x^2+y^2}\cdot\frac{1}{\sqrt{x^2+y^2}}(-y,x)=k(-y,x),$$

$$\mathrm{d}\boldsymbol{r}=(\mathrm{d}x,\mathrm{d}y),$$

因此所作功为 $W=\int_L \boldsymbol{F}\cdot \mathrm{d}\boldsymbol{r}=k\int_L -y\mathrm{d}x+x\mathrm{d}y$.

(1) L 的参数方程为 $\begin{cases}x=a\cos\theta,\\ y=a\sin\theta,\end{cases}\quad 0\leqslant\theta\leqslant\frac{\pi}{2}$,则

$$W=k\int_0^{\frac{\pi}{2}}a^2(\sin^2\theta+\cos^2\theta)\mathrm{d}\theta=\frac{k\pi}{2}a^2.$$

(2) L 的参数方程为 $\begin{cases}x=a\cos^3 t,\\ y=a\sin^3 t,\end{cases}\quad 0\leqslant t\leqslant\frac{\pi}{2}$,则

$$W=k\int_0^{\frac{\pi}{2}}3a^2(\sin^4 t\cos^2 t+\cos^4 t\sin^2 t)\mathrm{d}t=3ka^2\int_0^{\frac{\pi}{2}}\sin^2 t\cos^2 t\mathrm{d}t$$

$$=\frac{3}{4}ka^2\int_0^{\frac{\pi}{2}}\frac{1-\cos 4t}{2}\mathrm{d}t=\frac{3}{16}k\pi a^2.$$

【方法点击】 解决这一类问题的关键是要把实际问题转化为数学问题,需掌握第二类曲线积分的物理意义.

基本题型 3:两类曲线积分的相互转化

例 4 设 $u(x,y)=x^2-xy+y^2$,L 为抛物线 $y=x^2$ 自原点至点 $A(1,1)$的有向弧段,$\boldsymbol{n}$ 为 L 的切向量顺时针旋转$\frac{\pi}{2}$所得的法向量,$\frac{\partial u}{\partial \boldsymbol{n}}$为函数 u 沿法向量 $\boldsymbol{n}$ 的方向导数,计算 $\int_L\frac{\partial u}{\partial \boldsymbol{n}}\mathrm{d}s$.

【思路探索】 利用两类曲线积分的关系,把第一类曲线积分转化成第二类曲线积分.

解: L 的单位切向量为 $\boldsymbol{t}=(\cos\alpha,\cos\beta)$,顺时针旋转$\frac{\pi}{2}$得单位法向量 $\boldsymbol{n}=(\cos\beta,-\cos\alpha)$,由于 $\mathrm{d}x=\mathrm{d}s\cos\alpha$,$\mathrm{d}y=\mathrm{d}s\cos\beta$,所以

$$\int_L\frac{\partial u}{\partial n}\mathrm{d}s=\int_L\left(\frac{\partial u}{\partial x},\frac{\partial u}{\partial y}\right)\cdot \boldsymbol{n}\mathrm{d}s=\int_L\left(\frac{\partial u}{\partial x},\frac{\partial u}{\partial y}\right)\cdot(\mathrm{d}s\cos\beta,-\mathrm{d}s\cos\alpha)$$

$$=\int_L\left(-\frac{\partial u}{\partial y}\right)\mathrm{d}x+\frac{\partial u}{\partial x}\mathrm{d}y=\int_L(x-2y)\mathrm{d}x+(2x-y)\mathrm{d}y$$

$$=\int_0^1[(x-2x^2)+(2x-x^2)\cdot 2x]\mathrm{d}x=\frac{2}{3}.$$

第三节 格林公式及其应用

知识全解

一 本节知识结构图解

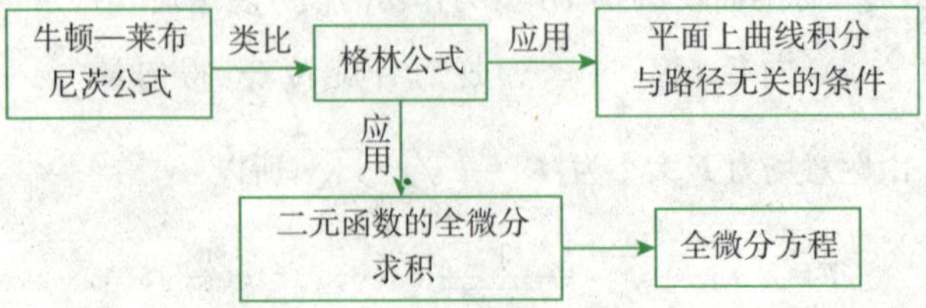

二 重点及常考点分析

1. 格林公式是本节的重点，利用格林公式计算第二类曲线积分是平时考试和研究生考试中的重点. 其内容为：

设闭区域 D 由分段光滑的曲线 L 围成，函数 $P(x,y)$ 及 $Q(x,y)$ 在 D 上具有一阶连续的偏导数，则有

$$\iint_D \left(\frac{\partial Q}{\partial x}-\frac{\partial P}{\partial y}\right)\mathrm{d}x\mathrm{d}y=\oint_L P\mathrm{d}x+Q\mathrm{d}y$$

成立，其中 L 取正向.

需要说明以下几点：

(1) 格林公式说明了平面闭区域 D 上的二重积分可通过沿闭区域 D 的边界曲线上的曲线积分来表达，即二重积分可以转化为线积分.

(2) 格林公式的简单应用：设闭区域 D 是由分段光滑曲线 L 围成，则 D 的面积为

$$A=\frac{1}{2}\oint_L x\mathrm{d}y-y\mathrm{d}x.$$

(3) 在应用格林公式时，首先检验格林公式的条件是否满足，即 $P(x,y)$，$Q(x,y)$ 在由分段光滑的闭曲线 L 所围成的闭区域 D 上具有一阶连续偏导数，当条件不满足时，公式不能用. 例如考虑积分 $\oint_L \frac{x\mathrm{d}y-y\mathrm{d}x}{x^2+y^2}$，其中 L 是区域 D 的边界曲线，如果 D 包含原点，那么 $\frac{\partial P}{\partial y}$ 与 $\frac{\partial Q}{\partial x}$ 在原点就不存在，就不可能连续，这时就不能运用格林公式将其转化为二重积分.

2. 利用积分与路径无关的条件计算对坐标的曲线积分也是本节重要的考点之一.

3. 全微分方程，如果一阶微分方程写成

$$P(x,y)\mathrm{d}x+Q(x,y)\mathrm{d}y=0 \qquad ①$$

且满足条件：$\frac{\partial P}{\partial y}=\frac{\partial Q}{\partial x}$，则①就是一个全微分方程，且其隐式通解为

$$u(x,y)=\int_{(x_0,y_0)}^{(x,y)} P(x,y)\mathrm{d}x+Q(x,y)\mathrm{d}y=C,$$

其中 x_0，y_0 是在等式 $\frac{\partial P}{\partial y}=\frac{\partial Q}{\partial x}$ 成立的某单连通域 G 内适当选定的点的坐标.

三 考研大纲要求解读

1. 掌握格林公式并会运用平面曲线积分与路径无关的条件.
2. 会求全微分的原函数.

例题精解

基本题型 1：利用格林公式计算第二类曲线积分

例 1 计算 $I=\oint_L(-2xy-y^2)\mathrm{d}x-(2xy+x^2-x)\mathrm{d}y$，其中 L 是以 $(0,0)$，$(1,0)$，$(1,1)$，$(0,1)$ 为顶点的正方形的正向边界线.

【思路探索】 若通过化为定积分求 I 的值，L 由四部分组成，较麻烦，所以考虑是否能用格林公式.

解：令 $P(x,y)=-2xy-y^2$，$Q(x,y)=-(2xy+x^2-x)$，易得

$$\frac{\partial Q}{\partial x}=-(2y+2x-1),\frac{\partial P}{\partial y}=-2x-2y,$$

所以 $I=\oint_L(-2xy-y^2)dx-(2xy+x^2-x)dy$

$$=\iint_D\left(\frac{\partial Q}{\partial x}-\frac{\partial P}{\partial y}\right)dxdy=\iint_D[-(2y+2x-1)-(-2x-2y)]dxdy$$

$$=\iint_D 1\cdot dxdy=1.$$

正方形的面积

【方法点击】 此题用把第二类曲线积分化为定积分的方法也可以做,但相比较之下,显然用格林公式计算要简单得多,但要注意验证题目的条件是否符合格林公式的条件.

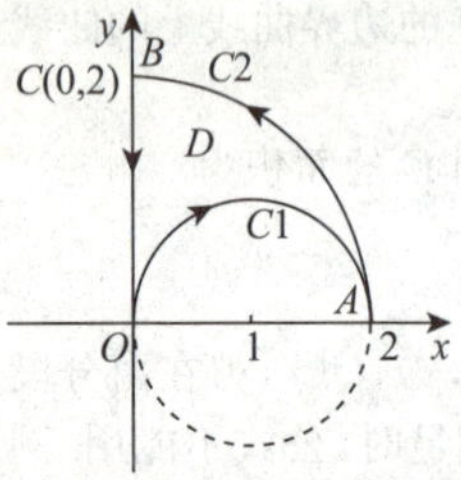

图 11-2

例 2 已知 L 是第一象限中从点(0,0)沿圆周 $x^2+y^2=2x$ 到点(2,0),再沿圆周 $x^2+y^2=4$ 到点(0,2)的曲线段,计算曲线积分 $J=\int_L 3x^2ydx+(x^3+x-2y)dy$.(考研题)

【思路探索】 所求积分直接用参数方程计算比较烦琐,所以可以考虑用格林公式,不过此题中积分曲线不封闭,可增加辅助线 $\overline{CO}$,使得 $L+\overline{CO}$ 为封闭曲线,如图 11-2 所示.

解:设圆 $x^2+y^2=2x$ 为圆 C_1,圆 $x^2+y^2=4$ 为圆 C_2,添补线利用格林公式即可.设所补直线 L_1 为 $x=0(0\leqslant y\leqslant 2)$,利用格林公式,得

$$\text{原式}=\int_{L+L_1}3x^2ydx+(x^3+x-2y)dy-\int_{L_1}3x^2ydx+(x^3+x-2y)dy$$

$$=\iint_D(3x^2+1-3x^2)dxdy-\int_2^0(-2y)dy=\frac{1}{4}S_{C_2}-\frac{1}{2}S_{C_1}-4=\frac{\pi}{2}-4.$$

【方法点击】 在格林公式的条件中要求 L 应为封闭曲线,且取正方向.但若 L 不是闭曲线,则往往可引入辅助线 L_1,使 $L+L_1$ 成为取正向的封闭曲线,进而采用格林公式,然后再减去 L_1 的曲线积分.因而 L_1 的选取应尽可能简单,既要利于 L_1 与 L 所围成区域计算二重积分,又要利于 L_1 上计算曲线积分,还要保证 L 与 L_1 所围区域满足格林公式条件.

例 3 计算曲线积分 $I=\oint_L\frac{xdy-ydx}{4x^2+y^2}$,其中 L 是以点(1,0)为中心,R 为半径的圆周($R>1$),取逆时针方向.(考研题)

解:$P=\frac{-y}{4x^2+y^2}$,$Q=\frac{x}{4x^2+y^2}$,$\frac{\partial P}{\partial y}=\frac{y^2-4x^2}{(4x^2+y^2)^2}=\frac{\partial Q}{\partial x}$,$(x,y)\neq(0,0)$,

作足够小椭圆 C:$\begin{cases}x=\frac{\varepsilon}{2}\cos\theta,\\ y=\varepsilon\sin\theta\end{cases}$ ($\theta\in[0,2\pi]$,C 取逆时针方向),于是由格林公式有

$$\oint_{L+C}\frac{xdy-ydx}{4x^2+y^2}=0,$$

即得 $\oint_L\frac{xdy-ydx}{4x^2+y^2}=\oint_C\frac{xdy-ydx}{4x^2+y^2}=\int_0^{2\pi}\frac{\frac{1}{2}\varepsilon^2}{\varepsilon^2}d\theta=\pi$.

【方法点击】 由上题我们可以看出,当利用"挖洞"的方法来计算曲线积分时,"挖洞"也是要有技巧的,它要利于所作曲线上的积分的计算.并且,在作辅助椭圆 $4x^2+y^2=\varepsilon^2$ 时,ε 只要能够充分小使其包含在闭曲线 L 内即可,最终计算结果与 ε 的大小无关.

基本题型 2：利用曲线积分与路径无关的条件计算曲线积分

例 4　计算 $I=\int_L(e^x\sin y-my)dx+(e^x\cos y-mx)dy$，其中 L 为摆线

$$x=a(t-\sin t),y=a(1-\cos t)$$

从 $t=0$ 到 $t=\pi$ 的一段.

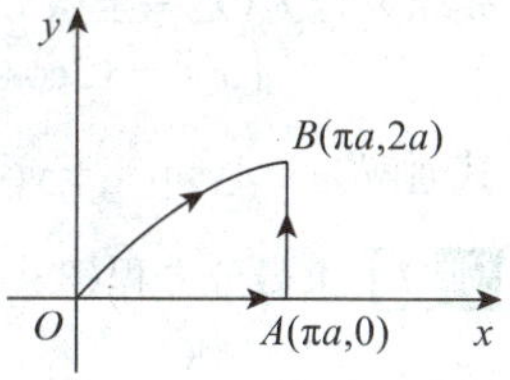

图 11-3

解：令 $P(x,y)=e^x\sin y-my,Q(x,y)=e^x\cos y-mx$，则

$$\frac{\partial Q}{\partial x}=e^x\cos y-m=\frac{\partial P}{\partial y},$$

因此知：曲线积分与路径无关，从而可取折线 OAB 代替曲线 L，如图 11-3 所示.

$$\begin{aligned}I&=\int_L(e^x\sin y-my)dx+(e^x\cos y-mx)dy\\&=\int_{\overline{OA}}(e^x\sin y-my)dx+(e^x\cos y-mx)dy+\int_{\overline{AB}}(e^x\sin y-my)dx+(e^x\cos y-mx)dy\\&=\int_0^{\pi a}0dx+\int_0^{2a}(e^{\pi a}\cos y-m\pi a)dy=e^{\pi a}\sin 2a-2\pi a^2m.\end{aligned}$$

【方法点击】　当 $\frac{\partial Q}{\partial x}=\frac{\partial P}{\partial y}$，且区域单连通时，曲线积分与路径无关，因而可找一条最简单的路径计算曲线积分，一般可取平行于 x 轴、y 轴的线段构成的折线来代替原积分路径.

基本题型 3：求 $P(x,y)dx+Q(x,y)dy$ 的原函数

例 5　验证：$(2x+2y)dx+(2x+3y^2)dy$ 在 xOy 面内是某一函数 $u(x,y)$ 的全微分，并求 $u(x,y)$.

【思路探索】　若 $P(x,y)$ 和 $Q(x,y)$ 在 D 内具有一阶连续偏导数，且 $\frac{\partial P}{\partial y}=\frac{\partial Q}{\partial x}$，则 $Pdx+Qdy$ 是某函数 $u(x,y)$ 的全微分. 在求原函数 $u(x,y)=\int_{(x_0,y_0)}^{(x,y)}Pdx+Qdy$ 时，一般选取从 (x_0,y_0) 到 (x,y) 的平行于坐标轴的直角折线，或者可以用偏积分法或凑全微分法求原函数.

解：$\frac{\partial P}{\partial y}=2=\frac{\partial Q}{\partial x}$，故 $(2x+2y)dx+(2x+3y^2)dy$ 在整个 xOy 平面内是某一函数 $u(x,y)$ 的全微分. 设 $du=Pdx+Qdy$，因为 $\frac{\partial u}{\partial x}=P(x,y)=2x+2y$，所以

$$u=\int(2x+2y)dx=x^2+2xy+\varphi(y),$$

其中 $\varphi(y)$ 为待定函数. 由此得 $\frac{\partial u}{\partial y}=2x+\varphi'(y)$，又 u 必须满足 $\frac{\partial u}{\partial y}=Q(x,y)=2x+3y^2$，故 $3y^2=\varphi'(y)$，$\varphi(y)=y^3+C$，所以 $u=x^2+2xy+y^3+C$.

【方法点击】　有些题目用上述偏积分法很方便.

基本题型 4：全微分方程

例 6　设 $f(x)$ 具有二阶连续导数，$f(0)=0$，$f'(0)=1$，且 $[xy(x+y)-f(x)y]dx+[f'(x)+x^2y]dy=0$ 为一全微分方程，求 $f(x)$ 及此全微分方程的通解.（考研题）

解：因为 $[xy(x+y)-f(x)y]dx+[f'(x)+x^2y]dy=0$ 为全微分方程，故

$$\frac{\partial}{\partial y}[(x+y)xy-f(x)y]=\frac{\partial}{\partial x}[f'(x)+x^2y],$$

即 $x^2+2xy-f(x)=f''(x)+2xy$,整理,得 $f''(x)+f(x)=x^2$.
这是一个二阶线性常系数非齐次微分方程,求其解为 $f(x)=C_1\cos x+C_2\sin x+x^2-2$.
由 $f(0)=0$ 及 $f'(0)=1$ 知 $C_1=2,C_2=1$,从而有 $f(x)=2\cos x+\sin x+x^2-2$.
故原方程为(是一全微分方程)

$$[xy^2-(2\cos x+\sin x)y+2y]\mathrm{d}x+(-2\sin x+\cos x+2x+x^2y)\mathrm{d}y=0,$$

其通解为 $-2y\sin x+y\cos x+\dfrac{x^2y^2}{2}+2xy=C$.

例 7 求微分方程 $(3x^2+y)\mathrm{d}x+(2x^2y-x)\mathrm{d}y=0$ 的通解.

解: 由于 $\dfrac{\partial P}{\partial y}-\dfrac{\partial Q}{\partial x}=2(1-2xy)$,故该方程不是全微分方程,它既非变量分离方程和齐次方程,也非一阶线性方程,但若把上面的等式代入下面公式,就得到 $\dfrac{1}{Q}\left(\dfrac{\partial P}{\partial y}-\dfrac{\partial Q}{\partial x}\right)=-\dfrac{2}{x}$,

它仅依赖于 x,故有积分因子:$\mu(x)=\mathrm{e}^{-\int\frac{2}{x}\mathrm{d}t}=\dfrac{1}{x^2}$. 然后用 $u(x)$ 乘原方程,得到一全微分方程

$$3\mathrm{d}x+2y\mathrm{d}y+\frac{y\mathrm{d}x-x\mathrm{d}y}{x^2}=0.$$

由此可求得通解 $3x+y^2-\dfrac{y}{x}=C$.

【方法点击】 本题解法依据下面的定理:

微分方程 $P(x,y)\mathrm{d}x+Q(x,y)\mathrm{d}y=0$ 有一个仅依赖于 x 的积分因子的充要条件是 $\dfrac{1}{Q}\left(\dfrac{\partial P}{\partial y}-\dfrac{\partial Q}{\partial x}\right)$ 仅与 x 有关. 此时,方程有一积分因子为 $\mu(x)=\mathrm{e}^{-\int\psi(x)\mathrm{d}x}$,其中 $\psi(x)=\dfrac{1}{Q}\left(\dfrac{\partial P}{\partial y}-\dfrac{\partial Q}{\partial x}\right)$. 对应地,方程有一个仅依赖于 y 的积分因子的充要条件是 $-\dfrac{1}{P}\left(\dfrac{\partial P}{\partial y}-\dfrac{\partial Q}{\partial x}\right)$ 仅与 y 有关. 此时,方程有一积分因子 $\mu(y)=\mathrm{e}^{\int\varphi(y)\mathrm{d}y}$,其中 $\varphi(y)=-\dfrac{1}{P}\left(\dfrac{\partial P}{\partial y}-\dfrac{\partial Q}{\partial x}\right)$.

基本题型 5:综合题

例 8 设曲线积分 $\int_L yf(x)\mathrm{d}x+[2xf(x)-x^2]\mathrm{d}y$ 在右半平面 $(x>0)$ 内与路径无关,其中 $f(x)$ 可导,且 $f(1)=1$,求 $f(x)$.

解: 因为当 $x>0$ 时,所给积分与路径无关,所以

$$\frac{\partial}{\partial y}[yf(x)]=\frac{\partial}{\partial x}[2xf(x)-x^2],$$

即 $f(x)=2f(x)+2xf'(x)-2x$,

因而,$f'(x)+\dfrac{1}{2x}f(x)=1$. 因此

> 由积分与路径无关的条件

$$f(x)=\mathrm{e}^{-\int\frac{\mathrm{d}x}{2x}}\left(\int\mathrm{e}^{\int\frac{\mathrm{d}x}{2x}}\mathrm{d}x+C\right)=\mathrm{e}^{-\frac{1}{2}\ln x}\left(\int\mathrm{e}^{\frac{1}{2}\ln x}\mathrm{d}x+C\right)$$

$$=x^{-\frac{1}{2}}\left(\frac{2}{3}x^{\frac{3}{2}}+C\right)=\frac{2}{3}x+Cx^{-\frac{1}{2}}.$$

由 $f(1)=1$,可知 $C=\dfrac{1}{3}$,故 $f(x)=\dfrac{2}{3}x+\dfrac{1}{3}x^{-\frac{1}{2}}$.

第四节　对面积的曲面积分

知识全解

一 本节知识结构图解

求光滑曲面的质量 —抽象→ 对面积的曲面积分的概念 → 对面积的曲面积分的计算法

二 重点及常考点分析

1. 对面积的曲面积分的概念是通过求光滑曲面的质量这一问题而抽象出来的，其定义见教材(略).

注：(1) 当 $f(x,y,z)>0$ 时，曲面积分 $\iint\limits_{\Sigma} f(x,y,z)\mathrm{d}S$ 可以看成是以 $f(x,y,z)$ 为面密度的曲面 Σ 的质量.

(2) 当 $f(x,y,z)\equiv 1$ 时，$\iint\limits_{\Sigma} f(x,y,z)\mathrm{d}S=\iint\limits_{\Sigma}\mathrm{d}S=|S|$，$|S|$ 为曲面 Σ 的面积.

(3) 对面积的曲面积分也具有以下性质：

$$\iint\limits_{\Sigma}[f(x,y,z)\pm g(x,y,z)]\mathrm{d}S=\iint\limits_{\Sigma}f(x,y,z)\mathrm{d}S\pm\iint\limits_{\Sigma}g(x,y,z)\mathrm{d}S,$$

$$\iint\limits_{\Sigma}kf(x,y,z)\mathrm{d}S=k\iint\limits_{\Sigma}f(x,y,z)\mathrm{d}S\ (k\text{ 为常数}),$$

$$\iint\limits_{\Sigma_1+\Sigma_2}f(x,y,z)\mathrm{d}S=\iint\limits_{\Sigma_1}f(x,y,z)\mathrm{d}S+\iint\limits_{\Sigma_2}f(x,y,z)\mathrm{d}S.$$

理解和掌握对面积的曲面积分的概念、物理意义和基本性质将有助于我们更好地理解微元法以及对面积的曲面积分的计算方法.

2. 对面积的曲面积分的计算法根据曲面的不同投影方向可以分为三类：

(1) 往 xOy 面投影

$$\iint\limits_{S}f(x,y,z)\mathrm{d}S=\iint\limits_{D_{xy}}f[x,y,z(x,y)]\sqrt{1+z_x^2+z_y^2}\mathrm{d}x\mathrm{d}y,$$

其中 $\mathrm{d}S=\sqrt{1+z_x^2+z_y^2}\mathrm{d}x\mathrm{d}y$ 为曲面的面积元素.

(2) 往 yOz 面投影

$$\iint\limits_{S}f(x,y,z)\mathrm{d}S=\iint\limits_{D_{yz}}f[x(y,z),y,z]\sqrt{1+x_y^2+x_z^2}\mathrm{d}y\mathrm{d}z,$$

其中 $\mathrm{d}S=\sqrt{1+x_y^2+x_z^2}\mathrm{d}y\mathrm{d}z$ 为曲面的面积元素.

(3) 往 zOx 面投影

$$\iint\limits_{S}f(x,y,z)\mathrm{d}S=\iint\limits_{D_{zx}}f[x,y(z,x),z]\sqrt{1+y_x^2+y_z^2}\mathrm{d}z\mathrm{d}x,$$

其中 $\mathrm{d}S=\sqrt{1+y_x^2+y_z^2}\mathrm{d}z\mathrm{d}x$ 为曲面的面积元素.

对面积的曲面积分的计算是本节的主要考点，根据上述对面积的曲面积分的计算法，我们可以把其计算过程分为以下几个步骤：

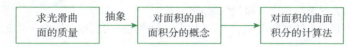

①首先根据曲面的形状确定最简的投影方法，将曲面表示为显函数形式，同时确定相应的坐标面上的投影区域：

a. 投影到 xOy 面，则将曲面表示为 $z=z(x,y)$；

b. 投影到 yOz 面，则将曲面表示为 $x=x(y,z)$；

c. 投影到 xOz 面，则将曲面表示为 $y=y(z,x)$.

如果以上方程出现了多值函数则需要对曲面分片，使分片后的曲面为单值函数，然后逐片积分.

②根据曲面方程求得相应的面积元素 $\mathrm{d}S$.

③将曲面方程的表达式和面积元素 $\mathrm{d}S$ 代入被积表达式得到相应投影区域上的二重积分.

④计算转化后的二重积分.

此处，在计算对面积的曲面积分时，我们应注意以下几点：

a. 在选择曲面对坐标面的投影时，要以 Σ 在坐标面上的投影区域最简单为标准. 使得代入后的被积函数也尽可能简单，二重积分易于计算.

b. 曲面积分与曲线积分一样，积分区域是由积分变量的等式给出的，所以在计算曲面积分时，要将 Σ 的方程直接代入被积函数的表达式，也要注意利用对称性简化计算.

三 考研大纲要求解读

1. 了解对面积的曲面积分的概念、性质.
2. 掌握对面积的曲面积分的计算方法.

例题精解

基本题型 1：对面积的曲面积分的计算

例 1 设 $\Sigma=\{(x,y,z)\mid x+y+z=1,x\geqslant0,y\geqslant0,z\geqslant0\}$，则 $\iint\limits_{\Sigma}y^2\mathrm{d}S=$______.（考研题）

【思路探索】 利用公式将第一类曲面积分化为二重积分直接计算可得.

解： Σ 的方程为：$z=1-x-y$，Σ 在 xOy 面上的投影域为：

$$D_{xy}=\{(x,y)\mid x+y\leqslant1,x\geqslant0,y\geqslant0\},$$

面积微元为 $\mathrm{d}S=\sqrt{1+z_x^2+z_y^2}\,\mathrm{d}x\mathrm{d}y=\sqrt{3}\,\mathrm{d}x\mathrm{d}y$，所以

$$\iint\limits_{\Sigma}y^2\mathrm{d}S=\iint\limits_{D_{xy}}y^2\sqrt{3}\,\mathrm{d}x\mathrm{d}y=\sqrt{3}\int_0^1\mathrm{d}x\int_0^{1-x}y^2\mathrm{d}y=\frac{\sqrt{3}}{12}.$$

故应填 $\dfrac{\sqrt{3}}{12}$.

例 2 设 P 为椭球面 S：$x^2+y^2+z^2-yz=1$ 上的动点，若 S 在点 P 的切平面与 xOy 面垂直，求 P 点的轨迹 C，并计算曲面积分

$$I=\iint\limits_{\Sigma}\frac{(x+\sqrt{3})\mid y-2z\mid}{\sqrt{4+y^2+z^2-4yz}}\mathrm{d}S,$$

其中 Σ 是椭球面 S 位于曲线 C 上方的部分.（考研题）

【思路探索】 根据偏导数的几何应用先求出 P 点的轨迹 C 的方程；再求曲面 Σ 在 xOy 面上的投影域 D 及面积微元 $\mathrm{d}S$；最后将曲面积分化为二重积分直接计算即可.

解： 椭球面 S：$x^2+y^2+z^2-yz=1$ 上点 $P(x,y,z)$ 处的法向量为

$$\boldsymbol{n}=\pm\{2x,2y-z,2z-y\}.$$

由于切平面与 xOy 平面垂直，所以 $\boldsymbol{n}\perp\{0,0,1\}$，从而有 $2z-y=0$.

所以 P 点的轨迹 C 为：$\begin{cases}x^2+y^2+z^2-yz=1,\\2z-y=0,\end{cases}$ 即 $\begin{cases}x^2+\dfrac{3}{4}y^2=1,\\2z-y=0;\end{cases}$

由于 Σ 是椭球面 S 位于曲线 C 上方的部分，所以 Σ 在 xOy 平面上投影域为 $D=\left\{(x,y)\mid x^2+\dfrac{3}{4}y^2\leqslant 1\right\}$，$\Sigma$ 的方程为：$x^2+y^2+z^2-yz=1$.

又 $2x\mathrm{d}x+2y\mathrm{d}y+2z\mathrm{d}z-z\mathrm{d}y-y\mathrm{d}z=0$，所以 $\mathrm{d}z=\dfrac{2x\mathrm{d}x+(2y-z)\mathrm{d}y}{y-2z}$，从而

$$\frac{\partial z}{\partial x}=\frac{2x}{y-2z},\frac{\partial z}{\partial y}=\frac{2y-z}{y-2z},$$

故面积元素

$$\begin{aligned}\mathrm{d}S&=\sqrt{1+(z_x')^2+(z_y')^2}\mathrm{d}x\mathrm{d}y=\frac{\sqrt{4x^2+5y^2+5z^2-8yz}}{|y-2z|}\mathrm{d}x\mathrm{d}y\\&=\frac{\sqrt{4+y^2+z^2-4yz}}{|y-2z|}\mathrm{d}x\mathrm{d}y.\end{aligned}$$

所以

$$\begin{aligned}I&=\iint_{\Sigma}\frac{(x+\sqrt{3})\,|y-2z|}{\sqrt{4+y^2+z^2-4yz}}\mathrm{d}S=\iint_{D}(x+\sqrt{3})\mathrm{d}x\mathrm{d}y\\&=\iint_{D}\sqrt{3}\mathrm{d}x\mathrm{d}y=\sqrt{3}\times\left(\pi\times1\times\frac{2}{\sqrt{3}}\right)=2\pi.\end{aligned}$$

基本题型 2：对面积的曲面积分的应用

例 3 设 Σ 为抛物面 $z=x^2+y^2$ 位于 $z\leqslant 1$ 的部分，面密度为常数 ρ，求它对于 z 轴的转动惯量.

【思路探索】 题目中给定的是一光滑曲面以及它的面密度，求曲面对于坐标轴的转动惯量，转化成数学问题，是一求曲面积分的问题.

解：由题意知：

$$\begin{aligned}I_z&=\iint_{\Sigma}(x^2+y^2)\rho\mathrm{d}S=\rho\iint_{D_{xy}}(x^2+y^2)\sqrt{1+z_x^2+z_y^2}\mathrm{d}x\mathrm{d}y\\&=\rho\iint_{D_{xy}}(x^2+y^2)\sqrt{1+(2x)^2+(2y)^2}\mathrm{d}x\mathrm{d}y=\rho\int_0^{2\pi}\mathrm{d}\theta\int_0^1 r^2\sqrt{1+4r^2}r\mathrm{d}r\\&=\rho\frac{\pi}{6}\int_0^1 r^2\mathrm{d}(1+4r^2)^{\frac{3}{2}}=\frac{1}{60}(25\sqrt{5}+1)\pi\rho.\end{aligned}$$

利用极坐标系

第五节　对坐标的曲面积分

知识全解

一　本节知识结构图解

二 重点及常考点分析

1. 对坐标的曲面积分的概念是由求流向曲面一侧的流量这一实际问题抽象得到的,是本节中的重要知识点.其概念见教材.

2. 对坐标的曲面积分具有与对坐标的曲线积分相类似的一些性质(略).

3. 对坐标的曲面积分的计算法是本节的重要知识点,也是主要的考点.其计算如下:

(1) 若光滑曲面 S 表示为 $z=z(x,y)$,S 在 xOy 面上的投影区域为 D_{xy},$R(x,y,z)$在 S 上连续,则

$$\iint_S R(x,y,z)\mathrm{d}x\mathrm{d}y=\pm\iint_{D_{xy}} R[x,y,z(x,y)]\mathrm{d}x\mathrm{d}y,$$

其中,当 S 取上侧(S 的法向量 $\boldsymbol{n}$ 与 z 轴正向成锐角)时,取“+”号,当 S 取下侧(S 的法向量 $\boldsymbol{n}$ 与 z 轴正向成钝角)时,取“−”号.

(2) 若光滑曲面 S 表示为 $x=x(y,z)$,S 在 yOz 面上的投影区域为 D_{yz},$P(x,y,z)$在 S 上连续,则

$$\iint_S P(x,y,z)\mathrm{d}y\mathrm{d}z=\pm\iint_{D_{yz}} P[x(y,z),y,z]\mathrm{d}y\mathrm{d}z\ (\text{正负号确定同(1)}).$$

(3) 若光滑曲面 S 表示为 $y=y(z,x)$,S 在 zOx 面上的投影区域为 D_{zx},$Q(x,y,z)$在 S 上连续,则

$$\iint_S Q(x,y,z)\mathrm{d}z\mathrm{d}x=\pm\iint_{D_{zx}} Q[x,y(z,x),z]\mathrm{d}z\mathrm{d}x\ (\text{正负号确定同(1)}).$$

由以上内容可以看出,计算对坐标的曲面积分关键是要正确地转化为二重积分进行计算.

4. 两种曲面积分的联系也是本节的重要知识点,利用两种曲面积分的联系,可以实现两种曲面积分之间的转化,从而简化计算.

$$\iint_\Sigma P\mathrm{d}y\mathrm{d}z+Q\mathrm{d}z\mathrm{d}x+R\mathrm{d}x\mathrm{d}y=\iint_\Sigma(P\cos\alpha+Q\cos\beta+R\cos\gamma)\mathrm{d}S,$$

其中 $\cos\alpha,\cos\beta,\cos\gamma$ 是有向曲面 Σ 上点 (x,y,z) 处的法向量的方向余弦,写成向量形式为

$$\iint_\Sigma \boldsymbol{A}\cdot\mathrm{d}\boldsymbol{S}=\iint_\Sigma \boldsymbol{A}\cdot\boldsymbol{n}\mathrm{d}S=\iint_\Sigma A_n\mathrm{d}S,$$

其中 $\boldsymbol{A}=(P,Q,R)$,$\boldsymbol{n}=(\cos\alpha,\cos\beta,\cos\gamma)$为有向曲面 Σ 上点 (x,y,z) 处的单位法向量,$\mathrm{d}\boldsymbol{S}=\boldsymbol{n}\mathrm{d}S=(\mathrm{d}y\mathrm{d}z,\mathrm{d}z\mathrm{d}x,\mathrm{d}x\mathrm{d}y)$,$A_n$ 是向量 $\boldsymbol{A}$ 在向量 $\boldsymbol{n}$ 上的投影.

三 考研大纲要求解读

1. 了解对坐标的曲面积分的概念、性质.
2. 掌握对坐标的曲面积分的计算方法.
3. 了解两类曲面积分的关系.

例题精解

基本题型 1:利用投影法计算对坐标的曲面积分

例 1 计算曲面积分:

$$I=\iint_S(2x+z)\mathrm{d}y\mathrm{d}z+z\mathrm{d}x\mathrm{d}y,$$

其中 S 为有向曲面 $z=x^2+y^2(0\leqslant z\leqslant 1)$，其法向量与 z 轴正向的夹角为锐角.（考研题）

解: S 表示为 $z=x^2+y^2(0\leqslant z\leqslant 1)$，$S$ 在 xOy 面的投影区域 D_{xy} 为

$$D_{xy}=\{(x,y)\mid x^2+y^2\leqslant 1\},$$

将曲面 S 分片，使被积函数为单值函数

S 在 yOz 平面上的投影区域 D_{yz} 为

$$D_{yz}=\{(y,z)\mid -1\leqslant y\leqslant 1, y^2\leqslant z\leqslant 1\}.$$

所以 $\iint\limits_S (2x+z)\mathrm{d}y\mathrm{d}z=\iint\limits_{D_{yz}}(2\sqrt{z-y^2}+z)(-\mathrm{d}y\mathrm{d}z)+\iint\limits_{D_{yz}}(-2\sqrt{z-y^2}+z)\mathrm{d}y\mathrm{d}z$

$$=-4\iint\limits_{D_{yz}}\sqrt{z-y^2}\,\mathrm{d}y\mathrm{d}z=-4\int_{-1}^{1}\mathrm{d}y\int_{y^2}^{1}\sqrt{z-y^2}\,\mathrm{d}z$$

$$=-4\times\frac{4}{3}\int_0^1(1-y^2)^{\frac{3}{2}}\mathrm{d}y \xlongequal{令 y=\sin t} -\frac{16}{3}\int_0^{\frac{\pi}{2}}\cos^4 t\,\mathrm{d}t=-\pi,$$

$$\iint\limits_S z\,\mathrm{d}x\mathrm{d}y=\iint\limits_{D_{xy}}(x^2+y^2)\mathrm{d}x\mathrm{d}y=\int_0^{2\pi}\mathrm{d}\theta\int_0^1 r^3\mathrm{d}r=\frac{\pi}{2},$$

所以 $\iint\limits_S (2x+z)\mathrm{d}y\mathrm{d}z+z\,\mathrm{d}x\mathrm{d}y=\iint\limits_S(2x+z)\mathrm{d}y\mathrm{d}z+\iint\limits_S z\,\mathrm{d}x\mathrm{d}y=-\frac{\pi}{2}.$

【方法点击】 利用直接投影法计算对坐标的曲面积分，要掌握其基本的步骤，把积分转化为二重积分是关键. 当积分曲面表示为显函数后不是单值函数，则应将曲面分片，使每片曲面的显函数表达式为单值函数.

基本题型 2:利用两类曲面积分间的联系计算对坐标的曲面积分

例 2 计算曲面积分 $\oiint\limits_\Sigma \frac{x}{r^3}\mathrm{d}y\mathrm{d}z+\frac{y}{r^3}\mathrm{d}z\mathrm{d}x+\frac{z}{r^3}\mathrm{d}x\mathrm{d}y$，其中 $r=\sqrt{x^2+y^2+z^2}$，Σ 是球面 $x^2+y^2+z^2=a^2$ 的外侧表面.

【思路探索】 本题可直接按对坐标的曲面积分的计算方法来处理，但较烦琐；下面我们借助于两类曲面积分的关系将其转化为对面积的曲面积分计算.

解: 设曲面 Σ 的外法线向量的方向余弦为 $\cos\alpha,\cos\beta,\cos\gamma$，由于曲面是球面，其外法线向量的方向余弦为 $\cos\alpha=\frac{x}{r},\cos\beta=\frac{y}{r},\cos\gamma=\frac{z}{r}$，而 $\mathrm{d}y\mathrm{d}z,\mathrm{d}z\mathrm{d}x,\mathrm{d}x\mathrm{d}y$ 是有向投影，即有

$$\mathrm{d}S\cdot\cos\alpha=\mathrm{d}y\mathrm{d}z,\quad \mathrm{d}S\cdot\cos\beta=\mathrm{d}z\mathrm{d}x,\quad \mathrm{d}S\cdot\cos\gamma=\mathrm{d}x\mathrm{d}y.$$

因此本题可以利用两类曲面积分之间的关系，将对坐标的曲面积分化成对面积的曲面积分来计算，即

$$\oiint\limits_\Sigma \frac{x}{r^3}\mathrm{d}y\mathrm{d}z+\frac{y}{r^3}\mathrm{d}z\mathrm{d}x+\frac{z}{r^3}\mathrm{d}x\mathrm{d}y=\oiint\limits_\Sigma\frac{1}{r^2}(\cos^2\alpha+\cos^2\beta+\cos^2\gamma)\mathrm{d}S$$

$$=\oiint\limits_\Sigma\frac{1}{r^2}\mathrm{d}S=\frac{1}{a^2}\oiint\limits_\Sigma\mathrm{d}S=4\pi.$$

例 3 设 Σ 为球面 $x^2+y^2+z^2=a^2$. 有人说，由于 Σ 关于 xOy 面对称，而函数 $f(x,y,z)=z$ 关于 z 是奇函数，故下列两个曲面积分的值均为零:

$$I_1=\oiint\limits_\Sigma z\,\mathrm{d}S;\ I_2=\oiint\limits_\Sigma z\,\mathrm{d}x\mathrm{d}y\quad(I_2 中的 \Sigma 是球面的外侧),$$

这个说法对吗?

解: $I_1=\oiint\limits_\Sigma z\,\mathrm{d}S=0$ 是对的，而 $I_2=\oiint\limits_\Sigma z\,\mathrm{d}x\mathrm{d}y=0$ 就不对了，这里涉及计算两类曲面积分时，在利

第十一章

用对称性方面的重要区别.

第一类曲面积分的积分曲面是无向的(即不定侧的),它的值只取决于被积函数和积分曲面两个因素,与积分曲面的侧,即曲面在各点处的法向量的指向无关,因此考虑对称性比较容易,只需考虑被积函数和积分曲面的几何形状这两方面的对称性就可以了.本问题中对积分 I_1 的对称性的讨论和结论都是正确的.

第二类曲面积分的积分曲面是有向的(即定侧的),因此它的值不仅与被积函数和积分曲面的几何形状有关,还与积分曲面的侧有关,即还与积分曲面在各点处的法向量的指向有关.因此在考虑积分的对称性时,不仅要考虑被积函数和积分曲面的几何形状这两方面的对称性,还要顾及积分曲面上的对称部分处的法向量的指向情况,这就比较麻烦了,如果不慎会导致计算错误.因此在计算第二类曲面积分时,要慎用对称性.一般应在化为二重积分后,再看是否可利用对称性简化二重积分的计算.事实上,I_2 并不等于零.即

$$\begin{aligned}I_2&=\oiint_{\Sigma} z\mathrm{d}x\mathrm{d}y=\oiint_{\Sigma_1(\text{上侧})} z\mathrm{d}x\mathrm{d}y+\oiint_{\Sigma_2(\text{下侧})} z\mathrm{d}x\mathrm{d}y\\&=\iint_{D_{xy}}\sqrt{a^2-x^2-y^2}\mathrm{d}x\mathrm{d}y-\iint_{D_{xy}}(-\sqrt{a^2-x^2-y^2})\mathrm{d}x\mathrm{d}y\\&=2\iint_{D_{xy}}\sqrt{a^2-x^2-y^2}\mathrm{d}x\mathrm{d}y=2\int_0^{2\pi}\mathrm{d}\theta\int_0^a\sqrt{a^2-r^2}r\mathrm{d}r\\&=4\pi\,\frac{-1}{3}(a^2-r^2)^{\frac{3}{2}}\Big|_0^a=\frac{4}{3}\pi a^3.\end{aligned}$$

第六节 高斯公式 *通量与散度

知识全解

一 本节知识结构图解

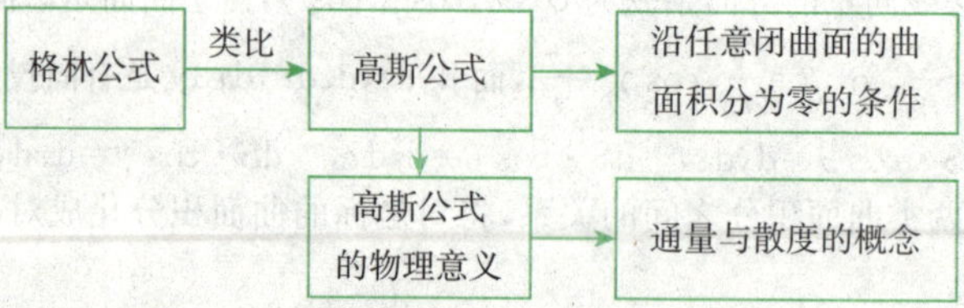

二 重点及常考点分析

1. 格林公式表达了平面闭区域上的二重积分与其边界曲线上的曲线积分之间的关系,而空间闭区域上的三重积分与其边界曲面上的曲面积分之间的联系是通过**高斯公式**(见教材)体现出来的.

高斯公式的应用是本节的主要考查点,在应用时,我们应注意以下几点:

(1) 利用高斯公式可以把对坐标的曲面积分化为三重积分,而在大多数情况下计算三重积分比计算对坐标的曲面积分容易.

(2) 要注意高斯公式应用的条件,$P(x,y,z)$,$Q(x,y,z)$,$R(x,y,z)$在区域 Ω 内要有连续的一阶偏导数,否则高斯公式不能用.

(3) 在高斯公式中,Σ 应为封闭曲面,并取外侧.如果 Σ 不是封闭曲面,有时可引入辅助曲

面 Σ_1,使 $\Sigma+\Sigma_1$ 成为取外侧或内侧的封闭曲面,进而采用高斯公式.取内侧时,高斯公式中应加负号.当然辅助曲面 Σ_1 应尽量简单,容易计算其上对坐标的曲面积分,一般情况尽量选择平行于坐标面的平面.

(4) 在应用高斯公式时,要清楚 $P(x,y,z),Q(x,y,z),R(x,y,z)$ 对什么变量求偏导,不要混淆.

(5) 利用两类曲面积分之间的关系,有时可把对面积的曲面积分先转化为对坐标的曲面积分,然后应用高斯公式.

2. 对于沿任意闭曲面的曲面积分为零的条件,有以下结论:

设 G 是空间二维单连通区域,$P(x,y,z),Q(x,y,z),R(x,y,z)$ 在 G 内具有一阶连续偏导数,则曲面积分 $\iint_{\Sigma} Pdydz+Qdzdx+Rdxdy$ 在 G 内与所取曲面 Σ 无关而只取决于 Σ 的边界曲线(或沿 G 内任一闭曲面的曲面积分为零)的充分必要条件是 $\dfrac{\partial P}{\partial x}+\dfrac{\partial Q}{\partial y}+\dfrac{\partial R}{\partial z}=0$ 在 G 内恒成立.

3. 通量与散度的概念也是本节的一个考点.(详见教材)

三 考研大纲要求解读

1. 会用高斯公式计算曲面积分.
2. 了解散度的概念,并会计算.

例题精解

基本题型 1:高斯公式的应用

例 1 计算曲面积分:

$$I=\oiint_{\Sigma}2xzdydx+yzdzdx-z^2dxdy,$$ 其中 Σ 是由曲面 $z=\sqrt{x^2+y^2}$ 与 $z=\sqrt{2-x^2-y^2}$ 所围立体的表面外侧.(考研题)

【思路探索】 容易验证题目满足高斯公式的条件,因此可把曲面积分直接转化为三重积分进行计算.

解:令 $P=2xz,Q=yz,R=-z^2$,所以 $\dfrac{\partial P}{\partial x}+\dfrac{\partial Q}{\partial y}+\dfrac{\partial R}{\partial z}=2z+z-2z=z$.根据高斯公式,得

$$I=\iiint_{\Omega}zdxdydz=\int_0^{2\pi}d\theta\int_0^{\frac{\pi}{4}}\sin\varphi\cos\varphi d\varphi\int_0^{\sqrt{2}}r^3dr=\frac{\pi}{2}.$$

【方法点击】 要注意验证题目的条件是否符合高斯公式的条件,若满足则可直接利用此公式对积分进行化简,要注意对三重积分的计算选择合适的方法.

例 2 设 Σ 为曲面 $z=x^2+y^2(z\leqslant 1)$ 的上侧,计算曲面积分

$$I=\iint_{\Sigma}(x-1)^3dydz+(y-1)^3dzdx+(z-1)dxdy.$$ (考研题)

【思路探索】 易验证所求积分中的被积函数均有连续的一阶偏导数,但 Σ 不是封闭曲面,因此需作辅助面,使其合成为一封闭曲面.

解:设 Σ_1 为平面 $z=1$ 上被 $x^2+y^2=1$ 所围部分的下侧,Σ_1 与 Σ 所围成的空间区域记为 Ω,则由高斯公式得

$$\oiint\limits_{\Sigma+\Sigma_1}(x-1)^3\mathrm{d}y\mathrm{d}z+(y-1)^3\mathrm{d}z\mathrm{d}x+(z-1)\mathrm{d}x\mathrm{d}y$$
$$=-\iiint\limits_{\Omega}[3(x-1)^2+3(y-1)^2+1]\mathrm{d}x\mathrm{d}y\mathrm{d}z.$$

由于$\iint\limits_{\Sigma_1}(x-1)^3\mathrm{d}y\mathrm{d}z+(y-1)^3\mathrm{d}z\mathrm{d}x+(z-1)\mathrm{d}x\mathrm{d}y=0$,

$$\iiint\limits_{\Omega}x\mathrm{d}x\mathrm{d}y\mathrm{d}z=0,\iiint\limits_{\Omega}y\mathrm{d}x\mathrm{d}y\mathrm{d}z=0,$$

所以 $I=-\iiint\limits_{\Omega}(3x^2+3y^2+7)\mathrm{d}x\mathrm{d}y\mathrm{d}z=-\int_0^{2\pi}\mathrm{d}\theta\int_0^1\mathrm{d}r\int_{r^2}^1(3r^2+7)r\mathrm{d}z$

$=-2\pi\int_0^1 r(1-r^2)(3r^2+7)\mathrm{d}r=-4\pi.$

【方法点击】 为利用高斯公式而添加辅助曲面使之与原曲面构成封闭曲面时,应尽量选取简单的曲面,往往选择平行于坐标面的平面.

例 3 计算曲面积分 $I=\oiint\limits_{\Sigma}\frac{x\mathrm{d}y\mathrm{d}z+y\mathrm{d}z\mathrm{d}x+z\mathrm{d}x\mathrm{d}y}{(x^2+y^2+z^2)^{\frac{3}{2}}}$,其中 Σ 是曲面 $2x^2+2y^2+z^2=4$ 的外侧.(考研题)

解: $I=\oiint\limits_{\Sigma}\frac{x\mathrm{d}y\mathrm{d}z+y\mathrm{d}z\mathrm{d}x+z\mathrm{d}x\mathrm{d}y}{(x^2+y^2+z^2)^{\frac{3}{2}}}$,其中 $2x^2+2y^2+z^2=4$.

记 $X=\frac{x}{(x^2+y^2+z^2)^{\frac{3}{2}}},Y=\frac{y}{(x^2+y^2+z^2)^{\frac{3}{2}}},Z=\frac{z}{(x^2+y^2+z^2)^{\frac{3}{2}}}$,

则$\frac{\partial X}{\partial x}=\frac{y^2+z^2-2x^2}{(x^2+y^2+z^2)^{\frac{5}{2}}},\frac{\partial Y}{\partial y}=\frac{x^2+z^2-2y^2}{(x^2+y^2+z^2)^{\frac{5}{2}}},\frac{\partial Z}{\partial z}=\frac{x^2+y^2-2z^2}{(x^2+y^2+z^2)^{\frac{5}{2}}}$.

则$\frac{\partial X}{\partial x}+\frac{\partial Y}{\partial y}+\frac{\partial Z}{\partial z}=0$. 记 $S_1:x^2+y^2+z^2=R^2,0<R<\frac{1}{4}$,有

$$\oiint\limits_{\Sigma}\frac{x\mathrm{d}y\mathrm{d}z+y\mathrm{d}x\mathrm{d}z+z\mathrm{d}x\mathrm{d}y}{(x^2+y^2+z^2)^{\frac{3}{2}}}=\oiint\limits_{S_1}\frac{x\mathrm{d}y\mathrm{d}z+y\mathrm{d}x\mathrm{d}z+z\mathrm{d}x\mathrm{d}y}{R^3}$$
$$=\frac{1}{R^3}\iiint\limits_{\Omega}3\mathrm{d}V=\frac{3}{R^3}\cdot\frac{4\pi R^3}{3}=4\pi.$$

【方法点击】 当曲面积分中 $P(x,y,z),Q(x,y,z),R(x,y,z)$ 在闭区域 Ω 内有奇点时,可在 Ω 内挖去奇点的小邻域后的区域内用高斯公式. 注意小邻域边界曲面的选取不是任意的,要以在其上曲面积分易于计算为原则.

基本题型 2:求向量 A 穿过曲面流向指定侧的通量及向量场 A 的散度

例 4 求向量场 $\boldsymbol{A}=\frac{1}{r}\boldsymbol{r}$ 的散度,其中 $\boldsymbol{r}=x\boldsymbol{i}+y\boldsymbol{j}+z\boldsymbol{k},r=|\boldsymbol{r}|$.

解: $r=|\boldsymbol{r}|=\sqrt{x^2+y^2+z^2}$,令

$$P=\frac{x}{\sqrt{x^2+y^2+z^2}},Q=\frac{y}{\sqrt{x^2+y^2+z^2}},R=\frac{z}{\sqrt{x^2+y^2+z^2}},$$

则 $\mathrm{div}\boldsymbol{A}=\frac{\partial P}{\partial x}+\frac{\partial Q}{\partial y}+\frac{\partial R}{\partial z}=\frac{y^2+z^2}{(x^2+y^2+z^2)^{\frac{3}{2}}}+\frac{x^2+z^2}{(x^2+y^2+z^2)^{\frac{3}{2}}}+\frac{x^2+y^2}{(x^2+y^2+z^2)^{\frac{3}{2}}}$

$$=\frac{2}{\sqrt{x^2+y^2+z^2}}=\frac{2}{r}.$$

【方法点击】 求通量与散度关键是要清楚这二者的概念，可通过高斯公式的物理意义加以理解和记忆.

第七节　斯托克斯公式　*环流量与旋度

知识全解

一　本节知识结构图解

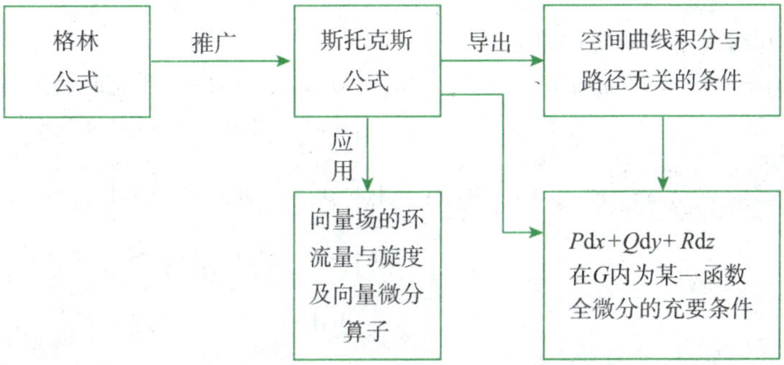

二　重点及常考点分析

1. 格林公式表达了平面闭区域上的二重积分与其边界曲线上的曲线积分间的关系，斯托克斯公式是格林公式的推广，表达了曲面Σ上的曲面积分与沿着Σ的边界曲线的曲线积分的联系，内容见教材.

斯托克斯公式的应用是本节的重点内容，以下几点需要注意：

(1) 为了便于记忆，利用行列式记号可以把斯托克斯公式写成

$$\iint_{\Sigma}\begin{vmatrix}\mathrm{d}y\mathrm{d}z & \mathrm{d}z\mathrm{d}x & \mathrm{d}x\mathrm{d}y\\ \dfrac{\partial}{\partial x} & \dfrac{\partial}{\partial y} & \dfrac{\partial}{\partial z}\\ P & Q & R\end{vmatrix}=\oint_{\Gamma}P\,\mathrm{d}x+Q\mathrm{d}y+R\mathrm{d}z.$$

(2) 利用斯托克斯公式可以把对坐标的空间曲线的积分转化为以此曲线为边界的空间曲面的曲面积分，然后(应将曲面封闭)再利用高斯公式可化为三重积分或直接化为二重积分计算，其关键是要根据给出的空间曲线适当地选择以此曲线为边界的曲面.

(3) 在斯托克斯公式中如果 $P(x,y,z)$,$Q(x,y,z)$,$R(x,y,z)$具有二阶连续偏导数时，那么公式的积分值与Σ的形状无关.

这也就是说，凡是斯托克斯公式化出的曲面积分均具有与形状无关的性质. 当然，其条件为 $P(x,y,z)$,$Q(x,y,z)$,$R(x,y,z)$应具有二阶连续偏导数. 因此在利用公式时可选取几何形状比较规则的曲面. 一般可选择空间平面的部分或球面，等等. 而且应使曲面的侧面和曲线的方向符合右手规则.

2. 利用斯托克斯公式可推得空间曲线积分与路径无关的条件.(见教材)

3. 环流量、旋度的物理意义及其概念与向量微分算子的概念及性质也是本节中的一个重

要考点.(见教材)

三 考研大纲要求解读

1. 会用斯托克斯公式计算曲线积分.
2. 了解旋度的概念,并会计算.

例题精解

基本题型1:斯托克斯公式的应用

例1 设L是柱面$x^2+y^2=1$与平面$z=x+y$的交线,从z轴正向往z轴负向看去为逆时针方向,则曲线积分$\oint_L xz\mathrm{d}x+x\mathrm{d}y+\frac{y^2}{2}\mathrm{d}z=$______.(考研题)

【思路探索】 利用斯托克斯公式即可.

解:令Σ为平面$z=x+y$在柱面$x^2+y^2=1$内的部分,取上侧,由斯托克斯公式得

$$\oint_L xz\mathrm{d}x+x\mathrm{d}y+\frac{y^2}{2}\mathrm{d}z=\iint_\Sigma\begin{vmatrix}\mathrm{d}y\mathrm{d}z & \mathrm{d}z\mathrm{d}x & \mathrm{d}x\mathrm{d}y\\ \frac{\partial}{\partial x} & \frac{\partial}{\partial y} & \frac{\partial}{\partial z}\\ xz & x & \frac{1}{2}y^2\end{vmatrix}$$

$$=\iint_\Sigma y\mathrm{d}y\mathrm{d}z+x\mathrm{d}z\mathrm{d}x+\mathrm{d}x\mathrm{d}y=\frac{1}{\sqrt{3}}\iint_\Sigma(-y-x+1)\mathrm{d}S$$

$$=\iint_{x^2+y^2\leqslant1}(-y-x+1)\mathrm{d}x\mathrm{d}y=\pi.$$

故应填π.

【方法点击】 利用斯托克斯公式很容易把所求的曲线积分转化为曲面积分,所以曲面积分的计算是关键,可以对曲面积分直接计算,也可利用两类曲面积分的关系进行转化,还可利用高斯公式化为三重积分,这要根据具体的题目进行选择.

基本题型2:求三元函数全微分的原函数

例2 证明:微分表达式

$$(yze^{xyz}+2x)\mathrm{d}x+(zxe^{xyz}+3y^2)\mathrm{d}y+(xye^{xyz}+4z^3)\mathrm{d}z$$

是全微分,并求其原函数.

解:令$P(x,y,z)=yze^{xyz}+2x,Q(x,y,z)=zxe^{xyz}+3y^2,R(x,y,z)=xye^{xyz}+4z^3$,则

$$\frac{\partial P}{\partial y}=ze^{xyz}+xyz^2e^{xyz}=\frac{\partial Q}{\partial x},\frac{\partial Q}{\partial z}=xe^{xyz}+x^2yze^{xyz}=\frac{\partial R}{\partial y},$$

$$\frac{\partial R}{\partial x}=ye^{xyz}+xy^2ze^{xyz}=\frac{\partial P}{\partial z},$$

所以$P\mathrm{d}x+Q\mathrm{d}y+R\mathrm{d}z$为全微分.其原函数为

$$U(x,y,z)=\int_0^x P(x,0,0)\mathrm{d}x+\int_0^y Q(x,y,0)\mathrm{d}y+\int_0^z R(x,y,z)\mathrm{d}z+C$$

$$=\int_0^x 2x\mathrm{d}x+\int_0^y 3y^2\mathrm{d}y+\int_0^z(xye^{xyz}+4z^3)\mathrm{d}z+C$$

$$=x^2+y^2+z^4+e^{xyz}+C\quad(C\text{为任意常数}).$$

基本题型 3:计算环流量与旋度

例 3 求向量场 $\boldsymbol{A}=(yz^2,xz^2,xyz)$ 的旋度.

解:$\mathrm{rot}\boldsymbol{A}=\begin{vmatrix} \boldsymbol{i} & \boldsymbol{j} & \boldsymbol{k} \\ \dfrac{\partial}{\partial x} & \dfrac{\partial}{\partial y} & \dfrac{\partial}{\partial z} \\ yz^2 & xz^2 & xyz \end{vmatrix}=(xz-2xz)\boldsymbol{i}+(2yz-yz)\boldsymbol{j}+(z^2-z^2)\boldsymbol{k}$

$=-xz\,\boldsymbol{i}+yz\,\boldsymbol{j}.$

本章小结

1. 关于曲线积分的小结.

(1) 在本章中学习了两种类型的曲线积分的概念、性质及计算方法以及它们之间的联系.需要注意的是:尽管这两种类型的曲线积分都是用参数化的方法转化为定积分加以计算,但是积分的上、下限的确定有差别.计算对弧长的曲线积分时,下限始终小于上限,而计算对坐标的曲线积分时,下限对应于始点参数,上限对应于终点参数.

(2) 对弧长的曲线积分(也称第一型曲线积分)的对称性与重积分的对称性相似,但对坐标的曲线积分的对称性却与之有较大的差别.

2. 关于格林公式的小结.

(1) 应用格林公式要注意三个条件:

① 曲线须是闭曲线;② 积分曲线的正向;③ 偏导数的连续性.

(2) 利用格林公式求曲线积分有以下几种方法:

① 直接用格林公式计算;

② L 非闭,用补边法,使 $L+L_1$ 闭合,再利用格林公式计算;

③ 当被积分在曲线所围区域中有奇点时,用“挖洞”法将奇点挖掉,再利用格林公式计算,这时小曲线的选择要便于其上的线积分的计算;

④ 利用积分与路径无关的条件可采用换路法选择简单路径计算曲线积分.

(3)计算对坐标的曲线积分(也称第二型曲线积分)的解题程序总结如下:

① 对于 $I=\int_L P\mathrm{d}x+Q\mathrm{d}y$.

a. 若$\dfrac{\partial P}{\partial y}\equiv\dfrac{\partial Q}{\partial x}$,则观察 L 是否封闭.

若 L 非封闭,则 $I=\int_{x_0}^{x}P(x,y_0)\mathrm{d}x+\int_{y_0}^{y}Q(x_0,y)\mathrm{d}y$;

若 L 闭合,则 $I=\oint_L P\mathrm{d}x+Q\mathrm{d}y=0$.

b. 若$\dfrac{\partial P}{\partial y}\neq\dfrac{\partial Q}{\partial x}$,也观察 L 是否封闭.

若 L 闭合,则 $I=\iint_D\left(\dfrac{\partial Q}{\partial x}-\dfrac{\partial P}{\partial y}\right)\mathrm{d}x\mathrm{d}y$(格林公式);

若 L 不闭合,但 $L+L_1$ 闭合,则 $I=\iint_D\left(\dfrac{\partial Q}{\partial x}-\dfrac{\partial P}{\partial y}\right)\mathrm{d}x\mathrm{d}y-\int_{L_1}P\mathrm{d}x+Q\mathrm{d}y$.

若 L 的参数方程为$\begin{cases}x=\varphi(t),\\ y=\psi(t),\end{cases}$则 $I=\int_\alpha^\beta\{P[\varphi(t),\psi(t)]\varphi'(t)+Q[\varphi(t),\psi(t)]\psi'(t)\}\mathrm{d}t$.

② 对于 $I=\int_L P\mathrm{d}x+Q\mathrm{d}y+R\mathrm{d}z$,若 L 的参数方程为 $\begin{cases}x=x(t),\\ y=y(t),\\ z=z(t),\end{cases}$

其中 α,β 分别为 L 的起点和终点的参数值,则

$$I=\int_\alpha^\beta\{P[x(t),y(t),z(t)]x'(t)+Q[x(t),y(t),z(t)]y'(t)+R[x(t),y(t),z(t)]z'(t)\}\mathrm{d}t.$$

若 L 闭合,且 P,Q,R 有连续一阶偏导数,则有斯托克斯公式

$$I=\iint_\Sigma\begin{vmatrix}\mathrm{d}y\mathrm{d}z & \mathrm{d}z\mathrm{d}x & \mathrm{d}x\mathrm{d}y\\ \dfrac{\partial}{\partial x} & \dfrac{\partial}{\partial y} & \dfrac{\partial}{\partial z}\\ P & Q & R\end{vmatrix}.$$

3. 关于曲面积分的小结.

(1) 在本章中学习了两类曲面积分的概念、性质及计算方法,它们的计算方法都是往坐标面投影,转化成二重积分计算.但要注意,在把坐标的曲面积分转化成二重积分时,要根据曲面的侧的不同选择,在二重积分前加正、负号.

(2) 利用两类曲面积分的转化,可以把对坐标的曲面积分转化为对面积的曲面积分计算,这也是常用的一种方法.

(3) 对面积的曲面积分(也称第一型曲面积分),对坐标的曲面积分(也称第二型曲面积分)的计算中,均可运用对称性简化计算,对面积的曲面积分与重积分具有相似的对称性,但对坐标的曲面积分的对称性与重积分的对称性有较大差别.

4. 关于高斯公式的小结.

(1) 利用高斯公式应满足的条件:

① Σ 为封闭曲面.

② Σ 的取向是闭曲面的外侧.

③ 偏导数的连续性.

(2) 利用高斯公式计算对坐标的曲面积分时常用以下几种方法:

① 直接利用.

② 若 Σ 不封闭,可加一个辅助曲面 Σ_1 使 $\Sigma+\Sigma_1$ 成为封闭曲面后,再用高斯公式计算.

③ 若被积表达式中的函数在封闭曲面围成的区域内有奇点,可用小曲面挖掉奇点,再利用高斯公式,注意小曲面的选取,要易于其上的曲面积分的计算,同时也要注意曲面侧的选取.

(3)计算曲面积分 $I=\iint_\Sigma P\mathrm{d}y\mathrm{d}z+Q\mathrm{d}y\mathrm{d}x+R\mathrm{d}x\mathrm{d}y$ 的解题程序如下:

① 若 $\dfrac{\partial P}{\partial x}+\dfrac{\partial Q}{\partial y}+\dfrac{\partial R}{\partial z}\equiv 0$,且 Σ 封闭,则由高斯公式可得 $I=0$.

② 若 $\dfrac{\partial P}{\partial x}+\dfrac{\partial Q}{\partial y}+\dfrac{\partial R}{\partial z}\neq 0$,则若 Σ 封闭,由高斯公式

$$I=\iiint_\Omega\left(\frac{\partial P}{\partial x}+\frac{\partial Q}{\partial y}+\frac{\partial R}{\partial z}\right)\mathrm{d}V;$$

若 Σ 不封闭,但 $\Sigma+\Sigma_1$ 封闭,则

$$I=\iiint_\Omega\left(\frac{\partial P}{\partial x}+\frac{\partial Q}{\partial y}+\frac{\partial R}{\partial z}\right)\mathrm{d}V-\iint_{\Sigma_1}(P\mathrm{d}y\mathrm{d}z+Q\mathrm{d}z\mathrm{d}x+R\mathrm{d}x\mathrm{d}y).$$

自测题

一、填空题

1. 设 Γ 为：$x=a\cos t, y=a\sin t, z=at, 0\leqslant t\leqslant 2\pi$，则 $I=\int_{\Gamma}\frac{z^2}{x^2+y^2}ds=$ ______.

2. 曲线积分 $\oint_L\frac{ds}{x^2+y^2+z^2}=$ ______，其中 $L:\begin{cases}x^2+y^2+z^2=8,\\ z=2.\end{cases}$

3. 设 L 为圆周 $x^2+y^2=a^2$ 按逆时针方向绕行，则 $\oint_L\frac{2xy-3y}{x^2+y^2}dx+\frac{x^2-5x}{x^2+y^2}dy=$ ______.

4. 设向量场 $\mathbf{A}=(yz^2+x^2, 2xz^2, xy^2)$，则 $\mathbf{rot}(\mathbf{A})=$ ______.

5. 设 Ω 是由锥面 $z=\sqrt{x^2+y^2}$ 与半球面 $z=\sqrt{R^2-x^2-y^2}$ 围成的空间区域，Σ 是 Ω 的整个边界的外侧，则 $\iint_{\Sigma}x\,dydz+y\,dzdx+z\,dxdy=$ ______.（考研题）

6. 设 L 为正向圆周 $x^2+y^2=2$ 在第一象限中的部分，则曲线积分 $\int_L x\,dy-2y\,dx$ 的值为______.（考研题）

二、选择题

1. 设 Γ 为球面 $x^2+y^2+z^2=a^2$ 与平面 $x+y+z=0$ 的交线，则 $\oint_{\Gamma}(x-2y)ds=$（　　）.

(A) 0　　(B) $\frac{\pi}{3}a^2$　　(C) $\frac{1}{3}$　　(D) πa^2

2. 已知 $\frac{(x+ay)dx+ydy}{(x+y)^2}$ 为某函数的全微分，则 $a=$（　　）.

(A) -1　　(B) 0　　(C) 2　　(D) 4

3. 已知 Σ 为锥面 $z=\sqrt{x^2+y^2}$ 在柱体 $x^2+y^2\leqslant 2x$ 内的部分，则曲面积分 $\iint_{\Sigma}z\,dS=$（　　）.

(A) $\frac{\sqrt{2}}{4}$　　(B) $\frac{32}{9}\sqrt{2}$　　(C) 2　　(D) 0

4. 设 $u=\sqrt{x^2+y^2+z^2}$，则 $\mathrm{div}(\mathbf{grad}\,u)|_{(1,0,1)}=$（　　）.

(A) $-\sqrt{2}$　　(B) $\sqrt{2}$　　(C) 0　　(D) 1

5. 设 Σ 为球面 $x^2+y^2+z^2=a^2$ 的外侧，则 $I=\oiint_{\Sigma}z\,dxdy=$（　　）.

(A) a^3　　(B) 0　　(C) $\frac{4}{3}\pi a^3$　　(D) $\frac{8}{3}\pi a^3$

三、解答题

1. 计算 $I=\iint_{\Sigma}\frac{ax\,dydz+(z+a)^2dxdy}{(x^2+y^2+z^2)^{\frac{1}{2}}}$，其中 Σ 为下半球面 $z=-\sqrt{a^2-x^2-y^2}$ 的上侧，a 为大于零的常数.

2. 计算曲线积分 $\oint_C(z-y)dx+(x-z)dy+(x-y)dz$，其中 C 是曲线 $\begin{cases}x^2+y^2=1,\\ x-y+z=2,\end{cases}$ 从 z 轴正向往 z 轴负向看 C 的方向是顺时针的.

3. 设曲线积分 $\int_{\Gamma}xy^2dx+y\varphi(x)dy$ 与路径无关，其中 $\varphi(x)$ 连续可导，且 $\varphi(0)=0$，求

$$\int_{(0,0)}^{(1,1)} xy^2\mathrm{d}x + y\varphi(x)\mathrm{d}y.$$

4. 设 S 是由曲线 $\begin{cases} z=\sqrt{y-1}, \\ x=0, \end{cases}$ $(1\leqslant y\leqslant 3)$ 绕 y 轴旋转一周而成的曲面，其法向量与 y 轴正向的夹角恒大于 $\frac{\pi}{2}$，求

$$I=\iint_S x(8y+1)\mathrm{d}y\mathrm{d}z + 2(1-y^2)\mathrm{d}z\mathrm{d}x - 4yz\,\mathrm{d}x\mathrm{d}y.$$

5. 设函数 $\varphi(y)$ 具有连续导数，在围绕原点的任意分段光滑简单闭曲线 L 上，曲线积分 $\oint_L \frac{\varphi(y)\mathrm{d}x+2xy\mathrm{d}y}{2x^2+y^4}$ 的值恒为同一常数.

(1) 证明：对右半平面 $x>0$ 内的任意分段光滑简单闭曲线 C，有

$$\oint_C \frac{\varphi(y)\mathrm{d}x+2xy\mathrm{d}y}{2x^2+y^4}=0;$$

(2) 求函数 $\varphi(y)$ 的表达式.（考研题）

6. 计算曲面积分

$$I=\iint_\Sigma 2x^3\mathrm{d}y\mathrm{d}z + 2y^3\mathrm{d}z\mathrm{d}x + 3(z^2-1)\mathrm{d}x\mathrm{d}y,$$

其中 Σ 是曲面 $z=1-x^2-y^2(z\geqslant 0)$ 的上侧.（考研题）

自测题答案

一、填空题

1. $\frac{8\sqrt{2}}{3}a\pi^3$　**2.** $\frac{1}{2}\pi$　**3.** -2π　**4.** $(2xy-4xz)\boldsymbol{i}+(2yz-y^2)\boldsymbol{j}+z^2\boldsymbol{k}$　**5.** $2\pi\left(1-\frac{\sqrt{2}}{2}\right)R^3$

6. $\frac{3}{2}\pi$

1. 解： $I=\int_0^{2\pi}\frac{a^2t^2}{a^2}\sqrt{2}a\mathrm{d}t=\sqrt{2}a\int_0^{2\pi}t^2\mathrm{d}t=\frac{8\sqrt{2}}{3}a\pi^3$.

2. 解： $\oint_L\frac{\mathrm{d}s}{x^2+y^2+z^2}=\frac{1}{8}\oint_L\mathrm{d}s=\frac{1}{8}\times 2\pi\times 2=\frac{1}{2}\pi$.

3. 解：

$$\begin{aligned}\oint_L\frac{(2xy-3y)\mathrm{d}x+(x^2-5x)\mathrm{d}y}{x^2+y^2}&=\frac{1}{a^2}\oint_L(2xy-3y)\mathrm{d}x+(x^2-5x)\mathrm{d}y\\&=\frac{1}{a^2}\iint\limits_{x^2+y^2\leqslant a^2}[(2x-5)-(2x-3)]\mathrm{d}x\mathrm{d}y\\&=-\frac{2}{a^2}\iint\limits_{x^2+y^2\leqslant a^2}\mathrm{d}x\mathrm{d}y=-2\pi.\end{aligned}$$

4. 解： $\mathrm{rot}\,\boldsymbol{A}=(2xy-4xz)\boldsymbol{i}-(y^2-2yz)\boldsymbol{j}+(2z^2-z^2)\boldsymbol{k}=(2xy-4xz)\boldsymbol{i}+(2yz-y^2)\boldsymbol{j}+z^2\boldsymbol{k}$.

5.【思路探索】 本题 Σ 是封闭曲面且取外侧，自然想到用高斯公式转化为三重积分，再用球面(或柱面)坐标进行计算即可.

解： $\iint_\Sigma x\mathrm{d}y\mathrm{d}z+y\mathrm{d}z\mathrm{d}x+z\mathrm{d}x\mathrm{d}y=\iiint_\Omega 3\mathrm{d}x\mathrm{d}y\mathrm{d}z=3\int_0^R\rho^2\mathrm{d}\rho\int_0^{\frac{\pi}{4}}\sin\varphi\mathrm{d}\varphi\int_0^{2\pi}\mathrm{d}\theta=2\pi\left(1-\frac{\sqrt{2}}{2}\right)R^3$.

6. 解： 正向圆周 $x^2+y^2=2$ 在第一象限中的部分可表示为

$$\begin{cases} x=\sqrt{2}\cos\theta, \\ y=\sqrt{2}\sin\theta \end{cases} \left(0<\theta<\frac{\pi}{2}\right).$$

于是 $\int_L x\mathrm{d}y-2y\mathrm{d}x=\int_0^{\frac{\pi}{2}}[\sqrt{2}\cos\theta\cdot\sqrt{2}\cos\theta+2\sqrt{2}\sin\theta\cdot\sqrt{2}\sin\theta]\mathrm{d}\theta$

$$=\pi+\int_0^{\frac{\pi}{2}}2\sin^2\theta\mathrm{d}\theta=\frac{3\pi}{2}.$$

【方法点击】 本题也可添加直线段,使之成为封闭曲线,然后用格林公式计算,而在添加的线段上用参数法化为定积分计算即可.

二、选择题

1. (A)　**2.** (C)　**3.** (B)　**4.** (B)　**5.** (C)

1. 解: 由于 Γ 关于原点对称,$f(x,y,z)=x$ 关于 x,y,z 是奇函数,即 $f(-x,-y,-z)=-f(x,y,z)$,所以 $\int_\Gamma x\mathrm{d}s=0$,同理 $\int_\Gamma y\mathrm{d}s=0$. 因此 $\oint_\Gamma(x-2y)\mathrm{d}s=0$. 故应选(A).

2. 解: 因为 $\frac{\partial}{\partial y}\left[\frac{x+ay}{(x+y)^2}\right]=\frac{(a-2)x-ay}{(x+y)^3}$,$\frac{\partial}{\partial x}\left[\frac{y}{(x+y)^2}\right]=\frac{-2y}{(x+y)^3}$,

所以 $\frac{(a-2)x-ay}{(x+y)^3}=\frac{-2y}{(x+y)^3}$,即 $a=2$. 故应选(C).

3. 解: $\mathrm{d}S=\sqrt{1+\left(\frac{x}{\sqrt{x^2+y^2}}\right)^2+\left(\frac{y}{\sqrt{x^2+y^2}}\right)^2}\mathrm{d}x\mathrm{d}y=\sqrt{2}\mathrm{d}x\mathrm{d}y$,

曲面 Σ 在 xOy 面上的投影区域为 $D:x^2+y^2\leqslant 2\pi$,则

$$\iint_\Sigma z\mathrm{d}S=\sqrt{2}\iint_D\sqrt{x^2+y^2}\mathrm{d}x\mathrm{d}y=\sqrt{2}\int_{-\frac{\pi}{2}}^{\frac{\pi}{2}}\mathrm{d}\theta\int_0^{2\cos\theta}r^2\mathrm{d}r$$

$$=\frac{16\sqrt{2}}{3}\int_0^{\frac{\pi}{2}}\cos^3\theta\mathrm{d}\theta=\frac{32}{9}\sqrt{2}.$$

故应选(B).

4. 解: $\mathbf{grad}\ u=\left(\frac{x}{\sqrt{x^2+y^2+z^2}},\frac{y}{\sqrt{x^2+y^2+z^2}},\frac{z}{\sqrt{x^2+y^2+z^2}}\right)$,

$$\mathrm{div}(\mathbf{grad}\ u)=\frac{\partial}{\partial x}\left(\frac{x}{\sqrt{x^2+y^2+z^2}}\right)+\frac{\partial}{\partial y}\left(\frac{y}{\sqrt{x^2+y^2+z^2}}\right)+\frac{\partial}{\partial z}\left(\frac{z}{\sqrt{x^2+y^2+z^2}}\right)$$

$$=\frac{2}{\sqrt{x^2+y^2+z^2}},$$

因此,$\mathrm{div}(\mathbf{grad}\ u)\big|_{(1,0,1)}=\frac{2}{\sqrt{1+0+1}}=\sqrt{2}$. 故应选(B).

5. 解: Ω 为球体 $x^2+y^2+z^2\leqslant a^2$,由高斯公式得 $I=\oiint_\Sigma z\mathrm{d}x\mathrm{d}y=\iiint_\Omega\mathrm{d}x\mathrm{d}y\mathrm{d}z=\frac{4}{3}\pi a^3$. 故应选(C).

三、解答题

1.【思路探索】 利用两类曲面积分的联系,可以把 $\iint_\Sigma P\mathrm{d}y\mathrm{d}z+Q\mathrm{d}z\mathrm{d}x+R\mathrm{d}x\mathrm{d}y$ 统一成一种形式进行计算,且 $\iint_\Sigma P\mathrm{d}y\mathrm{d}z+Q\mathrm{d}z\mathrm{d}x+R\mathrm{d}x\mathrm{d}y=\iint_\Sigma(-z_xP-z_yQ+R)\mathrm{d}x\mathrm{d}y$,其中 $\Sigma:z=z(x,y)$.

第十一章

解:$I=\iint\limits_{\Sigma}\dfrac{ax\mathrm{d}y\mathrm{d}z+(z+a)^2\mathrm{d}x\mathrm{d}y}{(x^2+y^2+z^2)^{\frac{1}{2}}}=\dfrac{1}{a}\iint\limits_{\Sigma}ax\mathrm{d}y\mathrm{d}z+(z+a)^2\mathrm{d}x\mathrm{d}y$,

Σ 表示为 $z=-\sqrt{a^2-x^2-y^2}$,$\dfrac{\partial z}{\partial x}=\dfrac{x}{\sqrt{a^2-x^2-y^2}}$. 故

$$\begin{aligned}I&=\frac{1}{a}\iint\limits_{\Sigma}[ax\cdot(-z_x)+(z+a)^2]\mathrm{d}x\mathrm{d}y\\&=\frac{1}{a}\iint\limits_{D_{xy}}\left[-\frac{ax^2}{\sqrt{a^2-x^2-y^2}}+(a-\sqrt{a^2-x^2-y^2})^2\right]\mathrm{d}x\mathrm{d}y\\&=\frac{1}{a}\int_0^{2\pi}\mathrm{d}\theta\int_0^a\left[-\frac{ar^2\cos^2\theta}{\sqrt{a^2-r^2}}+(a-\sqrt{a^2-r^2})^2\right]r\mathrm{d}r\\&=-\int_0^{2\pi}\cos^2\theta\mathrm{d}\theta\int_0^a\frac{r^3}{\sqrt{a^2-r^2}}\mathrm{d}r+\frac{1}{a}\int_0^{2\pi}\mathrm{d}\theta\int_0^a(2a^2-2a\sqrt{a^2-r^2}-r^2)r\mathrm{d}r.\end{aligned}$$

对 $\int_0^a\dfrac{r^3}{\sqrt{a^2-r^2}}\mathrm{d}r$ 作变换 $r=a\sin t$,从而

$$\begin{aligned}I&=-\pi a^3\int_0^{2\pi}\sin^3t\mathrm{d}t+\frac{2\pi}{a}\left[a^2r^2+a\frac{2}{3}(a^2-r^2)^{\frac{3}{2}}-\frac{1}{4}r^4\right]\Bigg|_0^a\\&=-\frac{2}{3}\pi a^3+\frac{1}{6}\pi a^3=-\frac{1}{2}\pi a^3.\end{aligned}$$

【方法点击】 本题所利用的结果 $\iint\limits_{\Sigma}P\mathrm{d}y\mathrm{d}z+Q\mathrm{d}z\mathrm{d}x+R\mathrm{d}x\mathrm{d}y=\iint\limits_{\Sigma}(-z_xP-z_yQ+R)\mathrm{d}x\mathrm{d}y$,读者可以直接记住,也可以通过两类积分的联系进行推导.

本题也可采用补充曲面使积分曲面封闭,再利用高斯公式的方法.

2.【思路探索】 空间曲线 C 用参数方程进行计算较为简单,令 $x=\cos\theta,y=\sin\theta$,则 $z=2-\cos\theta+\sin\theta$. 且由题设知其起点、终点所对应的 θ 值分别为 2π 和 0,然后再把求积分转化为定积分.

解:C 的参数方程为$\begin{cases}x=\cos\theta,\\y=\sin\theta,\\z=2-\cos\theta+\sin\theta,\end{cases}$ $0\leqslant\theta\leqslant2\pi$. 所以

$$\begin{aligned}&\oint_C(z-y)\mathrm{d}x+(x-z)\mathrm{d}y+(x-y)\mathrm{d}z\\&=\int_{2\pi}^0[-(2-\cos\theta+\sin\theta-\sin\theta)\sin\theta+(\cos\theta-2+\cos\theta-\sin\theta)\cos\theta+\\&\quad(\cos\theta-\sin\theta)(\sin\theta+\cos\theta)]\mathrm{d}\theta\\&=-\int_{2\pi}^0[2(\sin\theta+\cos\theta)-2\cos2\theta-1]\mathrm{d}\theta=-2\pi.\end{aligned}$$

3. 解:$P=xy^2,Q=y\varphi(x)$. 由 $\dfrac{\partial P}{\partial y}=\dfrac{\partial Q}{\partial x}$ 得:$y\varphi'(x)=2xy$,即 $\varphi'(x)=2x$. 故

$$\varphi(x)=\int2x\mathrm{d}x=x^2+C.$$

又因为 $\varphi(0)=0$,所以 $C=0,\varphi(x)=x^2$. 则

$$\int_{(0,0)}^{(1,1)}xy^2\mathrm{d}x+y\varphi(x)\mathrm{d}y=\int_{(0,0)}^{(1,1)}xy^2\mathrm{d}x+x^2y\mathrm{d}y=\frac{1}{2}x^2y^2\Bigg|_{(0,0)}^{(1,1)}=\frac{1}{2}.$$

4. 解:旋转曲面为 $y=1+x^2+z^2(1\leqslant y\leqslant3)$,取右侧添辅助平面 $S_1=y=3$,S_1 与 S 围成区域 Ω,则

$$\begin{aligned}&\oiint_{S+S_1} x(8y+1)\mathrm{d}y\mathrm{d}z+2(1-y^2)\mathrm{d}z\mathrm{d}x-4yz\mathrm{d}x\mathrm{d}y\\ &=\iiint_{\Omega}(8y+1-4y-4y)\mathrm{d}x\mathrm{d}y\mathrm{d}z=\iiint_{\Omega}\mathrm{d}x\mathrm{d}y\mathrm{d}z\\ &=\int_1^3\mathrm{d}y\iint_{x^2+z^2\leqslant y-1}\mathrm{d}z\mathrm{d}x\ \ (\text{截面法})=\int_1^3\pi(y-1)\mathrm{d}y=2\pi,\end{aligned}$$

而 $\iint_{S_1} x(8y+1)\mathrm{d}y\mathrm{d}z+2(1-y^2)\mathrm{d}z\mathrm{d}x-4yz\mathrm{d}x\mathrm{d}y=\iint_{S_1}2(1-y^2)\mathrm{d}z\mathrm{d}x$

$$=\iint_{x^2+z^2\leqslant 2}(-16)\mathrm{d}z\mathrm{d}x=-32\pi,$$

所以，原式$=2\pi+32\pi=34\pi$.

5. **【思路探索】** 证明(1)的关键是如何将封闭曲线 C 与围绕原点的任意分段光滑简单闭曲线相联系，这可利用曲线积分的可加性将 C 进行分解讨论；而(2)中求 $\varphi(y)$ 的表达式，显然应用积分与路径无关即可.

解：(1) 如图 11-4 所示，将 C 分解为：$C=l_1+l_2$，另作一条曲线 l_3 围绕原点且与 C 相接，则

$$\oint_C\frac{\varphi(y)\mathrm{d}x+2xy\mathrm{d}y}{2x^2+y^4}=\oint_{l_1+l_3}\frac{\varphi(y)\mathrm{d}x+2xy\mathrm{d}y}{2x^2+y^4}-\oint_{l_2^-+l_3}\frac{\varphi(y)\mathrm{d}x+2xy\mathrm{d}y}{2x^2+y^4}=0.$$

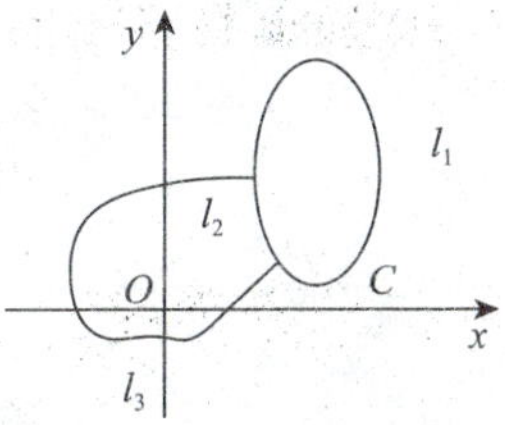

图 11-4

(2) 设 $P=\dfrac{\varphi(y)}{2x^2+y^4}$，$Q=\dfrac{2xy}{2x^2+y^4}$，$P,Q$ 在单连通区域 $x>0$ 内具有一阶连续偏导数，由(1)知，曲线积分 $\int_L\dfrac{\varphi(y)\mathrm{d}x+2xy\mathrm{d}y}{2x^2+y^4}$ 在该区域内与路径无关，故当 $x>0$ 时，总有$\dfrac{\partial Q}{\partial x}=\dfrac{\partial P}{\partial y}$. 且

$$\frac{\partial Q}{\partial x}=\frac{2y(2x^2+y^4)-4x\cdot 2xy}{(2x^2+y^4)^2}=\frac{-4x^2y+2y^5}{(2x^2+y^4)^2},\qquad ①$$

$$\frac{\partial P}{\partial y}=\frac{\varphi'(y)(2x^2+y^4)-4\varphi(y)y^3}{(2x^2+y^4)^2}=\frac{2x^2\varphi'(y)+\varphi'(y)y^4-4\varphi(y)y^3}{(2x^2+y^4)^2}.\qquad ②$$

比较①②两式的右端，得

$$\begin{cases}\varphi'(y)=-2y, & ③\\ \varphi'(y)y^4-4\varphi(y)y^3=2y^5. & ④\end{cases}$$

由③得 $\varphi(y)=-y^2+C$，将 $\varphi(y)$ 代入④得 $2y^5-4Cy^2=2y^5$，所以 $C=0$，从而 $\varphi(y)=-y^2$.

【方法点击】 本题难度较大，关键是如何将待求解的问题转化为可利用已知条件的情形.

6. **【思路探索】** 先添加一曲面使之与原曲面围成一封闭曲面，应用高斯公式求解，而在添加的曲面上应用直接投影法求解即可.

解：取 Σ_1 为 xOy 平面上被圆 $x^2+y^2=1$ 所围成部分的下侧，记 Ω 为由 Σ 与 Σ_1 围成的空间区域，则

$$I=\iint_{\Sigma+\Sigma_1}2x^3\mathrm{d}y\mathrm{d}z+2y^3\mathrm{d}z\mathrm{d}x+3(z^2-1)\mathrm{d}x\mathrm{d}y-\iint_{\Sigma_1}2x^3\mathrm{d}y\mathrm{d}z+2y^3\mathrm{d}z\mathrm{d}x+3(z^2-1)\mathrm{d}x\mathrm{d}y.$$

由高斯公式知

$$\begin{aligned}&\iint\limits_{\Sigma+\Sigma_1} 2x^3\mathrm{d}y\mathrm{d}z+2y^3\mathrm{d}z\mathrm{d}x+3(z^2-1)\mathrm{d}x\mathrm{d}y\\&=\iiint\limits_{\Omega}6(x^2+y^2+z)\mathrm{d}x\mathrm{d}y\mathrm{d}z=6\int_0^{2\pi}\mathrm{d}\theta\int_0^1\mathrm{d}r\int_0^{1-r^2}(z+r^2)r\mathrm{d}z\\&=12\pi\int_0^1\left[\frac{1}{2}r(1-r^2)^2+r^3(1-r^2)\right]\mathrm{d}r=2\pi,\end{aligned}$$

而 $\iint\limits_{\Sigma_1}2x^3\mathrm{d}y\mathrm{d}z+2y^3\mathrm{d}z\mathrm{d}x+3(z^2-1)\mathrm{d}x\mathrm{d}y=-\iint\limits_{x^2+y^2\leqslant 1}-3\mathrm{d}x\mathrm{d}y=3\pi$,

故 $I=2\pi-3\pi=-\pi$.

【方法点击】 本题选择 Σ_1 时应注意其侧与 Σ 围成封闭曲面后同为外侧(或内侧),再就是在 Σ_1 上直接投影积分时,应注意符号(Σ_1 取下侧,与 z 轴正向相反,所以取负号).

第十二章　无穷级数

本章内容概览

无穷级数是高等数学的重要组成部分，在研究函数的性质、求解微分方程以及数值计算等方面都有着重要应用.

本章知识图解

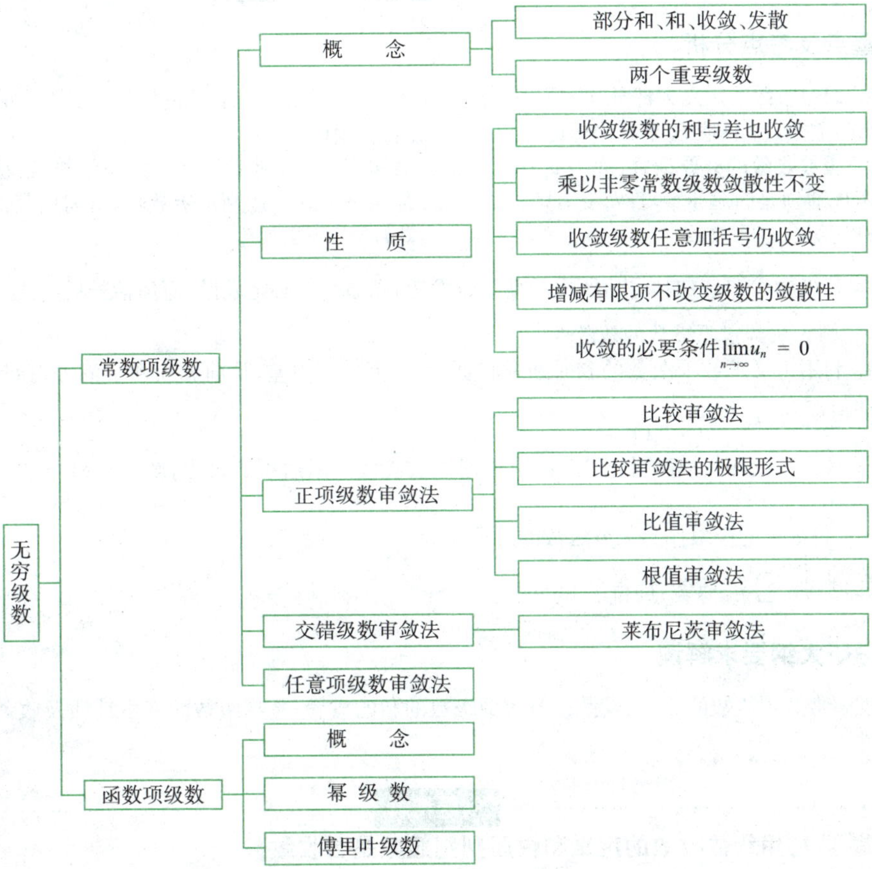

第一节　常数项级数的概念和性质

知识全解

一 本节知识结构图解

常数项级数
- 定义及收敛定义
- 收敛级数的基本性质
- 级数收敛的条件

二 重点及考点分析

1. 级数收敛的定义为部分和数列 S_n 有极限，故级数的敛散性与数列的极限有密切的联系.判定级数敛散性只需证明 S_n 有极限即可，并不需要求出其极限 S.

2. 级数收敛的必要条件：通项 $u_n \to 0$. 其逆否命题很重要，判别一个级数收敛与否，往往第一步考虑通项是否趋于 0，若 $u_n \not\to 0$，则级数发散；若 $u_n \to 0$，并不能判定级数收敛，需用其他判别法来判定级数是否收敛.

3. 若级数 $\sum\limits_{n=1}^{\infty} u_n$ 加括号后所成的新级数发散，则原级数必定发散，而加括号后所成的新级数收敛，则无法判定原级数的敛散性.

4. 利用定义求数项级数的和时通常将通项 u_n 拆成两项差，从前 n 项和中消去中间各项，仅剩首尾项，如 $u_n = \dfrac{1}{n(n+1)}$.

5. 级数收敛，则一般项趋于零，故可根据级数收敛判断通项的极限，解这种极限的一般步骤是：

(1) 将欲求的极限作为无穷级数的通项 u_n；

(2)判别 $\sum\limits_{n=1}^{\infty} u_n$ 收敛，即得出 $\lim\limits_{n\to\infty} u_n = 0$.

三 考研大纲要求解读

理解常数项级数的收敛、发散以及收敛级数的和的概念. 掌握级数的基本性质及收敛的必要条件.

例题精解

基本题型 1：用级数收敛的定义和性质判别级数是否收敛

例 1 设有下列命题：

(1)若 $\sum\limits_{n=1}^{\infty} (u_{2n-1} + u_{2n})$ 收敛，则 $\sum\limits_{n=1}^{\infty} u_n$ 收敛；

(2)若 $\sum\limits_{n=1}^{\infty} u_n$ 收敛，则 $\sum\limits_{n=1}^{\infty} u_{n+1000}$ 收敛；

(3)若 $\lim\limits_{n\to\infty} \dfrac{u_{n+1}}{u_n} > 1$，则 $\sum\limits_{n=1}^{\infty} u_n$ 发散；

(4)若 $\sum_{n=1}^{\infty}(u_n+v_n)$ 收敛,则 $\sum_{n=1}^{\infty}u_n$, $\sum_{n=1}^{\infty}v_n$ 都收敛.

则以上命题中正确的是(　　).(考研题)

(A)(1)(2)　　　　(B)(2)(3)

(C)(3)(4)　　　　(D)(1)(4)

【思路探索】 通过举反例并利用级数的性质即可得结论.

解:(1)是错误的,如令 $u_n=(-1)^n$,则 $\sum_{n=1}^{\infty}u_n$ 发散,而 $\sum_{n=1}^{\infty}(u_{2n-1}+u_{2n})$ 收敛.

(2)是正确的,因为改变、增加或减少级数的有限项,不改变级数的收敛性.

(3)是正确的,因为由 $\lim\limits_{n\to\infty}\frac{u_{n+1}}{u_n}>1$,由比值判别法知 $\sum_{n=1}^{\infty}u_n$ 发散.

(4)是错误的,如令 $u_n=\frac{1}{n}$, $v_n=-\frac{1}{n}$,则 $\sum_{n=1}^{\infty}(u_n+v_n)$ 收敛,但 $\sum_{n=1}^{\infty}u_n$ 与 $\sum_{n=1}^{\infty}v_n$ 都发散. 故应选(B).

基本题型 2:求级数的和

例 2 求级数的和:

$$\frac{1}{2}+\frac{1}{3}+\frac{1}{2^2}+\frac{1}{3^2}+\cdots+\frac{1}{2^n}+\frac{1}{3^n}+\cdots.$$

【思路探索】 若按常规思路求 S_n,会涉及 n 为偶数与奇数的讨论,由于注意到奇数项的特点与偶数项的特点,我们不妨先求出 S_{2n},进而求出 S_{2n-1},当且仅当 S_{2n} 与 S_{2n-1} 的极限均存在且相等时,S_n 的极限才存在,级数和 S 可求.

解:前 $2n$ 项与前 $2n-1$ 项之和分别为

$$\begin{aligned}S_{2n}&=\frac{1}{2}+\frac{1}{3}+\frac{1}{2^2}+\frac{1}{3^2}+\cdots+\frac{1}{2^n}+\frac{1}{3^n}\\&=\left(\frac{1}{2}+\frac{1}{2^2}+\cdots+\frac{1}{2^n}\right)+\left(\frac{1}{3}+\frac{1}{3^2}+\cdots+\frac{1}{3^n}\right)\\&=\frac{\frac{1}{2}\left(1-\frac{1}{2^n}\right)}{1-\frac{1}{2}}+\frac{\frac{1}{3}\left(1-\frac{1}{3^n}\right)}{1-\frac{1}{3}}=1-\frac{1}{2^n}+\frac{1}{2}-\frac{1}{2\times3^n},\end{aligned}$$

$$S_{2n-1}=S_{2n}-\frac{1}{3^n}=\frac{3}{2}-\frac{1}{2^n}-\frac{1}{2\times3^n}-\frac{1}{3^n},$$

由于 $\lim\limits_{n\to\infty}S_{2n}=\frac{3}{2}$, $\lim\limits_{n\to\infty}S_{2n-1}=\frac{3}{2}$,故 $\lim\limits_{n\to\infty}S_n=\frac{3}{2}$. 于是 $S=\lim\limits_{n\to\infty}S_n=\frac{3}{2}$.

【方法点击】 当求 S_n 有困难时,要采取灵活的策略,最终求出 S_n 的极限即可.

基本题型 3:用柯西准则判别级数敛散性

例 3 利用柯西收敛准则判别级数 $\sum_{n=1}^{\infty}\frac{(-1)^{n+1}}{n}$ 的收敛性.

【思路探索】 由于通项中 $(-1)^{n+1}$ 的符号随奇偶项而变化,故需进行奇偶讨论.

解:当 p 为偶数时,

$$\begin{aligned}&|u_{n+1}+u_{n+2}+\cdots+u_{n+p}|\\=&\left|\frac{(-1)^{n+2}}{n+1}+\frac{(-1)^{n+3}}{n+2}+\cdots+\frac{(-1)^{n+p+1}}{n+p}\right|\end{aligned}$$

$$=\left|\frac{1}{n+1}-\frac{1}{n+2}+\frac{1}{n+3}-\cdots-\frac{1}{n+p}\right|$$

$$=\left|\frac{1}{n+1}-\left(\frac{1}{n+2}-\frac{1}{n+3}\right)-\cdots-\left(\frac{1}{n+p-2}-\frac{1}{n+p-1}\right)-\frac{1}{n+p}\right|<\frac{1}{n+1};$$

当 p 为奇数时,

注意放缩不等式的技巧!

$$|u_{n+1}+u_{n+2}+u_{n+3}+\cdots+u_{n+p}|$$

$$=\left|\frac{(-1)^{n+2}}{n+1}+\frac{(-1)^{n+3}}{n+2}+\frac{(-1)^{n+4}}{n+3}+\cdots+\frac{(-1)^{n+p+1}}{n+p}\right|$$

$$=\left|\frac{1}{n+1}-\frac{1}{n+2}+\frac{1}{n+3}-\cdots+\frac{1}{n+p}\right|$$

$$=\left|\frac{1}{n+1}-\left(\frac{1}{n+2}-\frac{1}{n+3}\right)-\cdots-\left(\frac{1}{n+p-1}-\frac{1}{n+p}\right)\right|<\frac{1}{n+1},$$

因而对于任一自然数 p,都有

$$|u_{n+1}+u_{n+2}+\cdots+u_{n+p}|<\frac{1}{n+1}<\frac{1}{n}.$$

对于任意给定的正数 ε,取 $N\geqslant\left[\frac{1}{\varepsilon}\right]+1$,则当 $n>N$ 时,对任何自然数 p,都有

$$|u_{n+1}+u_{n+2}+\cdots+u_{n+p}|<\varepsilon$$

成立,故由柯西收敛原理,级数 $\sum\limits_{n=1}^{\infty}\frac{(-1)^{n+1}}{n}$ 收敛.

【方法点击】 分情况讨论,使两种情况下均有统一的不等式成立,然后找到一个合适的 N,利用柯西准则证明级数收敛.

第二节 常数项级数的审敛法

知识全解

一 本节知识结构图解

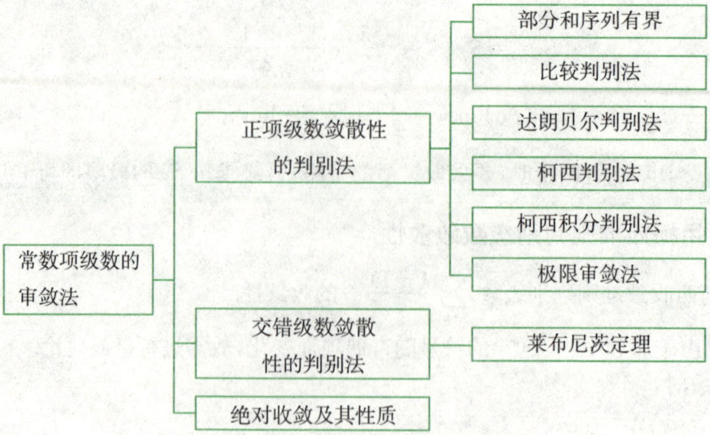

二 重点及常考点分析

1. 判定正项级数 $\sum\limits_{n=1}^{\infty} u_n$ 敛散性的一般步骤是：首先研究 $u_n \overset{?}{\to} 0$，$u_n \not\to 0$，则级数发散，若 $u_n \to 0$，则用比值法或根值法来判别敛散性，如果仍然无法判定，则用比较法（包括极限法）或定义求 $\lim\limits_{n\to\infty} S_n$. 因此，在各种判别法中，较难掌握的是比较判别法和极限审敛法.

2. 判定交错级数敛散性的一般步骤是：先判定 $u_n \overset{?}{\to} 0$，$u_n \not\to 0$，则发散；若 $u_n \to 0$，则判别 $\sum\limits_{n=1}^{\infty} |u_n|$ 是否收敛？若收敛，则原级数绝对收敛；若发散，利用莱布尼茨判别法判定级数 $\sum\limits_{n=1}^{\infty} u_n$ 是否条件收敛，或用定义求 $\lim\limits_{n\to\infty} S_n$. 但若是用正项级数的比（根）值法来判出 $\sum\limits_{n=1}^{\infty} |u_n|$ 发散，则可断定原级数 $\sum\limits_{n=1}^{\infty} u_n$ 也发散，不会条件收敛了.

三 考研大纲要求解读

掌握几何级数与 p 级数的收敛与发散的条件. 掌握正项级数收敛性的比较判别法和比值判别法，会用根值判别法. 掌握交错级数的莱布尼茨判别法. 了解任意项级数绝对收敛与条件收敛的概念，以及绝对收敛与条件收敛的关系.

例题精解

基本题型 1：判别正项级数的敛散性

例 1 判别下列级数的敛散性.

(1) $\sum\limits_{n=1}^{\infty} \dfrac{(n!)^2}{2^{n^2}}$；　(2) $\sum\limits_{n=1}^{\infty} \dfrac{1}{(an^2+bn+c)^\alpha}$ $(a>0,b>0)$；　(3) $\sum\limits_{n=1}^{\infty} 2^n \sin\dfrac{\pi}{3^n}$；

(4) $\sum\limits_{n=3}^{\infty} \dfrac{1}{n(\ln n)^p}$；　(5) $\sum\limits_{n=1}^{\infty} \dfrac{2+(-1)^n}{4^n}$；　(6) $\sum\limits_{n=1}^{\infty} \dfrac{1}{n\sqrt[n]{n}}$.

解：(1)**【思路探索】** 首先判别一般项 $u_n = \dfrac{(n!)^2}{2^{n^2}} > 0 (n\to\infty)$，由 u_n 的形式可试着采用比值法.

$$\lim_{n\to+\infty} \frac{a_{n+1}}{a_n} = \lim_{n\to+\infty} \frac{[(n+1)!]^2}{2^{(n+1)^2}} \cdot \frac{2^{n^2}}{(n!)^2}$$

$$= \lim_{n\to+\infty} \frac{(n+1)^2}{2^{2n+1}} = \lim_{n\to+\infty} \frac{1}{2^n} \cdot \lim_{n\to+\infty} \frac{(n+1)^2}{2^{n+1}} = 0 < 1,$$

（$a>1$, $m>0$时，$\lim\limits_{x\to+\infty} \dfrac{x^m}{a^x} = 0$）

故由达朗贝尔判别法知，级数 $\sum\limits_{n=1}^{\infty} \dfrac{(n!)^2}{2^{n^2}}$ 收敛.

(2)**【思路探索】** $u_n = \dfrac{1}{(an^2+bn+c)^\alpha} (a>0,b>0)$，由于 α 的符号未知，u_n 不一定趋于零，当 $\alpha>0$ 时，$u_n \to 0$；$\alpha \leqslant 0$ 时，$u_n \not\to 0$，于是 $\sum\limits_{n=1}^{\infty} u_n$ 的敛散性与 α 有关，需讨论 α. 且 $\dfrac{1}{(an^2+bn+c)^\alpha} \sim \dfrac{1}{a^\alpha n^{2\alpha}} (n\to+\infty)$，而 $\sum\limits_{n=1}^{\infty} \dfrac{1}{a^\alpha n^{2\alpha}} = \dfrac{1}{a^\alpha} \sum\limits_{n=1}^{\infty} \dfrac{1}{n^{2\alpha}}$，于是找到 $\sum\limits_{n=1}^{\infty} u_n$ 收敛与发散的分界点 $\alpha = \dfrac{1}{2}$.

由 $u_n = \dfrac{1}{(an^2+bn+c)^\alpha} (a>0,b>0) \sim \dfrac{1}{a^\alpha n^{2\alpha}} (n\to+\infty)$，而

$$\sum_{n=1}^{\infty}\frac{1}{a^{\alpha}n^{2\alpha}}=\frac{1}{a^{\alpha}}\sum_{n=1}^{\infty}\frac{1}{n^{2\alpha}}\begin{cases}收敛, & \alpha>\frac{1}{2},\\ 发散, & \alpha\leqslant\frac{1}{2}.\end{cases}$$

故由比较法的极限形式知,

$$\sum_{n=1}^{\infty}\frac{1}{(an^2+bn+c)^{\alpha}}\begin{cases}收敛, & \alpha>\frac{1}{2},\\ 发散, & \alpha\leqslant\frac{1}{2}.\end{cases}$$

(3)**方法一**:$u_n=2^n\cdot\sin\frac{\pi}{3^n}\sim 2^n\cdot\frac{\pi}{3^n}=\pi\cdot\left(\frac{2}{3}\right)^n(n\to\infty)$,

而 $\sum\limits_{n=1}^{\infty}\pi\cdot\left(\frac{2}{3}\right)^n$ 收敛 $\left(\lim\limits_{n\to+\infty}\dfrac{\pi\cdot\left(\frac{2}{3}\right)^{n+1}}{\pi\cdot\left(\frac{2}{3}\right)^n}=\dfrac{2}{3}<1\right)$,故 $\sum\limits_{n=1}^{\infty}2^n\cdot\sin\frac{\pi}{3^n}$收敛.

方法二:$\lim\limits_{n\to\infty}\dfrac{u_{n+1}}{u_n}=\lim\limits_{n\to+\infty}\dfrac{2^{n+1}\cdot\sin\frac{\pi}{3^{n+1}}}{2^n\cdot\sin\frac{\pi}{3^n}}=\lim\limits_{n\to+\infty}2\cdot\dfrac{\sin\frac{\pi}{3^{n+1}}}{\sin\frac{\pi}{3^n}}=2\lim\limits_{n\to+\infty}\dfrac{\sin\frac{\pi}{3^{n+1}}}{\frac{\pi}{3^{n+1}}}\cdot\dfrac{\frac{\pi}{3^n}\cdot\frac{1}{3}}{\sin\frac{\pi}{3^n}}=\dfrac{2}{3}<1$,

故由达朗贝尔判别法知级数 $\sum\limits_{n=1}^{\infty}2^n\sin\frac{\pi}{3^n}$收敛.

【方法点击】 由两种解法可见,达朗贝尔判别法与极限形式的比较判别法的异曲同工之妙.

(4)**【思路探索】** 当 $p\leqslant 0$ 时,$\dfrac{1}{n(\ln n)^p}\geqslant\dfrac{1}{n}(n\geqslant 3)$,而 $\sum\limits_{n=3}^{\infty}\dfrac{1}{n}$发散,故 $\sum\limits_{n=1}^{\infty}\dfrac{1}{n(\ln n)^p}$ 发散. 关键是 $p>0$ 时,由于根值法、比值法等都显得有些力不从心,想到试着用柯西积分判别法.

解:①当 $p\leqslant 0$ 时,$\dfrac{1}{n(\ln n)^p}\geqslant\dfrac{1}{n}(n\geqslant 3)$,而 $\sum\limits_{n=3}^{\infty}\dfrac{1}{n}$发散,由比较判别法知 $\sum\limits_{n=3}^{\infty}\dfrac{1}{n(\ln n)^p}$发散.

②当 $p>0$ 时,令 $f(x)=\dfrac{1}{x(\ln x)^p}(x\geqslant 3)$,$x\geqslant 3$ 时,$f(x)\geqslant 0$,

$$f'(x)=\frac{-(\ln x)^p-p(\ln x)^{p-1}}{[x(\ln x)^p]^2}<0\ (p>0).$$

即 $f(x)$是正的单调递减函数,且 $f(n)=\dfrac{1}{n(\ln n)^p}$,又

$$\int_3^{+\infty}f(x)\mathrm{d}x=\int_3^{+\infty}\frac{1}{x(\ln x)^p}\mathrm{d}x=\begin{cases}\frac{1}{p-1}(\ln 3)^{1-p}, & p>1,\\ +\infty, & 0<p\leqslant 1,\end{cases}$$

故当 $p>1$ 时反常积分收敛,由柯西积分判别法知,当 $p>1$ 时,级数 $\sum\limits_{n=3}^{\infty}\dfrac{1}{n(\ln n)^p}$ 收敛;当 $0<p\leqslant 1$时,级数发散.

由①、②知:当 $p>1$ 时,级数 $\sum\limits_{n=3}^{\infty}\dfrac{1}{n(\ln n)^p}$收敛;当 $p\leqslant 1$ 时,级数发散.

(5)由于 $0<\dfrac{2+(-1)^n}{4^n}<\dfrac{3}{4^n}$,而 $\sum\limits_{n=1}^{\infty}\dfrac{3}{4^n}$为收敛级数,所以根据正项级数的比较审敛法知,级数 $\sum\limits_{n=1}^{\infty}\dfrac{2+(-1)^n}{4^n}$收敛;

(6)因为 $\lim\limits_{n\to\infty}\sqrt[n]{n}=1$,所以 $\lim\limits_{n\to\infty}\dfrac{\frac{1}{n\sqrt[n]{n}}}{\frac{1}{n}}=1$,即 $\sum\limits_{n=1}^{\infty}\dfrac{1}{n\sqrt[n]{n}}$与 $\sum\limits_{n=1}^{\infty}\dfrac{1}{n}$有相同的敛散性,而 $\sum\limits_{n=1}^{\infty}\dfrac{1}{n}$发散,故 $\sum\limits_{n=1}^{\infty}\dfrac{1}{n\sqrt[n]{n}}$发散.

【方法点击】 正项级数的判别程序:

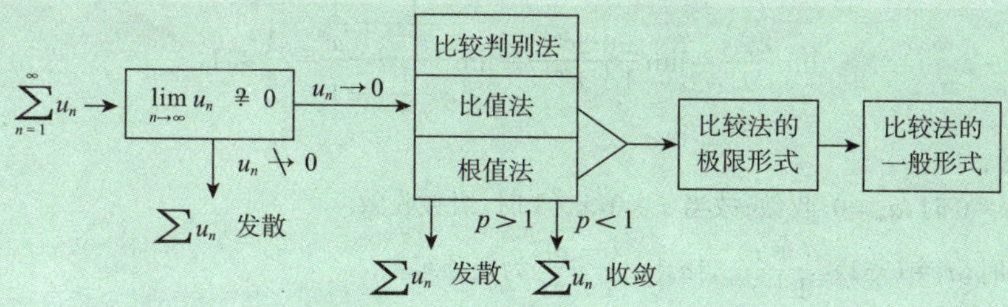

基本题型 2:判别交错级数的收敛性

例 2 讨论下列级数是绝对收敛、条件收敛、还是发散.

(1) $\sum\limits_{n=1}^{\infty}(-1)^{n+1}\dfrac{1}{2n-1}$; (2) $\sum\limits_{n=1}^{\infty}(-1)^{\frac{n(n-1)}{2}}\dfrac{n^{10}}{2^n}$.

解:(1)$a_n=(-1)^{n+1}\dfrac{1}{2n-1}$,$|a_n|=\dfrac{1}{2n-1}>\dfrac{1}{2n}$,

而 $\sum\limits_{n=1}^{\infty}\dfrac{1}{2n}$发散,故 $\sum\limits_{n=1}^{\infty}|a_n|$发散.设 $\sum\limits_{n=1}^{\infty}(-1)^{n+1}\dfrac{1}{2n-1}=\sum\limits_{n=1}^{\infty}(-1)^{n+1}b_n$,

$$b_{n+1}-b_n=\frac{1}{2(n+1)-1}-\frac{1}{2n-1}=-\frac{2}{(2n-1)(2n+1)}<0,$$

故 $b_{n+1}<b_n$,且 $\lim\limits_{n\to\infty}b_n=0$.由莱布尼茨判别法,$\sum\limits_{n=1}^{\infty}(-1)^{n+1}\dfrac{1}{2n-1}$收敛.故原级数条件收敛.

(2)$\lim\limits_{n\to\infty}\dfrac{|a_{n+1}|}{|a_n|}=\lim\limits_{n\to\infty}\dfrac{(n+1)^{10}}{2^{n+1}}\Big/\dfrac{n^{10}}{2^n}=\lim\limits_{n\to\infty}\dfrac{1}{2}\cdot\left(1+\dfrac{1}{n}\right)^{10}=\dfrac{1}{2}<1$,

由达朗贝尔判别法知,$\sum\limits_{n=1}^{\infty}|a_n|$收敛,即 $\sum\limits_{n=1}^{\infty}(-1)^{\frac{n(n-1)}{2}}\dfrac{n^{10}}{2^n}$绝对收敛.

【方法点击】 由以上两个小题可知,判定一个交错级数是绝对收敛,条件收敛还是发散,首先判别 $\sum\limits_{n=1}^{\infty}|a_n|$是否收敛,若收敛,则原级数绝对收敛(其判别法为正项级数的各种审敛法);若 $\sum\limits_{n=1}^{\infty}|a_n|$发散,则进一步根据莱布尼茨判别法判定 $\sum\limits_{n=1}^{\infty}a_n$ 是否收敛,若是,则 $\sum\limits_{n=1}^{\infty}a_n$ 条件收敛,若否,则 $\sum\limits_{n=1}^{\infty}a_n$ 发散.

基本题型 3:讨论参数对级数绝对收敛、条件收敛、发散的影响

例 3 讨论 x 取何值时,级数 $\sum\limits_{n=1}^{\infty}\dfrac{x^n}{1+x^{2n}}$收敛、绝对收敛、条件收敛.

解:一般项 $a_n=\dfrac{x^n}{1+x^{2n}}$,当 $|x|=1$ 时,$|a_n|=\left|\dfrac{(\pm1)^n}{2}\right|\nrightarrow 0$,故 $|x|=1$ 时,级数发散;

当 $0<x<1$ 时,此时级数为正项级数,

$$\lim_{n\to\infty}\frac{a_{n+1}}{a_n}=\lim_{n\to\infty}\frac{x^{n+1}}{1+x^{2n+2}}\cdot\frac{1+x^{2n}}{x^n}=\lim_{n\to\infty}\frac{x+x^{2n+1}}{1+x^{2n+2}}=x<1,$$

由达朗贝尔判别法知,级数收敛;

当 $x>1$ 时,此时级数为正项级数,

$$\lim_{n\to\infty}\frac{a_{n+1}}{a_n}=\lim_{n\to\infty}\frac{x+x^{2n+1}}{1+x^{2n+2}}=\lim_{n\to\infty}\frac{\dfrac{1}{x^{2n+1}}+\dfrac{1}{x}}{\dfrac{1}{x^{2n+2}}+1}=\frac{1}{x}<1,$$

级数收敛;

显然当 $x=0$ 时,$a_n\equiv0$,收敛;故当 $x\geqslant0,x\neq1$ 时,级数收敛.

当 $x<0$ 时,$a_n=(-1)^n\dfrac{(-x)^n}{1+x^{2n}}$,$|a_n|=\dfrac{(-x)^n}{1+x^{2n}}$ 为正项级数.

同理,可证 $\sum\limits_{n=1}^{\infty}|a_n|(x<0$,且 $x\neq-1)$ 收敛.

综上可得:

$$\sum_{n=1}^{\infty}\frac{x^n}{1+x^{2n}}\begin{cases}\text{绝对收敛}, & |x|\neq1,\\ \text{发散}, & |x|=1.\end{cases}$$

【方法点击】 对于参数的合理分类与各种形式的级数收敛性的讨论,是这类题目的难点所在. 要灵活掌握各种审敛法,才能游刃有余.

基本题型 4:技巧题

例 4 讨论下列级数的敛散性:

(1) $\sqrt{2}+\sqrt{2-\sqrt{2}}+\sqrt{2-\sqrt{2+\sqrt{2}}}+\sqrt{2-\sqrt{2+\sqrt{2-\sqrt{2}}}}+\cdots$;

(2) $\sum\limits_{n=2}^{\infty}\left(\dfrac{1}{\sqrt{n}-1}-\dfrac{1}{\sqrt{n}}-\dfrac{1}{n}\right)$;

(3) $\sum\limits_{n=1}^{\infty}\ln\left[1+\dfrac{(-1)^n}{n^p}\right](p>0)$.

(1)**【思路探索】** $a_1=\sqrt{2}$,$a_2=\sqrt{2-\sqrt{2}}=\sqrt{2-a_1}$,

$a_3=\sqrt{2-\sqrt{2+\sqrt{2}}}=\sqrt{2-\sqrt{2+a_1}}$,

$a_4=\sqrt{2-\sqrt{2+\sqrt{2-\sqrt{2}}}}=\sqrt{2-\sqrt{2+a_2}}$,

$\vdots$

$a_n=\sqrt{2-\sqrt{2+a_{n-2}}}(n\geqslant3)$.

由此递推公式来推断 $\sum\limits_{n=1}^{\infty}a_n$ 是否收敛.

解:观察所给级数可得 $a_n=\sqrt{2-\sqrt{2+a_{n-2}}}(n\geqslant3)$,用归纳法不难证明 $0<a_n\leqslant\sqrt{2}(n\geqslant3)$,故 $a_n\geqslant\sqrt{2-\sqrt{2+\sqrt{2}}}(n\geqslant3)$,故一般项 $a_n\nrightarrow0(n\to\infty)$,于是级数发散.

【方法点击】 熟练应用级数收敛的必要条件.

(2)**【思路探索】** $a_n=\frac{1}{\sqrt{n}-1}-\frac{1}{\sqrt{n}}-\frac{1}{n}$中后两项均为$\frac{1}{n^x}$的形式，而$\frac{1}{\sqrt{n}-1}$却不是，于是想到用幂级数展开的方法使之成为$\frac{1}{n^x}$的表达式.

解：当$n\to\infty$时，

$$\frac{1}{\sqrt{n}-1}=\frac{1}{\sqrt{n}}\left(1-\frac{1}{\sqrt{n}}\right)^{-1}=\frac{1}{\sqrt{n}}\left[1+\frac{1}{\sqrt{n}}+\left(\frac{1}{\sqrt{n}}\right)^2+o\left(\frac{1}{n}\right)\right]$$

$$=\frac{1}{\sqrt{n}}+\frac{1}{n}+\frac{1}{n^{\frac{3}{2}}}+o\left(\frac{1}{n^{\frac{3}{2}}}\right)(n\to\infty),$$

展开成幂级数

故

$$a_n=\frac{1}{\sqrt{n}-1}-\frac{1}{\sqrt{n}}-\frac{1}{n}=\frac{1}{\sqrt{n}}+\frac{1}{n}+\frac{1}{n^{\frac{3}{2}}}+o\left(\frac{1}{n^{\frac{3}{2}}}\right)-\frac{1}{\sqrt{n}}-\frac{1}{n}=\frac{1}{n^{\frac{3}{2}}}+o\left(\frac{1}{n^{\frac{3}{2}}}\right)\quad(n\to+\infty).$$

由于$\sum\limits_{n=1}^{\infty}\frac{1}{n^{\frac{3}{2}}}$收敛，故级数$\sum\limits_{n=2}^{\infty}\left(\frac{1}{\sqrt{n}-1}-\frac{1}{\sqrt{n}}-\frac{1}{n}\right)$收敛.

(3)**【思路探索】** 易见此级数并非一个满足交错级数莱布尼茨判别法的级数. 形式复杂，于是又想到能否用泰勒公式.

解：

$$\ln\left[1+\frac{(-1)^n}{n^p}\right]=\frac{(-1)^n}{n^p}+\left(-\frac{1}{2}\right)\left[\frac{(-1)^n}{n^p}\right]^2+o\left(\frac{1}{n^{2p}}\right)$$

$$=\frac{(-1)^n}{n^p}-\frac{1}{2}\cdot\frac{1}{n^{2p}}+o\left(\frac{1}{n^{2p}}\right)(n\to\infty),$$

当$p>1$时，$\sum\limits_{n=1}^{\infty}\frac{(-1)^n}{n^p}$，$\sum\limits_{n=1}^{\infty}\frac{1}{2n^{2p}}$都绝对收敛，故原级数绝对收敛；

当$0<p\leqslant\frac{1}{2}$时，$\sum\limits_{n=1}^{\infty}\frac{1}{2n^{2p}}$发散，故原级数发散；

当$\frac{1}{2}<p\leqslant1$时，$\sum\limits_{n=1}^{\infty}\frac{1}{2n^{2p}}$绝对收敛，$\sum\limits_{n=1}^{\infty}\frac{(-1)^n}{n^p}$条件收敛，故原级数条件收敛.

【方法点击】 在判别级数的敛散性时，由于要求$n\to\infty$，故泰勒公式会经常用到，然后用比较判别法或柯西判别法作出结论.

第三节　幂级数

知识全解

一　本节知识结构图解

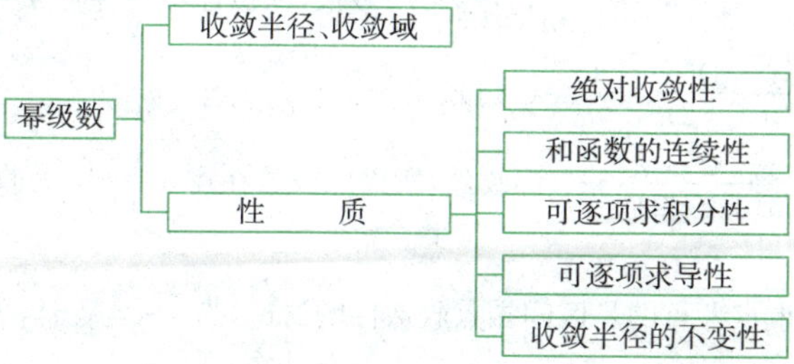

二 重点及常考点分析

1. 阿贝尔定理是判定幂级数收敛的基本定理. 根据定理可知幂级数敛散性的特点:当 $|x|<R$ 时,绝对收敛;当 $|x|>R$ 时,发散;仅在 $x=\pm R$ 处,可能收敛也可能发散.

2. 幂级数的和函数 $S(x)$,可利用逐项求导、逐项积分的方法来计算. 这是本节的难点,尤其是如何利用幂级数的性质求一些常数项级数的和.

3. 对于一般函数项级数 $\sum\limits_{n=1}^{\infty} u_n(x)$ 的敛散性判别,往往采用把 x 看成常数,先讨论 $\sum\limits_{n=1}^{\infty} |u_n(x)|$ 的敛散性,再讨论端点处的敛散性.

三 考研大纲要求解读

了解函数项级数的收敛域及和函数的概念. 理解幂级数收敛半径的概念,并掌握幂级数的收敛半径、收敛区间及收敛域的求法. 了解幂级数在其收敛区间内的基本性质(和函数的连续性、逐项求导和逐项积分),会求一些幂级数在收敛区间内的和函数,并会由此求出某些数项级数的和.

例题精解

基本题型 1:求幂级数的收敛区间或收敛域

例 1 求下列级数的收敛域:

(1) $\sum\limits_{n=1}^{\infty} \dfrac{1}{3^n+(-2)^n} \cdot \dfrac{x^n}{n}$;(考研题) (2) $\sum\limits_{n=1}^{\infty} \dfrac{(x^2+x+1)^n}{n(n+1)}$.

【思路探索】 求幂级数收敛域的一般步骤为:

①由比值法或根值法求出 $\rho(x)$:

$$\rho(x)=\lim_{n\to\infty}\frac{|u_{n+1}(x)|}{|u_n(x)|} \text{或} \rho(x)=\lim_{n\to\infty}\sqrt[n]{|u_n(x)|};$$

②解不等式 $\rho(x)<1$,得出收敛区间 (a,b);

③考虑在 $x=a$ 或 $x=b$ 处级数 $\sum\limits_{n=1}^{\infty} u_n(a)$ 与 $\sum\limits_{n=1}^{\infty} u_n(b)$ 的敛散性;

④写出 $\sum\limits_{n=1}^{\infty} u_n(x)$ 的收敛域.

解:(1)因为 $\lim\limits_{n\to\infty}\dfrac{[3^n+(-2)^n]n}{[3^{n+1}+(-2)^{n+1}](n+1)}=\lim\limits_{n\to\infty}\dfrac{\left[1+\left(-\frac{2}{3}\right)^n\right]n}{3\left[1+\left(-\frac{2}{3}\right)^{n+1}\right](n+1)}=\dfrac{1}{3}$,

所以收敛半径为 3,收敛区间为 $(-3,3)$.

当 $x=3$ 时,因为 $\dfrac{3^n}{3^n+(-2)^n}\cdot\dfrac{1}{n}>\dfrac{1}{2n}$,且 $\sum\limits_{n=1}^{\infty}\dfrac{1}{n}$ 发散,所以原级数在点 $x=3$ 处发散.

当 $x=-3$ 时,由于 $\dfrac{(-3)^n}{3^n+(-2)^n}\cdot\dfrac{1}{n}=(-1)^n\dfrac{1}{n}-\dfrac{2^n}{3^n+(-2)^n}\cdot\dfrac{1}{n}$,

且 $\sum\limits_{n=1}^{\infty}\dfrac{(-1)^n}{n}$ 与 $\sum\limits_{n=1}^{\infty}\dfrac{2^n}{3^n+(-2)^n}\cdot\dfrac{1}{n}$ 都收敛,所以原级数在点 $x=-3$ 处收敛.

故收敛域为 $[-3,3)$.

【方法点击】 本题重点考查的是区间端点收敛性的讨论,当 $x=-3$ 时,无穷级数

$$\sum_{n=1}^{\infty}\frac{(-3)^n}{3^n+(-2)^n}\cdot\frac{1}{n}$$

为交错级数，但不满足莱布尼茨判别法条件，不能用该判别法判断敛散性. 应从性质出发，把级数化为两个级数的代数和，分别判断敛散性得结果.

(2) $\lim\limits_{n\to\infty}\sqrt[n]{|u(x)|}=\lim\limits_{n\to\infty}\sqrt[n]{\frac{1}{n(n+1)}(x^2+x+1)^n}=x^2+x+1$.

当 $x^2+x+1<1$，整理得 $(x+1)x<0$，即 $-1<x<0$ 时，$\sum\limits_{n=1}^{\infty}u_n(x)$ 收敛；

当 $x=0$ 时，原级数为 $\sum\limits_{n=1}^{\infty}\frac{1}{n(n+1)}$，收敛；

当 $x=-1$ 时，原级数为 $\sum\limits_{n=1}^{\infty}\frac{1}{n(n+1)}$，收敛.

故收敛域为 $[-1,0]$.

【方法点击】 由以上例题知：收敛区间与收敛域是不同的，若收敛半径是 R，则收敛区间为 $(-R,R)$；而收敛域，还需考虑区间端点 $x=\pm R$ 时的收敛情况.

例 2 求级数 $\sum\limits_{n=1}^{\infty}\frac{[3+(-1)^n]^n}{n}x^n$ 的收敛区间.

【思路探索】 若用收敛半径的公式直接求收敛半径，会发现极限不存在. 故先求由原级数的奇数项组成的级数和由偶数项组成的级数的收敛半径.

解：考虑级数 $\sum\limits_{k=0}^{\infty}a_k(x)=\sum\limits_{k=0}^{\infty}\frac{2^{2k+1}}{(2k+1)}x^{2k+1}$ 与 $\sum\limits_{k=1}^{\infty}b_k(x)=\sum\limits_{k=1}^{\infty}\frac{4^{2k}}{2k}\cdot x^{2k}$.

$$\lim_{k\to\infty}\left|\frac{a_{k+1}(x)}{a_k(x)}\right|=\lim_{k\to\infty}\frac{2^{2(k+1)+1}}{2(k+1)+1}\cdot\frac{x^{2(k+1)+1}}{x^{2k+1}}\Big/\frac{2^{2k+1}}{2k+1}=\lim_{k\to\infty}\frac{4(2k+1)}{2k+3}x^2=(2x)^2,$$

故由函数项级数的达朗贝尔判别法知，当 $|2x|<1$，即 $|x|<\frac{1}{2}$ 时级数收敛，故 $R_1=\frac{1}{2}$.

$$\lim_{k\to\infty}\left|\frac{b_{k+1}(x)}{b_k(x)}\right|=\lim_{k\to+\infty}\frac{4^{2(k+1)}}{2(k+1)}x^{2(k+1)}\Big/\left(\frac{4^{2k}}{2k}x^{2k}\right)=\lim_{k\to+\infty}\frac{k}{k+1}4^2x^2=(4x)^2,$$

同理，当 $|4x|<1$，即 $|x|<\frac{1}{4}$ 时，$\sum\limits_{k=1}^{\infty}b_k(x)$ 收敛，故 $R_2=\frac{1}{4}$.

为保证两级数 $\sum\limits_{k=0}^{\infty}a_k(x)$，$\sum\limits_{k=1}^{\infty}b_k(x)$ 同时收敛，即原级数收敛，应取 $R=\min(R_1,R_2)=\frac{1}{4}$. 故原级数收敛区间为 $\left(-\frac{1}{4},\frac{1}{4}\right)$.

基本题型 2：求幂级数的和函数

例 3 求和函数：

(1) $\sum\limits_{n=0}^{\infty}(n+1)(n+3)x^n$；（考研题）　　(2) $\sum\limits_{n=0}^{\infty}\frac{4n^2+4n+3}{2n+1}x^{2n}$.（考研题）

【思路探索】 求幂级数的和函数的程序如下：

①求出给定级数的收敛域；

②通过逐项积分或逐项求导将给定的幂级数化为常见的幂级数的形式，从而得到新级数的和函数；

③对得到的和函数作相反的分析运算，便得原幂级数的和函数.

解：(1) 幂级数的系数 $a_n=(n+1)(n+3)$.

因为 $\lim\limits_{n\to\infty}\dfrac{|a_{n+1}|}{|a_n|}=\lim\limits_{n\to\infty}\dfrac{(n+2)(n+4)}{(n+1)(n+3)}=1$,所以收敛半径 $R=1$.

当 $x=\pm1$ 时,因级数 $\sum\limits_{n=0}^{\infty}(n+1)(n+3)$ 及 $\sum\limits_{n=0}^{\infty}(n+1)(n+3)(-1)^n$ 发散,故收敛域为 $(-1,1)$.

设 $S(x)=\sum\limits_{n=0}^{\infty}(n+1)(n+3)x^n, x\in(-1,1)$,则

$$\int_0^x S(t)\mathrm{d}t=\sum_{n=0}^{\infty}(n+3)x^{n+1}=\sum_{n=0}^{\infty}(n+2)x^{n+1}+\sum_{n=0}^{\infty}x^{n+1},$$

其中 $\sum\limits_{n=0}^{\infty}x^{n+1}=\dfrac{x}{1-x}$,

$$\sum_{n=0}^{\infty}(n+2)x^{n+1}=\left[\sum_{n=0}^{\infty}\int_0^x(n+2)t^{n+1}\mathrm{d}t\right]'=\left(\frac{x^2}{1-x}\right)'=\frac{2x-x^2}{(1-x)^2},$$

所以 $S(x)=\left[\dfrac{2x-x^2}{(1-x)^2}\right]'+\left(\dfrac{x}{1-x}\right)'=\dfrac{3-x}{(1-x)^3},\quad x\in(-1,1)$.

(2)由于 $\rho(x)=\lim\limits_{n\to\infty}\left|\dfrac{u_{n+1}(x)}{u_n(x)}\right|=\lim\limits_{x\to\infty}\left|\dfrac{\dfrac{4(n+1)^2+4(n+1)+3}{2(n+1)+1}x^{2(n+1)}}{\dfrac{4n^2+4n+3}{2n+1}x^{2n}}\right|$

$$=\lim_{x\to\infty}\left|\frac{4(n+1)^2+4(n+1)+3}{4n^2+4n+3}\cdot\frac{2n+1}{2n+3}x^2\right|=x^2.$$

令 $\rho(x)<1$,解得 $|x|<1$. 所以该幂级数的收敛半径 $R=1$,从而收敛区间为 $(-1,1)$. 又当 $x=\pm1$ 时,$u_n(x)=\dfrac{4n^2+4n+3}{2n+1}\to\infty(n\to\infty)$,级数 $\sum\limits_{n=0}^{\infty}\dfrac{4n^2+4n+3}{2n+1}$ 发散. 所以幂级数的收敛域为 $(-1,1)$.

令 $S(x)=\sum\limits_{n=0}^{\infty}\dfrac{4n^2+4n+3}{2n+1}x^{2n}=\sum\limits_{n=0}^{\infty}\dfrac{2n(2n+1)+(2n+1)+2}{2n+1}x^{2n}$

$$=\sum_{n=1}^{\infty}2nx^{2n}+\sum_{n=0}^{\infty}x^{2n}+2\sum_{n=0}^{\infty}\frac{x^{2n}}{2n+1}.$$

而 $\sum\limits_{n=0}^{\infty}x^{2n}=\dfrac{1}{1-x^2}$,又

$$\sum_{n=1}^{\infty}2nx^{2n}=x\sum_{n=1}^{\infty}2nx^{2n-1}=x\left(\sum_{n=1}^{\infty}\int_0^x 2nx^{2n-1}\mathrm{d}x\right)'$$

$$=x\left(\sum_{n=1}^{\infty}x^{2n}\right)'=x\left(\frac{1}{1-x^2}-1\right)'=\frac{2x^2}{(1-x^2)^2},$$

$$\sum_{n=0}^{\infty}\frac{x^{2n}}{2n+1}=\frac{1}{x}\sum_{n=0}^{\infty}\frac{x^{2n+1}}{2n+1}=\frac{1}{x}\int_0^x\left(\sum_{n=0}^{\infty}\frac{x^{2n+1}}{2n+1}\right)'\mathrm{d}x,$$

$$=\frac{1}{x}\int_0^x\left(\sum_{n=0}^{\infty}x^{2n}\right)\mathrm{d}x=\frac{1}{x}\int_0^x\frac{1}{1-x^2}\mathrm{d}x=\frac{1}{2x}\ln\frac{1+x}{1-x}\quad(x\neq0).$$

综上,当 $-1<x<0$ 或 $0<x<1$ 时,

$$S(x)=\frac{2x^2}{(1-x^2)^2}+\frac{1}{1-x^2}+\frac{1}{x}\ln\frac{1+x}{1-x},$$

又 $S(0)=3$,所以

$$S(x)=\begin{cases}\dfrac{2x^2}{(1-x^2)^2}+\dfrac{1}{1-x^2}+\dfrac{1}{x}\ln\dfrac{1+x}{1-x}, & 0<|x|<1,\\ 3, & x=0.\end{cases}$$

基本题型 3：利用幂级数求数值级数的和

例 4 设 a_n 为曲线 $y=x^n$ 与 $y=x^{n+1}(n=1,2,\cdots)$ 所围成区域的面积，记 $S_1=\sum\limits_{n=1}^{\infty}a_n$，$S_2=\sum\limits_{n=1}^{\infty}a_{2n-1}$，求 S_1 与 S_2 的值.（考研题）

解：曲线 $y=x^n$ 与 $y=x^{n+1}$ 在点(0,0)和(1,1)处相交，

$$a_n=\int_0^1(x^n-x^{n+1})\mathrm{d}x=\left(\frac{1}{n+1}x^{n+1}-\frac{1}{n+2}x^{n+2}\right)\Big|_0^1=\frac{1}{n+1}-\frac{1}{n+2}.$$

$$S_1=\sum_{n=1}^{\infty}a_n=\lim_{N\to\infty}\sum_{n=1}^{N}a_n=\lim_{N\to\infty}\left(\frac{1}{2}-\frac{1}{3}+\cdots+\frac{1}{N+1}-\frac{1}{N+2}\right)=\lim_{N\to\infty}\left(\frac{1}{2}-\frac{1}{N+2}\right)=\frac{1}{2},$$

$$S_2=\sum_{n=1}^{\infty}a_{2n-1}=\sum_{n=1}^{\infty}\left(\frac{1}{2n}-\frac{1}{2n+1}\right)=\frac{1}{2}-\frac{1}{3}+\cdots+\frac{1}{2n}-\frac{1}{2n+1}+\cdots,$$

由 $\ln(1+x)=x-\frac{1}{2}x^2+\cdots+(-1)^{n-1}\frac{x^n}{n}+\cdots$，令 $x=1$，得

$$\ln 2=1-\left(\frac{1}{2}-\frac{1}{3}+\frac{1}{4}-\frac{1}{5}+\cdots\right)=1-S_2,$$

即 $S_2=1-\ln 2$.

基本题型 4：综合题

例 5 设数列 $\{a_n\}$ 满足条件：$a_0=3$，$a_1=1$，$a_{n-2}-n(n-1)a_n=0(n\geqslant 2)$，$S(x)$ 是幂级数 $\sum\limits_{n=0}^{\infty}a_nx^n$ 的和函数.

(1)证明：$S''(x)-S(x)=0$；

(2)求 $S(x)$ 的表达式.（考研题）

【思路探索】 (1)利用幂级数逐项求导数运算求出 $S''(x)$，然后通过幂级数的加减运算法则推出结论；(2)通过题设确定初始条件，然后求出方程 $S''(x)-S(x)=0$ 满足初始条件的特解即可.

解：(1)令 $S(x)=\sum\limits_{n=0}^{\infty}a_nx^n$，则 ①

$$S'(x)=\sum_{n=1}^{\infty}na_nx^{n-1},\quad ②$$

$$S''(x)=\sum_{n=2}^{\infty}n(n-1)a_nx^{n-2}\xlongequal{n-2=k}\sum_{k=0}^{\infty}(k+2)(k+1)a_{k+2}x^k.\quad ③$$

由于 $a_{n-2}-n(n-1)a_n=0(n\geqslant 2)$，所以

$$a_k-(k+2)(k+1)a_{k+2}=0(k\geqslant 0),$$

于是 $\sum\limits_{k=0}^{\infty}(k+2)(k+1)a_{k+2}x^k=\sum\limits_{k=0}^{\infty}a_kx^k=\sum\limits_{n=0}^{\infty}a_nx^n$，

所以 $S''(x)=\sum\limits_{n=0}^{\infty}a_nx^n$，可得 $S''(x)-S(x)=0$.

(2)方程 $S''(x)-S(x)=0$ 的特征方程为 $\lambda^2-1=0$，则 $\lambda=\pm 1$，

$$S(x)=C_1\mathrm{e}^x+C_2\mathrm{e}^{-x}.\quad ④$$

由①可得 $S(0)=a_0=3$，由②可得 $S'(0)=a_1=1$.

将 $S(0)=3$，$S'(0)=1$ 代入④，得 $\begin{cases}C_1+C_2=3,\\C_1-C_2=1,\end{cases}$ 解得 $C_1=2$，$C_2=1$.

故 $S(x)$ 的表达式为 $S(x)=2e^{x}+e^{-x}$.

第四节 函数展开成幂级数

知识全解

一 本节知识结构图解

- 函数展开成幂级数
  - 泰勒级数的概念
  - 函数可展开成泰勒级数的条件
  - 初等函数的泰勒级数

二 重点及常考点分析

1. 将函数 $f(x)$ 展开成 x(或 $(x-x_0)$)的幂级数的一般步骤:

(1)求 $f(x)$ 的各阶导数 $f^{(k)}(0),(k=1,2,\cdots)$ 或 $f^{(k)}(x_0)$;

(2)写出幂级数 $\sum\limits_{n=0}^{\infty}\dfrac{f^{(n)}(0)}{n!}x^n$ 或 $\sum\limits_{n=0}^{\infty}\dfrac{f^{(n)}(x_0)}{n!}(x-x_0)^n$,并求出收敛半径 R;

(3)考查泰勒公式中的余项 $R_n(x)$ 的极限是否为零,拉格朗日余项表示为 $R_n(x)=\dfrac{f^{(n+1)}(\xi)}{(n+1)!}x^{n+1}$ 或 $R_n(x)=\dfrac{f^{(n+1)}(\xi)}{(n+1)!}(x-x_0)^{n+1}$,$\xi$ 介于 0 与 x 之间或 ξ 介于 x 与 x_0 之间.

2. 泰勒级数展开式的形式是唯一的.由于展开式的唯一性,函数 $f(x)$ 的泰勒级数展开可选简单的方法.一般利用已知展开式,用间接展开的方式来求展开式,这样做既避免了计算 $f(x)$ 的各阶导数,又回避了验证 $R_n(x)$ 是否趋于零的过程,而且还容易求出收敛区间,因此应熟记常用的泰勒级数展开式.但应注意,求出函数的展开式后,一定要说明相应的展开区间.

三 考研大纲要求解读

了解函数展开为泰勒级数的充分必要条件.掌握 e^x,$\sin x$,$\cos x$,$\ln(1+x)$ 及 $(1+x)^{\alpha}$ 的麦克劳林展开式,会用它们将一些简单函数间接展开成幂级数.

例题精解

基本题型 1:将函数展成幂级数

例 1 将函数 $f(x)=\arctan\dfrac{1-2x}{1+2x}$ 展成 x 的幂级数,并求 $\sum\limits_{n=0}^{\infty}\dfrac{(-1)^n}{2n+1}$ 的和.(考研题)

解: $f'(x)=\dfrac{1}{1+\left(\dfrac{1-2x}{1+2x}\right)^2}\cdot\left(\dfrac{1-2x}{1+2x}\right)'=-\dfrac{2}{1+4x^2}$

$$=-2\sum_{n=0}^{\infty}(-1)^n(4x^2)^n=-2\sum_{n=0}^{\infty}(-1)^n4^nx^{2n},x\in\left(-\frac{1}{2},\frac{1}{2}\right).$$

又 $f(0)=\dfrac{\pi}{4}$,故

$$f(x)=f(0)+\int_0^x f'(t)\mathrm{d}t=\frac{\pi}{4}-2\int_0^x\left[\sum_{n=0}^{\infty}(-1)^n4^nt^{2n}\right]\mathrm{d}t$$

$$=\frac{\pi}{4}-2\sum_{n=0}^{\infty}\frac{(-1)^n 4^n}{2n+1}x^{2n+1}, x\in\left(-\frac{1}{2},\frac{1}{2}\right).$$

由于级数 $\sum\limits_{n=0}^{\infty}\frac{(-1)^n}{2n+1}$ 收敛,且 $f(x)$ 在 $x=\frac{1}{2}$ 处连续.故

$$f(x)=\frac{\pi}{4}-2\sum_{n=0}^{\infty}\frac{(-1)^n 4^n}{2n+1}x^{2n+1}, x\in\left(-\frac{1}{2},\frac{1}{2}\right].$$

令 $x=\frac{1}{2}$,得 $f\left(\frac{1}{2}\right)=\frac{\pi}{4}-2\sum\limits_{n=0}^{\infty}\frac{(-1)^n 4^n}{2n+1}\left(\frac{1}{2}\right)^{2n+1}$.故

$$\sum_{n=0}^{\infty}\frac{(-1)^n}{2n+1}=\frac{\pi}{4}-f\left(\frac{1}{2}\right)=\frac{\pi}{4}.$$

例 2 将函数 $f(x)=\ln(1-x-2x^2)$ 展开成 x 的幂级数,并指出其收敛区间.(考研题)

解:$\ln(1-x-2x^2)=\ln[(1-2x)(1+x)]=\ln(1+x)+\ln(1-2x)$.

$$\ln(1+x)=x-\frac{x^2}{2}+\frac{x^3}{3}+\cdots+(-1)^{n+1}\frac{x^n}{n}+\cdots,$$

其收敛区间为 $(-1,1)$;

$$\ln(1-2x)=(-2x)-\frac{(-2x)^2}{2}+\frac{(-2x)^3}{3}-\cdots+(-1)^{n+1}\frac{(-2x)^n}{n}+\cdots,$$

其收敛区间为 $\left(-\frac{1}{2},\frac{1}{2}\right)$.于是,有

$$\ln(1-x-2x^2)=\sum_{n=1}^{\infty}\left[(-1)^{n+1}\frac{x^n}{n}+(-1)^{n+1}\frac{(-2x)^n}{n}\right]=\sum_{n=1}^{\infty}\frac{(-1)^{n+1}-2^n}{n}x^n,$$

其收敛区间为 $\left(-\frac{1}{2},\frac{1}{2}\right)$.

【方法点击】 本题考查幂级数展开的间接展开法.

值得注意的是:函数 $\ln(1-2x)(1+x)$ 的定义域为 $(1-2x)(1+x)>0$,所以 $\begin{cases}1-2x>0,\\1+x>0\end{cases}$ 或 $\begin{cases}1-2x<0,\\1+x<0.\end{cases}$ 因为 $\begin{cases}1-2x<0,\\1+x<0\end{cases}$ 无解,因此恒有

$$\ln(1-2x)(1+x)=\ln(1-2x)+\ln(1+x).$$

例 3 设 $f(x)=\begin{cases}\frac{1+x^2}{x}\arctan x, & x\neq 0,\\ 1, & x=0,\end{cases}$ 试将 $f(x)$ 展开成 x 的幂级数,并求级数 $\sum\limits_{n=1}^{\infty}\frac{(-1)^n}{1-4n^2}$ 的和.(考研题)

解:因 $\frac{1}{1+x^2}=\sum\limits_{n=0}^{\infty}(-1)^n x^{2n}, x\in(-1,1)$,故

$$\arctan x=\int_0^x(\arctan x)'\mathrm{d}x=\sum_{n=0}^{\infty}\frac{(-1)^n}{2n+1}x^{2n+1},\quad x\in[-1,1],$$

于是

$$f(x)=1+\sum_{n=1}^{\infty}\frac{(-1)^n}{2n+1}x^{2n}+\sum_{n=0}^{\infty}\frac{(-1)^n}{2n+1}x^{2n+2}=1+\sum_{n=1}^{\infty}\frac{(-1)^n}{2n+1}x^{2n}+\sum_{n=1}^{\infty}\frac{(-1)^{n-1}}{2n-1}x^{2n}$$

$$=1+\sum_{n=1}^{\infty}\frac{(-1)^n\cdot 2}{1-4n^2}x^{2n},\quad x\in[-1,1].$$

因此 $\sum\limits_{n=1}^{\infty}\frac{(-1)^n}{1-4n^2}=\frac{1}{2}[f(1)-1]=\frac{\pi}{4}-\frac{1}{2}$.

【方法点击】 由于$\frac{1+x^2}{x}=x^{-1}+x$已是x的幂级数形式,故可用间接法将 arctan x 展开为x的幂级数.

基本题型 2:求函数在指定点的幂级数

例 4 将函数 $f(x)=\sin x$ 在 $x=\frac{\pi}{6}$ 处展开成幂级数.

解:记 $y=x-\frac{\pi}{6}$,则

$$\sin x=\sin\left(y+\frac{\pi}{6}\right)=\sin y\cos\frac{\pi}{6}+\cos y\sin\frac{\pi}{6}=\frac{\sqrt{3}}{2}\sin y+\frac{1}{2}\cos y$$

$$=\frac{\sqrt{3}}{2}\left[\sum_{n=1}^{\infty}\frac{(-1)^{n-1}}{(2n-1)!}y^{2n-1}\right]+\frac{1}{2}\left[\sum_{n=0}^{\infty}\frac{(-1)^n}{(2n)!}y^{2n}\right]$$

$$=\frac{1}{2}\left[\sqrt{3}\sum_{n=1}^{\infty}\frac{(-1)^{n-1}}{(2n-1)!}\left(x-\frac{\pi}{6}\right)^{2n-1}+\sum_{n=0}^{\infty}\frac{(-1)^n}{(2n)!}\left(x-\frac{\pi}{6}\right)^{2n}\right]$$

$$=\frac{1}{2}\left[1+\sqrt{3}\left(x-\frac{\pi}{6}\right)-\frac{1}{2}\left(x-\frac{\pi}{6}\right)^2-\frac{\sqrt{3}}{3!}\left(x-\frac{\pi}{6}\right)^3+\cdots+\right.$$

$$\left.\frac{\sqrt{3}\cdot(-1)^{n-1}}{(2n-1)!}\left(x-\frac{\pi}{6}\right)^{2n-1}+\frac{(-1)^n}{(2n)!}\left(x-\frac{\pi}{6}\right)^{2n}+\cdots\right](|x|<+\infty).$$

例 5 将函数 $f(x)=\frac{1}{x^2-3x-4}$展开成 $x-1$ 的幂级数,并指出其收敛区间.(考研题)

解:因为$\frac{1}{x^2-3x-4}=\frac{1}{5}\left(\frac{1}{x-4}-\frac{1}{x+1}\right)$,

$$\frac{1}{x-4}=\frac{1}{(x-1)-3}=-\frac{1}{3}\times\frac{1}{1-\frac{x-1}{3}}=-\frac{1}{3}\sum_{n=0}^{\infty}\left(\frac{x-1}{3}\right)^n,x\in(-2,4),$$

$$\frac{1}{x+1}=\frac{1}{(x-1)+2}=\frac{1}{2}\times\frac{1}{1+\frac{x-1}{2}}=\frac{1}{2}\sum_{n=0}^{\infty}\left(-\frac{x-1}{2}\right)^n,x\in(-1,3),$$

所以

$$\frac{1}{x^2-3x-4}=\frac{1}{5}\left[-\frac{1}{3}\sum_{n=0}^{\infty}\left(\frac{x-1}{3}\right)^n-\frac{1}{2}\sum_{n=0}^{\infty}\left(-\frac{x-1}{2}\right)^n\right]$$

$$=-\frac{1}{5}\sum_{n=0}^{\infty}\left[\frac{1}{3^{n+1}}+\frac{(-1)^n}{2^{n+1}}\right](x-1)^n,x\in(-1,3).$$

第五节　函数的幂级数展开式的应用

知识全解

一 本节知识结构图解

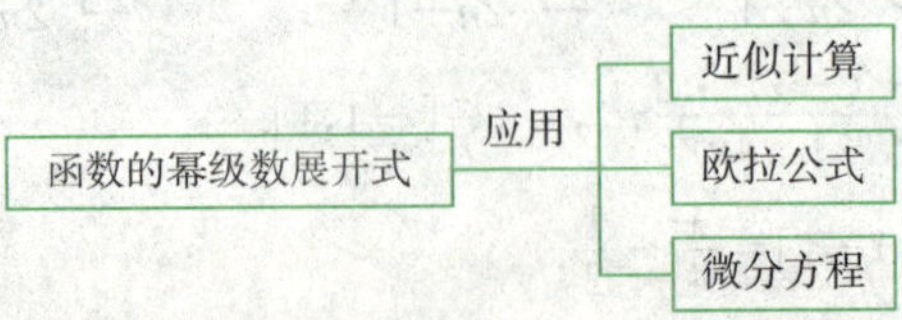

二 重点及常考点分析

1. 利用函数的幂级数展开式进行近似计算，就是在展开式有效的区间上，函数值可以近似地利用这个级数按精确度要求计算出来. 首先作函数的幂级数展开，再估计误差，即取前 n 项可使余项 r_n 小于所要求的误差.

2. 用 e^z 表示在整个复平面上的复变量指数函数，则

$$e^z=1+z+\frac{1}{2!}z^2+\cdots+\frac{1}{n!}z^n+\cdots\ (|z|<+\infty).$$

因而能够得到欧拉公式的两个形式：

形式 1：$e^{ix}=\cos x+i\sin x$.

形式 2：$\begin{cases}\cos x=\dfrac{e^{ix}+e^{-ix}}{2},\\ \sin x=\dfrac{e^{ix}-e^{-ix}}{2i}.\end{cases}$

这两种形式十分有用.

3. 当微分方程的解不能用初等函数或其积分式表达时，可寻求幂级数解法.

设解为 $y=\sum\limits_{n=0}^{\infty}a_nx^n$，则 $y'=\sum\limits_{n=1}^{\infty}na_nx^{n-1}$，$y''=\sum\limits_{n=2}^{\infty}n(n-1)a_nx^{n-2}$，

代入原方程，求出 a_n 即可.

例题精解

基本题型 1：求近似值

例 1 求 $\int_0^1 e^{-x^2}dx$ 的近似值，使误差小于 0.01.

解：e^x 在 $x=0$ 处的幂级数展开式为 $e^x=\sum\limits_{n=0}^{\infty}\frac{x^n}{n!}(|x|<+\infty)$，故

$$e^{-x^2}=\sum_{n=0}^{\infty}(-1)^n\frac{x^{2n}}{n!}(|x|<+\infty),$$

从而有

$$\int_0^1 e^{-x^2}dx=\int_0^1\sum_{n=0}^{\infty}(-1)^n\frac{x^{2n}}{n!}dx=\sum_{n=0}^{\infty}\frac{(-1)^n}{n!}\int_0^1 x^{2n}dx=\sum_{n=0}^{\infty}(-1)^n\frac{1}{n!(2n+1)},$$

这是一个交错级数，$|r_n|\leqslant|u_{n+1}|=\dfrac{1}{(n+1)!\ (2n+3)}$.

计算得 $u_3\approx 0.0238$，$u_4=\dfrac{1}{216}<0.01$，故

$$\int_0^1 e^{-x^2}dx\approx 1-\frac{1}{3}+\frac{1}{10}-\frac{1}{42}\approx 0.74.$$

【方法点击】 首先要给出函数的幂级数展开式，再估计误差，即取前 n 项使 r_n 小于所要求的误差即可.

基本题型 2：利用 e^z 的展开式或欧拉公式解题

例 2 将函数 $e^x\cos x$ 展开成 x 的幂级数.

解：由欧拉公式 $e^{ix}=\cos x+i\sin x$，知 $e^{(1+i)x}=e^x\cdot e^{ix}=e^x\cos x+ie^x\sin x$.

因而 $e^{x}\cos x=\mathrm{Re}[e^{(1+i)x}]$. 又 $e^{z}=\sum_{n=0}^{\infty}\frac{z^{n}}{n!}$,$(|z|<+\infty)$,知

$$e^{(1+i)x}=e^{\sqrt{2}\left(\cos\frac{\pi}{4}+i\sin\frac{\pi}{4}\right)x}=\sum_{n=0}^{\infty}\frac{(\sqrt{2})^{n}e^{i\cdot\frac{n\pi}{4}}x^{n}}{n!}.$$

而 $\mathrm{Re}\sum_{n=0}^{\infty}\frac{(\sqrt{2})^{n}e^{i\cdot n\frac{\pi}{4}}x^{n}}{n!}=\sum_{n=0}^{\infty}\frac{(\sqrt{2})^{n}\cos\frac{n\pi}{4}}{n!}x^{n}$,故有

$$e^{x}\cos x=\mathrm{Re}[e^{(1+i)x}]=\sum_{n=0}^{\infty}\frac{(\sqrt{2})^{n}\cos\frac{n\pi}{4}}{n!}x^{n}.$$

基本题型 3:用幂级数解微分方程

例 3 试用幂级数求方程 $(1-x)y'+y=1+x$ 满足初始条件 $y\Big|_{x=0}=0$ 的特解.

解:设方程的解为 $y=\sum_{n=1}^{\infty}a_{n}x^{n}$,由初始条件 $y\Big|_{x=0}=0$ 可知 $a_{0}=0$,把 $y=\sum_{n=1}^{\infty}a_{n}x^{n}$ 代入原方程得

$$(1-x)\sum_{n=1}^{\infty}na_{n}x^{n-1}+\sum_{n=1}^{\infty}a_{n}x^{n}=1+x,$$

即 $a_{1}+\sum_{n=1}^{\infty}[(n+1)a_{n+1}-(n-1)a_{n}]x^{n}=1+x.$

比较同次幂的系数,得 $a_{1}=1,2a_{2}=1,(n+1)a_{n+1}=(n-1)a_{n}$,即

$$a_{1}=1,a_{2}=\frac{1}{2}=\frac{1}{1\times2},a_{3}=\frac{1}{2\times3},\cdots,a_{n}=\frac{1}{(n-1)\cdot n},\cdots$$

故得 $y=x+\frac{1}{1\times2}x^{2}+\frac{1}{2\times3}x^{3}+\frac{1}{3\times4}x^{4}+\cdots$.

*第六节 函数项级数的一致收敛性及一致收敛级数的基本性质

知识全解

重点及常考点分析

1. 函数项级数一致收敛的定义.

定义:设有函数项级数 $\sum_{n=1}^{\infty}u_{n}(x)$. 如果对于任意给定的正数 ε,都存在着一个只依赖于 ε 的正整数 N,使得 $n>N$ 时,对区间 I 上的一切 x,都有一不等式

$$|R_{n}(x)|=|S(x)-S_{n}(x)|<\varepsilon$$

成立,则称函数项级数 $\sum_{n=1}^{\infty}u_{n}(x)$ 在区间 I 上一致收敛于和 $S(x)$,也称函数序列 $\{S_{n}(x)\}$ 在区间 I 上一致收敛于 $S(x)$.

2. 一致收敛级数的性质.

(1)设 $u_{n}(x)$ 在 $[a,b]$ 上连续 $(n=1,2\cdots)$,$\sum_{n=1}^{\infty}u_{n}(x)$ 在 $[a,b]$ 上一致收敛,则有

①$S(x)=\sum_{n=1}^{\infty}u_{n}(x)$ 在 $[a,b]$ 或 (a,b) 上连续;

② $\int_a^b \sum_{n=1}^{\infty} u_n(x)\mathrm{d}x = \sum_{n=1}^{\infty} \int_a^b u_n(x)\mathrm{d}x$.

(2)若 $u_n(x)$ 在 $[a,b]$ 上连续，$\sum_{n=1}^{\infty} u_n(x)$ 在 $[a,b]$ 上收敛，$\sum_{n=1}^{\infty} u'_n(x)$ 在 $[a,b]$ 上一致收敛，则 $\left[\sum_{n=1}^{\infty} u_n(x)\right]' = \sum_{n=1}^{\infty} u'_n(x), x\in[a,b]$（或 (a,b)）.

3. 一致收敛判别法.

(1)最值判别法：

① $f_n(x)$ 在 I 上一致收敛于 $f(x)$ 的充要条件是

$$\lim_{n\to+\infty} M_n = 0,$$

其中 $M_n = \max_{x\in I}\{|f_n(x)-f(x)|\}$.

② $\sum_{n=1}^{\infty} u_n(x)$ 在 I 上一致收敛于 $S(x)$ 的充要条件是

$$\lim_{n\to+\infty} M_n = 0,$$

其中 $M_n = \max_{x\in I}\{|\sum_{k=1}^{\infty} u_k(x) - S(x)|\}$.

(2)柯西准则：$f_n(x)$ 在 I 上一致收敛的充要条件是 $\forall \varepsilon>0$，存在与 x 无关的序号 N，当 $n>N$ 时，对任意的自然数 p，有 $|f_{n+p}(x)-f_n(x)|<\varepsilon, \forall x\in I$.

(3) M—判别法：设 $\sum_{n=1}^{\infty} u_n(x)$ 的一般项在区间 I 上满足 $|u_n(x)|\leqslant M_n(x\in I, n=1,2,\cdots)$，而 $\sum_{n=1}^{\infty} M_n$ 收敛，则 $\sum_{n=1}^{\infty} u_n(x)$ 在 I 上绝对一致收敛（即 $\sum_{n=1}^{\infty} u_n(x)$ 及 $\sum_{n=1}^{\infty} |u_n(x)|$ 都在 I 上一致收敛）.

例题精解

基本题型：判定函数项级数一致收敛或不一致收敛

例 1 证明：级数 $\sum_{n=1}^{\infty} \frac{nx}{4+n^5x^2}$ 在 $(-\infty,+\infty)$ 上绝对收敛且一致收敛.

证法一：用 M—判别法. 因 $4+n^5x^2 \geqslant 4n^{\frac{5}{2}}|x|$，则

$$\left|\frac{nx}{4+n^5x^2}\right| \leqslant \left|\frac{nx}{4n^{\frac{5}{2}}x}\right| = \frac{1}{4n^{\frac{3}{2}}}(|x|<+\infty),$$

又已知 p 级数 $\sum_{n=1}^{\infty} \frac{1}{4n^{\frac{3}{2}}}$ 收敛，故原级数绝对收敛且一致收敛.

证法二：记 $u_n(x) = \frac{nx}{4+n^5x^2}$，先求 $u_n(x)$ 的最大值. 不妨先考虑 $x\geqslant 0$ 时，

$$u'_n(x) = \frac{4n-n^6x^2}{(4+n^5x^2)^2} = \frac{n\cdot(4-n^5x^2)}{(4+n^5x^2)^2}.$$

若 $u'_n(x)=0$，则 $x=\sqrt{\frac{4}{n^5}} = 2\cdot\frac{1}{n^{\frac{5}{2}}}$，当 $0\leqslant x<2n^{-\frac{5}{2}}$ 时，$u'_n(x)>0$，当 $x>2n^{-\frac{5}{2}}$ 时，$u'_n(x)<0$，故 $x=2n^{-\frac{5}{2}}$ 是 $u_n(x)$ 的最大值点. 故

$$\left|\frac{nx}{4+n^5x^2}\right| \leqslant \frac{2n\cdot n^{-\frac{5}{2}}}{4+n^5(2n^{-\frac{5}{2}})^2} = \frac{1}{4}n^{-\frac{3}{2}} = \frac{1}{4n^{\frac{3}{2}}}.$$

由 $u_n(x)$是奇函数,有

$$\left|\frac{nx}{4+n^5x^2}\right|\leqslant\frac{1}{4n^{\frac{3}{2}}}(|x|<+\infty).$$

由 $\sum\limits_{n=1}^{\infty}\frac{1}{4n^{\frac{3}{2}}}$收敛,知原级数 $\sum\limits_{n=1}^{\infty}\frac{nx}{4+n^5x^2}$在$|x|<+\infty$内绝对收敛且一致收敛.

【方法点击】 判定函数项级数是否一致收敛,要选择合适的判别法,才能迅速有效.

例 2 证明:级数 $\sum\limits_{n=1}^{\infty}\frac{x^2}{(1+x^2)^n}$在$[0,1]$上收敛,但不一致收敛.

证明:显然,当 $x=0$ 时,$\sum\limits_{n=1}^{\infty}\frac{x^2}{(1+x^2)^n}=0.$

当 $x\neq0$ 时,$x\in(0,1]$,故有$\frac{1}{1+x^2}<1$,从而

$$\sum_{n=1}^{\infty}\frac{x^2}{(1+x^2)^n}=x^2\cdot\sum_{n=1}^{\infty}\left(\frac{1}{1+x^2}\right)^n$$

$$=x^2\cdot\lim_{n\to\infty}\frac{\frac{1}{1+x^2}\left[1-\left(\frac{1}{1+x^2}\right)^n\right]}{1-\frac{1}{1+x^2}}=x^2\cdot\frac{\frac{1}{1+x^2}}{\frac{x^2}{1+x^2}}=1,$$

即 $\sum\limits_{n=1}^{\infty}\frac{x^2}{(1+x^2)^n}=\begin{cases}1, & x\neq0,\\ 0, & x=0.\end{cases}$

故原级数在$[0,1]$上收敛,但和函数不连续,即原级数不一致收敛.

第七节 傅里叶级数

知识全解

一 本节知识结构图解

- 傅里叶级数
  - 傅里叶级数的相关概念
  - 收敛定理
  - 奇偶函数的傅里叶级数
  - 对称区间上的傅里叶级数

二 重点及常考点分析

1. 如果函数 $f(x)$满足收敛定理的条件,那么 $f(x)$的傅里叶级数收敛,且收敛于傅里叶级数的和函数 $S(x)$. 注意:并不是 $f(x)$本身.

2. 将定义在有限区间$[-\pi,\pi]$上的函数展开为傅里叶级数时,应先作周期延拓,使之成为周期为 2π 的周期函数,展开傅里叶级数后限定变化区间回到$(-\pi,\pi)$上(端点处是否封闭,须由收敛定理决定).

记住这个方法及过程!

3. 以 2π 为周期的周期函数 $f(x)$,如果是奇(偶)函数,则其傅里叶级数只含正(余)弦项,

得到的是正(余)弦级数.在有限区间$[-\pi,\pi]$上有定义的奇(偶)函数,经周期延拓后同样有这种结果.

4. 周期函数展开成傅里叶级数的步骤:

(1)画出$f(x)$的草图,由图形写出收敛域,可判断出函数的奇偶性,可减少求系数的工作量,并决定使用何公式;

(2)验证函数是否满足收敛定理条件,讨论展开后的级数在间断点、端点的和;

(3)计算傅里叶系数;

(4)写出傅里叶级数,决定收敛区间,注明它在何处收敛于$f(x)$.

三 考研大纲要求解读

了解傅里叶级数的概念和狄利克雷收敛定理.会将定义在$[-l,l]$上的函数展开为傅里叶级数,会将定义在$[0,l]$上的函数展开为正弦级数与余弦级数,会写出傅里叶级数的和函数的表达式.本节和下一节的内容考研时只对数学一要求.

例题精解

基本题型1:求函数的傅里叶级数展开系数

例1 填空题:

(1)设$f(x)$是以2π为周期的周期函数,且其傅里叶系数为a_n,b_n,试求$f(x+h)$(h为实数)的傅里叶系数:$a'_n=$______,$b'_n=$______.

(2)设$f(x)$是可积函数,且在$[-\pi,\pi]$上恒有$f(x+\pi)=f(x)$,则$a_{2n-1}=$______,$b_{2n-1}=$______.

解:$a'_n=\frac{1}{\pi}\int_{-\pi}^{\pi}f(x+h)\cos nx\mathrm{d}x=\frac{1}{\pi}\int_{-\pi}^{\pi}f(x+h)\cos[n(x+h)-nh]\mathrm{d}x$

$$=\frac{1}{\pi}\int_{-\pi}^{\pi}f(x+h)\cos nh\cos[n(x+h)]\mathrm{d}x+\frac{1}{\pi}\int_{-\pi}^{\pi}f(x+h)\sin nh\cdot\sin[n(x+h)]\mathrm{d}x$$

$$=a_n\cos nh+b_n\sin nh.$$

同理,可得$b'_n=b_n\cos nh-a_n\sin nh$.

(2)$a_n=\frac{1}{\pi}\int_{-\pi}^{\pi}\cos nx\mathrm{d}x=\frac{1}{\pi}\int_{-\pi}^{0}f(x)\cos nx\mathrm{d}x+\frac{1}{\pi}\int_{0}^{\pi}f(x)\cos nx\mathrm{d}x$,

$$\int_0^{\pi}f(x)\cos nx\mathrm{d}x\xlongequal{x=t+\pi}\int_{-\pi}^{0}f(t+\pi)\cos n(t+\pi)\mathrm{d}t$$

$$=\int_{-\pi}^{0}f(t+\pi)(-1)^n\cos nt\mathrm{d}t=\int_{-\pi}^{0}f(t)(-1)^n\cos nt\mathrm{d}t$$

$$=\int_{-\pi}^{0}f(x)(-1)^n\cos nx\mathrm{d}x,$$

故$a_n=\frac{1}{\pi}\int_{-\pi}^{0}[1+(-1)^n]f(x)\cos nx\mathrm{d}x$.则$a_{2n-1}=0$.同理,可得$b_{2n-1}=0$.

基本题型2:将函数在指定区间上展成傅里叶级数

例2 将函数$f(x)=|\sin x|(-\pi\leqslant x\leqslant\pi)$展开为傅里叶级数.

解:$f(x)$为偶函数,故$b_n=0(n=1,2,\cdots)$.

$$a_n=\frac{2}{\pi}\int_0^{\pi}f(x)\cos nx\mathrm{d}x=\frac{2}{\pi}\int_0^{\pi}\sin x\cos nx\mathrm{d}x$$

$$=\frac{1}{\pi}\int_0^{\pi}[\sin(1+n)x+\sin(1-n)x]\mathrm{d}x$$

$$=\frac{1}{\pi}\left[-\frac{1}{1+n}\cos(1+n)x-\frac{1}{1-n}\cos(1-n)x\right]\Bigg|_0^{\pi}$$

$$=\frac{1}{\pi}\left[\frac{1-(-1)^{n+1}}{1+n}+\frac{1-(-1)^{n-1}}{1-n}\right]=\frac{2}{\pi}\cdot\frac{1-(-1)^{n+1}}{1-n^2}$$

$$=\begin{cases}0, & n=2k+1,\\ \dfrac{4}{\pi[1-4k^2]}, & n=2k\end{cases}\quad(k=1,2,\cdots),$$

$$a_0=\frac{2}{\pi}\int_0^{\pi}\sin x\mathrm{d}x=\frac{4}{\pi},a_1=\frac{2}{\pi}\int_0^{\pi}\sin x\cos x\mathrm{d}x=0.$$

则 $|\sin x|=\frac{2}{\pi}+\frac{4}{\pi}\sum_{k=1}^{\infty}\frac{1}{1-4k^2}\cos 2kx\quad(-\pi\leqslant x\leqslant\pi)$.

例 3 将函数 $f(x)=\sin ax(-\pi\leqslant x\leqslant\pi,a\notin\mathbf{Z})$ 展开为傅里叶级数.

解:由于 $f(x)$ 为奇函数,故 $a_n=0\quad(n=1,2,\cdots)$.

$$b_n=\frac{2}{\pi}\int_0^{\pi}\sin ax\sin nx\mathrm{d}x=\frac{1}{\pi}\int_0^{\pi}[\cos(a-n)x-\cos(a+n)x]\mathrm{d}x$$

$$=\frac{1}{\pi}\left[\frac{\sin(a-n)\pi}{a-n}-\frac{\sin(a+n)\pi}{a+n}\right]=\frac{1}{\pi}\left[\frac{(-1)^n\sin a\pi}{a-n}-\frac{(-1)^n\sin a\pi}{a+n}\right]$$

$$=(-1)^n\cdot\frac{\sin a\pi\cdot 2n}{\pi(a^2-n^2)}.$$

于是 $\sin ax=\frac{2\sin a\pi}{\pi}\cdot\sum_{n=1}^{\infty}\frac{(-1)^n n}{a^2-n^2}\sin nx(-\pi<x<\pi)$.

在 $x=\pm\pi$ 时,级数收敛于 $\frac{1}{2}[f(-\pi^+)+f(\pi^-)]=0$.

基本题型 3:将函数展开成正(余)弦级数

例 4 将 $f(x)=1-x^2(0\leqslant x\leqslant\pi)$ 展开成余弦级数,并求级数 $\sum_{n=1}^{\infty}\frac{(-1)^{n-1}}{n^2}$ 的和.(考研题)

【思路探索】 考查函数展开成傅里叶级数,首先做偶延拓,得到对称区间上的偶函数 $F(x)$,写出 $F(x)$ 的傅里叶级数,找到 $f(x)$ 展开式成立的范围. 最后由得到的展开式,代入一个特殊点,求出数项级数 $\sum_{n=1}^{\infty}\frac{(-1)^{n-1}}{n^2}$ 的和.

解:将 $f(x)$ 延拓成$[-\pi,\pi]$上的偶函数 $F(x)$,则 $b_n=0(n=1,2,\cdots)$,且 $F(x)$ 在$[-\pi,\pi]$上满足狄利克雷定理的条件. 又

$$a_0=\frac{2}{b-a}\int_a^bF(x)\mathrm{d}x=\frac{1}{\pi}\int_{-\pi}^{\pi}F(x)\mathrm{d}x=\frac{2}{\pi}\int_0^{\pi}(1-x^2)\mathrm{d}x=2-\frac{2\pi^2}{3}.$$

$$a_n=\frac{2}{b-a}\int_a^bF(x)\cos\frac{2n\pi x}{b-a}\mathrm{d}x=\frac{1}{\pi}\int_{-\pi}^{\pi}F(x)\cos nx\mathrm{d}x$$

$$=\frac{2}{\pi}\int_0^{\pi}(1-x^2)\cos nx\mathrm{d}x=(-1)^{n+1}\frac{4}{n^2},n=1,2,\cdots$$

所以 $F(x)\sim\frac{a_0}{2}+\sum_{n=1}^{\infty}a_n\cos nx=1-\frac{\pi^2}{3}+4\sum_{n=1}^{\infty}\frac{(-1)^{n+1}}{n^2}\cos nx$.

又因 $F(x)$ 在$(-\pi,\pi)$内连续,所以在$(-\pi,\pi)$内 $F(x)$ 可以展开成傅里叶级数;

又因为 $S(\pm\pi)=\frac{F(-\pi+0)+F(\pi-0)}{2}=F(\pm\pi)$,所以

$$F(x)=1-\frac{\pi^2}{3}+4\sum_{n=1}^{\infty}\frac{(-1)^{n+1}}{n^2}\cos nx\,(-\pi\leqslant x\leqslant\pi),$$

综上可得：$f(x)=1-\frac{\pi^2}{3}+4\sum\limits_{n=1}^{\infty}\frac{(-1)^{n+1}}{n^2}\cos nx\,(0\leqslant x\leqslant\pi)$.

令 $x=0$，有 $f(0)=1-\frac{\pi^2}{3}+4\sum\limits_{n=1}^{\infty}\frac{(-1)^{n+1}}{n^2}$. 又 $f(0)=1$，所以 $\sum\limits_{n=1}^{\infty}\frac{(-1)^{n+1}}{n^2}=\frac{\pi^2}{12}$，故

$$\sum_{n=1}^{\infty}\frac{(-1)^{n-1}}{n^2}=\sum_{n=1}^{\infty}\frac{(-1)^{n+1}}{n^2}=\frac{\pi^2}{12}.$$

【方法点击】 遇到此种在半周期$[0,l]$上定义的非周期函数，并要求它在$[0,l]$上展成正（余）弦级数，一般过程如下：

(1)补充函数在$[-l,0)$上的定义，使其在整个$[-l,l]$上为奇（偶）函数，即

$$g(x)=\begin{cases}f(x), & 0\leqslant x\leqslant l,\\ -f(-x), & -l\leqslant x<0\end{cases}\text{或 }g(x)=\begin{cases}f(x), & 0\leqslant x\leqslant l,\\ f(-x), & -l\leqslant x<0.\end{cases}$$

(2)将 $g(x)$ 以 $2l$ 为周期延拓到$(-\infty,+\infty)$上，称为 $f(x)$ 的奇（偶）延拓.

(3)将 $g(x)$ 展成正（余）弦级数，并讨论级数在$[-l,l]$上的收敛性（当$l\neq\pi$时，级数展开法见第八节）.

(4)在区间$[0,l]$上，除间断点外 $f(x)=g(x)$，$x\in[0,l]$为连续点.

除以上的奇（偶）延拓法外，可以根据需要，在周期上作任意延拓，即对定义在$[0,l]$上的 $f(x)$，可在左半区间$[-l,0]$上补充任意定义，得新的函数$f_1(x)$，$x\in[-l,l]$，其中 $f_1(x)=f(x)$，$x\in[0,l]$. 再将 $f_1(x)$ 以 $2l$ 为周期延拓到整个数轴上，得到周期函数 $g(x)$.

应当指出，用不同的延拓方法得到不同形式的傅里叶级数.

例 5 将函数 $f(x)=-\sin\frac{x}{2}+1$，$x\in[0,\pi]$展开成正弦级数.

解：首先将 $f(x)$ 作奇延拓，再作周期延拓，则

$a_n=0\quad(n=0,1,\cdots)$；

$$\begin{aligned}b_n&=\frac{2}{\pi}\int_0^{\pi}f(x)\sin nx\mathrm{d}x=\frac{2}{\pi}\int_0^{\pi}\left(1-\sin\frac{x}{2}\right)\sin nx\mathrm{d}x\\&=\frac{2}{\pi}\left[\int_0^{\pi}\sin nx\mathrm{d}x-\int_0^{\pi}\sin\frac{x}{2}\sin nx\mathrm{d}x\right]\\&=\frac{2}{\pi}\left\{-\frac{1}{n}\cos nx\Big|_0^{\pi}-\frac{1}{2}\int_0^{\pi}\left[\cos\left(n-\frac{1}{2}\right)x-\cos\left(n+\frac{1}{2}\right)x\right]\right\}\mathrm{d}x\\&=\frac{2}{\pi}\left\{\frac{1}{n}[1-(-1)^n]+\left[\frac{1}{2n+1}\sin\left(n+\frac{1}{2}\right)x-\frac{1}{2n-1}\sin\left(n-\frac{1}{2}\right)x\right]\Big|_0^{\pi}\right\}\\&=\frac{2}{\pi}\left\{\frac{1}{n}[1-(-1)^n]+\frac{(-1)^n4n}{4n^2-1}\right\}(n=1,2,\cdots).\end{aligned}$$

由收敛定理得

$$-\sin\frac{x}{2}+1=\frac{2}{\pi}\sum_{n=1}^{\infty}\left\{\frac{1}{n}[1-(-1)^n]+\frac{(-1)^n4n}{4n^2-1}\right\}\sin nx,x\in[0,\pi].$$

第八节　一般周期函数的傅里叶级数

知识全解

一 重点及常考点分析

1. 周期为 $2l$ 的周期函数 $f(x)$，可通过变量替换 $t=\frac{\pi x}{l}$，化为周期为 2π 的周期函数 $F(t)$. 间接讨论 $f(x)$的傅里叶级数(略).

2. (1)偶延拓：$f(x)$为$[0,l]$上的非周期函数，令

$$F(x)=\begin{cases}f(x), & 0\leqslant x\leqslant l,\\ f(-x), & -l\leqslant x<0.\end{cases}$$

则 $f(x)\sim\frac{a_0}{2}+\sum\limits_{n=1}^{\infty}a_n\cos\frac{n\pi}{l}x$(余弦级数)，其中 $a_n=\frac{2}{l}=\int_0^l f(x)\cos\frac{n\pi}{l}x\mathrm{d}x(n=0,1,2,\cdots)$.

(2)奇延拓：$f(x)$为$[0,l]$上的非周期函数，令

$$F(x)=\begin{cases}f(x), & 0\leqslant x\leqslant l,\\ -f(-x), & -l\leqslant x<0.\end{cases}$$

则 $F(x)$除 $x=0$ 外在$[-\pi,\pi]$上为奇函数，则 $f(x)\sim\sum\limits_{n=1}^{\infty}b_n\sin\frac{n\pi}{l}x$(正弦级数)，

$$b_n=\frac{2}{l}\int_0^l f(x)\sin\frac{n\pi}{l}x\mathrm{d}x(n=1,2,\cdots).$$

将$[0,l]$上的非周期函数 $f(x)$作奇(或偶)延拓，可将其展开成只含正(或余)弦函数的傅里叶级数. 其中，关键是如上所述将 $f(x)$作奇(偶)延拓. 这是本节的重点内容.

二 考研大纲要求解读

了解傅里叶级数的概念和狄利克雷收敛定理. 会将定义在$[-l,l]$上的函数展开为傅里叶级数，会将定义在$[0,l]$上的函数展开为正弦级数与余弦级数，会写出傅里叶级数的和的表达式.

例题精解

基本题型：求函数的傅里叶级数展开式

例 1 将函数 $f(x)=2+|x|(-1\leqslant x\leqslant 1)$展成以 2 为周期的傅里叶级数，并由此求级数 $\sum\limits_{n=1}^{\infty}\frac{1}{n^2}$ 的和.

解：$f(x)=2+|x|$为偶函数，只能展成余弦级数，即

$b_n=0\quad(n=1,2,\cdots)$.

$a_0=\frac{2}{1}\int_0^1(2+x)\mathrm{d}x=5$.

$a_n=\frac{2}{1}\int_0^1(2+x)\cos n\pi x\mathrm{d}x=2\int_0^1 x\cos n\pi x\mathrm{d}x=\frac{2(\cos n\pi-1)}{n^2\pi^2}\quad(n=1,2,\cdots)$.

由于 $f(x)$在$[-1,1]$上满足收敛定理条件，故

$$2+|x|=\frac{5}{2}+\sum_{n=1}^{\infty}\frac{2(\cos n\pi-1)}{n^2\pi^2}\cos n\pi x$$
$$=\frac{5}{2}-\frac{4}{\pi^2}\sum_{k=0}^{\infty}\frac{\cos(2k+1)\pi x}{(2k+1)^2},x\in[-1,1].$$

当 $x=0$ 时，上式为 $2=\frac{5}{2}-\frac{4}{\pi^2}\sum_{k=0}^{\infty}\frac{1}{(2k+1)^2}$.

故
$$\sum_{k=0}^{\infty}\frac{1}{(2k+1)^2}=\frac{\pi^2}{8},$$

又 $\sum_{n=1}^{\infty}\frac{1}{n^2}=\sum_{k=0}^{\infty}\frac{1}{(2k+1)^2}+\sum_{k=1}^{\infty}\frac{1}{(2k)^2}=\sum_{k=0}^{\infty}\frac{1}{(2k+1)^2}+\frac{1}{4}\sum_{n=1}^{\infty}\frac{1}{n^2}$，故
$$\sum_{n=1}^{\infty}\frac{1}{n^2}=\frac{4}{3}\sum_{k=0}^{\infty}\frac{1}{(2k+1)^2}=\frac{4}{3}\times\frac{\pi^2}{8}=\frac{\pi^2}{6}.$$

例 2 设 $f(x)$ 是 $[-\pi,\pi]$ 上可积的以 2π 为周期的周期函数，其傅里叶系数为 $a_n(n=0,1,2,\cdots)$，$b_n(n=1,2,\cdots)$，求 $f(x+\alpha)$（$\alpha>0$ 且为常数）的傅里叶系数.

解：不妨记 $f(x+\alpha)$ 的傅里叶系数为 A_n,B_n，则由周期性

$$A_0=\frac{1}{\pi}\int_{-\pi}^{\pi}f(x+\alpha)\mathrm{d}x\xlongequal{t=x+\alpha}\frac{1}{\pi}\int_{-\pi+\alpha}^{\pi+\alpha}f(t)\mathrm{d}t=\frac{1}{\pi}\int_{-\pi}^{\pi}f(x)\mathrm{d}x=a_0;$$

$$A_n=\frac{1}{\pi}\int_{-\pi}^{\pi}f(x+\alpha)\cos nx\mathrm{d}x=\frac{1}{\pi}\int_{-\pi+\alpha}^{\pi+\alpha}f(t)\cos n(t-\alpha)\mathrm{d}t$$
$$=\frac{1}{\pi}\int_{-\pi}^{\pi}\cos nt\mathrm{d}t\cdot\cos n\alpha+\frac{1}{\pi}\int_{-\pi}^{\pi}f(t)\sin nt\mathrm{d}t\cdot\sin n\alpha$$
$$=a_n\cos n\alpha+b_n\sin n\alpha\quad(n=1,2,\cdots);$$

$$B_n=\frac{1}{\pi}\int_{-\pi}^{\pi}f(x+\alpha)\sin nx\mathrm{d}x=\frac{1}{\pi}\int_{-\pi+\alpha}^{\pi+\alpha}f(t)\sin n(t-\alpha)\mathrm{d}t$$
$$=\frac{1}{\pi}\int_{-\pi}^{\pi}f(t)\sin nt\mathrm{d}t\cdot\cos n\alpha-\frac{1}{\pi}\int_{-\pi}^{\pi}f(t)\cos nt\mathrm{d}t\cdot\sin n\alpha$$
$$=b_n\cos n\alpha-a_n\sin n\alpha\quad(n=1,2,\cdots).$$

故
$$A_n=a_n\cos n\alpha+b_n\sin n\alpha\quad(n=0,1,2,\cdots),$$
$$B_n=b_n\cos n\alpha-a_n\sin n\alpha\quad(n=1,2,\cdots).$$

本章小结

1. 常数项级数.

(1)有关定义：包括级数、部分和、交错级数、正项级数、一般项级数、收敛、发散、条件收敛、绝对收敛等.

(2)性质：

①有限项的改变不影响敛散性.

②收敛级数的项任意加括号后所成的级数仍收敛，且和不变.

③收敛级数的和级数、差级数收敛.

④收敛的必要条件 $\lim\limits_{n\to\infty}\mu_n=0$.

(3)收敛判别法：

①正项级数可用部分和法、比较判别法、比值判别法、根值判别法等.

②交错级数可用莱布尼茨判别法.

③一般项级数可用柯西准则.

2. 函数级数与幂级数.

(1)有关定义:包括函数项级数、收敛域、和函数、收敛区间、一致收敛等.

(2)判别法则可用柯西准则,M—判别法.一致收敛性的判定可用根值法、比值法.

(3)泰勒级数展开的条件、步骤.

3. 傅里叶级数.

(1)定义:包括傅里叶系数、傅里叶级数.

(2)收敛定理:狄利克雷定理.

(3)傅里叶展开:在对称区间$[-l,l]$上展开;在$[0,l]$上展开;奇偶函数展开等.

自测题

一、填空题

1. 以2π为周期的函数$f(x)$在一个周期$(-\pi,\pi]$上的表达式为$f(x)=\begin{cases}-1, & -\pi<x\leqslant 0,\\ 1+x^2, & 0<x\leqslant\pi,\end{cases}$则其傅里叶级数在点$x=\pi$处收敛于______.

2. 幂级数$\sum\limits_{n=1}^{\infty}\dfrac{n}{(-3)^n+2^n}x^{2n-1}$的收敛半径$R=$______.

3. 级数$\sum\limits_{n=1}^{\infty}\dfrac{n}{2^{n-1}}=$______.

4. $f(x)=\pi x+x^2(-\pi<x<\pi)$的傅里叶级数展开式中系数$b_3=$______.

二、选择题

1. 设有两个数列$\{a_n\}$,$\{b_n\}$,若$\lim\limits_{n\to\infty}a_n=0$,则(　　).(考研题)

(A)当$\sum\limits_{n=1}^{\infty}b_n$收敛时,$\sum\limits_{n=1}^{\infty}a_nb_n$收敛

(B)当$\sum\limits_{n=1}^{\infty}b_n$发散时,$\sum\limits_{n=1}^{\infty}a_nb_n$发散

(C)当$\sum\limits_{n=1}^{\infty}|b_n|$收敛时,$\sum\limits_{n=1}^{\infty}a_n^2b_n^2$收敛

(D)当$\sum\limits_{n=1}^{\infty}|b_n|$发散时,$\sum\limits_{n=1}^{\infty}a_n^2b_n^2$发散

2. 级数$\sum\limits_{n=1}^{\infty}\left(\dfrac{\sin na}{n^2}-\dfrac{1}{\sqrt{n}}\right)$($a$为常数)(　　).

(A)绝对收敛　　(B)条件收敛

(C)发散　　(D)收敛性与a的取值有关

3. 设级数$\sum\limits_{n=1}^{\infty}a_n^2$收敛,则级数$\sum\limits_{n=1}^{\infty}(-1)^n\dfrac{|a_n|}{\sqrt{n^2+\alpha}}(\alpha>0)$(　　).

(A)绝对收敛　　(B)条件收敛

(C)发散　　(D)收敛性与α有关

4. 设$u_n=(-1)^n\ln\left(1+\dfrac{1}{\sqrt{n}}\right)$,则(　　).

(A)$\sum\limits_{n=1}^{\infty}u_n$与$\sum\limits_{n=1}^{\infty}u_n^2$均收敛　　(B)$\sum\limits_{n=1}^{\infty}u_n$与$\sum\limits_{n=1}^{\infty}u_n^2$均发散

(C) $\sum_{n=1}^{\infty} u_n$ 收敛，$\sum_{n=1}^{\infty} u_n^2$ 发散

(D) $\sum_{n=1}^{\infty} u_n$ 发散，$\sum_{n=1}^{\infty} u_n^2$ 收敛

5. 函数项级数 $\sum_{n=1}^{\infty} nx^{-n}(x\neq 0)$ 的收敛域是(　　).

(A) $(-1,0)\cup(0,1)$

(B) $[-1,0)\cup(0,1]$

(C) $(-\infty,-1)\cup(1,+\infty)$

(D) $(-\infty,-1]\cup[1,+\infty)$

三、解答题

1. 按定义求 $\sum_{n=1}^{\infty} \dfrac{1}{(n+1)\sqrt{n}+n\sqrt{n+1}}$ 的和.

2. 求幂级数 $\sum_{n=1}^{\infty} (2n+1)x^n$ 的收敛域及其和函数.

3. 将函数 $\dfrac{x+5}{2x^2-x-6}$ 展开成 x 的幂级数.

4. 求级数 $\sum_{n=0}^{\infty} (-1)^n \dfrac{1}{2^n}(n^2-n+1)$ 的和.

5. 求幂级数 $\sum_{n=1}^{\infty} (-1)^{n-1}\left(1+\dfrac{1}{n(2n-1)}\right)x^{2n}$ 的收敛区间与和函数 $f(x)$.(考研题)

6. 求下列级数的绝对收敛域:

(1) $\sum_{n=1}^{\infty} \dfrac{(n+x)^n}{n^{n+x}}$；　(2) $\sum_{n=1}^{\infty} \tan^n\left(x+\dfrac{1}{n}\right)$.

自测题答案

一、填空题

1. $\dfrac{\pi^2}{2}$　**2.** $\sqrt{3}$　**3.** 4　**4.** $\dfrac{2}{3}\pi$

1. 提示: 由狄利克雷收敛定理可得.

2. 解: 由比值法得 $\lim\limits_{n\to\infty}\left|\dfrac{u_{n+1}(x)}{u_n(x)}\right|=\lim\limits_{n\to\infty}\left|\dfrac{\dfrac{(1+n)x^{2n+1}}{(-3)^{n+1}+2^{n+1}}}{\dfrac{nx^{2n-1}}{(-3)^n+2^n}}\right|=\dfrac{|x|^2}{3}$，从而，

当 $\dfrac{|x|^2}{3}<1$，即 $|x|<\sqrt{3}$ 时，幂级数收敛；

当 $\dfrac{|x|^2}{3}>1$，即 $|x|>\sqrt{3}$ 时，幂级数发散.

故收敛半径 $R=\sqrt{3}$.

3. 解: 因为级数 $\sum_{n=1}^{\infty} nx^{n-1}=\sum_{n=1}^{\infty}(x^n)'=\left(\sum_{n=1}^{\infty}x^n\right)'=\dfrac{1}{(1-x)^2}, x\in(-1,1)$，

所以取 $x=\dfrac{1}{2}$，则 $\sum_{n=1}^{\infty}\dfrac{n}{2^{n-1}}=\sum_{n=1}^{\infty}n\left(\dfrac{1}{2}\right)^{n-1}=4$.

4. 解: 由公式即得 $b_3=\dfrac{1}{\pi}\int_{-\pi}^{\pi}f(x)\sin 3x\mathrm{d}x=\dfrac{2}{3}\pi$.

二、选择题

1. (C)　**2.** (C)　**3.** (A)　**4.** (C)　**5.** (C)

1. 解法一：$\sum_{n=1}^{\infty}|b_n|$收敛，则$\lim_{n\to\infty}|b_n|=0$，又$\lim_{n\to\infty}a_n=0$，必存在N，使当$n>N$时，$|b_n|<\frac{1}{2}$且$|a_n|<\frac{1}{2}$，$a_n^2b_n^2<|b_n|$，即由正项级数的直接比较法得：当$\sum_{n=1}^{\infty}|b_n|$收敛时，$\sum_{n=1}^{\infty}a_n^2b_n^2$收敛. 故应选(C).

解法二：举反例：

对选项(A)，取$a_n=b_n=(-1)^n\frac{1}{\sqrt{n}}$，对选项(B)、(D)，取$a_n=b_n=\frac{1}{n}$.

2. 解：记$a_n=\frac{\sin na}{n^2}$，$b_n=\frac{1}{\sqrt{n}}$，则级数$\sum_{n=1}^{\infty}a_n$绝对收敛，$\sum_{n=1}^{\infty}b_n$发散，

故由反证法知级数$\sum_{n=1}^{\infty}(a_n-b_n)$发散. 故应选(C).

3. 解：记$b_n=(-1)^n\frac{1}{\sqrt{n^2+\alpha}}(\alpha>0)$，则$\sum_{n=1}^{\infty}b_n{}^2=\sum_{n=1}^{\infty}\frac{1}{n^2+\alpha}$收敛，

又$\sum_{n=1}^{\infty}a_n{}^2$收敛，且$|a_nb_n|=\frac{|a_n|}{\sqrt{n^2+\alpha}}\leqslant\frac{1}{2}(a_n{}^2+b_n{}^2)$.

由正项级数比较法及题设条件，知$\sum_{n=1}^{\infty}|a_nb_n|$收敛. 即原级数绝对收敛.

故应选(A).

4. 解：记$v_n=\frac{1}{\sqrt{n}}$，则级数$\sum_{n=1}^{\infty}(-1)^n\frac{1}{\sqrt{n}}$为收敛的交错级数，且$\sum_{n=1}^{\infty}v_n{}^2=\sum_{n=1}^{\infty}\frac{1}{n}$发散，又因为当$n\to\infty$时，$\ln\left(1+\frac{1}{\sqrt{n}}\right)\sim v_n$，$u_n{}^2\sim v_n{}^2$. 所以$\sum_{n=1}^{\infty}u_n{}^2$发散，而$\sum_{n=1}^{\infty}u_n$为交错级数. 由莱布尼茨定理知其收敛，故应选(C).

5. 解：令$y=\frac{1}{x}$，则$y^n=\frac{1}{x^n}$，$x=\frac{1}{y}$. 且当$y\to0^-$时，$x\to-\infty$；当$y\to0^+$时，$x\to+\infty$. 又级数$\sum_{n=1}^{\infty}ny^n$的收敛域为$(-1,1)$.

故级数$\sum_{n=1}^{\infty}nx^{-n}$的收敛域为$(-\infty,-1)$及$(1,+\infty)$. 故应选(C).

三、解答题

1. 解：$u_n=\frac{1}{(n+1)\sqrt{n}+n\sqrt{n+1}}=\frac{1}{\sqrt{n}}-\frac{1}{\sqrt{n+1}}$，则

$$S_n=u_1+u_2+\cdots+u_n=\left(1-\frac{1}{\sqrt{2}}\right)+\left(\frac{1}{\sqrt{2}}-\frac{1}{\sqrt{3}}\right)+\cdots+\left(\frac{1}{\sqrt{n}}-\frac{1}{\sqrt{n+1}}\right)$$
$$=1-\frac{1}{\sqrt{n+1}},$$

故$\sum_{n=1}^{\infty}\frac{1}{(n+1)\sqrt{n}+n\sqrt{n+1}}=\lim_{n\to\infty}S_n=1$.

2. 解：$R=\lim_{n\to\infty}\left|\frac{a_n}{a_{n+1}}\right|=\lim_{n\to\infty}\frac{2n+1}{2n+3}=1$，

在$x=\pm1$处，级数$\sum_{n=1}^{\infty}(\pm1)^n(2n+1)$均发散，故收敛域为$(-1,1)$. 又

$$\sum_{n=1}^{\infty}(2n+1)x^n = 2\sum_{n=1}^{\infty}nx^n + \sum_{n=1}^{\infty}x^n = 2x\sum_{n=1}^{\infty}nx^{n-1} + \frac{x}{1-x}$$

$$= 2x\left(\sum_{n=1}^{\infty}x^n\right)' + \frac{x}{1-x} = 2x\left(\frac{x}{1-x}\right)' + \frac{x}{1-x}$$

$$= \frac{3x-x^2}{(1-x)^2}(|x|<1).$$

3. 解：$\dfrac{x+5}{2x^2-x-6} = \dfrac{x+5}{(2x+3)(x-2)} = -\dfrac{1}{2x+3} + \dfrac{1}{x-2}$

$$= -\frac{1}{3}\cdot\frac{1}{1+\frac{2}{3}x} - \frac{1}{2}\cdot\frac{1}{1-\frac{1}{2}x}$$

$$= \frac{1}{3}\sum_{n=0}^{\infty}(-1)^{n+1}\left(\frac{2}{3}x\right)^n - \frac{1}{2}\sum_{n=0}^{\infty}\left(\frac{1}{2}x\right)^n$$

$$= \sum_{n=0}^{\infty}\left[(-1)^{n+1}\frac{2^n}{3^{n+1}} - \frac{1}{2^{n+1}}\right]x^n\left(|x|<\frac{3}{2}\right).$$

4. 解：考查幂级数

$$S(x) = \sum_{n=0}^{\infty}(-1)^n(n^2-n+1)x^n = \sum_{n=0}^{\infty}(-1)^n(n^2-n)x^n + \sum_{n=0}^{\infty}(-1)^nx^n$$

$$= \sum_{n=2}^{\infty}(-1)^nn(n-1)x^n + \frac{1}{1+x} = x\sum_{n=2}^{\infty}(-1)^n(n-1)nx^{n-1} + \frac{1}{1+x}$$

$$= x\left[\sum_{n=2}^{\infty}(-1)^n(n-1)x^n\right]' + \frac{1}{1+x} = x\left[x^2\sum_{n=2}^{\infty}(-1)^n(n-1)x^{n-2}\right]' + \frac{1}{1+x}$$

$$= x\left\{x^2\left[\sum_{n=2}^{\infty}(-1)^nx^{n-1}\right]'\right\}' + \frac{1}{1+x} = x\left[x^2\left(\frac{x}{1+x}\right)'\right]' + \frac{1}{1+x}$$

$$= \frac{2x^2}{(1+x)^3} + \frac{1}{1+x},$$

令 $x=\dfrac{1}{2}$，得所求级数的和为

$$\sum_{n=0}^{\infty}(-1)^n\frac{1}{2^n}(n^2-n+1) = S\left(\frac{1}{2}\right) = \frac{22}{27}.$$

5. 解：因为 $\lim\limits_{n\to\infty}\dfrac{(n+1)(2n+1)+1}{(n+1)(2n+1)}\cdot\dfrac{n(2n-1)}{n(2n-1)+1}=1$，所以当 $x^2<1$ 时，原级数绝对收敛；当 $x^2>1$ 时，原级数发散，因此原级数的收敛半径为 1，收敛区间为 $(-1,1)$.

记 $S(x)=\sum\limits_{n=1}^{\infty}\dfrac{(-1)^{n-1}}{2n(2n-1)}x^{2n}, x\in(-1,1)$ 则

$$S'(x) = \sum_{n=1}^{\infty}\frac{(-1)^{n-1}}{2n-1}x^{2n-1}, x\in(-1,1),$$

$$S''(x) = \sum_{n=1}^{\infty}(-1)^{n-1}x^{2n-2} = \frac{1}{1+x^2}, x\in(-1,1).$$

由于 $S(0)=0, S'(0)=0$，所以

$$S'(x) = \int_0^x S''(t)\mathrm{d}t = \int_0^x\frac{1}{1+t^2}\mathrm{d}t = \arctan x,$$

$$S(x) = \int_0^x S'(t)\mathrm{d}t = \int_0^x \arctan t\mathrm{d}t = x\arctan x - \frac{1}{2}\ln(1+x^2).$$

又 $\sum_{n=1}^{\infty}(-1)^{n-1}x^{2n}=\frac{x^2}{1+x^2}, x\in(-1,1)$，从而

$$f(x)=2S(x)+\frac{x^2}{1+x^2}=2x\arctan x-\ln(1+x^2)+\frac{x^2}{1+x^2}, x\in(-1,1).$$

6.【思路探索】求函数项级数 $\sum_{n=1}^{\infty}u_n(x)$ 的收敛域，可以按如下解题程序进行：

(1)用比值法(或根值法)求 $\rho(x)$，即

$$\lim_{n\to\infty}\frac{|u_{n+1}(x)|}{|u_n(x)|}=\rho(x)\text{或}\lim_{n\to\infty}\sqrt[n]{|u_n(x)|}=\rho(x);$$

(2)解不等式 $\rho(x)<1$，求出 $\sum_{n=1}^{\infty}u_n(x)$ 的收敛区间 (a,b)；

(3)考查 $x=a$ 及 $x=b$ 时，级数 $\sum_{n=1}^{\infty}u_n(a)$ 及 $\sum_{n=1}^{\infty}u_n(b)$ 的敛散性；

(4)写出 $\sum_{n=1}^{\infty}u_n(x)$ 的收敛域.

解：(1)任意 $x\in(-\infty,+\infty)$，当 n 充分大时，$\sum_{n=1}^{\infty}\frac{(n+x)^n}{n^{n+x}}$ 可视为正项级数.

记 $u_n(x)=\frac{(n+x)^n}{n^{n+x}}$，则

$$\lim_{n\to\infty}\frac{u_n(x)}{\frac{1}{n^x}}=\lim_{n\to\infty}\frac{(n+x)^n}{n^{n+x}}\cdot\frac{n^x}{1}=\lim_{n\to\infty}\left(1+\frac{x}{n}\right)^n=\mathrm{e}^x,$$

由 p 级数的性质，当 $x>1$ 时，级数 $\sum_{n=1}^{\infty}\frac{1}{n^x}$ 收敛，则原级数收敛.

当 $x\leqslant1$，级数 $\sum_{n=1}^{\infty}\frac{1}{n^x}$ 发散，则原级数发散. 故 $\sum_{n=1}^{\infty}\frac{(n+x)^n}{n^{n+x}}$ 的收敛域也即绝对收敛域为 $x>1$.

(2)记 $u_n(x)=\tan^n\left(x+\frac{1}{n}\right)$，则

$$\lim_{n\to\infty}\sqrt[n]{|u_n(x)|}=\lim_{n\to\infty}\sqrt[n]{\left|\tan^n\left(x+\frac{1}{n}\right)\right|}=|\tan x|.$$

由柯西判别法，当 $|\tan x|<1$ 时，即 $|x-k\pi|<\frac{\pi}{4}(k=0,\pm1,\cdots)$ 时，原级数绝对收敛，否则发散. 故原级数的绝对收敛域为 $|x-k\pi|<\frac{\pi}{4}$.

【方法点击】 求函数项级数的收敛域(或绝对收敛域)时，一般先用比值或根值判别法，$\lim_{n\to\infty}\left|\frac{u_{n+1}(x)}{u_n(x)}\right|=f(x)$，或 $\lim_{n\to\infty}\sqrt[n]{|u_n(x)|}=f(x)$，若 $f(x)<1$，则原级数绝对收敛；求解不等式 $f(x)<1$，得收敛域 $x\in(a,b)$，再考查区间端点 $x=a$，$x=b$ 的情况，最后确定原级数 $\sum_{n=1}^{\infty}u_n(x)$ 的收敛域.

教材习题全解

（下册）

第八章　空间解析几何与向量代数

习题 8－1 解答(教材 P13～P14)

1. 解: $2\boldsymbol{u}-3\boldsymbol{v}=2(\boldsymbol{a}-\boldsymbol{b}+2\boldsymbol{c})-3(-\boldsymbol{a}+3\boldsymbol{b}-\boldsymbol{c})=5\boldsymbol{a}-11\boldsymbol{b}+7\boldsymbol{c}$.

2. 证: 设四边形 $ABCD$ 中,$\overrightarrow{AC}$与$\overrightarrow{BD}$相交于 M,且$\overrightarrow{AM}=\overrightarrow{MC}$, $\overrightarrow{DM}=\overrightarrow{MB}$.

因为$\overrightarrow{AB}=\overrightarrow{AM}+\overrightarrow{MB}=\overrightarrow{MC}+\overrightarrow{DM}=\overrightarrow{DM}+\overrightarrow{MC}=\overrightarrow{DC}$.

所以$\overrightarrow{AB}/\!/\overrightarrow{DC}$且$|\overrightarrow{AB}|=|\overrightarrow{DC}|$. 故 $ABCD$ 是平行四边形.

3. 解: $\overrightarrow{D_1A}=\overrightarrow{BA}-\overrightarrow{BD_1}=-\overrightarrow{AB}-\frac{1}{5}\overrightarrow{BC}=-\boldsymbol{c}-\frac{1}{5}\boldsymbol{a}$,

$\overrightarrow{D_2A}=\overrightarrow{BA}-\overrightarrow{BD_2}=-\overrightarrow{AB}-\frac{2}{5}\overrightarrow{BC}=-\boldsymbol{c}-\frac{2}{5}\boldsymbol{a}$,

$\overrightarrow{D_3A}=\overrightarrow{BA}-\overrightarrow{BD_3}=-\overrightarrow{AB}-\frac{3}{5}\overrightarrow{BC}=-\boldsymbol{c}-\frac{3}{5}\boldsymbol{a}$,

$\overrightarrow{D_4A}=\overrightarrow{BA}-\overrightarrow{BD_4}=-\overrightarrow{AB}-\frac{4}{5}\overrightarrow{BC}=-\boldsymbol{c}-\frac{4}{5}\boldsymbol{a}$.

4. 解: $\overrightarrow{M_1M_2}=(1,-2,-2)$, $-2\overrightarrow{M_1M_2}=(-2,4,4)$.

5. 解: 由 $|\boldsymbol{a}|=\sqrt{6^2+7^2+(-6)^2}=11$, 则 $\boldsymbol{e}=\pm\frac{\boldsymbol{a}}{|\boldsymbol{a}|}=\left(\pm\frac{6}{11},\pm\frac{7}{11},\mp\frac{6}{11}\right)$.

6. 解: A:Ⅳ　B:Ⅴ　C:Ⅷ　D:Ⅲ

7. 解: 在 yOz 面上,点的横坐标 $x=0$;

在 zOx 面上,点的纵坐标 $y=0$;

在 xOy 面上,点的竖坐标 $z=0$.

在 x 轴上,点的纵、竖坐标均为 0,即 $y=z=0$;

在 y 轴上,点的横、竖坐标均为 0,即 $z=x=0$;

在 z 轴上,点的横、纵坐标均为 0,即 $x=y=0$.

A 在 xOy 面上,B 在 yOz 面上,C 在 x 轴上,D 在 y 轴上.

8. 解: (1)关于 xOy,yOz,zOx 面的对称点的坐标分别为$(a,b,-c)$,$(-a,b,c)$,$(a,-b,c)$;

(2)关于 x,y,z 轴的对称点的坐标分别为$(a,-b,-c)$,$(-a,b,-c)$,$(-a,-b,c)$;

(3)关于坐标原点的对称点的坐标为$(-a,-b,-c)$.

9. 解: 如图 8-1 所示. xOy 面:$(x_0,y_0,0)$;

yOz 面:$(0,y_0,z_0)$;zOx 面:$(x_0,0,z_0)$.

x 轴:$(x_0,0,0)$;y 轴:$(0,y_0,0)$;z 轴:$(0,0,z_0)$.

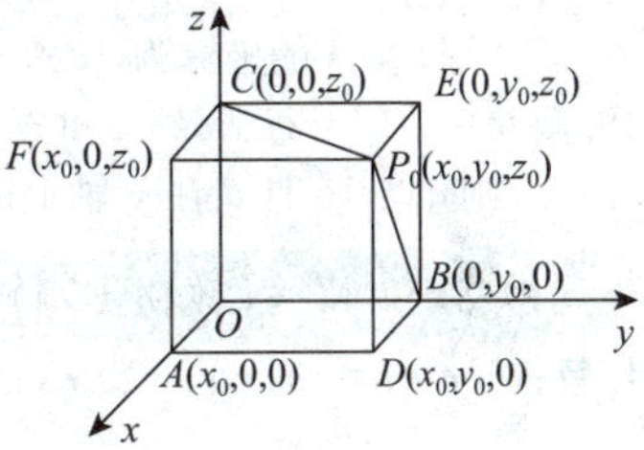

图 8-1

10. 解: 过 P_0 且平行于 z 轴的直线上的点有相同的横坐标 x_0 和相同的纵坐标 y_0;

过 P_0 且平行于 xOy 平面上的点具有相同的竖坐标 z_0.

11. 解: 如图 8-2 所示,各顶点的坐标分别为:

$A\left(\frac{\sqrt{2}}{2}a,0,0\right)$, $C\left(-\frac{\sqrt{2}}{2}a,0,0\right)$, $B\left(0,\frac{\sqrt{2}}{2}a,0\right)$,

$D\left(0,-\frac{\sqrt{2}}{2}a,0\right)$, $A'\left(\frac{\sqrt{2}}{2}a,0,a\right)$, $C'\left(-\frac{\sqrt{2}}{2}a,0,a\right)$,

$B'\left(0,\frac{\sqrt{2}}{2}a,a\right)$, $D'\left(0,-\frac{\sqrt{2}}{2}a,a\right)$.

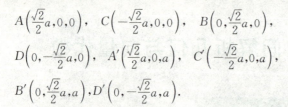

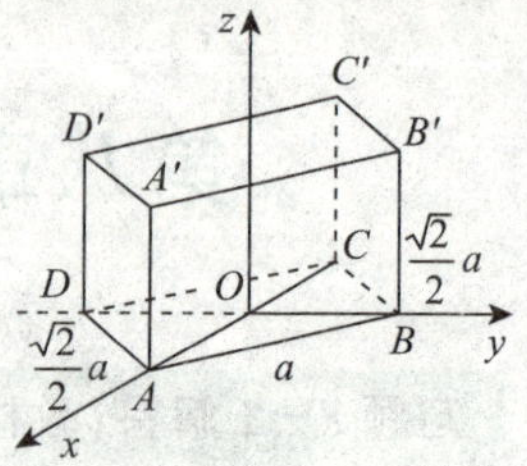

图 8-2

12. 解: 点 M 到 x 轴的距离: $r_x=\sqrt{3^2+5^2}=\sqrt{34}$,

点 M 到 y 轴的距离: $r_y=\sqrt{5^2+4^2}=\sqrt{41}$,

点 M 到 z 轴的距离: $r_z=\sqrt{3^2+4^2}=5$.

13. 解: 在 yOz 面上,设点 $P(0,y,z)$ 与 A,B,C 三点等距离,即 $|\overrightarrow{PA}|^2=|\overrightarrow{PB}|^2=|\overrightarrow{PC}|^2$.

故 $\begin{cases}3^2+(y-1)^2+(z-2)^2=(y-5)^2+(z-1)^2,\\4^2+(y+2)^2+(z+2)^2=(y-5)^2+(z-1)^2,\end{cases}$ 解方程组,得 $y=1$, $z=-2$.

故所求点为 $(0,1,-2)$.

14. 证: 因为 $|\overrightarrow{AB}|=\sqrt{(10-4)^2+(-1-1)^2+(6-9)^2}=7$,

$|\overrightarrow{AC}|=\sqrt{(2-4)^2+(4-1)^2+(3-9)^2}=7$,

$|\overrightarrow{BC}|=\sqrt{(2-10)^2+(4+1)^2+(3-6)^2}=7\sqrt{2}$,

所以 $|\overrightarrow{AB}|^2+|\overrightarrow{AC}|^2=|\overrightarrow{BC}|^2$ 且 $|\overrightarrow{AB}|=|\overrightarrow{AC}|$. 从而 $\triangle ABC$ 为等腰直角三角形.

15. 解: $|\overrightarrow{M_1M_2}|=\sqrt{(3-4)^2+(0-\sqrt{2})^2+(2-1)^2}=2$,

$\overrightarrow{M_1M_2}=(-1,-\sqrt{2},1)=2\left(-\frac{1}{2},-\frac{\sqrt{2}}{2},\frac{1}{2}\right)$,

则 $\cos\alpha=-\frac{1}{2}$, $\cos\beta=-\frac{\sqrt{2}}{2}$, $\cos\gamma=\frac{1}{2}$. 从而 $\alpha=\frac{2}{3}\pi$, $\beta=\frac{3}{4}\pi$, $\gamma=\frac{\pi}{3}$.

16. 解: (1) 当 $\cos\alpha=0$ 时,向量与 x 轴垂直,平行于 yOz 面;

(2) 当 $\cos\beta=1$ 时, $\beta=0$, 则向量与 y 轴正向一致,垂直于 zOx 面;

(3) 当 $\cos\alpha=\cos\beta=0$ 时,则 $\cos^2\gamma=1$. 故 $\gamma=0$ 或 π, 此时向量平行于 z 轴,垂直于 xOy 面.

17. 解: $\mathrm{Prj}_u\boldsymbol{r}=|\boldsymbol{r}|\cdot\cos\theta=4\cdot\cos\frac{\pi}{3}=2$.

18. 解: 设起点 A 的坐标为 (x,y,z), 则 $\overrightarrow{AB}=(2-x,-1-y,7-z)$.

由题意,得 $2-x=4$, $-1-y=-4$, $7-z=7$, 即 $x=-2$, $y=3$, $z=0$.

故起点 A 的坐标为 $(-2,3,0)$.

19. 解: $\boldsymbol{a}=4(3\boldsymbol{i}+5\boldsymbol{j}+8\boldsymbol{k})+3(2\boldsymbol{i}-4\boldsymbol{j}-7\boldsymbol{k})-(5\boldsymbol{i}+\boldsymbol{j}-4\boldsymbol{k})=13\boldsymbol{i}+7\boldsymbol{j}+15\boldsymbol{k}$.

则 $a_x=13$ 且 $\boldsymbol{a}$ 在 y 轴上的分向量为 $7\boldsymbol{j}$.

习题 8-2 解答(教材 P23)

1. 解: (1) $\boldsymbol{a}\cdot\boldsymbol{b}=(3,-1,-2)\cdot(1,2,-1)=3\times1+(-1)\times2+(-2)\times(-1)=3$,

$$\boldsymbol{a}\times\boldsymbol{b}=\begin{vmatrix}\boldsymbol{i}&\boldsymbol{j}&\boldsymbol{k}\\3&-1&-2\\1&2&-1\end{vmatrix}=(5,1,7).$$

(2) $(-2\boldsymbol{a})\cdot3\boldsymbol{b}=-6(\boldsymbol{a}\cdot\boldsymbol{b})=-6\times3=-18$,

$$\boldsymbol{a}\times(2\boldsymbol{b})=2(\boldsymbol{a}\times\boldsymbol{b})=2(5,1,7)=(10,2,14).$$

(3) $\cos(\widehat{\boldsymbol{a},\boldsymbol{b}})=\dfrac{\boldsymbol{a}\cdot\boldsymbol{b}}{|\boldsymbol{a}||\boldsymbol{b}|}=\dfrac{3}{\sqrt{3^2+(-1)^2+(-2)^2}\sqrt{1^2+2^2+(-1)^2}}=\dfrac{3}{2\sqrt{21}}$.

2. 解: 因为 $\boldsymbol{a}+\boldsymbol{b}+\boldsymbol{c}=\boldsymbol{0}$,则 $\boldsymbol{a}+\boldsymbol{b}=-\boldsymbol{c}$. 而

$$\boldsymbol{b}\cdot\boldsymbol{c}+\boldsymbol{c}\cdot\boldsymbol{a}\xlongequal{\text{交换律}}\boldsymbol{c}\cdot\boldsymbol{b}+\boldsymbol{c}\cdot\boldsymbol{a}=\boldsymbol{c}\cdot(\boldsymbol{b}+\boldsymbol{a})$$
$$=\boldsymbol{c}\cdot(\boldsymbol{a}+\boldsymbol{b})=\boldsymbol{c}\cdot(-\boldsymbol{c})=-\boldsymbol{c}^2=-|\boldsymbol{c}|^2=-1.$$

同理,$\boldsymbol{c}\cdot\boldsymbol{a}+\boldsymbol{a}\cdot\boldsymbol{b}=-1$,$\boldsymbol{a}\cdot\boldsymbol{b}+\boldsymbol{b}\cdot\boldsymbol{c}=-1$,则 $2(\boldsymbol{a}\cdot\boldsymbol{b}+\boldsymbol{b}\cdot\boldsymbol{c}+\boldsymbol{c}\cdot\boldsymbol{a})=-3$.

故 $\boldsymbol{a}\cdot\boldsymbol{b}+\boldsymbol{b}\cdot\boldsymbol{c}+\boldsymbol{c}\cdot\boldsymbol{a}=-\dfrac{3}{2}$.

3. 解: 记与 $\overrightarrow{M_1M_2}$,$\overrightarrow{M_2M_3}$ 同时垂直的单位向量为 $\pm\boldsymbol{e}^\circ$.

因为 $\overrightarrow{M_1M_2}=(2,4,-1)$,$\overrightarrow{M_2M_3}=(0,-2,2)$,

所以 $\boldsymbol{e}=\overrightarrow{M_1M_2}\times\overrightarrow{M_2M_3}=\begin{vmatrix}\boldsymbol{i}&\boldsymbol{j}&\boldsymbol{k}\\2&4&-1\\0&-2&2\end{vmatrix}=(6,-4,-4)$,

故 $\pm\boldsymbol{e}^\circ=\pm\dfrac{\boldsymbol{e}}{|\boldsymbol{e}|}=\pm\dfrac{(6,-4,-4)}{\sqrt{6^2+(-4)^2+(-4)^2}}=\pm\dfrac{1}{\sqrt{17}}(3,-2,-2)$.

4. 解: 重力 $\boldsymbol{F}=(0,0,-9.8\times100)=(0,0,-980)$,$\overrightarrow{M_1M_2}=(-2,3,-6)$,

则 $W=\boldsymbol{F}\cdot\overrightarrow{M_1M_2}=(0,0,-980)\cdot(-2,3,-6)=980\times6=5\ 880\ (\mathrm{J})$.

5. 解: 有固定转轴的物体的平衡条件是力矩的代数和等于零. 两力矩分别为 $x_1|\boldsymbol{F}_1|\sin\theta_1$ 与 $x_2|\boldsymbol{F}_2|\sin\theta_2$,要使杠杆平衡,必须满足如下条件:

$$x_1|\boldsymbol{F}_1|\sin\theta_1=x_2|\boldsymbol{F}_2|\sin\theta_2.$$

6. 解: $\mathrm{Prj}_{\boldsymbol{b}}\boldsymbol{a}=\dfrac{\boldsymbol{a}\cdot\boldsymbol{b}}{|\boldsymbol{b}|}=\dfrac{4\times2+(-3)\times2+4\times1}{\sqrt{2^2+2^2+1^2}}=2$.

7. 解: $\lambda\boldsymbol{a}+u\boldsymbol{b}=(3\lambda+2u,5\lambda+u,-2\lambda+4u)$. 在 z 轴上取单位向量 $\boldsymbol{e}=(0,0,1)$,要使它与 $\lambda\boldsymbol{a}+u\boldsymbol{b}$ 垂直,只需 $\boldsymbol{e}\cdot(\lambda\boldsymbol{a}+u\boldsymbol{b})=0$,即

$$(3\lambda+2u)\times0+(5\lambda+u)\times0+(-2\lambda+4u)\times1=0.$$

故 $\lambda=2u$.

8. 证: 设 AB 为直径,圆心为 O. 在圆上任取一点 C,连接 AC、BC 与 OC. 要证 $\angle ACB=90^\circ$,只需证 $\overrightarrow{AC}\perp\overrightarrow{BC}$,即 $\overrightarrow{AC}\cdot\overrightarrow{BC}=0$. 因为

$$\overrightarrow{AC}\cdot\overrightarrow{BC}=(\overrightarrow{AO}+\overrightarrow{OC})\cdot(\overrightarrow{BO}+\overrightarrow{OC})=(\overrightarrow{OC}+\overrightarrow{AO})\cdot(\overrightarrow{OC}-\overrightarrow{AO})$$
$$=(\overrightarrow{OC})^2-(\overrightarrow{AO})^2=|\overrightarrow{OC}|^2-|\overrightarrow{AO}|^2=0,$$

则 $\overrightarrow{AC}\perp\overrightarrow{BC}$. 即 AB 所对的圆周角是直角.

9. 解: (1) $(\boldsymbol{a}\cdot\boldsymbol{b})\boldsymbol{c}-(\boldsymbol{a}\cdot\boldsymbol{c})\boldsymbol{b}$

$=[(2,-3,1)\cdot(1,-1,3)](\boldsymbol{i}-2\boldsymbol{j})-[(2,-3,1)\cdot(1,-2,0)](\boldsymbol{i}-\boldsymbol{j}+3\boldsymbol{k})$

$=8(\boldsymbol{i}-2\boldsymbol{j})-8(\boldsymbol{i}-\boldsymbol{j}+3\boldsymbol{k})=-8\boldsymbol{j}-24\boldsymbol{k}$.

(2) $\boldsymbol{a}+\boldsymbol{b}=(2,-3,1)+(1,-1,3)=(3,-4,4)$,

$\boldsymbol{b}+\boldsymbol{c}=(1,-1,3)+(1,-2,0)=(2,-3,3)$,

$(\boldsymbol{a}+\boldsymbol{b})\times(\boldsymbol{b}+\boldsymbol{c})=\begin{vmatrix}\boldsymbol{i}&\boldsymbol{j}&\boldsymbol{k}\\3&-4&4\\2&-3&3\end{vmatrix}=-\boldsymbol{j}-\boldsymbol{k}$.

(3)$\boldsymbol{a}\times\boldsymbol{b}=\begin{vmatrix}\boldsymbol{i}&\boldsymbol{j}&\boldsymbol{k}\\2&-3&1\\1&-1&3\end{vmatrix}=-8\boldsymbol{i}-5\boldsymbol{j}+\boldsymbol{k}$. 则

$(\boldsymbol{a}\times\boldsymbol{b})\cdot\boldsymbol{c}=(-8,-5,1)\cdot(1,-2,0)=-8\times1+(-5)\times(-2)+1\times0=2.$

10. 解: 利用向量积的几何意义:

$$S_{\triangle AOB}=\frac{1}{2}|\overrightarrow{OA}\times\overrightarrow{OB}|=\frac{1}{2}\left|\begin{vmatrix}\boldsymbol{i}&\boldsymbol{j}&\boldsymbol{k}\\1&0&3\\0&1&3\end{vmatrix}\right|=\frac{1}{2}|-3\boldsymbol{i}-3\boldsymbol{j}+\boldsymbol{k}|=\frac{\sqrt{19}}{2}.$$

***11. 证:** $(\boldsymbol{a}\times\boldsymbol{b})\cdot\boldsymbol{c}=\begin{vmatrix}a_x&a_y&a_z\\b_x&b_y&b_z\\c_x&c_y&c_z\end{vmatrix}=-\begin{vmatrix}b_x&b_y&b_z\\a_x&a_y&a_z\\c_x&c_y&c_z\end{vmatrix}=\begin{vmatrix}b_x&b_y&b_z\\c_x&c_y&c_z\\a_x&a_y&a_z\end{vmatrix}$

$$=(\boldsymbol{b}\times\boldsymbol{c})\cdot\boldsymbol{a}=-\begin{vmatrix}c_x&c_y&c_z\\b_x&b_y&b_z\\a_x&a_y&a_z\end{vmatrix}=\begin{vmatrix}c_x&c_y&c_z\\a_x&a_y&a_z\\b_x&b_y&b_z\end{vmatrix}=(\boldsymbol{c}\times\boldsymbol{a})\cdot\boldsymbol{b}.$$

12. 证: 设 $\boldsymbol{a}=(a_1,a_2,a_3)$, $\boldsymbol{b}=(b_1,b_2,b_3)$, 则 $|\boldsymbol{a}\cdot\boldsymbol{b}|=|\boldsymbol{a}|\cdot|\boldsymbol{b}|\cdot|\cos(\widehat{\boldsymbol{a},\boldsymbol{b}})|$,

其中 $\cos(\widehat{\boldsymbol{a},\boldsymbol{b}})-\frac{\boldsymbol{a}\cdot\boldsymbol{b}}{|\boldsymbol{a}|\cdot|\boldsymbol{b}|}$, 从而有 $\frac{|\boldsymbol{a}\cdot\boldsymbol{b}|}{|\boldsymbol{a}|\cdot|\boldsymbol{b}|}=|\cos(\widehat{\boldsymbol{a},\boldsymbol{b}})|\leqslant1$, 则 $|\boldsymbol{a}\cdot\boldsymbol{b}|\leqslant|\boldsymbol{a}|\cdot|\boldsymbol{b}|$.

即 $\sqrt{a_1^2+a_2^2+a_3^2}\cdot\sqrt{b_1^2+b_2^2+b_3^2}\geqslant|a_1b_1+a_2b_2+a_3b_3|$.

习题 8－3 解答(教材 P29～P30)

1. 解: 所求平面的法向量为 $\boldsymbol{n}=(3,-7,5)$, 且所求平面过点 $(3,0,-1)$,

故由点法式方程, 得 $3(x-3)-7y+5(z+1)=0$, 即 $3x-7y+5z-4=0$.

2. 解: $\overrightarrow{OM_0}=(2,9,-6)$ 即为该平面的法向量. 又平面过点 $M_0(2,9,-6)$,

由点法式方程得 $2(x-2)+9(y-9)-6(z+6)=0$, 即 $2x+9y-6z-121=0$.

3. 解法一: 由这三个点知 $\overrightarrow{M_1M_2}\times\overrightarrow{M_1M_3}$ 即为该平面的法向量 $\boldsymbol{n}$.

因为 $\overrightarrow{M_1M_2}=(-3,-3,3)$, $\overrightarrow{M_1M_3}=(0,-2,3)$.

所以 $\boldsymbol{n}=\overrightarrow{M_1M_2}\times\overrightarrow{M_1M_3}=\begin{vmatrix}\boldsymbol{i}&\boldsymbol{j}&\boldsymbol{k}\\-3&-3&3\\0&-2&3\end{vmatrix}=(-3,9,6)$.

于是, 该平面方程为 $-3(x-1)+9(y-1)+6(z+1)=0$, 即 $x-3y-2z=0$.

解法二: 设平面上任一点为 $P(x,y,z)$,

因为 M_1,M_2,M_3 三点均在平面上, 则 $\overrightarrow{M_1P},\overrightarrow{M_1M_2},\overrightarrow{M_1M_3}$ 共面.

故 $[\overrightarrow{M_1P},\overrightarrow{M_1M_2},\overrightarrow{M_1M_3}]=0$, 即 $\begin{vmatrix}x-1&y-1&z+1\\-2-1&-2-1&2+1\\1-1&-1-1&2+1\end{vmatrix}=0$,

化简, 得 $x-3y-2z=0$.

4. 解: (1) $x=0$, 即 yOz 平面.

(2) $3y-1=0$, 即 $y=\frac{1}{3}$. 该平面是垂直于 y 轴的平面, 垂足坐标为 $\left(0,\frac{1}{3},0\right)$. 该平面也是平行于 xOz 的平面(见图 8-3).

(3)$2x-3y-6=0$，该平面是平行于 z 轴并且在 x 轴、y 轴上的截距分别为 3 与 -2 的平面(见图 8-4).

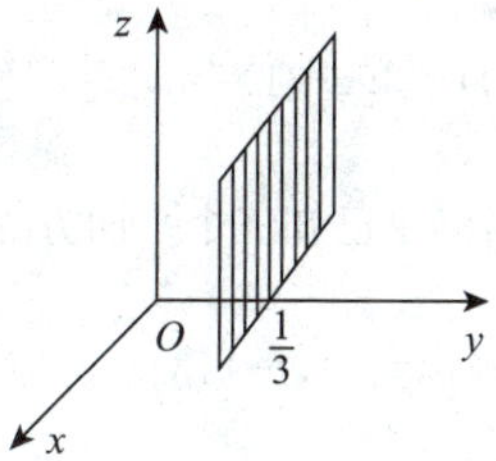

图 8-3

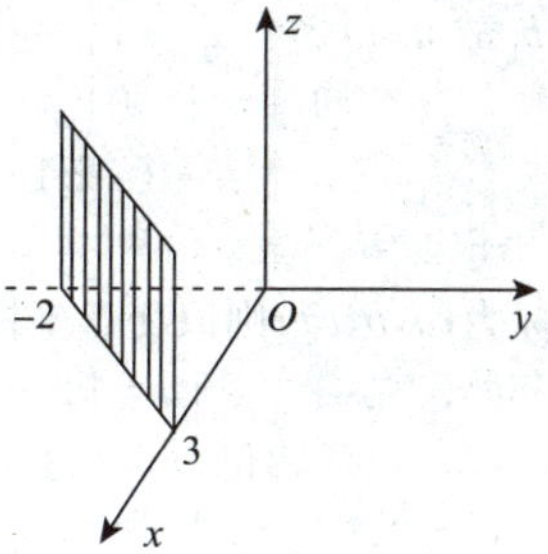

图 8-4

(4)$x-\sqrt{3}y=0$，该平面通过 z 轴(见图 8-5).

(5)$y+z=1$，该平面是平行于 x 轴且在 y、z 轴上的截距均为 1 的平面(见图 8-6).

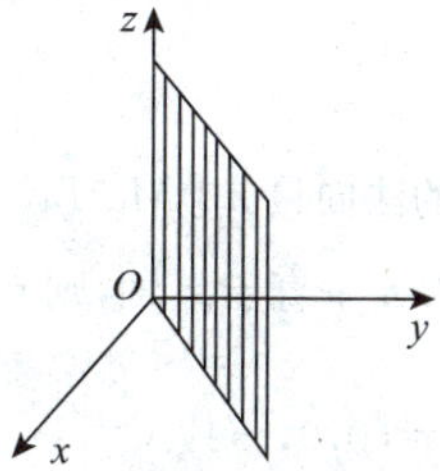

图 8-5

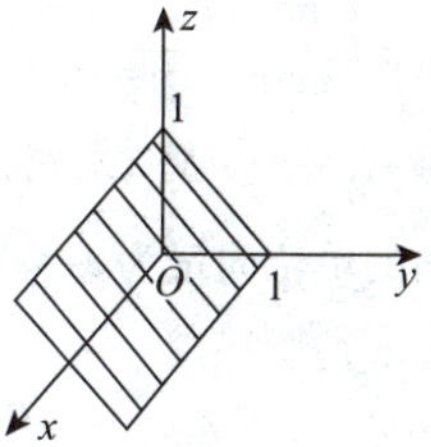

图 8-6

(6)$x-2z=0$，该平面通过 y 轴(见图 8-7).

(7)$6x+5y-z=0$，该平面通过原点(见图 8-8).

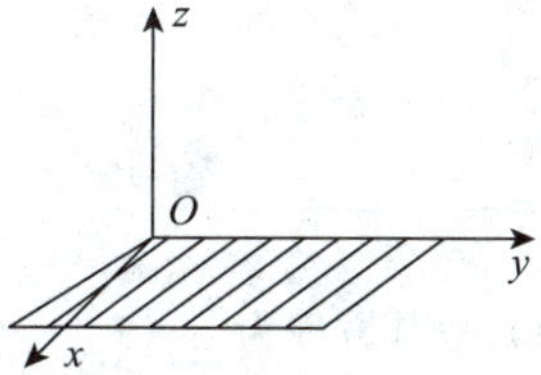

图 8-7

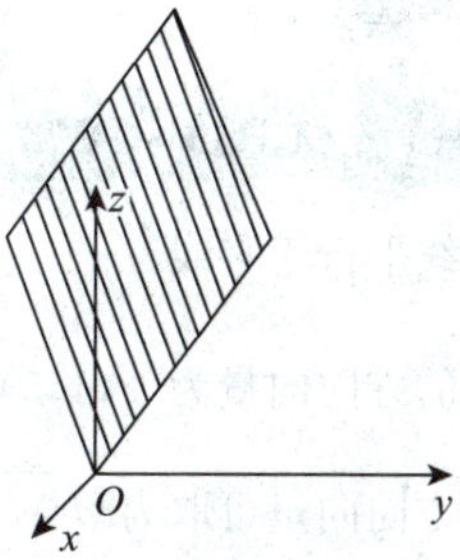

图 8-8

5. 解：该平面与各坐标面的法向量依次为：

$$\boldsymbol{n}=(2,-2,1),\ \boldsymbol{n}_{xOy}=(0,0,1),\ \boldsymbol{n}_{yOz}=(1,0,0),\ \boldsymbol{n}_{zOx}=(0,1,0),$$

则 $\cos(\boldsymbol{n},\boldsymbol{n}_{xOy})=\dfrac{2\times0+(-2)\times0+1\times1}{\sqrt{2^2+(-2)^2+1^2}\times1}=\dfrac{1}{3}$,

$\cos(\boldsymbol{n},\boldsymbol{n}_{yOz})=\dfrac{2\times1-2\times0+1\times0}{\sqrt{2^2+(-2)^2+1^2}\times1}=\dfrac{2}{3}$,

$\cos(\boldsymbol{n},\boldsymbol{n}_{zOx})=\dfrac{2\times0-2\times1+1\times0}{\sqrt{2^2+(-2)^2+1^2}\times1}=-\dfrac{2}{3}$.

6. **解**:设所求平面的法向量为 $\boldsymbol{n}$. 由题意知 $\boldsymbol{n}\perp\boldsymbol{a}$, $\boldsymbol{n}\perp\boldsymbol{b}$,

则 $\boldsymbol{n}=\boldsymbol{a}\times\boldsymbol{b}$. 故 $\boldsymbol{n}=\begin{vmatrix}\boldsymbol{i} & \boldsymbol{j} & \boldsymbol{k}\\ 2 & 1 & 1\\ 1 & -1 & 0\end{vmatrix}=(1,1,-3)$. 又该平面过$(1,0,-1)$,则由点法式方程得

$$(x-1)+(y-0)-3(z+1)=0,$$

即 $x+y-3z-4=0$.

7. **解**:设交点坐标为(a,b,c),则该交点坐标应同时满足已知三个平面方程,得

$\begin{cases}a+3b+c=1,\\ 2a-b-c=0,\\ -a+2b+2c=3,\end{cases}$ 解得$\begin{cases}a=1,\\ b=-1,\\ c=3.\end{cases}$ 故交点坐标为$(1,-1,3)$.

8. **解**:(1)所求平面平行于 zOx 面,故其法向量为 $\boldsymbol{n}=(0,1,0)$,又该平面经过点$(2,-5,3)$,则由点法式方程得 $1\cdot[y-(-5)]=0$, 即 $y+5=0$.

(2)所求平面经过 z 轴,故可设平面方程为 $Ax+By=0$. 又该平面经过点$(-3,1,-2)$,代入 $Ax+By=0$,得$-3A+B=0$,即 $B=3A$.

故平面方程为 $Ax+3Ay=0$,即 $x+3y=0$.

(3)记 $M_1(4,0,-2)$, $M_2(5,1,7)$, 则该平面的法向量 $\boldsymbol{n}\perp\overrightarrow{M_1M_2}$.

记 x 轴方向的单位向量为$\boldsymbol{e}=(1,0,0)$,又因为 $\boldsymbol{n}$ 垂直于 x 轴,则 $\boldsymbol{n}/\!/(\overrightarrow{M_1M_2}\times\boldsymbol{e})$. 从而

$$\boldsymbol{n}=\begin{vmatrix}\boldsymbol{i} & \boldsymbol{j} & \boldsymbol{k}\\ 1 & 1 & 9\\ 1 & 0 & 0\end{vmatrix}=(0,9,-1).$$

于是所求平面方程为 $0\cdot(x-4)+9(y-0)-(z+2)=0$,即 $9y-z-2=0$.

9. **解**:$d=\dfrac{|1\times1+2\times2+1\times2-10|}{\sqrt{1^2+2^2+2^2}}=\dfrac{3}{3}=1$.

习题 8-4 解答(教材 P36~P37)

1. **解**:因为所求直线平行于直线$\dfrac{x-3}{2}=\dfrac{y}{1}=\dfrac{z-1}{5}$,

则所求直线的方向向量为$(2,1,5)$,故其方程为$\dfrac{x-4}{2}=\dfrac{y+1}{1}=\dfrac{z-3}{5}$.

2. **解**:所求直线的方向向量可取为$\overrightarrow{M_1M_2}=(-4,2,1)$,故其方程为

$$\frac{x-3}{-4}=\frac{y+2}{2}=\frac{z-1}{1}.$$

3. **解**:该直线的方向向量与两个平面的法向量 $\boldsymbol{n}_1,\boldsymbol{n}_2$ 都垂直,

则直线的方向向量 $\boldsymbol{S}$ 可取为:$\boldsymbol{S}=\boldsymbol{n}_1\times\boldsymbol{n}_2=\begin{vmatrix}\boldsymbol{i} & \boldsymbol{j} & \boldsymbol{k}\\ 1 & -1 & 1\\ 2 & 1 & 1\end{vmatrix}=(-2,1,3)$.

在$\begin{cases}x-y+z=1,\\ 2x+y+z=4\end{cases}$ 中,令 $x=1$,得$\begin{cases}-y+z=0,\\ y+z=2,\end{cases}$ 解得 $y=1$, $z=1$,即$(1,1,1)$为所求直线上一点. 故所求直线的方程为

$$\frac{x-1}{-2}=\frac{y-1}{1}=\frac{z-1}{3}.$$

在上式中令比值为 t，得直线的参数方程为 $\begin{cases} x=1-2t, \\ y=t+1, \\ z=3t+1. \end{cases}$

4. 解: $S=\begin{vmatrix} \boldsymbol{i} & \boldsymbol{j} & \boldsymbol{k} \\ 1 & -2 & 4 \\ 3 & 5 & -2 \end{vmatrix}=(-16,14,11)$，由已知直线与所求平面垂直，则 S 可作为所求平面的法向量，故所求平面方程为

$$-16(x-2)+14y+11(z+3)=0, \text{即 } 16x-14y-11z-65=0.$$

5. 解: 设两条直线的方向向量分别为 S_1, S_2，则

$$S_1=\begin{vmatrix} \boldsymbol{i} & \boldsymbol{j} & \boldsymbol{k} \\ 5 & -3 & 3 \\ 3 & -2 & 1 \end{vmatrix}=(3,4,-1), S_2=\begin{vmatrix} \boldsymbol{i} & \boldsymbol{j} & \boldsymbol{k} \\ 2 & 2 & -1 \\ 3 & 8 & 1 \end{vmatrix}=5(2,-1,2),$$

故 $\cos\theta=\dfrac{|3\times2+4\times(-1)+(-1)\times2|}{\sqrt{3^2+4^2+(-1)^2}\times\sqrt{2^2+(-1)^2+2^2}}=\dfrac{0}{3\sqrt{26}}=0.$

6. 证: 设两直线的方向向量分别为 S_1, S_2，则

$$S_1=\begin{vmatrix} \boldsymbol{i} & \boldsymbol{j} & \boldsymbol{k} \\ 1 & 2 & -1 \\ -2 & 1 & 1 \end{vmatrix}=(3,1,5), S_2=\begin{vmatrix} \boldsymbol{i} & \boldsymbol{j} & \boldsymbol{k} \\ 3 & 6 & -3 \\ 2 & -1 & -1 \end{vmatrix}=(-9,-3,-15).$$

则 $\cos\theta=\dfrac{|3\times(-9)+1\times(-3)+5\times(-15)|}{\sqrt{3^2+1^2+5^2}\times\sqrt{(-9)^2+(-3)^2+(-15)^2}}=1.$ 故 $\theta=0$，即两直线平行.

7. 解: 该直线与两平面的法向量垂直，则其方向向量

$$S=\begin{vmatrix} \boldsymbol{i} & \boldsymbol{j} & \boldsymbol{k} \\ 1 & 0 & 2 \\ 0 & 1 & -3 \end{vmatrix}=(-2,3,1).$$

由对称式方程知，所求直线方程为 $\dfrac{x}{-2}=\dfrac{y-2}{3}=\dfrac{z-4}{1}.$

8. 解: 记 $A(3,1,-2)$，$B(4,-3,0)$. 设 $P(x,y,z)$ 为平面上任一点，则 $\overrightarrow{AP}, \overrightarrow{AB}$ 和直线的方向向量 $S=(5,2,1)$ 共面，则 $[\overrightarrow{AP}, \overrightarrow{AB}, S]=0$，即

$$\begin{vmatrix} x-3 & y-1 & z+2 \\ 1 & -4 & 2 \\ 5 & 2 & 1 \end{vmatrix}=0.$$

故所求平面方程为 $8x-9y-22z-59=0$.

9. 解: 直线的方向向量 $S=\begin{vmatrix} \boldsymbol{i} & \boldsymbol{j} & \boldsymbol{k} \\ 1 & 1 & 3 \\ 1 & -1 & -1 \end{vmatrix}=2(1,2,-1)$，则

$$\sin\theta=\frac{|1\times1+(-1)\times2+(-1)\times(-1)|}{\sqrt{1^2+(-1)^2+(-1)^2}\times\sqrt{1^2+2^2+(-1)^2}}=0.$$

故该直线与所给平面的夹角 $\theta=0$.

10. 解: 直线与平面间的关系由直线的方向向量 S 和平面的法向量 $\boldsymbol{n}$ 的关系来确定.

(1)直线的方向向量 $S=(-2,-7,3)$，平面的法向量 $\boldsymbol{n}=(4,-2,-2)=2(2,-1,-1)$.

因为 $S\cdot\boldsymbol{n}=-2\times2-7\times(-1)+3\times(-1)=0$，因此，$S\perp\boldsymbol{n}$.

将直线上一点$(-3,-4,0)$代入平面方程,得

$$4\times(-3)-2\times(-4)-2\times0=-4\neq0.$$

故直线与平面平行.

(2)直线的方向向量$\boldsymbol{S}=(3,-2,7)$,平面的法向量$\boldsymbol{n}=(3,-2,7)$.

则$\boldsymbol{S}/\!/\boldsymbol{n}$,故直线与平面垂直.

(3)直线的方向向量$\boldsymbol{S}=(3,1,-4)$,平面的法向量$\boldsymbol{n}=(1,1,1)$.

因为$\boldsymbol{S}\cdot\boldsymbol{n}=3\times1+1\times1+(-4)\times1=0$,则$\boldsymbol{S}\perp\boldsymbol{n}$.

将直线上一点$(2,-2,3)$代入平面方程,得$2\times1+(-2)\times1+3\times1=3$.

故直线在平面上.

11. 解: 该平面的法向量$\boldsymbol{n}$与两直线的方向向量$\boldsymbol{S}_1$和$\boldsymbol{S}_2$都垂直,可用$\boldsymbol{S}_1\times\boldsymbol{S}_2$来确定$\boldsymbol{n}$,

$$\boldsymbol{S}_1=\begin{vmatrix}\boldsymbol{i}&\boldsymbol{j}&\boldsymbol{k}\\1&2&-1\\1&-1&1\end{vmatrix}=(1,-2,-3),\quad \boldsymbol{S}_2=\begin{vmatrix}\boldsymbol{i}&\boldsymbol{j}&\boldsymbol{k}\\2&-1&1\\1&-1&1\end{vmatrix}=(0,-1,-1),$$

则 $$\boldsymbol{n}=\boldsymbol{S}_1\times\boldsymbol{S}_2=\begin{vmatrix}\boldsymbol{i}&\boldsymbol{j}&\boldsymbol{k}\\1&-2&-3\\0&-1&-1\end{vmatrix}=(-1,1,-1).$$

故平面方程为$-(x-1)+(y-2)-(z-1)=0$,即$x-y+z=0$.

12. 解: 设该点$(-1,2,0)$为A. 自A作平面的垂线,垂足即为点A在平面上的投影,垂线方程为

$$\frac{x+1}{1}=\frac{y-2}{2}=\frac{z}{-1},$$

它与平面方程联立,求得交点为$\left(-\frac{5}{3},\frac{2}{3},\frac{2}{3}\right)$即为投影坐标.

13. 解: 先求垂足坐标,然后求两点的距离. 垂直于该直线的平面的法向量为

$$\boldsymbol{S}=\begin{vmatrix}\boldsymbol{i}&\boldsymbol{j}&\boldsymbol{k}\\1&1&-1\\2&-1&1\end{vmatrix}=(0,-3,-3)=-3(0,1,1).$$

于是,过P点且垂直于该直线的平面方程为$y+1+z-2=0$,即$y+z-1=0$,它与直线的交点即为垂足,可求得垂足坐标为$\left(1,-\frac{1}{2},\frac{3}{2}\right)$. 于是,所求距离为

$$d=\sqrt{(3-1)^2+\left(-1+\frac{1}{2}\right)^2+\left(2-\frac{3}{2}\right)^2}=\frac{3}{\sqrt{2}}=\frac{3\sqrt{2}}{2}.$$

14. 证: 借助向量积的几何意义来证明此题. 设点M_0到直线L的距离为d,s为l的方向向量(见图8-9).

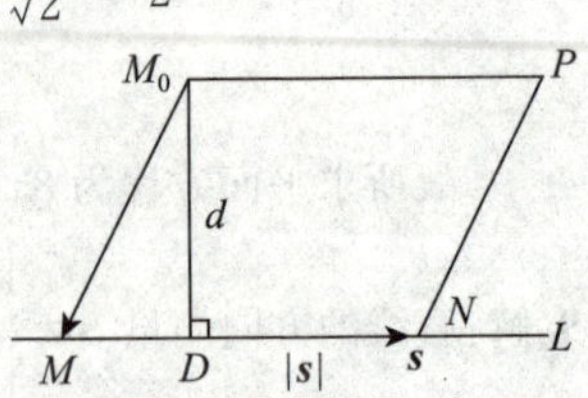

图 8-9

平行四边形$MNPM_0$的面积$A=d\cdot|\overrightarrow{MN}|$.

根据两个向量向量积的几何意义有:

$$A=|\overrightarrow{MN}\times\overrightarrow{M_0M}|,$$

则$d\cdot|\overrightarrow{MN}|=|\overrightarrow{MN}\times\overrightarrow{M_0M}|$,故$d=\dfrac{|\overrightarrow{M_0M}\times\boldsymbol{s}|}{|\boldsymbol{s}|}$.

15. 解: 过直线的平面束方程为$3x-y-2z-9+\lambda(2x-4y+z)=0$,

即$(3+2\lambda)x-(1+4\lambda)y-(2-\lambda)z-9=0$.

要使该平面与平面$4x-y+z=1$垂直,只需它们的法向量垂直,即

$4\times(3+2\lambda)+(-1)\times(-1-4\lambda)+1\times(\lambda-2)=0$,解得 $\lambda=-\frac{11}{13}$.

代入平面束方程,即得投影平面方程为 $17x+31y-37z-117=0$.

故投影直线方程为 $\begin{cases}17x+31y-37z-117=0,\\4x-y+z-1=0.\end{cases}$

16. 解:(1)如图 8-10 所示. (2)如图 8-11 所示.

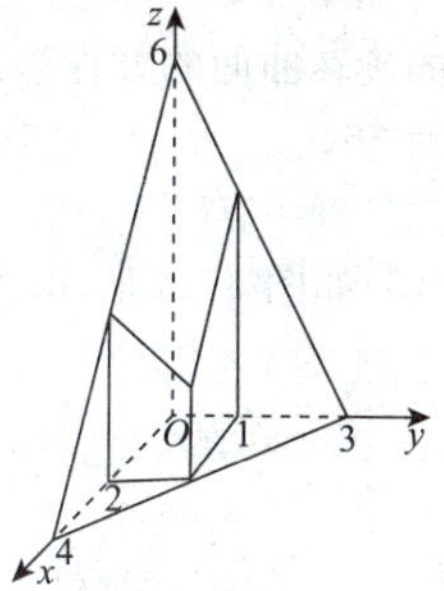

图 8-10

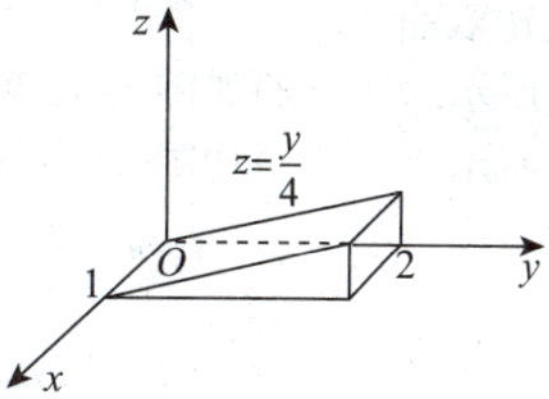

图 8-11

习题 8—5 解答(教材 P44~P45)

1. 解:设所求球面的方程为 $(x-a)^2+(y-b)^2+(z-c)^2=R^2$.

将原点及 A、B、C 坐标代入上式,得

$$\begin{cases}a^2+b^2+c^2=R^2,\\(4-a)^2+b^2+c^2=R^2,\\(1-a)^2+(3-b)^2+c^2=R^2,\\a^2+b^2+(-4-c)^2=R^2,\end{cases}$$

解得 $\begin{cases}a=2,\\b=1,\\c=-2,\\R=3.\end{cases}$ 因此,所求球面方程为

$$(x-2)^2+(y-1)^2+(z+2)^2=9.$$

其中球心的坐标为 $(2,1,-2)$,半径为 3.

2. 解:$R=\sqrt{1^2+3^2+(-2)^2}=\sqrt{14}$,球面方程为:

$$(x-1)^2+(y-3)^2+(z+2)^2=14,\text{即 } x^2+y^2+z^2-2x-6y+4z=0.$$

3. 解:$(x-1)^2+(y+2)^2+(z+1)^2=6$,它表示以 $(1,-2,-1)$ 为球心,$\sqrt{6}$ 为半径的球面.

4. 解:设动点为 (x,y,z),它满足条件:$\frac{\sqrt{x^2+y^2+z^2}}{\sqrt{(x-2)^2+(y-3)^2+(z-4)^2}}=\frac{1}{2}$,化简,得

$$\left(x+\frac{2}{3}\right)^2+(y+1)^2+\left(z+\frac{4}{3}\right)^2=\frac{116}{9},$$

即以 $\left(-\frac{2}{3},-1,-\frac{4}{3}\right)$ 为球心,以 $\frac{2}{3}\sqrt{29}$ 为半径的球面.

5. 解:曲线 $\begin{cases}F(x,z)=0,\\y=0,\end{cases}$ 绕 x 轴旋转一周生成的曲面方程为

$$F(x,\pm\sqrt{y^2+z^2})=0.$$

则将 zOx 坐标面上的抛物线 $z^2=5x$ 绕 x 轴旋转一周所生成的旋转曲面的方程为

$$y^2+z^2=5x.$$

6. 解: 类似第 5 题,z 不变,将 x 改为$(\pm\sqrt{x^2+y^2})$,得$(\pm\sqrt{x^2+y^2})^2+z^2=9$. 即 $x^2+y^2+z^2=9$. 显然,该方程表示以原点为球心,半径为 3 的球面.

7. 解: 绕 x 轴旋转一周所生成的旋转曲面的方程为:

$$4x^2-9y^2-9z^2=36,$$

它为一单叶旋转双曲面. 绕 y 轴旋转一周所生成的旋转曲面的方程为:

$$4x^2-9y^2+4z^2=36,$$

它为一双叶旋转双曲面.

8. 解: (1)如图 8-12 所示. (2)如图 8-13 所示. (3)如图 8-14 所示.
(4)如图 8-15 所示. (5)如图 8-16 所示.

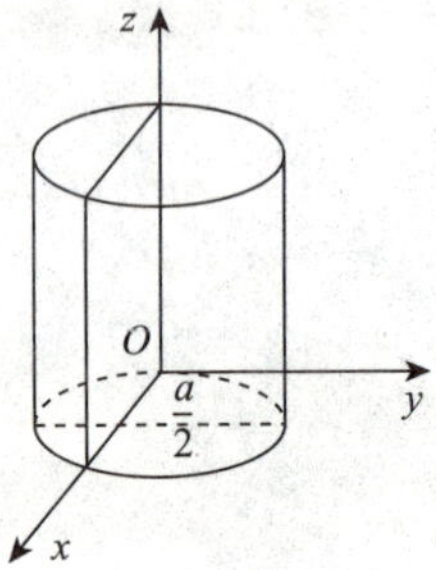

图 8-12

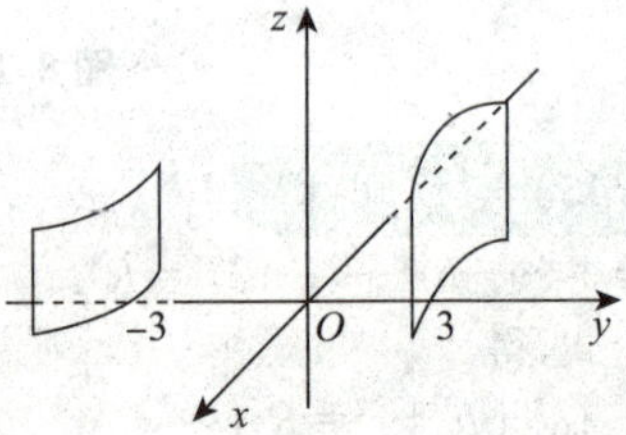

图 8-13

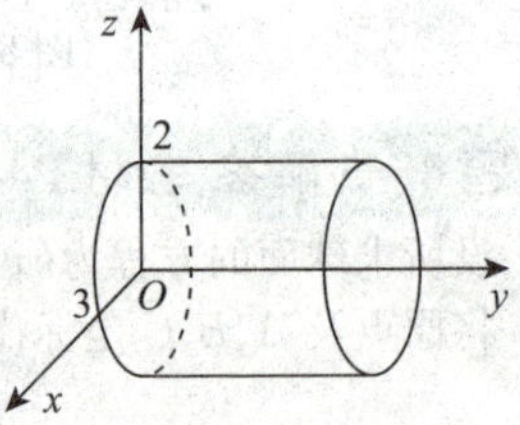

图 8-14

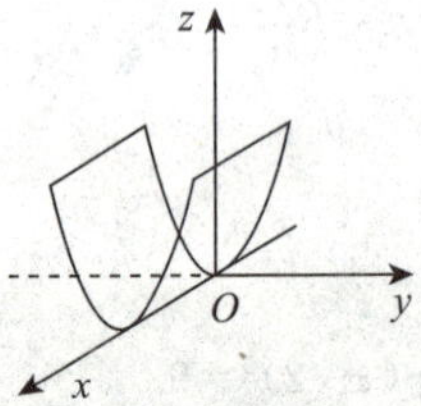

图 8-15

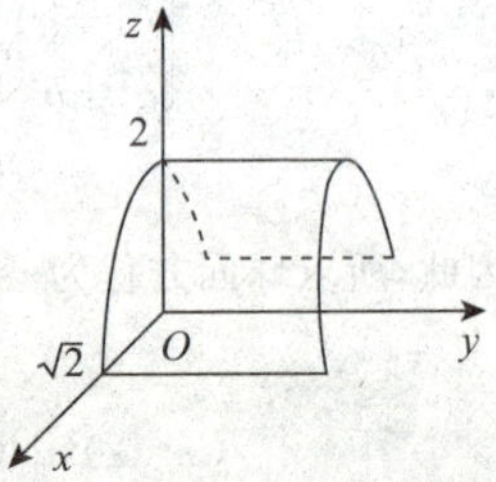

图 8-16

9. 解: (1)$x=2$ 在平面解析几何中表示平行 y 轴且距离 y 轴为 2 的一条直线;在空间解析几何中表示平行于 yOz 平面且距离为 2 的平面.

(2)$y=x+1$ 在平面解析几何中表示斜率及在 y 轴上的截距均为 1 的直线;在空间解析几何中表示平行于 z 轴的一个平面.

(3)$x^2+y^2=4$ 在平面解析几何中表示圆心在原点且半径为 2 的圆;在空间解析几何中表示对称轴为 z 轴且半径为 2 的圆柱面.

(4)$x^2-y^2=1$ 在平面解析几何中表示两个半轴均为 1 的双曲线;在空间解析几何中表示母线平行于 z 轴的双曲柱面.

10. 解: (1)方程写成$\frac{x^2}{4}+\frac{(y^2+z^2)}{9}=1$,可看作 xOy 平面上的椭圆$\frac{x^2}{4}+\frac{y^2}{9}=1$ 绕 x 轴旋转一周所形成的旋转椭球面;或看作 zOx 平面上的椭圆$\frac{x^2}{4}+\frac{z^2}{9}=1$ 绕 x 轴旋转一周所形成的旋转

椭球面.

(2)方程写成$(x^2+z^2)-\frac{y^2}{4}=1$,可看作 xOy 平面上的双曲线 $x^2-\frac{y^2}{4}=1$ 绕 y 轴旋转一周所形成的单叶旋转双曲面;或看作 yOz 平面上的双曲线 $z^2-\frac{y^2}{4}=1$ 绕 y 轴旋转一周所形成的单叶旋转双曲面.

(3)方程写成 $x^2-(y^2+z^2)=1$,可看作 xOy 平面上的等轴双曲线 $x^2-y^2=1$ 绕 x 轴旋转一周所形成的双叶旋转双曲面;或看作 zOx 平面上的等轴双曲线 $x^2-z^2=1$ 绕 z 轴旋转一周所形成的双叶旋转双曲面.

(4)方程可看作是 zOx 平面上的直线 $z=a\pm x$ 绕 z 轴旋转一周所形成的圆锥面;或看作是 yOz 平面上的直线 $z=a\pm y$ 绕 z 轴旋转一周所形成的圆锥面.

11. 解:(1)如图 8-17 所示.　(2)如图 8-18 所示.　(3)如图 8-19 所示.

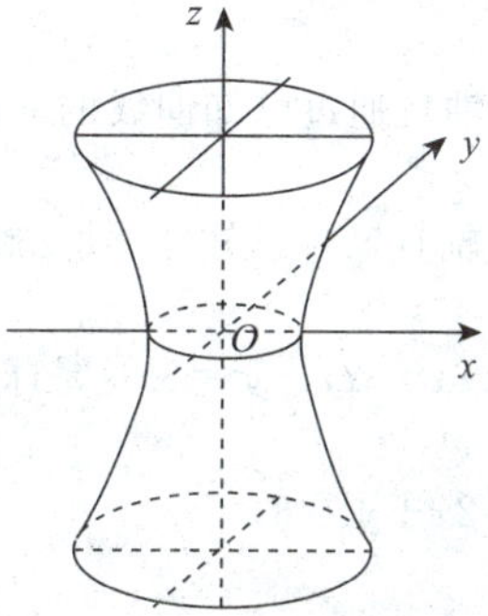

图 8-17　单叶双曲面

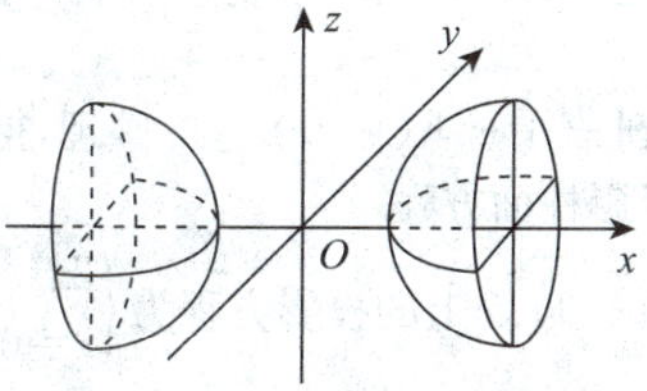

图 8-18　双叶双曲面

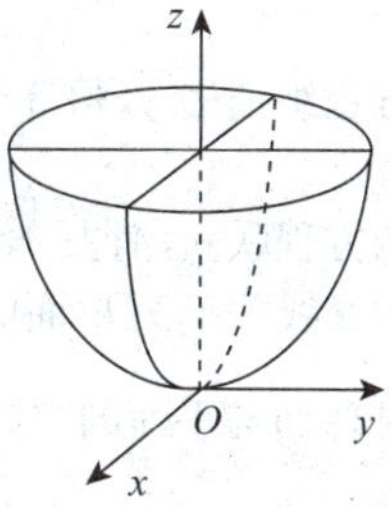

图 8-19　椭圆抛物面

12. 解:(1)如图 8-20 所示.(2)如图 8-21 所示.

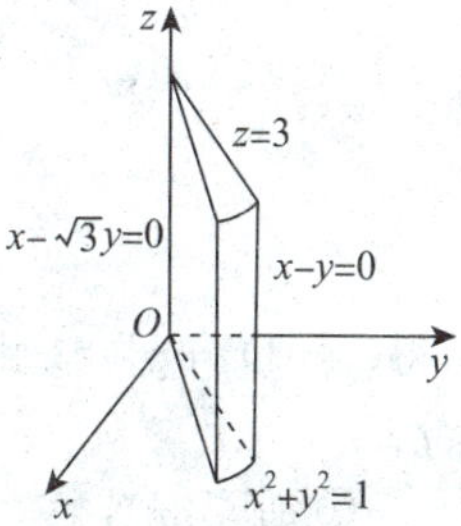

图 8-20

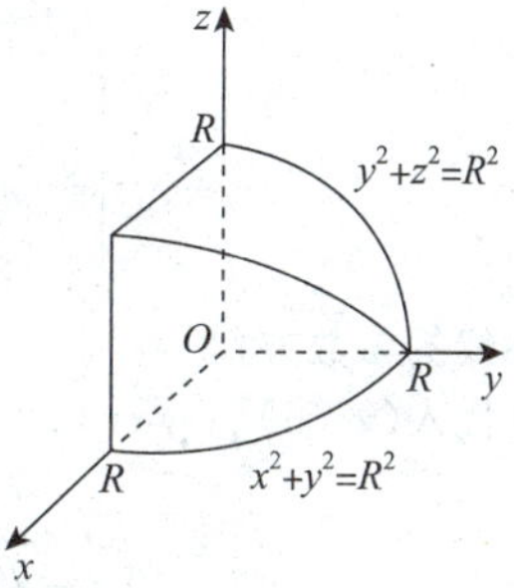

图 8-21

习题 8－6 解答(教材 P51)

1. 解:(1)如图 8-22 所示.

(2)如图 8-23 所示.

(3)如图 8-24 所示.

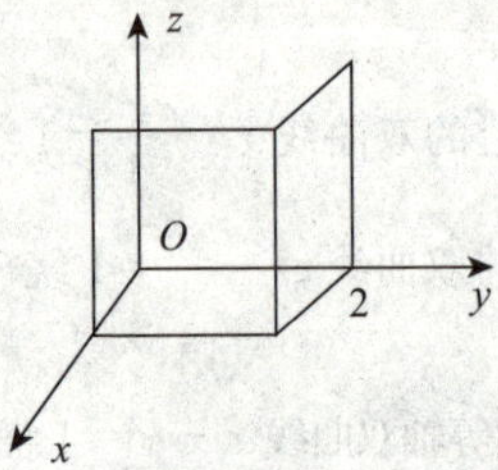

图 8-22

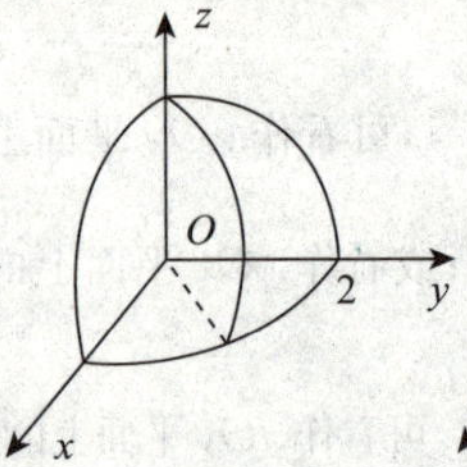

图 8-23

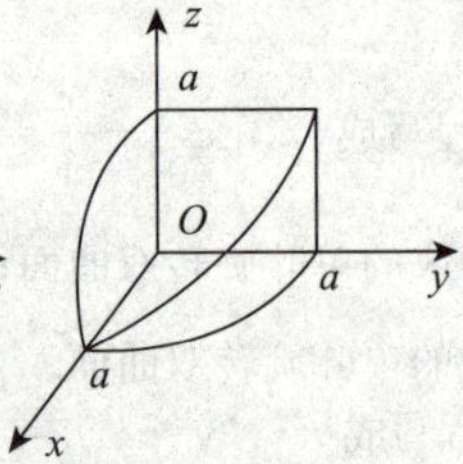

图 8-24

2. 解:(1)题目中所给方程组在平面解析几何中表示两直线的交点,在空间解析几何中表示两平面的交线.

(2)所给方程组在平面解析几何中表示椭圆与其一条切线的交点;在空间解析几何中表示椭圆柱面$\frac{x^2}{4}+\frac{y^2}{9}=1$与其切平面$y=3$的交线.

3. 解:由方程组消去x,得$3y^2-z^2=16$,即得到母线平行于x轴且通过已知曲线的双曲柱面方程.

由方程组消去y,得$3x^2+2z^2=16$,即得到母线平行于y轴且通过已知曲线的椭圆柱面方程.

4. 解:将两方程联立,消去z,得到$x^2+y^2+(1-x)^2=9$.整理,得$2x^2-2x+y^2=8$.这是球面与平面的交线关于xOy面的投影柱面方程.

于是球面与平面的交线在xOy面上的投影方程为$\begin{cases}2x^2-2x+y^2=8,\\ z=0.\end{cases}$

5. 解:(1)将$y=x$代入$x^2+y^2+z^2=9$,得$2x^2+z^2=9$,即$\frac{x^2}{\left(\frac{3}{\sqrt{2}}\right)^2}+\frac{z^2}{3^2}=1$.由椭圆的参数方程得

$$\begin{cases}x=\frac{3}{\sqrt{2}}\cos\theta,\\ y=\frac{3}{\sqrt{2}}\cos\theta,\\ z=3\sin\theta\end{cases}\quad(0\leqslant\theta\leqslant 2\pi),$$

即为已知曲线的参数方程.

(2)将$z=0$代入$(x-1)^2+y^2+(z+1)^2=4$,得$(x-1)^2+y^2=3$.由圆的参数方程得

$$\begin{cases}x=1+\sqrt{3}\cos\theta,\\ y=\sqrt{3}\sin\theta,\\ z=0\end{cases}\quad(0\leqslant\theta\leqslant 2\pi),$$

即为已知曲线的参数方程.

6. 解:由前两个方程,得$x^2+y^2=a^2$.于是得到在xOy坐标面上的投影方程

$$\begin{cases}x^2+y^2=a^2,\\ z=0.\end{cases}$$

类似得到在zOx和yOz平面上的投影方程,分别为

$$\begin{cases}x=a\cos\left(\frac{z}{b}\right),\\ y=0,\end{cases}\quad\begin{cases}y=a\sin\left(\frac{z}{b}\right),\\ x=0.\end{cases}$$

7. 解：$\begin{cases} z=\sqrt{a^2-x^2-y^2} \\ x^2+y^2=ax \end{cases}$，在 xOy 面上的投影曲线为 $\begin{cases} x^2+y^2=ax, \\ z=0, \end{cases}$ 故两立体的公共部分在 xOy 面上的投影区域为圆面：$\begin{cases} x^2+y^2\leqslant ax, \\ y=0. \end{cases}$

又 $z=\sqrt{a^2-x^2-y^2}$ 与 zOx 面的交线为 $\begin{cases} z=\sqrt{a^2-ax}, \\ y=0, \end{cases}$ 由 $x^2+y^2\leqslant ax$ 知 $x\geqslant 0$，故两立体的公共部分在 zOx 面的投影区域为

$$\begin{cases} 0\leqslant z\leqslant\sqrt{a^2-ax}, \quad x\geqslant 0, \\ y=0, \end{cases} \text{即} \begin{cases} ax+z^2\leqslant a^2, \quad x\geqslant 0,\ z\geqslant 0, \\ y=0. \end{cases}$$

8. 解：在 xOy 面上的投影：上界面(消去 z 得 $x^2+y^2=4$)向 xOy 面的投影柱面为 $x^2+y^2=4$，故该立体在 xOy 面上的投影为圆面 $\begin{cases} x^2+y^2\leqslant 4, \\ z=0. \end{cases}$

在 yOz 面上的投影 $z=x^2+y^2(0\leqslant z\leqslant 4)$ 与 yOz 面的交线为 $\begin{cases} z=y^2, \\ x=0 \end{cases}(0\leqslant z\leqslant 4)$，故该立体在 yOz 面上的投影为 $\begin{cases} y^2\leqslant z\leqslant 4, \\ x=0. \end{cases}$

在 zOx 面上的投影类似可得 $\begin{cases} x^2\leqslant z\leqslant 4, \\ y=0. \end{cases}$

总习题八解答(教材 P51～P53)

1. 解：(1)$(x-x_0,y-y_0,z-z_0)$；(x,y,z)　(2)共面　(3)3　(4)36

2. 解：(1)应选(A). 直线 L 的方向向量为 $\boldsymbol{S}=(-2,1,3)$，过点(1,1,1).

(2)应选(B). $x^2+2y^2=1+3z^2$ 表示单叶双曲面.

3. 解：设所求点为 $P(0,y,0)$，由 $|PA|=|PB|$，得

$$\sqrt{1^2+(y+3)^2+7^2}=\sqrt{5^2+(y-7)^2+(-5)^2},$$

即 $(y+3)^2=(y-7)^2$，解得 $y=2$. 故所求点为(0,2,0).

4. 解：AB 的中点坐标为 $D(4,-1,3)$，则

$$|CD|=\sqrt{[4-(-1)]^2+(-1-1)^2+(3-2)^2}=\sqrt{30}.$$

5. 证：$\overrightarrow{AD}=\overrightarrow{AB}+\overrightarrow{BD}=\boldsymbol{c}+\frac{1}{2}\boldsymbol{a}$，$\overrightarrow{BE}=\overrightarrow{BC}+\overrightarrow{CE}=\boldsymbol{a}+\frac{1}{2}\boldsymbol{b}$，$\overrightarrow{CF}=\overrightarrow{CA}+\overrightarrow{AF}=\boldsymbol{b}+\frac{1}{2}\boldsymbol{c}$，

$\overrightarrow{AD}+\overrightarrow{BE}+\overrightarrow{CF}=\frac{3}{2}(\boldsymbol{a}+\boldsymbol{b}+\boldsymbol{c})=\boldsymbol{0}$.

6. 证：在 $\triangle ABC$ 中，设 D,E 分别为 AB,CA 的中点，则

$$\overrightarrow{DE}=\overrightarrow{DA}+\overrightarrow{AE}=\frac{1}{2}\overrightarrow{BA}+\frac{1}{2}\overrightarrow{AC}=\frac{1}{2}(\overrightarrow{BA}+\overrightarrow{AC})=\frac{1}{2}\overrightarrow{BC}.$$

故 $\overrightarrow{DE}/\!/\overrightarrow{BC}$ 且 $|\overrightarrow{DE}|=\frac{1}{2}|\overrightarrow{BC}|$. 故结论得证.

7. 解：$\boldsymbol{a}+\boldsymbol{b}=(2,-4,8+z)$，$\boldsymbol{a}-\boldsymbol{b}=(4,-6,8-z)$. 由 $|\boldsymbol{a}+\boldsymbol{b}|=|\boldsymbol{a}-\boldsymbol{b}|$，得

$$\sqrt{2^2+(-4)^2+(8+z)^2}=\sqrt{4^2+(-6)^2+(8-z)^2},$$

解得 $z=1$.

8. 解：设向量 $\boldsymbol{a}+\boldsymbol{b}$ 与 $\boldsymbol{a}-\boldsymbol{b}$ 的夹角为 φ.

$$|\boldsymbol{a}+\boldsymbol{b}|^2=(\boldsymbol{a}+\boldsymbol{b})\cdot(\boldsymbol{a}+\boldsymbol{b})=|\boldsymbol{a}|^2+|\boldsymbol{b}|^2+2\boldsymbol{a}\cdot\boldsymbol{b}$$

$$=|\boldsymbol{a}|^2+|\boldsymbol{b}|^2+2|\boldsymbol{a}|\cdot|\boldsymbol{b}|\cos(\widehat{\boldsymbol{a},\boldsymbol{b}})$$

$$=(\sqrt{3})^2+1^2+2\times\sqrt{3}\times1\times\cos\frac{\pi}{6}=7,$$

$$|\boldsymbol{a}-\boldsymbol{b}|^2=(\boldsymbol{a}-\boldsymbol{b})\cdot(\boldsymbol{a}-\boldsymbol{b})=|\boldsymbol{a}|^2+|\boldsymbol{b}|^2-2(\boldsymbol{a}\cdot\boldsymbol{b})$$

$$=|\boldsymbol{a}|^2+|\boldsymbol{b}|^2-2|\boldsymbol{a}|\cdot|\boldsymbol{b}|\cos(\widehat{\boldsymbol{a},\boldsymbol{b}})$$

$$=(\sqrt{3})^2+1^2-2\times\sqrt{3}\times1\times\cos\frac{\pi}{6}=1.$$

所以 $\cos\varphi=\dfrac{(\boldsymbol{a}+\boldsymbol{b})\cdot(\boldsymbol{a}-\boldsymbol{b})}{|\boldsymbol{a}+\boldsymbol{b}|\cdot|\boldsymbol{a}-\boldsymbol{b}|}=\dfrac{|\boldsymbol{a}|^2-|\boldsymbol{b}|^2}{\sqrt{7}\times1}=\dfrac{3-1}{\sqrt{7}}=\dfrac{2\sqrt{7}}{7}$. 故 $\varphi=\arccos\dfrac{2\sqrt{7}}{7}$.

9. 解: 因为 $\boldsymbol{a}+3\boldsymbol{b}\perp7\boldsymbol{a}-5\boldsymbol{b}$,则 $(\boldsymbol{a}+3\boldsymbol{b})\cdot(7\boldsymbol{a}-5\boldsymbol{b})=0$. ①

因为 $\boldsymbol{a}-4\boldsymbol{b}\perp7\boldsymbol{a}-2\boldsymbol{b}$,则 $(\boldsymbol{a}-4\boldsymbol{b})\cdot(7\boldsymbol{a}-2\boldsymbol{b})=0$. ②

由①②得 $\begin{cases}7\boldsymbol{a}^2+16\boldsymbol{a}\cdot\boldsymbol{b}-15\boldsymbol{b}^2=0, & ③\\ 7\boldsymbol{a}^2-30\boldsymbol{a}\cdot\boldsymbol{b}+8\boldsymbol{b}^2=0. & ④\end{cases}$

③−④,得 $46\boldsymbol{a}\cdot\boldsymbol{b}-23\boldsymbol{b}^2=0$, 即 $\boldsymbol{b}^2=2\boldsymbol{a}\cdot\boldsymbol{b}$. ⑤

⑤代入④,得 $7\boldsymbol{a}^2-15\boldsymbol{b}^2+8\boldsymbol{b}^2=0$, 即 $\boldsymbol{a}^2=\boldsymbol{b}^2$.

由于 $|\boldsymbol{a}|=|\boldsymbol{b}|$,所以 $\cos(\widehat{\boldsymbol{a},\boldsymbol{b}})=\dfrac{\boldsymbol{a}\cdot\boldsymbol{b}}{|\boldsymbol{a}|\cdot|\boldsymbol{b}|}=\dfrac{\frac{1}{2}(\boldsymbol{b})^2}{|\boldsymbol{b}|^2}=\dfrac{1}{2}$. 故 $(\widehat{\boldsymbol{a},\boldsymbol{b}})=\dfrac{\pi}{3}$.

10. 解: 记 $\theta=(\widehat{\boldsymbol{a},\boldsymbol{b}})$,则

$$\cos\theta=\frac{\boldsymbol{a}\cdot\boldsymbol{b}}{|\boldsymbol{a}|\cdot|\boldsymbol{b}|}=\frac{2\times1-1\times1-2z}{\sqrt{2^2+(-1)^2+(-2)^2}\cdot\sqrt{1^2+1^2+z^2}}=\frac{1-2z}{3\sqrt{2+z^2}}.$$

从而 $\theta=\arccos\dfrac{1-2z}{3\sqrt{2+z^2}}$,

$$\frac{\mathrm{d}\theta}{\mathrm{d}z}=-\frac{1}{\sqrt{1-\frac{(1-2z)^2}{9(2+z^2)}}}\times\frac{1}{3}\times\frac{-2\sqrt{2+z^2}-(1-2z)\cdot\frac{z}{\sqrt{2+z^2}}}{2+z^2}$$

$$=\frac{z+4}{(2+z^2)\sqrt{5z^2+4z+17}}.$$

当 $z<-4$ 时, $\dfrac{\mathrm{d}\theta}{\mathrm{d}z}<0$;当 $z>-4$ 时, $\dfrac{\mathrm{d}\theta}{\mathrm{d}z}>0$.

故当 $z=-4$ 时,θ 有最小值,且 $\theta_{\min}=\arccos\dfrac{9}{3\sqrt{18}}=\arccos\dfrac{1}{\sqrt{2}}=\dfrac{\pi}{4}$.

11. 解: 以 $\boldsymbol{a}+2\boldsymbol{b}$ 和 $\boldsymbol{a}-3\boldsymbol{b}$ 为边的平行四边形的面积为

$$S=|(\boldsymbol{a}+2\boldsymbol{b})\times(\boldsymbol{a}-3\boldsymbol{b})|=|\boldsymbol{a}\times\boldsymbol{a}-3(\boldsymbol{a}\times\boldsymbol{b})+2(\boldsymbol{b}\times\boldsymbol{a})-6(\boldsymbol{b}\times\boldsymbol{b})|$$

$$=5|\boldsymbol{b}\times\boldsymbol{a}|=5|\boldsymbol{a}|\cdot|\boldsymbol{b}|\cdot\sin(\widehat{\boldsymbol{a},\boldsymbol{b}})=5\times4\times3\sin\frac{\pi}{6}=30.$$

12. 解: 设 $\boldsymbol{r}=(x,y,z)$,则由 $\boldsymbol{r}\perp\boldsymbol{a}$, $\boldsymbol{r}\perp\boldsymbol{b}$ 得 $2x-3y+z=0$, $x-2y+3z=0$.

由 $\mathrm{Prj}_c\boldsymbol{r}=\dfrac{\boldsymbol{r}\cdot\boldsymbol{c}}{|\boldsymbol{c}|}=14$,得 $\dfrac{2x+y+2z}{\sqrt{2^2+1^2+2^2}}=14$. 则得方程组 $\begin{cases}2x-3y+z=0,\\x-2y+3z=0,\\2x+y+2z=42,\end{cases}$

解得 $x=14$, $y=10$, $z=2$. 所以 $\boldsymbol{r}=(14,10,2)$.

13. 解：$[\boldsymbol{a},\boldsymbol{b},\boldsymbol{c}]=(\boldsymbol{a}\times\boldsymbol{b})\cdot\boldsymbol{c}=\begin{vmatrix}-1 & 3 & 2\\ 2 & -3 & -4\\ -3 & 12 & 6\end{vmatrix}=0$，故 $\boldsymbol{a},\boldsymbol{b},\boldsymbol{c}$ 共面.

令 $\boldsymbol{c}=\lambda_1\boldsymbol{a}+\lambda_2\boldsymbol{b}$，得 $\begin{cases}-\lambda_1+2\lambda_2=-3,\\ 3\lambda_1-3\lambda_2=12,\\ 2\lambda_1-4\lambda_2=6,\end{cases}$ 解得 $\lambda_1=5$，$\lambda_2=1$. 即 $\boldsymbol{c}=5\boldsymbol{a}+\boldsymbol{b}$.

14. 解：$|z|=\sqrt{(x-1)^2+(y+1)^2+(z-2)^2}$，即 $(x-1)^2+(y+1)^2=4z-4$.

15. 解：(1) $\begin{cases}x=0,\\ z=2y^2,\end{cases}$ z 轴；(2) $\begin{cases}x=0,\\ \dfrac{y^2}{9}+\dfrac{z^2}{36}=1,\end{cases}$ y 轴；

(3) $\begin{cases}x=0,\\ z=\sqrt{3}y,\end{cases}$ z 轴；(4) $\begin{cases}z=0,\\ x^2-\dfrac{y^2}{4}=1,\end{cases}$ x 轴.

16. 解：过 A,B 两点的直线方程为 $\dfrac{x-3}{3}=\dfrac{y-0}{0}=\dfrac{z-0}{-1}$，即 $\begin{cases}y=0,\\ x+3z-3=0.\end{cases}$

则过 AB 的平面束方程为 $x+3z-3+\lambda y=0$.

令 $\boldsymbol{n}$ 为所求平面的法向量，xOy 面的法向量为 $\boldsymbol{k}$，则有 $(\widehat{\boldsymbol{n},\boldsymbol{k}})=\dfrac{\pi}{3}$. 即

$$\cos\frac{\pi}{3}=\frac{\boldsymbol{n}\cdot\boldsymbol{k}}{|\boldsymbol{n}|\cdot|\boldsymbol{k}|}=\frac{1\times0+\lambda\times0+3\times1}{\sqrt{1^2+\lambda^2+3^2}\times1}=\frac{3}{\sqrt{10+\lambda^2}}.$$

解得 $\lambda=\pm\sqrt{26}$. 于是所求平面的方程为 $x\pm\sqrt{26}y+3z-3=0$.

17. 解：直线 L：$\begin{cases}y-z+1=0,\\ x=0\end{cases}$ 的方向向量为

$$\boldsymbol{S}=\begin{vmatrix}\boldsymbol{i} & \boldsymbol{j} & \boldsymbol{k}\\ 0 & 1 & -1\\ 1 & 0 & 0\end{vmatrix}=(0,-1,-1).$$

则过 A 点且垂直于 L 的平面 π 的方程为 $0\cdot(x-1)-(y+1)-(z-1)=0$，即 $y+z=0$. 得到垂足 $B\left(0,-\dfrac{1}{2},\dfrac{1}{2}\right)$.

则垂线方程为 $\dfrac{x-0}{1}=\dfrac{y+\frac{1}{2}}{-\frac{1}{2}}=\dfrac{z-\frac{1}{2}}{\frac{1}{2}}$，即 $\begin{cases}x+2y+1=0,\\ x-2z+1=0.\end{cases}$

设过上述垂线的平面束方程为 $x+2y+1+\lambda(x-2z+1)=0$，即

$$(1+\lambda)x+2y-2\lambda z+(1+\lambda)=0.$$

因为所求平面垂直于平面 $z=0$. 则 $(0,0,1)\cdot(1+\lambda,2,-2\lambda)=0$.

解得 $\lambda=0$. 从而得到所求平面方程为 $x+2y+1=0$.

18. 解：过点 $A(-1,0,4)$ 且平行于已知平面的平面方程为 $3x-4y+z-1=0$.

设 $P(x,y,z)$ 为所求直线上任一点，$B(-1,3,0)$ 为已知直线上一点，

则 $\overrightarrow{AP},\overrightarrow{AB}$ 和已知直线的方向向量 $\boldsymbol{s}=(1,1,2)$ 共面，即

$$\begin{vmatrix}x+1 & y & z-4\\ 1 & 1 & 2\\ 0 & 3 & -4\end{vmatrix}=0,$$

得$-10x+4y+3z-22=0$.故所求直线方程为$\begin{cases}3x-4y+z-1=0,\\-10x+4y+3z-22=0.\end{cases}$

19. 解:设$C(0,0,z)$为z轴上任一点,则$\triangle ABC$的面积

$$S=\frac{1}{2}|\overrightarrow{AC}\times\overrightarrow{AB}|=\frac{1}{2}\left|\begin{vmatrix}\boldsymbol{i}&\boldsymbol{j}&\boldsymbol{k}\\-1&0&z\\-1&2&1\end{vmatrix}\right|=\frac{1}{2}\sqrt{5z^2-2z+5},$$

$$\frac{\mathrm{d}S}{\mathrm{d}z}=\frac{1}{2}\times\frac{10z-2}{2\sqrt{5z^2-2z+5}}.$$

当$\frac{\mathrm{d}S}{\mathrm{d}z}=0$时,得$z=\frac{1}{5}$.当$z>\frac{1}{5}$时,$S$单调增加;当$z<\frac{1}{5}$时,$S$单调减少.

故知当C的坐标为$\left(0,0,\frac{1}{5}\right)$时,$S_{\triangle ABC}$取最小值且$S_{\min}=\frac{\sqrt{30}}{5}$.

20. 解:消去z,得$x^2+y^2=x+y$,故已知曲线在xOy坐标面上的投影曲线方程为$\begin{cases}z=0,\\x^2+y^2=x+y.\end{cases}$

类似地,可得它在zOx坐标面上的投影曲线方程为

$$\begin{cases}y=0,\\2x^2+2xz+z^2-4x-3z+2=0.\end{cases}$$

在yOz坐标面上的投影曲线方程为$\begin{cases}x=0,\\2y^2+2yz+z^2-4y-3z+2=0.\end{cases}$

21. 解:由方程组$\begin{cases}z=\sqrt{x^2+y^2},\\z^2=2x\end{cases}$消去$z$,可得$(x-1)^2+y^2=1$.

则$\begin{cases}z=0,\\(x-1)^2+y^2\leqslant 1\end{cases}$为该立体在$xOy$坐标面上的投影.

类似地,可得该立体在yOz坐标面上的投影为$\begin{cases}x=0,\\\left(\frac{z^2}{2}-1\right)^2+y^2\leqslant 1,\ z\geqslant 0,\end{cases}$

在zOx坐标面上的投影为$\begin{cases}y=0,\\x\leqslant z\leqslant\sqrt{2x}.\end{cases}$

22. 解:(1)如图 8-25 所示. (2)如图 8-26 所示.

(3)如图 8-27 所示. (4)如图 8-28 所示.

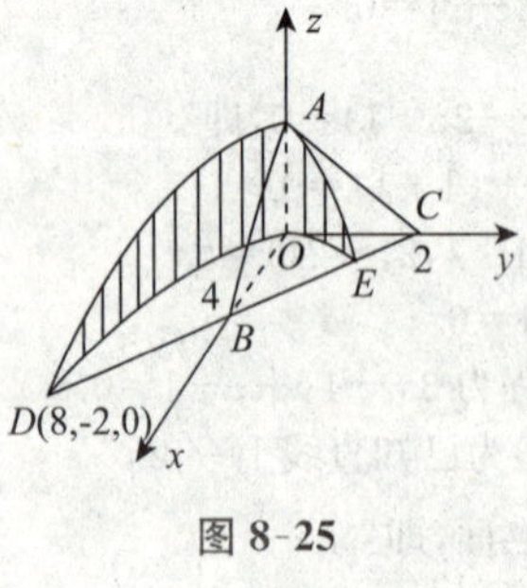

图 8-25

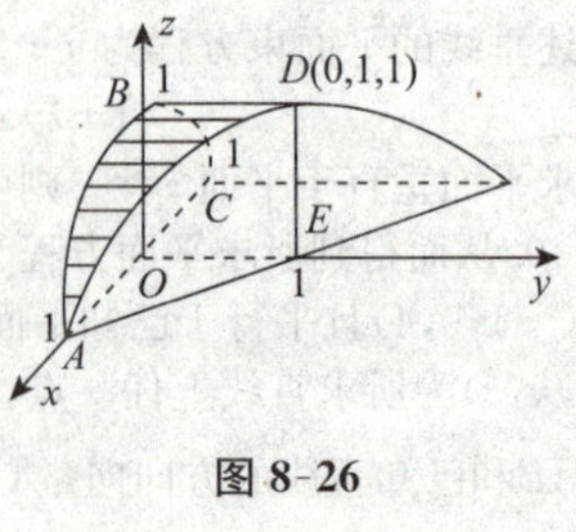

图 8-26

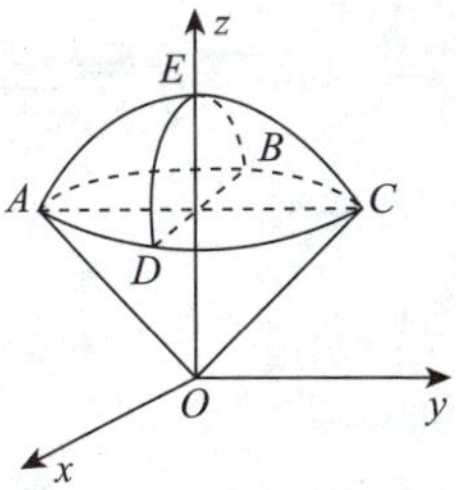

图 8-27

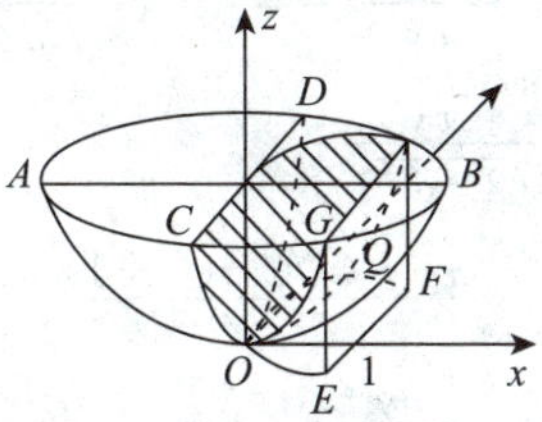

图 8-28

第九章　多元函数微分法及其应用

习题 9—1 解答(教材 P64～P65)

1. 解:(1) $\{(x,y) \mid x\neq 0,\ y\neq 0\}$ 是开集、无界集,导集为 $\mathbf{R}^2$,边界为 $\{(x,y) \mid x=0$ 或 $y=0\}$;

(2) $\{(x,y) \mid 1<x^2+y^2\leqslant 4\}$ 不是开集、也不是闭集、是有界集,导集为 $\{(x,y) \mid 1\leqslant x^2+y^2\leqslant 4\}$,边界为 $\{(x,y) \mid x^2+y^2=1\}\cup\{(x,y) \mid x^2+y^2=4\}$;

(3) $\{(x,y) \mid y>x^2\}$ 是开集、区域、无界集,导集为 $\{(x,y) \mid y\geqslant x^2\}$,边界为 $\{(x,y) \mid y=x^2\}$;

(4) $\{(x,y) \mid x^2+(y-1)^2\geqslant 1\}\cap\{(x,y) \mid x^2+(y-2)^2\leqslant 4\}$ 是闭集、有界集,导集为集合本身,边界为

$$\{(x,y) \mid x^2+(y-1)^2=1\}\cup\{(x,y) \mid x^2+(y-2)^2=4\}.$$

2. 解: $f(tx,ty)=(tx)^2+(ty)^2-(tx)\cdot(ty)\tan\dfrac{tx}{ty}=t^2\left(x^2+y^2-xy\tan\dfrac{x}{y}\right)=t^2f(x,y).$

3. 证:
$$\begin{aligned}F(xy,uv)&=\ln(xy)\cdot\ln(uv)=(\ln x+\ln y)\cdot(\ln u+\ln v)\\&=\ln x\cdot\ln u+\ln x\cdot\ln v+\ln y\cdot\ln u+\ln y\cdot\ln v\\&=F(x,u)+F(x,v)+F(y,u)+F(y,v).\end{aligned}$$

4. 解: $f(x+y,x-y,xy)=(x+y)^{xy}+(xy)^{(x+y)+(x-y)}=(x+y)^{xy}+(xy)^{2x}.$

5. 解:(1) $D=\{(x,y) \mid y^2-2x+1>0\}$;

(2) $D=\{(x,y) \mid x+y>0,x-y>0\}$;

(3) $D=\{(x,y) \mid x\geqslant\sqrt{y},\ y\geqslant 0\}=\{(x,y) \mid x\geqslant 0,\ y\geqslant 0,\ x^2\geqslant y\}$;

(4) $D=\{(x,y) \mid y-x>0,x\geqslant 0,\ x^2+y^2<1\}=\{(x,y) \mid y>x,\ x\geqslant 0,\ x^2+y^2<1\}$;

(5) $D=\{(x,y,z) \mid r^2<x^2+y^2+z^2\leqslant R^2(R>r>0)\}$;

(6) $D=\{(x,y,z) \mid z^2\leqslant x^2+y^2,\ x^2+y^2\neq 0\}$.

6. 解:(1) 由初等函数的连续性,得 $\lim\limits_{(x,y)\to(0,1)}\dfrac{1-xy}{x^2+y^2}=\dfrac{1-0\times 1}{0^2+1^2}=1.$

(2) $\lim\limits_{(x,y)\to(1,0)}\dfrac{\ln(x+e^y)}{\sqrt{x^2+y^2}}=\dfrac{\ln(1+e^0)}{\sqrt{1^2+0^2}}=\ln 2.$

(3) $\lim\limits_{(x,y)\to(0,0)}\dfrac{2-\sqrt{xy+4}}{xy}=\lim\limits_{(x,y)\to(0,0)}\dfrac{-xy}{xy(2+\sqrt{xy+4})}=\lim\limits_{(x,y)\to(0,0)}\dfrac{-1}{2+\sqrt{xy+4}}=-\dfrac{1}{4}.$

(4) $\lim\limits_{(x,y)\to(0,0)}\dfrac{xy}{\sqrt{2-e^{xy}}-1}$

$=\lim\limits_{(x,y)\to(0,0)}\dfrac{xy\cdot(\sqrt{2-e^{xy}}+1)}{1-e^{xy}}$

$=\lim\limits_{(x,y)\to(0,0)}\dfrac{xy}{1-e^{xy}}\cdot\lim\limits_{(x,y)\to(0,0)}(\sqrt{2-e^{xy}}+1)$

$=-1\times2=-2.$

(5) $\lim\limits_{(x,y)\to(2,0)}\dfrac{\tan(xy)}{y}=\lim\limits_{(x,y)\to(2,0)}\left[\dfrac{\tan(xy)}{xy}\cdot x\right]=\lim\limits_{(x,y)\to(2,0)}\dfrac{\tan(xy)}{xy}\lim\limits_{(x,y)\to(2,0)}x=2.$

(6)当$(x,y)\to(0,0)$时,$x^2+y^2\to0$,故$1-\cos(x^2+y^2)\sim\dfrac{1}{2}(x^2+y^2)^2$,则

$$\lim_{(x,y)\to(0,0)}\frac{1-\cos(x^2+y^2)}{(x^2+y^2)e^{x^2y^2}}=\lim_{(x,y)\to(0,0)}\frac{x^2+y^2}{2e^{x^2y^2}}=0.$$

*7. **证:**(1)取$y=kx,x\to0$,则有$\lim\limits_{\substack{y=kx\\x\to0}}\dfrac{x+y}{x-y}=\lim\limits_{x\to0}\dfrac{x+kx}{x-kx}=\dfrac{1+k}{1-k}$,极限与$k$有关,

故$\lim\limits_{(x,y)\to(0,0)}\dfrac{x+y}{x-y}$不存在.

(2)因为

$$\lim_{\substack{y=x\\x\to0}}\frac{x^2y^2}{x^2y^2+(x-y)^2}=\lim_{x\to0}\frac{x^4}{x^4+0^2}=1,$$

$$\lim_{\substack{y=-x\\x\to0}}\frac{x^2y^2}{x^2y^2+(x-y)^2}=\lim_{x\to0}\frac{x^4}{x^4+4x^2}=\lim_{x\to0}\frac{x^2}{x^2+4}=0,$$

即动点沿$y=x$和$y=-x$趋于$(0,0)$时,极限不同.

故$\lim\limits_{(x,y)\to(0,0)}\dfrac{x^2y^2}{x^2y^2+(x-y)^2}$不存在.

8. **解:**在$\left\{(x,y)\,\middle|\,y^2=2x\right\}$处,函数$z=\dfrac{y^2+2x}{y^2-2x}$间断.

*9. **证:**因为$|xy|\leqslant\dfrac{x^2+y^2}{2}$. 则$0\leqslant\left|\dfrac{xy}{\sqrt{x^2+y^2}}\right|\leqslant\dfrac{\sqrt{x^2+y^2}}{2}$.

而$\lim\limits_{(x,y)\to(0,0)}\dfrac{\sqrt{x^2+y^2}}{2}=0$,故由夹逼定理知,$\lim\limits_{(x,y)\to(0,0)}\dfrac{xy}{\sqrt{x^2+y^2}}=0$.

*10. **证:**设$P_0(x_0,y_0)\in\mathbf{R}^2$,$\forall\varepsilon>0$,由于$f(x)$在$x_0$处连续,故$\exists\delta>0$,当$|x-x_0|<\delta$时,有$|f(x)-f(x_0)|<\varepsilon$.

以上述δ作$P_0(x_0,y_0)$的δ邻域$U(P_0,\delta)$,则当$P(x,y)\in U(P_0,\delta)$时,

$$|x-x_0|\leqslant\rho(P,P_0)<\delta,$$

从而

$$|F(x,y)-F(x_0,y_0)|=|f(x)-f(x_0)|<\varepsilon$$

则$F(x,y)$在$P_0(x_0,y_0)$处连续. 又因P_0是任意选取的,故由P_0的任意性知,对于任意的$y_0\in\mathbf{R}$,$F(x,y)$在(x_0,y_0)处连续.

习题 9—2 解答(教材 P71)

1. 解:(1)$\frac{\partial z}{\partial x}=3x^2y-y^3$, $\frac{\partial z}{\partial y}=x^3-3y^2x$.

(2)因为 $s=\frac{u}{v}+\frac{v}{u}$,则$\frac{\partial s}{\partial u}=\frac{1}{v}-\frac{v}{u^2}$,$\frac{\partial s}{\partial v}=-\frac{u}{v^2}+\frac{1}{u}$.

(3)$z=[\ln(xy)]^{\frac{1}{2}}$,则$\frac{\partial z}{\partial x}=\frac{1}{2}[\ln(xy)]^{-\frac{1}{2}}\cdot\frac{1}{xy}\cdot y=\frac{1}{2x\sqrt{\ln(xy)}}$.

$\frac{\partial z}{\partial y}=\frac{1}{2}[\ln(xy)]^{-\frac{1}{2}}\cdot\frac{1}{xy}\cdot x=\frac{1}{2y\sqrt{\ln(xy)}}$.

(4)$\frac{\partial z}{\partial x}=\cos(xy)\cdot y+2\cos(xy)[-\sin(xy)]\cdot y=y[\cos(xy)-\sin(2xy)]$,

$\frac{\partial z}{\partial y}=\cos(xy)\cdot x+2\cos(xy)[-\sin(xy)]\cdot x=x[\cos(xy)-\sin(2xy)]$.

(5)$\frac{\partial z}{\partial x}=\frac{1}{\tan\frac{x}{y}}\cdot\sec^2\frac{x}{y}\cdot\frac{1}{y}=\frac{2}{y}\cdot\csc\frac{2x}{y}$,$\frac{\partial z}{\partial y}=\frac{1}{\tan\frac{x}{y}}\cdot\sec^2\frac{x}{y}\cdot\left(-\frac{x}{y^2}\right)=-\frac{2x}{y^2}\csc\frac{2x}{y}$.

(6)$\frac{\partial z}{\partial x}=y(1+xy)^{y-1}\cdot y=y^2(1+xy)^{y-1}$

$\frac{\partial z}{\partial y}=\frac{\partial}{\partial y}[e^{y\ln(1+xy)}]=e^{y\ln(1+xy)}\left[\ln(1+xy)+y\cdot\frac{1}{1+xy}\cdot x\right]$

$=(1+xy)^y\left[\ln(1+xy)+\frac{xy}{1+xy}\right]$

(7)$\frac{\partial u}{\partial x}=\frac{y}{z}\cdot x^{\frac{y}{z}-1}$, $\frac{\partial u}{\partial y}=x^{\frac{y}{z}}\ln x\cdot\frac{1}{z}=\frac{\ln x}{z}\cdot x^{\frac{y}{z}}$,

$\frac{\partial u}{\partial z}=x^{\frac{y}{z}}\cdot\ln x\cdot\left(-\frac{y}{z^2}\right)=-\frac{y}{z^2}\ln x\cdot x^{\frac{y}{z}}$.

(8)$\frac{\partial u}{\partial x}=\frac{1}{1+(x-y)^{2z}}\cdot z(x-y)^{z-1}=\frac{z(x-y)^{z-1}}{1+(x-y)^{2z}}$,

$\frac{\partial u}{\partial y}=\frac{1}{1+(x-y)^{2z}}\cdot z(x-y)^{z-1}\cdot(-1)=\frac{-z(x-y)^{z-1}}{1+(x-y)^{2z}}$,

$\frac{\partial u}{\partial z}=\frac{1}{1+(x-y)^{2z}}\cdot(x-y)^z\cdot\ln(x-y)=\frac{(x-y)^z\ln(x-y)}{1+(x-y)^{2z}}$.

2. 证:因为$\frac{\partial T}{\partial l}=\frac{2\pi}{\sqrt{g}}\cdot\frac{1}{2\sqrt{l}}=\frac{\pi}{\sqrt{gl}}$,$\frac{\partial T}{\partial g}=2\pi\sqrt{l}\left(-\frac{1}{2}g^{-\frac{3}{2}}\right)=-\frac{\pi\sqrt{l}}{g\sqrt{g}}$,则

$$l\frac{\partial T}{\partial l}+g\frac{\partial T}{\partial g}=\frac{l\pi}{\sqrt{gl}}-\frac{\pi\sqrt{l}}{\sqrt{g}}=0.$$

3. 证:因为$\frac{\partial z}{\partial x}=e^{-\left(\frac{1}{x}+\frac{1}{y}\right)}\cdot\frac{1}{x^2}$,$\frac{\partial z}{\partial y}=e^{-\left(\frac{1}{x}+\frac{1}{y}\right)}\cdot\frac{1}{y^2}$,则

$$x^2\frac{\partial z}{\partial x}+y^2\frac{\partial z}{\partial y}=e^{-\left(\frac{1}{x}+\frac{1}{y}\right)}+e^{-\left(\frac{1}{x}+\frac{1}{y}\right)}=2z.$$

4. 解:因为 $f(x,1)=x$,则 $f_x(x,1)=1$.

5. 解:因为 $z_x=\frac{x}{2}$,则 $z_x\Big|_{(2,4)}=\frac{2}{2}=1$,从而 $\tan\alpha=1$,故 $\alpha=\frac{\pi}{4}$.

6. 解:(1)$\frac{\partial z}{\partial x}=4x^3-8xy^2$,$\frac{\partial z}{\partial y}=4y^3-8x^2y$,$\frac{\partial^2 z}{\partial x^2}=12x^2-8y^2$,

$\frac{\partial^2 z}{\partial y^2}=12y^2-8x^2$, $\frac{\partial^2 z}{\partial x\partial y}=\frac{\partial(4x^3-8xy^2)}{\partial y}=-16xy$.

(2) $\frac{\partial z}{\partial x}=\frac{1}{1+\left(\frac{y}{x}\right)^2}\cdot\left(-\frac{y}{x^2}\right)=-\frac{y}{x^2+y^2}$, $\frac{\partial z}{\partial y}=\frac{1}{1+\left(\frac{y}{x}\right)^2}\cdot\frac{1}{x}=\frac{x}{x^2+y^2}$,

$\frac{\partial^2 z}{\partial x^2}=-\frac{0-y\cdot 2x}{(x^2+y^2)^2}=\frac{2xy}{(x^2+y^2)^2}$, $\frac{\partial^2 z}{\partial y^2}=\frac{0-x\cdot 2y}{(x^2+y^2)^2}=-\frac{2xy}{(x^2+y^2)^2}$,

$\frac{\partial^2 z}{\partial x\partial y}=\frac{\partial}{\partial y}\left(\frac{-y}{x^2+y^2}\right)=-\frac{1\cdot(x^2+y^2)-y\cdot 2y}{(x^2+y^2)^2}=\frac{y^2-x^2}{(x^2+y^2)^2}$.

(3) $\frac{\partial z}{\partial x}=y^x\cdot\ln y$, $\frac{\partial z}{\partial y}=xy^{x-1}$, $\frac{\partial^2 z}{\partial x^2}=y^x(\ln y)^2$, $\frac{\partial^2 z}{\partial y^2}=x\cdot(x-1)\cdot y^{x-2}$,

$\frac{\partial^2 z}{\partial x\partial y}=\frac{\partial}{\partial y}(y^x\cdot\ln y)=xy^{x-1}\cdot\ln y+y^x\cdot\frac{1}{y}=y^{x-1}(x\ln y+1)$.

7. 解: 因为 $f_x(x,y,z)=y^2+2xz$, $f_{xx}(x,y,z)=2z$, $f_{xz}(x,y,z)=2x$.

所以 $f_{xx}(0,0,1)=2$, $f_{xz}(1,0,2)=2$.

因为 $f_y(x,y,z)=2xy+z^2$, $f_{yz}(x,y,z)=2z$. 所以 $f_{yz}(0,-1,0)=0$.

因为 $f_z(x,y,z)=2yz+x^2$, $f_{zz}(x,y,z)=2y$, $f_{zzx}(x,y,z)=0$. 所以 $f_{zzx}(2,0,1)=0$.

8. 解: $\frac{\partial z}{\partial x}=\ln(xy)+x\cdot\frac{1}{xy}\cdot y=\ln(xy)+1$, $\frac{\partial^2 z}{\partial x^2}=\frac{1}{xy}\cdot y=\frac{1}{x}$,

$\frac{\partial^3 z}{\partial x^2\partial y}=\frac{\partial}{\partial y}\left(\frac{1}{x}\right)=0$, $\frac{\partial^2 z}{\partial x\partial y}=\frac{1}{xy}\cdot x=\frac{1}{y}$, $\frac{\partial^3 z}{\partial x\partial y^2}=\frac{\partial}{\partial y}\left(\frac{1}{y}\right)=-\frac{1}{y^2}$.

9. 证: (1) $\frac{\partial y}{\partial t}=\mathrm{e}^{-kn^2t}(-kn^2)\sin nx=-kn^2\mathrm{e}^{-kn^2t}\sin nx$,

$\frac{\partial y}{\partial x}=\mathrm{e}^{-kn^2t}(\cos nx)\cdot n=n\mathrm{e}^{-kn^2t}\cos nx$,

$\frac{\partial^2 y}{\partial x^2}=n\mathrm{e}^{-kn^2t}(-\sin nx)\cdot n=-n^2\mathrm{e}^{-kn^2t}\sin nx$. 因此, $\frac{\partial y}{\partial t}=k\frac{\partial^2 y}{\partial x^2}$.

(2) $\frac{\partial r}{\partial x}=\frac{1}{2\sqrt{x^2+y^2+z^2}}\cdot 2x=\frac{x}{r}$, 由对称性知

$$\frac{\partial r}{\partial y}=\frac{y}{r},\frac{\partial r}{\partial z}=\frac{z}{r},\frac{\partial^2 r}{\partial x^2}=\frac{r-x\frac{\partial r}{\partial x}}{r^2}=\frac{r-x\cdot\frac{x}{r}}{r^2}=\frac{r^2-x^2}{r^3},$$

同理, $\frac{\partial^2 r}{\partial y^2}=\frac{r^2-y^2}{r^3}$, $\frac{\partial^2 r}{\partial z^2}=\frac{r^2-z^2}{r^3}$, 则

$$\frac{\partial^2 r}{\partial x^2}+\frac{\partial^2 r}{\partial y^2}+\frac{\partial^2 r}{\partial z^2}=\frac{3r^2-(x^2+y^2+z^2)}{r^3}=\frac{2r^2}{r^3}=\frac{2}{r}.$$

习题 9－3 解答(教材 P77～P78)

1. 解: (1) $\frac{\partial z}{\partial x}=y+\frac{1}{y}$, $\frac{\partial z}{\partial y}=x-\frac{x}{y^2}$, $\mathrm{d}z=\left(y+\frac{1}{y}\right)\mathrm{d}x+\left(x-\frac{x}{y^2}\right)\mathrm{d}y$.

(2) $\frac{\partial z}{\partial x}=-\frac{y}{x^2}\mathrm{e}^{\frac{y}{x}}$, $\frac{\partial z}{\partial y}=\frac{1}{x}\mathrm{e}^{\frac{y}{x}}$, $\mathrm{d}z=-\frac{1}{x}\mathrm{e}^{\frac{y}{x}}\left(\frac{y}{x}\mathrm{d}x-\mathrm{d}y\right)$.

(3) $\frac{\partial z}{\partial x}=y\left(-\frac{1}{2}\right)(x^2+y^2)^{-\frac{3}{2}}\cdot 2x=-\frac{xy}{(x^2+y^2)^{\frac{3}{2}}}$,

$$\frac{\partial z}{\partial y}=\frac{1}{\sqrt{x^2+y^2}}+y\left(-\frac{1}{2}\right)(x^2+y^2)^{-\frac{3}{2}}\cdot 2y=\frac{x^2}{(x^2+y^2)^{\frac{3}{2}}},$$

$$dz=-\frac{x}{(x^2+y^2)^{\frac{3}{2}}}(ydx-xdy).$$

(4) $\frac{\partial u}{\partial x}=yzx^{yz-1}$, $\frac{\partial u}{\partial y}=z\ln x\cdot x^{yz}$, $\frac{\partial u}{\partial z}=y\ln x\cdot x^{yz}$, 故

$$dz=x^{yz}\left(\frac{yz}{x}dx+z\ln xdy+y\ln xdz\right).$$

2. 解: $\frac{\partial z}{\partial x}=\frac{2x}{1+x^2+y^2}$, $\frac{\partial z}{\partial y}=\frac{2y}{1+x^2+y^2}$, $\left.\frac{\partial z}{\partial x}\right|_{(1,2)}=\frac{1}{3}$, $\left.\frac{\partial z}{\partial y}\right|_{(1,2)}=\frac{2}{3}$, 则

$$\left.dz\right|_{(1,2)}=\frac{1}{3}dx+\frac{2}{3}dy.$$

3. 证: $\Delta z=f(x+\Delta x,y+\Delta y)-f(x,y)=\frac{y+\Delta y}{x+\Delta x}-\frac{y}{x}$,

$$dz=-\frac{y}{x^2}dx+\frac{1}{x}dx=-\frac{y}{x^2}\Delta x+\frac{1}{x}\Delta y.$$

当 $x=2$, $y=1$, $\Delta x=0.1$, $\Delta y=-0.2$ 时,

$$\Delta z=\frac{1+(-0.2)}{2+0.1}-\frac{1}{2}\approx-0.119,$$

$$dz=-\frac{1}{2^2}\times0.1+\frac{1}{2}\times(-0.2)=-0.125.$$

4. 解: $\frac{\partial z}{\partial x}=ye^{xy}$, $\frac{\partial z}{\partial y}=xe^{xy}$, $\left.\frac{\partial z}{\partial x}\right|_{(1,1)}=e$, $\left.\frac{\partial z}{\partial y}\right|_{(1,1)}=e$.

当 $\Delta x=0.15$, $\Delta y=0.1$ 时, $\left.dz\right|_{(1,1)}=e\Delta x+e\Delta y=0.25e$.

5. 解: 由于二元函数偏导数存在且连续是二元函数可微分的充分条件,二元函数可微分必定可(偏)导,二元函数可微分必定连续,因此选项(A)正确.

选项(B)中(3)$\not\Rightarrow$(2),选项(C)中(4)$\not\Rightarrow$(1),选项(D)中(1)$\not\Rightarrow$(4).

*__6. 解:__ 令 $z=\sqrt{x^3+y^3}$, 则

$$\frac{\partial z}{\partial x}=\frac{1}{2}(x^3+y^3)^{-\frac{1}{2}}\cdot 3x^2=\frac{3x^2}{2\sqrt{x^3+y^3}},\frac{\partial z}{\partial y}=\frac{3y^2}{2\sqrt{x^3+y^3}},$$

$$\sqrt{(x+\Delta x)^3+(y+\Delta y)^3}\approx\sqrt{x^3+y^3}+\frac{\partial z}{\partial x}\Delta x+\frac{\partial z}{\partial y}\Delta y$$

$$=\sqrt{x^3+y^3}+\frac{3}{2\sqrt{x^3+y^3}}(x^2\Delta x+y^2\Delta y).$$

取 $x=1$, $y=2$, $\Delta x=0.02$,$\Delta y=-0.03$,得

$$\sqrt{(1.02)^3+(1.97)^3}\approx\sqrt{1^3+2^3}+\frac{3}{2\sqrt{1^3+2^3}}[1^2\times0.02+2^2\times(-0.03)]=2.95.$$

*__7. 解:__ 令 $z=x^y$, 则

$$(x+\Delta x)^{y+\Delta y}\approx x^y+\frac{\partial z}{\partial x}\Delta x+\frac{\partial z}{\partial y}\Delta y=x^y+yx^{y-1}\Delta x+x^y\ln x\Delta y,$$

取 $x=2$, $y=1$, $\Delta x=-0.03$, $\Delta y=0.05$,得

$$(1.97)^{1.05}\approx2^1+1\times2^0\times(-0.03)+2^1\times\ln 2\times0.05$$

$$\approx1.97+0.1\times\ln 2\approx1.97+0.1\times0.693=2.039.$$

*8. **解:** 对角线 $z=\sqrt{x^2+y^2}$,则

$$\Delta z\approx dz=\frac{\partial z}{\partial x}\Delta x+\frac{\partial z}{\partial y}\Delta y=\frac{x}{\sqrt{x^2+y^2}}\Delta x+\frac{y}{\sqrt{x^2+y^2}}\Delta y.$$

取 $x=6$, $y=8$, $\Delta x=0.05$, $\Delta y=-0.1$ 得

$$\Delta z\approx\frac{1}{\sqrt{6^2+8^2}}[6\times0.05+8\times(-0.1)]=-0.05,$$

即这个矩形的对角线大约减少 5cm.

*9. **解:** 圆柱体体积为 $V=\pi r^2h$,则

$$\Delta V\approx dV=\frac{\partial v}{\partial r}\Delta r+\frac{\partial v}{\partial h}\Delta h=2\pi rh\Delta r+\pi r^2\Delta h,$$

取 $r=4$, $h=20$, $\Delta r=0.1$, $\Delta h=0.1$, 得

$$\Delta V\approx2\pi\times4\times20\times0.1+\pi\times4^2\times0.1=17.6\pi\approx55.3(\text{cm}^3).$$

*10. **解:** 设 x,y 为两直角边,则斜长为 $z=\sqrt{x^2+y^2}$

$$z\approx dz=\frac{\partial z}{\partial x}\Delta x+\frac{\partial z}{\partial y}\Delta y=\frac{1}{\sqrt{x^2+y^2}}(x\Delta x+y\Delta y),$$

则 $|\Delta z|\leqslant\frac{1}{\sqrt{x^2+y^2}}(x|\Delta x|+y|\Delta y|)$.

取 $x=7$, $y=24$, $|\Delta x|\leqslant0.1$, $|\Delta y|\leqslant0.1$ 得

$$|\Delta z|\leqslant\frac{1}{\sqrt{7^2+24^2}}|7\times0.1+24\times0.1|=0.124(\text{cm}).$$

*11. **解:** 三角形的面积为 $S=\frac{1}{2}ab\sin\theta$,则

$$|\Delta S|\approx|dS|=\left|\frac{1}{2}b\sin\theta\Delta a+\frac{1}{2}a\sin\theta\Delta b+\frac{1}{2}ab\cos\theta\Delta\theta\right|$$
$$\leqslant\frac{1}{2}b\sin\theta|\Delta a|+\frac{1}{2}a\sin\theta|\Delta b|+\frac{1}{2}ab\cos\theta|\Delta\theta|.$$

当 $a=63$, $b=78$, $\theta=60^\circ=\frac{\pi}{3}$, $|\Delta a|\leqslant0.1$, $|\Delta b|\leqslant0.1$, $|\Delta\theta|\leqslant\frac{\pi}{180}$时,

$$|\Delta S|\leqslant\frac{1}{2}\times78\times\sin\frac{\pi}{3}\times0.1+\frac{1}{2}\times63\times\sin\frac{\pi}{3}\times0.1+\frac{1}{2}\times63\times78\times\cos\frac{\pi}{3}\times\frac{\pi}{180}$$
$$\approx27.55.$$

又因 $S=\frac{1}{2}ab\sin\theta=\frac{1}{2}\times63\times78\sin\frac{\pi}{3}\approx2\,127.82$.

则 $\left|\frac{\Delta S}{S}\right|\leqslant\frac{27.55}{2\,127.82}=1.29\%$.

*12. **证:** 设 $z=x+y$,则 $\Delta z\approx dz=\Delta x+\Delta y$,故 $|\Delta z|\leqslant|\Delta x|+|\Delta y|$.

*13. **证:** 设 $u=xy,v=\frac{x}{y}$, $\Delta u\approx du=y\Delta x+x\Delta y$, $\Delta v\approx dv=\frac{1}{y}\Delta x-\frac{x}{y^2}\Delta y$.

$$\left|\frac{\Delta u}{u}\right|=\left|\frac{y\Delta x+x\Delta y}{xy}\right|\leqslant\left|\frac{\Delta x}{x}\right|+\left|\frac{\Delta y}{y}\right|,\left|\frac{\Delta v}{v}\right|=\left|\frac{\frac{1}{y}\Delta x-\frac{x}{y^2}\Delta y}{\frac{x}{y}}\right|\leqslant\left|\frac{\Delta x}{x}\right|+\left|\frac{\Delta y}{y}\right|.$$

习题 9—4 解答(教材 P84～P85)

1. 解: $\frac{\partial z}{\partial x}=\frac{\partial z}{\partial u}\cdot\frac{\partial u}{\partial x}+\frac{\partial z}{\partial v}\cdot\frac{\partial v}{\partial x}=2u+2v=2(x+y)+2(x-y)=4x.$

$\frac{\partial z}{\partial y}=\frac{\partial z}{\partial u}\cdot\frac{\partial u}{\partial y}+\frac{\partial z}{\partial v}\cdot\frac{\partial v}{\partial y}=2u-2v=2(x+y)-2(x-y)=4y.$

2. 解: $\frac{\partial z}{\partial x}=\frac{\partial z}{\partial u}\cdot\frac{\partial u}{\partial x}+\frac{\partial z}{\partial v}\cdot\frac{\partial v}{\partial x}=2u\ln v\cdot\frac{1}{y}+\frac{u^2}{v}\cdot 3=\frac{2x}{y^2}\ln(3x-2y)+\frac{3x^2}{y^2(3x-2y)}.$

$\frac{\partial z}{\partial y}=\frac{\partial z}{\partial u}\cdot\frac{\partial u}{\partial y}+\frac{\partial z}{\partial v}\cdot\frac{\partial v}{\partial y}=2u\ln v\left(-\frac{x}{y^2}\right)+\frac{u^2}{v}(-2)=\frac{-2x^2}{y^3}\ln(3x-2y)-\frac{2x^2}{y^2(3x-2y)}.$

3. 解: $\frac{\mathrm{d}z}{\mathrm{d}t}=\frac{\partial z}{\partial x}\cdot\frac{\mathrm{d}x}{\mathrm{d}t}+\frac{\partial z}{\partial y}\cdot\frac{\mathrm{d}y}{\mathrm{d}t}$

$=\mathrm{e}^{x-2y}\cdot\cos t-2\mathrm{e}^{x-2y}\cdot 3t^2=\mathrm{e}^{x-2y}(\cos t-6t^2)=\mathrm{e}^{\sin t-2t^3}(\cos t-6t^2).$

4. 解: $\frac{\mathrm{d}z}{\mathrm{d}t}=\frac{\partial z}{\partial x}\cdot\frac{\mathrm{d}x}{\mathrm{d}t}+\frac{\partial z}{\partial y}\cdot\frac{\mathrm{d}y}{\mathrm{d}t}=\frac{1}{\sqrt{1-(x-y)^2}}\cdot 3+\frac{1}{\sqrt{1-(x-y)^2}}(-1)\times 12t^2$

$=\frac{3-12t^2}{\sqrt{1-(3t-4t^3)^2}}.$

5. 解: $\frac{\mathrm{d}z}{\mathrm{d}x}=\frac{\partial z}{\partial x}+\frac{\partial z}{\partial y}\cdot\frac{\mathrm{d}y}{\mathrm{d}x}=\frac{1}{1+(xy)^2}\cdot y+\frac{1}{1+(xy)^2}\cdot x\mathrm{e}^x=\frac{y+x\mathrm{e}^x}{1+x^2y^2}=\frac{\mathrm{e}^x(1+x)}{1+x^2\mathrm{e}^{2x}}.$

6. 解: $\frac{\mathrm{d}u}{\mathrm{d}x}=\frac{\partial u}{\partial x}+\frac{\partial u}{\partial y}\cdot\frac{\mathrm{d}y}{\mathrm{d}x}+\frac{\partial u}{\partial z}\cdot\frac{\mathrm{d}z}{\mathrm{d}x}$

$=\frac{a\mathrm{e}^{ax}(y-z)}{a^2+1}+\frac{\mathrm{e}^{ax}}{a^2+1}\cdot a\cos x+\frac{\mathrm{e}^{ax}\cdot(-1)}{a^2+1}(-\sin x)$

$=\frac{a\mathrm{e}^{ax}(y-z+\cos x)}{a^2+1}+\frac{\mathrm{e}^{ax}\cdot\sin x}{a^2+1}=\frac{a\mathrm{e}^{ax}\cdot a\sin x+\mathrm{e}^{ax}\cdot\sin x}{a^2+1}=\mathrm{e}^{ax}\sin x.$

7. 证: $\frac{\partial z}{\partial u}=\frac{\partial z}{\partial x}\cdot\frac{\partial x}{\partial u}+\frac{\partial z}{\partial y}\cdot\frac{\partial y}{\partial u}=\frac{1}{1+\left(\frac{x}{y}\right)^2}\cdot\frac{1}{y}+\frac{1}{1+\left(\frac{x}{y}\right)^2}\cdot\left(-\frac{x}{y^2}\right)$

$=\frac{1}{1+\frac{x^2}{y^2}}\left(\frac{1}{y}-\frac{x}{y^2}\right)=\frac{y-x}{x^2+y^2},$

$\frac{\partial z}{\partial v}=\frac{\partial z}{\partial x}\cdot\frac{\partial x}{\partial v}+\frac{\partial z}{\partial y}\cdot\frac{\partial y}{\partial v}=\frac{1}{1+\left(\frac{x}{y}\right)^2}\cdot\frac{1}{y}+\frac{1}{1+\left(\frac{x}{y}\right)^2}\cdot\left(-\frac{x}{y^2}\right)\cdot(-1)$

$=\frac{1}{1+\frac{x^2}{y^2}}\left(\frac{1}{y}+\frac{x}{y^2}\right)=\frac{y+x}{x^2+y^2},$

则$\frac{\partial z}{\partial u}+\frac{\partial z}{\partial v}=\frac{2y}{x^2+y^2}=\frac{2(u-v)}{2(u^2+v^2)}=\frac{u-v}{u^2+v^2}.$

8. 解: (1)$\frac{\partial u}{\partial x}=2f'_1x+f'_2\mathrm{e}^{xy}\cdot y,\frac{\partial u}{\partial y}=f'_1(-2y)+f'_2\mathrm{e}^{xy}\cdot x=-2yf'_1+x\mathrm{e}^{xy}f'_2.$

(2)$\frac{\partial u}{\partial x}=f'_1\cdot\frac{1}{y}+f'_2\cdot\frac{\partial}{\partial x}\left(\frac{y}{z}\right)=\frac{1}{y}f'_1,\frac{\partial u}{\partial y}=f'_1\left(-\frac{x}{y^2}\right)+f'_2\frac{1}{z},$

$\frac{\partial u}{\partial z}=f'_1\frac{\partial}{\partial z}\left(\frac{x}{y}\right)+f'_2\left(-\frac{y}{z^2}\right)=-\frac{y}{z^2}f'_2.$

(3) $\frac{\partial u}{\partial x}=f'_1+f'_2y+f'_3yz,\frac{\partial u}{\partial y}=f'_2x+f'_3xz,\frac{\partial u}{\partial z}=f'_3xy.$

9. 证: $\frac{\partial z}{\partial x}=y+F(u)+xF'(u)\cdot\frac{\partial u}{\partial x}=y+F(u)-\frac{y}{x}F'(u),$

$\frac{\partial z}{\partial y}=x+xF'(u)\frac{\partial u}{\partial y}=x+xF'(u)\frac{1}{x}=x+F'(u),$

则 $x\frac{\partial z}{\partial x}+y\frac{\partial z}{\partial y}=x\left[y+F(u)-\frac{y}{x}F'(u)\right]+y[x+F'(u)]=2xy+xF(u)=xy+z.$

10. 证: $\frac{\partial z}{\partial x}=\frac{0-yf'(x^2-y^2)\cdot 2x}{f^2(x^2-y^2)}=-\frac{2xyf'(x^2-y^2)}{f^2(x^2-y^2)},$

$\frac{\partial z}{\partial y}=\frac{f(x^2-y^2)-yf'(x^2-y^2)\cdot(-2y)}{f^2(x^2-y^2)}=\frac{1}{f(x^2-y^2)}+\frac{2y^2f'(x^2-y^2)}{f^2(x^2-y^2)},$

则 $\frac{1}{x}\frac{\partial z}{\partial x}+\frac{1}{y}\frac{\partial z}{\partial y}=-\frac{2yf'(x^2-y^2)}{f^2(x^2-y^2)}+\frac{1}{yf(x^2-y^2)}+\frac{2yf'(x^2-y^2)}{f^2(x^2-y^2)}$

$=\frac{1}{yf(x^2-y^2)}=\frac{z}{y^2}.$

11. 解: 令 $u=x^2+y^2$,则

$\frac{\partial z}{\partial x}=f'(u)\frac{\partial u}{\partial x}=2xf'(u),\frac{\partial z}{\partial y}=f'(u)\frac{\partial u}{\partial y}=2yf'(u),$

$\frac{\partial^2 z}{\partial x^2}=2f'(u)+2xf''(u)\frac{\partial u}{\partial x}=2f'(u)+2xf''(u)\cdot 2x=2f'(u)+4x^2f''(u),$

$\frac{\partial^2 z}{\partial x\partial y}=2xf''(u)\frac{\partial u}{\partial y}=4xyf''(u),$

$\frac{\partial^2 z}{\partial y^2}=2f'(u)+2yf''(u)\frac{\partial u}{\partial y}=2f'(u)+4y^2f''(u).$

***12. 解:** (1) 令 $s=xy,\ t=y$, 则 $z=f(s,t)$.

$\frac{\partial z}{\partial x}=\frac{\partial f}{\partial s}\cdot\frac{\partial s}{\partial x}=f'_s y=yf'_s,\frac{\partial z}{\partial y}=\frac{\partial f}{\partial s}\cdot\frac{\partial s}{\partial y}+\frac{\partial f}{\partial t}\cdot\frac{\partial t}{\partial y}=xf'_s+f'_t,$

$\frac{\partial^2 z}{\partial x^2}=\frac{\partial}{\partial x}\left(\frac{\partial z}{\partial x}\right)=\frac{\partial}{\partial x}(yf'_s)=y\frac{\partial f'_s}{\partial x}=y\left(\frac{\partial f'_s}{\partial s}\cdot\frac{\partial s}{\partial x}\right)=y^2f''_{ss},$

$\frac{\partial^2 z}{\partial x\partial y}=\frac{\partial}{\partial y}\left(\frac{\partial z}{\partial x}\right)=\frac{\partial}{\partial y}(yf'_s)=f'_s+y\frac{\partial f'_s}{\partial y}$

$=f'_s+y\left(\frac{\partial f'_s}{\partial s}\cdot\frac{\partial s}{\partial y}+\frac{\partial f'_s}{\partial t}\cdot\frac{\partial t}{\partial y}\right)=f'_s+xyf''_{ss}+yf''_{st},$

$\frac{\partial^2 z}{\partial y^2}=\frac{\partial}{\partial y}\left(\frac{\partial z}{\partial y}\right)=\frac{\partial}{\partial y}(xf'_s+f'_t)=x\frac{\partial f'_s}{\partial y}+\frac{\partial f'_t}{\partial y}$

$=x\left(\frac{\partial f'_s}{\partial s}\frac{\partial s}{\partial y}+\frac{\partial f'_s}{\partial t}\frac{\partial t}{\partial y}\right)+\left(\frac{\partial f'_t}{\partial s}\frac{\partial s}{\partial y}+\frac{\partial f'_t}{\partial t}\frac{\partial t}{\partial y}\right)$

$=x^2f''_{ss}+2xf''_{st}+f''_{tt}.$

(2) 令 $u=x,\ v=\frac{x}{y}$, 则 $z=f(u,v)$.

$\frac{\partial z}{\partial x}=\frac{\partial f}{\partial u}\cdot\frac{\partial u}{\partial x}+\frac{\partial f}{\partial v}\cdot\frac{\partial v}{\partial x}=\frac{\partial f}{\partial u}+\frac{\partial f}{\partial v}\cdot\frac{1}{y},$

$\frac{\partial z}{\partial y}=\frac{\partial f}{\partial u}\cdot\frac{\partial u}{\partial y}+\frac{\partial f}{\partial v}\cdot\frac{\partial v}{\partial y}=-\frac{x}{y^2}\cdot\frac{\partial f}{\partial v},$

$$\frac{\partial^2 z}{\partial x^2}=\frac{\partial}{\partial x}\left(\frac{\partial z}{\partial x}\right)=\frac{\partial}{\partial x}\left(\frac{\partial f}{\partial u}+\frac{1}{y}\frac{\partial f}{\partial v}\right)=\frac{\partial}{\partial x}\left(\frac{\partial f}{\partial u}\right)+\frac{1}{y}\frac{\partial}{\partial x}\left(\frac{\partial f}{\partial v}\right)$$

$$=\frac{\partial}{\partial u}\left(\frac{\partial f}{\partial u}\right)\frac{\partial u}{\partial x}+\frac{\partial}{\partial v}\left(\frac{\partial f}{\partial u}\right)\frac{\partial v}{\partial x}+\frac{1}{y}\left[\frac{\partial}{\partial u}\left(\frac{\partial f}{\partial v}\right)\frac{\partial v}{\partial x}+\frac{\partial}{\partial v}\left(\frac{\partial f}{\partial v}\right)\frac{\partial v}{\partial x}\right]$$

$$=f''_{uu}+\frac{2}{y}f''_{uv}+\frac{1}{y^2}f''_{vv},$$

$$\frac{\partial^2 z}{\partial x\partial y}=\frac{\partial}{\partial y}\left(\frac{\partial z}{\partial x}\right)=\frac{\partial}{\partial y}\left(\frac{\partial f}{\partial u}+\frac{1}{y}\frac{\partial f}{\partial v}\right)=\frac{\partial}{\partial y}\left(\frac{\partial f}{\partial u}\right)+\frac{\partial}{\partial y}\left(\frac{1}{y}\frac{\partial f}{\partial v}\right)$$

$$=\frac{\partial}{\partial u}\left(\frac{\partial f}{\partial u}\right)\frac{\partial u}{\partial y}+\frac{\partial}{\partial v}\left(\frac{\partial f}{\partial u}\right)\frac{\partial v}{\partial y}+\left[-\frac{1}{y^2}\frac{\partial f}{\partial v}+\frac{1}{y}\frac{\partial}{\partial y}\left(\frac{\partial f}{\partial v}\right)\right]$$

$$=\frac{\partial^2 f}{\partial u\partial v}\left(-\frac{x}{y^2}\right)-\frac{1}{y^2}\frac{\partial f}{\partial v}+\frac{1}{y}\left[\frac{\partial}{\partial u}\left(\frac{\partial f}{\partial v}\right)\frac{\partial u}{\partial y}+\frac{\partial}{\partial v}\left(\frac{\partial f}{\partial v}\right)\frac{\partial v}{\partial y}\right]$$

$$=-\frac{x}{y^2}\left(f''_{uv}+\frac{1}{y}f''_{vv}\right)-\frac{1}{y^2}f'_v,$$

$$\frac{\partial^2 z}{\partial y^2}=\frac{\partial}{\partial y}\left(\frac{\partial z}{\partial y}\right)=\frac{\partial}{\partial y}\left(-\frac{x}{y^2}\frac{\partial f}{\partial v}\right)=\frac{\partial}{\partial y}\left(-\frac{x}{y^2}\right)\frac{\partial f}{\partial v}-\frac{x}{y^2}\frac{\partial}{\partial y}\left(\frac{\partial f}{\partial v}\right)$$

$$=\frac{2x}{y^3}\frac{\partial f}{\partial v}-\frac{x}{y^2}\frac{\partial}{\partial v}\left(\frac{\partial f}{\partial v}\right)\frac{\partial v}{\partial y}=\frac{2x}{y^3}f'_v+\frac{x^2}{y^4}f''_{vv}.$$

(3)将 xy^2,x^2y 记为 1 号和 2 号,则

$$\frac{\partial z}{\partial x}=f'_1y^2+f'_2 2xy=y^2f'_1+2xyf'_2,$$

$$\frac{\partial z}{\partial y}=f'_1 2xy+f'_2x^2=2xyf'_1+x^2f'_2,$$

$$\frac{\partial^2 z}{\partial x^2}=\frac{\partial}{\partial x}\left(\frac{\partial z}{\partial x}\right)=y^2(f''_{11}y^2+f''_{12}2xy)+2yf'_2+2xy(f''_{21}y^2+f''_{22}2xy)$$

$$=2yf'_2+y^4f''_{11}+4xy^3f''_{12}+4x^2y^2f''_{22},$$

$$\frac{\partial^2 z}{\partial x\partial y}=\frac{\partial}{\partial y}\left(\frac{\partial z}{\partial x}\right)=2yf'_1+y^2(f''_{11}2xy+f''_{12}x^2)+2xf'_2+2xy(f''_{21}2xy+f''_{22}x^2)$$

$$=2yf'_1+2xf'_2+2xy^3f''_{11}+5x^2y^2f''_{12}+2x^3yf''_{22},$$

$$\frac{\partial^2 z}{\partial y^2}=\frac{\partial}{\partial y}\left(\frac{\partial z}{\partial y}\right)=2xf'_1+2xy(f''_{11}2xy+f''_{12}x^2)+x^2(f''_{21}2xy+f''_{22}x^2)$$

$$=2xf'_1+4x^2y^2f''_{11}+4x^3yf''_{12}+x^4f''_{22}.$$

(4)记 $\sin x$, $\cos y$, e^{x+y}分别为 1 号、2 号、3 号,则

$$\frac{\partial z}{\partial x}=f'_1\cos x+f'_3e^{x+y},\ \frac{\partial z}{\partial y}=f'_2(-\sin y)+f'_3e^{x+y},$$

$$\frac{\partial^2 z}{\partial x^2}=(f''_{11}\cos x+f''_{13}e^{x+y})\cos x+f'_1(-\sin x)+(f''_{31}\cos x+f''_{33}e^{x+y})e^{x+y}+f'_3e^{x+y}$$

$$=e^{x+y}f'_3-\sin xf'_1+\cos^2xf''_{11}+2\cos xe^{x+y}f''_{13}+e^{2(x+y)}f''_{33},$$

$$\frac{\partial^2 z}{\partial x\partial y}=\frac{\partial}{\partial y}\left(\frac{\partial z}{\partial x}\right)$$

$$=\cos x[f''_{12}(-\sin y)+f''_{13}e^{x+y}]+e^{x+y}f'_3+e^{x+y}[f''_{32}(-\sin y)+f''_{33}e^{x+y}]$$

$$=e^{x+y}f'_3-\sin y\cos xf''_{12}+e^{x+y}\cos xf''_{13}-e^{x+y}\sin yf''_{32}+e^{2(x+y)}f''_{33},$$

$$\frac{\partial^2 z}{\partial y^2}=\frac{\partial}{\partial y}\left(\frac{\partial z}{\partial y}\right)=-\cos yf'_2-\sin y[f''_{22}(-\sin y)+f''_{23}e^{x+y}]+$$

$$e^{x+y}f'_3+e^{x+y}[f''_{32}(-\sin y)+f''_{33}e^{x+y}]$$

教材习题全解(下册)

$$=\mathrm{e}^{x+y}f'_3-\cos y f'_2+\sin^2 y f''_{22}-2\mathrm{e}^{x+y}\sin y f''_{23}+\mathrm{e}^{2(x+y)}f''_{33}.$$

*13. **证**: $\frac{\partial u}{\partial s}=\frac{\partial u}{\partial x}\frac{\partial x}{\partial s}+\frac{\partial u}{\partial y}\frac{\partial y}{\partial s}=\frac{1}{2}\frac{\partial u}{\partial x}+\frac{\sqrt{3}}{2}\frac{\partial u}{\partial y}$,

$\frac{\partial u}{\partial t}=\frac{\partial u}{\partial x}\frac{\partial x}{\partial t}+\frac{\partial u}{\partial y}\frac{\partial y}{\partial t}=-\frac{\sqrt{3}}{2}\frac{\partial u}{\partial x}+\frac{1}{2}\frac{\partial u}{\partial y}$,

则 $\left(\frac{\partial u}{\partial s}\right)^2+\left(\frac{\partial u}{\partial t}\right)^2=\left(\frac{1}{2}\frac{\partial u}{\partial x}+\frac{\sqrt{3}}{2}\frac{\partial u}{\partial y}\right)^2+\left(-\frac{\sqrt{3}}{2}\frac{\partial u}{\partial x}+\frac{1}{2}\frac{\partial u}{\partial y}\right)^2=\left(\frac{\partial u}{\partial x}\right)^2+\left(\frac{\partial u}{\partial y}\right)^2$,

又 $\frac{\partial^2 u}{\partial s^2}=\frac{1}{2}\left(\frac{\partial^2 u}{\partial x^2}\frac{\partial x}{\partial s}+\frac{\partial^2 u}{\partial x\partial y}\frac{\partial y}{\partial s}\right)+\frac{\sqrt{3}}{2}\left(\frac{\partial^2 u}{\partial y\partial x}\frac{\partial x}{\partial s}+\frac{\partial^2 u}{\partial y^2}\frac{\partial y}{\partial s}\right)$

$=\frac{1}{4}\frac{\partial^2 u}{\partial x^2}+\frac{\sqrt{3}}{2}\frac{\partial^2 u}{\partial x\partial y}+\frac{3}{4}\frac{\partial^2 u}{\partial y^2}$,

$\frac{\partial^2 u}{\partial t^2}=-\frac{\sqrt{3}}{2}\left(\frac{\partial^2 u}{\partial x^2}\frac{\partial x}{\partial t}+\frac{\partial^2 u}{\partial x\partial y}\frac{\partial y}{\partial t}\right)+\frac{1}{2}\left(\frac{\partial^2 u}{\partial y\partial x}\frac{\partial x}{\partial t}+\frac{\partial^2 u}{\partial y^2}\frac{\partial y}{\partial t}\right)$

$=\frac{3}{4}\frac{\partial^2 u}{\partial x^2}-\frac{\sqrt{3}}{2}\frac{\partial^2 u}{\partial x\partial y}+\frac{1}{4}\frac{\partial^2 u}{\partial y^2}$,

故 $\frac{\partial^2 u}{\partial s^2}+\frac{\partial^2 u}{\partial t^2}=\frac{\partial^2 u}{\partial x^2}+\frac{\partial^2 u}{\partial y^2}$.

习题 9－5 解答(教材 P91～P92)

1. **解**: 令 $F(x,y)=\sin y+\mathrm{e}^x-xy^2$，则

$$\frac{\mathrm{d}y}{\mathrm{d}x}=-\frac{F_x}{F_y}=-\frac{\mathrm{e}^x-y^2}{\cos y-2xy}=\frac{y^2-\mathrm{e}^x}{\cos y-2xy}.$$

2. **解**: 由 $\ln\sqrt{x^2+y^2}=\arctan\frac{y}{x}$ 确定 $y=y(x)$，两边对 x 求导，得

$$\frac{1}{2}\cdot\frac{1}{x^2+y^2}\left(2x+2y\frac{\mathrm{d}y}{\mathrm{d}x}\right)=\frac{1}{1+\left(\frac{y}{x}\right)^2}\cdot\frac{x\frac{\mathrm{d}y}{\mathrm{d}x}-y}{x^2},$$

整理，得 $\frac{\mathrm{d}y}{\mathrm{d}x}=\frac{x+y}{x-y}$.

3. **解**: 令 $F(x,y,z)=x+2y+z-2\sqrt{xyz}$，

$$F_x=1-2\sqrt{yz}\cdot\frac{1}{2\sqrt{x}}=1-\frac{\sqrt{yz}}{\sqrt{x}}=1-\frac{yz}{\sqrt{xyz}},$$

$$F_y=2-2\sqrt{xz}\cdot\frac{1}{2\sqrt{y}}=2-\frac{\sqrt{xz}}{\sqrt{y}}=2-\frac{xz}{\sqrt{xyz}},$$

$$F_z=1-2\sqrt{xy}\cdot\frac{1}{2\sqrt{z}}=1-\frac{\sqrt{xy}}{\sqrt{z}}=1-\frac{xy}{\sqrt{xyz}},$$

则 $\frac{\partial z}{\partial x}=-\frac{F_x}{F_z}=-\frac{\sqrt{xyz}-yz}{\sqrt{xyz}-xy}$，$\frac{\partial z}{\partial y}=-\frac{F_y}{F_z}=-\frac{2\sqrt{xyz}-xz}{\sqrt{xyz}-xy}$.

4. **解**: 令 $F(x,y,z)=\frac{x}{z}-\ln\frac{z}{y}$，则

$$\frac{\partial z}{\partial x}=-\frac{F_x}{F_z}=\frac{z}{x+z},\ \frac{\partial z}{\partial y}=-\frac{F_y}{F_z}=\frac{z^2}{y(x+z)}.$$

5. 证: $\frac{\partial z}{\partial x}=-\frac{F_x}{F_z}=-\frac{2\cos(x+2y-3z)-1}{-6\cos(x+2y-3z)+3}=\frac{1-2\cos(x+2y-3z)}{3-6\cos(x+2y-3z)}=\frac{1}{3}$,

$\frac{\partial z}{\partial y}=-\frac{F_y}{F_z}=-\frac{4\cos(x+2y-3z)-2}{-6\cos(x+2y-3z)+3}=\frac{2-4\cos(x+2y-3z)}{3-6\cos(x+2y-3z)}=\frac{2}{3}$,

故$\frac{\partial z}{\partial x}+\frac{\partial z}{\partial y}=1$.

6. 证: $\frac{\partial x}{\partial y}\cdot\frac{\partial y}{\partial z}\cdot\frac{\partial z}{\partial x}=\left(-\frac{F_y}{F_x}\right)\cdot\left(-\frac{F_z}{F_y}\right)\cdot\left(-\frac{F_x}{F_z}\right)=-1$.

7. 证: 令 $F(x,y,z)=\Phi(cx-az,\ cy-bz)$,并记 $cx-az$, $cy-bz$ 分别为 1 号与 2 号变量,则

$$F_x=\Phi'_1\cdot c,\quad F_y=\Phi'_2\cdot c,\quad F_z=\Phi'_1(-a)+\Phi'_2(-b),$$

$$\frac{\partial z}{\partial x}=-\frac{F_x}{F_z}=-\frac{c\Phi'_1}{-a\Phi'_1-b\Phi'_2}=\frac{c\Phi'_1}{a\Phi'_1+b\Phi'_2},$$

$$\frac{\partial z}{\partial y}=-\frac{F_y}{F_z}=-\frac{c\Phi'_2}{-a\Phi'_1-b\Phi'_2}=\frac{c\Phi'_2}{a\Phi'_1+b\Phi'_2},$$

故 $a\frac{\partial z}{\partial x}+b\frac{\partial z}{\partial y}=\frac{ac\Phi'_1+bc\Phi'_2}{a\Phi'_1+b\Phi'_2}=c$.

***8. 解:** 令 $F(x,y,z)=e^z-xyz$,则

$$\frac{\partial z}{\partial x}=-\frac{F_x}{F_z}=-\frac{(-yz)}{e^z-xy}=\frac{yz}{e^z-xy},$$

$$\frac{\partial^2 z}{\partial x^2}=\frac{\partial}{\partial x}\left(\frac{\partial z}{\partial x}\right)=\frac{y\frac{\partial z}{\partial x}(e^z-xy)-yz\left(e^z\frac{\partial z}{\partial x}-y\right)}{(e^z-xy)^2}=\frac{y^2z-yz\left(e^z\cdot\frac{yz}{e^z-xy}-y\right)}{(e^z-xy)^2}$$

$$=\frac{2y^2ze^z-2xy^3z-y^2z^2e^z}{(e^z-xy)^3}.$$

***9. 解:** 令 $F(x,y,z)=z^3-3xyz-a^3$,则

$$\frac{\partial z}{\partial x}=-\frac{F_x}{F_z}=-\frac{-3yz}{3z^2-3xy}=\frac{yz}{z^2-xy},\ \frac{\partial z}{\partial y}=-\frac{F_y}{F_z}=-\frac{-3xz}{3z^2-3xy}=\frac{xz}{z^2-xy},$$

$$\frac{\partial^2 z}{\partial x\partial y}=\frac{\partial}{\partial y}\left(\frac{\partial z}{\partial x}\right)=\frac{\partial}{\partial y}\left(\frac{yz}{z^2-xy}\right)=\frac{\left(z+y\frac{\partial z}{\partial y}\right)(z^2-xy)-yz\left(2z\frac{\partial z}{\partial y}-x\right)}{(z^2-xy)^2}$$

$$=\frac{\left(z+y\frac{xz}{z^2-xy}\right)(z^2-xy)-2yz^2\cdot\frac{xz}{z^2-xy}+xyz}{(z^2-xy)^2}$$

$$=\frac{z^5-2xyz^3-x^2y^2z}{(z^2-xy)^3}.$$

10. 解: (1)方程组确定 $y=y(x)$, $z=z(x)$,对等式两边关于 x 求导,得:

$$\begin{cases}\frac{dz}{dx}=2x+2y\frac{dy}{dx},\\ 2x+4y\frac{dy}{dx}+6z\frac{dz}{dx}=0,\end{cases}\text{即}\begin{cases}2y\frac{dy}{dx}-\frac{dz}{dx}=-2x,\\ 2y\frac{dy}{dx}+3z\frac{dz}{dx}=-x.\end{cases}$$

整理,得$\frac{dy}{dx}=\frac{-6xz-x}{6yz+2y}=\frac{-x(6z+1)}{2y(3z+1)}$, $\frac{dz}{dx}=\frac{-2xy+4xy}{6yz+2y}=\frac{2xy}{6yz+2y}=\frac{x}{3z+1}$.

(2)方程组确定 $x=x(z)$, $y=y(z)$, 对等式两边关于 x 求导,得

$$\begin{cases}\frac{dx}{dz}+\frac{dy}{dz}+1=0,\\ 2x\frac{dx}{dz}+2y\frac{dy}{dz}+2z=0,\end{cases}\text{即}\begin{cases}\frac{dx}{dz}+\frac{dy}{dz}=-1,\\ x\frac{dx}{dz}+y\frac{dy}{dz}=-z.\end{cases}$$

即$\dfrac{dx}{dz}=\dfrac{-y+z}{y-x}=\dfrac{y-z}{x-y},\dfrac{dy}{dz}=\dfrac{-z+x}{y-x}=\dfrac{z-x}{x-y}$.

(3)方程组确定 $u=u(x,y)$, $v=v(x,y)$,对等式两边关于 x 求导,得

$$\begin{cases}\dfrac{\partial u}{\partial x}=f'_1\left(\dfrac{\partial u}{\partial x}x+u\right)+f'_2\dfrac{\partial v}{\partial x},\\ \dfrac{\partial v}{\partial x}=g'_1\left(\dfrac{\partial u}{\partial x}-1\right)+g'_2\cdot 2v\dfrac{\partial v}{\partial x}\cdot y,\end{cases}\text{即}\begin{cases}(1-xf'_1)\dfrac{\partial u}{\partial x}-f'_2\dfrac{\partial v}{\partial x}=uf'_1,\\ g'_1\dfrac{\partial u}{\partial x}+(2yvg'_2-1)\dfrac{\partial v}{\partial x}=g'_1,\end{cases}$$

则$\dfrac{\partial u}{\partial x}=\dfrac{uf'_1(2yvg'_2-1)+g'_1f'_2}{(1-xf'_1)(2yvg'_2-1)+g'_1f'_2},\dfrac{\partial v}{\partial x}=\dfrac{(1-xf'_1)g'_1-uf'_1g'_1}{(1-xf'_1)(2yvg'_2-1)+g'_1f'_2}$.

(4)方程组确定 $u=u(x,y)$, $v=v(x,y)$,对等式两边分别关于 x,y 求导得:

$$\begin{cases}1=e^u\dfrac{\partial u}{\partial x}+\dfrac{\partial u}{\partial x}\sin v+u\cos v\dfrac{\partial v}{\partial x},\\ 0=e^u\dfrac{\partial u}{\partial x}-\dfrac{\partial u}{\partial x}\cos v+u\sin v\dfrac{\partial v}{\partial x},\end{cases}\quad\begin{cases}0=e^u\dfrac{\partial u}{\partial y}+\dfrac{\partial u}{\partial y}\sin v+u\cos v\dfrac{\partial v}{\partial y},\\ 1=e^u\dfrac{\partial u}{\partial y}-\dfrac{\partial u}{\partial y}\cos v+u\sin v\dfrac{\partial v}{\partial y},\end{cases}$$

解得:$\dfrac{\partial u}{\partial x}=\dfrac{u\sin v}{u\sin v(e^u+\sin v)-u\cos v(e^u-\cos v)}=\dfrac{\sin v}{(\sin v-\cos v)e^u+1}$,

$\dfrac{\partial v}{\partial x}=\dfrac{-(e^u-\cos v)}{u\sin v(e^u+\sin v)-u\cos v(e^u-\cos v)}=\dfrac{\cos v-e^u}{ue^u(\sin v-\cos v)+u}$,

$\dfrac{\partial u}{\partial y}=\dfrac{-u\cos v}{u\sin v(e^u+\sin v)-u\cos v(e^u-\cos v)}=\dfrac{-\cos v}{e^u(\sin v-\cos v)+1}$,

$\dfrac{\partial v}{\partial y}=\dfrac{e^u+\sin v}{ue^u(\sin v-\cos v)+u}$.

11. 证: 方程组确定 $y=f(x)$, $t=t(x)$,对$\begin{cases}y=f(x,t),\\F(x,y,t)=0\end{cases}$两边关于 x 求导得

$$\begin{cases}\dfrac{dy}{dx}=\dfrac{\partial f}{\partial x}+\dfrac{\partial f}{\partial t}\dfrac{dt}{dx},\\ \dfrac{\partial F}{\partial x}+\dfrac{\partial F}{\partial y}\dfrac{dy}{dx}+\dfrac{\partial F}{\partial t}\dfrac{dt}{dx}=0,\end{cases}\text{即}\begin{cases}\dfrac{dy}{dx}-\dfrac{\partial f}{\partial t}\dfrac{dt}{dx}=\dfrac{\partial f}{\partial x},\\ \dfrac{\partial F}{\partial y}\dfrac{dy}{dx}+\dfrac{\partial F}{\partial t}\dfrac{dt}{dx}=-\dfrac{\partial F}{\partial x},\end{cases}$$

当 $D=\dfrac{\partial F}{\partial t}+\dfrac{\partial f}{\partial t}\dfrac{\partial F}{\partial y}\neq 0$ 时,$\dfrac{dy}{dx}=\dfrac{\dfrac{\partial f}{\partial x}\dfrac{\partial F}{\partial t}-\dfrac{\partial f}{\partial t}\dfrac{\partial F}{\partial x}}{\dfrac{\partial F}{\partial t}+\dfrac{\partial f}{\partial t}\dfrac{\partial F}{\partial y}}$.

习题 9-6 解答(教材 P102~P103)

1. 证: $\lim\limits_{t\to t_0}[\boldsymbol{f}(t)\times\boldsymbol{g}(t)]$

$$=\lim_{t\to t_0}\begin{vmatrix}\boldsymbol{i}&\boldsymbol{j}&\boldsymbol{k}\\f_1(t)&f_2(t)&f_3(t)\\g_1(t)&g_2(t)&g_3(t)\end{vmatrix}$$

$$=\lim_{t\to t_0}\left(f_2(t)g_3(t)-f_3(t)g_2(t),\ f_3(t)g_1(t)-f_1(t)g_3(t),\ f_1(t)g_2(t)-f_2(t)g_1(t)\right)$$

$$=\left(\lim_{t\to t_0}[f_2(t)g_3(t)-f_3(t)g_2(t)],\ \lim_{t\to t_0}[f_3(t)g_1(t)-f_1(t)g_3(t)],\lim_{t\to t_0}[f_1(t)g_2(t)-f_2(t)g_1(t)]\right)$$

$$=\begin{vmatrix}\boldsymbol{i}&\boldsymbol{j}&\boldsymbol{k}\\\lim\limits_{t\to t_0}f_1(t)&\lim\limits_{t\to t_0}f_2(t)&\lim\limits_{t\to t_0}f_3(t)\\\lim\limits_{t\to t_0}g_1(t)&\lim\limits_{t\to t_0}g_2(t)&\lim\limits_{t\to t_0}g_3(t)\end{vmatrix}=\boldsymbol{u}\times\boldsymbol{v}.$$

故$\lim\limits_{t\to t_0}[\boldsymbol{f}(t)\times\boldsymbol{g}(t)]=[\lim\limits_{t\to t_0}\boldsymbol{f}(t)]\times[\lim\limits_{t\to t_0}\boldsymbol{g}(t)]$.

2. 解:(1)速度向量 $\boldsymbol{v}_0=\left.\dfrac{\mathrm{d}\boldsymbol{r}}{\mathrm{d}t}\right|_{t=1}=\left.(\boldsymbol{i}+2t\boldsymbol{j}+2\boldsymbol{k})\right|_{t=1}=\boldsymbol{i}+2\boldsymbol{j}+2\boldsymbol{k}$,

加速度向量 $\boldsymbol{a}_0=\left.\dfrac{\mathrm{d}^2\boldsymbol{r}}{\mathrm{d}t^2}\right|_{t=1}=2\boldsymbol{j}$,速率$|\boldsymbol{v}(t)|=|\boldsymbol{i}+2t\boldsymbol{j}+2\boldsymbol{k}|=\sqrt{5+4t^2}$.

(2)速度向量 $\boldsymbol{v}_0=\left.\dfrac{\mathrm{d}\boldsymbol{r}}{\mathrm{d}t}\right|_{t=\frac{\pi}{2}}=\left.\left[(-2\sin t)\boldsymbol{i}+(3\cos t)\boldsymbol{j}+4\boldsymbol{k}\right]\right|_{t=\frac{\pi}{2}}=-2\boldsymbol{i}+4\boldsymbol{k}$,

加速度向量 $\boldsymbol{a}_0=\left.\dfrac{\mathrm{d}^2\boldsymbol{r}}{\mathrm{d}t^2}\right|_{t=\frac{\pi}{2}}=\left.\left[(-2\cos t)\boldsymbol{i}-(3\sin t)\boldsymbol{j}\right]\right|_{t=\frac{\pi}{2}}=-3\boldsymbol{j}$,

速率$|\boldsymbol{v}(t)|=|(-2\sin t)\boldsymbol{i}+(3\cos t)\boldsymbol{j}+4\boldsymbol{k}|=\sqrt{9\cos^2 t+4\sin^2 t+16}=\sqrt{20+5\cos^2 t}$.

(3)速度向量 $\boldsymbol{v}_0=\left.\dfrac{\mathrm{d}\boldsymbol{r}}{\mathrm{d}t}\right|_{t=1}=\left.\left(\dfrac{2}{t+1}\boldsymbol{i}+2t\boldsymbol{j}+t\boldsymbol{k}\right)\right|_{t=1}=\boldsymbol{i}+2\boldsymbol{j}+\boldsymbol{k}$,

加速度向量 $\boldsymbol{a}_0\left.\dfrac{\mathrm{d}^2\boldsymbol{r}}{\mathrm{d}t^2}\right|_{t=1}=\left.\left[-\dfrac{2}{(t+1)^2}\boldsymbol{i}+2\boldsymbol{j}+\boldsymbol{k}\right]\right|_{t=1}=-\dfrac{1}{2}\boldsymbol{i}+2\boldsymbol{j}+\boldsymbol{k}$,

速率$|\boldsymbol{v}(t)|=\left|\dfrac{2}{t+1}\boldsymbol{i}+2t\boldsymbol{j}+t\boldsymbol{k}\right|=\sqrt{5t^2+\dfrac{4}{(t+1)^2}}$.

3. 解:$x'_t=1-\cos t,y'_t=\sin t,z'_t=2\cos\dfrac{t}{2}$,而点$\left(\dfrac{\pi}{2}-1,1,2\sqrt{2}\right)$对应参数$t=\dfrac{\pi}{2}$.

则切向量$\boldsymbol{T}=(1,1,\sqrt{2})$,故切线方程为$\dfrac{x-\frac{\pi}{2}+1}{1}=\dfrac{y-1}{1}=\dfrac{z-2\sqrt{2}}{\sqrt{2}}$.

法平面方程为$1\cdot\left(x-\dfrac{\pi}{2}+1\right)+1\cdot(y-1)+\sqrt{2}\cdot(z-2\sqrt{2})=0$,即

$$x+y+\sqrt{2}z=4+\frac{\pi}{2}.$$

4. 解:因为$x'_t=\dfrac{1+t-t}{(1+t)^2}=\dfrac{1}{(1+t)^2},y'_t=-\dfrac{1}{t^2},z'_t=2t$. 则

$$\boldsymbol{T}=\left.(x'_t,y'_t,z'_t)\right|_{t=1}=\left(\frac{1}{4},-1,2\right),$$

对应于$t=1$的点为$\left(\dfrac{1}{2},2,1\right)$,则切线方程为:$\dfrac{x-\frac{1}{2}}{\frac{1}{4}}=\dfrac{y-2}{-1}=\dfrac{z-1}{2}$.

法平面方程为$\dfrac{1}{4}\cdot\left(x-\dfrac{1}{2}\right)-(y-2)+2(z-1)=0$,即$2x-8y+16z-1=0$.

5. 解:将x作为参数,对$y^2=2mx$, $z^2=m-x$两边分别关于x求导得

$$2yy'=2m,2zz'=-1,$$

则$y'=\dfrac{m}{y},z'=-\dfrac{1}{2z}$, 故$\boldsymbol{T}=\left.(1,y',z')\right|_{x=x_0}=\left(1,\dfrac{m}{y_0},-\dfrac{1}{2z_0}\right)$,

切线方程为$\dfrac{x-x_0}{1}=\dfrac{y-y_0}{\frac{m}{y_0}}=\dfrac{z-z_0}{\frac{-1}{2z_0}}$.

法平面方程为$1\cdot(x-x_0)+\dfrac{m}{y_0}(y-y_0)-\dfrac{1}{2z_0}(z-z_0)=0$. 即

$$2y_0z_0x+2mz_0y-y_0z-2y_0z_0^2+(zm-1)y_0z_0=0.$$

6. 解: 方程组确定 $y=y(x)$, $z=z(x)$,等式两边关于 x 求导得

$$\begin{cases}2x+2y\dfrac{dy}{dx}+2z\dfrac{dz}{dx}-3=0,\\ 2-3\dfrac{dy}{dx}+5\dfrac{dz}{dx}=0,\end{cases}\text{即}\begin{cases}2y\dfrac{dy}{dx}+2z\dfrac{dz}{dx}=-2x+3,\\ 3\dfrac{dy}{dx}-5\dfrac{dz}{dx}=2.\end{cases}$$

$$D=\begin{vmatrix}2y & 2z\\ 3 & -5\end{vmatrix}=-10y-6z.$$

$\dfrac{dy}{dx}=\dfrac{1}{D}\begin{vmatrix}-2x+3 & 2z\\ 2 & -5\end{vmatrix}=\dfrac{10x-15-4z}{-10y-6z}$,则$\dfrac{dy}{dx}\Big|_{(1,1,1)}=\dfrac{9}{16}$;

$\dfrac{dz}{dx}=\dfrac{1}{D}\begin{vmatrix}2y & -2x+3\\ 3 & 2\end{vmatrix}=\dfrac{4y+6x-9}{-10y-6z}$,则$\dfrac{dz}{dx}\Big|_{(1,1,1)}=-\dfrac{1}{16}$.

于是,切线方程为$\dfrac{x-1}{1}=\dfrac{y-1}{\frac{9}{16}}=\dfrac{z-1}{-\frac{1}{16}}$,即$\dfrac{x-1}{16}=\dfrac{y-1}{9}=\dfrac{z-1}{-1}$.

法平面方程为 $16(x-1)+9(y-1)-(z-1)=0$,即 $16x+9y-z-24=0$.

7. 解: 因为 $x'_t=1, y'_t=2t, z'_t=3t^2$. 则切线的切向量为$(1,2t,3t^2)$.

又已知平面的法向量为$(1,2,1)$,切线与平面平行,则有

$$1\times1+2t\times2+3t^2\times1=0,\text{即 } 3t^2+4t+1=0,$$

解得 $t_1=-1, t_2=-\dfrac{1}{3}$.

故所求点的坐标为$(-1,1,-1)$和$\left(-\dfrac{1}{3},\dfrac{1}{9},-\dfrac{1}{27}\right)$.

8. 解: 令 $F(x,y,z)=e^z-z+xy-3$,则

$$\boldsymbol{n}=(F_x,F_y,F_z)=(y,x,e^z-1),\boldsymbol{n}\Big|_{(2,1,0)}=(1,2,0).$$

点$(2,1,0)$处的切平面方程为 $1\cdot(x-2)+2\cdot(y-1)+0(z-0)=0$,即

$$x+2y-4=0.$$

点$(2,1,0)$处的法线方程为$\dfrac{x-2}{1}=\dfrac{y-1}{2}=\dfrac{z-0}{0}$或$\begin{cases}\dfrac{x-2}{1}=\dfrac{y-1}{2},\\ z=0.\end{cases}$

9. 解: 令 $F(x,y,z)=ax^2+by^2+cz^2-1$,则

$$\boldsymbol{n}=(F_x,F_y,F_z)=(2ax,2by,2cz),\boldsymbol{n}\Big|_{(x_0,y_0,z_0)}=(2ax_0,2by_0,2cz_0).$$

故在点(x_0,y_0,z_0)处的切平面方程为

$$2ax_0(x-x_0)+2by_0(y-y_0)+2cz_0(z-z_0)=0,$$

即 $ax_0x+by_0y+cz_0z=1$.

法线方程为$\dfrac{x-x_0}{2ax_0}=\dfrac{y-y_0}{2by_0}=\dfrac{z-z_0}{2cz_0}$,即$\dfrac{x-x_0}{ax_0}=\dfrac{y-y_0}{by_0}=\dfrac{z-z_0}{cz_0}$.

10. 解: 令 $F(x,y,z)=x^2+2y^2+z^2-1$, $\boldsymbol{n}=(F_x,F_y,F_z)=(2x,4y,2z)$.

已知平面法向量为$(1,-1,2)$,由已知平面与所求平面平行,得

$$\frac{2x}{1}=\frac{4y}{-1}=\frac{2z}{2},\text{即 } x=\frac{1}{2}z, y=-\frac{1}{4}z.$$

代入椭球面方程,得$\left(\dfrac{1}{2}z\right)^2+2\times\left(-\dfrac{1}{4}z\right)^2+z^2=1$.

解得：$z=\pm2\sqrt{\frac{2}{11}}$，则 $x=\pm\sqrt{\frac{2}{11}}, y=\mp\frac{1}{2}\sqrt{\frac{2}{11}}$，

则切点坐标为 $\left(\pm\sqrt{\frac{2}{11}}, \mp\frac{1}{2}\sqrt{\frac{2}{11}}, \pm2\sqrt{\frac{2}{11}}\right)$，所求切平面方程为

$$\left(x\mp\sqrt{\frac{2}{11}}\right)-\left(y\pm\frac{1}{2}\sqrt{\frac{2}{11}}\right)+2\left(z\mp2\sqrt{\frac{2}{11}}\right)=0,$$

即 $x-y+2z=\pm\sqrt{\frac{11}{2}}$.

11. 解：令 $F(x,y,z)=3x^2+y^2+z^2-16$，则

$$\boldsymbol{n}=(F_x,F_y,F_z)=(6x,2y,2z),\boldsymbol{n}\Big|_{(-1,-2,3)}=(-6,-4,6)$$

设在点$(-1,-2,3)$处的法向量：$\boldsymbol{n}_1=(-6,-4,6)$，$xOy$ 面的法向量$\boldsymbol{n}_2=(0,0,1)$. $\boldsymbol{n}_1$ 与 $\boldsymbol{n}_2$ 的夹角为 θ，则

$$\cos\theta=\frac{\boldsymbol{n}_1\cdot\boldsymbol{n}_2}{|\boldsymbol{n}_1|\cdot|\boldsymbol{n}_2|}=\frac{-6\times0+(-4)\times0+6\times1}{\sqrt{(-6)^2+(-4)^2+6^2}\times\sqrt{0^2+0^2+1^2}}=\frac{6}{2\sqrt{22}}=\frac{3}{\sqrt{22}}.$$

12. 证：令 $F(x,y,z)=\sqrt{x}+\sqrt{y}+\sqrt{z}-\sqrt{a}$，则 $\boldsymbol{n}=\left(\frac{1}{2\sqrt{x}},\frac{1}{2\sqrt{y}},\frac{1}{2\sqrt{z}}\right)$.

在曲面上任取一点 $M(x_0,y_0,z_0)$，则在点 M 处的切平面方程为

$$\frac{1}{2\sqrt{x_0}}(x-x_0)+\frac{1}{2\sqrt{y_0}}(y-y_0)+\frac{1}{2\sqrt{z_0}}(z-z_0)=0,$$

即$\frac{x}{\sqrt{x_0}}+\frac{y}{\sqrt{y_0}}+\frac{z}{\sqrt{z_0}}=\sqrt{x_0}+\sqrt{y_0}+\sqrt{z_0}=\sqrt{a}$.

化为截距式，得$\frac{x}{\sqrt{ax_0}}+\frac{y}{\sqrt{ay_0}}+\frac{z}{\sqrt{az_0}}=1$.

截距之和为 $\sqrt{ax_0}+\sqrt{ay_0}+\sqrt{az_0}=\sqrt{a}(\sqrt{x_0}+\sqrt{y_0}+\sqrt{z_0})=a$.

13. 证：(1)$\frac{\mathrm{d}}{\mathrm{d}t}[\boldsymbol{u}(t)\pm\boldsymbol{v}(t)]=\lim\limits_{\Delta t\to0}\frac{[\boldsymbol{u}(t+\Delta t)\pm\boldsymbol{v}(t+\Delta t)]-[\boldsymbol{u}(t)\pm\boldsymbol{v}(t)]}{\Delta t}$

$$=\lim_{\Delta t\to0}\frac{\boldsymbol{u}(t+\Delta t)-\boldsymbol{u}(t)}{\Delta t}\pm\lim_{\Delta t\to0}\frac{\boldsymbol{v}(t+\Delta t)-\boldsymbol{v}(t)}{\Delta t}=\boldsymbol{u}'(t)\pm\boldsymbol{v}'(t),$$

其中用到了向量值函数的极限的四则运算法则.

(2)$\frac{\mathrm{d}}{\mathrm{d}t}[\boldsymbol{u}(t)\cdot\boldsymbol{v}(t)]=\lim\limits_{\Delta t\to0}\frac{\boldsymbol{u}(t+\Delta t)\cdot\boldsymbol{v}(t+\Delta t)-\boldsymbol{u}(t)\cdot\boldsymbol{v}(t)}{\Delta t}$

$$=\lim_{\Delta t\to0}\frac{\boldsymbol{u}(t+\Delta t)\cdot\boldsymbol{v}(t+\Delta t)-\boldsymbol{u}(t)\cdot\boldsymbol{v}(t+\Delta t)}{\Delta t}+\lim_{\Delta t\to0}\frac{\boldsymbol{u}(t)\cdot\boldsymbol{v}(t+\Delta t)-\boldsymbol{u}(t)\cdot\boldsymbol{v}(t)}{\Delta t}$$

$$=\left[\lim_{\Delta t\to0}\frac{\boldsymbol{u}(t+\Delta t)-\boldsymbol{u}(t)}{\Delta t}\right]\cdot\left[\lim_{\Delta t\to0}\boldsymbol{v}(t+\Delta t)\right]+\left[\lim_{\Delta t\to0}\boldsymbol{u}(t)\right]\cdot\left[\lim_{\Delta t\to0}\frac{\boldsymbol{v}(t+\Delta t)-\boldsymbol{v}(t)}{\Delta t}\right]$$

$$=\boldsymbol{u}'(t)\cdot\boldsymbol{v}(t)+\boldsymbol{u}(t)\cdot\boldsymbol{v}'(t).$$

其中用到了向量值函数极限的四则运算法则以及数量积与极限运算次序的交换.

(3)$\frac{\mathrm{d}}{\mathrm{d}t}[\boldsymbol{u}(t)\times\boldsymbol{v}(t)]=\lim\limits_{\Delta t\to0}\frac{\boldsymbol{u}(t+\Delta t)\times\boldsymbol{v}(t+\Delta t)-\boldsymbol{u}(t)\times\boldsymbol{v}(t)}{\Delta t}$

$$=\lim_{\Delta t\to0}\frac{\boldsymbol{u}(t+\Delta t)\times\boldsymbol{v}(t+\Delta t)-\boldsymbol{u}(t)\times\boldsymbol{v}(t+\Delta t)+\boldsymbol{u}(t)\times\boldsymbol{v}(t+\Delta t)-\boldsymbol{u}(t)\times\boldsymbol{v}(t)}{\Delta t}$$

$$=\lim_{\Delta t\to0}\left[\frac{\boldsymbol{u}(t+\Delta t)-\boldsymbol{u}(t)}{\Delta t}\times\boldsymbol{v}(t+\Delta t)\right]+\lim_{\Delta t\to0}\left[\boldsymbol{u}(t)\times\frac{\boldsymbol{v}(t+\Delta t)-\boldsymbol{v}(t)}{\Delta t}\right]$$

$$=\left[\lim_{\Delta t\to 0}\frac{\boldsymbol{u}(t+\Delta t)-\boldsymbol{u}(t)}{\Delta t}\right]\times\left[\lim_{\Delta t\to 0}\boldsymbol{v}(t+\Delta t)\right]+\left[\lim_{\Delta t\to 0}\boldsymbol{u}(t)\right]\times\left[\lim_{\Delta t\to 0}\frac{\boldsymbol{v}(t+\Delta t)-\boldsymbol{v}(t)}{\Delta t}\right]$$

$$=\boldsymbol{u}'(t)\times\boldsymbol{v}(t)+\boldsymbol{u}(t)\times\boldsymbol{v}'(t),$$

其中用到了向量值函数极限的四则运算法则以及数量积与极限运算次序的交换.

习题 9—7 解答(教材 P111)

1. 解: 从点(1,2)到点$(2,2+\sqrt{3})$的方向 $\boldsymbol{l}$ 即向量$(1,\sqrt{3})$的方向,与 $\boldsymbol{l}$ 同向的单位向量为$\boldsymbol{e}_l=\left(\frac{1}{2},\frac{\sqrt{3}}{2}\right)$. 因为函数 $z=x^2+y^2$ 可微分,且

$$\left.\frac{\partial z}{\partial x}\right|_{(1,2)}=2x\Big|_{(1,2)}=2,\left.\frac{\partial z}{\partial y}\right|_{(1,2)}=4,$$

故所求方向导数为$\left.\frac{\partial z}{\partial \boldsymbol{l}}\right|_{(1,2)}=2\times\frac{1}{2}+4\times\frac{\sqrt{3}}{2}=1+2\sqrt{3}$.

2. 解: $2yy'=4,y'\Big|_{(1,2)}=1,\alpha=\frac{\pi}{4},\left.\frac{\partial z}{\partial \boldsymbol{l}}\right|_{(1,2)}=\frac{1}{3}\times\frac{\sqrt{2}}{2}+\frac{1}{3}\times\frac{\sqrt{2}}{2}=\frac{\sqrt{2}}{3}$.

3. 解: 设从 x 轴正向到内法线的方向的转角为φ,它是第三象限的角.

将方程$\frac{x^2}{a^2}+\frac{y^2}{b^2}=1$ 两边对 x 求导,得$\frac{2x}{a^2}+\frac{2y}{b^2}\cdot\frac{\mathrm{d}y}{\mathrm{d}x}=0$,则$\frac{\mathrm{d}y}{\mathrm{d}x}=-\frac{b^2x}{a^2y}$.

故在点$\left(\frac{a}{\sqrt{2}},\frac{b}{\sqrt{2}}\right)$处曲线的切线斜率为

$$k=\left.\frac{\mathrm{d}y}{\mathrm{d}x}\right|_{\left(\frac{a}{\sqrt{2}},\frac{b}{\sqrt{2}}\right)}=-\frac{b^2}{a^2}\cdot\frac{\frac{a}{\sqrt{2}}}{\frac{b}{\sqrt{2}}}=-\frac{b}{a},$$

法线斜率为 $\tan\varphi=-\frac{1}{k}=\frac{a}{b}$. 则 $\sin\varphi=-\frac{a}{\sqrt{a^2+b^2}},\cos\varphi=-\frac{b}{\sqrt{a^2+b^2}}$.

又$\frac{\partial z}{\partial x}=-\frac{2x}{a^2},\frac{\partial z}{\partial y}=-\frac{2y}{b^2}$,故

$$\left.\frac{\partial z}{\partial \boldsymbol{l}}\right|_{\left(\frac{a}{\sqrt{2}},\frac{b}{\sqrt{2}}\right)}=\frac{-2}{a^2}\cdot\frac{a}{\sqrt{2}}\left(\frac{-b}{\sqrt{a^2+b^2}}\right)-\frac{2}{b^2}\cdot\frac{b}{\sqrt{2}}\left(\frac{-a}{\sqrt{a^2+b^2}}\right)=\frac{\sqrt{2(a^2+b^2)}}{ab}.$$

4. 解: $\left.\frac{\partial u}{\partial x}\right|_{(1,1,2)}=(y^2-yz)\Big|_{(1,1,2)}=-1,\left.\frac{\partial u}{\partial y}\right|_{(1,1,2)}=(2xy-yz)\Big|_{(1,1,2)}=0,$

$\left.\frac{\partial u}{\partial z}\right|_{(1,1,2)}=(3z^2-xy)\Big|_{(1,1,2)}=11.$

又 $u=xy^2+z^3-xyz$ 在点(1,1,2)处可微分,

$$\frac{\partial u}{\partial \boldsymbol{l}}=\left.\frac{\partial u}{\partial x}\right|_{(1,1,2)}\cos\alpha+\left.\frac{\partial u}{\partial y}\right|_{(1,1,2)}\cos\beta+\left.\frac{\partial u}{\partial z}\right|_{(1,1,2)}\cos\gamma$$

$$=-1\cdot\cos\frac{\pi}{3}+0\cdot\cos\frac{\pi}{4}+11\cdot\cos\frac{\pi}{3}=5.$$

5. 解: $\boldsymbol{l}=(9-5,4-1,14-2)=(4,3,12)$, $\sqrt{4^2+3^2+12^2}=13$,

则 $\cos\alpha=\frac{4}{13},\cos\beta=\frac{3}{13},\cos\gamma=\frac{12}{13}$. 故

$$\left.\frac{\partial u}{\partial \boldsymbol{l}}\right|_{(5,1,2)}=\left.\frac{\partial u}{\partial x}\right|_{(5,1,2)}\cos\alpha+\left.\frac{\partial u}{\partial y}\right|_{(5,1,2)}\cos\beta+\left.\frac{\partial u}{\partial z}\right|_{(5,1,2)}\cos\gamma$$

$$=yz\Big|_{(5,1,2)}\frac{4}{13}+xz\Big|_{(5,1,2)}\frac{3}{13}+xy\Big|_{(5,1,2)}\frac{12}{13}=\frac{98}{13}.$$

6. 解: 曲线的切向量为 $\boldsymbol{T}=(x'(t),y'(t),z'(t))=(1,2t,3t^2)$. 则在点(1,1,1)处切线的方向数为 (1,2,3). 从而方向余弦分别为

$$\cos\alpha=\frac{1}{\sqrt{1^2+2^2+3^2}}=\frac{1}{\sqrt{14}},\cos\beta=\frac{2}{\sqrt{14}},\cos\gamma=\frac{3}{\sqrt{14}}$$

故 $\frac{\partial u}{\partial \boldsymbol{l}}\Big|_{(1,1,1)}=\frac{\partial u}{\partial x}\Big|_{(1,1,1)}\cos\alpha+\frac{\partial u}{\partial y}\Big|_{(1,1,1)}\cos\beta+\frac{\partial u}{\partial z}\Big|_{(1,1,1)}\cos\gamma$

$$=2x\Big|_{(1,1,1)}\frac{1}{\sqrt{14}}+2y\Big|_{(1,1,1)}\frac{2}{\sqrt{14}}+2z\Big|_{(1,1,1)}\frac{3}{\sqrt{14}}$$

$$=\frac{2}{\sqrt{14}}+\frac{4}{\sqrt{14}}+\frac{6}{\sqrt{14}}=\frac{6\sqrt{14}}{7}.$$

7. 解: 令 $\varphi(x,y,z)=x^2+y^2+z^2-1$,则法向量

$$\boldsymbol{n}=(\varphi_x,\varphi_y,\varphi_z)\Big|_{M_0}=(2x_0,2y_0,2z_0),$$

方向余弦为 $\cos\alpha=\frac{2x_0}{\sqrt{(2x_0)^2+(2y_0)^2+(2z_0)^2}}=x_0,\cos\beta=y_0,\cos\gamma=z_0.$

则方向导数为 $\frac{\partial u}{\partial x}\Big|_{M_0}\cos\alpha+\frac{\partial u}{\partial y}\Big|_{M_0}\cos\beta+\frac{\partial u}{\partial z}\Big|_{M_0}\cos\gamma=x_0+y_0+z_0.$

8. 解: $\frac{\partial f}{\partial x}=2x+y+3,\frac{\partial f}{\partial y}=4y+x-2,\frac{\partial f}{\partial z}=6z-6$,则

$$\frac{\partial f}{\partial x}\Big|_{(0,0,0)}=3,\frac{\partial f}{\partial y}\Big|_{(0,0,0)}=-2,\frac{\partial f}{\partial z}\Big|_{(0,0,0)}=-6.$$

则 $\mathbf{grad}\,f(0,0,0)=3\boldsymbol{i}-2\boldsymbol{j}-6\boldsymbol{k}$,

$$\frac{\partial f}{\partial x}\Big|_{(1,1,1)}=6,\frac{\partial f}{\partial y}\Big|_{(1,1,1)}=3,\frac{\partial f}{\partial z}\Big|_{(1,1,1)}=0.$$

则 $\mathbf{grad}\,f(1,1,1)=6\boldsymbol{i}+3\boldsymbol{j}$.

9. 证: (1) $\nabla(cu)=\left(c\frac{\partial u}{\partial x},c\frac{\partial u}{\partial y},c\frac{\partial u}{\partial z}\right)=c\left(\frac{\partial u}{\partial x},\frac{\partial u}{\partial y},\frac{\partial u}{\partial z}\right)=c\nabla u.$

(2) $\nabla(u\pm v)=\left(\frac{\partial u}{\partial x}\pm\frac{\partial v}{\partial x},\frac{\partial u}{\partial y}\pm\frac{\partial v}{\partial y},\frac{\partial u}{\partial z}\pm\frac{\partial v}{\partial z}\right)$

$$=\left(\frac{\partial u}{\partial x},\frac{\partial u}{\partial y},\frac{\partial u}{\partial z}\right)\pm\left(\frac{\partial v}{\partial x},\frac{\partial v}{\partial y},\frac{\partial v}{\partial z}\right)=\nabla u\pm\nabla v.$$

(3) $\nabla(uv)=\left(\frac{\partial}{\partial x}(uv),\frac{\partial}{\partial y}(uv),\frac{\partial}{\partial z}(uv)\right)=\left(\frac{\partial u}{\partial x}v+u\frac{\partial v}{\partial x},\frac{\partial u}{\partial y}v+u\frac{\partial v}{\partial y},\frac{\partial u}{\partial z}v+u\frac{\partial v}{\partial z}\right)$

$$=v\left(\frac{\partial u}{\partial x},\frac{\partial u}{\partial y},\frac{\partial u}{\partial z}\right)+u\left(\frac{\partial v}{\partial x},\frac{\partial v}{\partial y},\frac{\partial v}{\partial z}\right)=v\nabla u+u\nabla v.$$

(4) $\nabla\left(\frac{u}{v}\right)=\left(\frac{\partial}{\partial x}\left(\frac{u}{v}\right),\frac{\partial}{\partial y}\left(\frac{u}{v}\right),\frac{\partial}{\partial z}\left(\frac{u}{v}\right)\right)=\left(\frac{v\frac{\partial u}{\partial x}-u\frac{\partial v}{\partial x}}{v^2},\frac{v\frac{\partial u}{\partial y}-u\frac{\partial v}{\partial y}}{v^2},\frac{v\frac{\partial u}{\partial z}-u\frac{\partial v}{\partial z}}{v^2}\right)$

$$=\frac{1}{v}\left(\frac{\partial u}{\partial x},\frac{\partial u}{\partial y},\frac{\partial u}{\partial z}\right)-\frac{u}{v^2}\left(\frac{\partial v}{\partial x},\frac{\partial v}{\partial y},\frac{\partial v}{\partial z}\right)=\frac{v\nabla u-u\nabla v}{v^2}.$$

10. 解: 由 $u=xy^2z$ 可知,

$$\frac{\partial u}{\partial x}=y^2z,\frac{\partial u}{\partial y}=2xyz,\frac{\partial u}{\partial z}=xy^2.$$

则 $\mathbf{grad}\, u\Big|_{P_0}=\left(\frac{\partial u}{\partial x},\frac{\partial u}{\partial y},\frac{\partial u}{\partial z}\right)\Big|_P=(2,-4,1)$,从而,

$$\left|\mathbf{grad}\, u\Big|_{P_0}\right|=\sqrt{2^2+(-4)^2+1^2}=\sqrt{21}.$$

故方向$(2,-4,1)$是函数 u 在点 P_0 处方向导数值增加最快的方向,其方向导数值为 $\sqrt{21}$. 沿$(-2,4,-1)$方向减少最快,其方向导数值为$-\sqrt{21}$.

习题 9－8 解答(教材 P121～P122)

1. 解: 令 $\rho=\sqrt{x^2+y^2}$,则由题意可知

$$f(x,y)=xy+\rho^4+o(\rho^4),\text{当}(x,y)\to(0,0)\text{时},\rho\to 0.$$

由于 $f(x,y)$在$(0,0)$附近的值主要由 xy 决定,而 xy 在$(0,0)$附近符号不定,故点$(0,0)$不是 $f(x,y)$的极值点,应选(A).

本题也可以取两条路径 $y=x$ 和 $y=-x$ 来考虑. 当$|x|$充分小时,

$$f(x,x)=x^2+4x^4+o(x^4)>0,$$

$$f(x,-x)=-x^2+4x^4+o(x^4)<0,$$

故点$(0,0)$不是 $f(x,y)$的极值点,应选(A).

2. 解: 解方程组$\begin{cases}f'_x(x,y)=4-2x=0,\\ f'_y=-4-2y=0,\end{cases}$ 得驻点$(2,-2)$. 则

$$A=f''_{xx}(2,-2)=-2<0, B=f''_{xy}(2,-2)=0, C=f''_{yy}(2,-2)=-2,$$

$AC-B^2=4>0$,故在点$(2,-2)$处,函数取得极大值,且极大值为 $f(2,-2)=8$.

3. 解: 解方程组$\begin{cases}f'_x(x,y)=(6-2x)(4y-y^2)=0,\\ f'_y(x,y)=(6x-x^2)(4-2y)=0,\end{cases}$

得 $x=3$, $y=0$, $y=4$ 和 $x=0$, $x=6$, $y=2$.

则驻点为$(0,0)$, $(0,4)$, $(3,2)$, $(6,0)$, $(6,4)$.

$$f''_{xx}=-2(4y-y^2),\ f''_{xy}=(6-2x)(4-2y),\ f''_{yy}=-2(6x-x^2).$$

在点$(0,0)$处,$f''_{xx}=0$, $f''_{xy}=24$, $f''_{yy}=0$. $AC-B^2=-24^2<0$,故 $f(0,0)$不是极值.

在点$(0,4)$处,$f''_{xx}=0$, $f''_{xy}=-24$, $f''_{yy}=0$, $AC-B^2=-24^2<0$. 故 $f(0,4)$不是极值.

在点$(3,2)$处,$f''_{xx}=-8$, $f''_{xy}=0$, $f''_{yy}=-18$, $AC-B^2=8\times18>0$,

又因为 $A<0$. 则函数在$(3,2)$点有极大值 $f(3,2)=36$.

在点$(6,0)$处,$f''_{xx}=0$, $f''_{xy}=-24$, $f''_{yy}=0$, $AC-B^2=-24^2<0$,故 $f(6,0)$不是极值.

在点$(6,4)$处,$f''_{xx}=0$, $f''_{xy}=24$, $f''_{yy}=0$, $AC-B^2=-24^2<0$,故 $f(6,4)$不是极值.

4. 解: 解方程组$\begin{cases}f'_x(x,y)=e^{2x}(2x+2y^2+4y+1)=0,\\ f'_y(x,y)=e^{2x}(2y+2)=0,\end{cases}$ 则驻点为$\left(\frac{1}{2},-1\right)$.

因为 $A=f''_{xx}=4e^{2x}(x+y^2+2y+1)$, $B=f''_{xy}=4e^{2x}(y+1)$, $C=f''_{yy}=2e^{2x}$.

则在点$\left(\frac{1}{2},-1\right)$处,$A=2e>0$, $B=0$, $C=2e$, $AC-B^2=4e^2>0$.

故函数 $f(x,y)$在点$\left(\frac{1}{2},-1\right)$处取得极小值,极小值为 $f\left(\frac{1}{2},-1\right)=-\frac{e}{2}$.

5. 解: 附加条件 $x+y=1$ 可表示为 $y=1-x$,代入 $z=xy$ 中,问题转化为求$z=x(1-x)$的无条件极值.

因为$\frac{dz}{dx}=1-2x$,$\frac{d^2z}{dx^2}=-2$,令$\frac{dz}{dx}=0$,得驻点 $x=\frac{1}{2}$. 又因为$\frac{d^2z}{dx^2}\Big|_{x=\frac{1}{2}}=-2<0$.

则 $x=\frac{1}{2}$ 为极大值点，且极大值为 $z=\frac{1}{2}\left(1-\frac{1}{2}\right)=\frac{1}{4}$.

故 $z=xy$ 在条件 $x+y=1$ 下在 $\left(\frac{1}{2},\frac{1}{2}\right)$ 处取得极大值 $\frac{1}{4}$.

6. 解：设直角三角形的两直角边长分别为 x,y，则周长为

$$S=x+y+l(0<x<l,0<y<l).$$

于是，问题为在 $x^2+y^2=l^2$ 下 S 的条件极值问题. 作函数

$$F(x,y)=x+y+l+\lambda(x^2+y^2-l^2),$$

得

$$\begin{cases}F'_x=1+2\lambda x=0, & ①\\ F'_y=1+2\lambda y=0, & ②\\ x^2+y^2=l^2, & ③\end{cases}$$

由①②解得，$x=y=-\frac{1}{2\lambda}$，代入③得，$\lambda=-\frac{\sqrt{2}}{2l}$，$x=y=\frac{l}{\sqrt{2}}$. 故 $\left(\frac{l}{\sqrt{2}},\frac{l}{\sqrt{2}}\right)$ 是唯一的驻点.

根据问题本身可知，这种最大周长的直角三角形必定存在. 故斜边之长为 l 的一切直角三角形中，最大周长的直角三角形为等腰直角三角形.

7. 解：设水池的长、宽、高分别为 a,b,c，则水池的表面积为：$S=ab+2ac+2bc\ (a>0,b>0,c>0)$

本题是在条件 $abc=k$ 下，求 S 的最小值. 作函数

$$F(a,b,c)=ab+2ac+2bc+\lambda(abc-k),$$

得

$$\begin{cases}F_a=b+2c+\lambda bc=0,\\ F_b=a+2c+\lambda ac=0,\\ F_c=2a+2b+\lambda ab=0,\\ abc=k,\end{cases}$$

解得 $a=b=\sqrt[3]{2k}$，$c=\frac{1}{2}\sqrt[3]{2k}$，$\lambda=-\sqrt[3]{\frac{32}{k}}$. 由于 $\left(\sqrt[3]{2k},\sqrt[3]{2k},\frac{1}{2}\sqrt[3]{2k}\right)$ 是唯一的驻点，又由问题本身知 S 一定有最小值，故表面积最小的水池的长、宽、高分别为 $\sqrt[3]{2k}$，$\sqrt[3]{2k}$，$\frac{1}{2}\sqrt[3]{2k}$.

8. 解：设所求点坐标为 (x,y)，则此点到 $x=0$ 的距离为 $|x|$，到 $y=0$ 的距离为 $|y|$，

到 $x+2y-16=0$ 的距离为 $\frac{|x+2y-16|}{\sqrt{1^2+2^2}}$，而距离平方之和为

$$z=x^2+y^2+\frac{1}{5}(x+2y-16)^2.$$

由 $\begin{cases}\frac{\partial z}{\partial x}=2x+\frac{2}{5}(x+2y-16)=0,\\ \frac{\partial z}{\partial y}=2y+\frac{4}{5}(x+2y-16)=0,\end{cases}$ 解得 $\begin{cases}x=\frac{8}{5},\\ y=\frac{16}{5}.\end{cases}$

因为 $\left(\frac{8}{5},\frac{16}{5}\right)$ 是唯一的驻点，又由问题的性质可知，到三直线的距离平方之和的最小点一定存在，故 $\left(\frac{8}{5},\frac{16}{5}\right)$ 即为所求.

9. 解：设矩形的一边为 x，则另一边为 $(p-x)$. 假设矩形绕 $p-x$ 旋转，则旋转所成的圆柱体的体积为

$$V=\pi x^2(p-x)\quad(0<x<p).$$

由$\frac{dV}{dx}=2\pi x(p-x)-\pi x^2=\pi x(2p-3x)=0$,得驻点为$x=\frac{2}{3}p$.由于驻点唯一,又由题意可知这种圆柱体的体积一定有最大值,故当矩形的边长为$\frac{2}{3}p$和$\frac{1}{3}p$时,绕短边旋转所得圆柱体的体积最大.

10. 解:设球面方程为$x^2+y^2+z^2=a^2$.$(x、y、z)$是其内接长方体在第一象限内的一个顶点,则此长方体的长、宽、高分别为$2x、2y、2z$,体积为$V=2x\cdot 2y\cdot 2z=8xyz(x,y,z>0)$.令

$$F(x,y,z)=8xyz+\lambda(x^2+y^2+z^2-a^2),$$

由$\begin{cases}F'_x=8yz+2\lambda x=0,\\F'_y=8xz+2\lambda y=0,\\F'_z=8xy+2\lambda z=0,\\x^2+y^2+z^2=a^2,\end{cases}$解得$x=y=z=-\frac{\lambda}{4}$.

代入$x^2+y^2+z^2=a^2$,得$\lambda=-\frac{4}{\sqrt{3}}a$.则$x=y=z=\frac{a}{\sqrt{3}}$.

因为$\left(\frac{a}{\sqrt{3}},\frac{a}{\sqrt{3}},\frac{a}{\sqrt{3}}\right)$为唯一驻点,由题意可知这种长方体必有最大体积.

故当长方体的长、宽、高都为$\frac{2a}{\sqrt{3}}$时,其体积最大.

11. 解:设椭圆上的点的坐标为(x,y,z),则原点到椭圆上这一点的距离平方为:

$$d^2=x^2+y^2+z^2.$$

其中x,y,z要同时满足$z=x^2+y^2$和$x+y+z=1$.令

$$F(x,y,z)=x^2+y^2+z^2+\lambda_1(z-x^2-y^2)+\lambda_2(x+y+z-1),$$

由$\begin{cases}F_x=2x-2\lambda_1x+\lambda_2=0,\\F_y=2y-2\lambda_1y+\lambda_2=0,\\F_z=2z+\lambda_1+\lambda_2=0,\\z=x^2+y^2,\\x+y+z=1\end{cases}$的前两个方程知,$x=y$.

将$x=y$代入$z=x^2+y^2$和$x+y+z=1$得$z=2x^2,2x+z=1$.

再由$2x^2+2x-1=0$解出$x=y=\frac{-1\pm\sqrt{3}}{2}$, $z=2\mp\sqrt{3}$.

则驻点为$\left(\frac{-1+\sqrt{3}}{2},\frac{-1+\sqrt{3}}{2},2-\sqrt{3}\right)$和$\left(\frac{-1-\sqrt{3}}{2},\frac{-1-\sqrt{3}}{2},2+\sqrt{3}\right)$.

由题意,原点到这椭圆的最长与最短距离一定存在,故最大值和最小值在这两点处取得.因为$d^2=x^2+y^2+z^2=2\left(\frac{-1\pm\sqrt{3}}{2}\right)^2+(2\mp\sqrt{3})^2=9\mp5\sqrt{3}$.

则$d_1=\sqrt{9+5\sqrt{3}}$为最长距离.$d_2=\sqrt{9-5\sqrt{3}}$为最短距离.

12. 解:解方程组

$$\begin{cases}\frac{\partial T}{\partial x}=2x-1=0,\\\frac{\partial T}{\partial y}=4y=0,\end{cases}$$

求得驻点$\left(\frac{1}{2},0\right)$, $T_1=T\Big|_{(\frac{1}{2},0)}=-\frac{1}{4}$.

在边界 $x^2+y^2=1$ 上，$T=2-(x^2+x)=\frac{9}{4}-\left(x+\frac{1}{2}\right)^2$. 当 $x=-\frac{1}{2}$时，

T 取最大值 $T_2=\frac{9}{4}$；$x=1$ 时，T 取最小值 $T_3=0$.

比较 T_1,T_2 及 T_3 的值知，最热点在 $\left(-\frac{1}{2},\pm\frac{\sqrt{3}}{2}\right)$，$T_{\max}=\frac{9}{4}$；最冷点在 $\left(\frac{1}{2},0\right)$，$T_{\min}=-\frac{1}{4}$.

13. 解：作拉格朗日函数

$$L=8x^2+4yz-16z+600+\lambda(4x^2+y^2+4z^2-16).$$

令
$$\begin{cases}L_x=16x+8\lambda x=0, & ①\\ L_y=4z+2\lambda y=0, & ②\\ L_z=4y-16+8\lambda z=0, & ③\end{cases}$$

由①得 $x=0$ 或 $\lambda=-2$.

若 $\lambda=-2$，代入②③，得 $y=z=-\frac{4}{3}$，再将 $y=z=-\frac{4}{3}$代入

$$4x^2+y^2+4z^2=16, \quad ④$$

得 $x=\pm\frac{4}{3}$，于是得两个可能的极值点 $\left(\frac{4}{3},-\frac{4}{3},-\frac{4}{3}\right)$，$\left(-\frac{4}{3},-\frac{4}{3},-\frac{4}{3}\right)$.

若 $x=0$，由②③④解得

$$\lambda=0,\ y=4,\ z=0;\lambda=\sqrt{3},\ y=-2,\ z=\sqrt{3};\lambda=-\sqrt{3},\ y=-2,\ z=-\sqrt{3}.$$

于是又得到三个可能的极值点：$(0,4,0)$，$(0,-2,\sqrt{3})$，$(0,-2,-\sqrt{3})$.

比较上述五个点的数值知：

$$T\left(\frac{4}{3},-\frac{4}{3},-\frac{4}{3}\right)=T\left(-\frac{4}{3},-\frac{4}{3},-\frac{4}{3}\right)=\frac{1928}{3}$$

为最大. 故探测器表面最热的点为 $M\left(\pm\frac{4}{3},-\frac{4}{3},-\frac{4}{3}\right)$.

习题 9—9 解答(教材 P127)

1. 解：$f(1,-2)=5$，$f'_x(1,-2)=(4x-y-6)\big|_{(1,-2)}=0$，$f'_y(1,-2)=(-x-2y-3)\big|_{(1,-2)}=0$，

$f''_{xx}(1,-2)=4$，$f''_{xy}(1,-2)=-1$，$f''_{yy}(1,-2)=-2$

又阶数为 3 的各偏导数为零，

则
$$\begin{aligned}f(x,y)&=f[1+(x-1),-2+(y+2)]\\&=f(1,-2)+(x-1)f'_x(1,-2)+(y+2)f'_y(1,-2)+\\&\quad\frac{1}{2!}[(x-1)^2f''_{xx}(1,-2)+2(x-1)(y+2)f''_{xy}(1,-2)+(y+2)^2f''_{yy}(1,-2)]\\&=5+\frac{1}{2!}[4(x-1)^2-2(x-1)(y+2)-2(y+2)^2]\\&=5+2(x-1)^2-(x-1)(y+2)-(y+2)^2.\end{aligned}$$

2. 解：$f'_x=e^x\ln(1+y)$，$f'_y=\frac{e^x}{1+y}$，

$f''_{xx}=e^x\ln(1+y)$，$f''_{xy}=\frac{e^x}{1+y}$，$f''_{yy}=-\frac{e^x}{(1+y)^2}$，

$f'''_{xxx}=e^x\ln(1+y)$，$f'''_{xxy}=\frac{e^x}{1+y}$，$f'''_{xyy}=-\frac{e^x}{(1+y)^2}$，$f'''_{yyy}=\frac{2e^x}{(1+y)^3}$，

$$\left(x\frac{\partial}{\partial x}+y\frac{\partial}{\partial y}\right)f(0,0)=xf'_x(0,0)+yf'_y(0,0)=y,$$

$$\left(x\frac{\partial}{\partial x}+y\frac{\partial}{\partial y}\right)^2 f(0,0)=x^2f''_{xx}(0,0)+2xyf''_{xy}(0,0)+y^2f''_{yy}(0,0)=2xy-y^2,$$

$$\begin{aligned}\left(x\frac{\partial}{\partial x}+y\frac{\partial}{\partial y}\right)^3 f(0,0)&=x^3f'''_{xxx}(0,0)+3x^2yf'''_{xxy}(0,0)+3xy^2f'''_{xyy}(0,0)+y^3f'''_{yyy}(0,0)\\&=3x^2y-3xy^2+2y^3.\end{aligned}$$

$f(0,0)=0$,

$$\begin{aligned}e^x\ln(1+y)&=f(0,0)+\left(x\frac{\partial}{\partial x}+y\frac{\partial}{\partial y}\right)f(0,0)+\frac{1}{2!}\left(x\frac{\partial}{\partial x}+y\frac{\partial}{\partial y}\right)^2 f(0,0)+\\&\quad\frac{1}{3!}\left(x\frac{\partial}{\partial x}+y\frac{\partial}{\partial y}\right)^3 f(0,0)+R_3\\&=y+\frac{1}{2!}(2xy-y^2)+\frac{1}{3!}(3x^2y-3xy^2+2y^3)+R_3,\end{aligned}$$

其中 $R_3=\dfrac{e^{\theta x}}{24}\left[x^4\ln(1+\theta y)+\dfrac{4x^3y}{1+\theta y}-\dfrac{6x^2y^2}{(1+\theta y)^2}+\dfrac{8xy^3}{(1+\theta y)^3}-\dfrac{6y^4}{(1+\theta y)^4}\right](0<\theta<1)$.

3. 解: $f'_x=\cos x\sin y$,　$f'_y=\sin x\cos y$,

$f''_{xx}=-\sin x\sin y$,　$f''_{xy}=\cos x\cos y$,　$f''_{yy}=-\sin x\sin y$,

$f'''_{xxx}=-\cos x\sin y$,　$f'''_{xxy}=-\sin x\cos y$,　$f'''_{xyy}=-\cos x\sin y$,　$f'''_{yyy}=-\sin x\cos y$.

$$\begin{aligned}\sin x\sin y&=f\left[\frac{\pi}{4}+\left(x-\frac{\pi}{4}\right),\frac{\pi}{4}+\left(y-\frac{\pi}{4}\right)\right]\\&=f\left(\frac{\pi}{4},\frac{\pi}{4}\right)+\left[\left(x-\frac{\pi}{4}\right)\frac{\partial}{\partial x}+\left(y-\frac{\pi}{4}\right)\frac{\partial}{\partial y}\right]f\left(\frac{\pi}{4},\frac{\pi}{4}\right)+\\&\quad\frac{1}{2!}\left[\left(x-\frac{\pi}{4}\right)^2\left(-\frac{1}{2}\right)+2\left(x-\frac{\pi}{4}\right)\left(y-\frac{\pi}{4}\right)\cdot\frac{1}{2}+\left(y-\frac{\pi}{4}\right)^2\left(-\frac{1}{2}\right)\right]+R_2\\&=\frac{1}{2}+\frac{1}{2}\left(x-\frac{\pi}{4}\right)+\frac{1}{2}\left(y-\frac{\pi}{4}\right)-\frac{1}{4}\left[\left(x-\frac{\pi}{4}\right)^2-\right.\\&\quad\left.2\left(x-\frac{\pi}{4}\right)\left(y-\frac{\pi}{4}\right)+\left(y-\frac{\pi}{4}\right)^2\right]+R_2,\end{aligned}$$

$$\begin{aligned}\text{其中 }R_2&=\frac{1}{3!}\left[\left(x-\frac{\pi}{4}\right)\frac{\partial}{\partial x}+\left(y-\frac{\pi}{4}\right)\frac{\partial}{\partial y}\right]^3 f(\zeta,\eta)\\&=-\frac{1}{6}\left[\cos\zeta\sin\eta\left(x-\frac{\pi}{4}\right)^3+3\sin\zeta\cos\eta\left(x-\frac{\pi}{4}\right)^2\left(y-\frac{\pi}{4}\right)+\right.\\&\quad\left.3\cos\zeta\sin\eta\left(x-\frac{\pi}{4}\right)\left(y-\frac{\pi}{4}\right)^2+\sin\zeta\cos\eta\left(y-\frac{\pi}{4}\right)^3\right],\end{aligned}$$

$$\zeta=\frac{\pi}{4}+\theta\left(x-\frac{\pi}{4}\right),\eta=\frac{\pi}{4}+\theta\left(y-\frac{\pi}{4}\right)\quad(0<\theta<1).$$

4. 解: 在点(1,1)处将函数 $f(x,y)=x^y$ 展开成三阶泰勒公式:

$f(1,1)=1,f'_x(1,1)=yx^{y-1}\Big|_{(1,1)}=1$,　$f'_y(1,1)=x^y\ln x\Big|_{(1,1)}=0$,

$f''_{xx}(1,1)=y(y-1)x^{y-2}\Big|_{(1,1)}=0,f''_{xy}(1,1)=(x^{y-1}+yx^{y-1}\ln x)\Big|_{(1,1)}=1$,

$f''_{yy}(1,1)=x^y\ln^2x\Big|_{(1,1)}=0,f'''_{xxx}(1,1)=y(y-1)(y-2)x^{y-3}\Big|_{(1,1)}=0$,

$f'''_{xxy}(1,1)=[(2y-1)x^{y-2}+y(y-1)x^{y-2}\ln x]\Big|_{(1,1)}=1$,

$f'''_{xyy}(1,1)=[2x^{y-1}\ln x+yx^{y-1}\ln^2 x]\Big|_{(1,1)}=0, f'''_{yyy}(1,1)=x^y\ln^3 x\Big|_{(1,1)}=0.$

则 $f(x,y)=f[1+(x-1),1+(y-1)]$

$$=1+(x-1)+\frac{1}{2!}[2(x-1)(y-1)]+\frac{1}{3!}[3(x-1)^2(y-1)]+R_3$$

$$=1+(x-1)+(x-1)(y-1)+\frac{1}{2}(x-1)^2(y-1)+R_3.$$

故 $1.1^{1.02}\approx 1+0.1+0.1\times 0.02+\frac{1}{2}\times 0.1^2\times 0.02$

$$=1+0.1+0.002+0.000\,1=1.102\,1.$$

5. **解**:$f(0,0)=e^0=1$, $f'_x(0,0)=e^{x+y}\Big|_{(0,0)}=1, f'_y(0,0)=e^{x+y}\Big|_{(0,0)}=1$,

同理,$f^{(n)}_{x^m y^{n-m}}(0,0)=e^{x+y}\Big|_{(0,0)}=1$. 则

$$e^{x+y}=1+(x+y)+\frac{1}{2!}(x^2+2xy+y^2)+\frac{1}{3!}(x^3+3x^2y+3xy^2+y^3)+\cdots+\frac{1}{n!}(x+y)^n+R_n$$

$$=\sum_{k=0}^{n}\frac{(x+y)^k}{k!}+R_n,$$

其中 $R_n=\frac{(x+y)^{n+1}}{(n+1)!}e^{\theta(x+y)}\ (0<\theta<1)$.

习题 9—10 解答(教材 P132)

1. **解**:由方程组 $\begin{cases} a\sum\limits_{i=1}^{6}p_i^2+b\sum\limits_{i=1}^{6}p_i=\sum\limits_{i=1}^{6}\theta_i p_i, \\ a\sum\limits_{i=1}^{6}p_i+6b=\sum\limits_{i=1}^{6}\theta_i, \end{cases}$ 确定先验公式中的 a,b,先算出

$$\begin{cases} \sum\limits_{i=1}^{6}p_i^2=28\,365.28, & \sum\limits_{i=1}^{6}p_i=396.6, \\ \sum\limits_{i=1}^{6}\theta_i p_i=101\,176.3, & \sum\limits_{i=1}^{6}\theta_i=1\,458, \end{cases}$$

代入方程组,得

$$\begin{cases} 28\,365.28a+396.6b=101\,176.3, \\ 396.6a+6b=1\,458. \end{cases}$$

解此方程组,得 $a=2.234$, $b=95.33$.

则经验公式 $\theta=2.234p+95.33$.

2. **解**:设 M 是每个数据差的平方和:

$$M=\sum_{i=1}^{n}[y_i-(ax_i^2+bx_i+c)]^2=M(a,b,c),$$

令

$$\begin{cases} \frac{\partial M}{\partial a}=-2\sum\limits_{i=1}^{n}[y_i-(ax_i^2+bx_i+c)](x_i)^2=0, \\ \frac{\partial M}{\partial b}=-2\sum\limits_{i=1}^{n}[y_i-(ax_i^2+bx_i+c)](x_i)=0, \\ \frac{\partial M}{\partial c}=-2\sum\limits_{i=1}^{n}[y_i-(ax_i^2+bx_i+c)]=0, \end{cases}$$

$$
\text{即}\begin{cases}\sum\limits_{i=1}^{n}(y_ix_i^2-ax_i^4-bx_i^3-cx_i^2)=0,\\ \sum\limits_{i=1}^{n}(y_ix_i-ax_i^3-bx_i^2-cx_i)=0,\\ \sum\limits_{i=1}^{n}(y_i-ax_i^2-bx_i-c)=0,\end{cases}
$$

整理化为

$$
\begin{cases}a\sum\limits_{i=1}^{n}x_i^4+b\sum\limits_{i=1}^{n}x_i^3+c\sum\limits_{i=1}^{n}x_i^2=\sum\limits_{i=1}^{n}x_i^2y_i,\\ a\sum\limits_{i=1}^{n}x_i^3+b\sum\limits_{i=1}^{n}x_i^2+c\sum\limits_{i=1}^{n}x_i=\sum\limits_{i=1}^{n}x_iy_i,\\ a\sum\limits_{i=1}^{n}x_i^2+b\sum\limits_{i=1}^{n}x_i+nc=\sum\limits_{i=1}^{n}y_i.\end{cases}
$$

总习题九解答(教材 P132～P134)

1. 解: (1)充分;必要.　(2)必要;充分.　(3)充分.　(4)充分.

2. 解: 由函数 $f(x,y)$ 在点 $(0,0)$ 的某邻域内有定义,且 $f_x(0,0)=3, f_y=(0,0)=-1$,则有(C).

(A) $\mathrm{d}z\big|_{(0,0)}=3\mathrm{d}x-\mathrm{d}y$.

(B)曲面 $z=f(x,y)$ 在点 $(0,0,f(0,0))$ 的一个法向量为 $(3,-1,1)$.

(C)曲线 $\begin{cases}z=f(x,y)\\ y=0\end{cases}$ 在点 $(0,0,f(0,0))$ 的一个切向量为 $(1,0,3)$.

(D)曲线 $\begin{cases}z=f(x,y)\\ y=0\end{cases}$ 在点 $(0,0,f(0,0))$ 的一个切向量为 $(3,0,1)$.

3. 解: 当 $4x-y^2\geqslant 0$ 且 $\begin{cases}1-x^2-y^2>0,\\ 1-x^2-y^2\neq 1\end{cases}$ 时,函数才有定义.解得

$$
D=\left\{(x,y)\,\middle|\,y^2\leqslant 4x\text{ 且 }0<x^2+y^2<1\right\}.
$$

因为 $\left(\frac{1}{2},0\right)$ 是 $f(x,y)$ 的定义域 D 的内点,则 $f(x,y)$ 在 $\left(\frac{1}{2},0\right)$ 处连续.故

$$
\lim_{(x,y)\to\left(\frac{1}{2},0\right)}f(x,y)=\frac{\sqrt{4\times\frac{1}{2}-0^2}}{\ln\left[1-\left(\frac{1}{2}\right)^2-0^2\right]}=\frac{\sqrt{2}}{\ln\frac{3}{4}}=\frac{\sqrt{2}}{\ln 3-\ln 4}.
$$

*4. **证:** 选择直线 $y=kx$ 作为路径计算极限:

$$
\lim_{\substack{x\to 0\\ y=kx}}\frac{xy^2}{x^2+y^4}=\lim_{x\to 0}\frac{k^2x^3}{x^2+k^4x^4}=\lim_{x\to 0}\frac{k^2x}{1+k^4x^2}=0,
$$

选择曲线 $x=y^2$ 作为路径计算极限:

$$
\lim_{\substack{y\to 0\\ x=y^2}}\frac{xy^2}{x^2+y^4}=\lim_{y\to 0}\frac{y^4}{y^4+y^4}=\frac{1}{2},
$$

由于不同路径算得不同的极限值.

故原极限不存在.

5. 解: 当 $x^2+y^2\neq 0$ 时, $f(x,y)=\dfrac{x^2y}{x^2+y^2}$,

$$f_x(x,y)=\frac{2xy(x^2+y^2)-x^2y\cdot 2x}{(x^2+y^2)^2}=\frac{2xy^3}{(x^2+y^2)^2},$$

$$f_y(x,y)=\frac{x^2(x^2+y^2)-x^2y\cdot 2y}{(x^2+y^2)^2}=\frac{x^2(x^2-y^2)}{(x^2+y^2)^2},$$

当 $x^2+y^2=0$ 时，$f(0,0)=0$，则

$$f_x(0,0)=\lim_{\Delta x\to 0}\frac{f(0+\Delta x,0)-f(0,0)}{\Delta x}=\lim_{\Delta x\to 0}\frac{0-0}{\Delta x}=0,$$

$$f_y(0,0)=\lim_{\Delta y\to 0}\frac{f(0,0+\Delta y)-f(0,0)}{\Delta y}=\lim_{\Delta y\to 0}\frac{0-0}{\Delta y}=0,$$

故 $f_x(x,y)=\begin{cases}\dfrac{2xy^3}{(x^2+y^2)^2}, & x^2+y^2\neq 0,\\ 0, & x^2+y^2=0;\end{cases}$ $\quad f_y(x,y)=\begin{cases}\dfrac{x^2(x^2-y^2)}{(x^2+y^2)^2}, & x^2+y^2\neq 0,\\ 0, & x^2+y^2=0.\end{cases}$

6. 解：(1) $\dfrac{\partial z}{\partial x}=\dfrac{1}{x+y^2}$，$\dfrac{\partial z}{\partial y}=\dfrac{2y}{x+y^2}$，$\dfrac{\partial^2 z}{\partial x^2}=\dfrac{-1}{(x+y^2)^2}$，

$$\frac{\partial^2 z}{\partial x\partial y}=\frac{\partial^2 z}{\partial y\partial x}=\frac{-2y}{(x+y^2)^2},\ \frac{\partial^2 z}{\partial y^2}=\frac{2(x+y^2)-2y\cdot 2y}{(x+y^2)^2}=\frac{2(x-y^2)}{(x+y^2)^2}.$$

(2) $\dfrac{\partial z}{\partial x}=yx^{y-1}$，$\dfrac{\partial z}{\partial y}=x^y\ln x$，$\dfrac{\partial^2 z}{\partial x^2}=y(y-1)x^{y-2}$，$\dfrac{\partial^2 z}{\partial y^2}=x^y(\ln x)^2$，

$$\frac{\partial^2 z}{\partial x\partial y}=\frac{\partial^2 z}{\partial y\partial x}=x^{y-1}+yx^{y-1}\ln x=x^{y-1}(1+y\ln x).$$

7. 解：$\Delta z=f(x+\Delta x,y+\Delta y)-f(x,y)=f(2+0.01,1+0.03)-f(2,1)$

$$=\frac{2.01\times 1.03}{2.01^2-1.03^2}-\frac{2\times 1}{2^2-1^2}=0.0283\approx 0.03.$$

$dz=z_x\Delta x+z_y\Delta y$，

$$z_x=\frac{y(x^2-y^2)-xy(2x)}{(x^2-y^2)^2}=\frac{-y(x^2+y^2)}{(x^2-y^2)^2},$$

$$z_y=\frac{x(x^2-y^2)-xy(-2y)}{(x^2-y^2)^2}=\frac{x(x^2+y^2)}{(x^2-y^2)^2},$$

则 $dz\Big|_{(2,1)}=z_x\Big|_{(2,1)}\Delta x+z_y\Big|_{(2,1)}\Delta y=\dfrac{-1\times(2^2+1^2)}{(2^2-1^2)^2}\times 0.01+\dfrac{2\times(2^2+1^2)}{(2^2-1^2)^2}\times 0.03$

$$=-\frac{5}{9}\times 0.01+\frac{10}{9}\times 0.03\approx 0.0278\approx 0.03.$$

***8. 证：**先证连续性. 即证 $\lim\limits_{(x,y)\to(0,0)}f(x,y)=f(0,0)=0$.

因为 $x^2+y^2\geqslant 2|xy|$，则 $0\leqslant\dfrac{x^2y^2}{(x^2+y^2)^{\frac{3}{2}}}\leqslant\dfrac{\frac{1}{4}(x^2+y^2)^2}{(x^2+y^2)^{\frac{3}{2}}}=\dfrac{1}{4}\sqrt{x^2+y^2}$.

又由 $f(x,y)\geqslant 0$，$\lim\limits_{(x,y)\to(0,0)}\dfrac{1}{4}\sqrt{x^2+y^2}=0$. 故由夹逼定理知

$$\lim_{(x,y)\to(0,0)}f(x,y)=\lim_{(x,y)\to(0,0)}\frac{x^2y^2}{(x^2+y^2)^{\frac{3}{2}}}=0=f(0,0),$$

故 $f(x,y)$ 在点 $(0,0)$ 处连续.

再证偏导数存在.

$$f'_x(0,0)=\lim_{\Delta x\to 0}\frac{f(0+\Delta x,0)-f(0,0)}{\Delta x}=\lim_{\Delta x\to 0}\frac{\frac{(\Delta x)^2\cdot 0}{[(\Delta x)^2+0^2]^{\frac{3}{2}}}-0}{\Delta x}=0.$$

教材习题全解(下册)

同理,可得 $f'_y(0,0)=0$,则 $f(x,y)$在$(0,0)$处偏导数存在.

最后证不可微分.

由 $f'_x(0,0)=0$, $f'_y(0,0)=0$ 得

$$\begin{aligned}\Delta f(0,0)-[f'_x(0,0)\Delta x+f'_y(0,0)\Delta y]&=\Delta f(0,0)\\&=f(0+\Delta x,0+\Delta y)-f(0,0)\\&=f(\Delta x,\Delta y)=\frac{(\Delta x)^2(\Delta y)^2}{[(\Delta x)^2+(\Delta y)^2]^{\frac{3}{2}}},\end{aligned}$$

又 $\dfrac{\dfrac{(\Delta x)^2(\Delta y)^2}{[(\Delta x)^2+(\Delta y)^2]^{\frac{3}{2}}}}{\sqrt{(\Delta x)^2+(\Delta y)^2}}=\dfrac{(\Delta x)^2(\Delta y)^2}{[(\Delta x)^2+(\Delta y)^2]^2}$,而

$$\lim_{\substack{\Delta x\to 0\\ \Delta y=k\Delta x}}\frac{(\Delta x)^2(\Delta y)^2}{[(\Delta x)^2+(\Delta y)^2]^2}=\lim_{\Delta x\to 0}\frac{(\Delta x)^2\cdot k^2(\Delta x)^2}{[(\Delta x)^2+k^2(\Delta x)^2]^2}=\frac{k^2}{(1+k^2)^2},$$

即 $\dfrac{\Delta f(0,0)-[f'_x(0,0)\Delta x+f'_y(0,0)\Delta y]}{\sqrt{(\Delta x)^2+(\Delta y)^2}}\not\to 0$(当$\rho=\sqrt{(\Delta x)^2+(\Delta y)^2}\to 0$时).

故 $f(x,y)$在$(0,0)$处不可微分.

9. 解: $\dfrac{\mathrm{d}u}{\mathrm{d}t}=\dfrac{\partial u}{\partial x}\dfrac{\mathrm{d}x}{\mathrm{d}t}+\dfrac{\partial u}{\partial y}\dfrac{\mathrm{d}y}{\mathrm{d}t}=yx^{y-1}\varphi'(t)+x^y\ln x\cdot\psi'(t)$.

10. 解: $\dfrac{\partial z}{\partial \xi}=\dfrac{\partial z}{\partial u}\dfrac{\partial u}{\partial \xi}+\dfrac{\partial z}{\partial v}\dfrac{\partial v}{\partial \xi}+\dfrac{\partial z}{\partial \omega}\dfrac{\partial \omega}{\partial \xi}=-\dfrac{\partial z}{\partial v}+\dfrac{\partial z}{\partial \omega}$,

$\dfrac{\partial z}{\partial \eta}=\dfrac{\partial z}{\partial u}\dfrac{\partial u}{\partial \eta}+\dfrac{\partial z}{\partial v}\dfrac{\partial v}{\partial \eta}+\dfrac{\partial z\partial \omega}{\partial \omega\partial \eta}=\dfrac{\partial z}{\partial u}-\dfrac{\partial z}{\partial \omega}$,

$\dfrac{\partial z}{\partial \zeta}=\dfrac{\partial z}{\partial u}\dfrac{\partial u}{\partial \zeta}+\dfrac{\partial z}{\partial v}\dfrac{\partial v}{\partial \zeta}+\dfrac{\partial z\partial \omega}{\partial \omega\partial \zeta}=-\dfrac{\partial z}{\partial u}+\dfrac{\partial z}{\partial v}$.

11. 解: $\dfrac{\partial z}{\partial x}=\dfrac{\partial f}{\partial u}\dfrac{\partial u}{\partial x}+\dfrac{\partial f}{\partial x}\dfrac{\mathrm{d}x}{\mathrm{d}x}+\dfrac{\partial f}{\partial y}\dfrac{\partial y}{\partial x}=f'_u\mathrm{e}^y+f'_x$

$$\begin{aligned}\frac{\partial^2 z}{\partial x\partial y}=\frac{\partial}{\partial y}\left(\frac{\partial z}{\partial x}\right)&=\frac{\partial f'_u}{\partial y}\mathrm{e}^y+f'_u\mathrm{e}^y+\frac{\partial f'_x}{\partial y}\\&=\mathrm{e}^y\left(f''_{uu}\frac{\partial u}{\partial y}+f''_{uy}\right)+f'_u\mathrm{e}^y+f''_{xu}\frac{\partial u}{\partial y}+f''_{xy}\\&=\mathrm{e}^y(f''_{uu}x\mathrm{e}^y+f''_{uy}+f'_u)+x\mathrm{e}^yf''_{xu}+f''_{xy}\\&=x\mathrm{e}^{2y}f''_{uu}+\mathrm{e}^yf''_{uy}+f''_{xy}+x\mathrm{e}^yf''_{xu}+\mathrm{e}^yf'_u.\end{aligned}$$

12. 解: 由 $1=\mathrm{e}^u\dfrac{\partial u}{\partial x}\cos v-\mathrm{e}^u\sin v\dfrac{\partial v}{\partial x}$及$0=\mathrm{e}^u\dfrac{\partial u}{\partial x}\sin v+\mathrm{e}^u\cos v\dfrac{\partial v}{\partial x}$,

得$\dfrac{\partial u}{\partial x}=\mathrm{e}^{-u}\cos v,\dfrac{\partial v}{\partial x}=-\mathrm{e}^{-u}\sin v$. 则

$$\frac{\partial z}{\partial x}=v\mathrm{e}^{-u}\cos v+u(-\mathrm{e}^{-u}\sin v)=\mathrm{e}^{-u}(v\cos v-u\sin v).$$

由 $0=\mathrm{e}^u\dfrac{\partial u}{\partial y}\cos v-\mathrm{e}^u\sin v\dfrac{\partial v}{\partial y}$及$1=\mathrm{e}^u\dfrac{\partial u}{\partial y}\sin v+\mathrm{e}^u\cos v\dfrac{\partial v}{\partial y}$,

得$\dfrac{\partial u}{\partial y}=\mathrm{e}^{-u}\sin v,\dfrac{\partial v}{\partial y}=\mathrm{e}^{-u}\cos v$. 则

$$\frac{\partial z}{\partial y}=v\mathrm{e}^{-u}\sin v+u\mathrm{e}^{-u}\cos v=\mathrm{e}^{-u}(u\cos v+v\sin v).$$

13. 解: 螺旋线的切向量 $\boldsymbol{T}=(x_0,y_0,z_0)=(-a\sin\theta,a\cos\theta,b)$,点$(a,0,0)$处对应的参数$\theta=0$. 则

$\boldsymbol{T}\Big|_{\theta=0}=(0,a,b)$. 故所求切线方程为 $\dfrac{x-a}{0}=\dfrac{y}{a}=\dfrac{z}{b}$ 或 $\begin{cases}x=a,\\by-az=0,\end{cases}$ 所求法平面方程

$$0(x-a)+ay+bz=0,$$

即 $ay+bz=0$.

14. 解: 已知平面 $x+3y+z+9=0$ 的法向量为(1,3,1)，曲面 $z=xy$ 的法向量

$$\boldsymbol{n}=(y,x,-1),$$

则 $\boldsymbol{n}$ 与(1,3,1)平行,从而 $\dfrac{y}{1}=\dfrac{x}{3}=\dfrac{-1}{1}$. 解得 $x=-3$，$y=-1$，$z=xy=3$.

故所求点的坐标为(−3,−1,3),法线方程为 $\dfrac{x+3}{1}=\dfrac{y+1}{3}=\dfrac{z-3}{1}$.

15. 解: 方向导数

$$\frac{\partial f}{\partial \boldsymbol{l}}\Big|_{(1,1)}=(2x-y)\Big|_{(1,1)}\cos\theta+(2y-x)\Big|_{(1,1)}\sin\theta=\cos\theta+\sin\theta,$$

从而 $\dfrac{\partial f}{\partial \boldsymbol{l}}\Big|_{(1,1)}=\cos\theta+\sin\theta=\sqrt{2}\sin\left(\theta+\dfrac{\pi}{4}\right)$.

则当 $\theta=\dfrac{\pi}{4}$ 时,方向导数有最大值 $\sqrt{2}$,当 $\theta=\dfrac{5}{4}\pi$ 时,方向导数有最小值 $-\sqrt{2}$,

当 $\theta=\dfrac{3}{4}\pi$ 或 $\dfrac{7}{4}\pi$ 时,方向导数的值为 0.

16. 解: 令 $F(x,y,z)=\dfrac{x^2}{a^2}+\dfrac{y^2}{b^2}+\dfrac{z^2}{c^2}-1$,则在椭球面上的点$(x,y,z)$处法向量

$$\boldsymbol{n}=(F_x,F_y,F_z)=\left(\frac{2x}{a^2},\frac{2y}{b^2},\frac{2z}{c^2}\right),$$

$$\begin{aligned}\frac{\partial u}{\partial \boldsymbol{n}}&=\frac{\partial u}{\partial x}\cos\alpha+\frac{\partial u}{\partial y}\cos\beta+\frac{\partial u}{\partial z}\cos\varphi\\&=2x\frac{\frac{2x}{a^2}}{\sqrt{\frac{4x^2}{a^4}+\frac{4y^2}{b^4}+\frac{4z^2}{c^4}}}+2y\frac{\frac{2y}{b^2}}{\sqrt{\frac{4x^2}{a^4}+\frac{4y^2}{b^4}+\frac{4z^2}{c^4}}}+2z\frac{\frac{2z}{c^2}}{\sqrt{\frac{4x^2}{a^4}+\frac{4y^2}{b^4}+\frac{4z^2}{c^4}}}\\&=\frac{2}{\sqrt{\frac{x^2}{a^4}+\frac{y^2}{b^4}+\frac{z^2}{c^4}}},\end{aligned}$$

$$\frac{\partial u}{\partial \boldsymbol{n}}\Big|_{(x_0,y_0,z_0)}=\frac{2}{\sqrt{\frac{x_0^2}{a^4}+\frac{y_0^2}{b^4}+\frac{z_0^2}{c^4}}}.$$

17. 解: 即求在满足 $x^2+y^2=1$ 条件下 $z=5\left(1-\dfrac{x}{3}-\dfrac{y}{4}\right)$ 满足 $|z|$ 最小的点(x,y,z).

作拉格朗日函数 $L(x,y,\lambda)=5\left(1-\dfrac{x}{3}-\dfrac{y}{4}\right)+\lambda(x^2+y^2-1)$,由方程组

$$\begin{cases}L_x=-\dfrac{5}{3}+2\lambda x=0,\\L_y=-\dfrac{5}{4}+2\lambda y=0,\\L_\lambda=x^2+y^2-1=0,\end{cases}$$

解得 $x=\frac{5}{6\lambda}, y=\frac{5}{8\lambda}, \lambda=\pm\frac{25}{24}$. 则 $x=\frac{4}{5}, y=\frac{3}{5}, z=\frac{35}{12}$，或 $x=-\frac{4}{5}, y=-\frac{3}{5}, z=\frac{85}{12}$，

即 $\left(\frac{4}{5},\frac{3}{5},\frac{35}{12}\right)$ 为满足条件的点.

18. 解: 设 $P(x_0,y_0,z_0)$ 为椭圆面上一点，令 $F(x,y,z)=\frac{x^2}{a^2}+\frac{y^2}{b^2}+\frac{z^2}{c^2}-1$ 则

$$F_x\Big|_P=\frac{2x_0}{a^2}, F_y\Big|_P=\frac{2y_0}{b^2}, F_z\Big|_P=\frac{2z_0}{c^2}.$$

过 $P(x_0,y_0,z_0)$ 点的切平面方程为

$$\frac{x_0}{a^2}(x-x_0)+\frac{y_0}{b^2}(y-y_0)+\frac{z_0}{c^2}(z-z_0)=0,$$

即 $\frac{x_0}{a^2}x+\frac{y_0}{b^2}y+\frac{z_0}{c^2}z=1$.

该切平面在 x,y,z 轴上的截距分别为 $x=\frac{a^2}{x_0}, y=\frac{b^2}{y_0}, z=\frac{c^2}{z_0}$

则切平面与三坐标面所围四面体的体积为 $V=\frac{1}{6}xyz=\frac{a^2b^2c^2}{6x_0y_0z_0}$.

再求 V 在条件 $\frac{x_0^2}{a^2}+\frac{y_0^2}{b^2}+\frac{z_0^2}{c^2}=1$ 下的最小值.

令 $u=\ln x_0+\ln y_0+\ln z_0$，则

$$G(x_0,y_0,z_0)=\ln x_0+\ln y_0+\ln z_0+\lambda\left(\frac{x_0^2}{a^2}+\frac{y_0^2}{b^2}+\frac{z_0^2}{c^2}-1\right).$$

解方程组

$$\begin{cases}\frac{1}{x_0}+\frac{2\lambda}{a^2}x_0=0,\\ \frac{1}{y_0}+\frac{2\lambda}{b^2}y_0=0,\\ \frac{1}{z_0}+\frac{2\lambda}{c^2}z_0=0,\\ \frac{x_0^2}{a^2}+\frac{y_0^2}{b^2}+\frac{z_0^2}{c^2}=1,\end{cases}$$

解得 $x_0=\frac{a}{\sqrt{3}}, y_0=\frac{b}{\sqrt{3}}, z_0=\frac{c}{\sqrt{3}}$. 故当切点坐标为 $\left(\frac{a}{\sqrt{3}},\frac{b}{\sqrt{3}},\frac{c}{\sqrt{3}}\right)$ 时，切平面与三坐标轴所围成的四面体的体积最小，且最小值为 $\frac{\sqrt{3}}{2}abc$.

19. 解法一: 总收入函数为

$$R=p_1q_1+p_2q_2=24p_1-0.2p_1^2+10p_2-0.05p_2^2,$$

总利润函数为

$$L=R-C=32p_1-0.2p_1^2-0.05p_2^2+12p_2-1395.$$

由极值的必要条件，得方程组

$$\begin{cases}\frac{\partial L}{\partial p_1}=32-0.4p_1=0,\\ \frac{\partial L}{\partial p_2}=12-0.1p_2=0,\end{cases}$$

解此方程组，得 $p_1=80$，$p_2=120$.

由问题的实际意义可知，厂家获得总利润最大的市场售价必定存在，

故当 $p_1=80$，$p_2=120$ 时，厂家获得的总利润最大，其最大利润为

$$L\bigg|_{p_1=80,\ p_2=120}=605.$$

解法二：两个市场的价格函数分别为

$$p_1=120-5q_1,\ p_2=200-20q_2,$$

总收入函数为

$$R=p_1q_1+p_2q_2=(120-5q_1)q_1+(200-20q_2)q_2,$$

总利润函数为

$$\begin{aligned}L&=R-C=(120-5q_1)q_1+(200-20q_2)q_2-[35+40(q_1+q_2)]\\&=80q_1-5q_1^2+160q_2-20q_2^2-35.\end{aligned}$$

由极值的必要条件，得方程组

$$\begin{cases}\dfrac{\partial L}{\partial q_1}=80-10q_1=0,\\[2mm]\dfrac{\partial L}{\partial q_2}=160-40q_2=0,\end{cases}$$

解此方程组，得 $q_1=8,q_2=4$.

由问题的实际意义可知，$q_1=8$，$q_2=4$，即 $p_1=80$，$p_2=120$ 时，厂家所获得的总利润最大，其最大总利润为 $L\bigg|_{q_1=8,q_2=4}=605$.

20. 解：(1)由梯度与方向导数的关系知，$h=f(x,y)$ 在点 $M(x_0,y_0)$ 处沿梯度

$$\mathbf{grad}\,f(x_0,y_0)=(y_0-2x_0)\boldsymbol{i}+(x_0-2y_0)\boldsymbol{j}$$

方向的方向导数最大，方向导数的最大值为该梯度的模，所以

$$g(x_0,y_0)=\sqrt{(y_0-2x_0)^2+(x_0-2y_0)^2}=\sqrt{5x_0^2+5y_0^2-8x_0y_0}.$$

(2)欲在 D 的边界上求 $g(x,y)$ 达到最大值的点，只需求

$$F(x,y)=g^2(x,y)=5x^2+5y^2-8xy$$

的达到最大值的点. 因此，作拉格朗日函数

$$L=5x^2+5y^2-8xy+\lambda(75-x^2-y^2+xy).$$

令

$$\begin{cases}L_x=10x-8y+\lambda(y-2x)=0, & ①\\L_y=10y-8x+\lambda(x-2y)=0, & ②\end{cases}$$

又由约束条件，有

$$75-x^2-y^2+xy=0. \qquad ③$$

①+②得

$$(x+y)(2-\lambda)=0.$$

解得 $y=-x$ 或 $\lambda=2$.

若 $\lambda=2$，则由①得 $y=x$，再由③得 $x=y=\pm5\sqrt{3}$.

若 $y=-x$，则由③得 $x=\pm5$，$y=\mp5$.

于是得到四个可能的极值点：

$$M_1(5,-5),M_2(-5,5),M_3(5\sqrt{3},5\sqrt{3}),M_4(-5\sqrt{3},-5\sqrt{3}).$$

由于 $F(M_1)=F(M_2)=450$，$F(M_3)=F(M_4)=150$，故 $M_1(5,-5)$ 或 $M_2(-5,5)$ 可作为攀岩的起点.

第十章　重积分

习题 10－1 解答(教材 P139～P140)

1. **解**:用一组曲线网将 D 分成 n 个小区域 $\Delta\sigma_i$,其面积也记为 $\Delta\sigma_i(i=1,2,\cdots,n)$. 任取一点 $(\xi_i,\eta_i)\in\Delta\sigma_i$,则 $\Delta\sigma_i$ 上分布的电荷 $\Delta Q_i\approx\mu(\xi_i,\eta_i)\Delta\sigma_i$,通过求和、取极限,便得到该板上的全部电荷为

$$Q=\lim_{\lambda\to 0}\sum_{i=1}^{n}\mu(\xi_i,\eta_i)\Delta\sigma_i=\iint_D\mu(x,y)\mathrm{d}\sigma,$$

其中 $\lambda=\max\limits_{1\leqslant i\leqslant n}\{\Delta\sigma_i$ 的直径$\}$.

【方法点击】 以上解题过程也可用元素法简化叙述如下:

设想用曲线网将 D 分成 n 个小闭区域,取出其中任意一个记作 $\mathrm{d}\sigma$(其面积也记作 $\mathrm{d}\sigma$),(x,y) 为 $\mathrm{d}\sigma$ 上一点,则 $\mathrm{d}\sigma$ 上分布的电荷近似等于 $\mu(x,y)\mathrm{d}\sigma$,记作

$$\mathrm{d}Q=\mu(x,y)\mathrm{d}\sigma\quad\text{(称为电荷元素)},$$

以 $\mathrm{d}Q$ 作为被积表达式,在 D 上作重积分,即得所求的电荷为

$$Q=\iint_D\mu(x,y)\mathrm{d}\sigma.$$

2. **解**:由二重积分的几何意义知,I_1 表示底为 D_1,顶为曲面 $z=(x^2+y^2)^3$ 的曲顶柱体 Ω_1 的体积;

I_2 表示底为 D_2、顶为曲面 $z=(x^2+y^2)^3$ 的曲顶柱体 Ω_2 的体积(图 10-1).

由于位于 D_1 上方的曲面 $z=(x^2+y^2)^3$ 关于 yOz 面和 zOx 面均对称,故 yOz 面和 zOx 面将 Ω_1 分成四个等积的部分,其中位于第一卦限的部分为 Ω_2.

由此可知　$I_1=4I_2$.

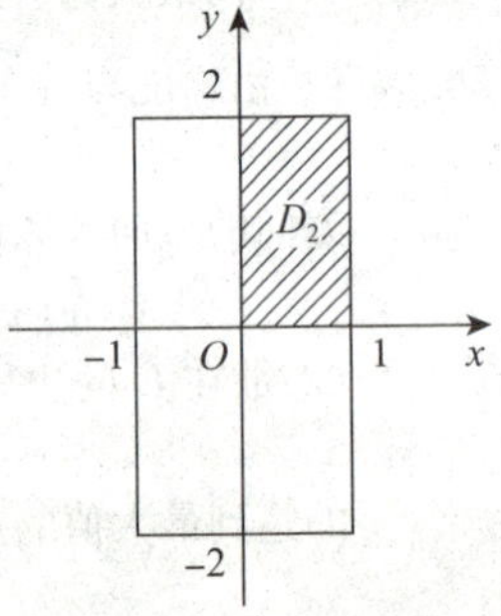

图 10-1

【方法点击】

(1)本题也可利用被积函数和积分区域的对称性来解答. 设 $D_3=\{(x,y)\mid 0\leqslant x\leqslant 1,-2\leqslant y\leqslant 2\}$. 由于 D_1 关于 y 轴对称,被积函数 $(x^2+y^2)^3$ 关于 x 是偶函数,故

$$I_1=\iint_{D_1}(x^2+y^2)^3\mathrm{d}\sigma=2\iint_{D_3}(x^2+y^2)^3\mathrm{d}\sigma,$$

又由于 D_3 关于 x 轴对称,被积函数 $(x^2+y^2)^3$ 关于 y 是偶函数,故

$$\iint_{D_3}(x^2+y^2)^3\mathrm{d}\sigma=2\iint_{D_2}(x^2+y^2)^3\mathrm{d}\sigma=2I_2.$$

从而得 $I_1=4I_2$.

(2)利用对称性来计算二重积分还有以下两个结论值得注意:

如果积分区域 D 关于 x 轴对称，而被积函数 $f(x,y)$ 关于 y 是奇函数，即 $f(x,-y)=-f(x,y)$，则

$$\iint\limits_D f(x,y)\mathrm{d}\sigma=0;$$

如果积分区域 D 关于 y 轴对称，而被积函数 $f(x,y)$ 关于 x 是奇函数，即 $f(-x,y)=-f(x,y)$，则

$$\iint\limits_D f(x,y)\mathrm{d}\sigma=0.$$

3. 证：(1)由于被积函数 $f(x,y)\equiv1$，故由二重积分定义得

$$\iint\limits_D \mathrm{d}\sigma=\lim_{\lambda\to0}\sum_{i=1}^n f(\xi_i,\eta_i)\Delta\sigma_i=\lim_{\lambda\to0}\sum_{i=1}^n \Delta\sigma_i=\lim_{\lambda\to0}\sigma=\sigma.$$

(2) $\iint\limits_D kf(x,y)\mathrm{d}\sigma=\lim\limits_{\lambda\to0}\sum\limits_{i=1}^n kf(\xi_i,\eta_i)\Delta\sigma_i=k\lim\limits_{\lambda\to0}\sum\limits_{i=1}^n f(\xi_i,\eta_i)\Delta\sigma_i=k\iint\limits_D f(x,y)\mathrm{d}\sigma.$

(3)因为函数 $f(x,y)$ 在闭区域 D 上可积，故不论把 D 怎样分割，积分和的极限总是不变的. 因此在分割 D 时，可以使 D_1 和 D_2 的公共边界永远是一条分割线，这样 $f(x,y)$ 在 $D_1\cup D_2$ 上的积分和就等于 D_1 上的积分和加 D_2 上的积分和，记为

$$\sum_{D_1\cup D_2} f(\xi_i,\eta_i)\Delta\sigma_i=\sum_{D_1} f(\xi_i,\eta_i)\Delta\sigma_i+\sum_{D_2} f(\xi_i,\eta_i)\Delta\sigma_i.$$

令所有 $\Delta\sigma_i$ 的直径的最大值 $\lambda\to0$，上式两端同时取极限，即得

$$\iint\limits_{D_1\cup D_2} f(x,y)\mathrm{d}\sigma=\iint\limits_{D_1} f(x,y)\mathrm{d}\sigma+\iint\limits_{D_2} f(x,y)\mathrm{d}\sigma.$$

4. 解：由二重积分的性质可知，当积分区域包含了被积函数大于等于 0 的点，且不包含被积函数小于 0 的点时，二重积分的值最大. 在本题中即当 D 是椭圆 $2x^2+y^2=1$ 所围的平面区域时，二重积分的值达到最大.

5. 解：(1)在积分区域 D 上，$0\leqslant x+y\leqslant1$，故有

$$(x+y)^3\leqslant(x+y)^2.$$

根据二重积分的性质，可得

$$\iint\limits_D (x+y)^3\mathrm{d}\sigma\leqslant\iint\limits_D (x+y)^2\mathrm{d}\sigma.$$

(2)由于积分区域 D 位于半平面 $\{(x,y)\mid x+y\geqslant1\}$ 内，故在 D 上有 $(x+y)^2\leqslant(x+y)^3$. 从而

$$\iint\limits_D (x+y)^2\mathrm{d}\sigma\leqslant\iint\limits_D (x+y)^3\mathrm{d}\sigma.$$

(3)由于积分区域 D 位于条形区域 $\{(x,y)\mid 1\leqslant x+y\leqslant2\}$ 内，故知区域 D 上的点满足 $0\leqslant\ln(x+y)\leqslant1$，从而有 $[\ln(x+y)]^2\leqslant\ln(x+y)$. 因此

$$\iint\limits_D [\ln(x+y)]^2\mathrm{d}\sigma\leqslant\iint\limits_D \ln(x+y)\mathrm{d}\sigma.$$

(4)由于积分区域 D 位于半平面 $\{(x,y)\mid x+y\geqslant\mathrm{e}\}$ 内，故在 D 上有 $\ln(x+y)\geqslant1$，从而 $[\ln(x+y)]^2\geqslant\ln(x+y)$. 因此

$$\iint\limits_D [\ln(x+y)]^2\mathrm{d}\sigma\geqslant\iint\limits_D \ln(x+y)\mathrm{d}\sigma.$$

6. 解：(1)在积分区域 D 上，$0\leqslant x\leqslant1$，$0\leqslant y\leqslant1$，从而 $0\leqslant xy(x+y)\leqslant2$，又 D 的面积等于 1，

因此

$$0\leqslant\iint_D xy(x+y)\mathrm{d}\sigma\leqslant 2.$$

(2)在积分区域 D 上，$0\leqslant\sin x\leqslant 1$，$0\leqslant\sin y\leqslant 1$，从而 $0\leqslant\sin^2 x\sin^2 y\leqslant 1$，又 D 的面积等于 π^2，因此

$$0\leqslant\iint_D \sin^2 x\sin^2 y\mathrm{d}\sigma\leqslant\pi^2.$$

(3)在积分区域 D 上有 $1\leqslant x+y+1\leqslant 4$，$D$ 的面积等于 2，因此

$$2\leqslant\iint_D (x+y+1)\mathrm{d}\sigma\leqslant 8.$$

(4)因为在积分区域 D 上有 $0\leqslant x^2+y^2\leqslant 4$，所以有

$$9\leqslant x^2+4y^2+9\leqslant 4(x^2+y^2)+9\leqslant 25.$$

又 D 的面积等于 4π，因此

$$36\pi\leqslant\iint_D (x^2+4y^2+9)\mathrm{d}\sigma\leqslant 100\pi.$$

习题 10-2 解答(教材 P156～P160)

1. 解：(1) $\iint_D (x^2+y^2)\mathrm{d}\sigma=\int_{-1}^{1}\mathrm{d}x\int_{-1}^{1}(x^2+y^2)\mathrm{d}y=\int_{-1}^{1}\left(x^2y+\frac{y^3}{3}\right)\Big|_{-1}^{1}\mathrm{d}x$

$$=\int_{-1}^{1}\left(2x^2+\frac{2}{3}\right)\mathrm{d}x=\frac{8}{3}.$$

(2)D 可用不等式表示为 $0\leqslant y\leqslant 2-x$，$0\leqslant x\leqslant 2$. 于是

$$\iint_D (3x+2y)\mathrm{d}\sigma=\int_0^2\mathrm{d}x\int_0^{2-x}(3x+2y)\mathrm{d}y=\int_0^2\left(3xy+y^2\right)\Big|_0^{2-x}\mathrm{d}x$$

$$=\int_0^2(4+2x-2x^2)\mathrm{d}x=\frac{20}{3}.$$

(3) $\iint_D (x^3+3x^2y+y^3)\mathrm{d}\sigma=\int_0^1\mathrm{d}y\int_0^1(x^3+3x^2y+y^3)\mathrm{d}x$

$$=\int_0^1\left(\frac{x^4}{4}+x^3y+y^3x\right)\Big|_0^1\mathrm{d}y=\int_0^1\left(\frac{1}{4}+y+y^3\right)\mathrm{d}y=1.$$

(4)D 可用不等式表示为 $0\leqslant y\leqslant x$，$0\leqslant x\leqslant\pi$. 于是

$$\iint_D x\cos(x+y)\mathrm{d}\sigma=\int_0^{\pi}x\mathrm{d}x\int_0^{x}\cos(x+y)\mathrm{d}y=\int_0^{\pi}x\left[\sin(x+y)\right]\Big|_0^{x}\mathrm{d}x$$

$$=\int_0^{\pi}x(\sin 2x-\sin x)\mathrm{d}x=\int_0^{\pi}x\mathrm{d}\left(\cos x-\frac{1}{2}\cos 2x\right)$$

$$=\left[x\left(\cos x-\frac{1}{2}\cos 2x\right)\right]\Big|_0^{\pi}-\int_0^{\pi}\left(\cos x-\frac{1}{2}\cos 2x\right)\mathrm{d}x$$

$$=\pi\left(-1-\frac{1}{2}\right)-0=-\frac{3}{2}\pi.$$

2. 解：(1)D 可用不等式表示为 $x^2\leqslant y\leqslant\sqrt{x}$，$0\leqslant x\leqslant 1$(图 10-2)于是

$$\iint_D x\sqrt{y}\mathrm{d}\sigma=\int_0^1 x\mathrm{d}x\int_{x^2}^{\sqrt{x}}\sqrt{y}\mathrm{d}y=\frac{2}{3}\int_0^1 x\left(y^{\frac{3}{2}}\right)\Big|_{x^2}^{\sqrt{x}}\mathrm{d}x=\frac{2}{3}\int_0^1(x^{\frac{7}{4}}-x^4)\mathrm{d}x=\frac{6}{55}.$$

(2)D 可用不等式表示为 $0\leqslant x\leqslant\sqrt{4-y^2}$，$-2\leqslant y\leqslant 2$(图 10-3)故

$$\iint_D xy^2\mathrm{d}\sigma=\int_{-2}^{2}y^2\mathrm{d}y\int_0^{\sqrt{4-y^2}}x\mathrm{d}x=\frac{1}{2}\int_{-2}^{2}y^2(4-y^2)\mathrm{d}y=\frac{64}{15}.$$

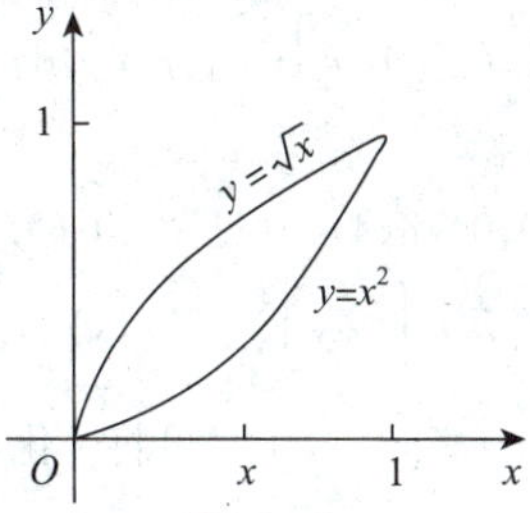

图 10-2

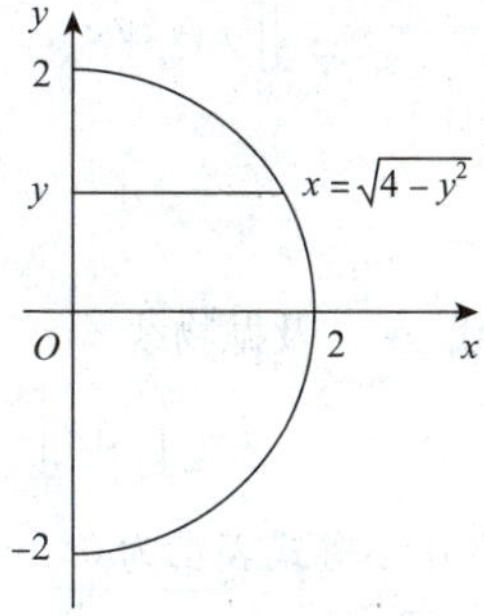

图 10-3

(3)如图 10-4 所示,$D=D_1\cup D_2$,其中

$$D_1=\{(x,y)\mid -x-1\leqslant y\leqslant x+1,\ -1\leqslant x\leqslant 0\};$$
$$D_2=\{(x,y)\mid x-1\leqslant y\leqslant -x+1,\ 0\leqslant x\leqslant 1\}.$$

因此

$$\iint_D \mathrm{e}^{x+y}\mathrm{d}\sigma=\iint_{D_1}\mathrm{e}^{x+y}\mathrm{d}\sigma+\iint_{D_2}\mathrm{e}^{x+y}\mathrm{d}\sigma=\int_{-1}^{0}\mathrm{e}^x\mathrm{d}x\int_{-x-1}^{x+1}\mathrm{e}^y\mathrm{d}y+\int_0^1\mathrm{e}^x\mathrm{d}x\int_{x-1}^{-x+1}\mathrm{e}^y\mathrm{d}y$$
$$=\int_{-1}^{0}(\mathrm{e}^{2x+1}-\mathrm{e}^{-1})\mathrm{d}x+\int_0^1(\mathrm{e}-\mathrm{e}^{2x-1})\mathrm{d}x=\mathrm{e}-\mathrm{e}^{-1}.$$

(4)$D=\left\{(x,y)\,\middle|\,\frac{y}{2}\leqslant x\leqslant y,0\leqslant y\leqslant 2\right\}$(见图 10-5),故

$$\iint_D(x^2+y^2-x)\mathrm{d}\sigma=\int_0^2\mathrm{d}y\int_{\frac{y}{2}}^{y}(x^2+y^2-x)\mathrm{d}x=\int_0^2\left(\frac{x^3}{3}+y^2x-\frac{x^2}{2}\right)\Bigg|_{\frac{y}{2}}^{y}\mathrm{d}y$$
$$=\int_0^2\left(\frac{19}{24}y^3-\frac{3}{8}y^2\right)\mathrm{d}y=\frac{13}{6}.$$

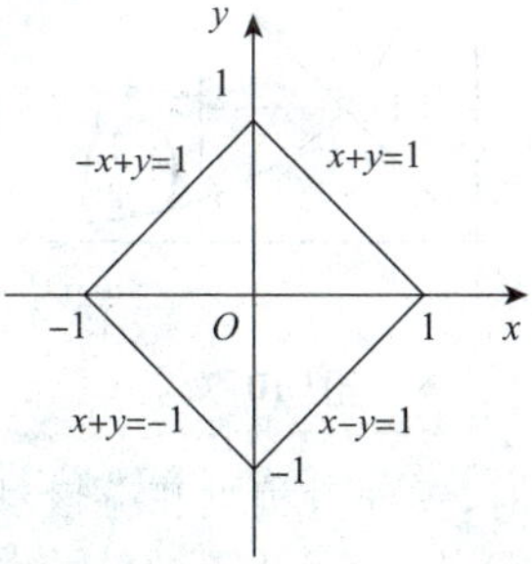

图 10-4

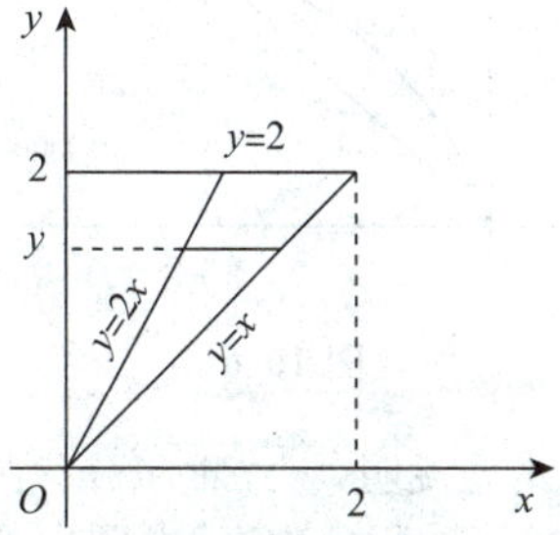

图 10-5

3. 证: $\iint_D f_1(x)\cdot f_2(y)\mathrm{d}x\mathrm{d}y=\int_a^b\left[\int_c^d f_1(x)\cdot f_2(y)\mathrm{d}y\right]\mathrm{d}x.$

在上式右端的第一次单积分 $\int_c^d f_1(x)\cdot f_2(y)\mathrm{d}y$ 中,$f_1(x)$与积分变量 y 无关,可视为常数提到积分号外,因此上式右端等于

$$\int_a^b f_1(x)\cdot\left[\int_c^d f_2(y)\mathrm{d}y\right]\mathrm{d}x.$$

而在这个积分中,由于 $\int_c^d f_2(y)\mathrm{d}y$ 为常数,故又可提到积分号外,从而得到

$$\iint\limits_D f_1(x)\cdot f_2(y)\mathrm{d}x\mathrm{d}y=\left[\int_c^d f_2(y)\mathrm{d}y\right]\cdot\left[\int_a^b f_1(x)\mathrm{d}x\right]$$
$$=\left[\int_a^b f_1(x)\mathrm{d}x\right]\cdot\left[\int_c^d f_2(y)\mathrm{d}y\right].$$

证毕.

4. 解:(1)直线 $y=x$ 及抛物线 $y^2=4x$ 的交点为(0,0)和(4,4)(见图 10-6).于是

$$I=\int_0^4\mathrm{d}x\int_x^{2\sqrt{x}}f(x,y)\mathrm{d}y \text{ 或 } I=\int_0^4\mathrm{d}y\int_{\frac{y^2}{4}}^{y}f(x,y)\mathrm{d}x.$$

(2)将 D 用不等式表示为 $0\leqslant y\leqslant\sqrt{r^2-x^2}$, $-r\leqslant x\leqslant r$,于是可将 I 化为如下的先对 y、后对 x 的二次积分:

$$I=\int_{-r}^{r}\mathrm{d}x\int_0^{\sqrt{r^2-x^2}}f(x,y)\mathrm{d}y;$$

如将 D 用不等式表示为 $-\sqrt{r^2-y^2}\leqslant x\leqslant\sqrt{r^2-y^2}$, $0\leqslant y\leqslant r$,则可将 I 化为如下的先对 x、后对 y 的二次积分:

$$I=\int_0^r\mathrm{d}y\int_{-\sqrt{r^2-y^2}}^{\sqrt{r^2-y^2}}f(x,y)\mathrm{d}x.$$

(3)如图 10-7 所示.三条边界曲线两两相交,先求得 3 个交点为(1,1), $\left(2,\frac{1}{2}\right)$ 和(2,2).于是

$$I=\int_1^2\mathrm{d}x\int_{\frac{1}{x}}^{x}f(x,y)\mathrm{d}y \text{ 或 } I=\int_{\frac{1}{2}}^{1}\mathrm{d}y\int_{\frac{1}{y}}^{2}f(x,y)\mathrm{d}x+\int_1^2\mathrm{d}y\int_y^2 f(x,y)\mathrm{d}x.$$

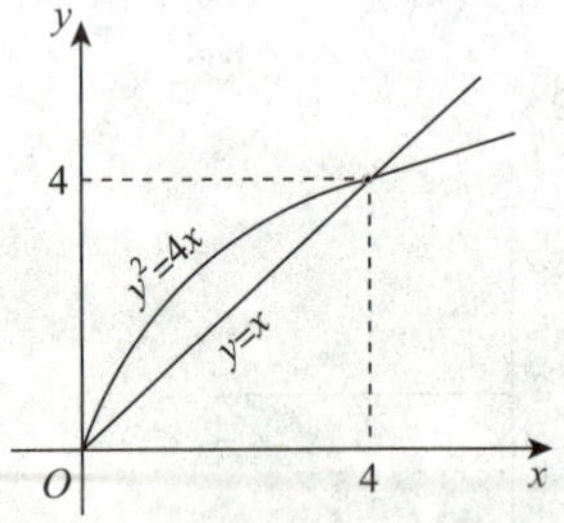

图 10-6

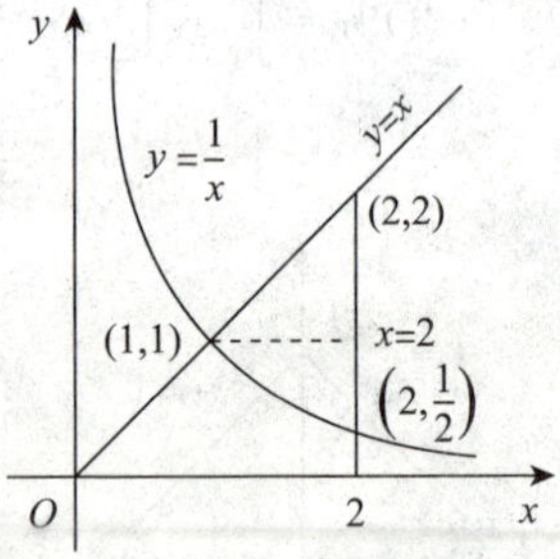

图 10-7

【方法点击】 本题说明,将二重积分化为二次积分时,需注意根据积分区域的边界曲线的情况,选取恰当的积分次序.本题中的积分区域 D 的上、下边界曲线均分别由一个方程给出,而左边曲线却分为两段,由两个不同的方程给出,在这种情况下采取先对 y、后对 x 的积分次序比较有利,这样只需做一个二次积分,而如果采用相反的积分次序,则需计算两个二次积分.

需要指出,选取积分次序时,还需考虑被积函数 $f(x,y)$ 的特点.

(4)将 D 按图 10-8(a)和图 10-8(b)的两种不同方式划为 4 块,分别得

$$I=\int_{-2}^{-1}\mathrm{d}x\int_{-\sqrt{4-x^2}}^{\sqrt{4-x^2}}f(x,y)\mathrm{d}y+\int_{-1}^{1}\mathrm{d}x\int_{\sqrt{1-x^2}}^{\sqrt{4-x^2}}f(x,y)\mathrm{d}y+$$

$$\int_{-1}^{1}\mathrm{d}x\int_{-\sqrt{4-x^2}}^{-\sqrt{1-x^2}}f(x,y)\mathrm{d}y+\int_{1}^{2}\mathrm{d}x\int_{-\sqrt{4-x^2}}^{\sqrt{4-x^2}}f(x,y)\mathrm{d}y,$$

和

$$I=\int_{-2}^{-1}\mathrm{d}y\int_{-\sqrt{4-y^2}}^{\sqrt{4-y^2}}f(x,y)\mathrm{d}x+\int_{-1}^{1}\mathrm{d}y\int_{-\sqrt{4-y^2}}^{-\sqrt{1-y^2}}f(x,y)\mathrm{d}x+$$

$$\int_{-1}^{1}\mathrm{d}y\int_{\sqrt{1-y^2}}^{\sqrt{4-y^2}}f(x,y)\mathrm{d}x+\int_{1}^{2}\mathrm{d}y\int_{-\sqrt{4-y^2}}^{\sqrt{4-y^2}}f(x,y)\mathrm{d}x.$$

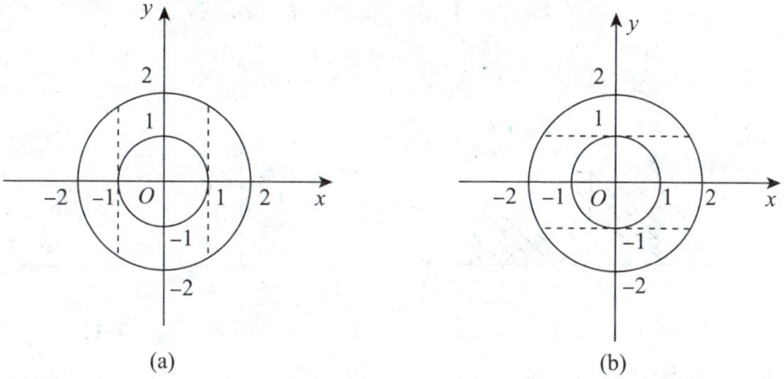

图 10-8

5. 证:等式两端的二次积分均等于二重积分 $\iint\limits_D f(x,y)\mathrm{d}\sigma$,因而它们相等.

6. 解:(1)所给二次积分等于二重积分 $\iint\limits_D f(x,y)\mathrm{d}\sigma$,其中 $D=\{(x,y)\mid 0\leqslant x\leqslant y,0\leqslant y\leqslant 1\}$. D 可改写为 $\{(x,y)\mid x\leqslant y\leqslant 1,0\leqslant x\leqslant 1\}$(见图 10-9),于是

$$原式=\int_0^1\mathrm{d}x\int_x^1 f(x,y)\mathrm{d}y.$$

(2)所给二次积分等于二重积分 $\iint\limits_D f(x,y)\mathrm{d}\sigma$,其中 $D=\{(x,y)\mid y^2\leqslant x\leqslant 2y,0\leqslant y\leqslant 2\}$. 又 D 可表示为 $\{(x,y)\mid \frac{x}{2}\leqslant y\leqslant\sqrt{x},0\leqslant x\leqslant 4\}$(见图 10-10),因此

$$原式=\int_0^4\mathrm{d}x\int_{\frac{x}{2}}^{\sqrt{x}}f(x,y)\mathrm{d}y;$$

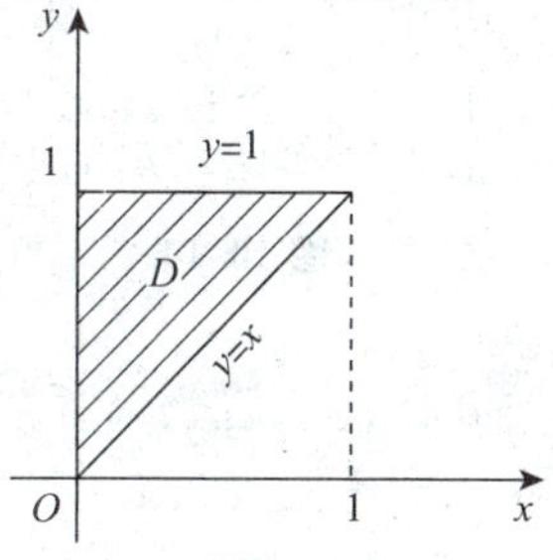

图 10-9

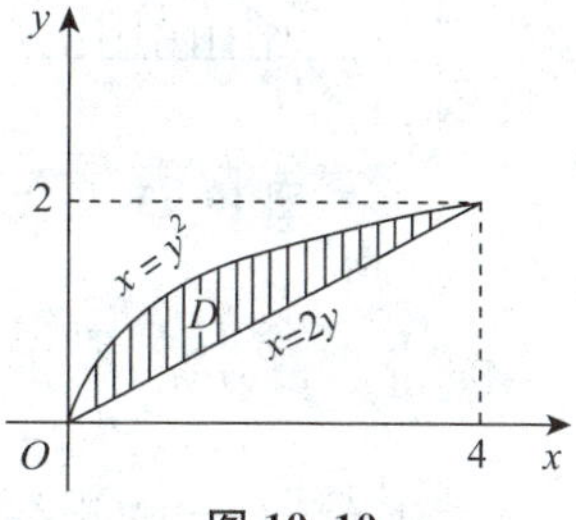

图 10-10

(3)所给二次积分等于二重积分 $\iint\limits_D f(x,y)\mathrm{d}\sigma$,其中 $D=\{(x,y)\mid -\sqrt{1-y^2}\leqslant x\leqslant\sqrt{1-y^2},0\leqslant y\leqslant 1\}$. 又 D 可表示为 $\{(x,y)\mid 0\leqslant y\leqslant\sqrt{1-x^2},-1\leqslant x\leqslant 1\}$(见图 10-11),因此

$$原式=\int_{-1}^{1}\mathrm{d}x\int_{0}^{\sqrt{1-x^2}}f(x,y)\mathrm{d}y.$$

(4)所给二次积分等于二重积分$\iint\limits_D f(x,y)\mathrm{d}\sigma$,其中$D=\{(x,y)\mid 2-x\leqslant y\leqslant\sqrt{2x-x^2},1\leqslant x\leqslant 2\}$.又$D$可表示为$\{(x,y)\mid 2-y\leqslant x\leqslant 1+\sqrt{1-y^2},0\leqslant y\leqslant 1\}$(见图10-12),故

$$原式=\int_0^1\mathrm{d}y\int_{2-y}^{1+\sqrt{1-y^2}}f(x,y)\mathrm{d}x.$$

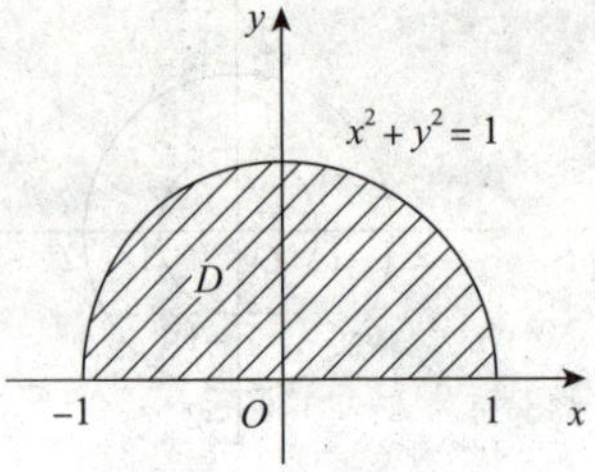

图 10-11

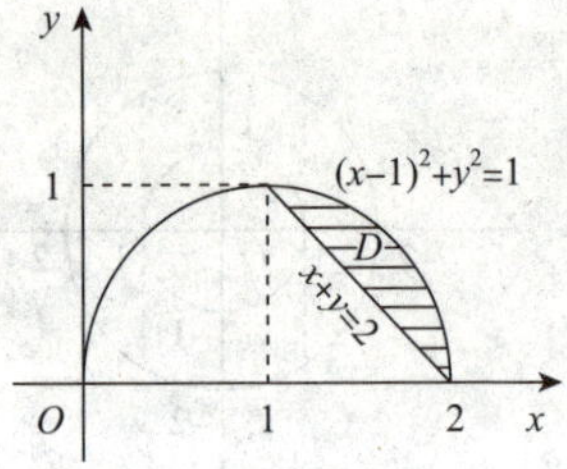

图 10-12

(5)所给二次积分等于二重积分$\iint\limits_D f(x,y)\mathrm{d}\sigma$,其中$D=\{(x,y)\mid 0\leqslant y\leqslant \ln x,1\leqslant x\leqslant \mathrm{e}\}$.又$D$可表示为$\{(x,y)\mid \mathrm{e}^y\leqslant x\leqslant \mathrm{e},0\leqslant y\leqslant 1\}$(见图10-13),故

$$原式=\int_0^1\mathrm{d}y\int_{\mathrm{e}^y}^{\mathrm{e}}f(x,y)\mathrm{d}x.$$

(6)如图10-14所示,将积分区域D表示为$D_1\cup D_2$,其中

$$D_1=\{(x,y)\mid \arcsin y\leqslant x\leqslant \pi-\arcsin y,0\leqslant y\leqslant 1\}^{①},$$
$$D_2=\{(x,y)\mid -2\arcsin y\leqslant x\leqslant \pi,-1\leqslant y\leqslant 0\}.$$

于是

$$原式=\int_0^1\mathrm{d}y\int_{\arcsin y}^{\pi-\arcsin y}f(x,y)\mathrm{d}x+\int_{-1}^{0}\mathrm{d}y\int_{-2\arcsin y}^{\pi}f(x,y)\mathrm{d}x.$$

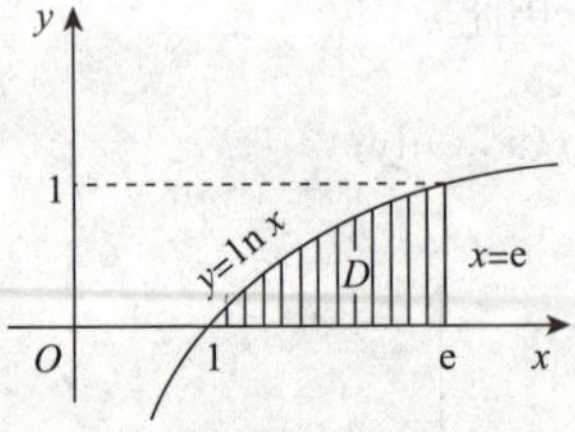

图 10-13

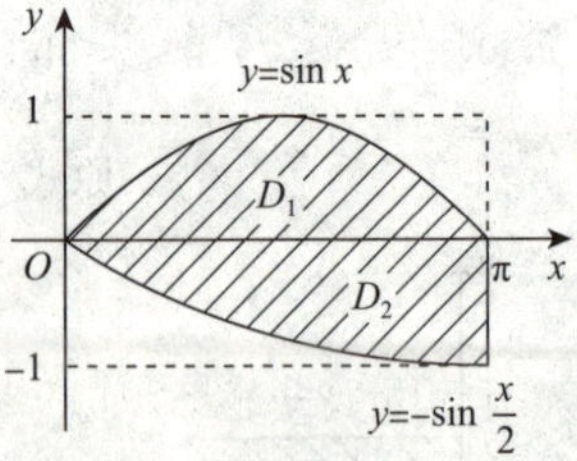

图 10-14

7. 解:D如图10-15所示.

$$M=\iint\limits_D\mu(x,y)\mathrm{d}\sigma=\int_0^1\mathrm{d}y\int_y^{2-y}(x^2+y^2)\mathrm{d}x=\int_0^1\left(\frac{1}{3}x^3+xy^2\right)\Big|_y^{2-y}\mathrm{d}y$$
$$=\int_0^1\left[\frac{1}{3}(2-y)^3+2y^2-\frac{7}{3}y^3\right]\mathrm{d}y=\left[-\frac{1}{12}(2-y)^4+\frac{2}{3}y^3-\frac{7}{12}y^4\right]\Big|_0^1=\frac{4}{3}.$$

---

①当$x\in\left[0,\frac{\pi}{2}\right]$时,$y=\sin x$的反函数是$x=\arcsin y$.而当$x\in\left(\frac{\pi}{2},\pi\right]$时,$\pi-x\in\left[0,\frac{\pi}{2}\right)$.于是由$y=\sin x=\sin(\pi-x)$可得$\pi-x=\arcsin y$,从而得反函数$x=\pi-\arcsin y$.

8. 解: 此立体为一曲顶柱体,它的底是 xOy 面上的闭区域 $D=\{(x,y)\mid 0\leqslant x\leqslant 1,0\leqslant y\leqslant 1\}$,顶是曲面 $z=6-2x-3y$(见图 10-16).因此所求立体的体积

$$V=\iint_D(6-2x-3y)\mathrm{d}x\mathrm{d}y=\int_0^1\mathrm{d}x\int_0^1(6-2x-3y)\mathrm{d}y=\int_0^1\left(\frac{9}{2}-2x\right)\mathrm{d}x=\frac{7}{2}.$$

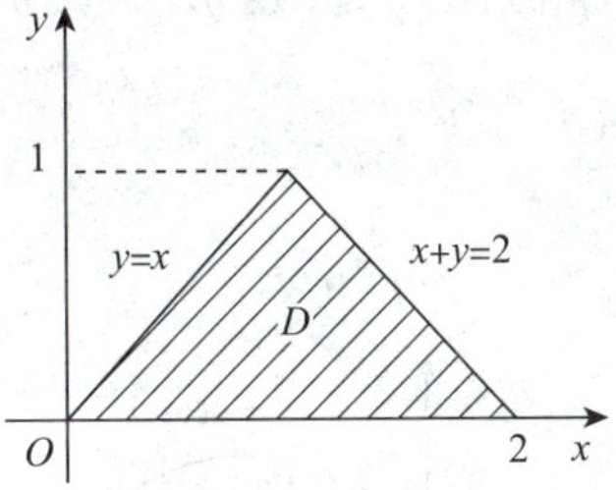

图 10-15

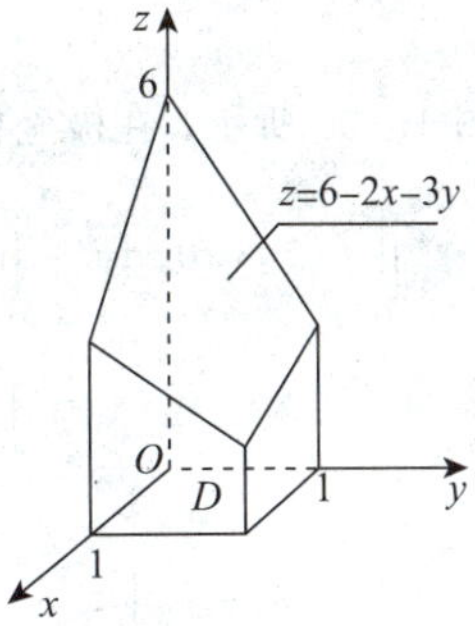

图 10-16

9. 解: 此立体为一曲顶柱体,它的底是 xOy 面上的闭区域

$$D=\{(x,y)\mid 0\leqslant y\leqslant 1-x,0\leqslant x\leqslant 1\},$$

顶是曲面 $z=6-(x^2+y^2)$(见图 10-17),故体积

$$V=\iint_D[6-(x^2+y^2)]\mathrm{d}x\mathrm{d}y=\int_0^1\mathrm{d}x\int_0^{1-x}(6-x^2-y^2)\mathrm{d}y$$

$$=\int_0^1\left[6(1-x)-x^2+x^3-\frac{1}{3}(1-x)^3\right]\mathrm{d}x=\frac{17}{6}.$$

10. 解: 由 $\begin{cases}z=x^2+2y^2,\\ z=6-2x^2-y^2\end{cases}$ 消去 z,得 $x^2+y^2=2$,故所求立体在 xOy 面上的投影区域为

$$D=\{(x,y)\mid x^2+y^2\leqslant 2\}\ (\text{见图 10-18}).$$

所求立体的体积等于两个曲顶柱体体积的差:

$$V=\iint_D(6-2x^2-y^2)\mathrm{d}\sigma-\iint_D(x^2+2y^2)\mathrm{d}\sigma=\iint_D(6-3x^2-3y^2)\mathrm{d}\sigma$$

$$=\iint_D(6-3r^2)r\mathrm{d}r\mathrm{d}\theta=\int_0^{2\pi}\mathrm{d}\theta\int_0^{\sqrt{2}}(6-3r^2)r\mathrm{d}r=6\pi.$$

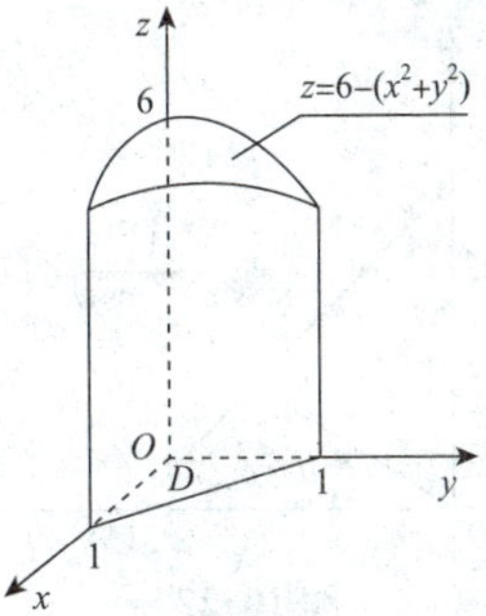

图 10-17

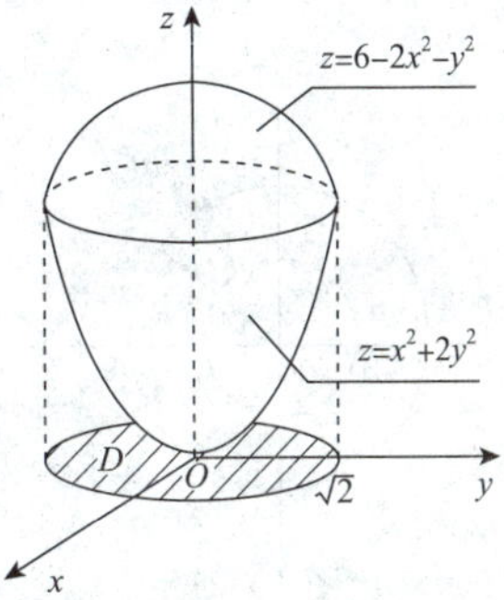

图 10-18

【方法点击】 求类似于第 8、9、10 题中这样的立体体积时,并不一定要画出立体的准确图形,但一定要会求立体在坐标面上的投影区域,并知道立体的底和顶的方程,这就需要复习和掌握第八章中学过的空间解析几何的有关知识.

11. 解:(1)如图 10-19,在极坐标系中,$D=\{(r,\theta)\mid 0\leqslant r\leqslant a,0\leqslant\theta\leqslant 2\pi\}$,故

$$\iint_D f(x,y)\mathrm{d}x\mathrm{d}y=\iint_D f(r\cos\theta,r\sin\theta)r\mathrm{d}r\mathrm{d}\theta=\int_0^{2\pi}\mathrm{d}\theta\int_0^a f(r\cos\theta,r\sin\theta)r\mathrm{d}r.$$

(2)如图 10-20 所示,在极坐标系中,$D=\left\{(r,\theta)\mid 0\leqslant r\leqslant 2\cos\theta,-\frac{\pi}{2}\leqslant\theta\leqslant\frac{\pi}{2}\right\}$,故

$$\iint_D f(x,y)\mathrm{d}x\mathrm{d}y=\iint_D f(r\cos\theta,r\sin\theta)r\mathrm{d}r\mathrm{d}\theta=\int_{-\frac{\pi}{2}}^{\frac{\pi}{2}}\mathrm{d}\theta\int_0^{2\cos\theta} f(r\cos\theta,r\sin\theta)r\mathrm{d}r.$$

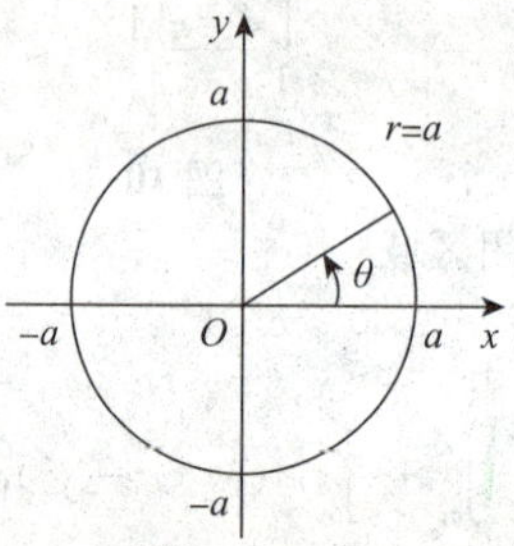

图 10-19

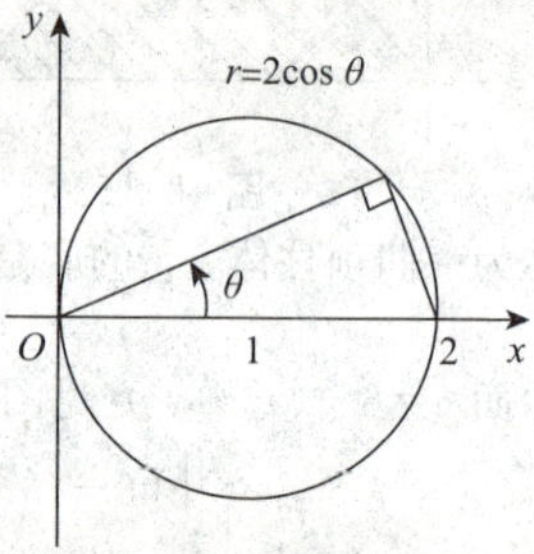

图 10-20

(3)如图 10-21 所示,在极坐标系中,$D=\{(r,\theta)\mid a\leqslant r\leqslant b,0\leqslant\theta\leqslant 2\pi,\}$故

$$\iint_D f(x,y)\mathrm{d}x\mathrm{d}y=\iint_D f(r\cos\theta,r\sin\theta)r\mathrm{d}r\mathrm{d}\theta=\int_0^{2\pi}\mathrm{d}\theta\int_a^b f(r\cos\theta,r\sin\theta)r\mathrm{d}r.$$

(4)D 如图 10-22 所示,在极坐标系中,直线 $x+y=1$ 的方程为 $r=\frac{1}{\sin\theta+\cos\theta}$,故

$D=\left\{(r,\theta)\mid 0\leqslant r\leqslant\frac{1}{\sin\theta+\cos\theta},0\leqslant\theta\leqslant\frac{\pi}{2}\right\}$. 于是

$$\iint_D f(x,y)\mathrm{d}x\mathrm{d}y=\iint_D f(r\cos\theta,r\sin\theta)r\mathrm{d}r\mathrm{d}\theta=\int_0^{\frac{\pi}{2}}\mathrm{d}\theta\int_0^{\frac{1}{\sin\theta+\cos\theta}} f(r\cos\theta,r\sin\theta)r\mathrm{d}r.$$

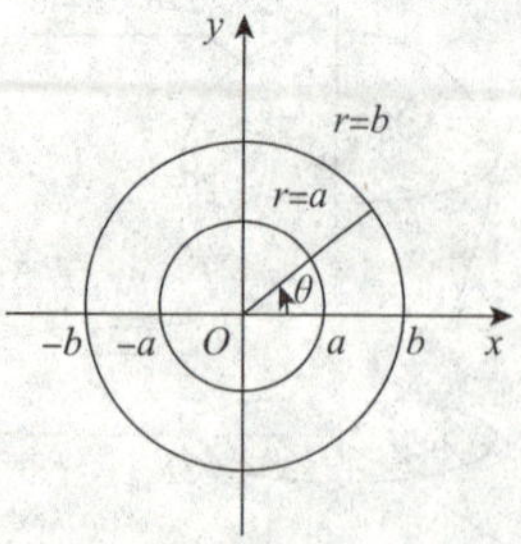

图 10-21

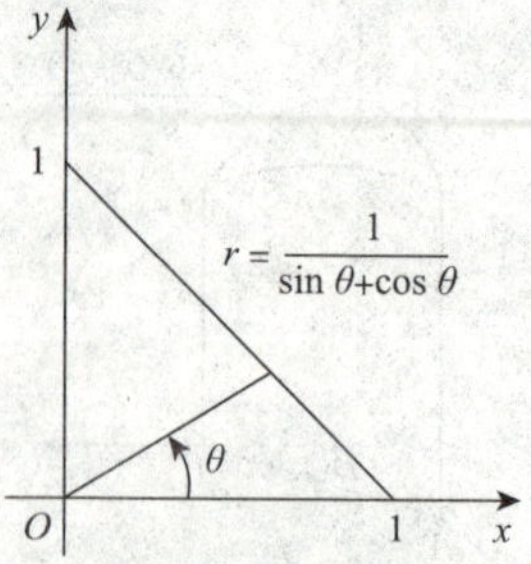

图 10-22

12. 解:(1)如图 10-23 所示,用直线 $y=x$ 将积分区域 D 分成 D_1,D_2 两部分:

$$D_1=\left\{(r,\theta)\,\middle|\,0\leqslant r\leqslant\sec\theta,0\leqslant\theta\leqslant\frac{\pi}{4}\right\};D_2=\left\{(r,\theta)\,\middle|\,0\leqslant r\leqslant\csc\theta,\frac{\pi}{4}\leqslant\theta\leqslant\frac{\pi}{2}\right\}.$$

于是

$$原式=\int_0^{\frac{\pi}{4}}d\theta\int_0^{\sec\theta}f(r\cos\theta,r\sin\theta)rdr+\int_{\frac{\pi}{4}}^{\frac{\pi}{2}}d\theta\int_0^{\csc\theta}f(r\cos\theta,r\sin\theta)rdr.$$

(2)D 如图 10-24 所示. 在极坐标系中,直线 $x=2$, $y=x$ 和 $y=\sqrt{3}x$ 的方程分别是 $r=2\sec\theta$, $\theta=\frac{\pi}{4}$和 $\theta=\frac{\pi}{3}$. 因此

$$D=\left\{(r,\theta)\,\middle|\,0\leqslant r\leqslant 2\sec\theta,\frac{\pi}{4}\leqslant\theta\leqslant\frac{\pi}{3}\right\}.$$

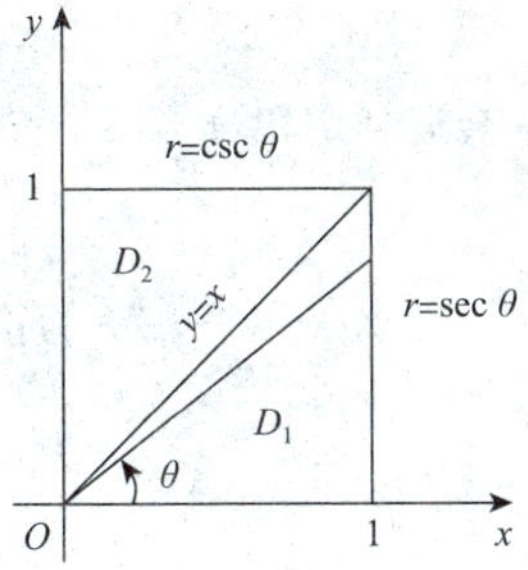

图 10-23

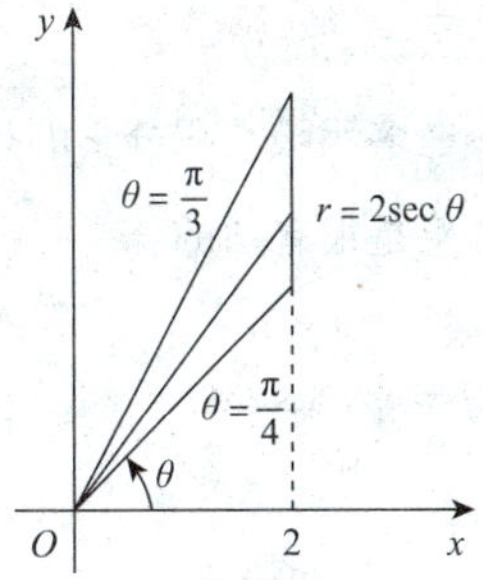

图 10-24

又 $f(\sqrt{x^2+y^2})=f(r)$. 于是

$$原式=\int_{\frac{\pi}{4}}^{\frac{\pi}{3}}d\theta\int_0^{2\sec\theta}f(r)rdr.$$

(3)D 如图 10-25 所示. 在极坐标系中,直线 $y=1-x$ 的方程为 $r=\frac{1}{\sin\theta+\cos\theta}$,圆 $y=\sqrt{1-x^2}$的方程为 $r=1$,因此

$$D=\left\{(r,\theta)\,\middle|\,\frac{1}{\sin\theta+\cos\theta}\leqslant r\leqslant 1,0\leqslant\theta\leqslant\frac{\pi}{2}\right\},$$

于是,原式$=\int_0^{\frac{\pi}{2}}d\theta\int_{\frac{1}{\sin\theta+\cos\theta}}^1 f(r\cos\theta,r\sin\theta)rdr.$

(4)D 如图 10-26 所示.

在极坐标系中,直线 $x=1$ 的方程是 $r=\sec\theta$;抛物线 $y=x^2$ 的方程是$r\sin\theta=r^2\cos^2\theta$,即 $r=\tan\theta\sec\theta$;两者的交点与原点的连线的方程是 $\theta=\frac{\pi}{4}$. 故

$$D=\left\{(r,\theta)\,\middle|\,\tan\theta\sec\theta\leqslant r\leqslant\sec\theta,0\leqslant\theta\leqslant\frac{\pi}{4}\right\},$$

于是,原式$=\int_0^{\frac{\pi}{4}}d\theta\int_{\tan\theta\sec\theta}^{\sec\theta}f(r\cos\theta,r\sin\theta)rdr.$

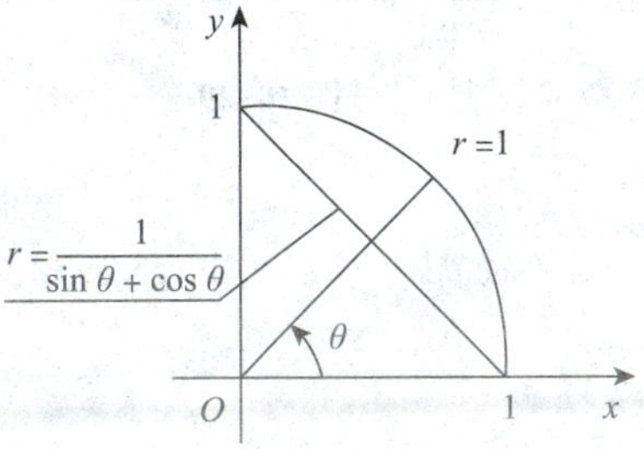

图 10-25

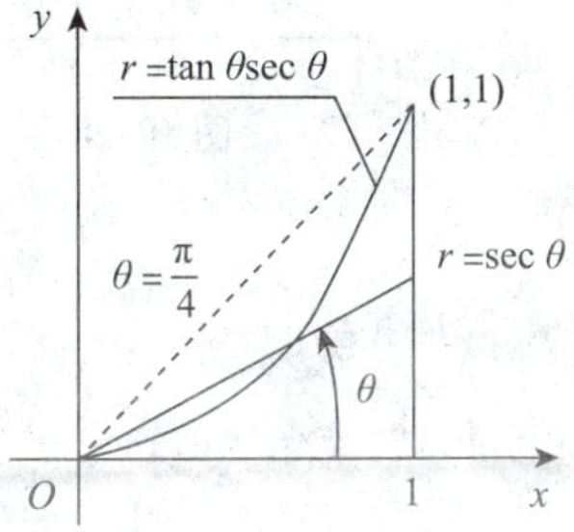

图 10-26

13. 解:(1)积分区域 D 如图 10-27 所示. 在极坐标系中,

$D=\left\{(r,\theta)\,\middle|\,0\leqslant r\leqslant 2a\cos\theta,0\leqslant\theta\leqslant\frac{\pi}{2}\right\}$,于是,

$$\text{原式}=\int_0^{\frac{\pi}{2}}d\theta\int_0^{2a\cos\theta}r^2\cdot r dr=\int_0^{\frac{\pi}{2}}\left(\frac{r^4}{4}\right)\Bigg|_0^{2a\cos\theta}d\theta$$

$$=4a^4\int_0^{\frac{\pi}{2}}\cos^4\theta d\theta=4a^4\times\frac{3}{4}\times\frac{1}{2}\times\frac{\pi}{2}=\frac{3}{4}\pi a^4.$$

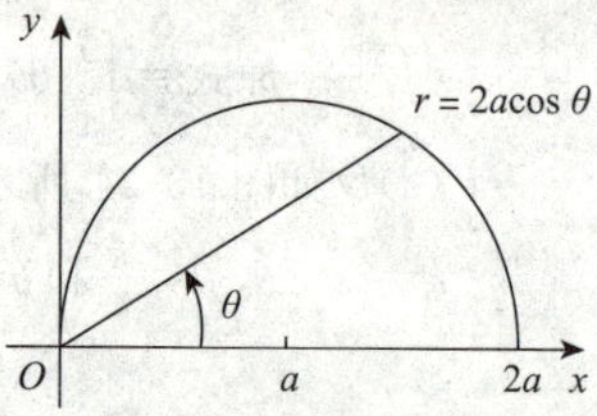

图 10-27

【方法点击】 在多元函数积分学的计算题中,常会遇到定积分 $\int_0^{\frac{\pi}{2}}\sin^n\theta d\theta$ 和 $\int_0^{\frac{\pi}{2}}\cos^n\theta d\theta$,因此记住如下的结果是很有益的:

$$\int_0^{\frac{\pi}{2}}\sin^n\theta d\theta=\int_0^{\frac{\pi}{2}}\cos^n\theta d\theta=\begin{cases}\frac{n-1}{n}\times\frac{n-3}{n-2}\times\cdots\times\frac{3}{4}\times\frac{1}{2}\times\frac{\pi}{2}, & n\text{ 为正偶数},\\ \frac{n-1}{n}\times\frac{n-3}{n-2}\times\cdots\times\frac{4}{5}\times\frac{2}{3}, & n\text{ 为大于 1 的正奇数}.\end{cases}$$

(2)如图 10-28,在极坐标系中

$$D=\left\{(r,\theta)\,|\,0\leqslant r\leqslant a\sec\theta,0\leqslant\theta\leqslant\frac{\pi}{4}\right\}.$$

于是,原式$=\int_0^{\frac{\pi}{4}}\theta\int_0^{a\sec\theta}r\cdot r dr=\frac{a^3}{3}\int_0^{\frac{\pi}{4}}\sec^3\theta d\theta$

$$=\frac{a^3}{6}\Big[\sec\theta\tan\theta+\ln(\sec\theta+\tan\theta)\Big]\Bigg|_0^{\frac{\pi}{4}}=\frac{a^3}{6}[\sqrt{2}+\ln(\sqrt{2}+1)].$$

(3)积分区域 D 如图 10-29 所示. 在极坐标系中,抛物线 $y=x^2$ 的方程是 $r\sin\theta=r^2\cos^2\theta$,即 $r=\tan\theta\sec\theta$;直线 $y=x$ 的方程是 $\theta=\frac{\pi}{4}$,故

$$D=\left\{(r,\theta)\,|\,0\leqslant r\leqslant\tan\theta\sec\theta,0\leqslant\theta\leqslant\frac{\pi}{4}\right\}.$$

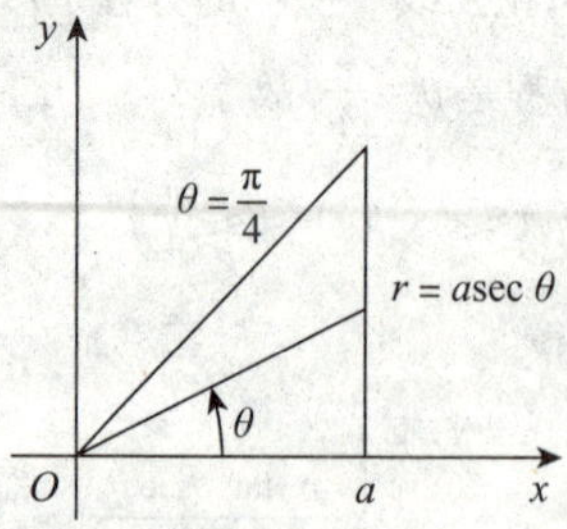

图 10-28

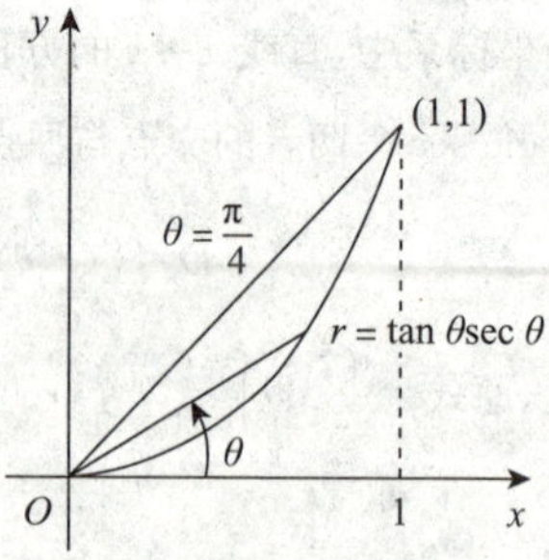

图 10-29

于是

$$\text{原式}=\int_0^{\frac{\pi}{4}}d\theta\int_0^{\tan\theta\sec\theta}\frac{1}{r}\cdot r dr=\int_0^{\frac{\pi}{4}}\tan\theta\sec\theta d\theta=(\sec\theta)\Big|_0^{\frac{\pi}{4}}=\sqrt{2}-1.$$

(4)积分区域 $D=\{(x,y)\,|\,0\leqslant x\leqslant\sqrt{a^2-y^2},0\leqslant y\leqslant a\}$

$$=\left\{(r,\theta)\,|\,0\leqslant r\leqslant a,0\leqslant\theta\leqslant\frac{\pi}{2}\right\},$$

故原式$=\int_0^{\frac{\pi}{2}}\mathrm{d}\theta\int_0^a r^2\cdot r\mathrm{d}r=\frac{\pi}{2}\cdot\frac{a^4}{4}=\frac{\pi}{8}a^4$.

14. 解:(1)在极坐标系中,积分区域$D=\{(r,\theta)\mid 0\leqslant r\leqslant 2,0\leqslant\theta\leqslant 2\pi\}$于是

$$\iint_D \mathrm{e}^{x^2+y^2}\mathrm{d}\sigma=\iint_D \mathrm{e}^{r^2}\cdot r\mathrm{d}r\mathrm{d}\theta=\int_0^{2\pi}\mathrm{d}\theta\int_0^2\mathrm{e}^{r^2}\cdot r\mathrm{d}r=2\pi\cdot\left(\frac{\mathrm{e}^{r^2}}{2}\right)\Big|_0^2=\pi(\mathrm{e}^4-1)$$

(2)在极坐标系中,积分区域$D=\{(r,\theta)\mid 0\leqslant r\leqslant 1,0\leqslant\theta\leqslant\frac{\pi}{2}\}$,于是

$$\begin{aligned}\iint_D\ln(1+x^2+y^2)\mathrm{d}\sigma&=\iint_D\ln(1+r^2)\cdot r\mathrm{d}r\mathrm{d}\theta=\int_0^{\frac{\pi}{2}}\mathrm{d}\theta\int_0^1\ln(1+r^2)\cdot r\mathrm{d}r\\&=\frac{\pi}{2}\times\frac{1}{2}\int_0^1\ln(1+r^2)\mathrm{d}(1+r^2)\\&=\frac{\pi}{4}\left[(1+r^2)\ln(1+r^2)\Big|_0^1-\int_0^1 2r\mathrm{d}r\right]\\&=\frac{\pi}{4}(2\ln 2-1).\end{aligned}$$

(3)在极坐标系中,积分区域$D=\{(r,\theta)\mid 1\leqslant r\leqslant 2,0\leqslant\theta\leqslant\frac{\pi}{4}\}$,$\arctan\frac{y}{x}=\theta$,于是

$$\iint_D\arctan\frac{y}{x}\mathrm{d}\sigma=\iint_D\theta\cdot r\mathrm{d}r\mathrm{d}\theta=\int_0^{\frac{\pi}{4}}\theta\mathrm{d}\theta\int_1^2 r\mathrm{d}r=\frac{1}{2}\left(\frac{\pi}{4}\right)^2\cdot\frac{1}{2}(2^2-1)=\frac{3}{64}\pi^2.$$

15. 解:(1)D如图10-30所示.根据D的形状,选用直角坐标较宜.

$D=\{(x,y)\mid\frac{1}{x}\leqslant y\leqslant x,1\leqslant x\leqslant 2\}$,故

$$\iint_D\frac{x^2}{y^2}\mathrm{d}\sigma=\int_1^2\mathrm{d}x\int_{\frac{1}{x}}^x\frac{x^2}{y^2}\mathrm{d}y=\int_1^2(-x+x^3)\mathrm{d}x=\frac{9}{4}.$$

(2)根据积分区域D的形状和被积函数的特点,选用极坐标为宜.

$D=\{(r,\theta)\mid 0\leqslant r\leqslant 1,0\leqslant\theta\leqslant\frac{\pi}{2}\}$,故

$$\begin{aligned}\text{原式}&=\iint_D\sqrt{\frac{1-r^2}{1+r^2}}r\mathrm{d}r\mathrm{d}\theta=\int_0^{\frac{\pi}{2}}\mathrm{d}\theta\int_0^1\sqrt{\frac{1-r^2}{1+r^2}}r\mathrm{d}r\\&=\frac{\pi}{2}\cdot\int_0^1\frac{1-r^2}{\sqrt{1-r^4}}r\mathrm{d}r=\frac{\pi}{2}\left(\int_0^1\frac{r}{\sqrt{1-r^4}}\mathrm{d}r-\int_0^1\frac{r^3}{\sqrt{1-r^4}}\mathrm{d}r\right)\\&=\frac{\pi}{2}\left[\frac{1}{2}\int_0^1\frac{1}{\sqrt{1-r^4}}\mathrm{d}r^2+\frac{1}{4}\int_0^1\frac{1}{\sqrt{1-r^4}}\mathrm{d}(1-r^4)\right]\\&=\frac{\pi}{2}\left(\frac{1}{2}\arcsin r^2\Big|_0^1+\frac{1}{2}\sqrt{1-r^4}\Big|_0^1\right)=\frac{\pi}{8}(\pi-2).\end{aligned}$$

(3)D如图10-31所示.选用直角坐标为宜.又根据D的边界曲线的情况,宜采用先对x、后对y的积分次序.于是

$$\iint_D(x^2+y^2)\mathrm{d}\sigma=\int_a^{3a}\mathrm{d}y\int_{y-a}^y(x^2+y^2)\mathrm{d}x=\int_a^{3a}\left(2ay^2-a^2y+\frac{a^3}{3}\right)\mathrm{d}y=14a^4.$$

(4)本题显然适于用极坐标计算.$D=\{(r,\theta)\mid a\leqslant r\leqslant b,0\leqslant\theta\leqslant 2\pi\}$.

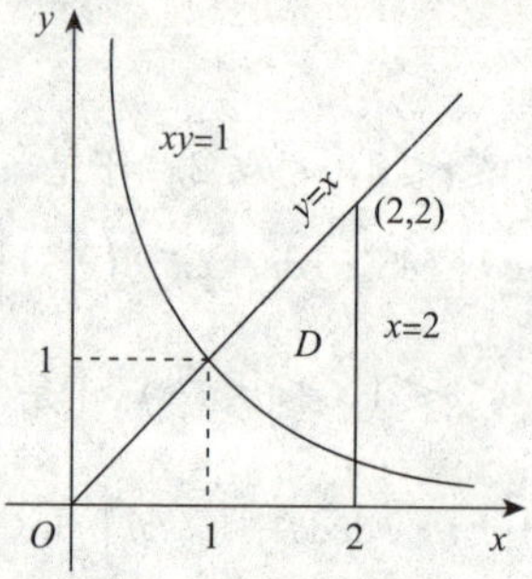

图 10-30

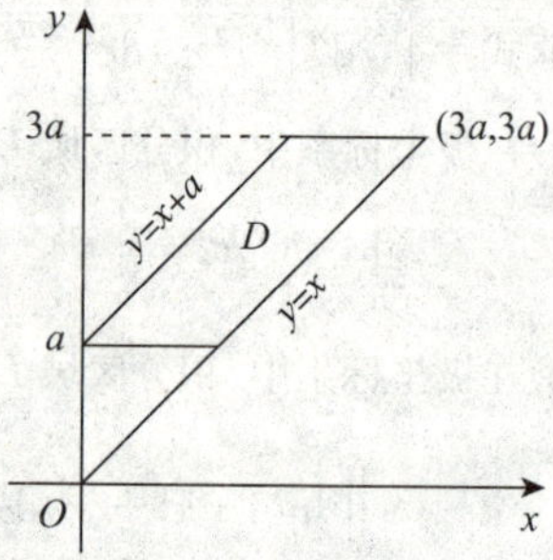

图 10-31

$$\iint\limits_D \sqrt{x^2+y^2}\,d\sigma=\iint\limits_D r\cdot r\,dr\,d\theta=\int_0^{2\pi}d\theta\int_a^b r^2\,dr$$

$$=2\pi\cdot\frac{1}{3}(b^3-a^3)=\frac{2}{3}\pi(b^3-a^3).$$

16. 解:薄片的质量为它的面密度在薄片所占区域 D 上的二重积分(见图 10-32),即

$$M=\iint\limits_D \mu(x,y)\,d\sigma=\iint\limits_D (x^2+y^2)\,d\sigma=\iint\limits_D r^2\cdot r\,dr\,d\theta$$

$$=\int_0^{\frac{\pi}{2}}d\theta\int_0^{2\theta}r^3\,dr=4\int_0^{\frac{\pi}{2}}\theta^4\,d\theta=\frac{\pi^5}{40}.$$

17. 解:如图 10-33 所示,

$$V=\iint\limits_D \sqrt{R^2-x^2-y^2}\,d\sigma=\iint\limits_D \sqrt{R^2-r^2}\,r\,dr\,d\theta=\int_0^{\alpha}d\theta\int_0^R\sqrt{R^2-r^2}\,r\,dr$$

$$=\alpha\cdot\left(-\frac{1}{2}\right)\int_0^R\sqrt{R^2-r^2}\,d(R^2-r^2)=\frac{\alpha R^3}{3}=\frac{R^3}{3}\arctan k.$$

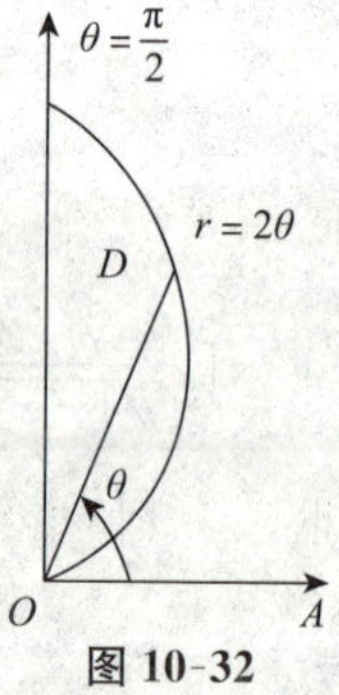

图 10-32

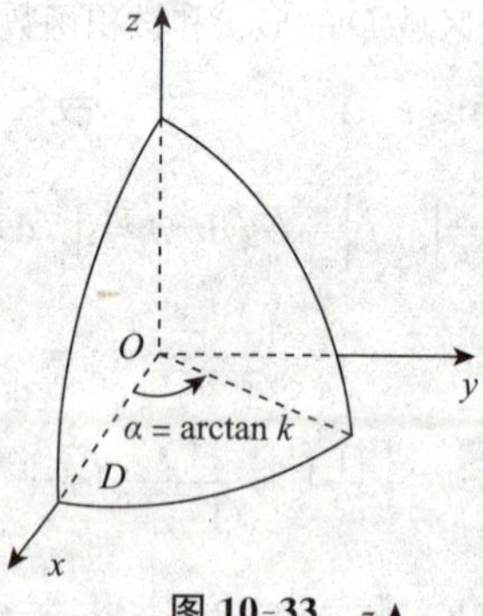

图 10-33

18. 解:如图 10-34 所示,设

$$D_1=\{(x,y)\mid 0\leqslant y\leqslant\sqrt{ax-x^2},0\leqslant x\leqslant a\}$$

$$=\{(r,\theta)\mid 0\leqslant r\leqslant a\cos\theta,0\leqslant\theta\leqslant\frac{\pi}{2}\},$$

由于曲顶柱体关于 xOz 面对称,故

$$V=2\iint\limits_{D_1}(x^2+y^2)\,dx\,dy=2\iint\limits_{D_1}r^2\cdot r\,dr\,d\theta$$

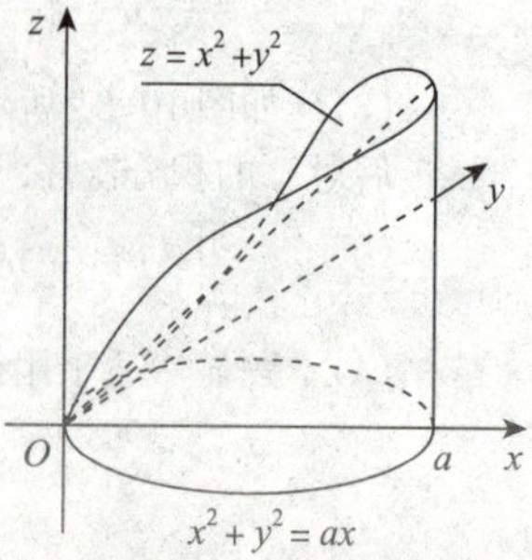

图 10-34

$$=2\int_0^{\frac{\pi}{2}}\mathrm{d}\theta\int_0^{a\cos\theta}r^3\mathrm{d}r=\frac{a^4}{2}\int_0^{\frac{\pi}{2}}\cos^4\theta\mathrm{d}\theta$$

$$=\frac{a^4}{2}\times\frac{3}{4}\times\frac{1}{2}\times\frac{\pi}{2}=\frac{3}{32}\pi a^4.$$

【方法点击】 在计算立体体积时，要注意充分利用图形的对称性，这样既能简化运算，也能减少错误.

*19. **解**：(1)令 $u=x-y$，$v=x+y$，则 $x=\frac{u+v}{2}$，$y=\frac{v-u}{2}$. 在此变换下，D 的边界 $x-y=-\pi$，$x+y=\pi$，$x-y=\pi$，$x+y=3\pi$ 依次与 $u=-\pi$，$v=\pi$，$u=\pi$，$v=3\pi$ 对应. 后者构成 uOv 平面上与 D 对应的闭区域 D' 的边界. 于是

$$D'=\{(u,v)\mid-\pi\leqslant u\leqslant\pi,\pi\leqslant v\leqslant3\pi\}\text{(见图 10-35(b))}.$$

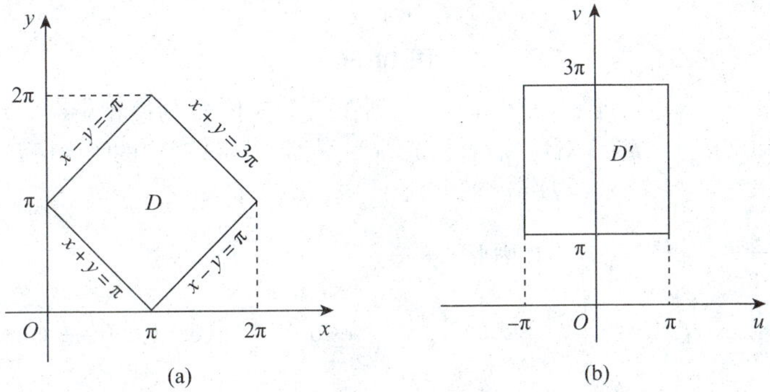

图 10-35

又 $J=\frac{\partial(x,y)}{\partial(u,v)}=\begin{vmatrix}\frac{1}{2}&\frac{1}{2}\\-\frac{1}{2}&\frac{1}{2}\end{vmatrix}=\frac{1}{2}$，因此

$$\iint\limits_D(x-y)^2\sin^2(x+y)\mathrm{d}x\mathrm{d}y=\iint\limits_{D'}u^2\sin^2v\cdot\frac{1}{2}\mathrm{d}u\mathrm{d}v=\frac{1}{2}\int_{-\pi}^{\pi}u^2\mathrm{d}u\int_{\pi}^{3\pi}\sin^2v\mathrm{d}v$$

$$=\frac{1}{2}\left(\frac{u^3}{3}\right)\Big|_{-\pi}^{\pi}\cdot\left(\frac{v}{2}-\frac{\sin 2v}{4}\right)\Big|_{\pi}^{3\pi}=\frac{\pi^4}{3}.$$

(2)令 $u=xy$，$v=\frac{y}{x}$，则 $x=\sqrt{\frac{u}{v}}$，$y=\sqrt{uv}$，在此变换下，D 的边界 $xy=1$，$y=x$，$xy=2$，$y=4x$ 依次与 $u=1$，$v=1$，$u=2$，$v=4$ 对应. 后者构成 uOv 平面上与 D 对应的闭区域 D' 的边界. 于是 $D'=\{(u,v)\mid1\leqslant u\leqslant2,1\leqslant v\leqslant4\}$(见图 10-36(b)). 又

$$J=\frac{\partial(x,y)}{\partial(u,v)}=\begin{vmatrix}\frac{1}{2\sqrt{uv}}&-\frac{\sqrt{u}}{2\sqrt{v^3}}\\\frac{\sqrt{v}}{2\sqrt{u}}&\frac{\sqrt{u}}{2\sqrt{v}}\end{vmatrix}=\frac{1}{4}\left(\frac{1}{v}+\frac{1}{v}\right)=\frac{1}{2v}.$$

因此 $\iint\limits_D x^2y^2\mathrm{d}x\mathrm{d}y=\iint\limits_{D'}u^2\cdot\frac{1}{2v}\mathrm{d}u\mathrm{d}v=\frac{1}{2}\int_1^2u^2\mathrm{d}u\int_1^4\frac{1}{v}\mathrm{d}v=\frac{7}{3}\ln 2.$

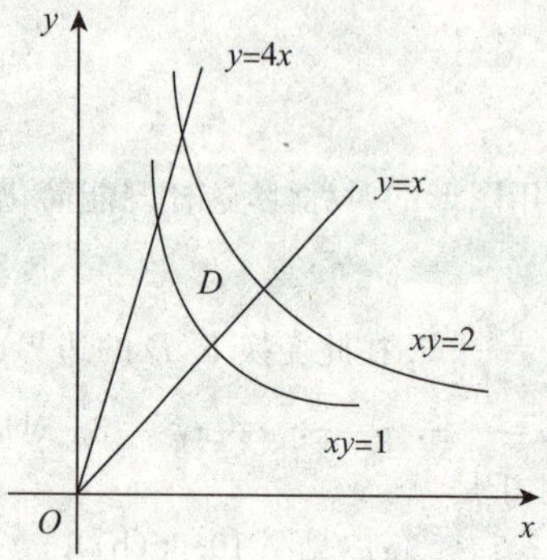

(a)

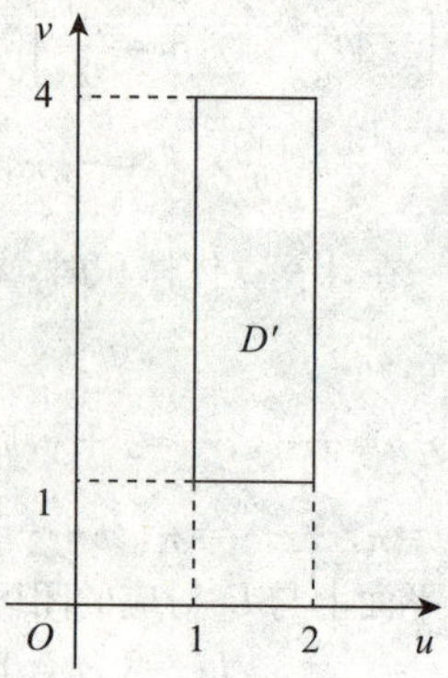

(b)

图 10-36

(3)令 $u=x+y$, $v=y$,即 $x=u-v$, $y=v$,则在此变换下,D 的边界 $y=0$, $x=0$, $x+y=1$ 依次与 $v=0$, $u=v$, $u=1$ 对应. 后者构成 uOv 平面上与 D 对应的闭区域 D'的边界. 于是

$$D'=\{(u,v)\mid 0\leqslant v\leqslant u,0\leqslant u\leqslant 1\}.$$

又 $J=\dfrac{\partial(x,y)}{\partial(u,v)}=\begin{vmatrix}1 & -1\\ 0 & 1\end{vmatrix}=1$. 因此

$$\iint\limits_{D} e^{\frac{y}{x+y}}\mathrm{d}x\mathrm{d}y=\iint\limits_{D'} e^{\frac{v}{u}}\mathrm{d}u\mathrm{d}v=\int_0^1\mathrm{d}u\int_0^u e^{\frac{v}{u}}\mathrm{d}v=\int_0^1 u(e-1)\mathrm{d}u=\frac{1}{2}(e-1).$$

(4)作广义极坐标变换 $\begin{cases}x=ar\cos\theta,\\ y=br\sin\theta\end{cases}$ $(a>0,b>0,r\geqslant 0,0\leqslant\theta\leqslant 2\pi)$. 在此变换下,与 D 对应的闭区域为 $D'=\{(r,\theta)\mid 0\leqslant r\leqslant 1,0\leqslant\theta\leqslant 2\pi\}$. 又

$$J=\frac{\partial(x,y)}{\partial(r,\theta)}=\begin{vmatrix}a\cos\theta & -ar\sin\theta\\ b\sin\theta & br\cos\theta\end{vmatrix}=abr.$$

故

$$\iint\limits_{D}\left(\frac{x^2}{a^2}+\frac{y^2}{b^2}\right)\mathrm{d}x\mathrm{d}y=\iint\limits_{D'} r^2\cdot abr\mathrm{d}r\mathrm{d}\theta=ab\int_0^{2\pi}\mathrm{d}\theta\int_0^1 r^3\mathrm{d}r=\frac{1}{2}ab\pi.$$

*20. **解:**(1)令 $u=xy$, $v=xy^3(x\geqslant 0,y\geqslant 0)$,则 $x=\sqrt{\dfrac{u^3}{v}}$, $y=\sqrt{\dfrac{v}{u}}$. 在此变换下,与 D 对应的 uOv 平面上的闭区域为 $D'=\{(u,v)\mid 4\leqslant u\leqslant 8,5\leqslant v\leqslant 15\}$.

$$J=\frac{\partial(x,y)}{\partial(u,v)}=\begin{vmatrix}\dfrac{3}{2}\sqrt{\dfrac{u}{v}} & -\dfrac{1}{2}\sqrt{\dfrac{u^3}{v^3}}\\ -\dfrac{1}{2}\sqrt{\dfrac{v}{u^3}} & \dfrac{1}{2}\sqrt{\dfrac{1}{uv}}\end{vmatrix}=\frac{1}{2v},$$

于是所求面积为

$$A=\iint\limits_{D}\mathrm{d}x\mathrm{d}y=\iint\limits_{D'}\frac{1}{2v}\mathrm{d}u\mathrm{d}v=\frac{1}{2}\int_4^8\mathrm{d}u\int_5^{15}\frac{1}{v}\mathrm{d}v=2\ln 3.$$

(2)令 $u=\dfrac{y}{x^3}$, $v=\dfrac{x}{y^3}(x>0,y>0)$,则 $x=u^{-\frac{3}{8}}v^{-\frac{1}{8}}$, $y=u^{-\frac{1}{8}}v^{-\frac{3}{8}}$. 在此变换下,与 D 对应的 uOv 平面上的闭区域为 $D'=\{(u,v)\mid 1\leqslant u\leqslant 4,1\leqslant v\leqslant 4\}$. 又

$$J=\frac{\partial(x,y)}{\partial(u,v)}=\begin{vmatrix}-\frac{3}{8}u^{-\frac{11}{8}}v^{-\frac{1}{8}} & -\frac{1}{8}u^{-\frac{3}{8}}v^{-\frac{9}{8}}\\ -\frac{1}{8}u^{-\frac{9}{8}}v^{-\frac{3}{8}} & -\frac{3}{8}u^{-\frac{1}{8}}v^{-\frac{11}{8}}\end{vmatrix}=\frac{1}{8}u^{-\frac{3}{2}}v^{-\frac{3}{2}}.$$

于是所求面积为

$$A=\iint\limits_{D}\mathrm{d}x\mathrm{d}y=\iint\limits_{D'}\frac{1}{8}u^{-\frac{3}{2}}v^{-\frac{3}{2}}\mathrm{d}u\mathrm{d}v=\frac{1}{8}\int_1^4 u^{-\frac{3}{2}}\mathrm{d}u\int_1^4 v^{-\frac{3}{2}}\mathrm{d}v$$

$$=\frac{1}{8}\left[\left(-2u^{-\frac{1}{2}}\right)\Big|_1^4\right]^2=\frac{1}{8}.$$

*21. **证:** 令 $u=x-y$, $v=x+y$,则 $x=\frac{u+v}{2}$, $y=\frac{v-u}{2}$. 在此变换下,D 的边界 $x+y=1$, $x=0$, $y=0$ 依次与 $v=1$,$u+v=0$ 和 $v-u=0$ 对应. 后者构成 uOv 平面上与 D 对应的闭区域 D' 的边界(见图 10-37). 于是 $D'=\{(u,v)\mid -v\leqslant u\leqslant v,0\leqslant v\leqslant 1\}$. 又

$$J=\frac{\partial(x,y)}{\partial(u,v)}=\begin{vmatrix}\frac{1}{2} & \frac{1}{2}\\ -\frac{1}{2} & \frac{1}{2}\end{vmatrix}=\frac{1}{2},$$

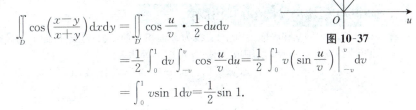

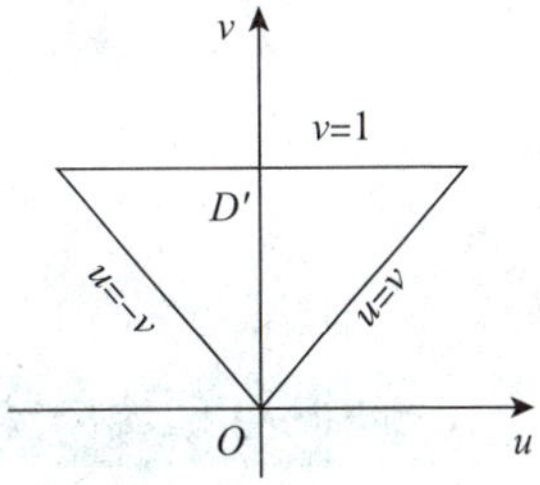

图 10-37

因此有

$$\iint\limits_{D}\cos\left(\frac{x-y}{x+y}\right)\mathrm{d}x\mathrm{d}y=\iint\limits_{D'}\cos\frac{u}{v}\cdot\frac{1}{2}\mathrm{d}u\mathrm{d}v$$

$$=\frac{1}{2}\int_0^1\mathrm{d}v\int_{-v}^{v}\cos\frac{u}{v}\mathrm{d}u=\frac{1}{2}\int_0^1 v\left(\sin\frac{u}{v}\right)\Big|_{-v}^{v}\mathrm{d}v$$

$$=\int_0^1 v\sin 1\mathrm{d}v=\frac{1}{2}\sin 1.$$

证毕.

*22. **证:** (1)闭区域 D 的边界为 $x+y=-1$, $x+y=1$, $x-y=-1$, $x-y=1$,故令 $u=x+y$, $v=x-y$,即 $x=\frac{u+v}{2}$, $y=\frac{u-v}{2}$. 在此变换下,D 变为 uOv 平面上的闭区域

$$D'=\{(u,v)\mid -1\leqslant u\leqslant 1,-1\leqslant v\leqslant 1\}.$$

又

$$J=\frac{\partial(x,y)}{\partial(u,v)}=\begin{vmatrix}\frac{1}{2} & \frac{1}{2}\\ \frac{1}{2} & -\frac{1}{2}\end{vmatrix}=-\frac{1}{2},$$

于是 $\iint\limits_{D}f(x+y)\mathrm{d}x\mathrm{d}y=\iint\limits_{D'}f(u)\left|-\frac{1}{2}\right|\mathrm{d}u\mathrm{d}v$

$$=\frac{1}{2}\int_{-1}^{1}f(u)\mathrm{d}u\int_{-1}^{1}\mathrm{d}v=\int_{-1}^{1}f(u)\mathrm{d}u.$$

证毕.

(2)比较等式的两端可知需作变换 $u\sqrt{a^2+b^2}=ax+by$,即 $u=\frac{ax+by}{\sqrt{a^2+b^2}}$,再考虑到 D 的边界曲线为 $x^2+y^2=1$,故令 $v=\frac{bx-ay}{\sqrt{a^2+b^2}}$. 这样就有 $u^2+v^2=1$,即 D 的边界曲线 $x^2+y^2=1$ 变为 uOv 平面上的圆 $u^2+v^2=1$. 于是与 D 对应的闭区域为

$$D'=\{(u,v)\mid u^2+v^2\leqslant 1\}.$$

又由 u,v 的表达式可解得

$$x=\frac{au+bv}{\sqrt{a^2+b^2}},y=\frac{bu-av}{\sqrt{a^2+b^2}},$$

因此雅可比式

$$J=\frac{\partial(x,y)}{\partial(u,v)}=\begin{vmatrix}\frac{a}{\sqrt{a^2+b^2}} & \frac{b}{\sqrt{a^2+b^2}}\\ \frac{b}{\sqrt{a^2+b^2}} & \frac{-a}{\sqrt{a^2+b^2}}\end{vmatrix}=-1,$$

于是

$$\iint\limits_D f(ax+by+c)\mathrm{d}x\mathrm{d}y=\iint\limits_{D'} f(u\sqrt{a^2+b^2}+c)|-1|\mathrm{d}u\mathrm{d}v$$
$$=\int_{-1}^1\mathrm{d}u\int_{-\sqrt{1-u^2}}^{\sqrt{1-u^2}}f(u\sqrt{a^2+b^2}+c)\mathrm{d}v$$
$$=2\int_{-1}^1\sqrt{1-u^2}f(u\sqrt{a^2+b^2}+c)\mathrm{d}u.$$

证毕.

习题 10－3 解答(教材 P166～P168)

1. 解:(1)Ω 的顶 $z=xy$ 和底面 $z=0$ 的交线为 x 轴和 y 轴,故 Ω 在 xOy 面上的投影区域由 x 轴、y 轴和直线 $x+y-1=0$ 所围成. 于是 Ω 可用不等式表示为

$$\Omega=\{(x,y,z)\mid 0\leqslant z\leqslant xy,\ 0\leqslant y\leqslant 1-x,\ 0\leqslant x\leqslant 1\},$$

因此

$$I=\int_0^1\mathrm{d}x\int_0^{1-x}\mathrm{d}y\int_0^{xy}f(x,y,z)\mathrm{d}z.$$

(2)由 $z=x^2+y^2$ 和 $z=1$ 得 $x^2+y^2=1$,所以 Ω 在 xOy 面上的投影区域为 $x^2+y^2\leqslant 1$(见图 10-38). 于是 Ω 可用不等式表示为

$$\Omega=\{(x,y,z)\mid x^2+y^2\leqslant z\leqslant 1,\ -\sqrt{1-x^2}\leqslant y\leqslant\sqrt{1-x^2},\ -1\leqslant x\leqslant 1\},$$

因此

$$I=\int_{-1}^1\mathrm{d}x\int_{-\sqrt{1-x^2}}^{\sqrt{1-x^2}}\mathrm{d}y\int_{x^2+y^2}^1 f(x,y,z)\mathrm{d}z.$$

(3)由 $\begin{cases}z=x^2+2y^2,\\ z=2-x^2\end{cases}$ 消去 z,得 $x^2+y^2=1$,故 Ω 在 xOy 面上的投影区域为 $x^2+y^2\leqslant 1$(见图 10-39). 于是 Ω 可用不等式表示为

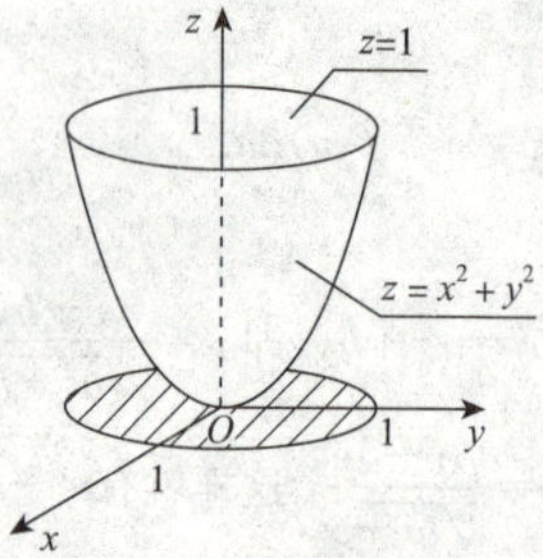

图 10-38

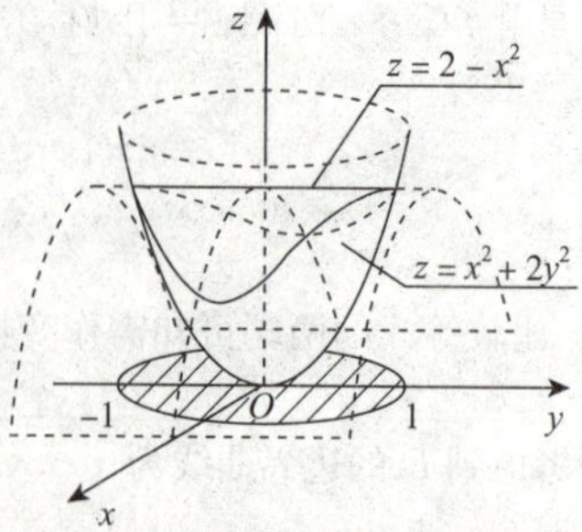

图 10-39

$$x^2+2y^2\leqslant z\leqslant 2-x^2,\ -\sqrt{1-x^2}\leqslant y\leqslant\sqrt{1-x^2},\ -1\leqslant x\leqslant 1,$$

因此 $I=\int_{-1}^{1}\mathrm{d}x\int_{-\sqrt{1-x^2}}^{\sqrt{1-x^2}}\mathrm{d}y\int_{x^2+2y^2}^{2-x^2}f(x,y,z)\mathrm{d}z.$

(4) 显然 Ω 在 xOy 面上的投影区域由椭圆

$$\frac{x^2}{a^2}+\frac{y^2}{b^2}=1\quad(x\geqslant 0,y\geqslant 0)$$

和 x 轴、y 轴所围成，Ω 的顶为 $cz=xy$，底为 $z=0$(见图 10-40). 故 Ω 可用不等式表示为

$$\Omega=\left\{(x,y,z)\,\middle|\,0\leqslant z\leqslant\frac{xy}{c},\ 0\leqslant y\leqslant b\sqrt{1-\frac{x^2}{a^2}},\ 0\leqslant x\leqslant a\right\},$$

因此

$$I=\int_0^a\mathrm{d}x\int_0^{b\sqrt{1-\frac{x^2}{a^2}}}\mathrm{d}y\int_0^{\frac{xy}{c}}f(x,y,z)\mathrm{d}z.$$

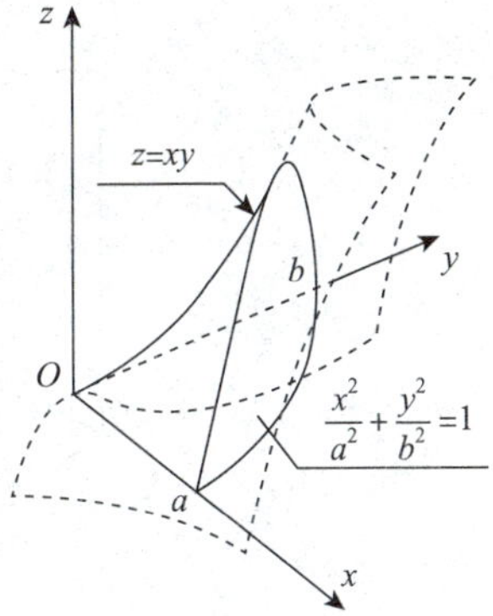

图 10-40

【方法点击】 本题中的 4 个小题，除第 2 小题外，Ω 的图形都不易画出. 但是，为确定三次积分的积分限，并非必须画出 Ω 的准确图形. 重要的是要会求出 Ω 在坐标面上的投影区域，以及会定出 Ω 的顶和底面，而做到这点，只需掌握常见曲面的方程和图形特点，并具备一定的空间想象能力即可. 本章题解中配了较多插图，请读者注意观察，这对培养空间想象能力是有好处的.

2. 解：$M=\iiint\limits_{\Omega}r\,\mathrm{d}x\mathrm{d}y\mathrm{d}z=\int_0^1\mathrm{d}x\int_0^1\mathrm{d}y\int_0^1(x+y+z)\mathrm{d}z$

$$=\int_0^1\mathrm{d}x\int_0^1\left(x+y+\frac{1}{2}\right)\mathrm{d}y=\int_0^1\left(x+\frac{1}{2}+\frac{1}{2}\right)\mathrm{d}x=\frac{3}{2}.$$

3. 证：$\iiint\limits_{\Omega}f_1(x)f_2(y)f_3(z)\mathrm{d}x\mathrm{d}y\mathrm{d}z=\int_a^b\left\{\int_c^d\left[\int_l^m f_1(x)f_2(y)f_3(z)\mathrm{d}z\right]\mathrm{d}y\right\}\mathrm{d}x$

$$=\int_a^b\left\{\int_c^d\left[f_1(x)f_2(y)\cdot\int_l^m f_3(z)\mathrm{d}z\right]\mathrm{d}y\right\}\mathrm{d}x$$

$$=\int_a^b\left\{\left[\int_l^m f_3(z)\mathrm{d}z\right]\cdot\left[\int_c^d f_1(x)f_2(y)\mathrm{d}y\right]\right\}\mathrm{d}x$$

$$=\left[\int_l^m f_3(z)\mathrm{d}z\right]\cdot\int_a^b\left[f_1(x)\cdot\int_c^d f_2(y)\mathrm{d}y\right]\mathrm{d}x$$

$$=\int_l^m f_3(z)\mathrm{d}z\cdot\int_c^d f_2(y)\mathrm{d}y\cdot\int_a^b f_1(x)\mathrm{d}x=\text{右端}.$$

4. 解：如图 10-41 所示，Ω 可用不等式表示为：$0\leqslant z\leqslant xy,\ 0\leqslant y\leqslant x,\ 0\leqslant x\leqslant 1$. 因此

$$\iiint\limits_{\Omega}xy^2z^3\mathrm{d}x\mathrm{d}y\mathrm{d}z=\int_0^1 x\mathrm{d}x\int_0^x y^2\mathrm{d}y\int_0^{xy}z^3\mathrm{d}z$$

$$=\frac{1}{4}\int_0^1 x\mathrm{d}x\int_0^x x^4y^6\mathrm{d}y=\frac{1}{28}\int_0^1 x^{12}\mathrm{d}x=\frac{1}{364}.$$

5. 解：$\Omega=\{(x,y,z)\mid 0\leqslant z\leqslant 1-x-y,0\leqslant y\leqslant 1-x,0\leqslant x\leqslant 1\}$(图 10-42)，于是

$$\iiint\limits_{\Omega}\frac{\mathrm{d}x\mathrm{d}y\mathrm{d}z}{(1+x+y+z)^3}=\int_0^1\mathrm{d}x\int_0^{1-x}\mathrm{d}y\int_0^{1-x-y}\frac{\mathrm{d}z}{(1+x+y+z)^3}$$

$$=\int_0^1\mathrm{d}x\int_0^{1-x}\left[\frac{-1}{2(1+x+y+z)^2}\right]\Bigg|_0^{1-x-y}\mathrm{d}y$$

$$=\int_0^1 dx\int_0^{1-x}\left[-\frac{1}{8}+\frac{1}{2(1+x+y)^2}\right]dy$$

$$=\int_0^1\left[-\frac{y}{8}-\frac{1}{2(1+x+y)}\right]\Bigg|_0^{1-x}dx$$

$$=-\int_0^1\left[\frac{1-x}{8}+\frac{1}{4}-\frac{1}{2(1+x)}\right]dx=\frac{1}{2}\left(\ln 2-\frac{5}{8}\right).$$

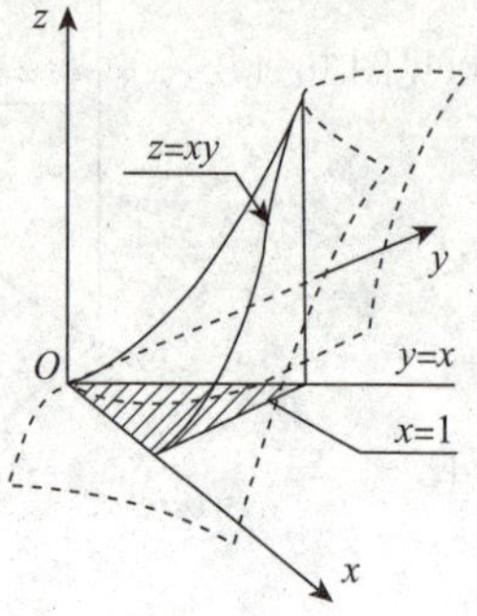

图 10-41

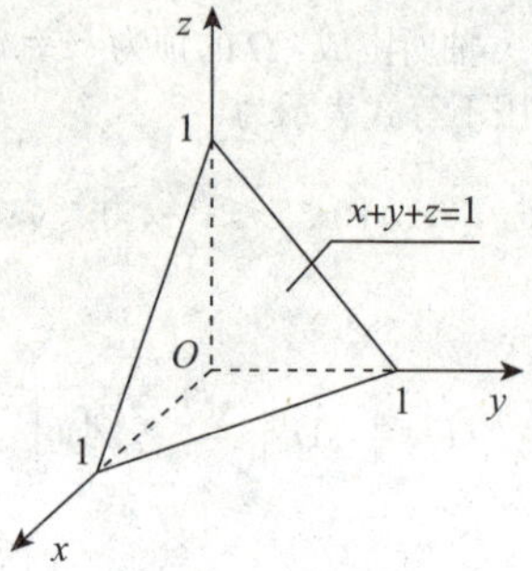

图 10-42

6. 解法一: 利用直角坐标计算. 由于

$$\Omega=\{(x,y,z)\mid 0\leqslant z\leqslant\sqrt{1-x^2-y^2},0\leqslant y\leqslant\sqrt{1-x^2},0\leqslant x\leqslant 1\},$$

故 $\iiint\limits_{\Omega} xyz\,dx\,dy\,dz=\int_0^1 x\,dx\int_0^{\sqrt{1-x^2}} y\,dy\int_0^{\sqrt{1-x^2-y^2}} z\,dz=\int_0^1 x\,dx\int_0^{\sqrt{1-x^2}} y\cdot\frac{1-x^2-y^2}{2}dy$

$$=\frac{1}{2}\int_0^1 x\left[\frac{y^2}{2}(1-x^2)-\frac{y^4}{4}\right]\Bigg|_0^{\sqrt{1-x^2}}dx=\frac{1}{8}\int_0^1 x(1-x^2)^2dx=\frac{1}{48}.$$

***解法二:** 利用球面坐标计算. 由于

$$\Omega=\left\{(r,\varphi,\theta)\mid 0\leqslant r\leqslant 1,0\leqslant\varphi\leqslant\frac{\pi}{2},0\leqslant\theta\leqslant\frac{\pi}{2}\right\},$$

故 $\iiint\limits_{\Omega} xyz\,dx\,dy\,dz=\iiint\limits_{\Omega}(r^3\sin^2\varphi\cos\varphi\sin\theta\cos\theta)\cdot r^2\sin\varphi\,dr\,d\varphi\,d\theta$

$$=\int_0^{\frac{\pi}{2}}\sin\theta\cos\theta\,d\theta\int_0^{\frac{\pi}{2}}\sin^3\varphi\cos\varphi\,d\varphi\int_0^1 r^5dr$$

$$=\int_0^{\frac{\pi}{2}}\sin\theta\,d\sin\theta\cdot\int_0^{\frac{\pi}{2}}\sin^3\varphi\,d\sin\varphi\cdot\int_0^1 r^5dr$$

$$=\left(\frac{\sin^2\theta}{2}\right)\Bigg|_0^{\frac{\pi}{2}}\cdot\left(\frac{\sin^4\varphi}{4}\right)\Bigg|_0^{\frac{\pi}{2}}\cdot\left(\frac{r^6}{6}\right)\Bigg|_0^1=\frac{1}{2}\times\frac{1}{4}\times\frac{1}{6}=\frac{1}{48}.$$

【方法点击】 比较本题的两种解法，显然用球面坐标计算要简便得多，这是由本题的积分区域 Ω 的形状所决定的. 一般说来，凡是 Ω 由球面、圆锥面围成时，用球面坐标计算三重积分较为方便.

7. 解法一: 容易看出，Ω 的顶为平面 $z=y$，底为平面 $z=0$，Ω 在 xOy 面上的投影区域 D_{xy} 由 $y=1$ 和 $y=x^2$ 所围成. 故 Ω 可用不等式表示为

$$\Omega=\{(x,y,z)\mid 0\leqslant z\leqslant y,\ x^2\leqslant y\leqslant 1,\ -1\leqslant x\leqslant 1\}.$$

因此

$$\iiint\limits_{\Omega} xz\,dx\,dy\,dz=\int_{-1}^1 x\,dx\int_{x^2}^1 dy\int_0^y z\,dz=\int_{-1}^1 x\,dx\int_{x^2}^1\frac{y^2}{2}dy$$

$$=\frac{1}{6}\int_{-1}^{1}x(1-x^6)\mathrm{d}x=0,$$

解法二：由于积分区域 Ω 关于 yOz 面对称(即若点 $(x,y,z)\in\Omega$，则 $(-x,y,z)$ 也属于 Ω)，且被积函数 xz 关于 x 是奇函数(即 $(-x)z=-(xz)$)，因此

$$\iiint_{\Omega}xz\mathrm{d}x\mathrm{d}y\mathrm{d}z=0.$$

8. 解法一：由 $z=\frac{h}{R}\sqrt{x^2+y^2}$ 与 $z=h$ 消去 z，得

$$x^2+y^2=R^2,$$

故 Ω 在 xOy 面上的投影区域 $D_{xy}=\{(x,y)\mid x^2+y^2\leqslant R^2\}$ (见图 10-43)，

$$\Omega=\left\{(x,y,z)\,\middle|\,\frac{h}{R}\sqrt{x^2+y^2}\leqslant z\leqslant h,(x,y)\in D_{xy}\right\}.$$

于是

$$\begin{aligned}\iiint_{\Omega}z\mathrm{d}x\mathrm{d}y\mathrm{d}z&=\iint_{D_{xy}}\mathrm{d}x\mathrm{d}y\int_{\frac{h}{R}\sqrt{x^2+y^2}}^{h}z\mathrm{d}z\\&=\frac{1}{2}\iint_{D_{xy}}\left[h^2-\frac{h^2}{R^2}(x^2+y^2)\right]\mathrm{d}x\mathrm{d}y\\&=\frac{1}{2}\left[h^2\iint_{D_{xy}}\mathrm{d}x\mathrm{d}y-\frac{h^2}{R^2}\iint_{D_{xy}}(x^2+y^2)\mathrm{d}x\mathrm{d}y\right]\\&=\frac{h^2}{2}\cdot\pi R^2-\frac{h^2}{2R^2}\int_0^{2\pi}\mathrm{d}\theta\int_0^R r^3\mathrm{d}r\\&=\frac{1}{4}\pi R^2h^2.\end{aligned}$$

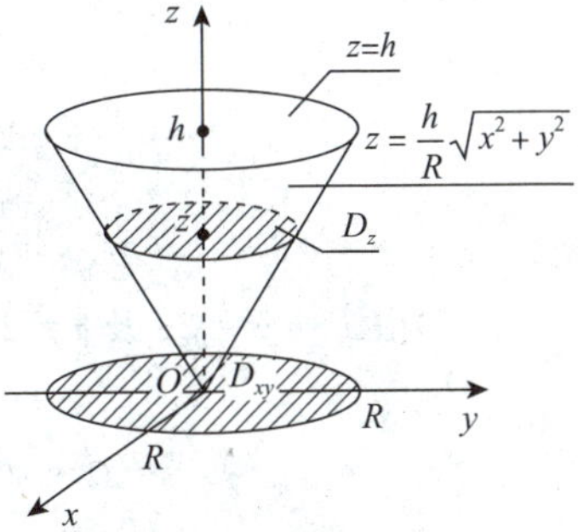

图 10-43

解法二：用过点 $(0,0,z)$、平行于 xOy 面上的平面截 Ω 得平面区域 D_z，其半径为 $\sqrt{x^2+y^2}=\frac{Rz}{h}$，面积为 $\frac{\pi R^2}{h^2}z^2$ (图 10-43).

$$\Omega=\{(x,y,z)\mid(x,y)\in D_z,0\leqslant z\leqslant h\}.$$

于是

$$\iiint_{\Omega}z\mathrm{d}x\mathrm{d}y\mathrm{d}z=\int_0^h z\mathrm{d}z\iint_{D_z}\mathrm{d}x\mathrm{d}y=\int_0^h z\cdot\frac{\pi R^2}{h^2}z^2\mathrm{d}z=\frac{\pi R^2}{4h^2}\cdot h^4=\frac{1}{4}\pi R^2h^2.$$

【方法点击】 解法二通俗地称为"先二后一"法，即先在 D_z 上作关于 x、y 的二重积分，然后再对 z 作定积分. 如果在 D_z 上关于 x 和 y 的二重积分易于计算，特别地，如果被积函数与 x，y 无关，且 D_z 的面积容易表达为 z 的函数，则采用这种方法比较简便.

*解法三：用球面坐标进行计算. 在球面坐标系中，圆锥面 $z=\frac{h}{R}\sqrt{x^2+y^2}$ 的方程为 $\varphi=\alpha\left(\text{其中 }\alpha=\arctan\frac{R}{h}\right)$，平面 $z=h$ 的方程为 $r=h\sec\varphi$，因此 Ω 可表示为

$$0\leqslant\theta\leqslant2\pi,0\leqslant\varphi\leqslant\alpha,0\leqslant r\leqslant h\sec\varphi.$$

于是

$$\iiint_{\Omega}z\mathrm{d}x\mathrm{d}y\mathrm{d}z=\iiint_{\Omega}r\cos\varphi\cdot r^2\sin\varphi\mathrm{d}r\mathrm{d}\varphi\mathrm{d}\theta=\int_0^{2\pi}\mathrm{d}\theta\int_0^{\alpha}\cos\varphi\sin\varphi\mathrm{d}\varphi\int_0^{h\sec\varphi}r^3\mathrm{d}r$$

$$=2\pi\int_0^{\alpha}\frac{h^4\sin\varphi}{4\cos^3\varphi}\mathrm{d}\varphi=-\frac{\pi h^4}{2}\int_0^{\alpha}\frac{\mathrm{d}(\cos\varphi)}{\cos^3\varphi}$$

$$=\frac{\pi h^4}{4}\left(\frac{1}{\cos^2\alpha}-1\right)\left(\text{代入 }\alpha=\arctan\frac{R}{h}\right)$$

$$=\frac{\pi h^4}{4}\left(\frac{R^2+h^2}{h^2}-1\right)=\frac{1}{4}\pi R^2h^2.$$

9. 解:(1)由 $z=\sqrt{2-x^2-y^2}$ 和 $z=x^2+y^2$ 消去 z,得

$$(x^2+y^2)^2=2-(x^2+y^2),\text{即 } x^2+y^2=1.$$

从而知 Ω 在 xOy 面上的投影区域为 $D_{xy}=\{(x,y)\mid x^2+y^2\leqslant 1\}$(见图 10-44). 利用柱面坐标,$\Omega$ 可表示为

$$\Omega=\{(r,\theta,z)\mid r^2\leqslant z\leqslant\sqrt{2-r^2},\ 0\leqslant r\leqslant 1,\ 0\leqslant\theta\leqslant 2\pi\},$$

于是

$$\iiint_{\Omega} z\,\mathrm{d}v=\iiint_{\Omega} zr\,\mathrm{d}r\mathrm{d}\theta\mathrm{d}z=\int_0^{2\pi}\mathrm{d}\theta\int_0^1 r\mathrm{d}r\int_{r^2}^{\sqrt{2-r^2}} z\mathrm{d}z$$

$$=\frac{1}{2}\int_0^{2\pi}\mathrm{d}\theta\int_0^1 r(2-r^2-r^4)\mathrm{d}r$$

$$=\frac{1}{2}\times 2\pi\left(r^2-\frac{r^4}{4}-\frac{r^6}{6}\right)\Big|_0^1=\frac{7}{12}\pi.$$

(2)由 $x^2+y^2=2z$ 及 $z=2$ 消去 z 得 $x^2+y^2=4$,从而知 Ω 在 xOy 面上的投影区域为 $D_{xy}=\{(x,y)\mid x^2+y^2\leqslant 4\}$. 利用柱面坐标,$\Omega$ 可表示为

$$\Omega=\left\{(r,\theta,z)\ \middle|\ \frac{r^2}{2}\leqslant z\leqslant 2,\ 0\leqslant r\leqslant 2,\ 0\leqslant\theta\leqslant 2\pi\right\}.$$

于是

$$\iiint_{\Omega}(x^2+y^2)\mathrm{d}v=\iiint_{\Omega} r^2\cdot r\mathrm{d}r\mathrm{d}\theta\mathrm{d}z=\int_0^{2\pi}\mathrm{d}\theta\int_0^2 r^3\mathrm{d}r\int_{\frac{r^2}{2}}^2\mathrm{d}z$$

$$=\int_0^{2\pi}\mathrm{d}\theta\int_0^2 r^3\left(2-\frac{r^2}{2}\right)\mathrm{d}r=2\pi\left(\frac{r^4}{2}-\frac{r^6}{12}\right)\Big|_0^2=\frac{16}{3}\pi.$$

***10. 解:**(1)

$$\iiint_{\Omega}(x^2+y^2+z^2)\mathrm{d}v=\iiint_{\Omega} r^2\cdot r^2\sin\varphi\mathrm{d}r\mathrm{d}\varphi\mathrm{d}\theta=\int_0^{2\pi}\mathrm{d}\theta\int_0^{\pi}\sin\varphi\mathrm{d}\varphi\int_0^1 r^4\mathrm{d}r$$

$$=2\pi(-\cos\varphi)\Big|_0^{\pi}\cdot\left(\frac{r^5}{5}\right)\Big|_0^1=\frac{4}{5}\pi.$$

(2)在球面坐标系中,不等式 $x^2+y^2+(z-a)^2\leqslant a^2$,即 $x^2+y^2+z^2\leqslant 2az$,变为 $r^2\leqslant 2ar\cos\varphi$,即 $r\leqslant 2a\cos\varphi$;$x^2+y^2\leqslant z^2$ 变为 $r^2\sin^2\varphi\leqslant r^2\cos^2\varphi$,即 $\tan\varphi\leqslant 1$,亦即 $\varphi\leqslant\frac{\pi}{4}$.

因此 Ω 可表示为(见图 10-45)

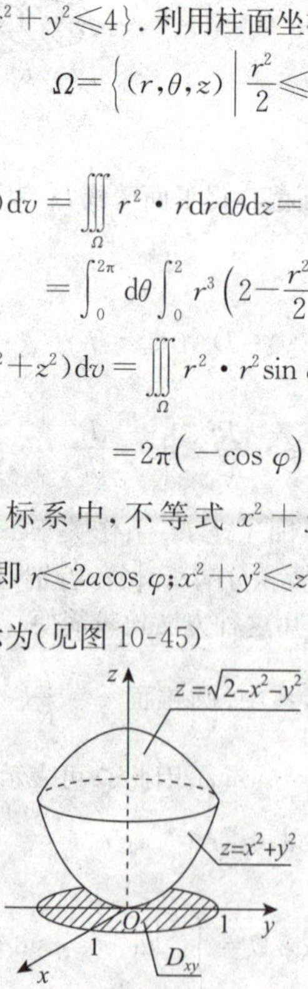

图 10-44

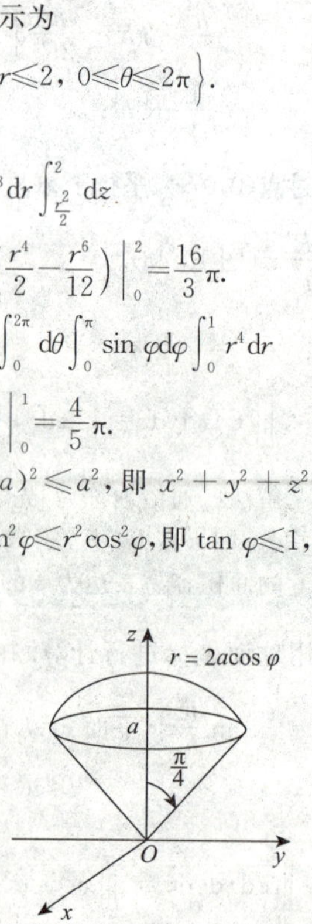

图 10-45

$$\Omega=\{(r,\varphi,\theta)\mid 0\leqslant r\leqslant 2a\cos\varphi,\ 0\leqslant\varphi\leqslant\frac{\pi}{4},\ 0\leqslant\theta\leqslant 2\pi\},$$

于是

$$\iiint_\Omega z\mathrm{d}v=\iiint_\Omega r\cos\varphi\cdot r^2\sin\varphi\mathrm{d}r\mathrm{d}\varphi\mathrm{d}\theta=\int_0^{2\pi}\mathrm{d}\theta\int_0^{\frac{\pi}{4}}\cos\varphi\sin\varphi\mathrm{d}\varphi\int_0^{2a\cos\varphi}r^3\mathrm{d}r$$

$$=\int_0^{2\pi}\mathrm{d}\theta\int_0^{\frac{\pi}{4}}\cos\varphi\sin\varphi\cdot\frac{1}{4}\times(2a\cos\varphi)^4\mathrm{d}\varphi=2\pi\int_0^{\frac{\pi}{4}}4a^4\cos^5\varphi\sin\varphi\mathrm{d}\varphi$$

$$=8\pi a^4\left(-\frac{\cos^6\varphi}{6}\right)\Bigg|_0^{\frac{\pi}{4}}=\frac{7}{6}\pi a^4.$$

11. 解:(1)利用柱面坐标计算,Ω 可表示为

$$\Omega=\left\{(r,\theta,z)\mid 0\leqslant z\leqslant 1,\ 0\leqslant r\leqslant 1,\ 0\leqslant\theta\leqslant\frac{\pi}{2}\right\}.$$

于是

$$\iiint_\Omega xy\mathrm{d}v=\iiint_\Omega r^2\sin\theta\cos\theta\cdot r\mathrm{d}r\mathrm{d}\theta\mathrm{d}z=\int_0^{\frac{\pi}{2}}\sin\theta\cos\theta\mathrm{d}\theta\int_0^1 r^3\mathrm{d}r\int_0^1\mathrm{d}z$$

$$=\frac{\sin^2\theta}{2}\Bigg|_0^{\frac{\pi}{2}}\cdot\frac{r^4}{4}\Bigg|_0^1\cdot z\Bigg|_0^1=\frac{1}{8}.$$

*(2)在球面坐标系中,球面 $x^2+y^2+z^2=z$ 的方程为 $r^2=r\cos\varphi$,即 $r=\cos\varphi$. Ω 可表示为

$$\Omega=\left\{(r,\varphi,\theta)\mid 0\leqslant r\leqslant\cos\varphi,\ 0\leqslant\varphi\leqslant\frac{\pi}{2},\ 0\leqslant\theta\leqslant 2\pi\right\}\text{(见图 10-46)}$$

于是

$$\iiint_\Omega\sqrt{x^2+y^2+z^2}\mathrm{d}v=\iiint_\Omega r\cdot r^2\sin\varphi\mathrm{d}r\mathrm{d}\varphi\mathrm{d}\theta$$

$$=\int_0^{2\pi}\mathrm{d}\theta\int_0^{\frac{\pi}{2}}\sin\varphi\mathrm{d}\varphi\int_0^{\cos\varphi}r^3\mathrm{d}r=2\pi\int_0^{\frac{\pi}{2}}\sin\varphi\cdot\frac{\cos^4\varphi}{4}\mathrm{d}\varphi$$

$$=-\frac{\pi}{2}\left(\frac{\cos^5\varphi}{5}\right)\Bigg|_0^{\frac{\pi}{2}}=\frac{\pi}{10}.$$

(3)利用柱面坐标计算. $\Omega=\left\{(r,\theta,z)\mid\frac{5}{2}r\leqslant z\leqslant 5,\ 0\leqslant r\leqslant 2,\ 0\leqslant\theta\leqslant 2\pi\right\}$(见图 10-47),于是

$$\iiint_\Omega(x^2+y^2)\mathrm{d}v=\iiint_\Omega r^2\cdot r\mathrm{d}r\mathrm{d}\theta\mathrm{d}z=\int_0^{2\pi}\mathrm{d}\theta\int_0^2 r^3\mathrm{d}r\int_{\frac{5}{2}r}^5\mathrm{d}z$$

$$=\int_0^{2\pi}\mathrm{d}\theta\int_0^2 r^3\left(5-\frac{5}{2}r\right)\mathrm{d}r=2\pi\left(\frac{5}{4}r^4-\frac{1}{2}r^5\right)\Bigg|_0^2=8\pi.$$

*(4)在球面坐标系中,$\Omega=\left\{(r,\varphi,\theta)\mid a\leqslant r\leqslant A,\ 0\leqslant\varphi\leqslant\frac{\pi}{2},\ 0\leqslant\theta\leqslant 2\pi\right\}$. 于是

$$\iiint_\Omega(x^2+y^2)\mathrm{d}v=\iiint_\Omega r^2\sin^2\varphi\cdot r^2\sin\varphi\mathrm{d}r\mathrm{d}\varphi\mathrm{d}\theta$$

$$=\int_0^{2\pi}\mathrm{d}\theta\int_0^{\frac{\pi}{2}}\sin^3\varphi\mathrm{d}\varphi\int_a^A r^4\mathrm{d}r=2\pi\times\frac{2}{3}\times\frac{A^5-a^5}{5}$$

$$=\frac{4\pi}{15}(A^5-a^5).$$

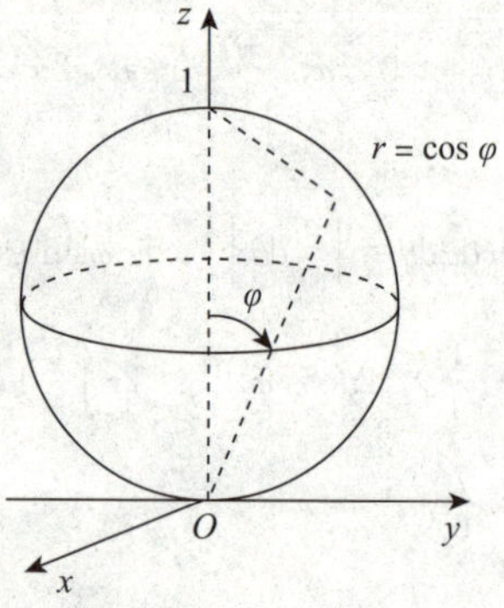

图 10-46

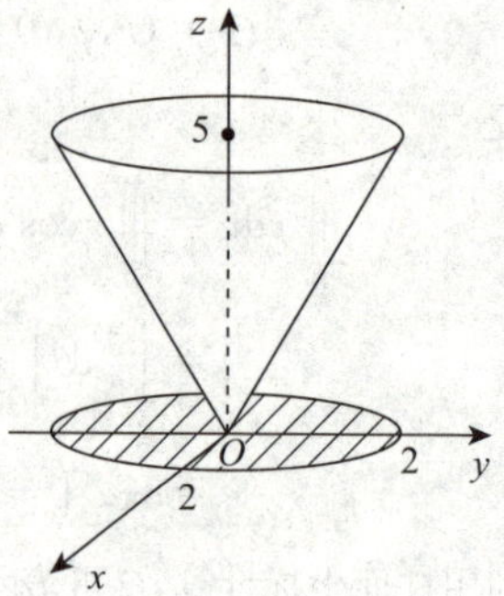

图 10-47

12. 解:(1)利用直角坐标计算. 由 $z=6-x^2-y^2$ 和 $z=\sqrt{x^2+y^2}$ 消去 z,解得 $\sqrt{x^2+y^2}=2$,即 Ω 在 xOy 面上的投影区域 D_{xy} 为 $x^2+y^2\leqslant 4$. 于是

$$\Omega=\{(x,y,z)\mid\sqrt{x^2+y^2}\leqslant z\leqslant 6-(x^2+y^2),x^2+y^2\leqslant 4\}.$$

因此 $V=\iiint\limits_{\Omega}\mathrm{d}v=\iint\limits_{D_{xy}}\mathrm{d}x\mathrm{d}y\int_{\sqrt{x^2+y^2}}^{6-(x^2+y^2)}\mathrm{d}z$

$$=\iint\limits_{D_{xy}}[6-(x^2+y^2)-\sqrt{x^2+y^2}]\mathrm{d}x\mathrm{d}y(\text{用极坐标})$$

$$=\int_0^{2\pi}\mathrm{d}\theta\int_0^2(6-r^2-r)r\mathrm{d}r=2\pi\left(3r^2-\frac{r^4}{4}-\frac{r^3}{3}\right)\Big|_0^2=\frac{32}{3}\pi.$$

【方法点击】 本题也可用"先二后一"的积分次序求解:对固定的 z,当 $0\leqslant z\leqslant 2$ 时,$D_z=\{(x,y)\mid x^2+y^2\leqslant z^2\}$;当 $2\leqslant z\leqslant 6$ 时,$D_z=\{(x,y)\mid x^2+y^2\leqslant 6-z\}$(见图 10-48). 于是

$$V=V_1+V_2=\int_0^2\mathrm{d}z\iint\limits_{D_z}\mathrm{d}x\mathrm{d}y+\int_2^6\mathrm{d}z\iint\limits_{D_z}\mathrm{d}x\mathrm{d}y$$

$$=\int_0^2\pi z^2\mathrm{d}z+\int_2^6\pi(6-z)\mathrm{d}z=\frac{8}{3}\pi+8\pi$$

$$=\frac{32}{3}\pi.$$

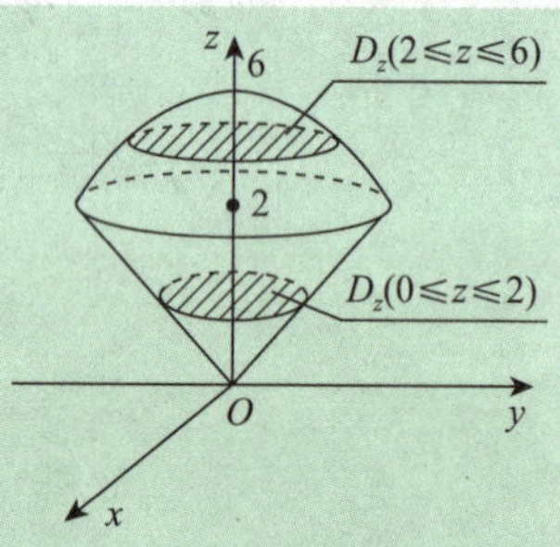

图 10-48

*(2)利用球面坐标计算. 球面 $x^2+y^2+z^2=2az$ 及圆锥面 $x^2+y^2=z^2$ 的球面坐标方程分别为 $r=2a\cos\varphi$ 和 $\varphi=\frac{\pi}{4}$,故

$$\Omega=\{(r,\varphi,\theta)\mid 0\leqslant r\leqslant 2a\cos\varphi,0\leqslant\varphi\leqslant\frac{\pi}{4},0\leqslant\theta\leqslant 2\pi\}$$

于是 $V=\iiint\limits_{\Omega}\mathrm{d}v=\iiint\limits_{\Omega}r^2\sin\varphi\mathrm{d}r\mathrm{d}\varphi\mathrm{d}\theta=\int_0^{2\pi}\mathrm{d}\theta\int_0^{\frac{\pi}{4}}\sin\varphi\mathrm{d}\varphi\int_0^{2a\cos\varphi}r^2\mathrm{d}r$

$$=2\pi\int_0^{\frac{\pi}{4}}\frac{8a^3}{3}\sin\varphi\cos^3\varphi\mathrm{d}\varphi=\frac{16\pi a^3}{3}\left(-\frac{1}{4}\cos^4\varphi\right)\Big|_0^{\frac{\pi}{4}}=\pi a^3.$$

【方法点击】 本题若用"先二后一"的方法计算也很简便.

由 $x^2+y^2+z^2=2az$ 和 $x^2+y^2=z^2$ 解得 $z=a$. 对固定的 z,当 $0\leqslant z\leqslant a$ 时,$D_z=\{(x,y)\mid x^2+y^2\leqslant z^2\}$;当 $a\leqslant z\leqslant 2a$ 时,$D_z=\{(x,y)\mid x^2+y^2\leqslant 2az-z^2\}$. 于是

$$V=V_1+V_2=\int_0^a \mathrm{d}z\iint\limits_{D_z}\mathrm{d}x\mathrm{d}y+\int_a^{2a}\mathrm{d}z\iint\limits_{D_z}\mathrm{d}x\mathrm{d}y$$
$$=\int_0^a \pi z^2\mathrm{d}z+\int_a^{2a}\pi(2az-z^2)\mathrm{d}z=\frac{1}{3}\pi a^3+\frac{2}{3}\pi a^3=\pi a^3.$$

(3)利用柱面坐标计算.曲面 $z=\sqrt{x^2+y^2}$ 和 $z=x^2+y^2$ 的柱面坐标方程分别为 $z=r$ 和$z=r^2$.消去 z,得 $r=1$,故它们所围的立体在 xOy 面上的投影区域为 $r\leqslant 1$(见图 10-49).因此

$$\Omega=\{(r,\theta,z)\mid r^2\leqslant z\leqslant r,0\leqslant r\leqslant 1,0\leqslant\theta\leqslant 2\pi\}.$$

于是

$$V=\iiint\limits_{\Omega}\mathrm{d}v=\iiint\limits_{\Omega}r\mathrm{d}r\mathrm{d}\theta\mathrm{d}z=\int_0^{2\pi}\mathrm{d}\theta\int_0^1 r\mathrm{d}r\int_{r^2}^{r}\mathrm{d}z=2\pi\int_0^1 r(r-r^2)\mathrm{d}r=\frac{\pi}{6}.$$

(本题也可用"先二后一"的方法方便地求得结果,读者可自己练习)

(4)在直角坐标系中用"先二后一"的方法计算.由 $z=\sqrt{5-x^2-y^2}$ 和 $x^2+y^2=4z$ 可解得 $z=1$.对固定的 z,当 $0\leqslant z\leqslant 1$ 时,$D_z=\{(x,y)\mid x^2+y^2\leqslant 4z\}$;当 $1\leqslant z\leqslant\sqrt{5}$时,$D_z=\{(x,y)\mid x^2+y^2\leqslant 5-z^2\}$(见图 10-50).于是

$$V=V_1+V_2=\int_0^1\mathrm{d}z\iint\limits_{D_z}\mathrm{d}x\mathrm{d}y+\int_1^{\sqrt{5}}\mathrm{d}z\iint\limits_{D_z}\mathrm{d}x\mathrm{d}y$$
$$=\int_0^1\pi(4z)\mathrm{d}z+\int_1^{\sqrt{5}}\pi(5-z^2)\mathrm{d}z=2\pi+\pi\left(5z-\frac{z^3}{3}\right)\Big|_1^{\sqrt{5}}=\frac{2}{3}\pi(5\sqrt{5}-4).$$

(本题利用柱面坐标计算也很方便,请读者自己练习)

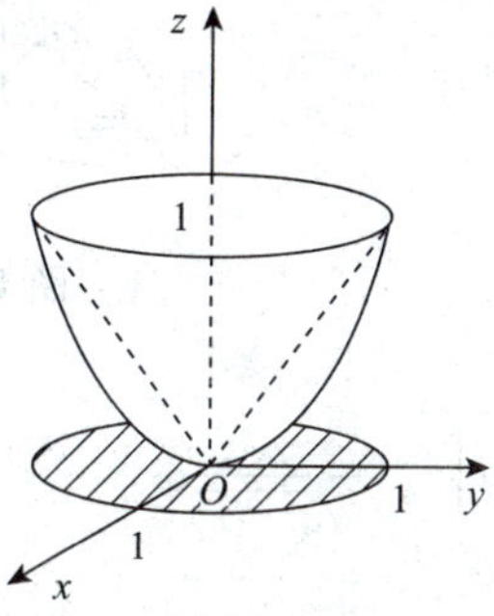

图 10-49

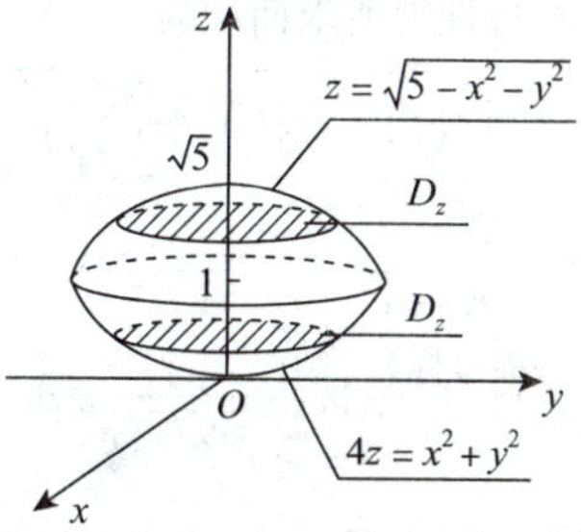

图 10-50

*13. **解:**用球面坐标计算.记 Ω 为立体所占的空间区域,有

$$V=\iiint\limits_{\Omega}\mathrm{d}v=\int_0^{2\pi}\mathrm{d}\theta\int_{\frac{\pi}{3}}^{\frac{2\pi}{3}}\sin\varphi\mathrm{d}\varphi\int_0^a r^2\mathrm{d}r=\frac{2\pi a^3}{3}.$$

14. **解:**由 $x^2+y^2+z^2=2$ 和 $z=x^2+y^2$ 消去 z,解得 $x^2+y^2=1$.从而得立体 Ω 在 xOy 面上的投影区域 D_{xy}为 $x^2+y^2\leqslant 1$.于是

$$\Omega=\{(x,y,z)\mid x^2+y^2\leqslant z\leqslant\sqrt{2-x^2-y^2},x^2+y^2\leqslant 1\},$$

因此

$$V=\iiint\limits_{\Omega}\mathrm{d}v=\iint\limits_{D_{xy}}\mathrm{d}x\mathrm{d}y\int_{x^2+y^2}^{\sqrt{2-x^2-y^2}}\mathrm{d}z$$
$$=\iint\limits_{D_{xy}}[\sqrt{2-x^2-y^2}-(x^2+y^2)]\mathrm{d}x\mathrm{d}y(用极坐标)$$

$$=\int_0^{2\pi}\mathrm{d}\theta\int_0^1(\sqrt{2-r^2}-r^2)r\mathrm{d}r=\frac{8\sqrt{2}-7}{6}\pi.$$

【方法点击】 本题也可用“先二后一”的方法按下式方便地求得结果：

$$V=\int_1^{\sqrt{2}}\mathrm{d}z\iint\limits_{x^2+y^2\leqslant 2-z^2}\mathrm{d}x\mathrm{d}y+\int_0^1\mathrm{d}z\iint\limits_{x^2+y^2\leqslant z}\mathrm{d}x\mathrm{d}y=\pi\int_1^{\sqrt{2}}(2-z^2)\mathrm{d}z+\pi\int_0^1 z\mathrm{d}z$$

$$=\frac{4\sqrt{2}-5}{3}\pi+\frac{1}{2}\pi=\frac{8\sqrt{2}-7}{6}\pi.$$

*15. **解:** 用球面坐标计算，Ω 为 $x^2+y^2+z^2\leqslant R^2$，即 $r\leqslant R$. 按题设，密度函数 $\mu(x,y,z)=k\sqrt{x^2+y^2+z^2}=kr(k>0)$. 于是

$$M=\iiint\limits_{\Omega}\mu(x,y,z)\mathrm{d}v=\iiint\limits_{\Omega}kr\cdot r^2\sin\varphi\mathrm{d}r\mathrm{d}\varphi\mathrm{d}\theta$$

$$=k\int_0^{2\pi}\mathrm{d}\theta\int_0^{\pi}\sin\varphi\mathrm{d}\varphi\int_0^R r^3\mathrm{d}r=k\cdot 2\pi\cdot 2\cdot\frac{R^4}{4}=k\pi R^4.$$

习题 10－4 解答(教材 P177～P178)

1. **解:** 如图 10-51 所示，上半球面的方程为 $z=\sqrt{a^2-x^2-y^2}$.

$$\frac{\partial z}{\partial x}=\frac{-x}{\sqrt{a^2-x^2-y^2}},\frac{\partial z}{\partial y}=\frac{-y}{\sqrt{a^2-x^2-y^2}},$$

$$\sqrt{1+\left(\frac{\partial z}{\partial x}\right)^2+\left(\frac{\partial z}{\partial y}\right)^2}=\frac{a}{\sqrt{a^2-x^2-y^2}}.$$

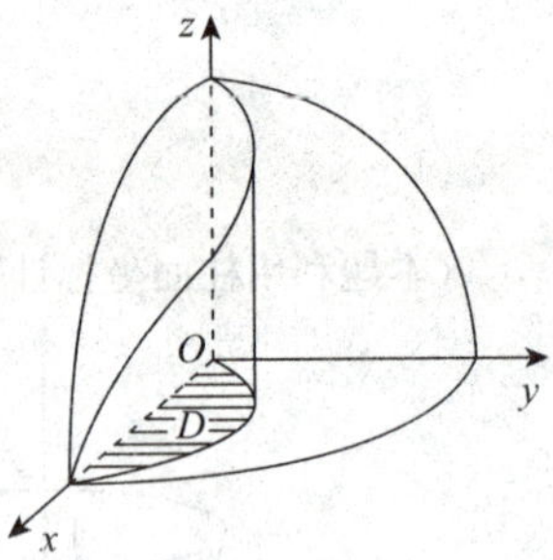

图 10-51

由曲面的对称性得所求面积为

$$A=4\iint\limits_D\sqrt{1+\left(\frac{\partial z}{\partial x}\right)^2+\left(\frac{\partial z}{\partial y}\right)^2}\mathrm{d}x\mathrm{d}y$$

$$=4\iint\limits_D\frac{a}{\sqrt{a^2-x^2-y^2}}\mathrm{d}x\mathrm{d}y$$

$$\xlongequal{\text{(极坐标)}}4a\iint\limits_D\frac{1}{\sqrt{a^2-r^2}}r\mathrm{d}r\mathrm{d}\theta=4a\int_0^{\frac{\pi}{2}}\mathrm{d}\theta\int_0^{a\cos\theta}\frac{r}{\sqrt{a^2-r^2}}\mathrm{d}r$$

$$=4a^2\int_0^{\frac{\pi}{2}}(1-\sin\theta)\mathrm{d}\theta=2a^2(\pi-2).$$

2. **解:** 由 $\begin{cases}z=\sqrt{x^2+y^2},\\ z^2=2x\end{cases}$ 解得 $x^2+y^2=2x$，故曲面在 xOy 面上的投影区域

$$D=\{(x,y)\mid x^2+y^2\leqslant 2x\}\text{(见图 10-52)}.$$

被割曲面的方程为 $z=\sqrt{x^2+y^2}$，$\sqrt{1+\left(\frac{\partial z}{\partial x}\right)^2+\left(\frac{\partial z}{\partial y}\right)^2}=\sqrt{1+\frac{x^2+y^2}{x^2+y^2}}=\sqrt{2}$，

于是所求曲面的面积为

$$A=\iint\limits_D\sqrt{2}\mathrm{d}x\mathrm{d}y\xlongequal{\text{(对称性)}}2\int_0^{\frac{\pi}{2}}\mathrm{d}\theta\int_0^{2\cos\theta}\sqrt{2}r\mathrm{d}r=4\sqrt{2}\int_0^{\frac{\pi}{2}}\cos^2\theta\mathrm{d}\theta$$

$$=4\sqrt{2}\times\frac{1}{2}\times\frac{\pi}{2}=\sqrt{2}\pi.$$

3. **解:** 如图 10-53 所示，设第一卦限内的立体表面位于圆柱面 $x^2+z^2=R^2$ 上的那一部分的面积为 A，则由对称性知全部表面的面积为 $16A$.

$$A=\iint_D \sqrt{1+\left(\frac{\partial z}{\partial x}\right)^2+\left(\frac{\partial z}{\partial y}\right)^2}\mathrm{d}x\mathrm{d}y=\iint_D \sqrt{1+\frac{x^2}{R^2-x^2}+0}\mathrm{d}x\mathrm{d}y$$

$$=\iint_D \frac{R}{\sqrt{R^2-x^2}}\mathrm{d}x\mathrm{d}y=R\int_0^R \mathrm{d}x\int_0^{\sqrt{R^2-x^2}} \frac{1}{\sqrt{R^2-x^2}}\mathrm{d}y=R\int_0^R \mathrm{d}x=R^2,$$

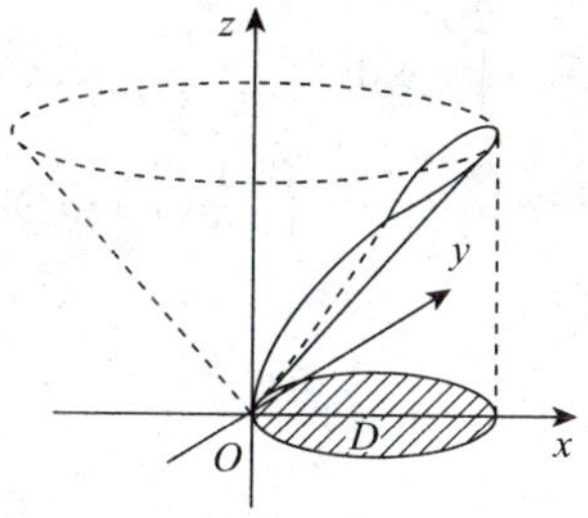

图 10-52

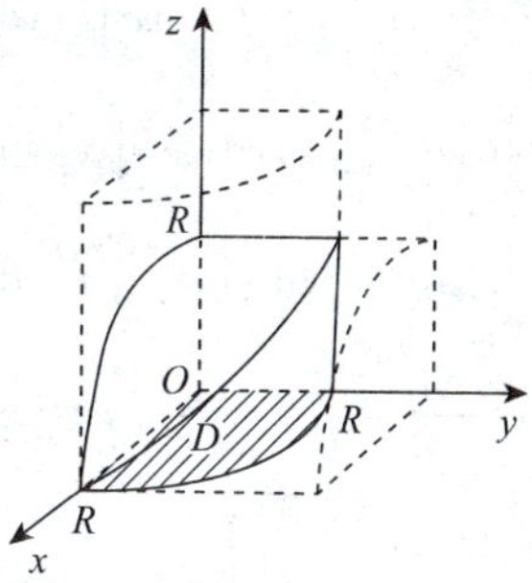

图 10-53

故全部表面积为 $16R^2$.

4. 解:(1)设质心为$(\overline{x},\overline{y})$.

$$A=\iint_D \mathrm{d}x\mathrm{d}y=\int_0^{x_0}\mathrm{d}x\int_0^{\sqrt{2px}}\mathrm{d}y=\int_0^{x_0}\sqrt{2px}\mathrm{d}x=\frac{2}{3}\sqrt{2px_0^3};$$

$$\iint_D x\mathrm{d}x\mathrm{d}y=\int_0^{x_0}x\mathrm{d}x\int_0^{\sqrt{2px}}\mathrm{d}y=\int_0^{x_0}\sqrt{2p}\cdot x^{\frac{3}{2}}\mathrm{d}x=\frac{2}{5}\sqrt{2px_0^5};$$

$$\iint_D y\mathrm{d}x\mathrm{d}y=\int_0^{x_0}\mathrm{d}x\int_0^{\sqrt{2px}}y\mathrm{d}y=\int_0^{x_0}px\mathrm{d}x=\frac{px_0^2}{2},$$

于是 $\overline{x}=\frac{1}{A}\iint_D x\mathrm{d}x\mathrm{d}y=\frac{3}{5}x_0,\overline{y}=\frac{1}{A}\iint_D y\mathrm{d}x\mathrm{d}y=\frac{3}{8}\sqrt{2px_0}=\frac{3}{8}y_0,$

故所求质心为$\left(\frac{3}{5}x_0,\frac{3}{8}y_0\right)$.

(2)因 D 对称于 y 轴,故质心$(\overline{x},\overline{y})$必位于 y 轴上,于是 $\overline{x}=0$.

$$\overline{y}=\frac{1}{A}\iint_D y\mathrm{d}x\mathrm{d}y=\frac{1}{A}\int_{-a}^{a}\mathrm{d}x\int_0^{\frac{b}{a}\sqrt{a^2-x^2}}y\mathrm{d}y=\frac{1}{A}\int_{-a}^{a}\frac{b^2}{2a^2}(a^2-x^2)\mathrm{d}x$$

$$=\frac{1}{\frac{1}{2}\pi ab}\cdot\frac{2}{3}ab^2=\frac{4b}{3\pi}.$$

因此所求质心为$\left(0,\frac{4b}{3\pi}\right)$.

(3)因 D 对称于 x 轴,故质心$(\overline{x},\overline{y})$位于 x 轴上,于是 $\overline{y}=0$(见图 10-54).

$$A=\pi\left(\frac{b}{2}\right)^2-\pi\left(\frac{a}{2}\right)^2=\frac{\pi}{4}(b^2-a^2),$$

$$\iint_D x\mathrm{d}x\mathrm{d}y=\iint_D r\cos\theta\cdot r\mathrm{d}r\mathrm{d}\theta=\int_{-\frac{\pi}{2}}^{\frac{\pi}{2}}\cos\theta\mathrm{d}\theta\int_{a\cos\theta}^{b\cos\theta}r^2\mathrm{d}r$$

$$=\frac{2}{3}(b^3-a^3)\int_0^{\frac{\pi}{2}}\cos^4\theta\mathrm{d}\theta$$

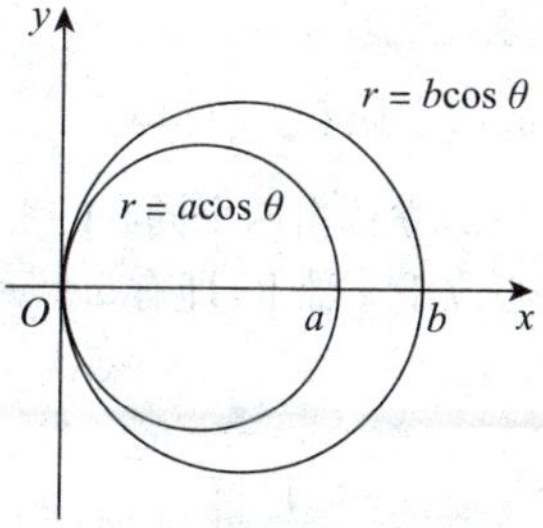

图 10-54

教材习题全解(下册)

$$=\frac{2}{3}(b^3-a^3)\times\frac{3}{4}\times\frac{1}{2}\times\frac{\pi}{2}=\frac{\pi}{8}(b^3-a^3),$$

故 $\overline{x}=\frac{1}{A}\iint\limits_D x\mathrm{d}x\mathrm{d}y=\frac{a^2+ab+b^2}{2(a+b)}$. 所求质心为 $\left(\frac{a^2+ab+b^2}{2(a+b)},0\right)$.

5. 解: $M=\iint\limits_D x^2y\mathrm{d}x\mathrm{d}y=\int_0^1 x^2\mathrm{d}x\int_{x^2}^{x}y\mathrm{d}y=\int_0^1\frac{1}{2}(x^4-x^6)\mathrm{d}x=\frac{1}{35}$;

$$M_x=\iint\limits_D y\mu(x,y)\mathrm{d}x\mathrm{d}y=\iint\limits_D x^2y^2\mathrm{d}x\mathrm{d}y=\int_0^1 x^2\mathrm{d}x\int_{x^2}^{x}y^2\mathrm{d}y=\int_0^1\frac{1}{3}(x^5-x^8)\mathrm{d}x=\frac{1}{54};$$

$$M_y=\iint\limits_D x\mu(x,y)\mathrm{d}x\mathrm{d}y=\iint\limits_D x^3y\mathrm{d}x\mathrm{d}y=\int_0^1 x^3\mathrm{d}x\int_{x^2}^{x}y\mathrm{d}y=\int_0^1\frac{1}{2}(x^5-x^7)\mathrm{d}x=\frac{1}{48},$$

于是 $\overline{x}=\frac{M_y}{M}=\frac{35}{48}$; $\overline{y}=\frac{M_x}{M}=\frac{35}{54}$.

所求质心为 $\left(\frac{35}{48},\frac{35}{54}\right)$.

6. 解: 如图 10-55 所示,按题设,面密度 $\mu(x,y)=x^2+y^2$. 由对称性知 $\overline{x}=\overline{y}$.

$$M=\iint\limits_D(x^2+y^2)\mathrm{d}x\mathrm{d}y=\int_0^a\mathrm{d}x\int_0^{a-x}(x^2+y^2)\mathrm{d}y$$

$$=\int_0^a\left[x^2(a-x)+\frac{(a-x)^3}{3}\right]\mathrm{d}x=\frac{1}{6}a^4;$$

$$M_y=\iint\limits_D x(x^2+y^2)\mathrm{d}x\mathrm{d}y=\int_0^a x\mathrm{d}x\int_0^{a-x}(x^2+y^2)\mathrm{d}y$$

$$=\int_0^a\left[x^3(a-x)+\frac{x(a-x)^3}{3}\right]\mathrm{d}x$$

$$=\int_0^a\left(-\frac{4}{3}x^4+2ax^3-a^2x^2+\frac{a^3}{3}x\right)\mathrm{d}x=\frac{1}{15}a^5,$$

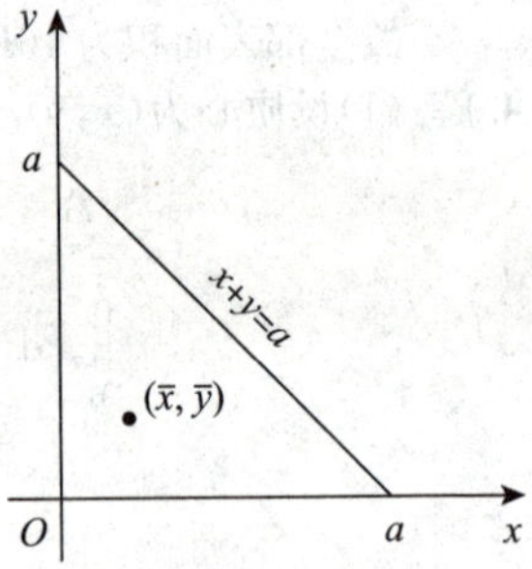

图 10-55

因此 $\overline{x}=\frac{M_y}{M}=\frac{2}{5}a$, $\overline{y}=\overline{x}=\frac{2}{5}a$,

所求质心为 $\left(\frac{2}{5}a,\frac{2}{5}a\right)$.

7. 解: (1)曲面所围立体为圆锥体,其顶点在原点,并关于 z 轴对称,又由于它是匀质的,因此它的质心位于 z 轴上,即有 $\overline{x}=\overline{y}=0$. 立体的体积为 $V=\frac{1}{3}\pi$.

$$\overline{z}=\frac{1}{V}\iiint\limits_\Omega z\mathrm{d}v=\frac{1}{V}\iint\limits_{x^2+y^2\leqslant1}\mathrm{d}x\mathrm{d}y\int_{\sqrt{x^2+y^2}}^1 z\mathrm{d}z=\frac{1}{V}\iint\limits_{x^2+y^2\leqslant1}\frac{1}{2}(1-x^2-y^2)\mathrm{d}x\mathrm{d}y$$

$$=\frac{1}{V}\int_0^{2\pi}\mathrm{d}\theta\int_0^1\frac{1}{2}(1-r^2)r\mathrm{d}r=\frac{3}{\pi}\times2\pi\times\frac{1}{2}\left(\frac{r^2}{2}-\frac{r^4}{4}\right)\Big|_0^1=\frac{3}{4},$$

故所求质心为 $\left(0,0,\frac{3}{4}\right)$.

*(2)立体由两个同心的上半球面和 xOy 面所围成,关于 z 轴对称,又由于它是匀质的,故其质心位于 z 轴上,即有 $\overline{x}=\overline{y}=0$. 立体的体积为

$$V=\frac{2}{3}\pi(A^3-a^3).$$

$$\overline{z}=\frac{1}{V}\iiint\limits_\Omega z\mathrm{d}v=\frac{1}{V}\iiint\limits_\Omega r\cos\varphi\cdot r^2\sin\varphi\mathrm{d}r\mathrm{d}\varphi\mathrm{d}\theta$$

$$=\frac{1}{V}\int_0^{2\pi}\mathrm{d}\theta\int_0^{\frac{\pi}{2}}\sin\varphi\cos\varphi\mathrm{d}\varphi\int_a^A r^3\mathrm{d}r$$

$$=\frac{3}{2\pi(A^3-a^3)}\times2\pi\times\frac{1}{2}\times\frac{A^4-a^4}{4}=\frac{3(A^4-a^4)}{8(A^3-a^3)},$$

故立体质心为$\left(0,0,\frac{3(A^4-a^4)}{8(A^3-a^3)}\right)$.

(3)如图 10-56 所示,$\Omega=\{(x,y,z)\mid 0\leqslant x\leqslant a,0\leqslant y\leqslant a-x,0\leqslant z\leqslant x^2+y^2\}$.

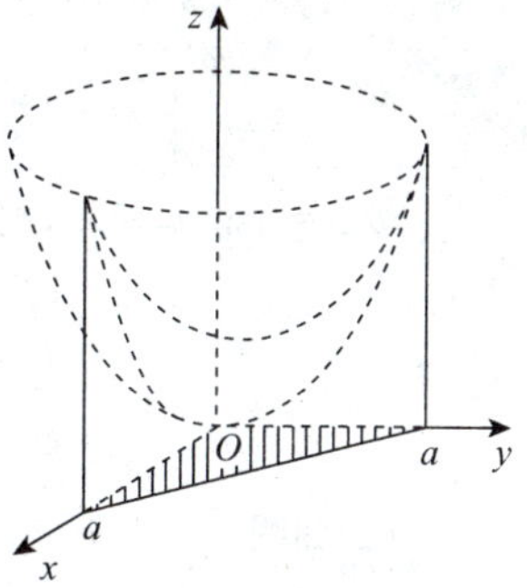

图 10-56

$$V=\iiint\limits_{\Omega}\mathrm{d}v=\int_0^a\mathrm{d}x\int_0^{a-x}\mathrm{d}y\int_0^{x^2+y^2}\mathrm{d}z=\int_0^a\mathrm{d}x\int_0^{a-x}(x^2+y^2)\mathrm{d}y$$

$$=\int_0^a\left[x^2(a-x)+\frac{1}{3}(a-x)^3\right]\mathrm{d}x$$

$$=\int_0^a\left[ax^2-x^3+\frac{1}{3}(a-x)^3\right]\mathrm{d}x=\frac{1}{6}a^4;$$

$$\bar{z}=\frac{1}{V}\iiint\limits_{\Omega}z\mathrm{d}v=\frac{1}{V}\int_0^a\mathrm{d}x\int_0^{a-x}\mathrm{d}y\int_0^{x^2+y^2}z\mathrm{d}z$$

$$=\frac{1}{V}\int_0^a\mathrm{d}x\int_0^{a-x}\frac{1}{2}(x^4+2x^2y^2+y^4)\mathrm{d}y$$

$$=\frac{1}{2V}\int_0^a\left[x^4(a-x)+\frac{2}{3}x^2(a-x)^3+\frac{1}{5}(a-x)^5\right]\mathrm{d}x=\frac{3}{a^4}\cdot\frac{7a^6}{90}=\frac{7}{30}a^2;$$

$$\bar{x}=\frac{1}{V}\iiint\limits_{\Omega}x\mathrm{d}v=\frac{1}{V}\int_0^a x\mathrm{d}x\int_0^{a-x}\mathrm{d}y\int_0^{x^2+y^2}\mathrm{d}z=\frac{1}{V}\int_0^a x\left[x^2(a-x)+\frac{1}{3}(a-x)^3\right]\mathrm{d}x$$

$$=\frac{6}{a^4}\cdot\frac{a^5}{15}=\frac{2}{5}a,$$

由于立体匀质且关于平面 $y=x$ 对称,故 $\bar{y}=\bar{x}=\frac{2}{5}a$.

所求质心为$\left(\frac{2}{5}a,\frac{2}{5}a,\frac{7}{30}a^2\right)$.

*8. **解**:在球面坐标系中,Ω 可表示为

$$\Omega=\left\{(r,\varphi,\theta)\,\middle|\,0\leqslant r\leqslant 2R\cos\varphi,\ 0\leqslant\varphi\leqslant\frac{\pi}{2},\ 0\leqslant\theta\leqslant2\pi\right\}.$$

球体内任意一点(x,y,z)处的密度大小为

$$\mu=x^2+y^2+z^2=r^2.$$

由于球体的几何形状及质量分布均关于 z 轴对称,故可知其质心位于 z 轴上,因此

$$\bar{x}=\bar{y}=0.$$

$$M=\iiint\limits_{\Omega}\mu\mathrm{d}v=\int_0^{2\pi}\mathrm{d}\theta\int_0^{\frac{\pi}{2}}\mathrm{d}\varphi\int_0^{2R\cos\varphi}r^2\cdot r^2\sin\varphi\mathrm{d}r$$

$$=2\pi\int_0^{\frac{\pi}{2}}\frac{32}{5}R^5\cos^5\varphi\sin\varphi\mathrm{d}\varphi=\frac{32}{15}\pi R^5;$$

$$\bar{z}=\frac{1}{M}\iiint\limits_{\Omega}\mu z\mathrm{d}v=\frac{1}{M}\int_0^{2\pi}\mathrm{d}\theta\int_0^{\frac{\pi}{2}}\mathrm{d}\varphi\int_0^{2R\cos\varphi}r^2\cdot r\cos\varphi\cdot r^2\sin\varphi\mathrm{d}r$$

$$=\frac{2\pi}{M}\int_0^{2\pi}\frac{64}{6}R^6\cos^7\varphi\sin\varphi\mathrm{d}\varphi=\frac{5}{4}R,$$

故球体的质心为$\left(0,0,\frac{5}{4}R\right)$.

【方法点击】 从以上两题的题解可看出,在计算立体的质心时,要注意利用对称性来减少计算量.对匀质立体来说,只要考虑立体几何形状的对称性(如第7题);但对非匀质立体来说,除了立体的几何形状的对称性外,还需注意立体的质量分布是否也具有相应的对称性(如第8题).

9. 解:(1)$I_y=\iint\limits_D x^2\mathrm{d}x\mathrm{d}y=\int_{-a}^{a}x^2\mathrm{d}x\int_{-\frac{b}{a}\sqrt{a^2-x^2}}^{\frac{b}{a}\sqrt{a^2-x^2}}\mathrm{d}y$

$$=\frac{2b}{a}\int_{-a}^{a}x^2\sqrt{a^2-x^2}\mathrm{d}x=\frac{4b}{a}\int_0^a x^2\sqrt{a^2-x^2}\mathrm{d}x.$$

令 $x=a\sin t$,换元,则

$$\text{上式}=\frac{4b}{a}\int_0^{\frac{\pi}{2}}a^3\sin^2t\cos t\cdot a\cos t\mathrm{d}t=4a^3b\left(\int_0^{\frac{\pi}{2}}\sin^2t\mathrm{d}t-\int_0^{\frac{\pi}{2}}\sin^4t\mathrm{d}t\right)$$

$$=4a^3b\left(\frac{1}{2}\times\frac{\pi}{2}-\frac{3}{4}\times\frac{1}{2}\times\frac{\pi}{2}\right)=\frac{1}{4}\pi a^3b.$$

(2)如图10-57所示,

$$D=\left\{(x,y)\,\middle|\,-3\sqrt{\frac{x}{2}}\leqslant y\leqslant 3\sqrt{\frac{x}{2}},\ 0\leqslant x\leqslant 2\right\}.$$

$$I_x=\iint\limits_D y^2\mathrm{d}x\mathrm{d}y\xlongequal{\text{对称性}}2\int_0^2\mathrm{d}x\int_0^{3\sqrt{\frac{x}{2}}}y^2\mathrm{d}y=\frac{2}{3}\int_0^2\frac{27}{2\sqrt{2}}x^{\frac{3}{2}}\mathrm{d}x=\frac{72}{5};$$

$$I_y=\iint\limits_D x^2\mathrm{d}x\mathrm{d}y\xlongequal{\text{对称性}}2\int_0^2x^2\mathrm{d}x\int_0^{3\sqrt{\frac{x}{2}}}\mathrm{d}y=2\int_0^2\frac{3}{\sqrt{2}}x^{\frac{5}{2}}\mathrm{d}x=\frac{96}{7}.$$

(3)$I_x=\iint\limits_D y^2\mathrm{d}x\mathrm{d}y=\int_0^a\mathrm{d}x\int_0^b y^2\mathrm{d}y=\frac{ab^3}{3}$;$I_y=\iint\limits_D x^2\mathrm{d}x\mathrm{d}y=\int_0^a x^2\mathrm{d}x\int_0^b\mathrm{d}y=\frac{a^3b}{3}$.

10. 解:建立如图10-58所示的坐标系,使原点 O 为矩形板的形心,x 轴和 y 轴分别平行于矩形的两边,则所求的转动惯量为

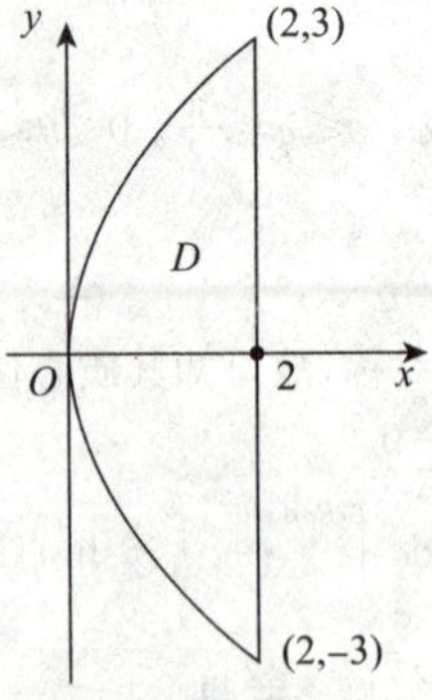

图 10-57

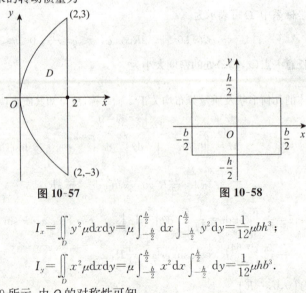

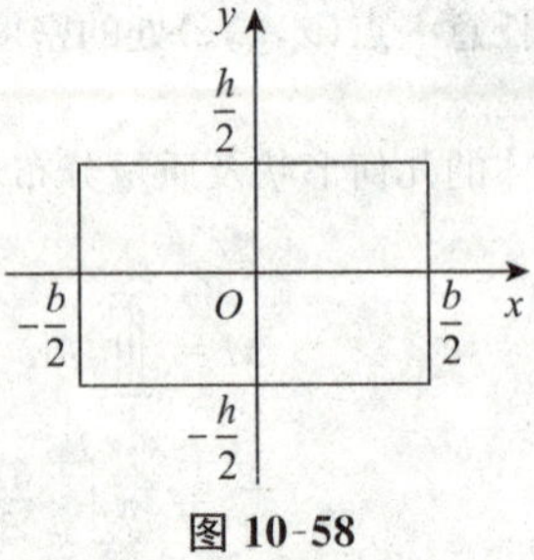

图 10-58

$$I_x=\iint\limits_D y^2\mu\mathrm{d}x\mathrm{d}y=\mu\int_{-\frac{b}{2}}^{\frac{b}{2}}\mathrm{d}x\int_{-\frac{h}{2}}^{\frac{h}{2}}y^2\mathrm{d}y=\frac{1}{12}\mu bh^3;$$

$$I_y=\iint\limits_D x^2\mu\mathrm{d}x\mathrm{d}y=\mu\int_{-\frac{b}{2}}^{\frac{b}{2}}x^2\mathrm{d}x\int_{-\frac{h}{2}}^{\frac{h}{2}}\mathrm{d}y=\frac{1}{12}\mu hb^3.$$

11. 解:(1)如图10-59所示,由 Ω 的对称性可知

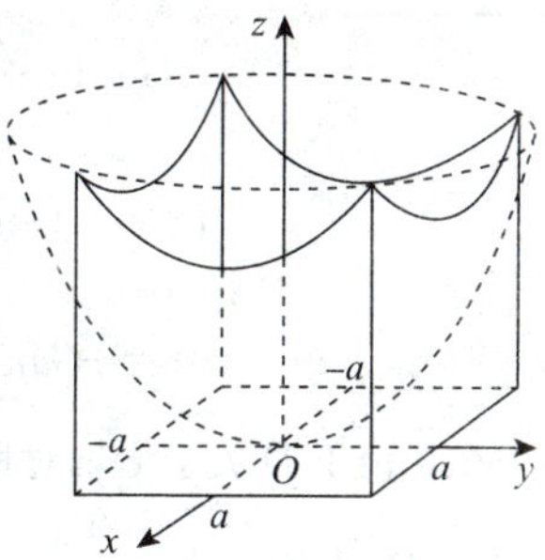

图 10-59

$$V=4\int_0^a dx\int_0^a dy\int_0^{x^2+y^2} dz=4\int_0^a dx\int_0^a (x^2+y^2)dy$$
$$=4\int_0^a \left(ax^2+\frac{a^3}{3}\right)dx=\frac{8}{3}a^4.$$

(2)由对称性可知,质心位于 z 轴上,故 $\overline{x}=\overline{y}=0$.

$$\overline{z}=\frac{1}{M}\iiint_\Omega \rho z dv \xlongequal{对称性} \frac{4}{V}\int_0^a dx\int_0^a dy\int_0^{x^2+y^2} zdz$$
$$=\frac{4}{V}\int_0^a dx\int_0^a \frac{1}{2}(x^4+2x^2y^2+y^4)dy$$
$$=\frac{2}{V}\int_0^a \left(ax^4+\frac{2}{3}a^3x^2+\frac{1}{5}a^5\right)dx=\frac{7}{15}a^2.$$

(3)$I_z=\iiint_\Omega \rho(x^2+y^2)dv \xlongequal{对称性} 4\rho\int_0^a dx\int_0^a dy\int_0^{x^2+y^2}(x^2+y^2)dz$

$$=4\rho\int_0^a dx\int_0^a (x^4+2x^2y^2+y^4)dy=\frac{112}{45}\rho a^6.$$

12. 解:建立空间直角坐标系,使原点位于圆柱体的中心,z 轴平行于母线,则圆柱体所占的空间闭区域

$$\Omega=\left\{(x,y,z)\,\middle|\,x^2+y^2\leqslant a^2,-\frac{h}{2}\leqslant z\leqslant\frac{h}{2}\right\}$$
$$\xlongequal{柱面坐标}\left\{(r,\theta,z)\,\middle|\,0\leqslant\theta\leqslant 2\pi,0\leqslant r\leqslant a,-\frac{h}{2}\leqslant z\leqslant\frac{h}{2}\right\}.$$

于是所求的转动惯量为

$$I_z=\iiint_\Omega (x^2+y^2)dv=\iiint_\Omega r^2\cdot rdrd\theta dz=\int_0^{2\pi}d\theta\int_0^a r^3dr\int_{-\frac{h}{2}}^{\frac{h}{2}}dz$$
$$=2\pi\cdot\frac{a^4}{4}\cdot h=\frac{1}{2}\pi ha^4.$$

13. 解:如图 10-60 所示,引力元素 $d\boldsymbol{F}$ 沿 x 轴和 z 轴的分量分别为

$$dF_x=G\frac{\mu x}{(x^2+y^2+a^2)^{\frac{3}{2}}}d\sigma,dF_z=G\frac{\mu(-a)}{(x^2+y^2+z^2)^{\frac{3}{2}}}d\sigma.$$

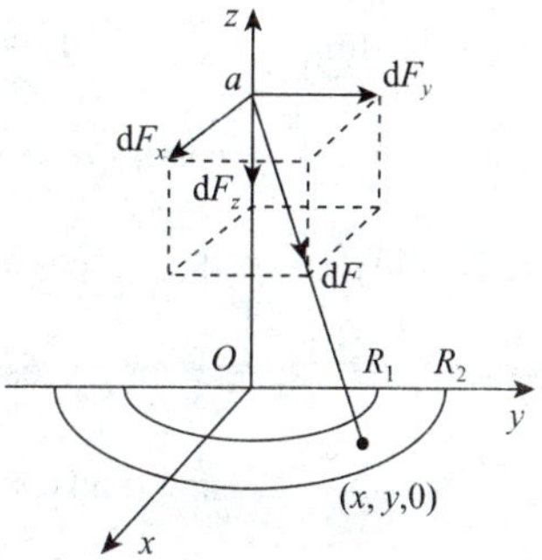

图 10-60

于是 $F_x=G\mu\iint_D \frac{x}{(x^2+y^2+a^2)^{\frac{3}{2}}}d\sigma$

$$\xlongequal{极坐标} G\mu\int_{-\frac{\pi}{2}}^{\frac{\pi}{2}}d\theta\int_{R_1}^{R_2}\frac{r\cos\theta}{(r^2+a^2)^{\frac{3}{2}}}\cdot rdr$$
$$=G\mu\int_{-\frac{\pi}{2}}^{\frac{\pi}{2}}\cos\theta d\theta\int_{R_1}^{R_2}\frac{r^2}{(r^2+a^2)^{\frac{3}{2}}}dr$$
$$=2G\mu\int_{R_1}^{R_2}\frac{r^2}{(r^2+a^2)^{\frac{3}{2}}}dr(令\ r=a\tan t)$$
$$=2G\mu\int_{\arctan\frac{R_1}{a}}^{\arctan\frac{R_2}{a}}\frac{a^2\tan^2 t}{a^3\sec^3 t}\cdot a\sec^2 tdt=2G\mu\int_{\arctan\frac{R_1}{a}}^{\arctan\frac{R_2}{a}}(\sec t-\cos t)dt$$
$$=2G\mu\Big[\ln(\sec t+\tan t)-\sin t\Big]\Big|_{\arctan\frac{R_1}{a}}^{\arctan\frac{R_2}{a}}$$

$$=2G\mu\left(\ln\frac{\sqrt{R_2^2+a^2}+R_2}{\sqrt{R_1^2+a^2}+R_1}-\frac{R_2}{\sqrt{R_2^2+a^2}}+\frac{R_1}{\sqrt{R_1^2+a^2}}\right);$$

$$F_z=-Ga\mu\iint_D\frac{d\sigma}{(x^2+y^2+a^2)^{\frac{3}{2}}}\xlongequal{极坐标}-Ga\mu\int_{-\frac{\pi}{2}}^{\frac{\pi}{2}}d\theta\int_{R_1}^{R_2}\frac{r}{(r^2+a^2)^{\frac{3}{2}}}dr$$

$$=\pi Ga\mu\left(\frac{1}{\sqrt{r^2+a^2}}\right)\Bigg|_{R_1}^{R_2}=\pi Ga\mu\left(\frac{1}{\sqrt{R_2^2+a^2}}-\frac{1}{\sqrt{R_1^2+a^2}}\right),$$

由于 D 关于 x 轴对称，且质量均匀分布，故 $F_y=0$. 因此引力，

$$\boldsymbol{F}=\left(2G\mu\left(\ln\frac{\sqrt{R_2^2+a^2}+R_2}{\sqrt{R_1^2+a^2}+R_1}-\frac{R_2}{\sqrt{R_2^2+a^2}}+\frac{R_1}{\sqrt{R_1^2+a^2}}\right),0,\pi Ga\mu\left(\frac{1}{\sqrt{R_2^2+a^2}}-\frac{1}{\sqrt{R_1^2+a^2}}\right)\right).$$

14. 解: 由柱体的对称性和质量分布的均匀性知 $F_x=F_y=0$. 引力沿 z 轴的分量

$$F_z=\iiint_\Omega G\rho\frac{z-a}{[x^2+y^2+(z-a)^2]^{\frac{3}{2}}}dv$$

$$=G\rho\int_0^h(z-a)dz\iint_{x^2+y^2\leqslant R^2}\frac{dxdy}{[x^2+y^2+(z-a)^2]^{\frac{3}{2}}}$$

$$\xlongequal{柱面坐标}G\rho\int_0^h(z-a)dz\int_0^{2\pi}d\theta\int_0^R\frac{rdr}{[r^2+(z-a)^2]^{\frac{3}{2}}}$$

$$=2\pi G\rho\int_0^h(z-a)\left[\frac{1}{a-z}-\frac{1}{\sqrt{R^2+(z-a)^2}}\right]dz$$

$$=2\pi G\rho\int_0^h\left[-1-\frac{z-a}{\sqrt{R^2+(z-a)^2}}\right]dz$$

$$=-2\pi G\rho\left[h+\sqrt{R^2+(h-a)^2}-\sqrt{R^2+a^2}\right].$$

习题 10—5 解答(教材 P184)

1. 解: (1) $\lim\limits_{x\to0}\int_x^{1+x}\frac{dy}{1+x^2+y^2}=\int_0^{1+0}\frac{dy}{1+0+y^2}=(\arctan y)\Big|_0^1=\frac{\pi}{4}$.

(2) $\lim\limits_{x\to0}\int_{-1}^1\sqrt{x^2+y^2}dy=\int_{-1}^1|y|dy=2\int_0^1 ydy=1$.

(3) $\lim\limits_{x\to0}\int_0^2 y^2\cos(xy)dy=\int_0^2 y^2(\cos 0)dy=\frac{8}{3}$.

2. 解: (1) $\varphi'(x)=\int_{\sin x}^{\cos x}y^2\cos x dy+(\cos^2x\sin x-\cos^3x)(\cos x)'-(\sin^2x\sin x-\sin^3x)(\sin x)'$

$$=\frac{1}{3}\cos x(\cos^3x-\sin^3x)+(\cos x-\sin x)\sin x\cos^2x$$

$$=\frac{1}{3}\cos x(\cos x-\sin x)(1+2\sin 2x).$$

(2) $\varphi'(x)=\int_0^x\frac{1}{1+xy}dy+\frac{\ln(1+x^2)}{x}=\frac{1}{x}\left[\ln(1+xy)\right]\Big|_0^x+\frac{\ln(1+x^2)}{x}=\frac{2}{x}\ln(1+x^2)$.

(3) $\varphi'(x)=\int_{x^2}^{x^3}\left(-\frac{y}{x^2+y^2}\right)dy+\arctan x^2\cdot3x^2-\arctan x\cdot2x$

$$=-\frac{1}{2}\ln(x^2+y^2)\Big|_{x^2}^{x^3}+3x^2\arctan x^2-2x\arctan x$$

$$=\ln\sqrt{\frac{1+x^2}{1+x^4}}+3x^2\arctan x^2-2x\arctan x.$$

$$(4)\varphi'(x)=\int_x^{x^2} e^{-xy^2}(-y^2)dy+e^{-x^5}\cdot 2x-e^{-x^3}\cdot 1$$

$$=2xe^{-x^5}-e^{-x^3}-\int_x^{x^2} y^2e^{-xy^2}dy.$$

3. 解: $F'(x)=\int_0^x f(y)dy+2xf(x)$;

$F''(x)=f(x)+2f(x)+2xf'(x)=3f(x)+2xf'(x)$.

4. 解: (1)设 $\varphi(\alpha)=\int_0^{\frac{\pi}{2}}\ln\frac{1+\alpha\cos x}{1-\alpha\cos x}\cdot\frac{dx}{\cos x}$,

则 $\varphi(0)=0$, $\varphi(a)=I$. 由于

$$\frac{\partial}{\partial\alpha}\left(\ln\frac{1+\alpha\cos x}{1-\alpha\cos x}\cdot\frac{1}{\cos x}\right)=\frac{2}{1-\alpha^2\cos^2 x},$$

故

$$\varphi'(\alpha)=\int_0^{\frac{\pi}{2}}\frac{2}{1-\alpha^2\cos^2 x}dx=\int_0^{\frac{\pi}{2}}\frac{2d(\tan x)}{\sec^2 x-\alpha^2}=2\int_0^{\frac{\pi}{2}}\frac{d(\tan x)}{(1-\alpha^2)+\tan^2 x}$$

$$=\frac{2}{\sqrt{1-\alpha^2}}\left(\arctan\frac{\tan x}{\sqrt{1-\alpha^2}}\right)\Bigg|_0^{\frac{\pi}{2}}=\frac{2}{\sqrt{1-\alpha^2}}\cdot\frac{\pi}{2}=\frac{\pi}{\sqrt{1-\alpha^2}},$$

于是

$$I=\varphi(a)-\varphi(0)=\int_0^a\varphi'(\alpha)d\alpha=\int_0^a\frac{\pi}{\sqrt{1-\alpha^2}}d\alpha=\pi\arcsin a.$$

(2)设 $\varphi(\alpha)=\int_0^{\frac{\pi}{2}}\ln(\cos^2x+\alpha^2\sin^2x)dx$,

则 $\varphi(1)=0$, $\varphi(a)=I$. 由于$\frac{\partial}{\partial\alpha}[\ln(\cos^2x+\alpha^2\sin^2x)]=\frac{2\alpha\sin^2x}{\cos^2x+\alpha^2\sin^2x}$,故

$$\varphi'(\alpha)=\int_0^{\frac{\pi}{2}}\frac{2\alpha\sin^2x}{\cos^2x+\alpha^2\sin^2x}dx\xlongequal{u=\tan x}2\alpha\int_0^{+\infty}\frac{u^2}{1+\alpha^2u^2}\cdot\frac{du}{1+u^2}$$

$$=\frac{2\alpha}{\alpha^2-1}\left(\int_0^{+\infty}\frac{du}{1+u^2}-\int_0^{+\infty}\frac{du}{1+\alpha^2u^2}\right)\ (\alpha\neq 1)$$

$$=\frac{2\alpha}{\alpha^2-1}\left(\frac{\pi}{2}-\frac{\pi}{2\alpha}\right)=\frac{\pi}{\alpha+1};$$

又当 $\alpha=1$ 时,

$$\varphi'(1)=\int_0^{\frac{\pi}{2}}\frac{2\sin^2x}{\cos^2x+\sin^2x}dx=\int_0^{\frac{\pi}{2}}2\sin^2xdx=\frac{\pi}{2},$$

因此 $\varphi'(\alpha)$在 $x=1$ 处连续. 从而对任意 $a>0$, $\varphi'(\alpha)$在区间$[1,a]$(或$[a,1]$)上连续. 于是

$$I=\varphi(a)-\varphi(1)=\int_1^a\varphi'(\alpha)d\alpha=\int_1^a\frac{\pi}{\alpha+1}d\alpha=\pi\ln\frac{a+1}{2}.$$

5. 解: (1)因为$\frac{\arctan x}{x}=\int_0^1\frac{dy}{1+x^2y^2}$, 故

$$原式=\int_0^1\left(\int_0^1\frac{dy}{1+x^2y^2}\right)\frac{dx}{\sqrt{1-x^2}}(交换积分次序)$$

$$=\int_0^1\left[\int_0^1\frac{dx}{(1+x^2y^2)\sqrt{1-x^2}}\right]dy,$$

由于

$$\int_0^1 \frac{dx}{(1+x^2y^2)\sqrt{1-x^2}} \xlongequal{x=\sin t} \int_0^{\frac{\pi}{2}} \frac{dt}{1+y^2\sin^2 t} \xlongequal{u=\tan t} \int_0^{+\infty} \frac{du}{1+(1+y^2)u^2}$$
$$= \frac{1}{\sqrt{1+y^2}}\left[\arctan(\sqrt{1+y^2}u)\right]\Big|_0^{+\infty} = \frac{\pi}{2\sqrt{1+y^2}},$$

因此,原式$=\int_0^1 \frac{\pi}{2\sqrt{1+y^2}}dy = \frac{\pi}{2}\left[\ln(y+\sqrt{1+y^2})\right]\Big|_0^1 = \frac{\pi}{2}\ln(1+\sqrt{2})$.

(2)因为$\frac{x^b-x^a}{\ln x}=\int_a^b x^y dy$,故

$$\int_0^1 \sin\left(\ln\frac{1}{x}\right)\frac{x^b-x^a}{\ln x}dx = \int_0^1 \sin\left(\ln\frac{1}{x}\right)dx\int_a^b x^y dy \text{(交换积分次序)}$$
$$= \int_a^b dy\int_0^1 \sin\left(\ln\frac{1}{x}\right)x^y dx.$$

由于$\int_0^1 \sin\left(\ln\frac{1}{x}\right)x^y dx \xlongequal{x=e^{-t}} \int_{+\infty}^0 \sin t\cdot e^{-yt}(-e^{-t})dt$

$$= \int_0^{+\infty} \sin t\cdot e^{-(y+1)t}dt\text{(分部积分)}$$
$$= \frac{1}{1+(y+1)^2},$$

因此,原式$=\int_a^b \frac{1}{1+(y+1)^2}dy = \left[\arctan(y+1)\right]\Big|_a^b = \arctan(b+1)-\arctan(a+1)$.

总习题十解答(教材 P185~P187)

1. 解:(1) $\int_0^2 dx\int_x^2 e^{-y^2}dy \xlongequal{\text{换序}} \int_0^2 dy\int_0^y e^{-y^2}dx = \int_0^2 ye^{-y^2}dy$

$$= -\frac{1}{2}\int_0^2 e^{-y^2}d(-y^2) = -\frac{1}{2}e^{-y^2}\Big|_0^2 = \frac{1}{2}(1-e^{-4}).$$

(2) 用极坐标计算. $D=\{(\rho,\theta)\mid 0\leqslant\rho\leqslant R, 0\leqslant\theta\leqslant 2\pi\}$.

$$\iint_D\left(\frac{x^2}{a^2}+\frac{y^2}{b^2}\right)dxdy = \int_0^{2\pi}d\theta\int_0^R\left(\frac{\rho^2\cos^2\theta}{a^2}+\frac{\rho^2\sin^2\theta}{b^2}\right)\rho d\rho$$
$$= \int_0^{2\pi}\left(\frac{\cos^2\theta}{a^2}+\frac{\sin^2\theta}{b^2}\right)d\theta\cdot\int_0^R\rho^3 d\rho = \frac{R^4}{4}\int_0^{2\pi}\left(\frac{1+\cos 2\theta}{2a^2}+\frac{1-\cos 2\theta}{2b^2}\right)d\theta$$
$$= \frac{R^4}{4}\cdot\left(\frac{1}{2a^2}+\frac{1}{2b^2}\right)\cdot 2\pi = \frac{\pi R^4}{4}\left(\frac{1}{a^2}+\frac{1}{b^2}\right).$$

2. 解:(1)先说明(A)不正确. 由于Ω_1关于yOz面对称,而被积函数x关于x是奇函数,故$\iiint_{\Omega_1} x dv=0$,而$\iiint_{\Omega_2} x dv\neq 0$,故(A)选项不正确. 类似可说明(B)和(D)选项不正确.

再说明(C)选项是正确的. 设$\Omega_3=\{(x,y,z)\mid x^2+y^2+z^2\leqslant R^2, z\geqslant 0, x\geqslant 0\}$. 由于被积函数$z$关于$x$是偶函数,而$\Omega_3$与$\Omega_1\backslash\Omega_3$①关于$xOz$面对称,故$\iiint_{\Omega_1} z dv = 2\iiint_{\Omega_3} z dv$. 又由于被

①$\Omega_1\backslash\Omega_3=\{(x,y,z)\mid(x,y,z)\in\Omega_1$ 且 $(x,y,z)\notin\Omega_3\}$称为Ω_1与Ω_3的差集.

积函数 z 关于 y 也是偶函数，且 Ω_2 与 $\Omega_3\backslash\Omega_2$ 关于 xOz 面对称，故 $\iiint\limits_{\Omega_3} z\mathrm{d}v=2\iiint\limits_{\Omega_2} z\mathrm{d}v$①. 因此应选(C).

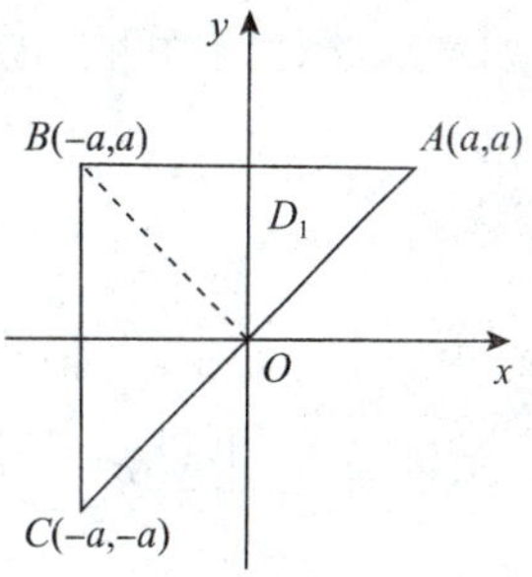

图 10-61

(2)记 D 的三个顶点 $A(a,a)$, $B(-a,a)$, $C(-a,-a)$(见图 10-61). 联结 O、B,则 D 为$\triangle COB$ 和$\triangle BOA$ 之并. 由于$\triangle COB$ 关于 x 轴对称,$\triangle AOB$ 关于 y 轴对称,而函数 xy 关于 y 和 x 均是奇函数,从而有

$$\iint\limits_{D} xy\mathrm{d}x\mathrm{d}y=\iint\limits_{\triangle AOB} xy\mathrm{d}x\mathrm{d}y+\iint\limits_{\triangle COB} xy\mathrm{d}x\mathrm{d}y=0+0=0;$$

又由于函数 $\cos x\sin y$ 关于 y 是奇函数,关于 x 是偶函数,从而有

$$\iint\limits_{D}\cos x\sin y\mathrm{d}x\mathrm{d}y=\iint\limits_{\triangle COB}\cos x\sin y\mathrm{d}x\mathrm{d}y+\iint\limits_{\triangle AOB}\cos x\sin y\mathrm{d}x\mathrm{d}y=0+2\iint\limits_{D_1}\cos x\sin y\mathrm{d}x\mathrm{d}y,$$

因此应选(A).

(3)**方法一**:由于考虑 $F'(2)$,故可设 $t>1$. 对所给二重积分交换积分次序,得

$$F(t)=\int_1^t f(x)\mathrm{d}x\int_1^x \mathrm{d}y=\int_1^t (x-1)f(x)\mathrm{d}x,$$

于是,

$$F'(t)=(t-1)f(t),$$

从而,有 $F'(2)=f(2)$. 故选(B).

方法二:设 $f(x)$的一个原函数 $G(x)$,则有

$$F(t)=\int_1^t \mathrm{d}y\int_y^t f(x)\mathrm{d}x=\int_1^t[G(t)-G(y)]\mathrm{d}y=G(t)\int_1^t\mathrm{d}y-\int_1^t G(y)\mathrm{d}y$$
$$=(t-1)G(t)-\int_1^t G(y)\mathrm{d}y,$$

求导得

$$F'(t)=G(t)+(t-1)f(t)-G(t)=(t-1)f(t),$$

因此 $F'(2)=f(2)$.

3. 解:(1)D 可表示为 $0\leqslant y\leqslant 1+x$, $0\leqslant x\leqslant 1$,于是

$$\iint\limits_{D}(1+x)\sin y\mathrm{d}\sigma=\int_0^1\mathrm{d}x\int_0^{1+x}(1+x)\sin y\mathrm{d}y$$
$$=\int_0^1[(1+x)-(1+x)\cos(1+x)]\mathrm{d}x$$
$$\xlongequal{t=1+x}\int_1^2(t-t\cos t)\mathrm{d}t=\left(\frac{t^2}{2}-t\sin t-\cos t\right)\Big|_1^2$$
$$=\frac{3}{2}+\sin 1+\cos 1-2\sin 2-\cos 2.$$

①关于三重积分中如何利用对称性的问题,请读者参阅本书习题 10—1 第 2 题题解的注(1)、(2),得出有关结论.

(2)由于$\iint\limits_D x^2\mathrm{d}\sigma=\int_0^{\pi}x^2\mathrm{d}x\int_0^{\sin x}\mathrm{d}y=\int_0^{\pi}x^2\sin x\mathrm{d}x$

$$=-\left(x^2\cos x\right)\Big|_0^{\pi}+2\int_0^{\pi}x\cos x\mathrm{d}x$$

$$=\pi^2+2\left(x\sin x\Big|_0^{\pi}-\int_0^{\pi}\sin x\mathrm{d}x\right)=\pi^2-4;$$

$$\iint\limits_D y^2\mathrm{d}\sigma=\int_0^{\pi}\mathrm{d}x\int_0^{\sin x}y^2\mathrm{d}y=\frac{1}{3}\int_0^{\pi}\sin^3x\mathrm{d}x=\frac{2}{3}\int_0^{\frac{\pi}{2}}\sin^3x\mathrm{d}x^{①}=\frac{2}{3}\times\frac{2}{3}=\frac{4}{9},$$

故$\iint\limits_D(x^2-y^2)\mathrm{d}\sigma=\iint\limits_D x^2\mathrm{d}\sigma-\iint\limits_D y^2\mathrm{d}\sigma=(\pi^2-4)-\frac{4}{9}=\pi^2-\frac{40}{9}.$

(3)利用极坐标计算.在极坐标系中,

$$D=\left\{(r,\theta)\,\middle|\,0\leqslant r\leqslant R\cos\theta,-\frac{\pi}{2}\leqslant\theta\leqslant\frac{\pi}{2}\right\},$$

于是

$$\iint\limits_D\sqrt{R^2-x^2-y^2}\mathrm{d}\sigma=\iint\limits_D\sqrt{R^2-r^2}r\mathrm{d}r\mathrm{d}\theta=\int_{-\frac{\pi}{2}}^{\frac{\pi}{2}}\mathrm{d}\theta\int_0^{R\cos\theta}\sqrt{R^2-r^2}r\mathrm{d}r$$

$$=\int_{-\frac{\pi}{2}}^{\frac{\pi}{2}}-\frac{1}{3}\left[(R^2-r^2)^{\frac{3}{2}}\right]\Big|_0^{R\cos\theta}\mathrm{d}\theta$$

$$=\int_{-\frac{\pi}{2}}^{\frac{\pi}{2}}\frac{R^3}{3}(1-|\sin^3\theta|)\mathrm{d}\theta$$

$$=\frac{2}{3}R^3\int_0^{\frac{\pi}{2}}(1-\sin^3\theta)\mathrm{d}\theta=\frac{2}{3}R^3\left(\frac{\pi}{2}-\frac{2}{3}\right)$$

$$=\frac{R^3}{3}\left(\pi-\frac{4}{3}\right).$$

【方法点击】 如果忽略$\sin x$在$\left[-\frac{\pi}{2},0\right]$上非正,而按$(R^2-R^2\cos^2\theta)^{\frac{3}{2}}=R^3\sin^3\theta$计算,将导致错误.这是一类常见错误,要注意避免.

(4)利用对称性可知$\iint\limits_D 3x\mathrm{d}\sigma=0$,$\iint\limits_D 6y\mathrm{d}\sigma=0$.又$\iint\limits_D 9\mathrm{d}\sigma=9\sigma(D\text{的面积})=9\pi R^2$,

$$\iint\limits_D y^2\mathrm{d}\sigma\xlongequal{\text{极坐标}}\int_0^{2\pi}\mathrm{d}\theta\int_0^R r^2\sin^2\theta\cdot r\mathrm{d}r=\int_0^{2\pi}\sin^2\theta\mathrm{d}\theta\cdot\int_0^R r^3\mathrm{d}r=\pi\cdot\frac{R^4}{4}=\frac{\pi}{4}R^4,$$

因此,原式$=\frac{\pi}{4}R^4+9\pi R^2$.

4. 解:(1)所给的二次积分等于闭区域D上的二重积分$\iint\limits_D f(x,y)\mathrm{d}x\mathrm{d}y$,其中$D=\left\{(x,y)\mid-\sqrt{4-y}\leqslant x\leqslant\frac{1}{2}(y-4),0\leqslant y\leqslant 4\right\}$(见图10-62),将$D$表达为$2x+4\leqslant y\leqslant 4-x^2$,$-2\leqslant x\leqslant 0$,则得

$$\int_0^4\mathrm{d}y\int_{-\sqrt{4-y}}^{\frac{1}{2}(y-4)}f(x,y)\mathrm{d}x=\int_{-2}^0\mathrm{d}x\int_{2x+4}^{4-x^2}f(x,y)\mathrm{d}y.$$

---

①一般有:$\int_0^{\pi}\sin^n x\mathrm{d}x=2\int_0^{\frac{\pi}{2}}\sin^n x\mathrm{d}x$,参阅本书习题5-3第7(13)题的解答.

(2)所给的二次积分等于二重积分 $\iint\limits_D f(x,y)\mathrm{d}x\mathrm{d}y$,其中

$$D=D_1\cup D_2, D_1=\{(x,y)\mid 0\leqslant x\leqslant 2y,0\leqslant y\leqslant 1\},$$
$$D_2=\{(x,y)\mid 0\leqslant x\leqslant 3-y,1\leqslant y\leqslant 3\}\text{(见图 10-63)},$$

将 D 表达为 $\{(x,y)\mid \frac{x}{2}\leqslant y\leqslant 3-x,0\leqslant x\leqslant 2\}$,于是

$$\text{原式}=\int_0^2 \mathrm{d}x\int_{\frac{x}{2}}^{3-x}\cdot f(x,y)\mathrm{d}y.$$

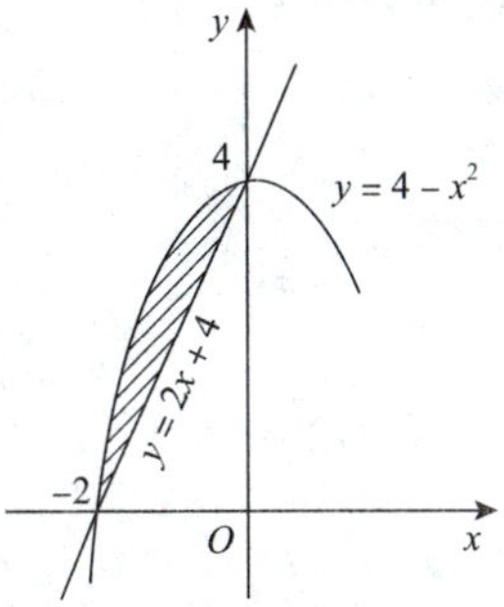

图 10-62

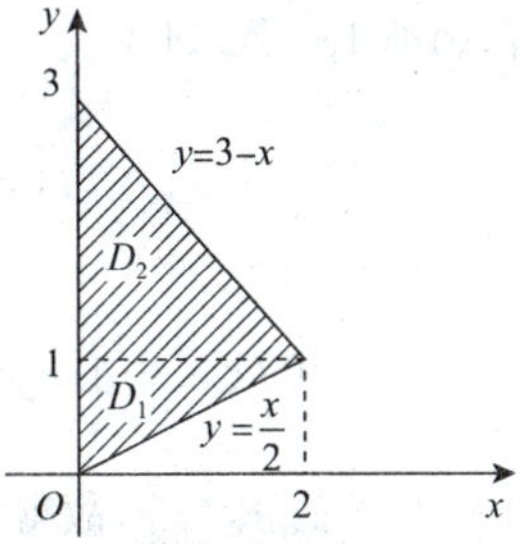

图 10-63

(3)所给的二次积分等于二重积分 $\iint\limits_D f(x,y)\mathrm{d}x\mathrm{d}y$,其中

$$D=\{(x,y)\mid \sqrt{x}\leqslant y\leqslant 1+\sqrt{1-x^2},0\leqslant x\leqslant 1\},$$

(见图 10-64),D 可表达为 $D_1\cup D_2$,其中

$D_1=\{(x,y)\mid 0\leqslant x\leqslant y^2,0\leqslant y\leqslant 1\}$;

$D_2=\{(x,y)\mid 0\leqslant x\leqslant \sqrt{2y-y^2},1\leqslant y\leqslant 2\}$.

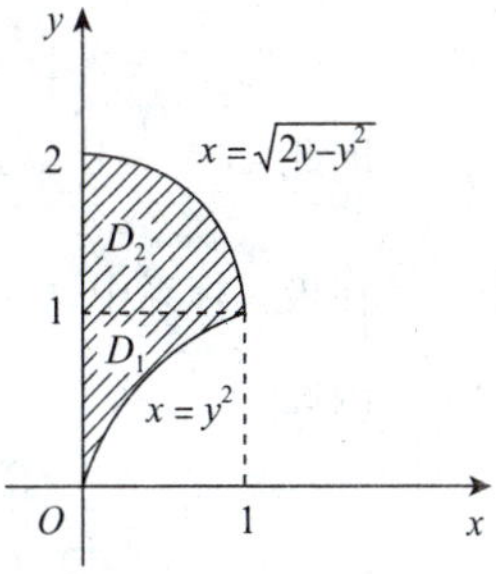

图 10-64

于是

$$\text{原式}=\int_0^1 \mathrm{d}y\int_0^{y^2} f(x,y)\mathrm{d}x+\int_1^2 \mathrm{d}y\int_0^{\sqrt{2y-y^2}} f(x,y)\mathrm{d}x.$$

5. 证: 上式左端的二次积分等于二重积分 $\iint\limits_D \mathrm{e}^{m(a-x)}f(x)\mathrm{d}x\mathrm{d}y$, 其中

$$D=\{(x,y)\mid 0\leqslant x\leqslant y,0\leqslant y\leqslant a\}=\{(x,y)\mid x\leqslant y\leqslant a,0\leqslant x\leqslant a\}.$$

于是交换积分次序即得

$$\int_0^a \mathrm{d}y\int_0^y \mathrm{e}^{m(a-x)}f(x)\mathrm{d}x=\int_0^a \mathrm{d}x\int_x^a \mathrm{e}^{m(a-x)}f(x)\mathrm{d}y$$
$$=\int_0^a (a-x)\mathrm{e}^{m(a-x)}f(x)\mathrm{d}x.$$

6. 解: 积分域 D 如图 10-65 所示. 抛物线 $y=x^2$ 的极坐标方程为 $r=\sec\theta\tan\theta$;直线 $y=1$ 的极坐标方程为 $r=\csc\theta$. 用射线 $\theta=\frac{\pi}{4}$ 和 $\theta=\frac{3\pi}{4}$ 将 D 分成 D_1,D_2,D_3 三部分:

$$D_1=\left\{(r,\theta)\mid 0\leqslant r\leqslant \sec\theta\tan\theta,0\leqslant\theta\leqslant\frac{\pi}{4}\right\};$$

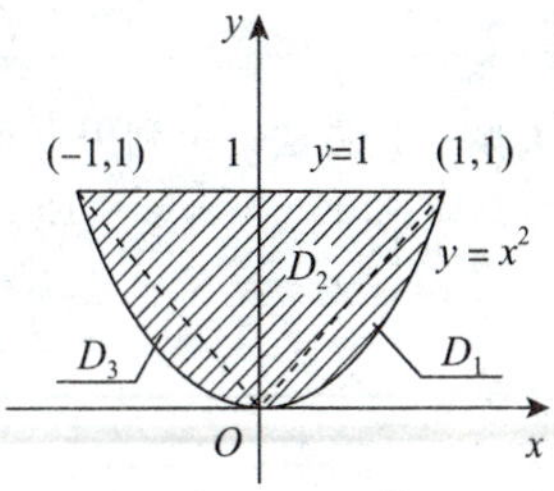

图 10-65

$D_2=\left\{(r,\theta)\mid 0\leqslant r\leqslant \csc\theta,\frac{\pi}{4}\leqslant\theta\leqslant\frac{3\pi}{4}\right\}$;

$D_3=\left\{(r,\theta)\mid 0\leqslant r\leqslant \sec\theta\tan\theta,\frac{3\pi}{4}\leqslant\theta\leqslant\pi\right\}$.

因此

$$\iint_D f(x,y)\mathrm{d}x\mathrm{d}y=\int_0^{\frac{\pi}{4}}\mathrm{d}\theta\int_0^{\sec\theta\tan\theta}f(r\cos\theta,r\sin\theta)r\mathrm{d}r+\int_{\frac{\pi}{4}}^{\frac{3\pi}{4}}\mathrm{d}\theta\int_0^{\csc\theta}f(r\cos\theta,r\sin\theta)r\mathrm{d}r+$$
$$\int_{\frac{3\pi}{4}}^{\pi}\mathrm{d}\theta\int_0^{\sec\theta\tan\theta}f(r\cos\theta,r\sin\theta)r\mathrm{d}r.$$

7. 解:设 $\iint_D f(x,y)\mathrm{d}x\mathrm{d}y=A$,则

$$f(x,y)=\sqrt{1-x^2-y^2}-\frac{8}{\pi}A,$$

从而

$$\iint_D f(x,y)\mathrm{d}x\mathrm{d}y=\iint_D\sqrt{1-x^2-y^2}\mathrm{d}x\mathrm{d}y-\frac{8}{\pi}A\iint_D\mathrm{d}x\mathrm{d}y,$$

又 $\iint_D\mathrm{d}x\mathrm{d}y=D$ 的面积$=\frac{\pi}{8}$,故得

$$A=\iint_D\sqrt{1-x^2-y^2}\mathrm{d}x\mathrm{d}y-A,$$

因此,$A=\frac{1}{2}\iint_D\sqrt{1-x^2-y^2}\mathrm{d}x\mathrm{d}y$.

在极坐标系中,$D=\{(r,\theta)\mid 0\leqslant r\leqslant\sin\theta,0\leqslant\theta\leqslant\frac{\pi}{2}\}$,

因此

$$\iint_D\sqrt{1-x^2-y^2}\mathrm{d}x\mathrm{d}y=\int_0^{\frac{\pi}{2}}\mathrm{d}\theta\int_0^{\sin\theta}\sqrt{1-r^2}r\mathrm{d}r=\frac{\pi}{6}-\frac{2}{9},$$

于是,得 $A=\frac{\pi}{12}-\frac{1}{9}$. 从而 $f(x,y)=\sqrt{1-x^2-y^2}+\frac{8}{9\pi}-\frac{2}{3}$.

8. 解:Ω 为一曲顶柱体,其顶为 $z=x^2+y^2$,底位于 xOy 面上,其侧面由抛物柱面 $y=x^2$ 及平面 $y=1$ 所组成. 由此可知 Ω 在 xOy 面上的投影区域

$$D_{xy}=\{(x,y)\mid x^2\leqslant y\leqslant 1,-1\leqslant x\leqslant 1\}.$$

因此

$$\iiint_\Omega f(x,y,z)\mathrm{d}x\mathrm{d}y\mathrm{d}z=\iint_{D_{xy}}\mathrm{d}x\mathrm{d}y\int_0^{x^2+y^2}f(x,y,z)\mathrm{d}z$$
$$=\int_{-1}^{1}\mathrm{d}x\int_{x^2}^{1}\mathrm{d}y\int_0^{x^2+y^2}f(x,y,z)\mathrm{d}z.$$

9. 解:(1)**方法一** 利用直角坐标,采用"先二后一"的积分次序.

由 $\begin{cases}x^2+y^2+z^2=R^2,\\x^2+y^2+z^2=2Rz\end{cases}$ 解得 $z=\frac{R}{2}$,于是用平面 $z=\frac{R}{2}$ 把 Ω 分成 Ω_1 和 Ω_2 两部分,其中

$$\Omega_1=\{(x,y,z)\mid x^2+y^2\leqslant 2Rz-z^2,0\leqslant z\leqslant\frac{R}{2}\};$$

$$\Omega_2=\{(x,y,z)\mid x^2+y^2\leqslant R^2-z^2,\frac{R}{2}\leqslant z\leqslant R\}\text{(见图 10-66)}$$

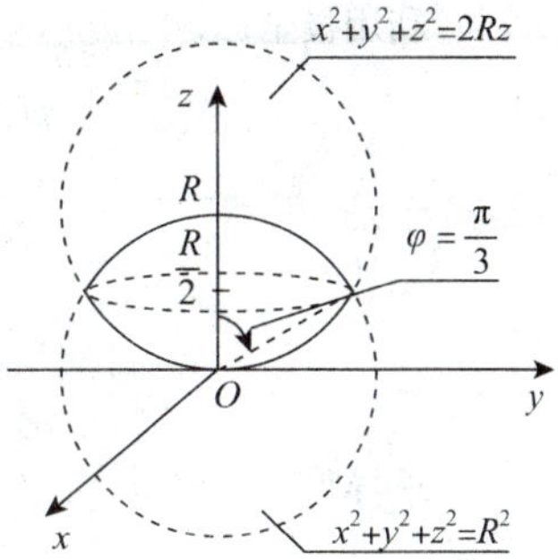

图 10-66

于是

$$
\begin{aligned}
\text{原式} &= \iiint\limits_{\Omega_1} z^2\mathrm{d}x\mathrm{d}y\mathrm{d}z + \iiint\limits_{\Omega_2} z^2\mathrm{d}x\mathrm{d}y\mathrm{d}z \\
&= \int_0^{\frac{R}{2}} z^2\mathrm{d}z \iint\limits_{x^2+y^2\leqslant 2Rz-z^2} \mathrm{d}x\mathrm{d}y + \int_{\frac{R}{2}}^{R} z^2\mathrm{d}z \iint\limits_{x^2+y^2\leqslant R^2-z^2} \mathrm{d}x\mathrm{d}y \\
&= \int_0^{\frac{R}{2}} \pi(2Rz-z^2)\cdot z^2\mathrm{d}z + \int_{\frac{R}{2}}^{R} \pi(R^2-z^2)\cdot z^2\mathrm{d}z \\
&= \frac{1}{40}\pi R^5 + \frac{47}{480}\pi R^5 = \frac{59}{480}\pi R^5.
\end{aligned}
$$

方法二:利用球面坐标计算.作圆锥面

$$\varphi=\arccos\frac{1}{2}=\frac{\pi}{3},$$

将 Ω 分成 Ω_1' 和 Ω_2' 两部分:

$$\Omega_1'=\left\{(r,\varphi,\theta)\,\middle|\,0\leqslant r\leqslant R, 0\leqslant\varphi\leqslant\frac{\pi}{3}, 0\leqslant\theta\leqslant 2\pi\right\}$$

$$\Omega_2'=\left\{(r,\varphi,\theta)\,\middle|\,0\leqslant r\leqslant 2R\cos\varphi, \frac{\pi}{3}\leqslant\varphi\leqslant\frac{\pi}{2},\ 0\leqslant\theta\leqslant 2\pi\right\}.$$

于是

$$
\begin{aligned}
\text{原式} &= \iiint\limits_{\Omega_1'} z^2\mathrm{d}x\mathrm{d}y\mathrm{d}z + \iiint\limits_{\Omega_2'} z^2\mathrm{d}x\mathrm{d}y\mathrm{d}z \\
&= \int_0^{2\pi}\mathrm{d}\theta\int_0^{\frac{\pi}{3}}\cos^2\varphi\sin\varphi\,\mathrm{d}\varphi\int_0^R r^4\mathrm{d}r + \int_0^{2\pi}\mathrm{d}\theta\int_{\frac{\pi}{3}}^{\frac{\pi}{2}}\cos^2\varphi\sin\varphi\,\mathrm{d}\varphi\int_0^{2R\cos\varphi} r^4\mathrm{d}r \\
&= \frac{7}{60}\pi R^5 + \frac{1}{160}\pi R^5 = \frac{59}{480}\pi R^5.
\end{aligned}
$$

(2)由于积分区域 Ω 关于 xOy 面对称,而被积函数关于 z 是奇函数,故所求积分等于零.

(3)积分区域 Ω 由旋转抛物面 $y^2+z^2=2x$ 和平面 $x=5$ 所围成,Ω 在 yOz 面上的投影区域

$$D_{yz}=\{(y,z)\mid y^2+z^2\leqslant 10\}.$$

因此 Ω 可表示为

$$\Omega=\left\{(x,y,z)\,\middle|\,\frac{1}{2}(y^2+z^2)\leqslant x\leqslant 5,\quad 0\leqslant y^2+z^2\leqslant 10\right\}.$$

于是

$$
\begin{aligned}
\iiint\limits_{\Omega}(y^2+z^2)\mathrm{d}v &= \iint\limits_{D_{yz}}(y^2+z^2)\mathrm{d}z\mathrm{d}y\int_{\frac{y^2+z^2}{2}}^{5}\mathrm{d}x \\
&= \iint\limits_{D_{yz}}(y^2+z^2)\left(5-\frac{y^2+z^2}{2}\right)\mathrm{d}y\mathrm{d}z \xlongequal{\text{极坐标}} \iint\limits_{D_{yz}} r^2\left(5-\frac{r^2}{2}\right)r\mathrm{d}r\mathrm{d}\theta \\
&= \int_0^{2\pi}\mathrm{d}\theta\int_0^{\sqrt{10}} r^3\left(5-\frac{r^2}{2}\right)\mathrm{d}r = \frac{250}{3}\pi.
\end{aligned}
$$

【方法点击】 根据本题的积分区域 Ω 的特点,应将 Ω 向 yOz 面投影,即采用先对 x、后对 y 和 z 的积分次序较宜.

10. 解:(1)利用球面坐标,

$$\iiint\limits_{\Omega(t)} f(x^2+y^2+z^2)\mathrm{d}v = \int_0^{2\pi}\mathrm{d}\theta\int_0^{\pi}\sin\varphi\,\mathrm{d}\varphi\int_0^t f(r^2)r^2\mathrm{d}r = 4\pi\int_0^t f(r^2)r^2\mathrm{d}r,$$

利用极坐标，

$$\iint\limits_{D(t)} f(x^2+y^2)\mathrm{d}\sigma=\int_0^{2\pi}\mathrm{d}\theta\int_0^t f(r^2)r\mathrm{d}r=2\pi\int_0^t f(r^2)r\mathrm{d}r.$$

于是

$$F(t)=\frac{2\int_0^t f(r^2)r^2\mathrm{d}r}{\int_0^t f(r^2)r\mathrm{d}r},$$

求导得

$$F'(t)=\frac{2tf(t^2)\int_0^t f(r^2)r(t-r)\mathrm{d}r}{\left[\int_0^t f(r^2)r\mathrm{d}r\right]^2},$$

所以在区间$(0,+\infty)$内，$F'(t)>0$，故$F(t)$在$(0,+\infty)$内单调增加.

证:(2)因为$f(x^2)$为偶函数，故

$$\int_{-t}^t f(x^2)\mathrm{d}x=2\int_0^t f(x^2)\mathrm{d}x=2\int_0^t f(r^2)\mathrm{d}r.$$

所以

$$G(t)=\frac{\int_0^{2\pi}\mathrm{d}\theta\int_0^t f(r^2)r\mathrm{d}r}{2\int_0^t f(r^2)\mathrm{d}r}=\frac{\pi\int_0^t f(r^2)r\mathrm{d}r}{\int_0^t f(r^2)\mathrm{d}r}.$$

要证明$t>0$时，$F(t)>\frac{2}{\pi}G(t)$，即证

$$\frac{2\int_0^t f(r^2)r^2\mathrm{d}r}{\int_0^t f(r^2)r\mathrm{d}r}>\frac{2\int_0^t f(r^2)r\mathrm{d}r}{\int_0^t f(r^2)\mathrm{d}r},$$

只需证当$t>0$时，$H(t)=\int_0^t f(r^2)r^2\mathrm{d}r\cdot\int_0^t f(r^2)\mathrm{d}r-\left[\int_0^t f(r^2)r\mathrm{d}r\right]^2>0.$

由于$H(0)=0$，且

$$H'(t)=f(t^2)\int_0^t f(r^2)(t-r)^2\mathrm{d}r>0,$$

所以$H(t)$在$(0,+\infty)$内单调增加，由$H(t)$在$[0,+\infty)$上连续，故当$t>0$时，

$$H(t)>H(0)=0.$$

因此当$t>0$时，有$F(t)>\frac{2}{\pi}G(t)$.

11. 解:平面方程为$z=c-\frac{c}{a}x-\frac{c}{b}y$，它被三坐标面各处的有限部分在$xOy$面上的投影区域$D_{xy}$为由$x$轴、$y$轴和直线$\frac{x}{a}+\frac{y}{b}=1$所围成的三角形区域. 于是所求面积为

$$A=\iint\limits_{D_{xy}}\sqrt{1+\left(\frac{\partial z}{\partial x}\right)^2+\left(\frac{\partial z}{\partial y}\right)^2}\mathrm{d}x\mathrm{d}y=\iint\limits_{D_{xy}}\sqrt{1+\frac{c^2}{a^2}+\frac{c^2}{b^2}}\mathrm{d}x\mathrm{d}y$$
$$=\frac{1}{ab}\sqrt{a^2b^2+b^2c^2+c^2a^2}\iint\limits_{D_{xy}}\mathrm{d}x\mathrm{d}y=\frac{1}{ab}\sqrt{a^2b^2+b^2c^2+c^2a^2}\cdot\frac{1}{2}ab$$

$$=\frac{1}{2}\sqrt{a^2b^2+b^2c^2+c^2a^2}.$$

12. 解: 设矩形另一边的长度为 l 并建立如图 10-67 所示的坐标系,则质心的纵坐标

$$\overline{y}=\frac{\iint\limits_D y\mathrm{d}\sigma}{A}=\frac{\int_{-R}^{R}\mathrm{d}x\int_{-l}^{\sqrt{R^2-x^2}}y\mathrm{d}y}{A}$$

$$=\frac{\int_{-R}^{R}(R^2-x^2-l^2)\mathrm{d}x}{2A}=\frac{\frac{2}{3}R^3-l^2R}{A}.$$

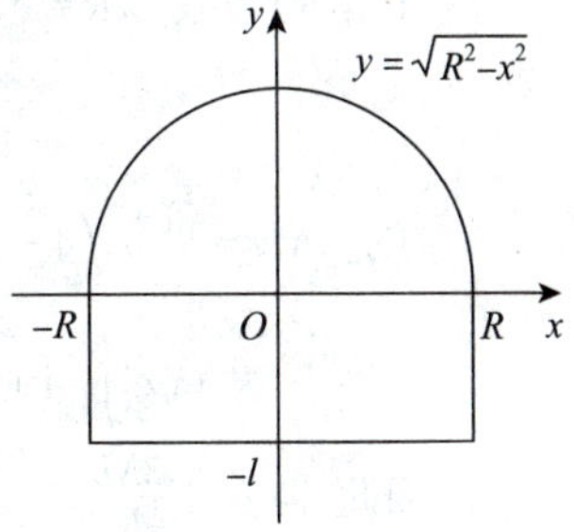

图 10-67

由题设 $\overline{y}=0$ 即可算得 $l=\sqrt{\frac{2}{3}}R$.

13. 解: 闭区域 $D=\{(x,y)\mid-\sqrt{y}\leqslant x\leqslant\sqrt{y},0\leqslant y\leqslant 1\}$,所求的转动惯量为

$$I=\iint\limits_D\mu(y+1)^2\mathrm{d}\sigma=\mu\int_0^1(y+1)^2\mathrm{d}y\int_{-\sqrt{y}}^{\sqrt{y}}\mathrm{d}x=2\mu\int_0^1\sqrt{y}(y+1)^2\mathrm{d}y$$

$$=2\mu\int_0^1(y^{\frac{5}{2}}+2y^{\frac{3}{2}}+y^{\frac{1}{2}})\mathrm{d}y=\frac{368}{105}\mu.$$

14. 解: 求解本题时,所有的分析和计算过程均与习题 10－4 的第 13 题雷同,故这里略去详细的计算步骤.

积分区域 $D=\{(r,\theta)\mid 0\leqslant r\leqslant R,0\leqslant\theta\leqslant\pi\}$.

由于 D 关于 y 轴对称,且质量均匀分布,故 $F_x=0$. 又薄片的面密度 $\mu=\frac{M}{\frac{1}{2}\pi R^2}=\frac{2M}{\pi R^2}$,于是

$$F_y=Gm\mu\iint\limits_D\frac{y}{(x^2+y^2+a^2)^{\frac{3}{2}}}\mathrm{d}\sigma\xlongequal{\text{极坐标}}Gm\mu\int_0^{\pi}\mathrm{d}\theta\int_0^R\frac{r\sin\theta}{(r^2+a^2)^{\frac{3}{2}}}r\mathrm{d}r$$

$$=2Gm\mu\int_0^R\frac{r^2}{(r^2+a^2)^{\frac{3}{2}}}\mathrm{d}r=\frac{4GmM}{\pi R^2}\left(\ln\frac{\sqrt{R^2+a^2}+R}{a}-\frac{R}{\sqrt{R^2+a^2}}\right);$$

$$F_z=-Gam\mu\iint\limits_D\frac{\mathrm{d}\sigma}{(x^2+y^2+a^2)^{\frac{3}{2}}}=-Gam\mu\int_0^{\pi}\mathrm{d}\theta\int_0^R\frac{r}{(r^2+a^2)^{\frac{3}{2}}}\mathrm{d}r$$

$$=-\frac{2GamM}{R^2}\left(\frac{1}{a}-\frac{1}{\sqrt{R^2+a^2}}\right)=-\frac{2GmM}{R^2}\left(1-\frac{a}{\sqrt{R^2+a^2}}\right),$$

所求引力为 $\boldsymbol{F}=(0,F_y,F_z)$.

15. 解: 设质心为 $(\overline{x},\overline{y},\overline{z})$,由对称性知质心位于 z 轴上,即 $\overline{x}=\overline{y}=0$. 由于

$$\iiint\limits_\Omega z\mathrm{d}v=\int_0^b z\mathrm{d}z\iint\limits_{D_z}\mathrm{d}x\mathrm{d}y\left(\text{其中 }D_z=\left\{(x,y)\,\middle|\,x^2+y^2\leqslant a^2\left(1-\frac{z^2}{b^2}\right)\right\}\right)$$

$$=\int_0^b\pi a^2\left(1-\frac{z^2}{b^2}\right)z\mathrm{d}z=\pi a^2\int_0^b\left(z-\frac{z^3}{b^2}\right)\mathrm{d}z=\frac{\pi a^2b^2}{4},$$

$$V=\frac{1}{2}\times\frac{4}{3}\pi a^2b=\frac{2\pi a^2b}{3},$$

因此 $\overline{z}=\frac{\frac{\pi a^2b^2}{4}}{\frac{2\pi a^2b}{3}}=\frac{3b}{8}$,即质心为 $\left(0,0,\frac{3b}{8}\right)$.

16. 解:设行星中心的密度为 μ_0,则由题设,在距球心 $r(0\leqslant r\leqslant R)$ 处的密度为 $\mu(r)=\mu_0-kr$,由于 $\mu(R)=\mu_0-kR=0$,故 $k=\frac{\mu_0}{R}$,即

$$\mu(r)=\mu_0\left(1-\frac{r}{R}\right).$$

于是,
$$M=\iiint_{r\leqslant R}\mu_0\left(1-\frac{r}{R}\right)r^2\sin\varphi\,\mathrm{d}r\mathrm{d}\varphi\mathrm{d}\theta=\mu_0\int_0^{2\pi}\mathrm{d}\theta\int_0^{\pi}\sin\varphi\,\mathrm{d}\varphi\int_0^R\left(1-\frac{r}{R}\right)r^2\mathrm{d}r$$
$$=4\pi\mu_0\int_0^R\left(1-\frac{r}{R}\right)r^2\mathrm{d}r=\frac{\mu_0\pi R^3}{3},$$

因此,得 $\mu_0=\frac{3M}{\pi R^3}$.

第十一章　曲线积分与曲面积分

习题 11－1 解答(教材 P193～P194)

1. 解:(1)设将 L 分成 n 个小弧段,取出其中任意一段记作 $\mathrm{d}s$(其长度也记作 $\mathrm{d}s$),(x,y) 为 $\mathrm{d}s$ 上一点,则 $\mathrm{d}s$ 对 x 轴和对 y 轴的转动惯量的近似值分别为

$$\mathrm{d}I_x=y^2\mu(x,y)\mathrm{d}s,\mathrm{d}I_y=x^2\mu(x,y)\mathrm{d}s.$$

以此作为转动惯量元素并积分,即得 L 对 x 轴、对 y 轴的转动惯量:

$$I_x=\int_L y^2\mu(x,y)\mathrm{d}s,I_y=\int_L x^2\mu(x,y)\mathrm{d}s.$$

(2)$\mathrm{d}s$ 对 x 轴和对 y 轴的静矩的近似值分别为

$$\mathrm{d}M_x=y\mu(x,y)\mathrm{d}s,\mathrm{d}M_y=x\mu(x,y)\mathrm{d}s.$$

以此作为静矩元素并积分,即得 L 对 x 轴、对 y 轴的静矩:

$$M_x=\int_L y\mu(x,y)\mathrm{d}s,M_y=\int_L x\mu(x,y)\mathrm{d}s.$$

从而 L 的质心坐标为

$$\overline{x}=\frac{M_y}{M}=\frac{\int_L x\mu(x,y)\mathrm{d}s}{\int_L\mu(x,y)\mathrm{d}s},\overline{y}=\frac{M_x}{M}=\frac{\int_L y\mu(x,y)\mathrm{d}s}{\int_L\mu(x,y)\mathrm{d}s}.$$

2. 证:设将积分弧段 L 任意分割成 n 个小弧段,第 i 个小弧段的长度为 Δs_i,(ξ_i,η_i) 为第 i 个小弧段上任意取定的一点. 按假设,有

$$f(\xi_i,\eta_i)\Delta s_i\leqslant g(\xi_i,\eta_i)\Delta s_i(i=1,2,\cdots,n),$$
$$\sum_{i=1}^n f(\xi_i,\eta_i)\Delta s_i\leqslant\sum_{i=1}^n g(\xi_i,\eta_i)\Delta s_i.$$

令 $\lambda=\max\{\Delta s_i\}\to0$,上式两端同时取极限,即得

$$\int_L f(x,y)\mathrm{d}s\leqslant\int_L g(x,y)\mathrm{d}s.$$

又 $f(x,y)\leqslant|f(x,y)|$, $-f(x,y)\leqslant|f(x,y)|$,利用以上结果,得

$$\int_L f(x,y)\mathrm{d}s\leqslant\int_L|f(x,y)|\mathrm{d}s,-\int_L f(x,y)\mathrm{d}s\leqslant\int_L|f(x,y)|\mathrm{d}s,$$

即 $\left|\int_L f(x,y)\mathrm{d}s\right| \leqslant \int_L |f(x,y)|\mathrm{d}s$.

3. 解:(1) $\oint_L (x^2+y^2)^n \mathrm{d}s = \int_0^{2\pi} (a^2\cos^2 t + a^2\sin^2 t)^n \sqrt{(-a\sin t)^2+(a\cos t)^2}\mathrm{d}t$

$$= \int_0^{2\pi} a^{2n+1}\mathrm{d}t = 2\pi a^{2n+1}.$$

(2)直线 L 的方程为 $y=1-x(0\leqslant x\leqslant 1)$.

$$\int_L (x+y)\mathrm{d}s = \int_0^1 [x+(1-x)]\sqrt{1+(-1)^2}\mathrm{d}x = \int_0^1 \sqrt{2}\mathrm{d}x = \sqrt{2}.$$

(3) L 由 L_1 和 L_2 两段组成,其中 $L_1: y=x(0\leqslant x\leqslant 1)$; $L_2: y=x^2(0\leqslant x\leqslant 1)$. 于是

$$\oint_L x\mathrm{d}s = \int_{L_1} x\mathrm{d}s + \int_{L_2} x\mathrm{d}s = \int_0^1 x\sqrt{1+1^2}\mathrm{d}x + \int_0^1 x\sqrt{1+(2x)^2}\mathrm{d}x$$

$$= \int_0^1 \sqrt{2}x\mathrm{d}x + \int_0^1 x\sqrt{1+4x^2}\mathrm{d}x = \frac{1}{12}(5\sqrt{5}+6\sqrt{2}-1).$$

(4) L 由线段 $OA: y=0(0\leqslant x\leqslant a)$,圆弧 $\widehat{AB}: x=a\cos t$, $y=a\sin t\left(0\leqslant t\leqslant \frac{\pi}{4}\right)$ 和线段 OB: $y=x\left(0\leqslant x\leqslant \frac{a}{\sqrt{2}}\right)$ 组成(见图 11-1).

$$\int_{OA} \mathrm{e}^{\sqrt{x^2+y^2}}\mathrm{d}s = \int_0^a \mathrm{e}^x\mathrm{d}x = \mathrm{e}^a - 1;$$

$$\int_{\widehat{AB}} \mathrm{e}^{\sqrt{x^2+y^2}}\mathrm{d}s = \int_0^{\frac{\pi}{4}} \mathrm{e}^a \sqrt{(-a\sin t)^2+(a\cos t)^2}\mathrm{d}t$$

$$= \int_0^{\frac{\pi}{4}} a\mathrm{e}^a\mathrm{d}t = \frac{\pi}{4}a\mathrm{e}^a;$$

$$\int_{OB} \mathrm{e}^{\sqrt{x^2+y^2}}\mathrm{d}s = \int_0^{\frac{a}{\sqrt{2}}} \mathrm{e}^{\sqrt{2}x}\sqrt{1+1^2}\mathrm{d}x = \mathrm{e}^a - 1,$$

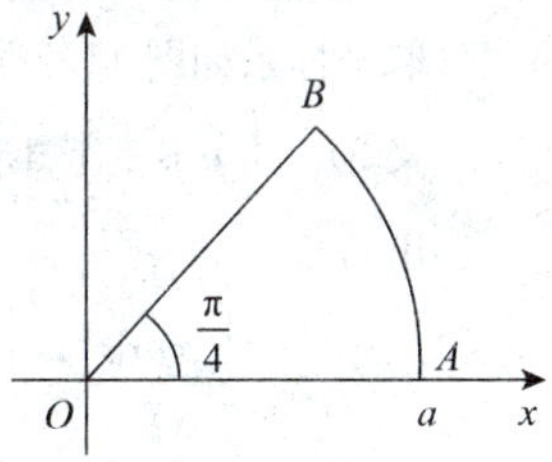

图 11-1

于是 $\int_L \mathrm{e}^{\sqrt{x^2+y^2}}\mathrm{d}s = \mathrm{e}^a - 1 + \frac{\pi}{4}a\mathrm{e}^a + \mathrm{e}^a - 1 = \mathrm{e}^a\left(2+\frac{\pi a}{4}\right) - 2$.

(5) $\mathrm{d}s = \sqrt{\left(\frac{\mathrm{d}x}{\mathrm{d}t}\right)^2 + \left(\frac{\mathrm{d}y}{\mathrm{d}t}\right)^2 + \left(\frac{\mathrm{d}z}{\mathrm{d}t}\right)^2}\mathrm{d}t$

$$= \sqrt{(\mathrm{e}^t\cos t - \mathrm{e}^t\sin t)^2 + (\mathrm{e}^t\sin t + \mathrm{e}^t\cos t)^2 + (\mathrm{e}^t)^2}\mathrm{d}t = \sqrt{3}\mathrm{e}^t\mathrm{d}t,$$

$$\int_\Gamma \frac{1}{x^2+y^2+z^2}\mathrm{d}s = \int_0^2 \frac{1}{\mathrm{e}^{2t}\cos^2 t + \mathrm{e}^{2t}\sin^2 t + \mathrm{e}^{2t}} \cdot \sqrt{3}\mathrm{e}^t\mathrm{d}t = \frac{\sqrt{3}}{2}\int_0^2 \mathrm{e}^{-t}\mathrm{d}t = \frac{\sqrt{3}}{2}(1-\mathrm{e}^{-2}).$$

(6) Γ 由直线段 AB, BC 和 CD 组成,其中

$AB: x=0, y=0, z=t(0\leqslant t\leqslant 2)$; $BC: x=t, y=0, z=2(0\leqslant t\leqslant 1)$;

$CD: x=1, y=t, z=2(0\leqslant t\leqslant 3)$. 于是

$$\int_\Gamma x^2yz\mathrm{d}s = \int_{AB} x^2yz\mathrm{d}s + \int_{BC} x^2yz\mathrm{d}s + \int_{CD} x^2yz\mathrm{d}s$$

$$= \int_0^2 0\mathrm{d}t + \int_0^1 0\mathrm{d}t + \int_0^3 2t\mathrm{d}t = 9.$$

(7) $\mathrm{d}s = \sqrt{\left(\frac{\mathrm{d}x}{\mathrm{d}t}\right)^2 + \left(\frac{\mathrm{d}y}{\mathrm{d}t}\right)^2}\mathrm{d}t = \sqrt{a^2(1-\cos t)^2 + a^2\sin^2 t}\mathrm{d}t = \sqrt{2}a\sqrt{1-\cos t}\mathrm{d}t$,

$$\int_L y^2\mathrm{d}s = \int_0^{2\pi} a^2(1-\cos t)^2 \cdot \sqrt{2}a\sqrt{1-\cos t}\mathrm{d}t$$

$$=\sqrt{2}a^3\int_0^{2\pi}(1-\cos t)^{\frac{5}{2}}\mathrm{d}t=\sqrt{2}a^3\int_0^{2\pi}\left(2\sin^2\frac{t}{2}\right)^{\frac{5}{2}}\mathrm{d}t$$

$$\xlongequal{u=\frac{t}{2}}16a^3\int_0^{\pi}\sin^5u\mathrm{d}u=32a^3\int_0^{\frac{\pi}{2}}\sin^5u\mathrm{d}u$$

$$=32a^3\times\frac{4}{5}\times\frac{2}{3}=\frac{256}{15}a^3.$$

【方法点击】 上式中利用了同济教材上册第五章第3节例12的结论,即

$$\int_0^{\frac{\pi}{2}}\sin^n x\mathrm{d}x=\int_0^{\frac{\pi}{2}}\cos^n x\mathrm{d}x=\begin{cases}\frac{n-1}{n}\times\frac{n-3}{n-2}\times\frac{n-5}{n-4}\times\cdots\times\frac{4}{5}\times\frac{2}{3}\times1, & n\text{ 为正奇数},\\ \frac{n-1}{n}\times\frac{n-3}{n-2}\times\frac{n-5}{n-4}\times\cdots\times\frac{3}{4}\times\frac{1}{2}\times\frac{\pi}{2}, & n\text{ 为正偶数}.\end{cases}$$

(8) $\mathrm{d}s=\sqrt{\left(\frac{\mathrm{d}x}{\mathrm{d}t}\right)^2+\left(\frac{\mathrm{d}y}{\mathrm{d}t}\right)^2}\mathrm{d}t=\sqrt{(at\cos t)^2+(at\sin t)^2}\mathrm{d}t=at\mathrm{d}t$,

$$\int_L(x^2+y^2)\mathrm{d}s=\int_0^{2\pi}[a^2(\cos t+t\sin t)^2+a^2(\sin t-t\cos t)^2]\cdot at\mathrm{d}t$$

$$=\int_0^{2\pi}a^3(1+t^2)t\mathrm{d}t=2\pi^2a^3(1+2\pi^2).$$

【方法点击】 对弧长的曲线积分化为定积分时,定积分的上限一定要大于下限.

4. 解: 取坐标系如图11-2所示,则由对称性知 $\overline{y}=0$.

又 $M=\int_L\mu\mathrm{d}s=\int_L\mathrm{d}s=2\varphi a$(也可由圆弧的弧长公式直接得出),故

$$\overline{x}=\frac{\int_L x\mu\mathrm{d}s}{M}=\frac{\int_{-\varphi}^{\varphi}a\cos t\cdot a\mathrm{d}t}{2\varphi a}=\frac{2a^2\sin\varphi}{2\varphi a}=\frac{a\sin\varphi}{\varphi},$$

所求圆弧的质心的位置为 $\left(\frac{a\sin\varphi}{\varphi},0\right)$.

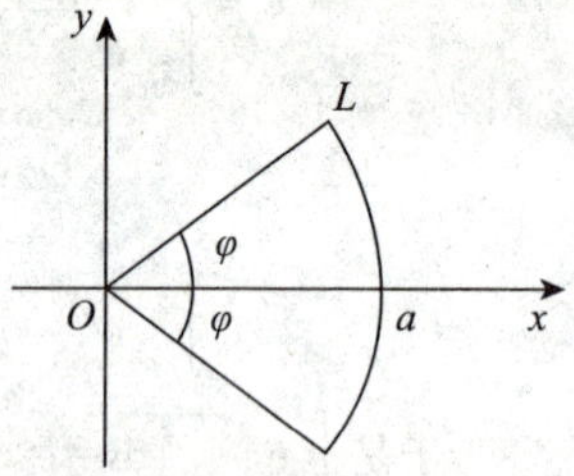

图 11-2

5. 解: (1) $I_z=\int_L(x^2+y^2)\mu(x,y,z)\mathrm{d}s=\int_L(x^2+y^2)(x^2+y^2+z^2)\mathrm{d}s$

$$=\int_0^{2\pi}a^2(a^2+k^2t^2)\sqrt{(-a\sin t)^2+(a\cos t)^2+k^2}\,\mathrm{d}t$$

$$=a^2\sqrt{a^2+k^2}\int_0^{2\pi}(a^2+k^2t^2)\mathrm{d}t=\frac{2}{3}\pi a^2\sqrt{a^2+k^2}(3a^2+4\pi^2k^2).$$

(2) 设质心坐标为 $(\overline{x},\overline{y},\overline{z})$.

$$M=\int_L\mu(x,y,z)\mathrm{d}s=\int_L(x^2+y^2+z^2)\mathrm{d}s=\int_0^{2\pi}(a^2+k^2t^2)\sqrt{a^2+k^2}\,\mathrm{d}t$$

$$=\frac{2}{3}\pi\sqrt{a^2+k^2}(3a^2+4\pi^2k^2),$$

$$\overline{x}=\frac{1}{M}\int_L x\mu(x,y,z)\mathrm{d}s=\frac{1}{M}\int_L x(x^2+y^2+z^2)\mathrm{d}s$$

$$=\frac{1}{M}\int_0^{2\pi}a\cos t(a^2+k^2t^2)\cdot\sqrt{a^2+k^2}\,\mathrm{d}t=\frac{a\sqrt{a^2+k^2}}{M}\int_0^{2\pi}(a^2+k^2t^2)\cos t\mathrm{d}t,$$

由于

$$\int_0^{2\pi}(a^2+k^2t^2)\cos t\mathrm{d}t=\left[(a^2+k^2t^2)\sin t\right]\Big|_0^{2\pi}-\int_0^{2\pi}\sin t\cdot 2k^2t\mathrm{d}t$$
$$=\left(2k^2t\cos t\right)\Big|_0^{2\pi}-\int_0^{2\pi}2k^2\cos t\mathrm{d}t=4\pi k^2,$$

因此
$$\bar{x}=\frac{a\sqrt{a^2+k^2}\cdot 4\pi k^2}{\frac{2}{3}\pi\sqrt{a^2+k^2}(3a^2+4\pi^2k^2)}=\frac{6ak^2}{3a^2+4\pi^2k^2}.$$

类似的,
$$\bar{y}=\frac{1}{M}\int_L y(x^2+y^2+z^2)\mathrm{d}s=\frac{a\sqrt{a^2+k^2}}{M}\int_0^{2\pi}(a^2+k^2t^2)\sin t\mathrm{d}t$$
$$=\frac{a\sqrt{a^2+k^2}\cdot(-4\pi^2k^2)}{M}=\frac{-6\pi ak^2}{3a^2+4\pi^2k^2}.$$
$$\bar{z}=\frac{1}{M}\int_L z(x^2+y^2+z^2)\mathrm{d}s=\frac{k\sqrt{a^2+k^2}}{M}\int_0^{2\pi}t(a^2+k^2t^2)\mathrm{d}t$$
$$=\frac{k\sqrt{a^2+k^2}(2a^2\pi^2+4k^2\pi^4)}{M}=\frac{3\pi k(a^2+2\pi^2k^2)}{3a^2+4\pi^2k^2}.$$

习题 11—2 解答(教材 P203~P204)

1. 证: 将 L 的方程表达为如下的参数形式 $\begin{cases}x=a,\\ y=t,\end{cases}$ t 从 α 变到 β.

于是由第二类曲线积分的计算公式,得
$$\int_L P(x,y)\mathrm{d}x=\int_\alpha^\beta P(a,t)\cdot 0\mathrm{d}t=0.$$

【方法点击】 本题给出了第二类曲线积分的一个重要性质:

如果 L 为垂直于 x 轴的有向线段,则 $\int_L P(x,y)\mathrm{d}x=0$;如果 L 为垂直于 y 轴的有向线段,则 $\int_L Q(x,y)\mathrm{d}y=0$. 这一性质常被用来简化第二类曲线积分的计算.

2. 证: 将 L 的方程表达为如下的参数形式: $\begin{cases}x=x,\\ y=0,\end{cases}$ x 从 a 变到 b,于是
$$\int_L P(x,y)\mathrm{d}x=\int_a^b P(x,0)\mathrm{d}x.$$

3. 解: (1) $\int_L (x^2-y^2)\mathrm{d}x=\int_0^2 (x^2-x^4)\mathrm{d}x=-\frac{56}{15}.$

(2) 如图 11-3 所示,L 由 L_1 和 L_2 所组成,其中 L_1 为有向半圆弧:
$$\begin{cases}x=a+a\cos t,\\ y=a\sin t,\end{cases}\quad t\text{ 从 }0\text{ 变到 }\pi;$$

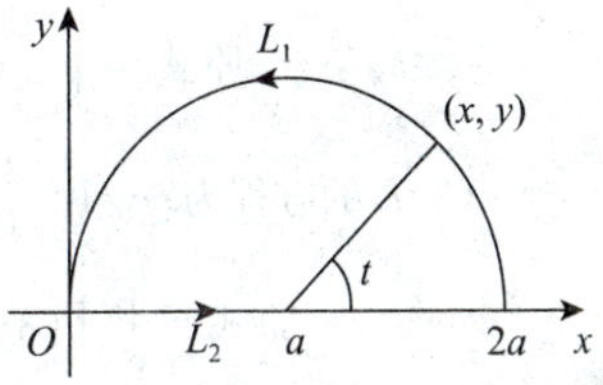

图 11-3

L_2 为有向线段 $y=0$,x 从 0 变到 $2a$. 于是
$$\oint_L xy\mathrm{d}x=\int_{L_1}xy\mathrm{d}x+\int_{L_2}xy\mathrm{d}x$$
$$=\int_0^\pi a(1+\cos t)\cdot a\sin t\cdot(-a\sin t)\mathrm{d}t+0$$
$$=-a^3\left(\int_0^\pi \sin^2t\mathrm{d}t+\int_0^\pi \sin^2t\cos t\mathrm{d}t\right)=-a^3\left(\frac{\pi}{2}+0\right)=-\frac{\pi}{2}a^3.$$

(3) $\int_L y\mathrm{d}x+x\mathrm{d}y=\int_0^{\frac{\pi}{2}}[R\sin t\cdot(-R\sin t)+R\cos t\cdot R\cos t]\mathrm{d}t=R^2\int_0^{\frac{\pi}{2}}\cos 2t\mathrm{d}t=0.$

(4) L 的参数方程为 $x=a\cos t, y=a\sin t, t$ 从 0 变到 2π. 于是

$$\text{原式}=\frac{1}{a^2}\int_0^{2\pi}[a(\cos t+\sin t)(-a\sin t)-a(\cos t-\sin t)\cdot a\cos t]\mathrm{d}t$$
$$=\frac{1}{a^2}\int_0^{2\pi}(-a^2)\mathrm{d}t=-2\pi.$$

(5) $\int_\Gamma x^2\mathrm{d}x+z\mathrm{d}y-y\mathrm{d}z=\int_0^{\pi}[k^2\theta^2\cdot k+a\sin\theta\cdot(-a\sin\theta)-a\cos\theta\cdot(a\cos\theta)]\mathrm{d}\theta$

$$=\int_0^{\pi}(k^3\theta^2-a^2)\mathrm{d}\theta=\frac{1}{3}k^3\pi^3-a^2\pi.$$

(6)直线 Γ 的参数方程为: $x=1+t, y=1+2t, z=1+3t, t$ 从 0 变到 1. 于是

$$\text{原式}=\int_0^1[(1+t)\times 1+(1+2t)\times 2+(1+t+1+2t-1)\times 3]\mathrm{d}t$$
$$=\int_0^1(6+14t)\mathrm{d}t=13.$$

(7) Γ 由有向线段 AB, BC, CA 依次连接而成,其中

AB: $x=1-t$, $y=t$, $z=0$, t 从 0 变到 1;

BC: $x=0$, $y=1-t$, $z=t$, t 从 0 变到 1;

CA: $x=t$, $y=0$, $z=1-t$, t 从 0 变到 1.

$$\int_{AB}\mathrm{d}x-\mathrm{d}y+y\mathrm{d}z=\int_0^1[(-1)-1+0]\mathrm{d}t=-2,$$
$$\int_{BC}\mathrm{d}x-\mathrm{d}y+y\mathrm{d}z=\int_0^1[0-(-1)+(1-t)\cdot 1]\mathrm{d}t=\int_0^1(2-t)\mathrm{d}t=\frac{3}{2},$$
$$\int_{CA}\mathrm{d}x-\mathrm{d}y+y\mathrm{d}z=\int_0^1(1-0+0)\mathrm{d}t=1.$$

因此, $\oint_\Gamma \mathrm{d}x-\mathrm{d}y+y\mathrm{d}z=-2+\frac{3}{2}+1=\frac{1}{2}.$

(8) $\int_L(x^2-2xy)\mathrm{d}x+(y^2-2xy)\mathrm{d}y=\int_{-1}^1[(x^2-2x\cdot x^2)+(x^4-2x\cdot x^2)\cdot 2x]\mathrm{d}x$

$$=\int_{-1}^1(2x^5-4x^4-2x^3+x^2)\mathrm{d}x$$
$$=2\int_0^1(-4x^4+x^2)\mathrm{d}x=-\frac{14}{15}.$$

4. 解:(1)化为对 y 的定积分. $L: x=y^2$, y 从 1 变到 2,

$$\text{原式}=\int_1^2[(y^2+y)\cdot 2y+(y-y^2)\cdot 1]\mathrm{d}y=\int_1^2(2y^3+y^2+y)\mathrm{d}y=\frac{34}{3}.$$

(2) L 的方程为 $y-1=\frac{2-1}{4-1}(x-1)$,即 $x=3y-2$, y 从 1 变到 2, 化为对 y 的定积分计算,有

$$\text{原式}=\int_1^2[(3y-2+y)\cdot 3+(y-3y+2)\cdot 1]\mathrm{d}y=\int_1^2(10y-4)\mathrm{d}y=11.$$

(3)记 L_1 为从点(1,1)到点(1,2)的有向线段, L_2 为从点(1,2)到点(4,2)的有向线段. 则 L_1: $x=1$, y 从 1 变到 2; $L2$: $y=2$, x 从 1 变到 4. 在 L_1 上, $\mathrm{d}x=0$;在 L_2 上, $\mathrm{d}y=0$. 于是

$$\int_{L_1}(x+y)\mathrm{d}x+(y-x)\mathrm{d}y=\int_1^2(y-1)\mathrm{d}y=\frac{1}{2};$$

$$\int_{L_2}(x+y)\mathrm{d}x+(y-x)\mathrm{d}y=\int_1^4(x+2)\mathrm{d}x=\frac{27}{2},$$

因此，原式$=\dfrac{1}{2}+\dfrac{27}{2}=14$.

(4)由$\begin{cases}2t^2+t+1=1,\\t^2+1=1\end{cases}$可得 $t=0$；由$\begin{cases}2t^2+t+1=4,\\t^2+1=2\end{cases}$可得 $t=1$. 因此

$$\begin{aligned}原式&=\int_0^1[(2t^2+t+1+t^2+1)\cdot(4t+1)+(t^2+1-2t^2-t-1)\cdot 2t]\mathrm{d}t\\&=\int_0^1(10t^3+5t^2+9t+2)\mathrm{d}t=\frac{32}{3}.\end{aligned}$$

5. 解：依题意，$\boldsymbol{F}=(|\boldsymbol{F}|,0)$，$L$：$x=R\cos t$，$y=R\sin t$，$t$ 从 0 变到$\dfrac{\pi}{2}$，因此

$$W=\int_L\boldsymbol{F}\cdot\mathrm{d}\boldsymbol{r}=\int_L|\boldsymbol{F}|\mathrm{d}x+0\mathrm{d}y=|\boldsymbol{F}|\int_0^{\frac{\pi}{2}}-R\sin t\mathrm{d}t=-|\boldsymbol{F}|R.$$

6. 解：重力 $\boldsymbol{F}=(0,0,mg)$，质点移动的直线路径 L 的方程为

$$\begin{cases}x=x_1+(x_2-x_1)t,\\y=y_1+(y_2-y_1)t,\quad t\text{ 从 0 变到 1.}\\z=z_1+(z_2-z_1)t,\end{cases}$$

于是 $W=\int_L\boldsymbol{F}\cdot\mathrm{d}\boldsymbol{r}=\int_L0\mathrm{d}x+0\mathrm{d}y+mg\mathrm{d}z=\int_0^1mg(z_2-z_1)\mathrm{d}t=mg(z_2-z_1)$.

7. 解：(1)L 为点$(0,0)$到点$(1,1)$的有向线段，其上任一点处的切向量的方向余弦满足 $\cos\alpha=\cos\beta=\cos\dfrac{\pi}{4}=\dfrac{1}{\sqrt{2}}$，于是

$$\begin{aligned}\int_LP(x,y)\mathrm{d}x+Q(x,y)\mathrm{d}y&=\int_L[P(x,y)\cos\alpha+Q(x,y)\cos\beta]\mathrm{d}s\\&=\int_L\frac{P(x,y)+Q(x,y)}{\sqrt{2}}\mathrm{d}s.\end{aligned}$$

(2)L 由如下的参数方程给出：$x=x$，$y=x^2$，x 从 0 变到 1，故 L 的切向量的方向余弦为

$$\cos\alpha=\frac{1}{\sqrt{1+y'^2(x)}}=\frac{1}{\sqrt{1+4x^2}},\cos\beta=\frac{y'(x)}{\sqrt{1+y'^2(x)}}=\frac{2x}{\sqrt{1+4x^2}},$$

于是$\displaystyle\int_LP(x,y)\mathrm{d}x+Q(x,y)\mathrm{d}y=\int_L\frac{P(x,y)+2xQ(x,y)}{\sqrt{1+4x^2}}\mathrm{d}s$.

(3)L 由如下的参数方程给出：$x=x$，$y=\sqrt{2x-x^2}$，x 从 0 变到 1，故 L 的切向量的方向余弦为

$$\cos\alpha=\frac{1}{\sqrt{1+y'^2(x)}}=\frac{1}{\sqrt{1+\left(\dfrac{1-x}{\sqrt{2x-x^2}}\right)^2}}=\sqrt{2x-x^2},$$

$$\cos\beta=\frac{y'(x)}{\sqrt{1+y'^2(x)}}=\frac{1-x}{\sqrt{2x-x^2}}\cdot\sqrt{2x-x^2}=1-x,$$

于是$\displaystyle\int_LP(x,y)\mathrm{d}x+Q(x,y)\mathrm{d}y=\int_L[\sqrt{2x-x^2}P(x,y)+(1-x)Q(x,y)]\mathrm{d}s$.

8. 解：$\dfrac{\mathrm{d}x}{\mathrm{d}t}=1$，$\dfrac{\mathrm{d}y}{\mathrm{d}t}=2t=2x$，$\dfrac{\mathrm{d}z}{\mathrm{d}t}=3t^2=3y$，注意到参数 t 由小变到大，因此 Γ 的切向量的方向余弦为

$$\cos\alpha=\frac{x'(t)}{\sqrt{x'^2(t)+y'^2(t)+z'^2(t)}}=\frac{1}{\sqrt{1+4x^2+9y^2}},$$

$$\cos\beta=\frac{y'(t)}{\sqrt{x'^2(t)+y'^2(t)+z'^2(t)}}=\frac{2x}{\sqrt{1+4x^2+9y^2}},$$

$$\cos\gamma=\frac{z'(t)}{\sqrt{x'^2(t)+y'^2(t)+z'^2(t)}}=\frac{3y}{\sqrt{1+4x^2+9y^2}}.$$

从而$\int_\Gamma P\mathrm{d}x+Q\mathrm{d}y+R\mathrm{d}z=\int_\Gamma \frac{P+2xQ+3yR}{\sqrt{1+4x^2+9y^2}}\mathrm{d}s.$

习题 11－3 解答(教材 P216～P218)

1. 解:(1)先按曲线积分的计算公式直接计算. 记$L_1:y=x^2$, x从0变到1; $L_2:x=y^2$, y从1变到0(见图 11-4). 于是

$$\begin{aligned}\text{原式}&=\int_{L_1}(2xy-x^2)\mathrm{d}x+(x+y^2)\mathrm{d}y+\int_{L_2}(2xy-x^2)\mathrm{d}x+(x+y^2)\mathrm{d}y\\&=\int_0^1[(2x^3-x^2)+(x+x^4)\cdot 2x]\mathrm{d}x+\int_1^0[(2y^3-y^4)\cdot 2y+(y^2+y^2)]\mathrm{d}y\\&=\int_0^1(2x^5+2x^3+x^2)\mathrm{d}x+\int_1^0(-2y^5+4y^4+2y^2)\mathrm{d}y=\frac{7}{6}-\frac{17}{15}=\frac{1}{30}.\end{aligned}$$

又$P=2xy-x^2$, $Q=x+y^2$, $\frac{\partial P}{\partial y}=2x$, $\frac{\partial Q}{\partial x}=1$,

$$\begin{aligned}\iint_D\left(\frac{\partial Q}{\partial x}-\frac{\partial P}{\partial y}\right)\mathrm{d}x\mathrm{d}y&=\iint_D(1-2x)\mathrm{d}x\mathrm{d}y=\int_0^1(1-2x)\mathrm{d}x\int_{x^2}^{\sqrt{x}}\mathrm{d}y\\&=\int_0^1(1-2x)(\sqrt{x}-x^2)\mathrm{d}x\\&=\int_0^1(x^{\frac{1}{2}}-2x^{\frac{3}{2}}-x^2+2x^3)\mathrm{d}x=\frac{1}{30}.\end{aligned}$$

可见,$\oint_L P\mathrm{d}x+Q\mathrm{d}y=\iint_D\left(\frac{\partial Q}{\partial x}-\frac{\partial P}{\partial y}\right)\mathrm{d}x\mathrm{d}y.$

(2)如图 11-5 所示,L由有向线段OA,AB,BC和CO组成.

$$\int_{OA}(x^2-xy^3)\mathrm{d}x+(y^2-2xy)\mathrm{d}y=\int_0^2 x^2\mathrm{d}x=\frac{8}{3};$$

$$\int_{AB}(x^2-xy^3)\mathrm{d}x+(y^2-2xy)\mathrm{d}y=\int_0^2(y^2-4y)\mathrm{d}y=\frac{8}{3}-8;$$

$$\int_{BC}(x^2-xy^3)\mathrm{d}x+(y^2-2xy)\mathrm{d}y=\int_2^0(x^2-8x)\mathrm{d}x=16-\frac{8}{3};$$

$$\int_{CO}(x^2-xy^3)\mathrm{d}x+(y^2-2xy)\mathrm{d}y=\int_2^0 y^2\mathrm{d}y=-\frac{8}{3},$$

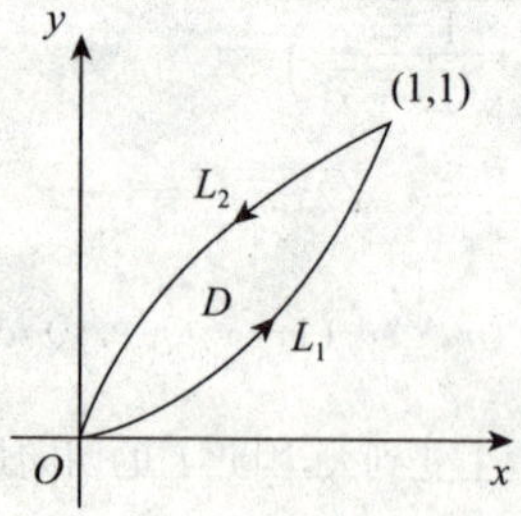

图 11-4

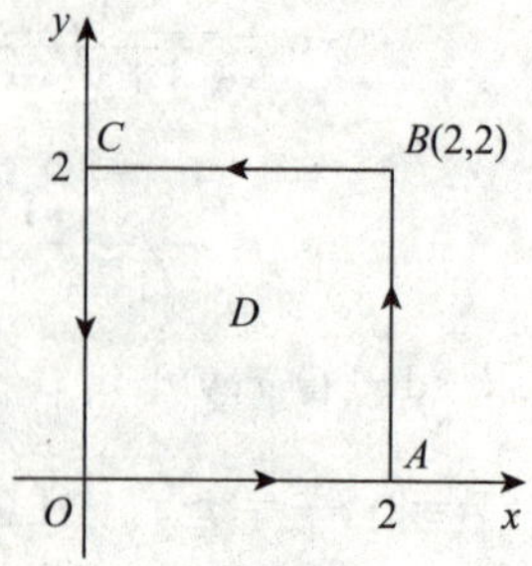

图 11-5

于是

$$原式=\frac{8}{3}+\left(\frac{8}{3}-8\right)+\left(16-\frac{8}{3}\right)+\left(-\frac{8}{3}\right)=8.$$

又$\frac{\partial Q}{\partial x}=-2y,\frac{\partial P}{\partial y}=-3xy^2,$

$$\iint_D\left(\frac{\partial Q}{\partial x}-\frac{\partial P}{\partial y}\right)dxdy=\iint_D(-2y+3xy^2)dxdy=\int_0^2dx\int_0^2(-2y+3xy^2)dy$$

$$=\int_0^2(8x-4)dx=8,$$

可见$\oint_L Pdx+Qdy=\iint_D\left(\frac{\partial Q}{\partial x}-\frac{\partial P}{\partial y}\right)dxdy.$

2. 解:(1)正向星形线的参数方程中的参数 t 从 0 变到 2π,因此

$$A=\frac{1}{2}\oint_L xdy-ydx$$

$$=\frac{1}{2}\int_0^{2\pi}[a\cos^3t(3a\sin^2t\cos t)-a\sin^3t(3a\cos^2t)(-\sin t)]dt$$

$$=\frac{3a^2}{2}\int_0^{2\pi}(\cos^4t\sin^2t+\sin^4t\cos^2t)dt$$

$$=\frac{3a^2}{2}\int_0^{2\pi}\sin^2t\cos^2tdt=\frac{3a^2}{2}\int_0^{2\pi}\frac{1}{8}(1-\cos 4t)dt=\frac{3}{8}\pi a^2.$$

(2)正向椭圆 $9x^2+16y^2=144$ 的参数方程为

$$x=4\cos t,\ y=3\sin t(t\text{ 从 0 变到 }2\pi),$$

$$A=\frac{1}{2}\oint_L xdy-ydx=\frac{1}{2}\int_0^{2\pi}[4\cos t\cdot 3\cos t-3\sin t(-4\sin t)]dt$$

$$=6\int_0^{2\pi}dt=12\pi.$$

(3)正向圆周 $x^2+y^2=2ax$,即$(x-a)^2+y^2=a^2$ 的参数方程为

$$x=a+a\cos t,\ y=a\sin t,(t\text{ 从 0 变到 }2\pi)$$

$$A=\frac{1}{2}\oint_L xdy-ydx=\frac{1}{2}\int_0^{2\pi}[(a+a\cos t)a\cos t-a\sin t(-a\sin t)]dt$$

$$=\frac{a^2}{2}\int_0^{2\pi}(1+\cos t)dt=\pi a^2.$$

3. 解:在 L 所围的区域内的点(0,0)处,函数 $P(x,y),Q(x,y)$均无意义.现取 r 为适当小的正数,使圆周 l(取逆时针方向):$x=r\cos t,\ y=r\sin t$(t 从 0 变到 2π)位于 L 所围的区域内,则在由 L 和 l^- 所围成的复连通区域 D 上(见图11-6),可应用格林公式,在 D 上,

$$\frac{\partial Q}{\partial x}=\frac{x^2-y^2}{2(x^2+y^2)}=\frac{\partial P}{\partial y},$$

于是由格林公式得

$$\oint_L\frac{ydx-xdy}{2(x^2+y^2)}+\oint_{l^-}\frac{ydx-xdy}{2(x^2+y^2)}=\iint_D\left(\frac{\partial Q}{\partial x}-\frac{\partial P}{\partial y}\right)dxdy=0,$$

从而

$$\oint_L\frac{ydx-xdy}{2(x^2+y^2)}=\oint_l\frac{ydx-xdy}{2(x^2+y^2)}=\int_0^{2\pi}\frac{-r^2\sin^2t-r^2\cos^2t}{2r^2}dt$$

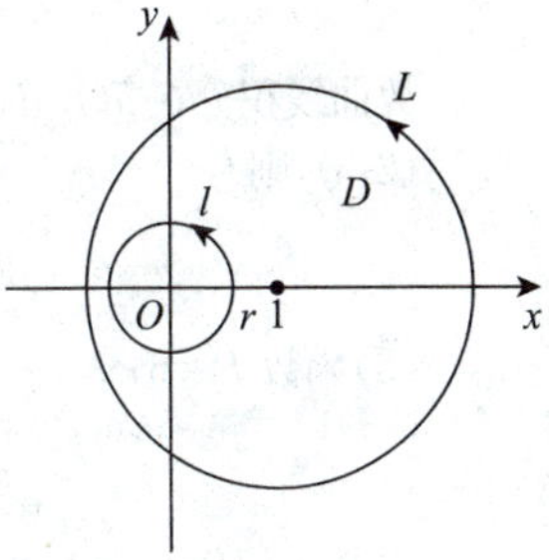

图 11-6

$$=-\frac{1}{2}\int_0^{2\pi}\mathrm{d}t=-\pi.$$

4. 解：记 D 为 C 所围成的平面有界闭区域，C 为 D 的正向边界曲线，则由格林公式

$$\oint_C\left(x+\frac{y^3}{3}\right)\mathrm{d}x+\left(y+x-\frac{2}{3}x^3\right)\mathrm{d}y=\iint_D[(1-2x^2)-y^2]\mathrm{d}x\mathrm{d}y.$$

要使上式右端的二重积分达到最大值，D 应包含所有使被积函数 $1-2x^2-y^2$ 大于零的点，而不包含使被积函数小于零的点. 因此 D 应为由椭圆 $2x^2+y^2=1$ 所围成的闭区域. 这就是说，当 C 为取逆时针方向的椭圆 $2x^2+y^2=1$ 时，所给的曲线积分达到最大值.

5. 证：n 边形的正向边界 L 由有向线段 $M_1M_2, M_2M_3, \cdots, M_{n-1}M_n, M_nM_1$ 组成.

有向线段 M_1M_2 的参数方程为 $x=x_1+(x_2-x_1)t, y=y_1+(y_2-y_1)t$，$t$ 从 0 变到 1，于是

$$\begin{aligned}\int_{M_1M_2}x\mathrm{d}y-y\mathrm{d}x&=\int_0^1\{[x_1+(x_2-x_1)t](y_2-y_1)-[y_1+(y_2-y_1)t](x_2-x_1)\}\mathrm{d}t\\&=\int_0^1[x_1(y_2-y_1)-y_1(x_2-x_1)]\mathrm{d}t\\&=\int_0^1(x_1y_2-x_2y_1)\mathrm{d}t=x_1y_2-x_2y_1.\end{aligned}$$

同理，可求得

$$\int_{M_2M_3}x\mathrm{d}y-y\mathrm{d}x=x_2y_3-x_3y_2,$$

$$\vdots$$

$$\int_{M_{n-1}M_n}x\mathrm{d}y-y\mathrm{d}x=x_{n-1}y_n-x_ny_{n-1},$$

$$\int_{M_nM_1}x\mathrm{d}y-y\mathrm{d}x=x_ny_1-x_1y_n.$$

因此 n 边形的面积

$$\begin{aligned}A&=\frac{1}{2}\oint x\mathrm{d}y-y\mathrm{d}x=\frac{1}{2}\left(\int_{M_1M_2}+\int_{M_2M_3}+\cdots+\int_{M_{n-1}M_n}+\int_{M_nM_1}\right)x\mathrm{d}y-y\mathrm{d}x\\&=\frac{1}{2}[(x_1y_2-x_2y_1)+(x_2y_3-x_3y_2)+\cdots+(x_{n-1}y_n-x_ny_{n-1})+(x_ny_1-x_1y_n)].\end{aligned}$$

6. 解：(1) 函数 $P=x+y$，$Q=x-y$ 在整个 xOy 面这个单连通区域内，具有一阶连续偏导数，且

$$\frac{\partial Q}{\partial x}=1=\frac{\partial P}{\partial y},$$

故曲线积分在 xOy 面内与路径无关. 取折线积分路径 MRN，其中 M 为(1,1)，R 为(2,1)，N 为(2,3)，则有

$$原式=\int_1^2(x+1)\mathrm{d}x+\int_1^3(2-y)\mathrm{d}y=\frac{5}{2}+0=\frac{5}{2}.$$

(2) 函数 $P=6xy^2-y^3$，$Q=6x^2y-3xy^2$ 在 xOy 面这个单连通区域内具有一阶连续偏导数，且

$$\frac{\partial Q}{\partial x}=12xy-3y^2=\frac{\partial P}{\partial y},$$

故曲线积分在 xOy 面内与路径无关. 取折线积分路径 MRN，其中 M 为(1,2)，R 为(3,2)，N 为(3,4)，则有

$$原式=\int_1^3(24x-8)\mathrm{d}x+\int_2^4(54y-9y^2)\mathrm{d}y=80+156=236.$$

(3)函数 $P=2xy-y^4+3$，$Q=x^2-4xy^3$ 在 xOy 面这个单连通区域内具有一阶连续偏导数，且

$$\frac{\partial Q}{\partial x}=2x-4y^3=\frac{\partial P}{\partial y},$$

故曲线积分在 xOy 面内与路径无关. 取折线积分路径 MRN，其中 M 为(1,0)，R 为(2,0)，N 为(2,1)，则

$$原式=\int_1^2 3\mathrm{d}x+\int_0^1(4-8y^3)\mathrm{d}y=3+2=5.$$

7. 解：(1)设 D 为 L 所围的三角形闭区域，则由格林公式，

$$\oint_L(2x-y+4)\mathrm{d}x+(5y+3x-6)\mathrm{d}y=\iint_D\left(\frac{\partial Q}{\partial x}-\frac{\partial P}{\partial y}\right)\mathrm{d}x\mathrm{d}y$$

$$=\iint_D[3-(-1)]\mathrm{d}x\mathrm{d}y=4\iint_D\mathrm{d}x\mathrm{d}y=4\times(D\text{ 的面积})=4\times3=12.$$

(2)由于 $\frac{\partial Q}{\partial x}=2x\sin x+x^2\cos x-2ye^x$，$\frac{\partial P}{\partial y}=x^2\cos x+2x\sin x-2ye^x$，

故由格林公式得

$$原式=\iint_D\left(\frac{\partial Q}{\partial x}-\frac{\partial P}{\partial y}\right)\mathrm{d}x\mathrm{d}y=\iint_D 0\cdot\mathrm{d}x\mathrm{d}y=0.$$

(3)由于 $P=2xy^3-y^2\cos x$，$Q=1-2y\sin x+3x^2y^2$ 在 xOy 面内具有一阶连续偏导数，且

$$\frac{\partial Q}{\partial x}=-2y\cos x+6xy^2=\frac{\partial P}{\partial y},$$

故所给曲线积分与路径无关. 于是将原积分路径 L 改变为折线路径 ORN，其中 O 为(0,0)，R 为 $\left(\frac{\pi}{2},0\right)$，$N$ 为 $\left(\frac{\pi}{2},1\right)$（见图 11-7），得

$$原式=\int_0^{\frac{\pi}{2}}0\cdot\mathrm{d}x+\int_0^1\left(1-2y\sin\frac{\pi}{2}+3\cdot\frac{\pi^2}{4}y^2\right)\mathrm{d}y$$

$$=\int_0^1\left(1-2y+\frac{3}{4}\pi^2y^2\right)\mathrm{d}y=\frac{\pi^2}{4}.$$

(4)由于 $P=x^2-y$，$Q=-(x+\sin^2 y)$ 在 xOy 面内具有一阶连续偏导数，且 $\frac{\partial Q}{\partial x}=-1=\frac{\partial P}{\partial y}$，故所给曲线积分与路径无关. 于是将原积分路径 L 改为折线路径 ORN，其中 O 为(0,0)，R 为(1,0)，N 为(1,1)（见图 11-8），得

$$原式=\int_0^1x^2\mathrm{d}x-\int_0^1(1+\sin^2y)\mathrm{d}y=\frac{1}{3}-1-\int_0^1\frac{1-\cos 2y}{2}\mathrm{d}y$$

$$=-\frac{2}{3}-\frac{1}{2}+\frac{1}{4}\sin 2=-\frac{7}{6}+\frac{1}{4}\sin 2.$$

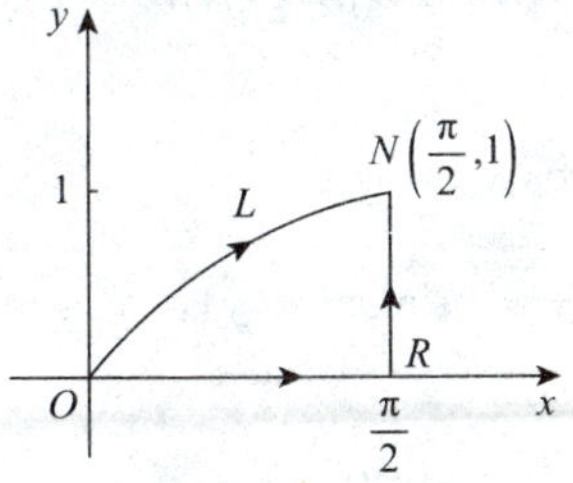

图 11-7

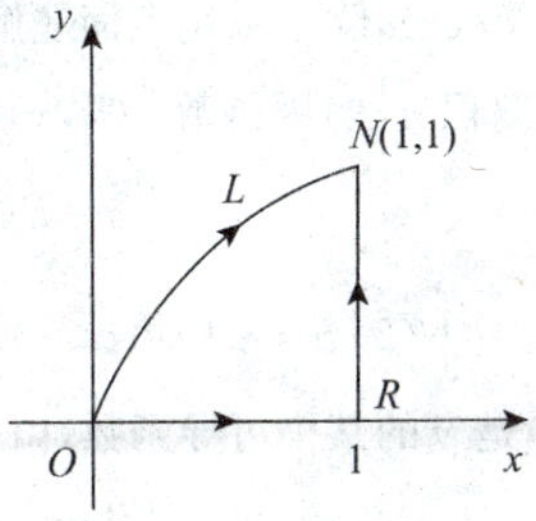

图 11-8

8. 解:(1)在整个 xOy 面内,函数 $P=x+2y$, $Q=2x+y$ 具有一阶连续偏导数,且 $\frac{\partial Q}{\partial x}=2=\frac{\partial P}{\partial y}$,因此所给表达式是某一函数 $u(x,y)$ 的全微分. 取 $(x_0,y_0)=(0,0)$,则有

$$u(x,y)=\int_0^x x\mathrm{d}x+\int_0^y(2x+y)\mathrm{d}y=\frac{x^2}{2}+2xy+\frac{y^2}{2}.$$

(2)在整个 xOy 面内,函数 $P=2xy$ 和 $Q=x^2$ 具有一阶连续偏导数,且 $\frac{\partial Q}{\partial x}=2x=\frac{\partial P}{\partial y}$,故所给表达式是某一函数 $u(x,y)$ 的全微分. 取 $(x_0,y_0)=(0,0)$,则有

$$u(x,y)=\int_0^x 2x\cdot 0\mathrm{d}x+\int_0^y x^2\mathrm{d}y=x^2y.$$

(3)在整个 xOy 面内,函数 $P=4\sin x\sin 3y\cos x$ 和 $Q=-3\cos 3y\cos 2x$ 具有一阶连续偏导数,且

$$\frac{\partial Q}{\partial x}=6\cos 3y\sin 2x=\frac{\partial P}{\partial y},$$

故所给表达式是某一函数 $u(x,y)$ 的全微分. 取 $(x_0,y_0)=(0,0)$,则有

$$u(x,y)=\int_0^x 0\cdot\mathrm{d}x+\int_0^y(-3\cos 3y\cos 2x)\mathrm{d}y$$
$$=(-\sin 3y\cos 2x)\Big|_0^y=-\cos 2x\sin 3y.$$

(4)在整个 xOy 面内,函数 $P=3x^2y+8xy^2$ 和 $Q=x^3+8x^2y+12ye^y$ 具有一阶连续偏导数,且

$$\frac{\partial Q}{\partial x}=3x^2+16xy=\frac{\partial P}{\partial y},$$

故所给表达式是某一函数 $u(x,y)$ 的全微分. 取 $(x_0,y_0)=(0,0)$,则有

$$u(x,y)=\int_0^x 0\cdot\mathrm{d}x+\int_0^y(x^3+8x^2y+12ye^y)\mathrm{d}y$$
$$=x^3y+4x^2y^2+12(ye^y-e^y).$$

(5)**方法一**:在整个 xOy 面内,函数 $P=2x\cos y+y^2\cos x$ 和 $Q=2y\sin x-x^2\sin y$ 具有一阶连续偏导数,且

$$\frac{\partial Q}{\partial x}=2y\cos x-2x\sin y=\frac{\partial P}{\partial y},$$

故所给表达式是某一函数 $u(x,y)$ 的全微分. 取 $(x_0,y_0)=(0,0)$,则有

$$u(x,y)=\int_0^x 2x\mathrm{d}x+\int_0^y(2y\sin x-x^2\sin y)\mathrm{d}y=y^2\sin x+x^2\cos y.$$

【方法点击】 在已经证明了所给表达式 $P(x,y)\mathrm{d}x+Q(x,y)\mathrm{d}y$ 是某一函数 $u(x,y)$ 的全微分后,为了求 $u(x,y)$,除了采用上面题解中的曲线积分方法外,还可用以下两种方法.

方法二:(偏积分法)因函数 $u(x,y)$ 满足

$$\frac{\partial u}{\partial x}=P(x,y)=2x\cos y+y^2\cos x,$$

故 $u(x,y)=\int(2x\cos y+y^2\cos x)\mathrm{d}x=x^2\cos y+y^2\sin x+\varphi(y)$,

其中 $\varphi(y)$ 是 y 的某个可导函数,由此得

$$\frac{\partial u}{\partial y}=-x^2\sin y+2y\sin x+\varphi'(y).$$

又 $u(x,y)$ 必须满足 $\frac{\partial u}{\partial y}=Q(x,y)=2y\sin x-x^2\sin y$，从而得 $\varphi'(y)=0$，$\varphi(y)=C$（C 为任意常数）. 因此

$$u(x,y)=x^2\cos y+y^2\sin x+C,$$

取 $C=0$，就得到满足要求的一个 $u(x,y)$.

方法三：利用微分运算法则直接凑出 $u(x,y)$.

$$\begin{aligned}\text{原式}&=(2x\cos y\mathrm{d}x-x^2\sin y\mathrm{d}y)+(y^2\cos x\mathrm{d}x+2y\sin x\mathrm{d}y)\\&=(\cos y\mathrm{d}x^2+x^2\mathrm{d}\cos y)+(y^2\mathrm{d}\sin x+\sin x\mathrm{d}y^2)\\&=\mathrm{d}(x^2\cdot\cos y)+\mathrm{d}(y^2\cdot\sin x)=\mathrm{d}(x^2\cos y+y^2\sin x).\end{aligned}$$

因此，可取 $u(x,y)=x^2\cos y+y^2\sin x$.

9. 证：场力所做的功

$$W=\int_L X\mathrm{d}x+Y\mathrm{d}y=\int_L(x^2+y^2)\mathrm{d}x+(2xy-8)\mathrm{d}y,$$

由于 $P=x^2+y^2$ 和 $Q=2xy-8$ 在整个 xOy 面内具有一阶连续偏导数，且 $\frac{\partial Q}{\partial x}=2y=\frac{\partial P}{\partial y}$，故曲线积分在 xOy 面内与路径无关，即场力所作的功与路径无关.

***10. 解**：(1) $\frac{\partial P}{\partial y}=(3x^2+6xy^2)'_y=12xy$；$\frac{\partial Q}{\partial x}=(6x^2y+4y^2)'_x=12xy$，因 $\frac{\partial P}{\partial y}\equiv\frac{\partial Q}{\partial x}$，

故原方程是全微分方程.

$$\begin{aligned}u(x,y)&=\int_0^x P(x,0)\mathrm{d}x+\int_0^y Q(x,y)\mathrm{d}y\\&=\int_0^x 3x^2\mathrm{d}x+\int_0^y(6x^2y+4y^2)\mathrm{d}y=x^3+3x^2y^2+\frac{4}{3}y^3,\end{aligned}$$

故所求通解为 $x^3+3x^2y^2+\frac{4}{3}y^3=C$.

(2) $\frac{\partial P}{\partial y}=(a^2-2xy-y^2)'_y=-2x-2y$；$\frac{\partial Q}{\partial x}=[-(x+y)^2]'_x=-2(x+y)$，

因 $\frac{\partial P}{\partial y}\equiv\frac{\partial Q}{\partial x}$，故原方程是全微分方程.

$$\begin{aligned}u(x,y)&=\int_0^x P(x,0)\mathrm{d}x+\int_0^y Q(x,y)\mathrm{d}y=\int_0^x a^2\mathrm{d}x-\int_0^y(x+y)^2\mathrm{d}y\\&=a^2x-\frac{1}{3}(x+y)^3+\frac{1}{3}x^3=a^2x-x^2y-xy^2-\frac{1}{3}y^3\end{aligned}$$

故所求通解为 $a^2x-x^2y-xy^2-\frac{1}{3}y^3=C$.

(3) $\frac{\partial P}{\partial y}=(\mathrm{e}^y)'_y=\mathrm{e}^y$，$\frac{\partial Q}{\partial x}=(x\mathrm{e}^y-2y)'_x=\mathrm{e}^y$，因 $\frac{\partial P}{\partial y}\equiv\frac{\partial Q}{\partial x}$，故原方程是全微分方程. 下面用凑微分法求通解：

$$\begin{aligned}\text{方程左端}&=\mathrm{e}^y\mathrm{d}x+(x\mathrm{e}^y-2y)\mathrm{d}y=(\mathrm{e}^y\mathrm{d}x+x\mathrm{e}^y\mathrm{d}y)-2y\mathrm{d}y\\&=\mathrm{d}(x\mathrm{e}^y)-\mathrm{d}(y^2)=\mathrm{d}(x\mathrm{e}^y-y^2),\end{aligned}$$

即原方程为 $\mathrm{d}(x\mathrm{e}^y-y^2)=0$，故所求通解为 $x\mathrm{e}^y-y^2=C$.

(4) 将原方程改写为

$$(\sin y-y\sin x)\mathrm{d}x+(x\cos y+\cos x)\mathrm{d}y=0.$$

$$\frac{\partial P}{\partial y}=(\sin y-y\sin x)'_y=\cos y-\sin x,$$

$$\frac{\partial Q}{\partial x}=(x\cos y+\cos x)'_x=\cos y-\sin x.$$

因$\frac{\partial P}{\partial y}\equiv\frac{\partial Q}{\partial x}$,故原方程是全微分方程.

方程的左端$=(\sin y-y\sin x)\mathrm{d}x+(x\cos y+\cos x)\mathrm{d}y$

$=(\sin y\mathrm{d}x+x\cos y\mathrm{d}y)+(-y\sin x\mathrm{d}x+\cos x\mathrm{d}y)$

$=\mathrm{d}(x\sin y)+\mathrm{d}(y\cos x)$,

即原方程为 $\mathrm{d}(x\sin y+y\cos x)=0$,故所求通解为 $x\sin y+y\cos x=C$.

(5)$\frac{\partial P}{\partial y}=(x^2-y)'_y=-1,\frac{\partial Q}{\partial x}=(-x)'_x=-1$,

因$\frac{\partial P}{\partial y}\equiv\frac{\partial Q}{\partial x}$,故原方程是全微分方程.

$$方程左端=(x^2-y)\mathrm{d}x-x\mathrm{d}y=x^2\mathrm{d}x-(y\mathrm{d}x+x\mathrm{d}y)=\mathrm{d}\left(\frac{x^3}{3}\right)-\mathrm{d}(xy),$$

即原方程为 $\mathrm{d}\left(\frac{x^3}{3}-xy\right)=0$,故所求通解为$\frac{x^3}{3}-xy=C$.

(6)$\frac{\partial P}{\partial y}=[y(x-2y)]'_y=x-4y,\frac{\partial Q}{\partial x}=(-x^2)'_x=-2x$. 因$\frac{\partial P}{\partial y}\not\equiv\frac{\partial Q}{\partial x}$,故原方程不是全微分方程.

(7)$\frac{\partial P}{\partial \theta}=(1+\mathrm{e}^{2\theta})'_\theta=2\mathrm{e}^{2\theta},\frac{\partial Q}{\partial \gamma}=(2\gamma\mathrm{e}^{2\theta})'_\gamma=2\mathrm{e}^{2\theta}$,

因$\frac{\partial P}{\partial \theta}\equiv\frac{\partial Q}{\partial \gamma}$,故原方程是全微分方程.

$$\begin{aligned}方程左端&=(1+\mathrm{e}^{2\theta})\mathrm{d}\gamma+2\gamma\mathrm{e}^{2\theta}\mathrm{d}\theta=\mathrm{d}\gamma+(\mathrm{e}^{2\theta}\mathrm{d}\gamma+2\gamma\mathrm{e}^{2\theta}\mathrm{d}\theta)\\&=\mathrm{d}\gamma+\mathrm{d}(\gamma\mathrm{e}^{2\theta}),\end{aligned}$$

即原方程为 $\mathrm{d}(\gamma+\gamma\mathrm{e}^{2\theta})=0$,故所求通解 $\gamma+\gamma\mathrm{e}^{2\theta}=C$.

(8)$\frac{\partial P}{\partial y}=(x^2+y^2)'_y=2y,\frac{\partial Q}{\partial x}=(xy)'_x=y$.

因$\frac{\partial P}{\partial y}\neq\frac{\partial Q}{\partial x}$,故原方程不是全微分方程.

11. 解:在单连通域 G 内,若 $P(x,y)$、$Q(x,y)$ 具有一阶连续偏导数,则向量 $\boldsymbol{A}(x,y)=P(x,y)\boldsymbol{i}+Q(x,y)\boldsymbol{j}$ 为某二元函数 $u(x,y)$ 的梯度(此条件相当于 $P(x,y)\mathrm{d}x+Q(x,y)\mathrm{d}y$ 是 $u(x,y)$ 的全微分)的充分必要条件是$\frac{\partial P}{\partial y}=\frac{\partial Q}{\partial x}$在 G 内恒成立.

本题中, $P(x,y)=2xy(x^4+y^2)^\lambda,Q(x,y)=-x^2(x^4+y^2)^\lambda$.

$$\frac{\partial P}{\partial y}=2x(x^4+y^2)^\lambda+2\lambda xy(x^4+y^2)^{\lambda-1}\cdot 2y;$$

$$\frac{\partial Q}{\partial x}=-2x(x^4+y^2)^\lambda-x^2\lambda(x^4+y^2)^{\lambda-1}\cdot 4x^3.$$

由等式$\frac{\partial Q}{\partial x}=\frac{\partial P}{\partial y}$,得到

$$4x(x^4+y^2)^\lambda(1+\lambda)=0,$$

由于 $4x(x^4+y^2)^\lambda>0$, 故 $\lambda=-1$, 即 $\boldsymbol{A}(x,y)=\frac{2xy\boldsymbol{i}-x^2\boldsymbol{j}}{x^4+y^2}$.

在半平面 $x>0$ 内,取 $(x_0,y_0)=(1,0)$,则得

$$u(x,y)=\int_1^x \frac{2x\cdot 0}{x^4+0^2}\mathrm{d}x-\int_0^y \frac{x^2}{x^4+y^2}\mathrm{d}y=-\arctan\frac{y}{x^2}.$$

习题 11－4 解答(教材 P222～P223)

1. **解:** 设想将 Σ 分成 n 小块,取出其中任意一块记作 $\mathrm{d}S$(其面积也记作 $\mathrm{d}S$),(x,y,z) 为 $\mathrm{d}S$ 上一点,则 $\mathrm{d}S$ 对 x 轴的转动惯量近似等于

$$\mathrm{d}I_x=(y^2+z^2)\mu(x,y,z)\mathrm{d}S.$$

以此作为转动惯量元素并积分,即得 Σ 对 x 轴的转动惯量为

$$I_x=\iint_{\Sigma}(y^2+z^2)\mu(x,y,z)\mathrm{d}S.$$

2. **证:** 由于 $f(x,y,z)$ 在曲面 Σ 上可积,故不论把 Σ 如何分割,积分和的极限总是不变的. 因此在分割 Σ 时,可以使 Σ_1 和 Σ_2 的公共边界曲线永远作为一条分割线. 这样,$f(x,y,z)$ 在 $\Sigma=\Sigma_1+\Sigma_2$ 上的积分和等于 Σ_1 上的积分和加上 Σ_2 上的积分和,记为

$$\sum_{(\Sigma_1+\Sigma_2)} f(\xi_i,\eta_i,\zeta_i)\Delta S_i=\sum_{(\Sigma_1)} f(\xi_i,\eta_i,\zeta_i)\Delta S_i+\sum_{(\Sigma_2)} f(\xi_i,\eta_i,\zeta_i)\Delta S_i.$$

令 $\lambda=\max\{\Delta S_i$ 的直径$\}\to 0$,上式两端同时取极限,即得

$$\iint_{\Sigma_1+\Sigma_2} f(x,y,z)\mathrm{d}S=\iint_{\Sigma_1} f(x,y,z)\mathrm{d}S+\iint_{\Sigma_2} f(x,y,z)\mathrm{d}S.$$

3. **解:** 当 Σ 为 xOy 面内的一个闭区域时,Σ 的方程为 $z=0$,因此在 Σ 上取值的 $f(x,y,z)$ 恒为 $f(x,y,0)$,且 $\mathrm{d}S=\sqrt{1+\left(\frac{\partial z}{\partial x}\right)^2+\left(\frac{\partial z}{\partial y}\right)^2}\mathrm{d}x\mathrm{d}y=\mathrm{d}x\mathrm{d}y$. 又 Σ 在 xOy 面上的投影区域即为 Σ 自身,因此有

$$\iint_{\Sigma} f(x,y,z)\mathrm{d}S=\iint_{\Sigma} f(x,y,0)\mathrm{d}x\mathrm{d}y.$$

4. **解:** 抛物面 Σ 与 xOy 面的交线为 $x^2+y^2=2$,故 Σ 在 xOy 面上的投影区域 $D_{xy}=\{(x,y)\mid x^2+y^2\leqslant 2\}$. 又

$$\mathrm{d}S=\sqrt{1+z_x^2+z_y^2}\mathrm{d}x\mathrm{d}y=\sqrt{1+4x^2+4y^2}\mathrm{d}x\mathrm{d}y.$$

于是

(1) $$\iint_{\Sigma} 1\cdot\mathrm{d}S=\iint_{D_{xy}}\sqrt{1+4x^2+4y^2}\mathrm{d}x\mathrm{d}y\xlongequal{\text{极坐标}}\iint_{D_{xy}}\sqrt{1+4\gamma^2}\gamma\mathrm{d}\gamma\mathrm{d}\theta$$

$$=\int_0^{2\pi}\mathrm{d}\theta\int_0^{\sqrt{2}}\sqrt{1+4\gamma^2}\gamma\mathrm{d}\gamma=2\pi\left[\frac{1}{12}(1+4\gamma^2)^{\frac{3}{2}}\right]\Bigg|_0^{\sqrt{2}}=\frac{13}{3}\pi.$$

(2) $$\iint_{\Sigma}(x^2+y^2)\mathrm{d}S=\iint_{D_{xy}}(x^2+y^2)\sqrt{1+4x^2+4y^2}\mathrm{d}x\mathrm{d}y$$

$$\xlongequal{\text{极坐标}}\iint_{D_{xy}}\gamma^2\sqrt{1+4\gamma^2}\gamma\mathrm{d}\gamma\mathrm{d}\theta=\int_0^{2\pi}\mathrm{d}\theta\int_0^{\sqrt{2}}\gamma^3\sqrt{1+4\gamma^2}\mathrm{d}\gamma$$

$$\xlongequal{\gamma=\frac{1}{2}\tan t}2\pi\times\frac{1}{16}\int_0^{\arctan 2\sqrt{2}}\sec^3 t\cdot\tan^3 t\mathrm{d}t.$$

$$=\frac{\pi}{8}\int_0^{\arctan 2\sqrt{2}}\sec^2 t(\sec^2 t-1)\mathrm{d}\sec t=\frac{\pi}{8}\times\frac{596}{15}=\frac{149}{30}\pi.$$

(3) $$\iint_{\Sigma}3z\mathrm{d}S=3\iint_{D_{xy}}[2-(x^2+y^2)]\sqrt{1+4x^2+4y^2}\mathrm{d}x\mathrm{d}y$$

$$\xlongequal{\text{极坐标}} 3\iint\limits_{D_{xy}} (2-\gamma^2)\sqrt{1+4\gamma^2}\,\gamma\mathrm{d}\gamma\mathrm{d}\theta$$

$$=3\int_0^{2\pi}\mathrm{d}\theta\int_0^{\sqrt{2}}(2-\gamma^2)\sqrt{1+4\gamma^2}\,\gamma\mathrm{d}\gamma$$

$$\xlongequal{\gamma=\frac{1}{2}\tan t} 6\pi\left[\frac{1}{2}\int_0^{\arctan 2\sqrt{2}}\sec^3 t\cdot\tan t\mathrm{d}t-\frac{1}{16}\int_0^{\arctan 2\sqrt{2}}\sec^3 t\cdot\tan^3 t\mathrm{d}t\right]$$

$$=6\pi\left[\frac{1}{2}\int_0^{\arctan 2\sqrt{2}}\sec^2 t\mathrm{d}(\sec t)-\frac{1}{16}\int_0^{\arctan 2\sqrt{2}}\sec^2 t(\sec^2 t-1)\mathrm{d}(\sec t)\right]$$

$$=6\pi\left(\frac{13}{3}-\frac{149}{60}\right)=\frac{111}{10}\pi.$$

5. 解:(1)Σ 由 Σ_1 和 Σ_2 组成,其中 Σ_1 为平面 $z=1$ 上被圆周 $x^2+y^2=1$ 所围的部分;Σ_2 为锥面 $z=\sqrt{x^2+y^2}(0\leqslant z\leqslant 1)$.

在 Σ_1 上,$\mathrm{d}S=\mathrm{d}x\mathrm{d}y$;

在 Σ_2 上,$\mathrm{d}S=\sqrt{1+z_x^2+z_y^2}\mathrm{d}x\mathrm{d}y=\sqrt{2}\mathrm{d}x\mathrm{d}y$.

Σ_1 和 Σ_2 在 xOy 面上的投影区域 D_{xy} 均为 $x^2+y^2\leqslant 1$. 因此

$$\iint\limits_{\Sigma}(x^2+y^2)\mathrm{d}S=\iint\limits_{\Sigma_1}(x^2+y^2)\mathrm{d}S+\iint\limits_{\Sigma_2}(x^2+y^2)\mathrm{d}S$$

$$=\iint\limits_{D_{xy}}(x^2+y^2)\mathrm{d}x\mathrm{d}y+\iint\limits_{D_{xy}}(x^2+y^2)\sqrt{2}\mathrm{d}x\mathrm{d}y$$

$$\xlongequal{\text{极坐标}}\int_0^{2\pi}\mathrm{d}\theta\int_0^1\gamma^3\mathrm{d}\gamma+\sqrt{2}\int_0^{2\pi}\mathrm{d}\theta\int_0^1\gamma^3\mathrm{d}\gamma$$

$$=\frac{\pi}{2}+\frac{\sqrt{2}}{2}\pi=\frac{1+\sqrt{2}}{2}\pi.$$

(2)由题设,Σ 的方程为 $z=\sqrt{3(x^2+y^2)}$,

$$\mathrm{d}S=\sqrt{1+z_x^2+z_y^2}\mathrm{d}x\mathrm{d}y=\sqrt{1+\frac{9x^2}{3(x^2+y^2)}+\frac{9y^2}{3(x^2+y^2)}}\mathrm{d}x\mathrm{d}y=2\mathrm{d}x\mathrm{d}y.$$

又由 $z^2=3(x^2+y^2)$ 和 $z=3$ 消去 z 得 $x^2+y^2=3$, 故 Σ 在 xOy 面上的投影区域 D_{xy} 为 $x^2+y^2\leqslant 3$. 于是

$$\iint\limits_{\Sigma}(x^2+y^2)\mathrm{d}S=\iint\limits_{D_{xy}}(x^2+y^2)\cdot 2\mathrm{d}x\mathrm{d}y\xlongequal{\text{极坐标}}2\int_0^{2\pi}\mathrm{d}\theta\int_0^{\sqrt{3}}\gamma^2\cdot\gamma\mathrm{d}\gamma=9\pi.$$

6. 解:(1)在 Σ 上,$z=4-2x-\frac{4}{3}y$, Σ 在 xOy 面上的投影区域 D_{xy} 为由 x 轴、y 轴和直线 $\frac{x}{2}+\frac{y}{3}=1$ 所围成的三角形闭区域. 因此

$$\iint\limits_{\Sigma}\left(z+2x+\frac{4}{3}y\right)\mathrm{d}S$$

$$=\iint\limits_{D_{xy}}\left[\left(4-2x-\frac{4}{3}y\right)+2x+\frac{4}{3}y\right]\sqrt{1+(-2)^2+\left(-\frac{4}{3}\right)^2}\mathrm{d}x\mathrm{d}y$$

$$=\iint\limits_{D_{xy}}4\times\frac{\sqrt{61}}{3}\mathrm{d}x\mathrm{d}y=\frac{4\sqrt{61}}{3}\cdot(D_{xy}\text{的面积})=\frac{4\sqrt{61}}{3}\times\left(\frac{1}{2}\times 2\times 3\right)=4\sqrt{61}.$$

(2)在 Σ 上,$z=6-2x-2y$,Σ 在 xOy 面上的投影区域为由 x 轴、y 轴和直线 $x+y=3$ 所围成的

三角形闭区域. 因此

$$\iint_{\Sigma}(2xy-2x^2-x+z)\mathrm{d}S$$
$$=\iint_{D_{xy}}[2xy-2x^2-x+(6-2x-2y)]\sqrt{1+(-2)^2+(-2)^2}\mathrm{d}x\mathrm{d}y$$
$$=3\int_0^3\mathrm{d}x\int_0^{3-x}(6-3x-2x^2+2xy-2y)\mathrm{d}y$$
$$=3\int_0^3[(6-3x-2x^2)(3-x)+x(3-x)^2-(3-x)^2]\mathrm{d}x$$
$$=3\int_0^3(3x^3-10x^2+9)\mathrm{d}x=-\frac{27}{4}.$$

(3)在 Σ 上, $z=\sqrt{a^2-x^2-y^2}$. Σ 在 xOy 面上的投影区域

$$D_{xy}=\{(x,y)\,|\,x^2+y^2\leqslant a^2-h^2\}.$$

由于积分曲面 Σ 关于 yOz 面和 xOz 面均对称,故有 $\iint_{\Sigma}x\mathrm{d}S=0$, $\iint_{\Sigma}y\mathrm{d}S=0$.

于是

$$\iint_{\Sigma}(x+y+z)\mathrm{d}S=\iint_{\Sigma}z\mathrm{d}S=\iint_{D_{xy}}\sqrt{a^2-x^2-y^2}\sqrt{1+\frac{x^2}{a^2-x^2-y^2}+\frac{y^2}{a^2-x^2-y^2}}\mathrm{d}x\mathrm{d}y$$
$$=a\iint_{D_{xy}}\mathrm{d}x\mathrm{d}y=a\pi(a^2-h^2).$$

(4)Σ 如图 11-9 所示, Σ 在 xOy 面上的投影区域 D_{xy} 为圆域 $x^2+y^2\leqslant 2ax$. 由于关于 xOz 面对称,而函数 xy 和 yz 关于 y 均为奇函数,故

$$\iint_{\Sigma}xy\mathrm{d}S=0,\ \iint_{\Sigma}yz\mathrm{d}S=0.$$

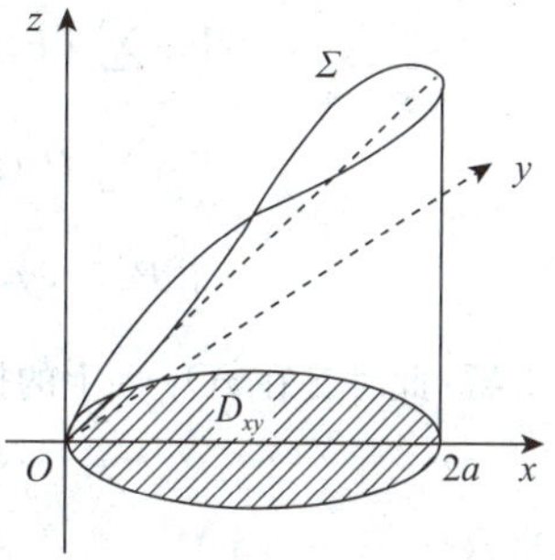

图 11-9

于是

$$\iint_{\Sigma}(xy+yz+zx)\mathrm{d}S=\iint_{\Sigma}zx\mathrm{d}S$$
$$=\iint_{D_{xy}}x\sqrt{x^2+y^2}\sqrt{1+\frac{x^2+y^2}{x^2+y^2}}\mathrm{d}x\mathrm{d}y$$
$$=\sqrt{2}\iint_{D_{xy}}x\sqrt{x^2+y^2}\mathrm{d}x\mathrm{d}y$$
$$\xlongequal{\text{极坐标}}\sqrt{2}\int_{-\frac{\pi}{2}}^{\frac{\pi}{2}}\mathrm{d}\theta\int_0^{2a\cos\theta}\gamma\cos\theta\cdot\gamma\cdot\gamma\mathrm{d}\gamma$$
$$=8\sqrt{2}a^4\int_0^{\frac{\pi}{2}}\cos^5\theta\mathrm{d}\theta=8\sqrt{2}a^4\times\frac{4}{5}\times\frac{2}{3}=\frac{64}{15}\sqrt{2}a^4.$$

7. 解: Σ: $z=\frac{1}{2}(x^2+y^2)(0\leqslant z\leqslant 1)$ 在 xOy 面上的投影区域 $D_{xy}=\{(x,y)\,|\,x^2+y^2\leqslant 2\}$, $z'_x=x$, $z'_y=y$. 故 $\mathrm{d}S=\sqrt{1+x^2+y^2}\mathrm{d}x\mathrm{d}y$. 因此

$$M=\iint_{\Sigma}z\mathrm{d}S=\iint_{D_{xy}}\frac{1}{2}(x^2+y^2)\sqrt{1+x^2+y^2}\mathrm{d}x\mathrm{d}y$$

$$\xlongequal{\text{极坐标}}\frac{1}{2}\iint\limits_{D_{xy}}\gamma^2\sqrt{1+\gamma^2}\cdot\gamma\mathrm{d}\gamma\mathrm{d}\theta$$

$$=\frac{1}{2}\int_0^{2\pi}\mathrm{d}\theta\int_0^{\sqrt{2}}\gamma^3\sqrt{1+\gamma^2}\mathrm{d}\gamma\xlongequal{t=\gamma^2}\frac{\pi}{2}\int_0^2 t\sqrt{1+t}\mathrm{d}t$$

$$\xlongequal{\text{分部积分法}}\frac{\pi}{2}\left[\frac{2}{3}t(1+t)^{\frac{3}{2}}\bigg|_0^2-\frac{2}{3}\int_0^2(1+t)^{\frac{3}{2}}\mathrm{d}t\right]$$

$$=\frac{\pi}{2}\left[\frac{4}{3}\cdot 3^{\frac{3}{2}}-\frac{4}{15}(3^{\frac{5}{2}}-1)\right]=\frac{2\pi}{15}(6\sqrt{3}+1).$$

8. 解: $I_z=\iint\limits_{\Sigma}(x^2+y^2)\mu_0\mathrm{d}S=\mu_0\iint\limits_{x^2+y^2\leqslant a^2}(x^2+y^2)\sqrt{1+\frac{x^2+y^2}{a^2-x^2-y^2}}\mathrm{d}x\mathrm{d}y$

$$=\mu_0\iint\limits_{x^2+y^2\leqslant a^2}(x^2+y^2)\cdot\frac{a}{\sqrt{a^2-x^2-y^2}}\mathrm{d}x\mathrm{d}y\xlongequal{\text{极坐标}}\mu_0\int_0^{2\pi}\mathrm{d}\theta\int_0^a\frac{a\gamma^2}{\sqrt{a^2-\gamma^2}}\cdot\gamma\mathrm{d}\gamma$$

$$\xlongequal{\gamma=a\sin t}2\pi a\mu_0\int_0^{\frac{\pi}{2}}\frac{a^3\sin^3 t}{a\cos t}\cdot a\cos t\mathrm{d}t=2\pi a^4\mu_0\int_0^{\frac{\pi}{2}}\sin^3 t\mathrm{d}t=2\pi a^4\mu_0\cdot\frac{2}{3}=\frac{4}{3}\pi a^4\mu_0.$$

习题 11－5 解答(教材 P231～P232)

1. 证: 把 Σ 任意分成 n 块小曲面 ΔS_i(其面积也记为 ΔS_i),ΔS_i 在 yOz 面上的投影为 $(\Delta S_i)_{yz}$,在 ΔS_i 上任意取定一点 (ξ_i,η_i,ζ_i). 设 λ 是各小块曲面的直径最大值,则

$$\iint\limits_{\Sigma}[P_1(x,y,z)\pm P_2(x,y,z)]\mathrm{d}y\mathrm{d}z$$

$$=\lim_{\lambda\to 0}\sum_{i=1}^n[P_1(\xi_i,\eta_i,\zeta_i)\pm P_2(\xi_i,\eta_i,\zeta_i)](\Delta S_i)_{yz}$$

$$=\lim_{\lambda\to 0}\sum_{i=1}^n P_1(\xi_i,\eta_i,\zeta_i)(\Delta S_i)_{yz}\pm\lim_{\lambda\to 0}\sum_{i=1}^n P_2(\xi_i,\eta_i,\zeta_i)(\Delta S_i)_{yz}$$

$$=\iint\limits_{\Sigma}P_1(x,y,z)\mathrm{d}y\mathrm{d}z\pm\iint\limits_{\Sigma}P_2(x,y,z)\mathrm{d}y\mathrm{d}z.$$

2. 解: 此时 Σ 在 xOy 面上的投影区域 D_{xy} 就是 Σ 自身(但不定侧),且在 Σ 上,$z=0$,因此

$$\iint\limits_{\Sigma}R(x,y,z)\mathrm{d}x\mathrm{d}y=\pm\iint\limits_{D_{xy}}R(x,y,0)\mathrm{d}x\mathrm{d}y,$$

当 Σ 取上侧时为正号,取下侧时为负号.

3. 解: (1)Σ 在 xOy 面上的投影区域 $D_{xy}=\{(x,y)\mid x^2+y^2\leqslant R^2\}$,在 Σ 上,$z=-\sqrt{R^2-x^2-y^2}$. 因 Σ 取下侧,故

$$\iint\limits_{\Sigma}x^2y^2z\mathrm{d}x\mathrm{d}y=-\iint\limits_{D_{xy}}x^2y^2(-\sqrt{R^2-x^2-y^2})\mathrm{d}x\mathrm{d}y$$

$$\xlongequal{\text{极坐标}}\iint\limits_{D_{xy}}\gamma^4\cos^2\theta\sin^2\theta\sqrt{R^2-\gamma^2}\gamma\mathrm{d}\gamma\mathrm{d}\theta$$

$$=\int_0^{2\pi}\frac{1}{4}\sin^2 2\theta\mathrm{d}\theta\cdot\int_0^R\gamma^5\sqrt{R^2-\gamma^2}\mathrm{d}\gamma$$

$$\xlongequal{\gamma=R\sin t}\frac{\pi}{4}\int_0^{\frac{\pi}{2}}R^5\sin^5 t\cdot R\cos t\cdot R\cos t\mathrm{d}t$$

$$=\frac{\pi}{4}R^7\int_0^{\frac{\pi}{2}}(\sin^5 t-\sin^7 t)\mathrm{d}t$$

$$=\frac{\pi}{4}R^7\cdot\left(\frac{4}{5}\times\frac{2}{3}-\frac{6}{7}\times\frac{4}{5}\times\frac{2}{3}\right)=\frac{2}{105}\pi R^7.$$

(2)由于柱面 $x^2+y^2=1$ 在 xOy 面上的投影为零,因此 $\iint\limits_{\Sigma}z\mathrm{d}x\mathrm{d}y=0$. 又

$$D_{yz}=\{(y,z)\mid 0\leqslant y\leqslant 1,0\leqslant z\leqslant 3\},$$
$$D_{zx}=\{(x,z)\mid 0\leqslant z\leqslant 3,0\leqslant x\leqslant 1\}$$

(见图 11-10),因取前侧,所以

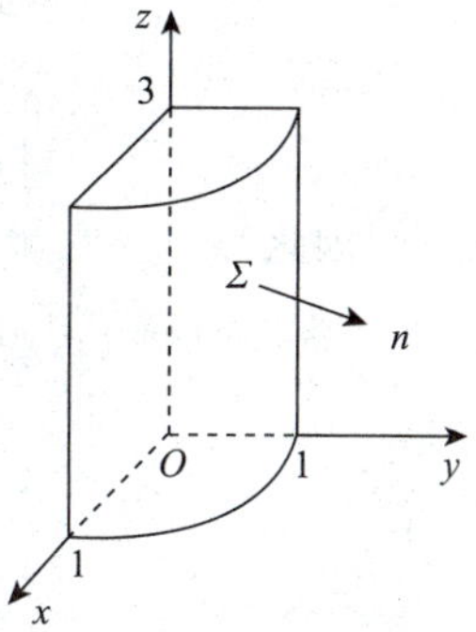

图 11-10

$$原式=\iint\limits_{\Sigma}x\mathrm{d}y\mathrm{d}z+\iint\limits_{\Sigma}y\mathrm{d}z\mathrm{d}x=\iint\limits_{D_{yz}}\sqrt{1-y^2}\mathrm{d}y\mathrm{d}z+\iint\limits_{D_{zx}}\sqrt{1-x^2}\mathrm{d}z\mathrm{d}x$$
$$=\int_0^3\mathrm{d}z\int_0^1\sqrt{1-y^2}\mathrm{d}y+\int_0^3\mathrm{d}z\int_0^1\sqrt{1-x^2}\mathrm{d}x$$
$$=2\times 3\left(\frac{y}{2}\sqrt{1-y^2}+\frac{1}{2}\arcsin y\right)\Big|_0^1=\frac{3}{2}\pi.$$

(3)在 Σ 上,$z=1-x+y$. 由于 Σ 取上侧,故 Σ 在任一点处的单位法向量为

$$\boldsymbol{n}=\frac{1}{\sqrt{1+z_x^2+z_y^2}}(-z_x,-z_y,1)=\frac{1}{\sqrt{3}}(1,-1,1).$$

由两类曲面积分之间的联系,可得

$$原式=\iint\limits_{\Sigma}[(f+x)\cos\alpha+(2f+y)\cos\beta+(f+z)\cos\gamma]\mathrm{d}S$$
$$=\frac{1}{\sqrt{3}}\iint\limits_{\Sigma}[(f+x)-(2f+y)+(f+z)]\mathrm{d}S$$
$$=\frac{1}{\sqrt{3}}\iint\limits_{\Sigma}(x-y+z)\mathrm{d}S=\frac{1}{\sqrt{3}}\iint\limits_{\Sigma}\mathrm{d}S=\frac{1}{\sqrt{3}}\times\frac{\sqrt{3}}{2}=\frac{1}{2}.$$

(4)在坐标面 $x=0$、$y=0$ 和 $z=0$ 上,积分值均为零,因此只需计算在Σ':$x+y+z=1$(取上侧)上的积分值(见图 11-11). 下面用两种方法计算.

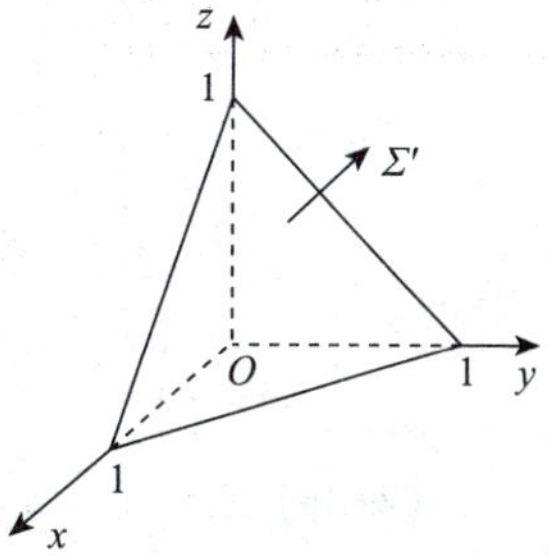

图 11-11

方法一: $\iint\limits_{\Sigma'}xz\mathrm{d}x\mathrm{d}y=\iint\limits_{D_{xy}}x(1-x-y)\mathrm{d}x\mathrm{d}y$

$$=\int_0^1x\mathrm{d}x\int_0^{1-x}(1-x-y)\mathrm{d}y=\frac{1}{24},$$

由被积函数和积分曲面关于积分变量的对称性,可得

$$\iint\limits_{\Sigma'}xy\mathrm{d}y\mathrm{d}z=\iint\limits_{\Sigma'}yz\mathrm{d}z\mathrm{d}x=\iint\limits_{\Sigma'}xz\mathrm{d}x\mathrm{d}y=\frac{1}{24},$$

因此

$$\oiint\limits_{\Sigma}xz\mathrm{d}x\mathrm{d}y+xy\mathrm{d}y\mathrm{d}z+yz\mathrm{d}z\mathrm{d}x=3\times\frac{1}{24}=\frac{1}{8}.$$

方法二: 利用两类曲面积分的联系,$\iint\limits_{\Sigma'}xy\mathrm{d}y\mathrm{d}z$ 和 $\iint\limits_{\Sigma'}yz\mathrm{d}z\mathrm{d}x$ 均化为关于坐标 x 和 y 的曲面积分计算.

由于 Σ':$x+y+z=1$ 取上侧,故 Σ' 在任一点处的单位法向量

$$\boldsymbol{n}=(\cos\alpha,\cos\beta,\cos\gamma)=\left(\frac{1}{\sqrt{3}},\frac{1}{\sqrt{3}},\frac{1}{\sqrt{3}}\right),$$

于是

$$\iint\limits_{\Sigma'} xy\,dydz=\iint\limits_{\Sigma'} xy\cos\alpha dS=\iint\limits_{\Sigma'} xy\,\frac{\cos\alpha}{\cos\gamma}dxdy=\iint\limits_{\Sigma'} xy\,dxdy,$$

$$\iint\limits_{\Sigma'} yz\,dzdx=\iint\limits_{\Sigma'} yz\cos\beta dS=\iint\limits_{\Sigma'} yz\,\frac{\cos\beta}{\cos\gamma}dxdy=\iint\limits_{\Sigma'} yz\,dxdy.$$

因此

$$\begin{aligned}\iint\limits_{\Sigma'} xz\,dxdy+xy\,dydz+yz\,dzdx&=\iint\limits_{\Sigma'}(xz+xy+yz)dxdy\\&=\iint\limits_{D_{xy}}[x(1-x-y)+xy+y(1-x-y)]dxdy\\&=\int_0^1 dx\int_0^{1-x}(-x^2-y^2-xy+x+y)dy=\frac{1}{8}.\end{aligned}$$

于是原式$=\frac{1}{8}$.

【方法点击】 计算本题最方便的方法是利用下节的高斯公式:

$$\begin{aligned}\oiint\limits_{\Sigma} xz\,dxdy+xy\,dydz+yz\,dzdx&=\iiint\limits_{\Omega}(y+z+x)dv\xlongequal{\text{对称性}}3\iiint\limits_{\Omega} z\,dv\\&=3\int_0^1 dx\int_0^{1-x}dy\int_0^{1-x-y}zdz=3\int_0^1 dx\int_0^{1-x}\frac{(1-x-y)^2}{2}dy\\&=3\int_0^1\frac{(1-x)^3}{6}dx=3\times\frac{1}{24}=\frac{1}{8}.\end{aligned}$$

4. 解:(1)由于Σ:$3x+2y+2\sqrt{3}z=6$取上侧,故Σ在任一点处的单位法向量为

$$\boldsymbol{n}=(\cos\alpha,\cos\beta,\cos\gamma)=\frac{1}{\sqrt{3^2+2^2+(2\sqrt{3})^2}}(3,2,2\sqrt{3})=\left(\frac{3}{5},\frac{2}{5},\frac{2\sqrt{3}}{5}\right),$$

于是

$$\begin{aligned}\iint\limits_{\Sigma} P\,dydz+Q\,dzdx+R\,dxdy&=\iint\limits_{\Sigma}(P\cos\alpha+Q\cos\beta+R\cos\gamma)dS\\&=\iint\limits_{\Sigma}\left(\frac{3}{5}P+\frac{2}{5}Q+\frac{2\sqrt{3}}{5}R\right)dS.\end{aligned}$$

(2)由于Σ:$z=8-(x^2+y^2)$取上侧,故Σ在任一点(x,y,z)处的单位法向量为

$$\boldsymbol{n}=\frac{1}{\sqrt{1+z_x^2+z_y^2}}(-z_x,-z_y,1)=\frac{1}{\sqrt{1+(-2x)^2+(-2y)^2}}(2x,2y,1),$$

于是
$$\begin{aligned}\iint\limits_{\Sigma} P\,dydz+Q\,dzdx+R\,dxdy&=\iint\limits_{\Sigma}(P\cos\alpha+Q\cos\beta+R\cos\gamma)dS\\&=\iint\limits_{\Sigma}\frac{2xP+2yQ+R}{\sqrt{1+4x^2+4y^2}}dS.\end{aligned}$$

习题 11－6 解答(教材 P239～P240)

1. 解:(1)原式$=\iiint\limits_{\Omega}\left(\frac{\partial P}{\partial x}+\frac{\partial Q}{\partial y}+\frac{\partial R}{\partial z}\right)dV=2\iiint\limits_{\Omega}(x+y+z)dv\xlongequal{\text{对称性}}6\iiint\limits_{\Omega}z\,dV$

$$=6\int_0^a dx\int_0^a dy\int_0^a zdz=6\cdot a\cdot a\cdot\frac{a^2}{2}=3a^4.$$

(2)原式$=\iiint\limits_{\Omega}\left(\frac{\partial P}{\partial x}+\frac{\partial Q}{\partial y}+\frac{\partial R}{\partial z}\right)\mathrm{d}V=3\iiint\limits_{\Omega}(x^2+y^2+z^2)\mathrm{d}V$

$\xlongequal{\text{球面坐标}}3\int_0^{2\pi}\mathrm{d}\theta\int_0^{\pi}\mathrm{d}\varphi\int_0^a r^2\cdot r^2\sin\varphi\mathrm{d}r=3\times2\pi\times2\times\frac{a^5}{5}=\frac{12}{5}\pi a^5.$

(3)原式$=\iiint\limits_{\Omega}\left(\frac{\partial P}{\partial x}+\frac{\partial Q}{\partial y}+\frac{\partial R}{\partial z}\right)\mathrm{d}V=\iiint\limits_{\Omega}(z^2+x^2+y^2)\mathrm{d}V$

$\xlongequal{\text{球面坐标}}\int_0^{2\pi}\mathrm{d}\theta\int_0^{\frac{\pi}{2}}\mathrm{d}\varphi\int_0^a r^2\cdot r^2\sin\varphi\mathrm{d}r=2\pi\times1\times\frac{a^5}{5}=\frac{2}{5}\pi a^5.$

(4)原式$=\iiint\limits_{\Omega}\left(\frac{\partial P}{\partial x}+\frac{\partial Q}{\partial y}+\frac{\partial R}{\partial z}\right)\mathrm{d}V=\iiint\limits_{\Omega}(1+1+1)\mathrm{d}v=3\iiint\limits_{\Omega}\mathrm{d}V$

$=3\times\pi\times3^2\times3=81\pi.$

(5)原式$=\iiint\limits_{\Omega}\left(\frac{\partial P}{\partial x}+\frac{\partial Q}{\partial y}+\frac{\partial R}{\partial z}\right)\mathrm{d}V=\iiint\limits_{\Omega}(4z-2y+y)\mathrm{d}V$

$=\int_0^1\mathrm{d}x\int_0^1\mathrm{d}y\int_0^1(4z-y)\mathrm{d}z=\int_0^1\mathrm{d}x\int_0^1(2-y)\mathrm{d}y=\frac{3}{2}.$

【方法点击】 在计算上面的积分$\iiint\limits_{\Omega}(4z-2y+y)\mathrm{d}V$时，如果利用被积函数和积分区域关于积分变量的对称性，可知$\iiint\limits_{\Omega}z\mathrm{d}v=\iiint\limits_{\Omega}y\mathrm{d}v$，于是

$$\iiint\limits_{\Omega}(4z-2y+y)\mathrm{d}V=\iiint\limits_{\Omega}3z\mathrm{d}V=3\int_0^1\mathrm{d}x\int_0^1\mathrm{d}y\int_0^1 z\mathrm{d}z=3\times\frac{1}{2}=\frac{3}{2},$$

从而可简化运算.

*2. **解**：(1)通量$\Phi=\iint\limits_{\Sigma}\boldsymbol{A}\cdot\mathrm{d}\boldsymbol{S}=\iiint\limits_{\Omega}\mathrm{div}\boldsymbol{A}\mathrm{d}V=\iiint\limits_{\Omega}\left(\frac{\partial P}{\partial x}+\frac{\partial Q}{\partial y}+\frac{\partial R}{\partial z}\right)\mathrm{d}V$

$=\iiint\limits_{\Omega}\left[\frac{\partial(yz)}{\partial x}+\frac{\partial(xz)}{\partial y}+\frac{\partial(xy)}{\partial z}\right]\mathrm{d}V=\iiint\limits_{\Omega}0\mathrm{d}V=0.$

(2)通量$\Phi=\iint\limits_{\Sigma}\boldsymbol{A}\cdot\mathrm{d}\boldsymbol{S}=\iiint\limits_{\Omega}\mathrm{div}\boldsymbol{A}\mathrm{d}V$

$=\iiint\limits_{\Omega}\left[\frac{\partial(2x-z)}{\partial x}+\frac{\partial(x^2y)}{\partial y}+\frac{\partial(-xz^2)}{\partial z}\right]\mathrm{d}V$

$=\iiint\limits_{\Omega}(2+x^2-2xz)\mathrm{d}V=2a^3+\int_0^a\mathrm{d}x\int_0^a\mathrm{d}y\int_0^a(x^2-2xz)\mathrm{d}z$

$=2a^3-\frac{a^5}{6}=a^3\left(2-\frac{a^2}{6}\right).$

(3)通量$\Phi=\iint\limits_{\Sigma}\boldsymbol{A}\cdot\mathrm{d}\boldsymbol{S}=\iiint\limits_{\Omega}\mathrm{div}\boldsymbol{A}\mathrm{d}V$

$=\iiint\limits_{\Omega}\left[\frac{\partial(2x+3z)}{\partial x}+\frac{\partial(-xz-y)}{\partial y}+\frac{\partial(y^2+2z)}{\partial z}\right]\mathrm{d}V$

$=\iiint\limits_{\Omega}(2-1+2)\mathrm{d}V=3\iiint\limits_{\Omega}\mathrm{d}V=3\times\frac{4}{3}\pi\times3^3=108\pi.$

*3. **解**：(1)$P=x^2+yz,Q=y^2+xz,R=z^2+xy,\mathrm{div}\boldsymbol{A}=\frac{\partial P}{\partial x}+\frac{\partial Q}{\partial y}+\frac{\partial R}{\partial z}=2x+2y+2z.$

(2) $P=e^{xy}, Q=\cos(xy), R=\cos(xz^2)$,

$$\mathrm{div}\boldsymbol{A}=\frac{\partial P}{\partial x}+\frac{\partial Q}{\partial y}+\frac{\partial R}{\partial z}=ye^{xy}-x\sin(xy)-2xz\sin(xz^2).$$

(3) $P=y^2, Q=xy, R=xz, \mathrm{div}\boldsymbol{A}=\dfrac{\partial P}{\partial x}+\dfrac{\partial Q}{\partial y}+\dfrac{\partial R}{\partial z}=0+x+x=2x.$

4. 证: 由教材本节例 3 证明的格林第一公式知:

$$\iiint\limits_{\Omega} u\Delta v\mathrm{d}x\mathrm{d}y\mathrm{d}z=\oint\!\!\!\oint\limits_{\Sigma} u\frac{\partial v}{\partial n}\mathrm{d}S-\iiint\limits_{\Omega}\left(\frac{\partial u}{\partial x}\frac{\partial v}{\partial x}+\frac{\partial u}{\partial y}\frac{\partial v}{\partial y}+\frac{\partial u}{\partial z}\frac{\partial v}{\partial z}\right)\mathrm{d}x\mathrm{d}y\mathrm{d}z.$$

在此公式中将函数 u 和 v 交换位置,得

$$\iiint\limits_{\Omega} v\Delta u\mathrm{d}x\mathrm{d}y\mathrm{d}z=\oint\!\!\!\oint\limits_{\Sigma} v\frac{\partial u}{\partial n}\mathrm{d}S-\iiint\limits_{\Omega}\left(\frac{\partial u}{\partial x}\frac{\partial v}{\partial x}+\frac{\partial u}{\partial y}\frac{\partial v}{\partial y}+\frac{\partial u}{\partial z}\frac{\partial v}{\partial z}\right)\mathrm{d}x\mathrm{d}y\mathrm{d}z.$$

将上面两个式子相减即得 $\displaystyle\iiint\limits_{\Omega}(u\Delta v-v\Delta u)\mathrm{d}x\mathrm{d}y\mathrm{d}z=\oint\!\!\!\oint\limits_{\Sigma}\left(u\frac{\partial v}{\partial n}-v\frac{\partial u}{\partial n}\right)\mathrm{d}S.$

***5. 证:** 取液面为 xOy 面,z 轴铅直向上. 设物体的密度为 ρ. 在物体表面 Σ 上取面积元素 $\mathrm{d}S$,$M(x,y,z)$ 为 $\mathrm{d}S$ 上的一点($z\leqslant 0$),Σ 在点 M 处的外法线向量的方向余弦为 $\cos\alpha,\cos\beta,\cos\gamma$,则 $\mathrm{d}S$ 所受液体的压力在 x 轴、y 轴、z 轴上的分量分别为

$$\rho z\cos\alpha\mathrm{d}S,\ \rho z\cos\beta\mathrm{d}S,\ \rho z\cos\gamma\mathrm{d}S.$$

Σ 所受的液体的总压力在各坐标轴上的分量等于上列各分量元素在 Σ 上的积分. 由高斯公式可算得

$$F_x=\oint\!\!\!\oint\limits_{\Sigma}\rho z\cos\alpha\mathrm{d}S=\iiint\limits_{\Omega}\frac{\partial(\rho z)}{\partial x}\mathrm{d}v=\iiint\limits_{\Omega}0\mathrm{d}v=0;$$

$$F_y=\oint\!\!\!\oint\limits_{\Sigma}\rho z\cos\beta\mathrm{d}S=\iiint\limits_{\Omega}\frac{\partial(\rho z)}{\partial y}\mathrm{d}v=\iiint\limits_{\Omega}0\mathrm{d}v=0;$$

$$F_z=\oint\!\!\!\oint\limits_{\Sigma}\rho z\cos\gamma\mathrm{d}S=\iiint\limits_{\Omega}\frac{\partial(\rho z)}{\partial z}\mathrm{d}v=\iiint\limits_{\Omega}\rho\mathrm{d}v=\rho V;$$

(V 为 Ω 的体积),故合力 $\boldsymbol{F}=\rho V\boldsymbol{k}$,此力的方向铅直向上,大小等于被物体排开的液体的重力.

习题 11－7 解答(教材 P248～P249)

1. 解: 按右手法则,Σ 取上侧,Σ 的边界 Γ 为圆周 $x^2+y^2=1,\ z=1$,从 z 轴正向看去,取逆时针方向.

$$\iint\limits_{\Sigma}\begin{vmatrix}\mathrm{d}y\mathrm{d}z & \mathrm{d}z\mathrm{d}x & \mathrm{d}x\mathrm{d}y\\ \dfrac{\partial}{\partial x} & \dfrac{\partial}{\partial y} & \dfrac{\partial}{\partial z}\\ y^2 & x & z^2\end{vmatrix}=\iint\limits_{\Sigma}(1-2y)\mathrm{d}x\mathrm{d}y=\iint\limits_{D_{xy}}(1-2y)\mathrm{d}x\mathrm{d}y$$

$$\xlongequal{\text{极坐标}}\int_0^{2\pi}\mathrm{d}\theta\int_0^1(1-2\gamma\sin\theta)\gamma\mathrm{d}\gamma$$

$$=\int_0^{2\pi}\left(\frac{\gamma^2}{2}-\frac{2}{3}\gamma^3\sin\theta\right)\Big|_0^1\mathrm{d}\theta$$

$$=\int_0^{2\pi}\left(\frac{1}{2}-\frac{2}{3}\sin\theta\right)\mathrm{d}\theta=\pi;$$

Γ 的参数方程可取为 $x=\cos t,\ y=\sin t,\ z=1$,$t$ 从 0 变到 2π,故

$$\oint_{\Gamma}P\mathrm{d}x+Q\mathrm{d}y+R\mathrm{d}z=\int_0^{2\pi}(-\sin^3 t+\cos^2 t)\mathrm{d}t=\pi,$$

两者相等,斯托克斯公式得到验证.

*2. **解:**(1)取Σ为平面 $x+y+z=0$ 的上侧被 Γ 所围成的部分,则Σ的面积为 πa^2,Σ的单位法向量为

$$\boldsymbol{n}=(\cos\alpha,\cos\beta,\cos\gamma)=\left(\frac{1}{\sqrt{3}},\frac{1}{\sqrt{3}},\frac{1}{\sqrt{3}}\right)$$(见图 11-12). 由斯托克斯公式,

$$\oint_\Gamma y\mathrm{d}x+z\mathrm{d}y+x\mathrm{d}z=\iint_\Sigma\begin{vmatrix}\frac{1}{\sqrt{3}}&\frac{1}{\sqrt{3}}&\frac{1}{\sqrt{3}}\\\frac{\partial}{\partial x}&\frac{\partial}{\partial y}&\frac{\partial}{\partial z}\\y&z&x\end{vmatrix}\mathrm{d}S=\iint_\Sigma\left(-\frac{1}{\sqrt{3}}-\frac{1}{\sqrt{3}}-\frac{1}{\sqrt{3}}\right)\mathrm{d}S$$

$$=-\frac{3}{\sqrt{3}}\iint_\Sigma\mathrm{d}S=-\sqrt{3}\pi a^2.$$

(2)如图 11-13 所示,取Σ为平面 $\frac{x}{a}+\frac{z}{b}=1$ 的上侧被 Γ 所围成的部分,Σ的单位法向量

$$\boldsymbol{n}=(\cos\alpha,\cos\beta,\cos\gamma)=\left(\frac{b}{\sqrt{a^2+b^2}},0,\frac{a}{\sqrt{a^2+b^2}}\right).$$

由斯托克斯公式

$$\oint_\Gamma(y-z)\mathrm{d}x+(z-x)\mathrm{d}y+(x-y)\mathrm{d}z$$

$$=\iint_\Sigma\begin{vmatrix}\frac{b}{\sqrt{a^2+b^2}}&0&\frac{a}{\sqrt{a^2+b^2}}\\\frac{\partial}{\partial x}&\frac{\partial}{\partial y}&\frac{\partial}{\partial z}\\y-z&z-x&x-y\end{vmatrix}\mathrm{d}S$$

$$=\frac{-2(a+b)}{\sqrt{a^2+b^2}}\iint_\Sigma\mathrm{d}S,\qquad(*)$$

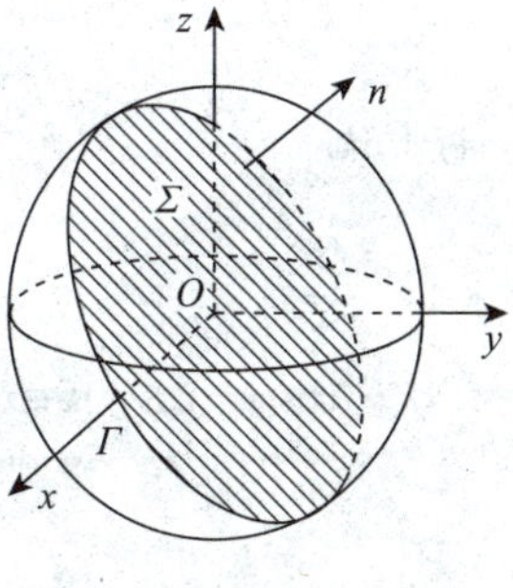

图 11-12

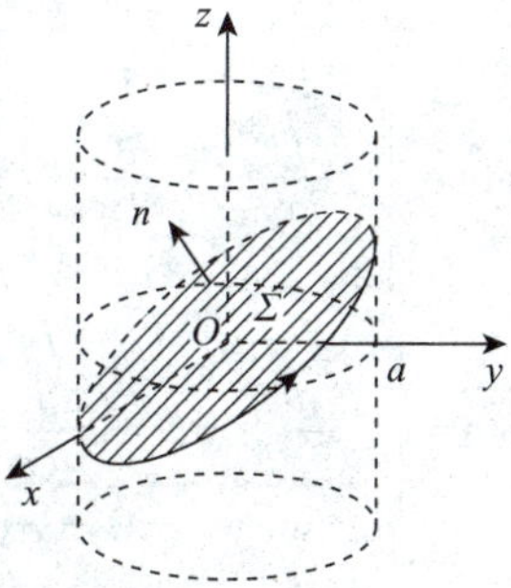

图 11-13

现用两种方法来求 $\iint_\Sigma\mathrm{d}S$.

方法一:由于 $\iint_\Sigma\mathrm{d}S=$Σ的面积 A,而 $A\cdot\cos\gamma=A\cdot\frac{a}{\sqrt{a^2+b^2}}=$Σ在 xOy 面上的投影区域的面积 $=\pi a^2$,故 $\iint_\Sigma\mathrm{d}S=\pi a^2\Big/\frac{a}{\sqrt{a^2+b^2}}=\pi a\sqrt{a^2+b^2}$.

方法二:用曲面积分计算法.

由于在 Σ 上，$z=b-\frac{b}{a}x$，

$$dS=\sqrt{1+z_x^2+z_y^2}\,dxdy=\sqrt{1+\left(\frac{b}{a}\right)^2}\,dxdy=\frac{\sqrt{a^2+b^2}}{a}dxdy,$$

又 $D_{xy}=\{(x,y)\mid x^2+y^2\leqslant a^2\}$，故

$$\iint_{\Sigma}dS=\iint_{D_{xy}}\frac{\sqrt{a^2+b^2}}{a}dxdy=\frac{\sqrt{a^2+b^2}}{a}\cdot\pi a^2=\pi a\sqrt{a^2+b^2}.$$

将所求得的 $\iint_{\Sigma}dS$ 代入(∗)，得

$$原式=\frac{-2(a+b)}{\sqrt{a^2+b^2}}\cdot\pi a\sqrt{a^2+b^2}=-2\pi a(a+b).$$

(3)取 Σ 为平面 $z=2$ 的上侧被 Γ 所围成的部分，则 Σ 的单位法向量为 $\boldsymbol{n}=(0,0,1)$，Σ 在 xOy 面上的投影区域 D_{xy} 为 $x^2+y^2\leqslant 4$. 于是由斯托克斯公式，

$$\oint_{\Gamma}3y\,dx-xz\,dy+yz^2\,dz=\iint_{\Sigma}\begin{vmatrix}0&0&1\\ \frac{\partial}{\partial x}&\frac{\partial}{\partial y}&\frac{\partial}{\partial z}\\ 3y&-xz&yz^2\end{vmatrix}dS=-\iint_{\Sigma}(z+3)dS$$

$$=-\iint_{D_{xy}}(2+3)dxdy=-5\times\pi\times 2^2=-20\pi.$$

(4)Γ 即为 xOy 面上的圆周 $x^2+y^2=9$，取 Σ 为圆域 $x^2+y^2\leqslant 9$ 的上侧，则由斯托克斯公式

$$\oint_{\Gamma}2y\,dx+3x\,dy-z^2\,dz=\iint_{\Sigma}\begin{vmatrix}dydz&dzdx&dxdy\\ \frac{\partial}{\partial x}&\frac{\partial}{\partial y}&\frac{\partial}{\partial z}\\ 2y&3x&-z^2\end{vmatrix}=\iint_{\Sigma}dxdy$$

$$=\iint_{D_{xy}}dxdy=9\pi.$$

*3. **解:**(1)$\mathbf{rot}\boldsymbol{A}=\begin{vmatrix}\boldsymbol{i}&\boldsymbol{j}&\boldsymbol{k}\\ \frac{\partial}{\partial x}&\frac{\partial}{\partial y}&\frac{\partial}{\partial z}\\ 2z-3y&3x-z&y-2x\end{vmatrix}=2\boldsymbol{i}+4\boldsymbol{j}+6\boldsymbol{k}.$

(2)$\mathbf{rot}\boldsymbol{A}=\begin{vmatrix}\boldsymbol{i}&\boldsymbol{j}&\boldsymbol{k}\\ \frac{\partial}{\partial x}&\frac{\partial}{\partial y}&\frac{\partial}{\partial z}\\ z+\sin y&-(z-x\cos y)&0\end{vmatrix}=\boldsymbol{i}+\boldsymbol{j}+(\cos y-\cos y)\boldsymbol{k}=\boldsymbol{i}+\boldsymbol{j}.$

(3)$\mathbf{rot}\boldsymbol{A}=\begin{vmatrix}\boldsymbol{i}&\boldsymbol{j}&\boldsymbol{k}\\ \frac{\partial}{\partial x}&\frac{\partial}{\partial y}&\frac{\partial}{\partial z}\\ x^2\sin y&y^2\sin(xz)&xy\sin(\cos z)\end{vmatrix}$

$$=[x\sin(\cos z)-xy^2\cos(xz)]\boldsymbol{i}-y\sin(\cos z)\boldsymbol{j}+[y^2z\cos(xz)-x^2\cos y]\boldsymbol{k}.$$

*4. **解:**(1)Σ 的正向边界曲线 Γ 为 xOy 面上的圆周 $x^2+y^2=1$，从 z 轴正向看去 Γ 取逆时针方向，Γ 的参数方程为 $x=\cos t$，$y=\sin t$，$z=0$，t 从 0 变到 2π. 由斯托克斯公式，

$$\iint_{\Sigma}\mathbf{rot}\boldsymbol{A}\cdot\boldsymbol{n}\,dS=\oint_{\Gamma}P\,dx+Q\,dy+R\,dz=\oint_{\Gamma}y^2\,dx+xy\,dy+xz\,dz$$

$$=\int_0^{2\pi}[\sin^2 t\cdot(-\sin t)+\cos t\cdot\sin t\cdot\cos t]\mathrm{d}t$$

$$=\int_0^{2\pi}(1-2\cos^2 t)\mathrm{d}\cos t=0.$$

(2)Σ 的边界曲线 Γ 为 xOy 面上由直线 $x=0$，$y=0$，$x=2$，$y=2$ 所围成的正方形的边界，从 z 轴正向看去取逆时针方向. 由斯托克斯公式，

$$\iint_\Sigma \mathbf{rot}\boldsymbol{A}\cdot\boldsymbol{n}\mathrm{d}S=\oint_\Gamma P\mathrm{d}x+Q\mathrm{d}y+R\mathrm{d}z$$

$$=\oint_\Gamma (y-z)\mathrm{d}x+yz\mathrm{d}y-xz\mathrm{d}z \quad (\text{代入 } z=0)$$

$$=\oint_\Gamma y\mathrm{d}x=\int_2^0 2\mathrm{d}x=-4.$$

*5. **解**:(1)Γ 的参数方程为 $x=\cos t$，$y=\sin t$，$z=0$，t 从 0 变到 2π，于是所求环流量为

$$\oint_\Gamma \boldsymbol{A}\cdot\boldsymbol{\tau}\mathrm{d}S=\oint_\Gamma P\mathrm{d}x+Q\mathrm{d}y+R\mathrm{d}z=\oint_\Gamma -y\mathrm{d}x+x\mathrm{d}y+c\mathrm{d}z$$

$$=\int_0^{2\pi}[(-\sin t)(-\sin t)+\cos t(\cos t)]\mathrm{d}t$$

$$=\int_0^{2\pi}\mathrm{d}t=2\pi.$$

(2)Γ 是 xOy 面上的圆周 $x^2+y^2=4$(从 z 轴正向看 Γ 依逆时针方向)，它的参数方程为 $x=2\cos t$，$y=2\sin t$，$z=0$，t 从 0 变到 2π，于是所求的环流量为

$$\oint_\Gamma \boldsymbol{A}\cdot\boldsymbol{\tau}\mathrm{d}S=\oint_\Gamma P\mathrm{d}x+Q\mathrm{d}y+R\mathrm{d}z$$

$$=\oint_\Gamma (x-z)\mathrm{d}x+(x^3+yz)\mathrm{d}y-3xy^2\mathrm{d}z \quad (\text{代入 } z=0)$$

$$=\oint_\Gamma x\mathrm{d}x+x^3\mathrm{d}y=\int_0^{2\pi}[2\cos t\cdot(-2\sin t)+8\cos^3 t\cdot 2\cos t]\mathrm{d}t$$

$$=-4\int_0^{2\pi}\sin t\cos t\mathrm{d}t+16\int_0^{2\pi}\cos^4 t\mathrm{d}t=0+64\int_0^{\frac{\pi}{2}}\cos^4 t\mathrm{d}t$$

$$=64\times\frac{3}{4}\times\frac{1}{2}\times\frac{\pi}{2}=12\pi.$$

【方法点击】 其中 $\int_0^{2\pi}\cos^4 t\mathrm{d}t\xlongequal{\text{周期性}}2\int_0^{\pi}\cos^4 t\mathrm{d}t=2\left(\int_0^{\frac{\pi}{2}}\cos^4 t\mathrm{d}t+\int_{\frac{\pi}{2}}^{\pi}\cos^4 t\mathrm{d}t\right)$，

由于 $\int_{\frac{\pi}{2}}^{\pi}\cos^4 t\mathrm{d}t\xlongequal{u=\pi-t}-\int_{\frac{\pi}{2}}^{0}\cos^4 u\mathrm{d}u=\int_0^{\frac{\pi}{2}}\cos^4 u\mathrm{d}u$，故得

$$\int_0^{2\pi}\cos^4 t\mathrm{d}t=4\int_0^{\frac{\pi}{2}}\cos^4 t\mathrm{d}t.$$

*6. **证**:设 $\boldsymbol{a}=a_x\boldsymbol{i}+a_y\boldsymbol{j}+a_z\boldsymbol{k}$，$\boldsymbol{b}=b_x\boldsymbol{i}+b_y\boldsymbol{j}+b_z\boldsymbol{k}$，其中 a_x,a_y,a_z；b_x,b_y,b_z 均为 x,y,z 的函数，则

$\mathbf{rot}(\boldsymbol{a}+\boldsymbol{b})$

$=\mathbf{rot}[(a_x+b_x)\boldsymbol{i}+(a_y+b_y)\boldsymbol{j}+(a_z+b_z)\boldsymbol{k}]$

$$=\left[\frac{\partial(a_z+b_z)}{\partial y}-\frac{\partial(a_y+b_y)}{\partial z}\right]\boldsymbol{i}+\left[\frac{\partial(a_x+b_x)}{\partial z}-\frac{\partial(a_z+b_z)}{\partial x}\right]\boldsymbol{j}+\left[\frac{\partial(a_y+b_y)}{\partial x}-\frac{\partial(a_x+b_x)}{\partial y}\right]\boldsymbol{k}$$

$$=\left[\left(\frac{\partial a_z}{\partial y}-\frac{\partial a_y}{\partial z}\right)\boldsymbol{i}+\left(\frac{\partial a_x}{\partial z}-\frac{\partial a_z}{\partial x}\right)\boldsymbol{j}+\left(\frac{\partial a_y}{\partial x}-\frac{\partial a_x}{\partial y}\right)\boldsymbol{k}\right]+$$

$$\left[\left(\frac{\partial b_z}{\partial y}-\frac{\partial b_y}{\partial z}\right)\boldsymbol{i}+\left(\frac{\partial b_x}{\partial z}-\frac{\partial b_z}{\partial x}\right)\boldsymbol{j}+\left(\frac{\partial b_y}{\partial x}-\frac{\partial b_x}{\partial y}\right)\boldsymbol{k}\right]$$

$=\mathbf{rot}\boldsymbol{a}+\mathbf{rot}\boldsymbol{b}.$

*7. **解**:$\mathbf{grad}\ u=\frac{\partial u}{\partial x}\boldsymbol{i}+\frac{\partial u}{\partial y}\boldsymbol{j}+\frac{\partial u}{\partial z}\boldsymbol{k}$,

$$\mathbf{rot}(\mathbf{grad}\ u)=\begin{vmatrix}\boldsymbol{i} & \boldsymbol{j} & \boldsymbol{k}\\ \frac{\partial}{\partial x} & \frac{\partial}{\partial y} & \frac{\partial}{\partial z}\\ \frac{\partial u}{\partial x} & \frac{\partial u}{\partial y} & \frac{\partial u}{\partial z}\end{vmatrix}=\left(\frac{\partial^2 u}{\partial z\partial y}-\frac{\partial^2 u}{\partial y\partial z}\right)\boldsymbol{i}+\left(\frac{\partial^2 u}{\partial x\partial z}-\frac{\partial^2 u}{\partial z\partial x}\right)\boldsymbol{j}+\left(\frac{\partial^2 u}{\partial y\partial x}-\frac{\partial^2 u}{\partial x\partial y}\right)\boldsymbol{k}$$

(由于各二阶偏导数连续)

$=0\boldsymbol{i}+0\boldsymbol{j}+0\boldsymbol{k}=\mathbf{0}.$

总习题十一解答(教材 P249～P250)

1. **解**:(1)由教材本章第二节的公式(3),可知第一个空格应填:$\int_\Gamma(P\cos\alpha+Q\cos\beta+R\cos\gamma)\mathrm{d}S$;第二个空格应填:切向量.

(2)由教材本章第五节的公式(9),可知第一个空格应填:$\iint\limits_\Sigma(P\cos\alpha+Q\cos\beta+R\cos\gamma)\mathrm{d}S$;第一个空格应填:法向量.

2. **解**:先说明(A)选项不对.由于Σ关于yOz面对称,被积函数x关于x是奇函数,所以$\iint\limits_\Sigma x\mathrm{d}S=0$.但在$\Sigma_1$上,被积函数$x$连续且大于零,所以$\iint\limits_{\Sigma_1}x\mathrm{d}S>0$.因此$\iint\limits_\Sigma x\mathrm{d}S\neq4\iint\limits_{\Sigma_1}x\mathrm{d}S$.类似可说明(B)和(D)选项不对.

再说明(C)选项正确.由于Σ关于yOz面和zOx面均对称,被积函数z关于x和y均为偶函数,故$\iint\limits_\Sigma z\mathrm{d}S=4\iint\limits_{\Sigma_1}z\mathrm{d}S$;而在$\Sigma_1$上,字母$x,y,z$是对称的,故$\iint\limits_{\Sigma_1}z\mathrm{d}S=\iint\limits_{\Sigma_1}x\mathrm{d}S$,因此有

$$\iint\limits_\Sigma z\mathrm{d}S=4\iint\limits_{\Sigma_1}x\mathrm{d}S.$$

3. **解**:(1)**方法一**:L的方程即为$\left(x-\frac{a}{2}\right)^2+y^2=\frac{a^2}{4}$,故可取$L$的参数方程为$x=\frac{a}{2}+\frac{a}{2}\cos t$,$y=\frac{a}{2}\sin t$,$0\leqslant t\leqslant2\pi$.于是

$$\oint_L\sqrt{x^2+y^2}\mathrm{d}s=\int_0^{2\pi}\frac{\sqrt{2}a}{2}\sqrt{1+\cos t}\cdot\sqrt{\left(-\frac{a}{2}\sin t\right)^2+\left(\frac{a}{2}\cos t\right)^2}\mathrm{d}t$$

$$=\frac{\sqrt{2}a^2}{4}\int_0^{2\pi}\sqrt{1+\cos t}\mathrm{d}t=\frac{\sqrt{2}a^2}{4}\cdot\sqrt{2}\int_0^{2\pi}\left|\cos\frac{t}{2}\right|\mathrm{d}t$$

$$=2a^2\int_0^{\pi}\cos\frac{t}{2}\mathrm{d}\frac{t}{2}=2a^2.$$

方法二:L的极坐标方程为$r=a\cos\theta\left(-\frac{\pi}{2}\leqslant\theta\leqslant\frac{\pi}{2}\right)$,

$$\mathrm{d}s=\sqrt{r^2+r'^2}\mathrm{d}\theta=a\mathrm{d}\theta,$$

因此 $\oint_L \sqrt{x^2+y^2}\,ds=\int_{-\frac{\pi}{2}}^{\frac{\pi}{2}} a\cos\theta\cdot a\,d\theta=2a^2.$

(2) $\int_\Gamma z\,ds=\int_0^{t_0} t\sqrt{(\cos t-t\sin t)^2+(\sin t+t\cos t)^2+1}\,dt$

$$=\int_0^{t_0} t\sqrt{2+t^2}\,dt=\frac{1}{2}\int_0^{t_0}\sqrt{2+t^2}\,d(2+t^2)$$

$$=\frac{1}{3}(2+t^2)^{\frac{3}{2}}\Big|_0^{t_0}=\frac{1}{3}[(2+t_0^2)^{\frac{3}{2}}-2\sqrt{2}].$$

(3) $\int_L (2a-y)dx+x\,dy$

$$=\int_0^{2\pi}[(2a-a+a\cos t)\cdot a(1-\cos t)+a(t-\sin t)\cdot a\sin t]dt$$

$$=a^2\int_0^{2\pi} t\sin t\,dt=a^2(-t\cos t)\Big|_0^{2\pi}+a^2\int_0^{2\pi}\cos t\,dt$$

$$=-2\pi a^2+0=-2\pi a^2.$$

(4) $\int_L (y^2-z^2)dx+2yz\,dy-x^2\,dz=\int_0^1[(t^4-t^6)\cdot 1+2t^2\cdot t^3\cdot 2t-t^2\cdot 3t^2]dt$

$$=\int_0^1(3t^6-2t^4)dt=\frac{1}{35}.$$

(5)如图 11-14 所示，添加有向线段 OA：$y=0$，x 从 0 变到 $2a$，则在 L 与 OA 所围成的闭区域 D 上应用格林公式可得

$$\int_{L+OA}(e^x\sin y-2y)dx+(e^x\cos y-2)dy$$

$$=\iint_D\left(\frac{\partial Q}{\partial x}-\frac{\partial P}{\partial y}\right)dxdy$$

$$=\iint_D(e^x\cos y-e^x\cos y+2)dxdy$$

$$=2\iint_D dxdy=\pi a^2,$$

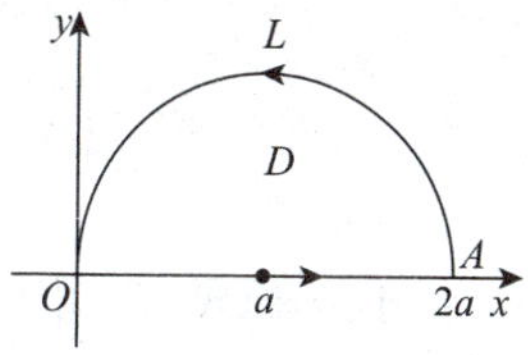

图 11-14

于是

$$\int_L(e^x\sin y-2y)dx+(e^x\cos y-2)dy=\pi a^2-\int_{OA}(e^x\sin y-2y)dx+(e^x\cos y-2)dy$$

$$=\pi a^2-\int_0^{2a}(e^x\sin 0-2\times 0)dx=\pi a^2.$$

【方法点击】 本题通过添加辅助路径并利用格林公式，将难以直接计算的曲线积分化为一个易于计算的二重积分和另一个易于计算的曲线积分之差，从而方便地求得结果. 这是格林公式的用处之一，值得注意.

(6)由 Γ 的一般方程 $\begin{cases}y=z,\\x^2+y^2+z^2=1\end{cases}$ 可得 $x^2+2y^2=1$. 从而可令 $x=\cos t$，$y=\frac{\sin t}{\sqrt{2}}$，$z=\frac{\sin t}{\sqrt{2}}$，$t$ 从 0 变到 2π. 于是

$$\oint_\Gamma xyz\,dz=\int_0^{2\pi}\cos t\left(\frac{\sin t}{\sqrt{2}}\right)^2\cdot\frac{\cos t}{\sqrt{2}}dt=\frac{1}{2\sqrt{2}}\int_0^{2\pi}\sin^2 t\cos^2 t\,dt$$

$$=\frac{1}{8\sqrt{2}}\int_0^{2\pi}\sin^2(2t)\,\mathrm{d}t=\frac{1}{8\sqrt{2}}\int_0^{2\pi}\frac{1-\cos 4t}{2}\mathrm{d}t=\frac{\pi}{8\sqrt{2}}=\frac{\sqrt{2}\pi}{16}.$$

4. 解:(1)将Σ分成Σ_1和Σ_2两片,Σ_1为$y=\sqrt{R^2-x^2}$,Σ_2为$y=-\sqrt{R^2-x^2}$,Σ_1和Σ_2在zOx面上的投影区域均为$D_{zx}=\{(z,x)\mid 0\leqslant z\leqslant H,-R\leqslant x\leqslant R\}$.

$$\iint_{\Sigma_1}\frac{\mathrm{d}S}{x^2+y^2+z^2}=\iint_{D_{zx}}\frac{1}{R^2+z^2}\sqrt{1+\frac{(-x)^2}{R^2-x^2}}\,\mathrm{d}x\mathrm{d}z$$

$$=\int_0^H\frac{1}{R^2+z^2}\mathrm{d}z\cdot\int_{-R}^{R}\frac{R}{\sqrt{R^2-x^2}}\mathrm{d}x$$

$$=\left(\frac{1}{R}\arctan\frac{z}{R}\right)\Bigg|_0^H\cdot\left(R\arcsin\frac{x}{R}\right)\Bigg|_{-R}^{R}=\pi\arctan\frac{H}{R}.$$

由于被积函数关于y是偶函数,积分曲面Σ_1和Σ_2关于zOx面对称,故

$$\iint_{\Sigma_2}\frac{\mathrm{d}S}{x^2+y^2+z^2}=\iint_{\Sigma_1}\frac{\mathrm{d}S}{x^2+y^2+z^2}=\pi\arctan\frac{H}{R}.$$

由此,得$\displaystyle\iint_{\Sigma}\frac{\mathrm{d}S}{x^2+y^2+z^2}=2\pi\arctan\frac{H}{R}$.

(2)添加辅助曲面$\Sigma_1=\{(x,y,z)\mid z=h,x^2+y^2\leqslant h^2\}$,取上侧,则在由$\Sigma$和$\Sigma_1$所包围的空间闭区域$\Omega$上应用高斯公式得

$$\iint_{\Sigma+\Sigma_1}(y^2-z)\mathrm{d}y\mathrm{d}z+(z^2-x)\mathrm{d}z\mathrm{d}x+(x^2-y)\mathrm{d}x\mathrm{d}y$$

$$=\iiint_{\Omega}\left[\frac{\partial(y^2-z)}{\partial x}+\frac{\partial(z^2-x)}{\partial y}+\frac{\partial(x^2-y)}{\partial z}\right]\mathrm{d}v=\iiint_{\Omega}0\cdot\mathrm{d}v=0,$$

于是,原式$\displaystyle=-\iint_{\Sigma_1}(y^2-z)\mathrm{d}y\mathrm{d}z+(z^2-x)\mathrm{d}z\mathrm{d}x+(x^2-y)\mathrm{d}x\mathrm{d}y$

$$=-\iint_{\Sigma_1}(x^2-y)\mathrm{d}x\mathrm{d}y=-\iint_{D_{xy}}(x^2-y)\mathrm{d}x\mathrm{d}y,$$

其中$D_{xy}=\{(x,y)\mid x^2+y^2\leqslant h^2\}$.

在计算$\displaystyle\iint_{D_{xy}}(x^2-y)\mathrm{d}x\mathrm{d}y$时,由对称性易知$\displaystyle\iint_{D_{xy}}y\,\mathrm{d}x\mathrm{d}y=0$,又$\displaystyle\iint_{D_{xy}}x^2\mathrm{d}x\mathrm{d}y=\iint_{D_{xy}}y^2\mathrm{d}x\mathrm{d}y$,故

$$\iint_{D_{xy}}(x^2-y)\mathrm{d}x\mathrm{d}y=\frac{1}{2}\iint_{D_{xy}}(x^2+y^2)\mathrm{d}x\mathrm{d}y\xlongequal{\text{极坐标}}\frac{1}{2}\int_0^{2\pi}\mathrm{d}\theta\int_0^h r^2\cdot r\mathrm{d}r=\frac{\pi}{4}h^4.$$

从而,原式$=-\dfrac{\pi}{4}h^4$.

【方法点击】 本题若用第二类曲面积分的计算公式直接计算,则运算将十分繁复.现在通过添加辅助曲面并利用高斯公式,就将原积分化为辅助曲面上的一个容易计算的曲面积分,从而达到了化繁为简、化难为易的目的.这种做法与前面第3(5)题利用格林公式化简曲线积分的做法是类似的,请读者注意比较,并思考这样的问题:要使这种做法可行,所给的曲线积分(曲面积分)应具备什么条件?

(3)添加辅助曲面$\Sigma_1=\{(x,y,z)\mid z=0,x^2+y^2\leqslant R^2\}$,取下侧,则在由$\Sigma$和$\Sigma_1$所围成的空间闭区域$\Omega$上应用高斯公式得

$$\iint\limits_{\Sigma+\Sigma_1} x\mathrm{d}y\mathrm{d}z+y\mathrm{d}z\mathrm{d}x+z\mathrm{d}x\mathrm{d}y=\iiint\limits_{\Omega}\left(\frac{\partial x}{\partial x}+\frac{\partial y}{\partial y}+\frac{\partial z}{\partial z}\right)\mathrm{d}v$$

$$=3\iiint\limits_{\Omega}\mathrm{d}v=3\times\frac{2\pi R^3}{3}=2\pi R^3,$$

于是，原式$=2\pi R^3-\iint\limits_{\Sigma_1} x\mathrm{d}y\mathrm{d}z+y\mathrm{d}z\mathrm{d}x+z\mathrm{d}x\mathrm{d}y=2\pi R^3-0=2\pi R^3.$

(4)**方法一**：将 Σ 分成 Σ_1 和 Σ_2 两片，其中

$\Sigma_1: z=\sqrt{1-x^2-y^2}\,(x\geqslant 0,y\geqslant 0)$，取上侧；

$\Sigma_2: z=-\sqrt{1-x^2-y^2}\,(x\geqslant 0,y\geqslant 0)$，取下侧.

Σ_1 和 Σ_2 在 xOy 面上的投影区域均为

$D_{xy}=\{(x,y)\mid x^2+y^2\leqslant 1,x\geqslant 0,y\geqslant 0\}$（见图 11-15）.

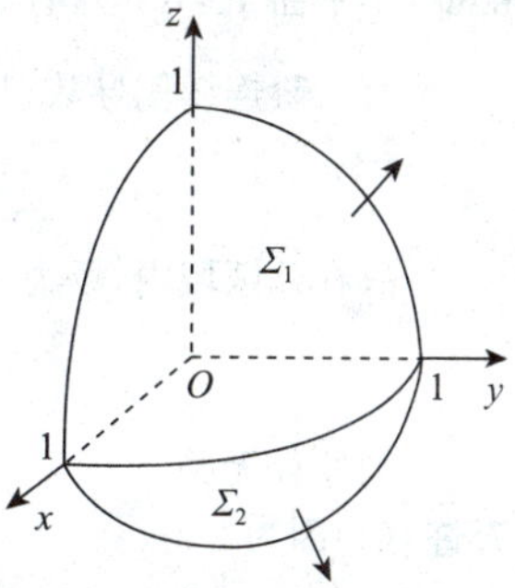

图 11-15

于是

$$\iint\limits_{\Sigma_1} xyz\mathrm{d}x\mathrm{d}y=\iint\limits_{D_{xy}} xy\sqrt{1-x^2-y^2}\,\mathrm{d}x\mathrm{d}y$$

$$\xlongequal{\text{极坐标}}\int_0^{\frac{\pi}{2}}\sin\theta\cos\theta\mathrm{d}\theta\cdot\int_0^1 r^2\sqrt{1-r^2}\,r\mathrm{d}r$$

$$\xlongequal{r=\sin t}\frac{1}{2}\int_0^{\frac{\pi}{2}}\sin^3 t\cdot\cos^2 t\mathrm{d}t$$

$$=\frac{1}{2}\int_0^{\frac{\pi}{2}}(\sin^3 t-\sin^5 t)\mathrm{d}t=\frac{1}{2}\left(\frac{2}{3}-\frac{4}{5}\times\frac{2}{3}\right)=\frac{1}{15};$$

$$\iint\limits_{\Sigma_2} xyz\mathrm{d}x\mathrm{d}y=-\iint\limits_{D_{xy}} xy(-\sqrt{1-x^2-y^2})\mathrm{d}x\mathrm{d}y=\iint\limits_{D_{xy}} xy\sqrt{1-x^2-y^2}\,\mathrm{d}x\mathrm{d}y=\frac{1}{15},$$

因而 $\iint\limits_{\Sigma} xyz\mathrm{d}x\mathrm{d}y=\frac{1}{15}+\frac{1}{15}=\frac{2}{15}.$

方法二：应用高斯公式计算.

添加辅助曲面 $\Sigma_3: x=0$（取后侧）；$\Sigma_4: y=0$（取左侧），则有

$$\iint\limits_{\Sigma_3} xyz\mathrm{d}x\mathrm{d}y=\iint\limits_{\Sigma_4} xyz\mathrm{d}x\mathrm{d}y=0.$$

在由 Σ,Σ_3 和 Σ_4 所围成的空间闭区域 Ω 上应用高斯公式，得

$$\iint\limits_{\Sigma} xyz\mathrm{d}x\mathrm{d}y=\iint\limits_{\Sigma+\Sigma_3+\Sigma_4} xyz\mathrm{d}x\mathrm{d}y=\iiint\limits_{\Omega}\frac{\partial(xyz)}{\partial z}\mathrm{d}v=\iiint\limits_{\Omega} xy\mathrm{d}v$$

$$=\iint\limits_{D_{xy}} xy\mathrm{d}x\mathrm{d}y\int_{-\sqrt{1-x^2-y^2}}^{\sqrt{1-x^2-y^2}}\mathrm{d}z=2\iint\limits_{D_{xy}} xy\sqrt{1-x^2-y^2}\,\mathrm{d}x\mathrm{d}y=\frac{2}{15}.$$

5. 证：G 为平面单连通域，在 G 内 $P=\frac{x}{x^2+y^2}$，$Q=\frac{y}{x^2+y^2}$ 具有一阶连续偏导数，且

$$\frac{\partial Q}{\partial x}=\frac{\partial}{\partial x}\left(\frac{y}{x^2+y^2}\right)=\frac{-2xy}{(x^2+y^2)^2}=\frac{\partial}{\partial y}\left(\frac{x}{x^2+y^2}\right)=\frac{\partial P}{\partial y},$$

故 $\frac{x\mathrm{d}x+y\mathrm{d}y}{x^2+y^2}$ 在 G 内是某个二元函数 $u(x,y)$ 的全微分.

取折线路径 $(0,1)\to(x,1)\to(x,y)$（见图 11-16），若 $u(0,1)=0$，则

$$u(x,y)=\int_0^x \frac{x\mathrm{d}x}{x^2+1}+\int_1^y \frac{y\mathrm{d}y}{x^2+y^2}$$
$$=\frac{1}{2}\ln(1+x^2)+\frac{1}{2}\Big[\ln(x^2+y^2)\Big]\Big|_1^y$$
$$=\frac{1}{2}\ln(x^2+y^2).$$

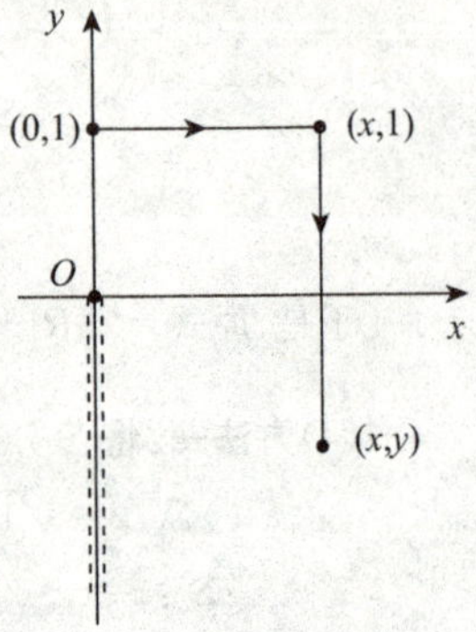

图 11-16

6. 证: 半平面 $x>0$ 是单连通域,在此区域内,$P=-\frac{kx}{r^3}$、$Q=-\frac{ky}{r^3}$ 具有一阶连续偏导数,且

$$\frac{\partial Q}{\partial x}=\frac{3kxy}{r^5}=\frac{\partial P}{\partial y},$$

故在此区域内,场力 $\boldsymbol{F}$ 沿曲线 L 所作的功,即

$$\int_L \boldsymbol{F}\cdot \mathrm{d}\boldsymbol{r}=-k\int_L \frac{x\mathrm{d}x+y\mathrm{d}y}{r^3}$$

与路径无关.

7. 证: (1)因为

$$\frac{\partial}{\partial y}\left\{\frac{1}{y}[1+y^2f(xy)]\right\}=f(xy)-\frac{1}{y^2}+xyf'(xy)=\frac{\partial}{\partial x}\left\{\frac{x}{y^2}[y^2f(xy)-1]\right\}$$

在上半平面这个单连通域内处处成立,所以在上半平面内曲线积分与路径 L 无关.

解: (2)由于 I 与路径无关,故可取积分路径 L 为由点 (a,b) 到点 (c,b) 再到点 (c,d) 的有向折线,从而得

$$I=\int_a^c \frac{1}{b}[1+b^2f(bx)]\mathrm{d}x+\int_b^d \frac{c}{y^2}[y^2f(cy)-1]\mathrm{d}y$$
$$=\frac{c-a}{b}+\int_a^c bf(bx)\mathrm{d}x+\int_b^d cf(cy)\mathrm{d}y+\frac{c}{d}-\frac{c}{b}$$
$$=\frac{c}{d}-\frac{a}{b}+\int_{ab}^{bc}f(t)\mathrm{d}t+\int_{bc}^{cd}f(t)\mathrm{d}t=\frac{c}{d}-\frac{a}{b}+\int_{ab}^{cd}f(t)\mathrm{d}t,$$

当 $ab=cd$ 时,$\int_{ab}^{cd}f(t)\mathrm{d}t=0$ 由此得 $I=\frac{c}{d}-\frac{a}{b}$.

8. 解: 设质心位置为 $(\overline{x},\overline{y},\overline{z})$. 由对称性可知质心位于 z 轴上,故 $\overline{x}=\overline{y}=0$. Σ 在 xOy 面上的投影区域 $D_{xy}=\{(x,y)\mid x^2+y^2\leqslant a^2\}$. 由于

$$\iint_\Sigma z\mathrm{d}S=\iint_{D_{xy}}\sqrt{a^2-x^2-y^2}\cdot\sqrt{1+z_x^2+z_y^2}\mathrm{d}x\mathrm{d}y$$
$$=\iint_{D_{xy}}\sqrt{a^2-x^2-y^2}\cdot\sqrt{1+\frac{x^2+y^2}{a^2-x^2-y^2}}\mathrm{d}x\mathrm{d}y$$
$$=a\iint_{D_{xy}}\mathrm{d}x\mathrm{d}y=a\cdot\pi a^2=\pi a^3,$$

又 Σ 的面积 $A=2\pi a^2$, 故 $\overline{z}=\frac{\iint_\Sigma z\mathrm{d}S}{A}=\frac{\pi a^3}{2\pi a^2}=\frac{a}{2}$,所求的质心为 $\left(0,0,\frac{a}{2}\right)$.

9. 证: (1)如图 11-17 所示,$\boldsymbol{n}$ 为有向曲线 L 的外法线向量,$\boldsymbol{\tau}$ 为 L 的切线向量. 设 x 轴到 $\boldsymbol{n}$ 和 $\boldsymbol{\tau}$ 的转角分别为 φ 和 α,则 $\alpha=\varphi+\frac{\pi}{2}$,且 $\boldsymbol{n}$ 的方向余弦为 $\cos\varphi,\sin\varphi$; $\boldsymbol{\tau}$ 的方向余弦为 $\cos\alpha$,

$\sin\alpha$. 于是

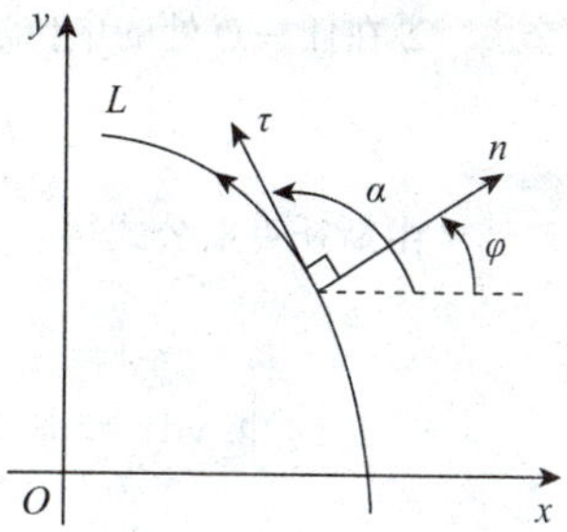

图 11-17

$$\oint_L v\frac{\partial u}{\partial n}\mathrm{d}s=\oint_L v(u_x\cos\varphi+u_y\sin\varphi)\mathrm{d}s$$

$$=\oint_L v(u_x\sin\alpha-u_y\cos\alpha)\mathrm{d}s$$

$(\cos\alpha\mathrm{d}s=\mathrm{d}x,\ \sin\alpha\mathrm{d}s=\mathrm{d}y)$

$$=\oint_L vu_x\mathrm{d}y-vu_y\mathrm{d}x$$

$$\xlongequal{\text{格林公式}}\iint_D\left[\frac{\partial(vu_x)}{\partial x}-\frac{\partial(-vu_y)}{\partial y}\right]\mathrm{d}x\mathrm{d}y$$

$$=\iint_D[(u_xv_x+vu_{xx})+(u_yv_y+vu_{yy})]\mathrm{d}x\mathrm{d}y$$

$$=\iint_D v(u_{xx}+u_{yy})\mathrm{d}x\mathrm{d}y+\iint_D(u_xv_x+u_yv_y)\mathrm{d}x\mathrm{d}y$$

$$=\iint_D v\Delta u\mathrm{d}x\mathrm{d}y+\iint_D(\mathbf{grad}\ u\cdot\mathbf{grad}\ v)\mathrm{d}x\mathrm{d}y,$$

把上式右端第二个积分移到左端即得所要证明的等式.

(2)在(1)证得的等式中交换 u、v 的位置,可得

$$\iint_D u\Delta v\mathrm{d}x\mathrm{d}y=-\iint_D(\mathbf{grad}\ v\cdot\mathbf{grad}\ u)\mathrm{d}x\mathrm{d}y+\int_L u\frac{\partial v}{\partial n}\mathrm{d}s,$$

在此式的两端分别减去(1)式中等式的两端,即得所需证明的等式.

*10. **解**:通量 $\Phi=\iint_\Sigma \boldsymbol{A}\cdot\boldsymbol{n}\mathrm{d}S=\iint_\Sigma x\mathrm{d}y\mathrm{d}z+y\mathrm{d}z\mathrm{d}x+z\mathrm{d}x\mathrm{d}y\xlongequal{\text{高斯公式}}\iiint_\Omega\left(\frac{\partial x}{\partial x}+\frac{\partial y}{\partial y}+\frac{\partial z}{\partial z}\right)\mathrm{d}v$

$$=\iiint_\Omega(1+1+1)\mathrm{d}v=3\iiint_\Omega\mathrm{d}v=3\times1=3.$$

11. **解**:$W=\oint_\Gamma \boldsymbol{F}\cdot\mathrm{d}\boldsymbol{r}=\oint_\Gamma y\mathrm{d}x+z\mathrm{d}y+x\mathrm{d}z$.

下面用两种方法来计算上面这个积分.

方法一:化为定积分直接计算. 如图 11-18 所示,Γ 由 AB, BC,CA 三条有向线段组成,

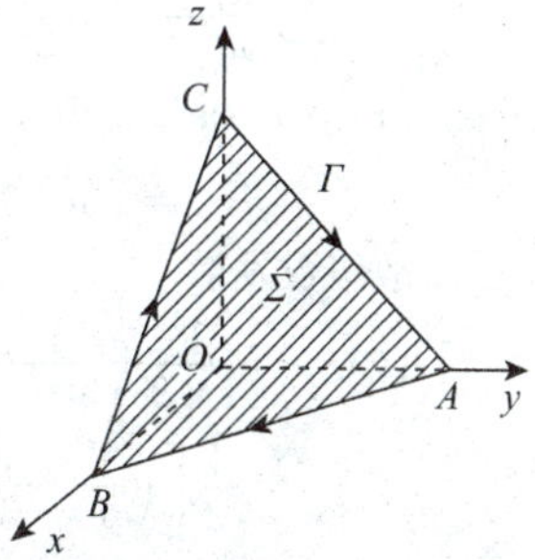

图 11-18

AB:$z=0,x=t,y=1-t,t$ 从 0 变到 1;

BC:$y=0,x=t,z=1-t,t$ 从 1 变到 0;

CA:$x=0,y=t,z=1-t,t$ 从 0 变到 1.

于是

$$\int_{AB}y\mathrm{d}x+z\mathrm{d}y+x\mathrm{d}z=\int_{AB}y\mathrm{d}x=\int_0^1(1-t)\mathrm{d}t=\frac{1}{2};$$

$$\int_{BC}y\mathrm{d}x+z\mathrm{d}y+x\mathrm{d}z=\int_{BC}x\mathrm{d}z=\int_1^0 t\cdot(-1)\mathrm{d}t=\frac{1}{2};$$

$$\int_{CA}y\mathrm{d}x+z\mathrm{d}y+x\mathrm{d}z=\int_{CA}z\mathrm{d}y=\int_0^1(1-t)\mathrm{d}t=\frac{1}{2}.$$

因此,$W=\oint_\Gamma y\mathrm{d}x+z\mathrm{d}y+x\mathrm{d}z=\int_{AB}\cdot+\int_{BC}\cdot+\int_{CA}\cdot=\frac{3}{2}$.

*　**方法二**:利用斯托克斯公式计算. 取 Σ 为平面 $x+y+z=1$ 的下侧被 Γ 所围的部分,则

Σ在任一点处的单位法向量为

$$\boldsymbol{n}=(\cos\alpha,\cos\beta,\cos\gamma)=\left(-\frac{1}{\sqrt{3}},-\frac{1}{\sqrt{3}},-\frac{1}{\sqrt{3}}\right),$$

由斯托克斯公式得

$$\oint_{\Gamma} y\mathrm{d}x+z\mathrm{d}y+x\mathrm{d}z=\iint_{\Sigma}\begin{vmatrix}-\frac{1}{\sqrt{3}} & -\frac{1}{\sqrt{3}} & -\frac{1}{\sqrt{3}}\\ \frac{\partial}{\partial x} & \frac{\partial}{\partial y} & \frac{\partial}{\partial z}\\ y & z & x\end{vmatrix}\mathrm{d}S=\iint_{\Sigma}\left(\frac{1}{\sqrt{3}}+\frac{1}{\sqrt{3}}+\frac{1}{\sqrt{3}}\right)\mathrm{d}S$$

$$=\sqrt{3}\iint_{\Sigma}\mathrm{d}S=\sqrt{3}\times\frac{\sqrt{3}}{2}=\frac{3}{2}.$$

第十二章　无穷级数

习题 12－1 解答(教材 P258)

1. 解:(1) $\sum_{n=1}^{\infty}\frac{1+n}{1+n^2}=\frac{1+1}{1+1^2}+\frac{1+2}{1+2^2}+\frac{1+3}{1+3^2}+\frac{1+4}{1+4^2}+\frac{1+5}{1+5^2}+\cdots.$

(2) $\sum_{n=1}^{\infty}\frac{1\times3\times\cdots\times(2n-1)}{2\times4\times\cdots\times2n}=\frac{1}{2}+\frac{1\times3}{2\times4}+\frac{1\times3\times5}{2\times4\times6}+\frac{1\times3\times5\times7}{2\times4\times6\times8}+\frac{1\times3\times5\times7\times9}{2\times4\times6\times8\times10}+\cdots.$

(3) $\sum_{n=1}^{\infty}\frac{(-1)^{n-1}}{5^n}=\frac{1}{5}-\frac{1}{5^2}+\frac{1}{5^3}-\frac{1}{5^4}+\frac{1}{5^5}-\cdots.$

(4) $\sum_{n=1}^{\infty}\frac{n!}{n^n}=\frac{1!}{1^1}+\frac{2!}{2^2}+\frac{3!}{3^3}+\frac{4!}{4^4}+\frac{5!}{5^5}+\cdots.$

2. 解:(1)因为 $S_n=(\sqrt{2}-\sqrt{1})+(\sqrt{3}-\sqrt{2})+(\sqrt{4}-\sqrt{3})+\cdots+(\sqrt{n+1}-\sqrt{n})$

$$=\sqrt{n+1}-1\to+\infty\quad(n\to\infty),$$

故级数发散.

(2) $S_n=\frac{1}{1\times3}+\frac{1}{3\times5}+\cdots+\frac{1}{(2n-1)(2n+1)}$

$$=\frac{1}{2}\left[\left(\frac{1}{1}-\frac{1}{3}\right)+\left(\frac{1}{3}-\frac{1}{5}\right)+\left(\frac{1}{5}-\frac{1}{7}\right)+\cdots+\left(\frac{1}{2n-1}-\frac{1}{2n+1}\right)\right]$$

$$=\frac{1}{2}\left(1-\frac{1}{2n+1}\right)\to\frac{1}{2}\quad(n\to\infty),$$

故级数收敛.

(3) $S_n=\sin\frac{\pi}{6}+\sin\frac{2\pi}{6}+\sin\frac{3\pi}{6}+\cdots+\sin\frac{n\pi}{6}$

$$=\frac{1}{2\sin\frac{\pi}{12}}\left(2\sin\frac{\pi}{12}\sin\frac{\pi}{6}+2\sin\frac{\pi}{12}\sin\frac{2\pi}{6}+2\sin\frac{\pi}{12}\sin\frac{3\pi}{6}+\cdots+2\sin\frac{\pi}{12}\sin\frac{n\pi}{6}\right)$$

$$=\frac{1}{2\sin\frac{\pi}{12}}\left[\left(\cos\frac{\pi}{12}-\cos\frac{3\pi}{12}\right)+\left(\cos\frac{3\pi}{12}-\cos\frac{5\pi}{12}\right)+\right.$$

$$\left(\cos\frac{5\pi}{12}-\cos\frac{7\pi}{12}\right)+\cdots+\left(\cos\frac{2n-1}{12}\pi-\cos\frac{2n+1}{12}\pi\right)\Big]$$

$$=\frac{1}{2\sin\frac{\pi}{12}}\left(\cos\frac{\pi}{12}-\cos\frac{2n+1}{12}\pi\right).$$

由于$\lim\limits_{n\to\infty}\cos\frac{2n+1}{12}\pi$不存在,所以$\lim\limits_{n\to\infty}S_n$不存在.

(4)$S_n=\ln 2+\ln\frac{3}{2}+\ln\frac{4}{3}+\cdots+\ln\frac{n+1}{n}=\ln(n+1)$,因$\lim\limits_{n\to\infty}S_n=\infty$,故级数发散.

3. 解:(1)原级数为等比级数,公比$q=-\frac{8}{9}$,由于$|q|=\frac{8}{9}<1$,故原级数收敛.

(2)原级数发散,否则$\sum\limits_{n=1}^{\infty}\frac{1}{n}=3\left(\frac{1}{3}+\frac{1}{6}+\frac{1}{9}+\cdots\right)$收敛,矛盾.

(3)该级数的一般项$u_n=\frac{1}{\sqrt[n]{3}}=3^{-\frac{1}{n}}\to 1\neq 0(n\to\infty)$,故由级数收敛的必要条件可知,级数发散.

(4)该级数为等比级数,公比$q=\frac{3}{2}>1$,故该级数发散.

(5)设$S=\frac{1}{2}+\frac{1}{2^2}+\frac{1}{2^3}+\cdots$,$\sigma=\frac{1}{3}+\frac{1}{3^2}+\frac{1}{3^3}+\cdots$,因为$S$为公比为$q=\frac{1}{2}$的等比级数,$\sigma$为公比$q=\frac{1}{3}$的等比级数,故$S,\sigma$均为收敛级数,则$S+\sigma$也为收敛级数,即原级数收敛.

***4. 解:**(1)若p为偶数:

$$|u_{n+1}+u_{n+2}+\cdots+u_{n+p}|=\left|\frac{(-1)^{n+2}}{n+1}+\frac{(-1)^{n+3}}{n+2}+\cdots+\frac{(-1)^{n+p+1}}{n+p}\right|$$
$$=\left|\frac{1}{n+1}-\frac{1}{n+2}+\frac{1}{n+3}+\cdots-\frac{1}{n+p}\right|$$
$$=\left|\frac{1}{n+1}-\left(\frac{1}{n+2}-\frac{1}{n+3}\right)-\cdots-\frac{1}{n+p}\right|<\frac{1}{n+1};$$

若p为奇数:

$$|u_{n+1}+u_{n+2}+\cdots+u_{n+p}|=\left|\frac{(-1)^{n+2}}{n+1}+\cdots+\frac{(-1)^{n+p+1}}{n+p}\right|$$
$$=\left|\frac{1}{n+1}-\frac{1}{n+2}+\frac{1}{n+3}+\cdots+\frac{1}{n+p}\right|$$
$$=\left|\frac{1}{n+1}-\left(\frac{1}{n+2}-\frac{1}{n+3}\right)-\cdots-\left(\frac{1}{n+p-1}-\frac{1}{n+p}\right)\right|<\frac{1}{n+1};$$

所以对于任意给定的正数ε,取$N\geqslant\frac{1}{\varepsilon}$,则当$n>N$时,对任何正数$p$都有

$$|u_{n+1}+u_{n+2}+\cdots+u_{n+p}|<\varepsilon$$

成立.由柯西原理知,级数$\sum\limits_{n=1}^{\infty}\frac{(-1)^{n+1}}{n}$收敛.

(2)取$p=3n$,

$$|S_{n+p}-S_n|=\left|\frac{1}{n+1}+\left(\frac{1}{n+2}-\frac{1}{n+3}\right)+\frac{1}{n+4}+\left(\frac{1}{n+5}-\frac{1}{n+6}\right)+\cdots+\frac{1}{4n-2}+\left(\frac{1}{4n-1}-\frac{1}{4n}\right)\right|$$
$$>\left|\frac{1}{n+1}+\frac{1}{n+4}+\cdots+\frac{1}{4n-2}\right|>\frac{1}{4n}+\frac{1}{4n}+\cdots+\frac{1}{4n}=\frac{1}{4}.$$

从而对于$\varepsilon_0=\frac{1}{4}$,任意$n\in\mathbf{N}$,存在$p=3n$,使得$|S_{n+p}-S_n|>\varepsilon_0$,故由柯西收敛原理,级数发散.

(3)对于任何自然数p,

$$\begin{aligned}|u_{n+1}+u_{n+2}+\cdots+u_{n+p}|&=\left|\frac{\sin(n+1)x}{2^{n+1}}+\frac{\sin(n+2)x}{2^{n+2}}+\cdots+\frac{\sin(n+p)x}{2^{n+p}}\right|\\&\leqslant\frac{1}{2^{n+1}}+\frac{1}{2^{n+2}}+\cdots+\frac{1}{2^{n+p}}=\frac{\frac{1}{2^{n+1}}\left(1-\frac{1}{2^p}\right)}{1-\frac{1}{2}}<\frac{1}{2^n},\end{aligned}$$

故对于任意给定的正数ε,取$N\geqslant\left[\log_2\frac{1}{\varepsilon}\right]+1$,则当$n>N$时,对任何自然数$p$,都有$|u_{n+1}+u_{n+2}+\cdots+u_{n+p}|<\varepsilon$成立.

由柯西收敛原理知,级数收敛.

(4)取$p=n$,则

$$\begin{aligned}|S_{n+p}-S_n|&=\left|\left[\frac{1}{3(n+1)+1}+\frac{1}{3(n+1)+2}-\frac{1}{3(n+1)+3}\right]+\cdots+\right.\\&\left.\left(\frac{1}{3\times2n+1}+\frac{1}{3\times2n+2}-\frac{1}{3\times2n+3}\right)\right|\\&\geqslant\frac{1}{3(n+1)+1}+\cdots+\frac{1}{3\times2n+1}\geqslant\frac{n}{6(n+1)}>\frac{1}{12}.\end{aligned}$$

从而取$\varepsilon_0=\frac{1}{12}$,则对任意的$n\in\mathbf{N}$,都存在$p=n$,使得$|S_{n+p}-S_n|>\varepsilon_0$,由柯西原理知,原级数发散.

习题 12－2 解答(教材 P271～P272)

1. 解:(1)由于$\lim\limits_{n\to\infty}\frac{\frac{1}{2n-1}}{\frac{1}{n}}=\frac{1}{2}$,而级数$\sum\limits_{n=1}^{\infty}\frac{1}{n}$发散,故该级数发散.

(2)由于$u_n=\frac{1+n}{1+n^2}>\frac{1+n}{n+n^2}=\frac{1}{n}$,而级数$\sum\limits_{n=1}^{\infty}\frac{1}{n}$发散,故级数$\sum\limits_{n=1}^{\infty}u_n$发散.

(3)由于$\lim\limits_{n\to\infty}\frac{\frac{1}{(n+1)(n+4)}}{\frac{1}{n^2}}=\lim\limits_{n\to\infty}\frac{n^2}{n^2+5n+4}=1$,而级数$\sum\limits_{n=1}^{\infty}\frac{1}{n^2}$收敛,故原级数收敛.

(4)由于$\lim\limits_{n\to\infty}\frac{\sin\frac{\pi}{2^n}}{\frac{1}{2^n}}=\lim\limits_{n\to\infty}\pi\cdot\frac{\sin\frac{\pi}{2^n}}{\frac{\pi}{2^n}}=\pi$,且级数$\sum\limits_{n=1}^{\infty}\frac{1}{2^n}$收敛,故原级数收敛.

(5)①当$a>1$时,$u_n=\frac{1}{1+a^n}<\frac{1}{a^n}$,而$\sum\limits_{n=1}^{\infty}\frac{1}{a^n}$收敛,故$\sum\limits_{n=1}^{\infty}u_n$也收敛.

②当$0<a\leqslant1$时$\lim\limits_{n\to\infty}u_n=\lim\limits_{n\to\infty}\frac{1}{1+a^n}=\begin{cases}\frac{1}{2}, & a=1,\\1, & 0<a<1.\end{cases}$

但不论$a=1$或$0<a<1$,$\lim\limits_{n\to\infty}u_n\neq0$,故$\sum\limits_{n=1}^{\infty}u_n$发散.

2. 解:(1)由于$\lim\limits_{n\to\infty}\frac{u_{n+1}}{u_n}=\lim\limits_{n\to\infty}\frac{3^{n+1}}{(n+1)2^{n+1}}\cdot\frac{n\cdot 2^n}{3^n}=\lim\limits_{n\to\infty}\frac{3}{2}\ \frac{n}{n+1}=\frac{3}{2}>1$,故原级数发散.

(2)由于$\lim\limits_{n\to\infty}\frac{u_{n+1}}{u_n}=\lim\limits_{n\to\infty}\frac{(n+1)^2}{3^{n+1}}\Big/\frac{n^2}{3^n}=\lim\limits_{n\to\infty}\frac{1}{3}\left(\frac{n+1}{n}\right)^2=\frac{1}{3}<1$,故原级数收敛.

(3)由于$\lim\limits_{n\to\infty}\frac{u_{n+1}}{u_n}=\lim\limits_{n\to\infty}\frac{2^{n+1}\cdot(n+1)!}{(n+1)^{n+1}}\Big/\frac{2^n\cdot n!}{n^n}=\lim\limits_{n\to\infty}2\left(\frac{n}{n+1}\right)^n=2\lim\limits_{n\to\infty}\frac{1}{\left(1+\frac{1}{n}\right)^n}=\frac{2}{e}<1$,

故级数收敛.

(4)由于$\lim\limits_{n\to\infty}\frac{u_{n+1}}{u_n}=\lim\limits_{n\to\infty}(n+1)\tan\frac{\pi}{2^{n+2}}\Big/n\tan\frac{\pi}{2^{n+1}}=\lim\limits_{n\to\infty}\frac{n+1}{n}\ \frac{\tan\frac{\pi}{2^{n+2}}}{\tan\frac{\pi}{2^{n+1}}}$

$$\xlongequal{\text{等价无穷小}}\lim\limits_{n\to\infty}\frac{n+1}{n}\ \frac{\pi/2^{n+2}}{\pi/2^{n+1}}=\frac{1}{2}<1,$$

故级数收敛.

***3. 解:**(1)由于$\lim\limits_{n\to\infty}\sqrt[n]{u_n}=\lim\limits_{n\to\infty}\frac{n}{2n+1}=\frac{1}{2}<1$,故级数收敛.

(2)由于$\lim\limits_{n\to\infty}\sqrt[n]{u_n}=\lim\limits_{n\to\infty}\frac{1}{\ln(n+1)}=0<1$,故级数收敛.

(3)由于$\lim\limits_{n\to\infty}\sqrt[n]{u_n}=\lim\limits_{n\to\infty}\left(\frac{n}{3n-1}\right)^{\frac{2n-1}{n}}=\lim\limits_{n\to\infty}\left(\frac{n}{3n-1}\right)^{2-\frac{1}{n}}$

$$=\exp\left[\lim\limits_{n\to\infty}\left(2-\frac{1}{n}\right)\cdot\ln\left(\frac{n}{3n-1}\right)\right]=e^{2\ln\frac{1}{3}}=\frac{1}{9}<1,$$

故级数收敛.

(4)由于$\lim\limits_{n\to\infty}\sqrt[n]{u_n}=\lim\limits_{n\to\infty}\frac{b}{a_n}=\frac{b}{a}$,当$b<a$时,$\frac{b}{a}<1$,级数收敛;当$b>a$时,$\frac{b}{a}>1$,级数发散;当$b=a$时,$\frac{b}{a}=1$,级数收敛性不能肯定.

4. 解:(1)$u_n=n\left(\frac{3}{4}\right)^n$,而$\lim\limits_{n\to\infty}\frac{u_{n+1}}{u_n}=\lim\limits_{n\to\infty}(n+1)\left(\frac{3}{4}\right)^{n+1}\Big/n\left(\frac{3}{4}\right)^n=\lim\limits_{n\to\infty}\frac{n+1}{n}\cdot\frac{3}{4}=\frac{3}{4}<1$.

故级数$\sum\limits_{n=1}^{\infty}u_n$收敛.

(2)$u_n=\frac{n^4}{n!}$,而$\lim\limits_{n\to\infty}\frac{u_{n+1}}{u_n}=\lim\limits_{n\to\infty}\frac{(n+1)^4}{(n+1)!}\Big/\frac{n^4}{n!}=\lim\limits_{n\to\infty}\left(\frac{n+1}{n}\right)^4\cdot\frac{1}{n+1}=0<1$,

故该级数收敛.

(3)由于$\lim\limits_{n\to\infty}\frac{u_n}{\frac{1}{n}}=\lim\limits_{n\to\infty}\frac{n+1}{n(n+2)}\Big/\frac{1}{n}=\lim\limits_{n\to\infty}\frac{n+1}{n+2}=1$,而$\sum\limits_{n=1}^{\infty}\frac{1}{n}$发散,故$\sum\limits_{n=1}^{\infty}\frac{n+1}{n(n+2)}$发散.

(4)由于$\lim\limits_{n\to\infty}\frac{u_{n+1}}{u_n}=\lim\limits_{n\to\infty}2^{n+1}\sin\frac{\pi}{3^{n+1}}\Big/2^n\sin\frac{\pi}{3^n}\xlongequal{\text{等价无穷小}}\lim\limits_{n\to\infty}2^{n+1}\frac{\pi}{3^{n+1}}\Big/2^n\frac{\pi}{3^n}=\frac{2}{3}<1$,

故级数收敛.

(5)由于$\lim\limits_{n\to\infty}u_n=\lim\limits_{n\to\infty}\left(\frac{n+1}{n}\right)^{\frac{1}{2}}=1\neq 0$,故级数发散.

(6)由于$\lim\limits_{n\to\infty}\frac{u_n}{\frac{1}{n}}=\frac{1}{a}\neq 0$,而级数$\sum\limits_{n=1}^{\infty}\frac{1}{n}$发散,从而级数$\sum\limits_{n=1}^{\infty}u_n$发散.

5. 解:(1)$u_n=(-1)^{n-1}\frac{1}{n^{\frac{1}{2}}}$,显然 $\sum\limits_{n=1}^{\infty}u_n$ 为交错级数,且$|u_n|\geqslant|u_{n+1}|$, $\lim\limits_{n\to\infty}|u_n|=0$,故该级数收敛.

又 $\sum\limits_{n=1}^{\infty}|u_n|=\sum\limits_{n=1}^{\infty}\frac{1}{n^{\frac{1}{2}}}$是 $p<1$ 的 p 级数,故 $\sum\limits_{n=1}^{\infty}|u_n|$发散. 即原级数是条件收敛.

(2)$\lim\limits_{n\to\infty}\left|\frac{u_{n+1}}{u_n}\right|=\lim\limits_{n\to\infty}\frac{n+1}{3^n}\frac{3^{n-1}}{n}=\lim\limits_{n\to\infty}\frac{1}{3}\frac{n+1}{n}=\frac{1}{3}<1$,故 $\sum\limits_{n=1}^{\infty}|u_n|$ 收敛,从而原级数绝对收敛.

(3)$u_n=(-1)^{n-1}\frac{1}{3\times2^n}$,而 $\sum\limits_{n=1}^{\infty}|u_n|=\sum\limits_{n=1}^{\infty}\frac{1}{3\times2^n}=\frac{1}{3}\sum\limits_{n=1}^{\infty}\frac{1}{2^n}$是收敛的,故原级数绝对收敛.

(4)$u_n=(-1)^{n-1}\frac{1}{\ln(n+1)}$,

$\sum\limits_{n=1}^{\infty}u_n$是一交错级数,又$|u_n|=\frac{1}{\ln(n+1)}\to0(n\to\infty)$,且$|u_n|>|u_{n+1}|$由莱布尼茨定理知,原级数收敛. 但$|u_n|\geqslant\frac{1}{n+1}$, $\sum\limits_{n=1}^{\infty}|u_n|$发散,故原级数条件收敛.

(5)$\lim\limits_{n\to\infty}|u_n|=\lim\limits_{n\to\infty}\frac{2^{n^2}}{n!}=\lim\limits_{n\to\infty}\frac{2^n\times2^n\times2^n\times\cdots\times2^n}{n\cdot(n-1)\cdot(n-2)\cdot\cdots\cdot1}=\infty$,故$\lim\limits_{n\to\infty}u_n=\infty$,故原级数发散.

习题 12−3 解答(教材 P281)

1. 解:(1)$\lim\limits_{n\to\infty}\left|\frac{a_{n+1}}{a_n}\right|=\lim\limits_{n\to\infty}\left|\frac{n+1}{n}\right|=1$. 故收敛半径 $R=1$. 故收敛区间为$(-1,1)$.

(2)$\lim\limits_{n\to\infty}\left|\frac{a_{n+1}}{a_n}\right|=\lim\limits_{n\to\infty}\frac{\frac{1}{(n+1)^2}}{\frac{1}{n^2}}=\lim\limits_{n\to\infty}\frac{n^2}{(n+1)^2}=1$, 故收敛半径 $R=1$.

故收敛区间为$(-1,1)$.

(3)$\lim\limits_{n\to\infty}\left|\frac{a_{n+1}}{a_n}\right|=\lim\limits_{n\to\infty}\frac{2^n\cdot n!}{2^{n+1}\cdot(n+1)!}=\lim\limits_{n\to\infty}\frac{1}{2(n+1)}=0$,

故收敛半径 $R=\infty$,收敛区间为$(-\infty,+\infty)$.

(4)$\lim\limits_{n\to\infty}\left|\frac{a_{n+1}}{a_n}\right|=\lim\limits_{n\to\infty}\left|\frac{n\cdot3^n}{(n+1)3^{n+1}}\right|=\frac{1}{3}$, 故收敛半径 $R=3$.

故收敛区间为$(-3,3)$.

(5)$\lim\limits_{n\to\infty}\left|\frac{a_{n+1}}{a_n}\right|=\lim\limits_{n\to\infty}\left|\frac{2^{n+1}}{(n+1)^2+1}\cdot\frac{n^2+1}{2^n}\right|=2$, 故收敛半径 $R=\frac{1}{2}$.

故收敛区间为$\left(-\frac{1}{2},\frac{1}{2}\right)$.

(6)$\lim\limits_{n\to\infty}\left|\frac{u_{n+1}}{u_n}\right|=\lim\limits_{n\to\infty}\left|\frac{x^{2n+3}}{2n+3}\cdot\frac{2n+1}{x^{2n+1}}\right|=|x^2|$,

故当$|x^2|<1$,即$|x|<1$时,级数绝对收敛;当$|x^2|>1$, 即$|x|>1$时,级数发散,从而原级数的收敛半径 $R=1$. 故收敛区间为$(-1,1)$.

(7)由于$\lim\limits_{n\to\infty}\left|\frac{u_{n+1}}{u_n}\right|=\lim\limits_{n\to\infty}\left|\frac{1}{2}\cdot\frac{2n+1}{2n-1}\cdot x^2\right|=\frac{1}{2}|x^2|$,故当$\frac{1}{2}|x^2|<1$, 即$|x|<\sqrt{2}$时,级数收敛;当$|x|>\sqrt{2}$时,级数发散,从而 $R=\sqrt{2}$.

故收敛区间为$(-\sqrt{2},\sqrt{2})$.

(8)$\lim\limits_{n\to\infty}\left|\frac{a_{n+1}}{a_n}\right|=\lim\limits_{n\to\infty}\frac{\sqrt{n}}{\sqrt{n+1}}=1$,故 $R=1$. 即$-1<x-5<1$ 时,级数收敛;$|x-5|>1$ 时,级

数发散. 故收敛区间为(4,6).

2. 解:(1)由于 $\int_0^x \sum_{n=1}^{\infty} nt^{n-1}\mathrm{d}t=\sum_{n=1}^{\infty}\int_0^x nt^{n-1}\mathrm{d}t=\sum_{n=1}^{\infty}x^n=\frac{x}{1-x}$,

故有 $\sum_{n=1}^{\infty}nx^{n-1}=\left(\frac{x}{1-x}\right)'=\frac{1}{(1-x)^2}\ (-1<x<1)$.

(2)由于 $\left(\sum_{n=1}^{\infty}\frac{x^{4n+1}}{4n+1}\right)'=\sum_{n=1}^{\infty}\left(\frac{x^{4n+1}}{4n+1}\right)'=\sum_{n=1}^{\infty}x^{4n}=\frac{x^4}{1-x^4}$,

故有 $\sum_{n=1}^{\infty}\frac{x^{4n+1}}{4n+1}=\int_0^x\frac{t^4}{1-t^4}\mathrm{d}t=\int_0^x\left[-1+\frac{1}{2}\left(\frac{1}{1+t^2}\right)+\frac{1}{2}\left(\frac{1}{1-t^2}\right)\right]\mathrm{d}t$

$$=\frac{1}{4}\ln\frac{1+x}{1-x}+\frac{1}{2}\arctan x-x\ (-1<x<1).$$

(3)由于 $\left(\sum_{n=1}^{\infty}\frac{x^{2n-1}}{2n-1}\right)'=\sum_{n=1}^{\infty}\left(\frac{x^{2n-1}}{2n-1}\right)'=\sum_{n=1}^{\infty}x^{2n-2}=\frac{1}{1-x^2}$,

故 $\sum_{n=1}^{\infty}\frac{x^{2n-1}}{2n-1}=\int_0^x\frac{1}{1-t^2}\mathrm{d}t=\frac{1}{2}\ln\frac{1+x}{1-x}\ (-1<x<1)$.

(4) 由于 $\sum_{n=1}^{\infty}(n+2)x^{n+3}=x^2\sum_{n=1}^{\infty}(n+2)x^{n+1}$,

且 $\int_0^x\sum_{n=1}^{\infty}(n+2)t^{n+1}\mathrm{d}t=\sum_{n=1}^{\infty}\int_0^x(n+2)t^{n+1}\mathrm{d}t=\sum_{n=1}^{\infty}x^{n+2}=\frac{x^3}{1-x}$.

故有 $\sum_{n=1}^{\infty}(n+2)x^{n+3}=x^2\cdot\left(\frac{x^3}{1-x}\right)'=\frac{3x^4-2x^5}{(1-x)^2}(-1<x<1)$.

习题 12—4 解答(教材 P289～P290)

1. 解: $f^{(n)}(x)=\cos\left(x+n\cdot\frac{\pi}{2}\right)\quad(n=1,2,\cdots)$,

$f^{(n)}(x_0)=\cos\left(x_0+n\cdot\frac{\pi}{2}\right)\quad(n=1,2,\cdots)$,

从而 $f(x)$ 在 x_0 处的泰勒级数

$$\cos x_0+\cos\left(x_0+\frac{\pi}{2}\right)(x-x_0)+\frac{\cos(x_0+\pi)}{2!}(x-x_0)^2+\cdots+\frac{\cos\left(x_0+\frac{n\pi}{2}\right)}{n!}(x-x_0)^n+\cdots.$$

$f(x)=S_n(x)+R_n(x)$,其中 $S_n(x)$ 为泰勒级数的 n 项部分和,$R_n(x)$ 为余项,

$$|R_n(x)|=\left|\frac{\cos\left[x_0+\theta(x-x_0)+\frac{n+1}{2}\pi\right]}{(n+1)!}(x-x_0)^{n+1}\right|\leqslant\frac{|x-x_0|^{n+1}}{(n+1)!}\ (0\leqslant\theta\leqslant1),$$

由于对任意 $x\in(-\infty,+\infty)$, $\sum_{n=1}^{\infty}\frac{|x-x_0|^{n+1}}{(n+1)!}$ 收敛,

故由级数收敛的必要条件知 $\lim\limits_{n\to\infty}\frac{|x-x_0|^{n+1}}{(n+1)!}=0$,从而 $\lim\limits_{n\to\infty}|R_n(x)|=0$,因此

$$\cos x=\cos x_0+\cos\left(x_0+\frac{\pi}{2}\right)(x-x_0)+\cdots+\frac{\cos\left(x_0+\frac{n\pi}{2}\right)}{n!}(x-x_0)^n+\cdots,$$

$$x\in(-\infty,+\infty).$$

2. 解:(1)由于 $\mathrm{e}^x=\sum_{n=0}^{\infty}\frac{x^n}{n!}, x\in(-\infty,+\infty)$,所以 $\mathrm{e}^{-x}=\sum_{n=0}^{\infty}(-1)^n\frac{x^n}{n!}, x\in(-\infty,+\infty)$,

故 $\operatorname{sh} x=\frac{1}{2}\left[\sum_{n=0}^{\infty}\frac{x^n}{n!}-\sum_{n=0}^{\infty}(-1)^n\frac{x^n}{n!}\right]=\frac{1}{2}\sum_{n=0}^{\infty}\frac{x^n}{n!}[1-(-1)^n]$

$=\sum_{n=1}^{\infty}\frac{x^{2n-1}}{(2n-1)!}, x\in(-\infty,+\infty).$

(2) $\ln(a+x)=\ln a+\int_0^x\frac{1}{a+t}dt=\ln a+\int_0^x\frac{1}{1+\frac{t}{a}}d\left(\frac{t}{a}\right)$

$=\ln a+\int_0^x\left[\sum_{n=1}^{\infty}(-1)^{n-1}\left(\frac{t}{a}\right)^{n-1}\right]d\left(\frac{t}{a}\right)$

$=\ln a+\sum_{n=1}^{\infty}\frac{(-1)^{n-1}}{n}\left(\frac{x}{a}\right)^n, x\in(-a,a]$

(因为在 $x=a$ 处,展开式收敛且 $\ln(a+x)$ 连续;在 $x=-a$ 处,展开式发散,故展开式成立区间为 $(-a,a]$).

(3)因为 $e^x=\sum_{n=0}^{\infty}\frac{x^n}{n!}, x\in(-\infty,+\infty)$,故 $a^x=e^{x\ln a}=\sum_{n=0}^{\infty}\frac{(\ln a)^n}{n!}x^n, x\in(-\infty,+\infty)$.

(4) $\sin^2x=\frac{1-\cos 2x}{2}=\frac{1}{2}-\frac{1}{2}\cos 2x$,而 $\cos x=\sum_{n=0}^{\infty}(-1)^n\frac{x^{2n}}{(2n)!}, x\in(-\infty,+\infty)$,

故 $\sin^2x=\frac{1}{2}-\frac{1}{2}\sum_{n=0}^{\infty}(-1)^n\frac{2^{2n}x^{2n}}{(2n)!}=\sum_{n=1}^{\infty}(-1)^{n-1}\frac{2^{2n-1}x^{2n}}{(2n)!}, x\in(-\infty,+\infty)$.

(5)由于 $\ln(1+x)=\sum_{n=1}^{\infty}\frac{(-1)^{n-1}}{n}x^n, x\in(-1,1]$,

故 $(1+x)\ln(x+1)=\ln(x+1)+x\ln(x+1)=\sum_{n=1}^{\infty}\frac{(-1)^{n-1}}{n}x^n+\sum_{n=1}^{\infty}\frac{(-1)^{n-1}}{n}x^{n+1}$

$=x+\sum_{n=2}^{\infty}\frac{(-1)^{n-1}}{n}x^n-\sum_{n=2}^{\infty}\frac{(-1)^{n-1}}{n-1}x^n$

$=x+\sum_{n=2}^{\infty}\frac{(-1)^n}{n(n-1)}x^n, x\in(-1,1]$.

(6)由于 $\frac{1}{(1+x^2)^{\frac{1}{2}}}=1+\sum_{n=1}^{\infty}(-1)^n\frac{(2n-1)!!}{(2n)!!}x^{2n}(-1<x\leqslant 1)$,故

$$\frac{x}{(1+x^2)^{\frac{1}{2}}}=x+\sum_{n=1}^{\infty}(-1)^n\frac{(2n-1)!!}{(2n)!!}x^{2n+1}(-1<x\leqslant 1).$$

3. 解:(1)**方法一**:直接展开法.

令 $f(x)=\sqrt{x^3}=x^{\frac{3}{2}}$,则

$f'(x)=\frac{3}{2}x^{\frac{1}{2}}$, $\quad f'(1)=\frac{3}{2}$,

$f''(x)=\frac{3}{2}\times\frac{1}{2}x^{-\frac{1}{2}}$, $\quad f''(1)=\frac{(-1)^2}{2^2}\times 3$,

$f'''(x)=(-1)^3\frac{3}{2^3}x^{-\frac{3}{2}}$, $\quad f^{(4)}(x)=(-1)^4\frac{3}{2^4}(1\times 3)x^{-\frac{5}{2}}$,

…

当 $n\geqslant 3$ 时,有 $f^{(n)}(x)=(-1)^n\frac{3}{2^n}[1\times 3\times\cdots\times(2n-5)]x^{-\frac{2n-3}{2}}$,

则 $f^{(n)}(1)=(-1)^n\frac{3}{2^n}[1\times 3\times\cdots\times(2n-5)]=(-1)^n\frac{3}{2^n}\frac{(2n-4)!}{(2n-4)!!}$

$$=(-1)^n\frac{3}{2^n}\frac{(2n-4)!}{2^{n-2}(n-2)!}=(-1)^n\frac{3(2n-4)!}{2^{2n-2}(n-2)!}\quad(n\geqslant 2),$$

故 $\sqrt{x^3}=f(1)+f'(1)(x-1)+\sum\limits_{n=2}^{\infty}\frac{f^{(n)}(1)}{n!}(x-1)^n$

$$=1+\frac{3}{2}(x-1)+\sum_{n=2}^{\infty}(-1)^n\frac{3(2n-4)!}{2^{2n-2}(n-2)!\,n!}(x-1)^n$$

$$=1+\frac{3}{2}(x-1)+\sum_{n=0}^{\infty}(-1)^n\frac{3(2n)!}{2^{2n+2}n!\,(n+2)!}(x-1)^{n+2},x\in[0,2].$$

方法二：(间接展开法).

$\sqrt{x^3}=x\sqrt{x}=[1+(x-1)]\cdot[1+(x-1)]^{\frac{1}{2}}$

$$=[1+(x-1)]\left\{\left[1+\frac{1}{2}(x-1)\right]+\sum_{n=2}^{\infty}(-1)^{n-1}\frac{(2n-3)!!}{(2n)!!}(x-1)^n\right\}$$

$$=1+\frac{3}{2}(x-1)+\frac{3}{8}(x-1)^2+$$

$$\sum_{n=2}^{\infty}\left[(-1)^{n-1}\frac{(2n-3)!!}{(2n)!!}+(-1)^n\frac{(2n-1)!!}{(2n+2)!!}\right](x-1)^{n+1}$$

$$=1+\frac{3}{2}(x-1)+\frac{3}{8}(x-1)^2+\sum_{n=2}^{\infty}(-1)^{n+1}\frac{(2n-3)!!\times 3}{(2n+2)!!}(x-1)^{n+1}$$

$$=1+\frac{3}{2}(x-1)+\frac{3}{8}(x-1)^2+\sum_{n=2}^{\infty}(-1)^{n+1}\frac{(2n-2)!\cdot 3}{(2n+2)!!\cdot(2n-2)!!}(x-1)^{n+1}$$

$$=1+\frac{3}{2}(x-1)+\frac{3}{8}(x-1)^2+\sum_{n=2}^{\infty}(-1)^{n+1}\frac{(2n-2)!\cdot 3}{2^{2n}\cdot(n+1)!\,(n-1)!}(x-1)^{n+1}$$

$$=1+\frac{3}{2}(x-1)+\sum_{n=0}^{\infty}(-1)^n\frac{(2n)!\cdot 3}{2^{2n+2}\cdot(n+2)!\cdot n!}(x-1)^{n+2},x\in[0,2].$$

(2)间接展开法

$$\lg x=\frac{1}{\ln 10}\ln[1+(x-1)]=\frac{1}{\ln 10}\sum_{n=1}^{\infty}(-1)^{n-1}\frac{1}{n}(x-1)^n,$$

展开式成立区间为 $x-1\in(-1,1]$，即 $x\in(0,2]$.

4. 解：$\cos x=\cos\left[\left(x+\frac{\pi}{3}\right)-\frac{\pi}{3}\right]=\frac{1}{2}\cos\left(x+\frac{\pi}{3}\right)+\frac{\sqrt{3}}{2}\sin\left(x+\frac{\pi}{3}\right)$

$$=\frac{1}{2}\sum_{n=0}^{\infty}(-1)^n\left[\frac{1}{(2n)!}\left(x+\frac{\pi}{3}\right)^{2n}+\frac{\sqrt{3}}{(2n+1)!}\left(x+\frac{\pi}{3}\right)^{2n+1}\right],x\in(-\infty,+\infty).$$

5. 解：$\frac{1}{x}=\frac{1}{3+(x-3)}=\frac{1}{3}\cdot\frac{1}{1+\frac{x-3}{3}}=\frac{1}{3}\sum\limits_{n=0}^{\infty}(-1)^n\left(\frac{x-3}{3}\right)^n=\sum\limits_{n=0}^{\infty}\frac{(-1)^n}{3^{n+1}}(x-3)^n$,

$\left|\frac{x-3}{3}\right|<1$，即 $x\in(0,6)$.

6. 解：$\frac{1}{x^2+3x+2}=\frac{1}{(x+1)(x+2)}=\frac{1}{1+x}-\frac{1}{2+x}=\frac{1}{-3+(x+4)}-\frac{1}{-2+(x+4)}$

$$=-\frac{1}{3}\frac{1}{1-\frac{x+4}{3}}+\frac{1}{2}\frac{1}{1-\frac{x+4}{2}}=\sum_{n=0}^{\infty}\left(\frac{1}{2^{n+1}}-\frac{1}{3^{n+1}}\right)(x+4)^n,$$

由 $\left|\frac{x+4}{3}\right|<1$，$\left|\frac{x+4}{2}\right|<1$，得展开式成立的区间为 $x\in(-6,-2)$.

习题 12－5 解答(教材 P298～P299)

1. 解:(1)由 $\ln\dfrac{1+x}{1-x}=2\sum\limits_{n=1}^{\infty}\dfrac{x^{2n-1}}{2n-1}(|x|<1)$,而 $3=\dfrac{1+\frac{1}{2}}{1-\frac{1}{2}}$,故 $\ln 3=2\sum\limits_{n=1}^{\infty}\dfrac{1}{2n-1}\left(\dfrac{1}{2}\right)^{2n-1}$.

$$|r_n|=2\sum_{k=n+1}^{\infty}\frac{1}{2k-1}\left(\frac{1}{2}\right)^{2k-1}<\frac{2}{2n+1}\frac{\left(\frac{1}{2}\right)^{2n+1}}{1-\frac{1}{4}}=\frac{1}{3(2n+1)}\left(\frac{1}{2}\right)^{2n-2}$$

计算得:$|r_5|<\dfrac{1}{3\times 11}\dfrac{1}{2^8}\approx 0.000\ 12$,$|r_6|<\dfrac{1}{3\times 13}\dfrac{1}{2^{10}}\approx 0.000\ 03$,

取 $n=6$ 得 $\ln 3\approx 2\sum\limits_{n=1}^{6}\dfrac{1}{2n-1}\left(\dfrac{1}{2}\right)^{2n-1}\approx 1.098\ 6$.

(2)由 $e^x=\sum\limits_{n=0}^{\infty}\dfrac{x^n}{n!}$,令 $x=\dfrac{1}{2}$ 得,$e^{\frac{1}{2}}=\sum\limits_{n=0}^{\infty}\dfrac{1}{n!}\left(\dfrac{1}{2}\right)^n$,

$$|r_n|=\sum_{k=n+1}^{\infty}\frac{1}{k!}\left(\frac{1}{2}\right)^k<\frac{1}{(n+1)!}\left(\frac{1}{2}\right)^{n+1}\sum_{k=0}^{\infty}\left(\frac{1}{2}\right)^k=\frac{1}{(n+1)!\ 2^n},$$

计算后得,$r_4<\dfrac{1}{5!\times 2^4}\approx 0.000\ 5$,取 $n=4$ 得,$\sqrt{e}\approx\sum\limits_{n=0}^{4}\dfrac{1}{n!\ 2^n}\approx 1.648$.

(3) $\sqrt[9]{522}=\sqrt[9]{2^9+10}=2\left(1+\dfrac{10}{2^9}\right)^{\frac{1}{9}}$.

由 $(1+x)^{\frac{1}{9}}=1+\dfrac{1}{9}x+\dfrac{\frac{1}{9}\left(\frac{1}{9}-1\right)}{2!}x^2+\cdots+\dfrac{\frac{1}{9}\left(\frac{1}{9}-1\right)\cdots\left(\frac{1}{9}-n+1\right)}{n!}x^n+\cdots(|x|<1)$,

得

$$\sqrt[9]{522}=2\left[1+\frac{1}{9}\times\frac{10}{2^9}+\frac{\frac{1}{9}\left(\frac{1}{9}-1\right)}{2!}\left(\frac{10}{2^9}\right)^2+\cdots+\frac{\frac{1}{9}\left(\frac{1}{9}-1\right)\cdots\left(\frac{1}{9}-n+1\right)}{n!}\left(\frac{10}{2^9}\right)^n+\cdots\right]$$

$$=2\left(1+\frac{1}{9}\times\frac{10}{2^9}-\frac{\frac{1}{9}\times\frac{8}{9}}{2!}\times\frac{10^2}{2^{18}}+\cdots\right),$$

而 $\dfrac{1}{9}\times\dfrac{10}{2^9}\approx 0.002\ 170$, $\dfrac{\frac{1}{9}\times\frac{8}{9}}{2!}\times\dfrac{10^2}{2^{18}}\approx 0.000\ 019$,

故 $\sqrt[9]{522}\approx 2(1+0.002\ 170-0.000\ 019)\approx 2.004\ 30$.

(4)由 $\cos x=\sum\limits_{n=0}^{\infty}(-1)^n\dfrac{x^{2n}}{(2n)!}$,知 $\cos 2°=\cos\dfrac{\pi}{90}=\sum\limits_{n=0}^{\infty}(-1)^n\dfrac{\left(\frac{\pi}{90}\right)^{2n}}{(2n)!}$

而 $\dfrac{1}{2!}\left(\dfrac{\pi}{90}\right)^2\approx 6\times 10^{-4}$,$\dfrac{1}{4!}\left(\dfrac{\pi}{90}\right)^4\approx 10^{-8}$,故 $\cos 2°\approx 1-\dfrac{1}{2!}\left(\dfrac{\pi}{90}\right)^2\approx 0.999\ 4$.

2. 解:(1)由 $\int_0^x\dfrac{1}{1+t^4}dt=\sum\limits_{n=0}^{\infty}\dfrac{(-1)^n}{4n+1}x^{4n+1}\quad(|x|<1)$,得 $\int_0^{0.5}\dfrac{1}{1+x^4}dx=\sum\limits_{n=0}^{\infty}\dfrac{(-1)^n}{4n+1}\left(\dfrac{1}{2}\right)^{4n+1}$,

计算得 $\dfrac{1}{5}\times\dfrac{1}{2^5}\approx 0.006\ 25$,$\dfrac{1}{9}\times\dfrac{1}{2^9}\approx 0.000\ 28$,$\dfrac{1}{13}\times\dfrac{1}{2^{13}}\approx 0.000\ 009$,从而

$$\int_0^{0.5}\frac{1}{1+x^4}dx\approx\frac{1}{2}-0.006\ 25+0.000\ 28\approx 0.494\ 0.$$

(2)由 $\int_0^x \frac{\arctan t}{t}\mathrm{d}t=\int_0^x \sum_{n=0}^{\infty}\frac{(-1)^n t^{2n}}{2n+1}\mathrm{d}t=\sum_{n=0}^{\infty}\frac{(-1)^n}{(2n+1)^2}x^{2n+1}$，得

$$\int_0^{0.5}\frac{\arctan x}{x}\mathrm{d}x=\sum_{n=0}^{\infty}\frac{(-1)^n}{(2n+1)^2}\left(\frac{1}{2}\right)^{2n+1},$$

计算得 $\frac{1}{9}\times\frac{1}{2^3}\approx 0.0139$，$\frac{1}{25}\times\frac{1}{2^5}\approx 0.001\,3$，$\frac{1}{49}\times\frac{1}{2^7}\approx 0.000\,2$，从而

$$\int_0^{0.5}\frac{\arctan x}{x}\mathrm{d}x\approx\frac{1}{2}-0.013\,9+0.001\,3\approx 0.487.$$

3. 解:(1)设方程的解为 $y=a_0+a_1x+a_2x^2+\cdots+a_nx^n+\cdots$ （a_0 为任意常数），代入方程，则有如下竖式(注意对齐同次幂项)：

$$y'=a_1+2a_2x+3a_3x^2+\cdots+(n+1)a_{n+1}x^n+\cdots,$$
$$-xy=-a_0x-a_1x^2-\cdots-a_{n-1}x^n-\cdots,$$
$$-x=-x,$$
$$1=a_1+(2a_2-a_0-1)x+(3a_3-a_1)x^2+\cdots+[(n+1)a_{n+1}-a_{n-1}]x^n+\cdots,$$

比较系数可得

$$a_1=1,\qquad a_2=\frac{a_0+1}{2},$$
$$a_3=\frac{1}{3},\qquad a_4=\frac{a_2}{4}=\frac{a_0+1}{2\times 4},$$
$$a_5=\frac{a_3}{5}=\frac{1}{3\times 5},\qquad a_6=\frac{a_4}{6}=\frac{a_0+1}{2\times 4\times 6},$$
$$\vdots\qquad\qquad\vdots$$
$$a_{2n-1}=\frac{1}{3\times 5\times\cdots\times(2n-1)},\quad a_{2n}=\frac{a_0+1}{2\times 4\times 6\times\cdots\times 2n}=\frac{a_0+1}{n!\ 2^n}.$$

不难求出 $\sum_{n=1}^{\infty}a_{2n-1}x^{2n-1}$ 与 $\sum_{n=0}^{\infty}a_{2n}x^{2n}$ 的收敛域都是 $(-\infty,+\infty)$，故

$$\begin{aligned}y&=\sum_{n=0}^{\infty}a_nx^n=\sum_{n=1}^{\infty}a_{2n-1}x^{2n-1}+\sum_{n=0}^{\infty}a_{2n}x^{2n}\\&=\sum_{n=1}^{\infty}\frac{x^{2n-1}}{3\times 5\times\cdots\times(2n-1)}+(a_0+1)\sum_{n=0}^{\infty}\frac{x^{2n}}{n!\ 2^n}-1\\&=\sum_{n=1}^{\infty}\frac{x^{2n-1}}{3\times 5\times\cdots\times(2n-1)}+(a_0+1)\sum_{n=0}^{\infty}\frac{1}{n!}\left(\frac{x^2}{2}\right)^n-1.\end{aligned}$$

由于 $\sum_{n=0}^{\infty}\frac{1}{n!}\left(\frac{x^2}{2}\right)^n=\mathrm{e}^{\frac{x^2}{2}}$，记 $a_0+1=C$，$1\times 3\times 5\times\cdots\times(2n-1)=(2n-1)!!$，

则 $y=C\mathrm{e}^{\frac{x^2}{2}}+\sum_{n=1}^{\infty}\frac{1}{(2n-1)!!}x^{2n-1}-1$，$x\in(-\infty,+\infty)$.

(2)设 $y=\sum_{n=0}^{\infty}a_nx^n$ 是方程的解，其中 a_0,a_1 是任意常数，则

$$y'=\sum_{n=1}^{\infty}na_nx^{n-1},\ y''=\sum_{n=2}^{\infty}n(n-1)a_nx^{n-2}=\sum_{n=0}^{\infty}(n+2)(n+1)a_{n+2}x^n,$$

代入方程 $y''+xy'+y=0$，得 $\sum_{n=0}^{\infty}[(n+2)(n+1)a_{n+2}+na_n+a_n]x^n=0$.

故必有 $(n+2)(n+1)a_{n+2}+(n+1)a_n=0$，即 $a_{n+2}=-\frac{a_n}{n+2}$ （$n=0,1,2,\cdots$）.

可见,当$n=2(k-1)$时,

$$a_{2k}=\left(-\frac{1}{2k}\right)a_{2k-2}=\left(-\frac{1}{2k}\right)\left(-\frac{1}{2k-2}\right)\cdots\left(-\frac{1}{2}\right)a_0=\frac{a_0(-1)^k}{k!\ 2^k}.$$

当$n=2k-1$时,

$$a_{2k+1}=\left(-\frac{1}{2k+1}\right)a_{2k-1}=\left(-\frac{1}{2k+1}\right)\left(-\frac{1}{2k-1}\right)\cdots\left(-\frac{1}{3}\right)a_1=\frac{a_1(-1)^k}{(2k+1)!!}.$$

由于$\sum\limits_{n=0}^{\infty}a_{2n}x^{2n}$与$\sum\limits_{n=0}^{\infty}a_{2n+1}x^{2n+1}$的收敛域均为$(-\infty,+\infty)$,故

$$\begin{aligned}y&=\sum_{n=0}^{\infty}a_nx^n=\sum_{n=0}^{\infty}a_{2n}x^{2n}+\sum_{n=0}^{\infty}a_{2n+1}x^{2n+1}\\&=\sum_{n=0}^{\infty}\frac{a_0(-1)^n}{n!\ 2^n}x^{2n}+\sum_{n=0}^{\infty}\frac{a_1(-1)^n}{(2n+1)!!}x^{2n+1},\end{aligned}$$

即$y=a_0\mathrm{e}^{-\frac{x^2}{2}}+a_1\sum\limits_{n=0}^{\infty}\frac{(-1)^n}{(2n+1)!!}x^{2n+1}$,$x\in(-\infty,+\infty)$.

(3)设$y=\sum\limits_{n=0}^{\infty}a_nx^n$是方程的解,代入方程,得$(1-x)\sum\limits_{n=1}^{\infty}na_nx^{n-1}=x^2-\sum\limits_{n=0}^{\infty}a_nx^n$,

有$\sum\limits_{n=1}^{\infty}na_nx^{n-1}-\sum\limits_{n=1}^{\infty}na_nx^n+\sum\limits_{n=0}^{\infty}a_nx^n=x^2$,

将上式左边第一个级数写成$\sum\limits_{n=1}^{\infty}na_nx^{n-1}=\sum\limits_{n=0}^{\infty}(n+1)a_{n+1}x^n$,则有

$$\sum_{n=0}^{\infty}[(n+1)a_{n+1}+(1-n)a_n]x^n=x^2.$$

比较系数,得

$$a_1+a_0=0,2a_2=0,3a_3-a_2=1,(n+1)a_{n+1}+(1-n)a_n=0\ (n\geqslant3).$$

即$a_1=-a_0,a_2=0,a_3=\frac{1}{3},a_{n+1}=\frac{n-1}{n+1}a_n(n\geqslant3)$,或写成

$$a_n=\frac{n-2}{n}a_{n-1}=\frac{n-2}{n}\times\frac{n-3}{n-1}\times\frac{n-4}{n-2}\times\cdots\times\frac{2}{4}\times\frac{1}{3}=\frac{2}{n(n-1)}(n\geqslant4).$$

于是$y=a_0-a_0x+\frac{1}{3}x^3+\frac{1}{6}x^4+\frac{1}{10}x^5+\cdots+\frac{2}{n(n-1)}x^n+\cdots$.

4. 解:(1)设$y=\sum\limits_{n=0}^{\infty}a_nx^n$为该方程的解,由于$y\Big|_{x=0}=\frac{1}{2}$,所以$a_0=\frac{1}{2}$, $y=\frac{1}{2}+\sum\limits_{n=1}^{\infty}a_nx^n$.

代入方程,得$\sum\limits_{n=1}^{\infty}na_nx^{n-1}=\left(\frac{1}{2}+\sum\limits_{n=1}^{\infty}a_nx^n\right)^2+x^3$.由于

$$\begin{aligned}\left(\frac{1}{2}+\sum_{n=1}^{\infty}a_nx^n\right)^2&=\frac{1}{4}+\sum_{n=1}^{\infty}a_nx^n+\left(\sum_{n=1}^{\infty}a_nx^n\right)^2\\&=\frac{1}{4}+\sum_{n=1}^{\infty}a_nx^n+a_1^2x^2+2a_1a_2x^3+(a_2^2+2a_1a_3)x^4+\cdots\end{aligned}$$

所以上式为

$$\sum_{n=1}^{\infty}na_nx^{n-1}=\frac{1}{4}+\sum_{n=1}^{\infty}a_nx^n+a_1^2x^2+(1+2a_1a_2)x^3+(a_2^2+2a_1a_3)x^4+\cdots$$

比较系数,得

$$a_1=\frac{1}{4},\ 2a_2=a_1,\ 3a_3=a_2+a_1^2,\ 4a_4=a_3+1+2a_1a_2,\ 5a_5=a_4+a_2^2+2a_1a_3,\cdots,$$

计算得 $a_1=\frac{1}{4}$，$a_2=\frac{1}{8}$，$a_3=\frac{1}{16}$，$a_4=\frac{9}{32}$，…，故

$$y=\frac{1}{2}+\frac{1}{4}x+\frac{1}{8}x^2+\frac{1}{16}x^3+\frac{9}{32}x^4+\cdots.$$

(2)设该方程的解为 $y=\sum\limits_{n=0}^{\infty}a_nx^n$，由于 $y\Big|_{x=0}=0$，所以 $a_0=0$，$y=\sum\limits_{n=1}^{\infty}a_nx^n$.

代入方程，得$(1-x)\sum\limits_{n=1}^{\infty}na_nx^{n-1}+\sum\limits_{n=1}^{\infty}a_nx^n=1+x$，

即 $a_1+\sum\limits_{n=1}^{\infty}[(n+1)a_{n+1}+(1-n)a_n]x^n=1+x$. 比较系数，得 $a_1=1,2a_2=1$.

当 $n\geqslant2$ 时，

$$(n+1)a_{n+1}+(1-n)a_n=0，即\ a_1=1,\ a_2=\frac{1}{2};$$

当 $n\geqslant3$ 时，

$$\begin{aligned}a_n&=\frac{n-2}{n}a_{n-1}=\frac{n-2}{n}\cdot\frac{n-3}{n-1}a_{n-2}\\&=\frac{n-2}{n}\cdot\frac{n-3}{n-1}\cdot\frac{n-4}{n-2}\cdot\frac{n-5}{n-3}\cdot\cdots\cdot\frac{1}{3}a_2=\frac{1}{n(n-1)}.\end{aligned}$$

所以 $y=x+\frac{1}{1\times2}x^2+\frac{1}{2\times3}x^3+\cdots+\frac{1}{(n-1)n}x^n+\cdots$.

5. 解：(1)因为$y(x)=1+\frac{x^3}{3!}+\frac{x^6}{6!}+\cdots+\frac{x^{3n}}{(3n)!}+\cdots$，

$$y'(x)=\frac{x^2}{2!}+\frac{x^5}{5!}+\cdots+\frac{x^{3n-1}}{(3n-1)!}+\cdots,$$

$$y''(x)=x+\frac{x^4}{4!}+\cdots+\frac{x^{3n-2}}{(3n-2)!}+\cdots,$$

以上三式相加得 $y''(x)+y'(x)+y(x)=\sum\limits_{n=0}^{\infty}\frac{x^n}{n!}=e^x$，

所以函数 $y(x)$满足微分方程 $y''+y'+y=e^x$.

(2)$y''+y'+y=e^x$ 对应的齐次方程 $y''+y'+y=0$ 的特征方程为 $r^2+r+1=0$，特征根为 $r_{1,2}=-\frac{1}{2}\pm\frac{\sqrt{3}}{2}i$，因此齐次方程的通解为 $Y=e^{-\frac{x}{2}}\left(C_1\cos\frac{\sqrt{3}}{2}x+C_2\sin\frac{\sqrt{3}}{2}x\right)$.

设非齐次微分方程的特解为 $y^*=Ae^x$，代入方程 $y''+y'+y=e^x$，得 $A=\frac{1}{3}$，故有 $y^*=\frac{1}{3}e^x$，所以非齐次微分方程的通解为 $y=Y+y^*=e^{-\frac{x}{2}}\left(C_1\cos\frac{\sqrt{3}}{2}x+C_2\sin\frac{\sqrt{3}}{2}x\right)+\frac{1}{3}e^x$.

由(1)知 $y(x)$满足：$y(0)=1,y'(0)=0$，由此求得 $C_1=\frac{2}{3},C_2=0$. 所以所求幂级数的和函数为 $y(x)=\frac{2}{3}e^{-\frac{x}{2}}\cos\frac{\sqrt{3}}{2}x+\frac{1}{3}e^x(-\infty<x<+\infty)$.

6. 解：$e^x\cos x=e^x\cdot\mathrm{Re}(e^{ix})=\mathrm{Re}(e^{(1+i)x})=\mathrm{Re}\left[e^{\sqrt{2}\left(\cos\frac{\pi}{4}+i\sin\frac{\pi}{4}\right)x}\right]$，又

$$e^{\sqrt{2}\left(\cos\frac{\pi}{4}+i\sin\frac{\pi}{4}\right)x}=\sum_{n=0}^{\infty}\frac{\left[\sqrt{2}\left(\cos\frac{\pi}{4}+i\sin\frac{\pi}{4}\right)x\right]^n}{n!}=\sum_{n=0}^{\infty}\frac{2^{\frac{n}{2}}}{n!}x^n\left(\cos\frac{n\pi}{4}+i\sin\frac{n\pi}{4}\right),$$

故 $e^x\cos x=\sum\limits_{n=0}^{\infty}2^{\frac{n}{2}}\cos\dfrac{n\pi}{4}\dfrac{x^n}{n!},x\in(-\infty,+\infty)$.

习题 12－6 解答(教材 P301)

1. 解:(1) 由于 $|S_n(x)-0|=\left|\sin\dfrac{x}{n}\right|\leqslant\dfrac{|x|}{n}$,因此对于正数 ε,取 $N(\varepsilon,x)\geqslant\dfrac{|x|}{\varepsilon}$,则当 $n>N$ 时,有 $|S_n(x)-0|\leqslant\dfrac{|x|}{n}<\varepsilon$.

(2) 记 $M=\max\{|a|,|b|\}$,则 $\forall x\in[a,b]$,$|x|\leqslant M$,于是 $|S_n(x)-0|\leqslant\dfrac{|x|}{n}\leqslant\dfrac{M}{n}$. 故 $\forall\varepsilon>0$,取 $N=\left[\dfrac{M}{\varepsilon}\right]+1$,当 $n>N$ 时,对一切 $x\in[a,b]$,都有 $|S_n(x)-0|\leqslant\dfrac{|x|}{n}<\dfrac{M}{N}<\varepsilon$,即 $S_n(x)$ 在 $[a,b]$ 上一致收敛于 0.

2. 解:(1) 设级数的和函数为 $S(x)$,当 $x=0$ 时,$S(0)=0$;当 $x\neq0$ 时,级数是公比为 $\dfrac{1}{1+x^2}$ 的等比级数,且 $\dfrac{1}{1+x^2}<1$,故 $S(x)=\dfrac{x^2}{1-\dfrac{1}{1+x^2}}=1+x^2$. 于是 $S(x)=\begin{cases}1+x^2, & x\neq0,\\ 0, & x=0.\end{cases}$

(2)
$$\begin{aligned}r_n(x)&=\frac{x^2}{(1+x^2)^n}+\frac{x^2}{(1+x^2)^{n+1}}+\frac{x^2}{(1+x^2)^{n+2}}+\cdots\\&=\frac{x^2}{(1+x^2)^n}\left[1+\frac{1}{1+x^2}+\frac{1}{(1+x^2)^2}+\cdots\right],\end{aligned}$$

当 $x=0$ 时,$r_n(x)=0$,$\forall\varepsilon>0$,取 $N=1$,则当 $n>N$ 时,有 $|r_n(x)|<\varepsilon$;

当 $x\neq0$ 时,$r_n(x)=\dfrac{x^2}{(1+x^2)^n}\cdot\dfrac{1}{1-\dfrac{1}{1+x^2}}=\dfrac{1}{(1+x^2)^{n-1}}$,$\forall\varepsilon>0(<1)$.

取 $N=\left[\dfrac{\ln\dfrac{1}{\varepsilon}}{\ln(1+x^2)}\right]+1$,则当 $n>N$ 时,$|r_n(x)|=\dfrac{1}{(1+x^2)^{n-1}}<\varepsilon$.

(3) 级数通项 $u_n(x)=\dfrac{x^2}{(1+x^2)^n}(n=0,1,2,\cdots)$ 在区间 $[0,1]$ 上是连续的,若 $\sum\limits_{n=0}^{\infty}u_n(x)$ 在 $[0,1]$ 上一致收敛,则由定理 1 知,其和函数 $S(x)$ 在 $[0,1]$ 上连续,而 $S(x)$ 在 $[0,1]$ 有间断点 $x=0$,由此推知级数在 $[0,1]$ 上不一致收敛.

在区间 $\left[\dfrac{1}{2},1\right]$ 上,因为

$$|r_n(x)|=\frac{1}{(1+x^2)^{n-1}}\leqslant\frac{1}{\left[1+\left(\frac{1}{2}\right)^2\right]^{n-1}}=\left(\frac{4}{5}\right)^{n-1},$$

所以任意 $\varepsilon>0$,取 $N=[\log_{\frac{4}{5}}\varepsilon]+1$,当 $n>N$ 时,对一切 $x\in\left[\dfrac{1}{2},1\right]$,有

$$|r_n(x)|\leqslant\left(\frac{4}{5}\right)^{n-1}<\varepsilon,$$

即级数在 $\left[\dfrac{1}{2},1\right]$ 上一致收敛.

3. 解:(1) 级数是交错的,且满足莱布尼茨定理的条件,对任意 $x\in(-\infty,+\infty)$,

$$|r_n(x)|\leqslant\frac{x^2}{(1+x^2)^{n+1}}\leqslant\frac{x^2}{(1+x^2)^n}=\frac{x^2}{1+nx^2+\cdots+x^{2n}}<\frac{1}{n},$$

故取任意 $\varepsilon>0$,取 $N=\left[\frac{1}{\varepsilon}\right]$,当 $n>N$ 时,对一切 $x\in(-\infty,+\infty)$,有 $|r_n(x)|<\varepsilon$,即级数在 $(-\infty,+\infty)$ 上一致收敛.

(2) $\sum\limits_{n=0}^{\infty}(1-x)x^n=\sum\limits_{n=0}^{\infty}(x^n-x^{n+1})$,其部分和函数

$$S_n(x)=(1-x)+(x-x^2)+\cdots+(x^n-x^{n+1})=1-x^{n+1},$$

因此,和函数为

$$S(x)=\lim_{n\to\infty}S_n(x)=\lim_{n\to\infty}(1-x^{n+1})=1,x\in(0,1).$$

且 $|r_n(x)=|S_n(x)-S(x)|=x^{n+1},x\in(0,1)$.

取一数列 $x_n=\left(\frac{1}{3}\right)^{\frac{1}{n+1}}(n=1,2,\cdots)$,$x_n\in(0,1)$. 取 $\varepsilon_0=\frac{1}{4}$,则不论 n 多么大,总有 $x_n\in(0,1)$,使得 $|r_n(x_n)|=\left[\left(\frac{1}{3}\right)^{\frac{1}{n+1}}\right]^{n+1}=\frac{1}{3}>\frac{1}{4}=\varepsilon_0$. 因此,该级数在开区间 $(0,1)$ 内不一致收敛.

4. 证:(1)对任意的 $x\in(-\infty,+\infty)$,因为 $|\cos x|\leqslant1$,所以 $\left|\frac{\cos nx}{2^n}\right|\leqslant\frac{1}{2^n}$,而级数 $\sum\limits_{n=1}^{\infty}\frac{1}{2^n}$ 收敛,从而原级数在 $(-\infty,+\infty)$ 上一致收敛.

(2)对任意的 $x\in(-\infty,+\infty)$,因为 $|\sin nx|\leqslant1$,所以 $\left|\frac{\sin nx}{\sqrt[3]{n^4+x^4}}\right|\leqslant\frac{1}{\sqrt[3]{n^4+x^4}}\leqslant\frac{1}{n^{\frac{4}{3}}}$,而级数 $\sum\limits_{n=1}^{\infty}\frac{1}{n^{\frac{4}{3}}}$ 收敛,从而原级数在 $(-\infty,+\infty)$ 上一致收敛.

(3) $\sum\limits_{n=1}^{\infty}x^2e^{-nx}=\sum\limits_{n=1}^{\infty}\frac{x^2}{e^{nx}}$,当 $x\in[0,+\infty)$ 时,

$$e^{nx}=1+nx+\frac{1}{2!}(nx)^2+\frac{1}{3!}(nx)^3+\cdots>\frac{1}{2!}(nx)^2=\frac{n^2x^2}{2},$$

所以 $\left|\frac{x^2}{e^{nx}}\right|\leqslant\frac{2}{n^2}$,而级数 $\sum\limits_{n=1}^{\infty}\frac{2}{n^2}$ 收敛,故原级数在 $[0,+\infty)$ 上一致收敛.

(4) 对任意的 $x\in(-10,10)$,$\left|\frac{e^{-nx}}{n!}\right|<\frac{(e^{10})^n}{n!}$,而 $\sum\limits_{n=1}^{\infty}\frac{(e^{10})^n}{n!}$ 收敛,故原级数在 $(-10,10)$ 上一致收敛.

(5) 对任意的 $x\in[0,+\infty)$,由于 $0<e^{-nx}\leqslant1$,故 $\left|\frac{(-1)^n(1-e^{-nx})}{n^2+x^2}\right|=\frac{1-e^{-nx}}{n^2+x^2}<\frac{1}{n^2}$,而级数 $\sum\limits_{n=1}^{\infty}\frac{1}{n^2}$ 收敛,从而原级数在 $[0,+\infty)$ 上一致收敛.

习题 12—7 解答(教材 P320~P321)

1. 解:(1)$a_0=\frac{1}{\pi}\int_{-\pi}^{\pi}(3x^2+1)dx=\frac{1}{\pi}(x^3+x)\Big|_{-\pi}^{\pi}=2(\pi^2+1)$,

$b_n=0(n=1,2,\cdots)$,

$a_n=\frac{1}{\pi}\int_{-\pi}^{\pi}(3x^2+1)\cos nxdx=\frac{2}{\pi}\int_{0}^{\pi}(3x^2+1)\cos nxdx=12\frac{(-1)^n}{n^2}(n=1,2,\cdots)$,

故 $f(x)=\pi^2+1+12\sum\limits_{n=1}^{\infty}\frac{(-1)^n}{n^2}\cos nx,\ x\in(-\infty,+\infty)$.

(2) $a_0=\frac{1}{\pi}\int_{-\pi}^{\pi} e^{2x}dx=\frac{1}{2\pi}e^{2x}\Big|_{-\pi}^{\pi}=\frac{1}{2\pi}(e^{2\pi}-e^{-2\pi})$;

$a_n=\frac{1}{\pi}\int_{-\pi}^{\pi} e^{2x}\cos nx dx=\frac{e^{2\pi}-e^{-2\pi}}{\pi}\cdot\frac{2(-1)^n}{n^2+4}(n=1,2,\cdots)$;

$b_n=\frac{1}{\pi}\int_{-\pi}^{\pi} e^{2x}\sin nx dx=\frac{e^{2\pi}-e^{-2\pi}}{\pi}\cdot\frac{-n(-1)^n}{n^2+4}(n=1,2,\cdots)$.

故 $f(x)=\frac{e^{2\pi}-e^{-2\pi}}{\pi}\left[\frac{1}{4}+\sum_{n=1}^{\infty}\frac{(-1)^n}{n^2+4}(2\cos nx-n\sin nx)\right]$

$(x\neq(2n+1)\pi,\ n=0,\pm1,\pm2,\cdots)$.

(3) $a_0=\frac{1}{\pi}\int_{-\pi}^{\pi}f(x)dx=\frac{1}{\pi}\int_{-\pi}^{0}bxdx+\frac{1}{\pi}\int_{0}^{\pi}axdx=\frac{b}{\pi}\frac{x^2}{2}\Big|_{-\pi}^{0}+\frac{a}{\pi}\frac{x^2}{2}\Big|_{0}^{\pi}=\frac{\pi}{2}(a-b)$;

$a_n=\frac{1}{\pi}\int_{-\pi}^{0}bx\cos nxdx+\frac{1}{\pi}\int_{0}^{\pi}ax\cos nxdx=\frac{1}{n^2\pi}\left(b\cos nx\Big|_{-\pi}^{0}+a\cos nx\Big|_{0}^{\pi}\right)$

$=\frac{1-(-1)^n}{n^2\pi}(b-a),n=1,2,\cdots$;

$b_n=\frac{1}{\pi}\int_{-\pi}^{0}bx\sin nxdx+\frac{1}{\pi}\int_{0}^{\pi}ax\sin nxdx=\frac{(-1)^{n-1}(a+b)}{n},n=1,2,\cdots$.

故 $f(x)=\frac{a-b}{4}\pi+\sum_{n=1}^{\infty}\left\{\frac{[1-(-1)^n](b-a)}{n^2\pi}\cos nx+\frac{(-1)^{n-1}(a+b)}{n}\sin nx\right\}$

$(x\neq(2n+1)\pi,n=0,\pm1,\cdots)$.

2. 解:(1)设 $F(x)$ 为 $f(x)$ 周期拓广而得到的新函数,$F(x)$ 在 $(-\pi,\pi)$ 中连续,$x=\pm\pi$ 是 $F(x)$ 的间断点,且

$$[F(-\pi-0)+F(-\pi+0)]/2\neq f(-\pi),$$

$$[F(\pi-0)+F(\pi+0)]/2\neq f(\pi).$$

故在 $(-\pi,\pi)$ 中,$F(x)$ 的傅里叶级数收敛于 $f(x)$,在 $x=\pm\pi$,$F(x)$ 的傅里叶级数不收敛于 $f(x)$,计算傅氏系数如下:

因为 $2\sin\frac{x}{3}$ $(-\pi<x<\pi)$ 是奇函数,所以 $a_n=0$ $(n=0,1,2,\cdots)$;

$$b_n=\frac{2}{\pi}\int_0^{\pi}2\sin\frac{x}{3}\sin nxdx=\frac{2}{\pi}\int_0^{\pi}\left[\cos\left(\frac{1}{3}-n\right)x-\cos\left(\frac{1}{3}+n\right)x\right]dx$$

$$=\frac{2}{\pi}\left[\frac{\sin\left(n-\frac{1}{3}\right)\pi}{n-\frac{1}{3}}-\frac{\sin\left(n+\frac{1}{3}\right)\pi}{n+\frac{1}{3}}\right]$$

$$=\frac{6}{\pi}\left(\frac{-\cos n\pi\cdot\frac{\sqrt{3}}{2}}{3n-1}-\frac{\cos n\pi\cdot\frac{\sqrt{3}}{2}}{3n+1}\right)=(-1)^{n+1}\frac{18\sqrt{3}}{\pi}\cdot\frac{n}{9n^2-1}(n=0,1,2,\cdots).$$

因此 $f(x)=\frac{18\sqrt{3}}{\pi}\sum_{n=1}^{\infty}(-1)^{n+1}\frac{n\sin nx}{9n^2-1}$ $(-\pi<x<\pi)$.

(2)将 $f(x)$ 拓广为周期函数 $F(x)$,在 $(-\pi,\pi)$ 中,$F(x)$ 连续,$x=\pm\pi$ 是 $F(x)$ 的间断点,且

$$[F(-\pi-0)+F(-\pi+0)]/2\neq f(-\pi),$$

$$[F(\pi-0)+F(\pi+0)]/2\neq f(\pi).$$

故 $F(x)$ 的傅里叶级数在 $(-\pi,\pi)$ 中收敛于 $f(x)$,而在 $x=\pm\pi$ 处,不收敛于 $f(x)$,计算傅氏系数如下:

$$a_0=\frac{1}{\pi}\left(\int_{-\pi}^{0}e^x\mathrm{d}x+\int_0^{\pi}1\cdot\mathrm{d}x\right)=\frac{1+\pi-e^{-\pi}}{\pi},$$

$$a_n=\frac{1}{\pi}\left(\int_{-\pi}^{0}e^x\cos nx\mathrm{d}x+\int_0^{\pi}\cos nx\mathrm{d}x\right)=\frac{1-(-1)^n e^{-\pi}}{\pi(1+n^2)}\quad(n=1,2,\cdots),$$

$$b_n=\frac{1}{\pi}\left(\int_{-\pi}^{0}e^x\sin nx\mathrm{d}x+\int_0^{\pi}\sin nx\mathrm{d}x\right)=\frac{1}{\pi}\left\{\frac{-n[1-(-1)^n e^{-\pi}]}{1+n^2}+\frac{1-(-1)^n}{n}\right\}$$

$(n=1,2,\cdots)$,

因此

$$f(x)=\frac{1+\pi-e^{-\pi}}{2\pi}+\frac{1}{\pi}\sum_{n=1}^{\infty}\left[\frac{1-(-1)^n e^{-n}}{1+n^2}\right]\cos nx+$$

$$\frac{1}{\pi}\sum_{n=1}^{\infty}\left[\frac{-n+(-1)^n n e^{-\pi}}{1+n^2}+\frac{1-(-1)^n}{n}\right]\sin nx\ (-\pi<x<\pi).$$

3. 解: 由于 $f(x)$ 为偶函数,故 $b_n=0(n=1,2,\cdots)$,

$$a_0=\frac{2}{\pi}\int_0^{\pi}\cos\frac{x}{2}\mathrm{d}x=\frac{4}{\pi},$$

$$a_n=\frac{2}{\pi}\int_0^{\pi}\cos\frac{x}{2}\cdot\cos nx\mathrm{d}x=\frac{1}{\pi}\int_0^{\pi}\left[\cos\left(n-\frac{1}{2}\right)x+\cos\left(n+\frac{1}{2}\right)x\right]\mathrm{d}x$$

$$=\frac{1}{\pi}\left[\frac{1}{n-\frac{1}{2}}\sin\left(n-\frac{1}{2}\right)x\Big|_0^{\pi}+\frac{1}{n+\frac{1}{2}}\sin\left(n+\frac{1}{2}\right)x\Big|_0^{\pi}\right]$$

$$=\frac{2}{\pi}\left[\frac{(-1)^{n+1}}{2n-1}+\frac{(-1)^n}{2n+1}\right]=-\frac{4}{\pi}\frac{(-1)^n}{4n^2-1}(n=1,2,\cdots).$$

故 $\cos\frac{x}{2}=\frac{2}{\pi}+\frac{4}{\pi}\sum_{n=1}^{\infty}\frac{(-1)^{n-1}}{4n^2-1}\cos nx,\quad x\in[-\pi,\pi].$

4. 解: 由于 $f(x)$ 为奇函数,故 $a_n=0\ (n=0,1,2,\cdots)$,

$$b_n=\frac{2}{\pi}\int_0^{\pi}f(x)\sin nx\mathrm{d}x=\frac{2}{\pi}\left(\int_0^{\frac{\pi}{2}}x\sin nx\mathrm{d}x+\int_{\frac{\pi}{2}}^{\pi}\frac{\pi}{2}\sin nx\mathrm{d}x\right)$$

$$=\frac{2}{\pi}\left(-\frac{x}{n}\cos nx+\frac{1}{n^2}\sin nx\right)\Big|_0^{\frac{\pi}{2}}+2\left(\frac{-1}{2n}\cos nx\right)\Big|_{\frac{\pi}{2}}^{\pi}$$

$$=-\frac{1}{n}(-1)^n+\frac{2}{n^2\pi}\sin\frac{n\pi}{2}\quad(n=1,2,\cdots),$$

又 $f(x)$ 的间断点为 $x=(2n+1)\pi,\ n=0,\pm1,\pm2,\cdots$,

所以 $f(x)=\sum_{n=1}^{\infty}\left[\frac{(-1)^{n+1}}{n}+\frac{2}{n^2\pi}\sin\frac{n\pi}{2}\right]\sin nx(x\neq(2n+1)\pi,\ n=0,\pm1,\pm2,\cdots).$

5. 解: 对 $f(x)$ 先作奇延拓到 $[-\pi,\pi]$ 上,再周期延拓到整个实数轴上. 则

$$b_n=\frac{2}{\pi}\int_0^{\pi}\frac{\pi-x}{2}\sin nx\mathrm{d}x=\frac{2}{\pi}\left(\frac{\pi}{2}\int_0^{\pi}\sin nx\mathrm{d}x-\frac{1}{2}\int_0^{\pi}x\sin nx\mathrm{d}x\right)$$

$$=-\frac{1}{n}\cos nx\Big|_0^{\pi}+\frac{1}{\pi}\left(\frac{1}{n}x\cos nx-\frac{1}{n^2}\sin nx\right)\Big|_0^{\pi}=\frac{1}{n},n=1,2,\cdots.$$

又因延拓后函数在 $x=0$ 间断,在 $0<x\leqslant\pi$ 连续,故

$$\frac{\pi-x}{2}=\sum_{n=1}^{\infty}\frac{1}{n}\sin nx,x\in[0,\pi].$$

在 $x=0$ 处,右边级数收敛于 $\frac{1}{2}[f(0+0)+f(0-0)]=0$.

6. 解: (1)正弦级数:

对 $f(x)$ 作奇延拓，得 $F(x)=\begin{cases}2x^2, & x\in(0,\pi],\\ 0, & x=0,\\ -2x^2, & x\in(-\pi,0).\end{cases}$

再周期延拓 $F(x)$ 到 $(-\infty,+\infty)$，易见 $x=\pi$ 是 $F(x)$ 的一个间断点.

$F(x)$ 的傅氏系数为

$$a_n=0\quad(n=0,1,2,\cdots),$$

$$\begin{aligned}b_n&=\frac{2}{\pi}\int_0^{\pi}F(x)\sin nx\mathrm{d}x=\frac{2}{\pi}\int_0^{\pi}f(x)\sin nx\mathrm{d}x=\frac{2}{\pi}\int_0^{\pi}2x^2\sin nx\mathrm{d}x\\&=\frac{4}{\pi}\left(\frac{-x^2}{n}\cos nx+\frac{2x}{n^2}\sin nx+\frac{2}{n^3}\cos nx\right)\bigg|_0^{\pi}\\&=\frac{4}{\pi}\left[\left(\frac{2}{n^3}-\frac{\pi^2}{n}\right)(-1)^n-\frac{2}{n^3}\right]\quad(n=1,2,3,\cdots),\end{aligned}$$

由于在 $x=\pi$ 处，$f(\pi)=2\pi^2\neq\dfrac{F(\pi-0)+F(\pi+0)}{2}$，故

$$f(x)=\frac{4}{\pi}\sum_{n=1}^{\infty}\left[(-1)^n\left(\frac{2}{n^3}-\frac{\pi^2}{n}\right)-\frac{2}{n^3}\right]\sin nx\quad(0\leqslant x<\pi).$$

(2)余弦级数：

对 $f(x)$ 进行偶延拓，得

$$F(x)=2x^2,\quad x\in(-\pi,\pi);$$

再周期延拓 $F(x)$ 到 $(-\infty,+\infty)$，则 $F(x)$ 在 $(-\infty,+\infty)$ 内处处连续，且

$$F(x)\equiv f(x),\quad x\in[0,\pi].$$

其傅氏系数如下：

$$a_0=\frac{2}{\pi}\int_0^{\pi}2x^2\mathrm{d}x=\frac{4}{3}\pi^2;$$

$$a_n=\frac{2}{\pi}\int_0^{\pi}2x^2\cos nx\mathrm{d}x=\frac{4}{\pi}\int_0^{\pi}x^2\cos nx\mathrm{d}x=(-1)^n\frac{8}{n^2}\ (n=1,2,\cdots);$$

$$b_n=0\ (n=1,2,\cdots).$$

从而，$f(x)=\dfrac{2}{3}\pi^2+8\displaystyle\sum_{n=1}^{\infty}\frac{(-1)^n}{n^2}\cos nx\quad(0\leqslant x\leqslant\pi)$.

7. 证：(1)

$$\begin{aligned}a_0&=\frac{1}{\pi}\left[\int_{-\pi}^{0}f(x)\mathrm{d}x+\int_0^{\pi}f(x)\mathrm{d}x\right]\\&=\frac{1}{\pi}\left\{\int_{-\pi}^{0}f(x)\mathrm{d}x+\int_0^{\pi}[-f(x-\pi)]\mathrm{d}x\right\},\end{aligned}$$

在上式第二个积分中令 $x-\pi=u$，则

$$a_0=\frac{1}{\pi}\left[\int_{-\pi}^{0}f(x)\mathrm{d}x-\int_{-\pi}^{0}f(u)\mathrm{d}u\right]=0.$$

同理，可得

$$\begin{aligned}a_n&=\frac{1}{\pi}\left[\int_{-\pi}^{0}f(x)\cos nx\mathrm{d}x+\int_0^{\pi}f(x)\cos nx\mathrm{d}x\right]\\&=\frac{1}{\pi}\left[\int_{-\pi}^{0}f(x)\cos nx\mathrm{d}x+\int_0^{\pi}[-f(x-\pi)]\cos nx\mathrm{d}x\right]\\&=\frac{1}{\pi}\left[\int_{-\pi}^{0}f(x)\cos nx\mathrm{d}x-\int_{-\pi}^{0}f(u)\cos(n\pi+nu)\mathrm{d}u\right],\end{aligned}$$

$$b_n=\frac{1}{\pi}\left[\int_{-\pi}^{0}f(x)\sin nx\mathrm{d}x-\int_{-\pi}^{0}f(u)\sin(n\pi+nu)\mathrm{d}u\right].$$

当 $n=2k(k\in\mathbf{N}^*)$ 时，$\cos(n\pi+nu)=\cos nu$，$\sin(n\pi+nu)=\sin nu$，
于是，有

$$a_{2k}=\frac{1}{\pi}\left[\int_{-\pi}^{0}f(x)\cos 2kx\,\mathrm{d}x-\int_{-\pi}^{0}f(u)\cos 2ku\,\mathrm{d}u\right]=0,$$

$$b_{2k}=0\ (k\in\mathbf{N}^*).$$

(2)与(1)的做法类似，有

$$a_n=\frac{1}{\pi}\left[\int_{-\pi}^{0}f(x)\cos nx\,\mathrm{d}x+\int_{-\pi}^{0}f(u)\cos(n\pi+nu)\,\mathrm{d}u\right],$$

$$b_n=\frac{1}{\pi}\left[\int_{-\pi}^{0}f(x)\sin nx\,\mathrm{d}x+\int_{-\pi}^{0}f(u)\sin(n\pi+nu)\,\mathrm{d}u\right].$$

当 $n=2k+1(k\in\mathbf{N})$ 时，$\cos(n\pi+nu)=-\cos nu$，$\sin(n\pi+nu)=-\sin nu$，故有

$$a_{2k+1}=0,b_{2k+1}=0(k\in\mathbf{N}).$$

习题 12—8 解答(教材 P327)

1. 解:(1)因为 $f(x)=1-x^2$ 为偶函数，所以 $b_n=0\ (n=1,2,\cdots)$，而

$$a_0=\frac{2}{\frac{1}{2}}\int_0^{\frac{1}{2}}(1-x^2)\mathrm{d}x=4\int_0^{\frac{1}{2}}(1-x^2)\mathrm{d}x=\frac{11}{6},$$

$$\begin{aligned}a_n&=\frac{2}{\frac{1}{2}}\int_0^{\frac{1}{2}}(1-x^2)\cos\frac{n\pi x}{\frac{1}{2}}\mathrm{d}x=4\int_0^{\frac{1}{2}}(1-x^2)\cos(2n\pi x)\mathrm{d}x\\&=4\left[\frac{1-x^2}{2n\pi}\sin(2n\pi x)-\frac{2x}{4n^2\pi^2}\cos(2n\pi x)+\frac{2}{8n^3\pi^3}\sin(2n\pi x)\right]\Bigg|_0^{\frac{1}{2}}\\&=\frac{(-1)^{n+1}}{n^2\pi^2}\quad(n=1,2,\cdots),\end{aligned}$$

由于 $f(x)$ 在 $(-\infty,+\infty)$ 内连续，所以

$$f(x)=\frac{11}{12}+\frac{1}{\pi^2}\sum_{n=1}^{\infty}\frac{(-1)^{n+1}}{n^2}\cos(2n\pi x),\ x\in(-\infty,+\infty).$$

(2)

$$a_0=\int_{-1}^{1}f(x)\mathrm{d}x=\int_{-1}^{0}x\mathrm{d}x+\int_0^{\frac{1}{2}}\mathrm{d}x-\int_{\frac{1}{2}}^{1}\mathrm{d}x=-\frac{1}{2},$$

$$\begin{aligned}a_n&=\int_{-1}^{1}f(x)\cos n\pi x\mathrm{d}x=\int_{-1}^{0}x\cos n\pi x\mathrm{d}x+\int_0^{\frac{1}{2}}\cos n\pi x\mathrm{d}x-\int_{\frac{1}{2}}^{1}\cos n\pi x\mathrm{d}x\\&=\left(\frac{x}{n\pi}\sin n\pi x+\frac{1}{n^2\pi^2}\cos n\pi x\right)\Bigg|_{-1}^{0}+\left(\frac{1}{n\pi}\sin n\pi x\right)\Bigg|_0^{\frac{1}{2}}-\left(\frac{1}{n\pi}\sin n\pi x\right)\Bigg|_{\frac{1}{2}}^{1}\\&=\frac{1}{n^2\pi^2}[1-(-1)^n]+\frac{2}{n\pi}\sin\frac{n\pi}{2}\ (n=1,2,\cdots),\end{aligned}$$

$$\begin{aligned}b_n&=\int_{-1}^{1}f(x)\sin n\pi x\mathrm{d}x=\int_{-1}^{0}x\sin n\pi x\mathrm{d}x+\int_0^{\frac{1}{2}}\sin n\pi x\mathrm{d}x-\int_{\frac{1}{2}}^{0}\sin n\pi x\mathrm{d}x\\&=-\frac{2}{n\pi}\cos\frac{n\pi}{2}+\frac{1}{n\pi}\ (n=1,2,\cdots).\end{aligned}$$

而在 $(-\infty,+\infty)$ 上，$f(x)$ 的间断点为 $x=2k,2k+\frac{1}{2},k=0,\pm1,\pm2,\cdots$，故

$$f(x)=-\frac{1}{4}+\sum_{n=1}^{\infty}\left\{\left[\frac{1-(-1)^n}{n^2\pi^2}+\frac{2\sin\frac{n\pi}{2}}{n\pi}\right]\cos n\pi x+\frac{1-2\cos\frac{n\pi}{2}}{n\pi}\sin n\pi x\right\}$$

$(x\neq 2k, x\neq 2k+\frac{1}{2},\ k=0,\pm1,\pm2,\cdots)$.

(3) $$a_0=\frac{1}{3}\int_{-3}^{3} f(x)\mathrm{d}x=\frac{1}{3}\left[\int_{-3}^{0}(2x+1)\mathrm{d}x+\int_{0}^{3}\mathrm{d}x\right]=-1,$$

$$a_n=\frac{1}{3}\int_{-3}^{3} f(x)\cos\frac{n\pi x}{3}\mathrm{d}x=\frac{1}{3}\int_{-3}^{0}(2x+1)\cos\frac{n\pi x}{3}\mathrm{d}x+\frac{1}{3}\int_{0}^{3}\cos\frac{n\pi x}{3}\mathrm{d}x$$
$$=\frac{6}{n^2\pi^2}[1-(-1)^n]\quad(n=1,2,\cdots),$$

$$b_n=\frac{1}{3}\int_{-3}^{3} f(x)\sin\frac{n\pi x}{3}\mathrm{d}x=\frac{1}{3}\int_{-3}^{0}(2x+1)\sin\frac{n\pi x}{3}\mathrm{d}x+\frac{1}{3}\int_{0}^{3}\sin\frac{n\pi x}{3}\mathrm{d}x$$
$$=\frac{6}{n\pi}(-1)^{n+1}(n=1,2,\cdots),$$

而在$(-\infty,+\infty)$上 $f(x)$的间断点为

$$x=3(2k+1),\quad k=0,\pm1,\pm2,\cdots,$$

故 $f(x)=-\frac{1}{2}+\sum_{n=1}^{\infty}\left\{\frac{6}{n^2\pi^2}[1-(-1)^n]\cos\frac{n\pi x}{3}+(-1)^{n+1}\frac{6}{n\pi}\sin\frac{n\pi x}{3}\right\}$

$(x\neq 3(2k+1),\ k=0,\pm1,\pm2,\cdots)$.

2. 解:(1)正弦级数:

将 $f(x)$奇延拓到$[-l,l]$上,得 $F(x)$,则

$$F(x)\equiv f(x),\quad x\in[0,l]$$

再周期延拓 $F(x)$到$(-\infty,+\infty)$上,则 $F(x)$是一以 $2l$ 为周期的连续函数.

其傅氏系数如下:

$$a_n=0(n=0,1,2,\cdots),$$

$$b_n=\frac{2}{l}\left[\int_0^{\frac{l}{2}} x\sin\frac{n\pi x}{l}\mathrm{d}x+\int_{\frac{l}{2}}^{l}(l-x)\sin\frac{n\pi x}{l}\mathrm{d}x\right]=\frac{4l}{n^2\pi^2}\sin\frac{n\pi}{2}$$
$$=\frac{4l}{(2n-1)^2\pi^2}(-1)^{n-1}(n=1,2,\cdots).$$

故 $f(x)=\frac{4l}{\pi^2}\sum_{n=1}^{\infty}\frac{1}{n^2}\sin\frac{n\pi}{2}\sin\frac{n\pi x}{l}=\frac{4l}{\pi^2}\sum_{k=1}^{\infty}\frac{(-1)^{k-1}}{(2k-1)^2}\sin\frac{(2k-1)\pi x}{l}, x\in[0,l]$.

余弦级数:

将 $f(x)$偶延拓到$[-l,l]$上是 $F(x)$,则 $F(x)\equiv f(x),\quad x\in[0,l]$.

再周期延拓 $F(x)$到$(-\infty,+\infty)$上,则 $F(x)$是一以 $2l$ 为周期的连续函数.

其傅氏系数如下:

$$a_0=\frac{2}{l}\left[\int_0^{\frac{l}{2}} x\mathrm{d}x+\int_{\frac{l}{2}}^{l}(l-x)\mathrm{d}x\right]=\frac{l}{2},$$

$$a_n=\frac{2}{l}\left[\int_0^{\frac{l}{2}} x\cos\frac{n\pi x}{l}\mathrm{d}x+\int_{\frac{l}{2}}^{l}(l-x)\cos\frac{n\pi x}{l}\mathrm{d}x\right]$$
$$=\frac{2}{l}\left[\frac{2l^2}{n^2\pi^2}\cos\frac{n\pi}{2}-\frac{l^2}{n^2\pi^2}-\frac{l^2}{n^2\pi^2}(-1)^n\right](n=1,2,\cdots),$$

$$b_n=0\ (n=1,2,\cdots),$$

因此,
$$f(x)=\frac{l}{4}+\frac{2l}{\pi^2}\sum_{n=1}^{\infty}\frac{1}{n^2}\left[2\cos\frac{n\pi}{2}-1-(-1)^n\right]\cos\frac{n\pi x}{l}$$
$$=\frac{l}{4}-\frac{2l}{\pi^2}\sum_{k=1}^{\infty}\frac{1}{(2k-1)^2}\cos\frac{2(2k-1)\pi x}{l}, x\in[0,l].$$

(2)正弦级数：

将 $f(x)$奇延拓到$[-2,2]$上得函数 $F(x)$，则 $F(x)\equiv f(x)$，$x\in[0,2]$；再周期延拓 $F(x)$到$(-\infty,+\infty)$上，则 $F(x)$是一以 4 为周期的连续函数，其傅氏系数如下：

$$a_n=0\quad(n=0,1,2,\cdots),$$

$$b_n=\frac{2}{2}\int_0^2 x^2\sin\frac{n\pi x}{2}dx=\left(\frac{-2}{n\pi}x^2\cos\frac{n\pi x}{2}\right)\Big|_0^2+\frac{4}{n\pi}\int_0^2 x\cos\frac{n\pi x}{2}dx$$

$$=(-1)^{n+1}\frac{8}{n\pi}+\frac{8}{(n\pi)^2}\left(x\sin\frac{n\pi x}{2}\right)\Big|_0^2-\frac{8}{(n\pi)^2}\int_0^2\sin\frac{n\pi x}{2}dx$$

$$=(-1)^{n+1}\frac{8}{n\pi}+\frac{16}{(n\pi)^3}\left(\cos\frac{n\pi x}{2}\right)\Big|_0^2=(-1)^{n+1}\frac{8}{n\pi}+\frac{16}{(n\pi)^3}[(-1)^n-1],$$

因而，
$$f(x)=\sum_{n=1}^{\infty}\left\{(-1)^{n+1}\frac{8}{n\pi}+\frac{16}{(n\pi)^3}[(-1)^n-1]\right\}\sin\frac{n\pi x}{2}$$

$$=\frac{8}{\pi}\sum_{n=1}^{\infty}\left\{\frac{(-1)^{n+1}}{n}+\frac{2}{n^3\pi^2}[(-1)^n-1]\right\}\sin\frac{n\pi x}{2},x\in[0,2].$$

余弦级数：

将 $f(x)$偶延拓到$(-2,2]$上得函数 $F(x)$，则 $F(x)\equiv f(x)$，$x\in[0,2]$；再周期延拓$F(x)$到$(-\infty,+\infty)$上，则 $F(x)$是一以 4 为周期的连续函数. 其傅氏系数如下：

$$a_0=\frac{2}{2}\int_0^2 x^2dx=\left(\frac{x^3}{3}\right)\Big|_0^2=\frac{8}{3},$$

$$a_n=\frac{2}{2}\int_0^2 x^2\cos\frac{n\pi x}{2}dx=\frac{2}{n\pi}\left(x^2\sin\frac{n\pi x}{2}\Big|_0^2-\int_0^2 2x\sin\frac{n\pi x}{2}dx\right)$$

$$=\frac{8}{(n\pi)^2}\left(x\cos\frac{n\pi x}{2}\Big|_0^2-\int_0^2\cos\frac{n\pi x}{2}dx\right)$$

$$=\frac{8}{(n\pi)^2}\left[2(-1)^n-\frac{2}{n\pi}\sin\frac{n\pi x}{2}\Big|_0^2\right]=(-1)^n\frac{16}{(n\pi)^2}\ (n=1,2,\cdots),$$

$$b_n=0\quad(n=1,2,3,\cdots),$$

故 $f(x)=\dfrac{4}{3}+\sum\limits_{n=1}^{\infty}(-1)^n\dfrac{16}{(n\pi)^2}\cos\dfrac{n\pi x}{2}=\dfrac{4}{3}+\dfrac{16}{\pi^2}\sum\limits_{n=1}^{\infty}\dfrac{(-1)^n}{n^2}\cos\dfrac{n\pi x}{2}$，$x\in[0,2]$.

*3. **解：** $c_n=\dfrac{1}{2}\displaystyle\int_{-1}^1 e^{-x}e^{-in\pi x}dx=\dfrac{1}{2}\int_{-1}^1 e^{-(1+in\pi)x}dx=\dfrac{1}{2}\,\dfrac{1}{-(1+in\pi)}\,e^{-(1+in\pi)x}\Big|_{-1}^1$

$$=-\frac{1}{2}\cdot\frac{1-in\pi}{-(1+in\pi)}\cdot(e^{-1}\cos n\pi-e\cos n\pi)=(-1)^n\frac{1-in\pi}{1+n^2\pi^2}\text{sh }1,$$

因而 $f(x)=\sum\limits_{n=-\infty}^{\infty}(-1)^n\dfrac{1-in\pi}{1+n^2\pi^2}\text{sh }1\cdot e^{in\pi x}\quad(x\neq 2k+1,\ k=0,\pm1,\pm2,\cdots)$.

*4. **解：** $u(t)=\dfrac{h\tau}{T}+\dfrac{h}{\pi}\sum\limits_{n=-\infty}^{\infty}\dfrac{1}{n}\sin\dfrac{n\pi\tau}{T}e^{i\frac{2n\pi t}{T}}$

$$=\frac{h\tau}{T}+\frac{h}{\pi}\left(\sum_{n=1}^{\infty}\frac{1}{n}\sin\frac{n\pi\tau}{T}e^{i\frac{2n\pi t}{T}}+\sum_{n=-\infty}^{-1}\frac{1}{n}\sin\frac{n\pi\tau}{T}\cdot e^{i\frac{2n\pi t}{T}}\right)$$

$$=\frac{h\tau}{T}+\frac{h}{\pi}\left[\sum_{n=1}^{\infty}\frac{1}{n}\sin\frac{n\pi\tau}{T}\cdot e^{i\frac{2n\pi t}{T}}+\sum_{n=1}^{\infty}\left(-\frac{1}{n}\right)\sin\frac{(-n)\pi\tau}{T}e^{i\frac{-2n\pi t}{T}}\right]$$

$$=\frac{h\tau}{T}+\frac{h}{\pi}\left(\sum_{n=1}^{\infty}\frac{1}{n}\sin\frac{n\pi\tau}{T}\cdot e^{i\frac{2n\pi t}{T}}+\sum_{n=1}^{\infty}\frac{1}{n}\sin\frac{n\pi\tau}{T}\cdot e^{i\frac{-2n\pi t}{T}}\right)$$

$$=\frac{h\tau}{T}+\frac{h}{\pi}\sum_{n=1}^{\infty}\frac{1}{n}\sin\frac{n\pi\tau}{T}(e^{i\frac{2n\pi t}{T}}+e^{i\frac{-2n\pi t}{T}})$$

$$=\frac{h\tau}{T}+\frac{h}{\pi}\sum_{n=1}^{\infty}\frac{1}{n}\sin\frac{n\pi\tau}{T}2\cos\frac{2n\pi t}{T}=\frac{h\tau}{T}+\frac{2h}{\pi}\sum_{n=1}^{\infty}\frac{1}{n}\sin\frac{n\pi\tau}{T}\cos\frac{2n\pi t}{T},$$

$t\in(-\infty,+\infty)$.

此即所求 $u(t)$的傅里叶级数的实数形式.

总习题十二解答(教材 P327～P329)

1. 解:(1)必要　充分　(2)充要　(3)收敛　发散

2. 解:偶函数 $f(x)$的傅里叶级数是余弦级数,故排除(B)选项.

又因为 $a_0=\frac{2}{\pi}\int_0^{\pi}f(x)\mathrm{d}x=\frac{2}{\pi}\int_0^{\pi}x\mathrm{d}x=\pi\neq 0$,所以排除(C)与(D)选项,从而选(A).

3. 解:(1)由$\lim\limits_{n\to\infty}nu_n=\lim\frac{1}{\sqrt[n]{n}}=1$ 得级数发散.

(2)$\lim\limits_{n\to\infty}\frac{u_{n+1}}{u_n}=\lim\limits_{n\to\infty}\frac{[(n+1)!]^2}{2(n+1)^2}\frac{2n^2}{(n!)^2}=\lim\limits_{n\to\infty}n^2=+\infty$.

由比较审敛法知级数发散.

(3)由比较审敛法知级数 $\sum\limits_{n=1}^{\infty}\frac{n}{2^n}$收敛,而$\frac{n\cos^2\frac{n\pi}{3}}{2^n}\leqslant\frac{n}{2^n}$故级数收敛.

(4)由$\lim\limits_{n\to\infty}nu_n=\lim\limits_{n\to\infty}\frac{n}{\ln^{10}n}=\lim\limits_{n\to\infty}\left(\frac{n^{\frac{1}{10}}}{\ln n}\right)^{10}=+\infty$,

由比较审敛法的极限形式可知级数 $\sum\limits_{n=1}^{\infty}\frac{1}{\ln^{10}n}$发散.

(5)$\lim\limits_{n\to\infty}\sqrt[n]{u_n}=\lim\limits_{n\to\infty}\frac{a}{\sqrt[n]{n^s}}=a$.

当 $a<1$ 时,级数收敛,当 $a>1$ 时级数发散.

当 $a=1$ 时,级数为 $\sum\limits_{n=1}^{\infty}\frac{1}{n^s}$,当 $s>1$ 时级数收敛,当 $s\leqslant 1$ 时级数发散.

4. 证:因 $\sum\limits_{n=1}^{\infty}u_n$, $\sum\limits_{n=1}^{\infty}v_n$ 都收敛,故 $u_n\to 0$, $v_n\to 0$ $(n\to\infty)$,所以,$\lim\limits_{n\to\infty}\frac{u_n^2}{u_n}=\lim\limits_{n\to\infty}u_n=0$,$\lim\limits_{n\to\infty}\frac{v_n^2}{v_n}=0$.

由比较判别法知 $\sum\limits_{n=1}^{\infty}u_n^2$, $\sum\limits_{n=1}^{\infty}v_n^2$也都收敛,

又由 $u_nv_n\leqslant\frac{1}{2}(u_n^2+v_n^2)$,则 $\sum\limits_{n=1}^{\infty}u_nv_n$ 也收敛,

从而 $\sum\limits_{n=1}^{\infty}(u_n+v_n)^2=\sum\limits_{n=1}^{\infty}(u_n^2+2u_nv_n+v_n^2)$也收敛.

5. 解:不一定,当两级数是非正项级数时,命题不一定正确.

如 $\sum\limits_{n=1}^{\infty}u_n=\sum\limits_{n=1}^{\infty}(-1)^n\frac{1}{\sqrt{n}}$,　$\sum\limits_{n=1}^{\infty}v_n=\sum\limits_{n=1}^{\infty}\left[(-1)^n\frac{1}{\sqrt{n}}+\frac{1}{n}\right]$时,满足条件.

但 $\sum\limits_{n=1}^{\infty}u_n$ 收敛, $\sum\limits_{n=1}^{\infty}v_n$ 发散.

6. 解:(1)$u_n=(-1)^n\frac{1}{n^p}$, $\sum\limits_{n=1}^{\infty}|u_n|=\sum\limits_{n=1}^{\infty}\frac{1}{n^p}$,这是 p 级数.

当 $p>1$ 时级数 $\sum\limits_{n=1}^{\infty}|u_n|$收敛,当 $p\leqslant 1$ 时级数 $\sum\limits_{n=1}^{\infty}|u_n|$发散,因而当$p>1$时,级数

$\sum_{n=1}^{\infty}(-1)^n\frac{1}{n^p}$绝对收敛.

当 $0<p\leqslant 1$ 时,级数 $\sum_{n=1}^{\infty}(-1)^n\frac{1}{n^p}$是交错级数,且满足莱布尼茨定理的条件,因而收敛,这时是条件收敛.

当 $p\leqslant 0$ 时,由于$\lim_{n\to\infty}(-1)^n\frac{1}{n^p}\neq 0$,所以级数发散.

综上所述,当 $p>1$ 时级数 $\sum_{n=1}^{\infty}(-1)^n\frac{1}{n^p}$绝对收敛,当 $0<p\leqslant 1$ 时条件收敛,当 $p\leqslant 0$ 时发散.

(2)$u_n=(-1)^{n+1}\frac{\sin\frac{\pi}{n+1}}{\pi^{n+1}}$,$|u_n|\leqslant\frac{1}{\pi^{n+1}}=\left(\frac{1}{\pi}\right)^{n+1}$.

由于级数 $\sum_{n=1}^{\infty}\left(\frac{1}{\pi}\right)^{n+1}$收敛,故由比较判别法知,级数 $\sum_{n=1}^{\infty}|u_n|$收敛,从而原级数绝对收敛.

(3)$u_n=(-1)^n\ln\frac{n+1}{n}$,因为$\lim_{n\to\infty}\frac{|u_n|}{\frac{1}{n}}=\lim_{n\to\infty}n\ln\frac{n+1}{n}=\lim_{n\to\infty}\ln\left(1+\frac{1}{n}\right)^n=\ln e=1$,

又级数 $\sum_{n=1}^{\infty}\frac{1}{n}$发散,故由比较审敛法知级数 $\sum_{n=1}^{\infty}|u_n|$发散.

另一方面,由于级数 $\sum_{n=1}^{\infty}(-1)^n\ln\frac{n+1}{n}$是交错级数,且满足莱布尼茨定理的条件,所以该级数收敛,因此原级数条件收敛.

(4)$u_n=(-1)^n\frac{(n+1)!}{n^n}$,

$$\lim_{n\to\infty}\frac{|u_{n+1}|}{|u_n|}=\lim_{n\to\infty}\frac{(n+2)!}{(n+1)^{n+1}}\Big/\frac{(n+1)!}{n^n}=\lim_{n\to\infty}(n+2)\cdot\frac{n^n}{(n+1)^{n+1}}$$
$$=\lim_{n\to\infty}\frac{(n+2)}{(n+1)}\frac{1}{\left(1+\frac{1}{n}\right)^n}=\frac{1}{e}<1,$$

故由比值审敛法知级数 $\sum_{n=1}^{\infty}|u_n|$收敛,即原级数绝对收敛.

7. 解:(1)由根值法知级数 $\sum_{n=1}^{\infty}\frac{1}{3^n}\left(1+\frac{1}{n}\right)^{n^2}$收敛,故$\lim_{n\to\infty}\frac{1}{n}\sum_{k=1}^{n}\frac{1}{k^2}\left(1+\frac{1}{k}\right)^{k^2}=0$.

(2)$\lim_{n\to\infty}[2^{\frac{1}{3}}\times 4^{\frac{1}{9}}\times\cdots\times(2^n)^{\frac{1}{3^n}}]=\lim_{n\to\infty}2^{\frac{1}{3}+\frac{2}{9}+\cdots+\frac{n}{3^n}}$.

考查幂级数 $S(x)=1+2x+3x^2+\cdots+nx^{n-1}+\cdots$,则

$$\int_0^x S(t)\mathrm{d}t=x+x^2+\cdots+x^n+\cdots=\frac{x}{1-x}\ (|x|<1),$$

故 $S(x)=\left(\frac{x}{1-x}\right)'=\frac{1}{(1-x)^2}$,$S\left(\frac{1}{3}\right)=\frac{9}{4}$,得

$$\lim_{n\to\infty}2^{\frac{1}{3}+\frac{2}{3^2}+\cdots+\frac{n}{3^n}}=2^{\lim_{n\to\infty}\left(\frac{1}{3}+\frac{2}{3^2}+\cdots+\frac{n}{3n-1}\right)}=2^{\frac{1}{3}\lim_{n\to\infty}\left(1+\frac{2}{3}+\cdots+\frac{n}{3^{n-1}}\right)}$$
$$=2^{\frac{1}{3}S\left(\frac{1}{3}\right)}=2^{\frac{3}{4}}=\sqrt[4]{8}.$$

8. 解:(1)$u_n=\dfrac{3^n+5^n}{n}x^n$, $a_n=\dfrac{3^n+5^n}{n}$,

$$\lim_{n\to\infty}\left|\frac{a_{n+1}}{a_n}\right|=\lim_{n\to\infty}\frac{3^{n+1}+5^{n+1}}{n+1}\bigg/\frac{3^n+5^n}{n}=\lim_{n\to\infty}\frac{n}{n+1}\ \frac{3^{n+1}+5^{n+1}}{3^n+5^n}=\lim_{n\to\infty}\frac{3\left(\frac{3}{5}\right)^n+5}{\left(\frac{3}{5}\right)^n+1}=5.$$

所以收敛半径为 $R=\dfrac{1}{5}$. 级数的收敛区间为 $\left(-\dfrac{1}{5},\dfrac{1}{5}\right)$.

(2)$u_n=\left(1+\dfrac{1}{n}\right)^{n^2}x^n$, $\lim\limits_{n\to\infty}\sqrt[n]{|u_n|}=\lim\limits_{n\to\infty}\left(1+\dfrac{1}{n}\right)^n|x|=\mathrm{e}|x|$,

由根值审敛法知,当 $\mathrm{e}|x|<1$,即 $|x|<\dfrac{1}{\mathrm{e}}$ 时,幂级数收敛.

当 $\mathrm{e}|x|>1$ 时,即 $|x|>\dfrac{1}{\mathrm{e}}$ 幂级数发散,

故 $R=\dfrac{1}{\mathrm{e}}$. 因此原级数的收敛区间为 $\left(-\dfrac{1}{\mathrm{e}},\dfrac{1}{\mathrm{e}}\right)$.

(3)$u_n=n(x+1)^n$, $\lim\limits_{n\to\infty}\dfrac{|u_{n+1}|}{|u_n|}=\lim\limits_{n\to\infty}\left|\dfrac{(n+1)(x+1)^{n+1}}{n(x+1)^n}\right|=\lim\limits_{n\to\infty}\dfrac{n+1}{n}|x+1|=|x+1|$,

故由比较审敛法知,当 $|x+1|<1$ 时幂级数绝对收敛;而当 $|x+1|>1$ 时幂级数发散.
故 $R=1$. 因而收敛区间为 $(-2,0)$.

(4)$u_n=\dfrac{n}{2^n}x^{2n}$, $\lim\limits_{n\to\infty}\sqrt[n]{|u_n|}=\lim\limits_{n\to\infty}\dfrac{\sqrt[n]{n}}{2}x^2=\dfrac{x^2}{2}$.

由根值审敛法知,当 $\dfrac{x^2}{2}<1$,即 $|x|<\sqrt{2}$ 时,幂级数绝对收敛,当 $\dfrac{x^2}{2}>1$,即 $|x|>\sqrt{2}$ 时,幂级数发散.

故 $R=\sqrt{2}$. 因此该幂级数的收敛区间为 $(-\sqrt{2},\sqrt{2})$.

9. 解:(1)令和函数为 $S(x)$,即

$$\begin{aligned}S(x)&=\sum_{n=1}^{\infty}\frac{2n-1}{2^n}x^{2(n-1)}=\frac{1}{2}\sum_{n=1}^{\infty}(2n-1)\left(\frac{x}{\sqrt{2}}\right)^{2n-2}\\&=\frac{\sqrt{2}}{2}\sum_{n=1}^{\infty}\left[\left(\frac{x}{\sqrt{2}}\right)^{2n-1}\right]'=\frac{\sqrt{2}}{2}\left[\sum_{n=1}^{\infty}\left(\frac{x}{\sqrt{2}}\right)^{2n-1}\right]'\\&=\frac{\sqrt{2}}{2}\left\{\frac{\sqrt{2}}{x}\sum_{n=1}^{\infty}\left[\left(\frac{x}{\sqrt{2}}\right)^2\right]^n\right\}'=\frac{\sqrt{2}}{2}\left[\frac{\sqrt{2}}{x}\frac{\left(\frac{x}{\sqrt{2}}\right)^2}{1-\left(\frac{x}{\sqrt{2}}\right)^2}\right]'\\&=\left(\frac{x}{2-x^2}\right)'=\frac{2+x^2}{(2-x^2)^2}\quad(-\sqrt{2}<x<\sqrt{2}\text{ 且 }x\neq 0),\end{aligned}$$

又 $S(0)=\dfrac{1}{2}$,则 $\sum\limits_{n=1}^{\infty}\dfrac{2n-1}{2^n}x^{2(n-1)}=\dfrac{2+x^2}{(2-x^2)^2}$, $x\in(-\sqrt{2},\sqrt{2})$.

(2)设和函数为 $S(x)$,则 $S(x)=\sum\limits_{n=1}^{\infty}\dfrac{(-1)^{n-1}}{2n-1}x^{2n-1}$, $S(0)=0$,

逐项求导,得

$$S'(x)=\sum_{n=1}^{\infty}(-1)^{n-1}x^{2n-2}=\sum_{n=1}^{\infty}(-x^2)^{n-1}=\frac{1}{1+x^2}\ (-1<x<1),$$

积分得 $S(x)-S(0)=\displaystyle\int_0^x\frac{1}{1+t^2}\mathrm{d}t=\arctan x$,即 $S(x)=\arctan x$, $x\in(-1,1)$.

$$(3)S(x)=\sum_{n=1}^{\infty}n(x-1)^n=(x-1)\sum_{n=1}^{\infty}n(x-1)^{n-1}$$

$$=(x-1)\sum_{n=1}^{\infty}[(x-1)^n]'=(x-1)\left[\sum_{n=1}^{\infty}(x-1)^n\right]'$$

$$=(x-1)\left[\frac{x-1}{1-(x-1)}\right]'\quad(|x-1|<1)$$

$$=\frac{x-1}{(2-x)^2},\quad x\in(0,2).$$

$$(4)S(x)=\sum_{n=1}^{\infty}\frac{x^n}{n(n+1)}=\sum_{n=1}^{\infty}\left(\frac{1}{n}-\frac{1}{n+1}\right)x^n=\sum_{n=1}^{\infty}\frac{1}{n}x^n-\sum_{n=1}^{\infty}\frac{1}{n+1}x^n$$

$$=\sum_{n=1}^{\infty}\int_0^x t^{n-1}dt-\frac{1}{x}\sum_{n=1}^{\infty}\frac{1}{n+1}x^{n+1}\quad(x\neq 0)$$

$$=\int_0^x\left(\sum_{n=1}^{\infty}t^{n-1}\right)dt-\frac{1}{x}\sum_{n=1}^{\infty}\int_0^x t^n dt\quad(x\neq 0)$$

$$=\int_0^x\frac{1}{1-t}dt-\frac{1}{x}\int_0^x\sum_{n=1}^{\infty}t^n dt\quad(x\in[-1,1),且\ x\neq 0)$$

$$=\int_0^x\frac{dt}{1-t}-\frac{1}{x}\int_0^x\frac{t}{1-t}dt\quad(x\in[-1,0)\cup(0,1))$$

$$=-\ln(1-x)-\frac{1}{x}[-x-\ln(1-x)]\quad(x\in[-1,0)\cup(0,1))$$

$$=1+\frac{1-x}{x}\ln(1-x)\quad(x\in[-1,0)\cup(0,1)),$$

又显然，$S(0)=0$，因此

$$S(x)=\begin{cases}1+\frac{1-x}{x}\ln(1-x), & x\in[-1,0)\cup(0,1),\\ 0, & x=0,\\ 1, & x=1.\end{cases}$$

10. 解：(1) $\sum_{n=1}^{\infty}\frac{n^2}{n!}=\sum_{n=1}^{\infty}\frac{n(n-1)+n}{n!}=\sum_{n=1}^{\infty}\frac{n(n-1)}{n!}+\sum_{n=1}^{\infty}\frac{n}{n!}$.

因为 $e^x=\sum_{n=0}^{\infty}\frac{x^n}{n!}$，故两边求导得 $e^x=\sum_{n=1}^{\infty}\frac{n}{n!}x^{n-1}$，$e^x=\sum_{n=2}^{\infty}\frac{n(n-1)x^{n-2}}{n!}$，

令 $x=1$，得 $e=\sum_{n=1}^{\infty}\frac{n}{n!}$，$e=\sum_{n=1}^{\infty}\frac{n(n-1)}{n!}$，从而 $\sum_{n=1}^{\infty}\frac{n^2}{n!}=2e$.

(2) $$\sum_{n=0}^{\infty}(-1)^n\frac{n+1}{(2n+1)!}=\frac{1}{2}\sum_{n=0}^{\infty}(-1)^n\frac{2n+2}{(2n+1)!}$$

$$=\frac{1}{2}\left[\sum_{n=0}^{\infty}(-1)^n\frac{2n+1}{(2n+1)!}+\sum_{n=0}^{\infty}(-1)^n\frac{1}{(2n+1)!}\right]$$

$$=\frac{1}{2}\left[\sum_{n=0}^{\infty}(-1)^n\frac{1}{(2n)!}+\sum_{n=0}^{\infty}(-1)^n\frac{1}{(2n+1)!}\right]$$

因为 $\sin x=\sum_{n=0}^{\infty}(-1)^n\frac{x^{2n+1}}{(2n+1)!}$，$\cos x=\sum_{n=0}^{\infty}(-1)^n\frac{x^{2n}}{(2n)!}$，

故令 $x=1$ 得 $\sum_{n=0}^{\infty}(-1)^n\frac{1}{(2n+1)!}=\sin 1$，$\sum_{n=0}^{\infty}(-1)^n\frac{1}{(2n)!}=\cos 1$，

因此 $\sum_{n=0}^{\infty}(-1)^n\frac{n+1}{(2n+1)!}=\frac{1}{2}(\cos 1+\sin 1)$.

11. 解:(1)$\ln(x+\sqrt{x^2+1})=\int_0^x \frac{1}{\sqrt{1+t^2}}dt=\int_0^x (1+t^2)^{-\frac{1}{2}}dt=\int_0^x\left[1+\sum_{n=1}^{\infty}(-1)^n\frac{(2n-1)!!}{(2n)!!}t^{2n}\right]dt$

$$=x+\sum_{n=1}^{\infty}(-1)^n\frac{(2n-1)!!}{(2n)!!}\frac{1}{2n+1}x^{2n+1}$$

端点 $x=\pm1$ 处收敛,$\ln(x+\sqrt{1+x^2})$在 $x=\pm1$ 处有定义且连续,故展开式成立区间为 $x\in[-1,1]$.

(2) $\frac{1}{2-x}=\frac{1}{2}\frac{1}{1-\frac{x}{2}}=\frac{1}{2}\sum_{n=0}^{\infty}\left(\frac{x}{2}\right)^n$,

$$\frac{1}{(2-x)^2}=\left(\frac{1}{2-x}\right)'=\left[\frac{1}{2}\sum_{n=0}^{\infty}\left(\frac{x}{2}\right)^n\right]'=\frac{1}{2}\sum_{n=1}^{\infty}n\left(\frac{x}{2}\right)^{n-1}\frac{1}{2}=\sum_{n=1}^{\infty}\frac{n}{2^{n+1}}x^{n-1}.$$

故$\frac{1}{(2-x)^2}=\sum_{n=1}^{\infty}\frac{n}{2^{n+1}}x^{n-1}, x\in(-2,2)$.

12. 解: $a_0=\frac{1}{\pi}\int_{-\pi}^{\pi}f(x)dx=\frac{1}{\pi}\int_0^{\pi}e^x dx=\frac{e^{\pi}-1}{\pi}$,

$$a_n=\frac{1}{\pi}\int_{-\pi}^{\pi}f(x)\cos nx\,dx=\frac{1}{\pi}\int_0^{\pi}e^x\cos nx\,dx=\frac{1}{\pi}\left(e^x\cos nx\Big|_0^{\pi}+n\int_0^{\pi}e^x\sin nx\,dx\right)$$

$$=\frac{(-1)^n e^{\pi}-1}{\pi}+\frac{n}{\pi}\left[(e^x\sin nx)\Big|_0^{\pi}-n\int_0^{\pi}e^x\cos nx\,dx\right]$$

$$=\frac{(-1)^n e^{\pi}-1}{\pi}-\frac{n^2}{\pi}\int_0^{\pi}e^x\cos nx\,dx=\frac{(-1)^n e^{\pi}-1}{\pi}-n^2 a_n,$$

即 $a_n=\frac{(-1)^n e^{\pi}-1}{(n^2+1)\pi}\quad(n\geqslant1)$,

$$b_n=\frac{1}{\pi}\int_{-\pi}^{\pi}f(x)\sin nx\,dx=\frac{1}{\pi}\int_0^{\pi}e^x\sin nx\,dx=\frac{1}{\pi}\left(e^x\sin nx\Big|_0^{\pi}-n\int_0^{\pi}e^x\cos nx\,dx\right)$$

$$=(-n)\frac{1}{\pi}\int_0^{\pi}e^x\cos nx\,dx=-na_n\quad(n\geqslant1),$$

因此 $f(x)$的傅里叶级数展开式为 $f(x)=\frac{e^{\pi}-1}{2\pi}+\sum_{n=1}^{\infty}\frac{(-1)^n e^{\pi}-1}{(n^2+1)\pi}(\cos nx-n\sin nx)$ $(-\infty<x<+\infty$ 且 $x\neq n\pi,\ n=0,\pm1,\pm2,\cdots)$.

13. 解:(1)将 $f(x)$进行奇延拓到$[-\pi,\pi]$上,再作周期延拓到整个数轴上.

$$a_n=0,\quad n=0,1,2,\cdots,$$

$$b_n=\frac{2}{\pi}\int_0^{\pi}f(x)\sin nx\,dx=\frac{2}{\pi}\int_0^{h}\sin nx\,dx=-\frac{2}{n\pi}\cos nx\Big|_0^{h}=\frac{2}{n\pi}(1-\cos nh),$$

$x=h$ 处为间断点,故有 $f(x)=\frac{2}{\pi}\sum_{n=1}^{\infty}\frac{1-\cos nh}{n}\sin nx, x\in[0,h)\cup(h,\pi]$.

(2)将 $f(x)$进行偶延拓到$[-\pi,\pi]$上,再作周期延拓到整个数轴上.

$$b_n=0,n=1,2,\cdots,$$

$$a_n=\frac{2}{\pi}\int_0^{h}\cos nx\,dx=\frac{2}{\pi}\cdot\frac{1}{n}\sin nx\Big|_0^{h}=\frac{2}{n\pi}\sin nh,\quad n=1,2,\cdots,$$

$$a_0=\frac{2}{\pi}\int_0^{h}dx=\frac{2h}{\pi},$$

故 $f(x)$的余弦级数为 $f(x)=\frac{h}{\pi}+\frac{2}{\pi}\sum_{n=1}^{\infty}\frac{\sin nh}{n}\cos nx,\quad x\in[0,h)\cup(h,\pi]$.